理论力学

主　编　邓国红

副主编　郭长文　丁　军　张智慧
　　　　刘　妤　张烈霞　张应迁

重庆大学出版社

内容提要

本书是根据“高等学校工科理论力学课程教学基本要求”编写的理论力学教材。全书分为静力学、运动学、动力学3篇，共15章，理论体系简要清晰、层次分明、重点突出，在内容的选取上较好地兼顾了一般工科院校理论力学课程的教学需要，并注重加强与工程实际的联系。

本书可作为高等学校机械类、近机械类等专业理论力学课程的教材，也可供有关工程技术人员参考。

图书在版编目(CIP)数据

理论力学/邓国红主编. —重庆:重庆大学出版社,2013.8(2014.6重印)
机械设计制造及其自动化专业本科系列规划教材
ISBN 978-7-5624-7459-3

Ⅰ.①理… Ⅱ.①邓… Ⅲ.①理论力学—高等学校—教材 Ⅳ.①031

中国版本图书馆CIP数据核字(2013)第174696号

理论力学

主 编 邓国红
副主编 郭长文 丁 军 张智慧
刘 妤 张烈霞 张应迁
策划编辑:曾显跃
责任编辑:李定群 高鸿宽 版式设计:曾显跃
责任校对:刘 真 责任印制:赵 晟

*

重庆大学出版社出版发行
出版人:邓晓益
社址:重庆市沙坪坝区大学城西路21号
邮编:401331
电话:(023)88617190 88617185(中小学)
传真:(023)88617186 88617166
网址:http://www.cqup.com.cn
邮箱:fxk@cqup.com.cn(营销中心)
全国新华书店经销
万州日报印刷厂印刷

*

开本:787×1092 1/16 印张:23.5 字数:587千
2013年8月第1版 2014年6月第2次印刷
印数:5 001—8 000
ISBN 978-7-5624-7459-3 定价:45.00元

前言

为更好地适应一般工科院校理论力学课程的教学需要，依据“高等学校工科理论力学课程教学基本要求”，结合笔者多年的理论力学课程教学实践，编写了本教材。该书可作为高等学校机械类、近机类等专业理论力学课程的教材，也可供有关工程技术人员参考。

在编写中，本书对传统体系和内容做了一些调整，精简了理论篇幅，删减了一些理论推导，同时注重加强与工程实际的联系。附录中，专题汇集了静力学、运动学、动力学基本要求部分学生常犯的典型错误，并详细给出了错因分析及正确解答，以期更好地加深学生对本课程一些重要基本概念、基本定理的理解。

本书由邓国红任主编，郭长文、丁军、张智慧（辽宁工程技大学）、刘妤、张烈霞（陕西理工学院）、张应迁（四川理工学院）任副主编。其他参与编写工作的还有：徐睿、郑拯宇、杨鄂丹。全书由邓国红、刘妤统稿。如无特别说明，作者单位均是重庆理工大学。

由于编者水平有限，书中难免错误和不妥之处，恳请读者批评指正，以使本书能够不断地提高和完善。

编　者

2013 年 5 月

主要符号表

$\boldsymbol{a}$　加速度

$\boldsymbol{a}_{\mathrm{n}}$　法向加速度

$\boldsymbol{a}_{\mathrm{t}}$　切向加速度

$\boldsymbol{a}_{\mathrm{a}}$　绝对加速度

$\boldsymbol{a}_{\mathrm{r}}$　相对加速度

$\boldsymbol{a}_{\mathrm{e}}$　牵连加速度

$\boldsymbol{a}_{\mathrm{C}}$　科氏加速度

A　面积,自由振动振幅

e　恢复因数

f　动摩擦因数

f_{s}　静摩擦因数

$\boldsymbol{F}$　力

$\boldsymbol{F}'_{\mathrm{R}}$　主矢

$\boldsymbol{F}_{\mathrm{s}}$　静滑动摩擦力

$\boldsymbol{F}_{\mathrm{N}}$　法向约束力

$\boldsymbol{F}_{\mathrm{Ie}}$　牵连惯性力

$\boldsymbol{F}_{\mathrm{IC}}$　科氏惯性力

$\boldsymbol{F}_{\mathrm{I}}$　惯性力

g　重力加速度

R　半径

s　弧坐标

t　时间

T　动能,周期

$\boldsymbol{v}$　速度

$\boldsymbol{v}_{\mathrm{a}}$　绝对速度

$\boldsymbol{v}_{\mathrm{r}}$　相对速度

$\boldsymbol{v}_{\mathrm{e}}$　牵连速度

$\boldsymbol{v}_{C}$　质心速度

ρ　密度,曲率半径

φ　角度坐标

φ_{f}　摩擦角

ψ　角度坐标

ω_0　固有角频率

$\boldsymbol{\omega}$　角速度矢量

$\boldsymbol{\omega}_{\mathrm{a}}$　绝对角速度矢量

$\boldsymbol{\omega}_{\mathrm{r}}$　相对角速度矢量

$\boldsymbol{\omega}_{\mathrm{e}}$　牵连角速度矢量

l　长度

L　拉格朗日函数

$\boldsymbol{L}_O$　刚体对点 O 的动量矩

$\boldsymbol{L}_C$　刚体对质心的动量矩

m　质量

M_z　对 z 轴的矩

$\boldsymbol{M}$　力偶矩,主矩

$\boldsymbol{M}_O(\boldsymbol{F})$　力 $\boldsymbol{F}$ 对点 O 的矩

$\boldsymbol{M}_{\mathrm{I}}$　惯性力的主矩

n　质点数目

O　参考坐标系的原点

$\boldsymbol{p}$　动量

P　质量,功率

q　载荷集度,广义坐标

$\boldsymbol{Q}$　广义力

r　半径,矢径的模

$\boldsymbol{r}$　矢径

$\boldsymbol{r}_O$　点 O 的矢径

$\boldsymbol{r}_C$　质心的矢径

h　高度

$\boldsymbol{i}$　x 轴的基矢量

$\boldsymbol{I}$　冲量

$\boldsymbol{j}$　y 轴的基矢量

J_z　刚体对 z 轴的转动惯量

J_{xy}　刚体对 x,y 轴的惯性积

J_C　刚体对质心的转动惯量

k　弹簧刚度系数

$\boldsymbol{k}$　z 轴的基矢量

x,y,z　直角坐标

α　角加速度

β　角度坐标

δ　滚阻系数,阻尼系数

δ　变分符号

ζ　阻尼比

η　减缩因数

W　力的功

V　势能,体积

目录

第 2 篇　运动学

第 3 篇　动力学

绪　论

0.1　理论力学的研究对象

力学是研究客观物质机械运动规律的科学。**机械运动**是指物质在空间和时间中的位置变化。固体的移动和变形、气体和液体的流动都属于机械运动。机械运动是自然界最普遍的运动。大至宇宙,小至基本粒子,无处不存在机械运动。即使是物质更高级的运动形态,如物理、化学乃至生命活动,也包含有机械运动。

对各种不同形态的机械运动的研究产生了不同的力学分支学科。**理论力学**研究机械运动的最普遍和最基本的规律。它是各门力学学科的基础。近代工程技术,如机械工程、土木工程、航空航天工程等都是在力学理论指导下发展起来的,因此,理论力学也是这些与机械运动密切相关的工程技术学科的基础。

理论力学起源于物理学的一个独立分支,但它的内容已经远远超过了物理学的内容。理论力学不仅要求建立与力学有关的各种基本概念和理论,而且要求能运用理论知识对从实际问题中抽象出来的力学模型进行分析和计算。所谓力学模型,就是对自然界和工程技术中复杂的实际研究对象的合理简化。当所研究物体的运动范围远远超过它本身的几何尺度时,它的形状对运动的影响极其微小,此时可将物体简化为只有质量而没有体积的几何点,称为**质点**。一般情况下任何物体都可以看作是由许多质点组成的系统,称为**质点系**。对于那些在运动中变形极小,或虽有变形但不影响其整体运动的物体,可完全不考虑其变形而认为组成物体的各个质点之间的距离保持不变。这种不变形的特殊质点系,称为**刚体**。由许多刚体组成的系统,称为**刚体系**。理论力学的研究对象仅限于离散的质点、质点系、刚体和刚体系,统称为**离散系统**。在分析固体的变形或流体的流动规律时,必须建立另一种力学模型,即物质在空间连续分布的**连续介质**。虽然对连续介质的研究属于其他力学学科的任务,但理论力学所研究的普遍性规律也适用于连续介质。

理论力学所研究的力学规律仅限于经典力学范畴。其研究对象被限制为速度远小于光速的宏观物体。绝大多数工程实际问题都属于这个范畴。一般认为,经典力学是以牛顿定律为基础建立起来的力学理论。

理论力学的内容包括以下 3 个部分：

①**静力学**。研究力系的简化，以及物体在力系作用下的平衡规律。

②**运动学**。只从几何的角度研究物体的运动（如轨迹、速度和加速度等），不涉及运动的物理原因。

③**动力学**。研究物体的运动与作用于物体的力之间的关系。

0.2 理论力学的研究方法

研究科学的过程，就是认识客观世界的过程，任何正确的科学研究方法，一定要符合辩证唯物主义的认识论。理论力学也必须遵循这个正确的认识规律进行研究和发展。

①通过观察生活和生产实践中的各种现象，进行多次的科学实验，经过分析、综合和归纳，总结出力学的最基本的规律。

远在古代，人们为了提水，制造了轱辘；为了搬运重物，使用了杠杆、斜面和滑轮；为了利用风力和水力，制造了风车和水车，等等。制造和使用这些生活和生产工具，使人类对于机械运动有了初步的认识，并积累了大量的经验，经过分析、综合和归纳，逐渐形成了如“力”和“力矩”等基本概念，以及如“二力平衡”、“杠杆原理”、“力的平行四边形法则”和“万有引力定律”等力学的基本规律，并总结于科学著作中。我国的墨翟（公元前 468—公元前 382 年）所著的《墨经》，是一部最早记述有关力学理论的著作。

人们为了认识客观规律，不仅在生活和生产实践中进行观察和分析，还要主动地进行实验，定量地测定机械运动中各因素之间的关系，找出其内在规律性。例如伽利略（1564—1642 年）对自由落体和物体在斜面上的运动作了多次实验，从而推翻了统治多年的错误观点，并引出“加速度”的概念。此外，如摩擦定律、动力学三定律等都是建立在大量实验基础之上的。实验是形成理论的重要基础。

②在对事物观察和实验的基础上，经过抽象化建立力学模型，形成概念，在基本规律的基础上，经过逻辑推理和数学演绎，建立理论体系。

客观事物都是具体的、复杂的，为找出其共同规律性，必须抓住主要因素，舍弃次要因素，建立抽象化的力学模型。例如，忽略一般物体的微小变形，建立在力作用下物体形状、大小均不改变的刚体模型；抓住不同物体间机械运动的相互限制的主要方面，建立一些典型的理想约束模型；为分析复杂的振动现象，建立了弹簧质点的力学模型等。这种抽象化、理想化的方法，一方面简化了所研究的问题，另一方面也更深刻地反映出事物的本质。当然，任何抽象化的模型都是相对的。当条件改变时，必须再考虑到影响事物的新的因素，建立新的模型。例如，计算人造卫星绕地球运行的轨道运动时，由于卫星的尺度远远小于轨道半径，可将卫星简化为质点。但在讨论卫星绕质心转动的姿态运动时，必须将卫星抽象为刚体。而对于带有挠性太阳帆板的卫星，还必须抽象为刚体和弹性体组成的更复杂的模型。

生产实践中的问题是复杂的，不是一些零散的感性知识所能解决的。理论力学成功地运用逻辑推理和数学演绎的方法，由少量最基本的规律出发，得到了从多方面揭示机械运动规律的定理、定律和公式，建立了严密而完整的理论体系。这对于理解、掌握以及应用理论力学都是极为有利的。数学方法在理论力学的发展中起了重大的作用。近代计算机的发展和普及，不仅能完成力学问题中大量的复杂的数值计算,而且在逻辑推理、公式推导等方面也是极有效的工具。

③将理论力学的理论用于实践,在解释世界、改造世界中不断得到验证和发展。

实践是检验真理的唯一标准,实践中所遇到的新问题又是促进理论发展的源泉。古典力学理论在现实生活和工程中,被大量实践验证为正确,并在不同领域的实践中得到发展,形成了许多分支,如刚体力学、弹塑性力学、流体力学、生物力学等。大到天体运动,小到基本粒子运动,古典力学理论在实践中又都出现了矛盾,表现出真理的相对性。在新条件下,必须修正原有的理论,建立新的概念,才能正确指导实践,改造世界,并进一步地发展力学理论,形成新的力学分支。

0.3 学习理论力学的目的

理论力学是一门理论性较强的技术基础课。学习理论力学的目的是:

①工程专业一般都要接触机械运动的问题。有些工程问题可直接应用理论力学的基本理论去解决,有些比较复杂的问题,则需要用理论力学和其他专门知识共同来解决。因此,学习理论力学是为解决工程问题打下一定的基础。

②理论力学是研究力学中最普遍、最基本的规律。很多工程类专业的课程,如材料力学、机械原理、机械设计、结构力学、弹塑性力学、流体力学、飞行力学、振动理论、断裂力学以及许多专业课程等,都要以理论力学为基础,因此,理论力学是学习一系列后续课程的重要基础。

随着现代科学技术的发展,力学的研究内容已渗入其他科学领域,如固体力学和流体力学的理论被用来研究人体内骨骼的强度,血液流动的规律,以及植物中营养的输送问题等,形成了生物力学;流体力学的理论被用来研究等离子体在磁场中的运动,形成电磁流体力学;还有爆炸力学、物理力学等都是力学和其他学科结合而形成的边缘科学。这些新兴学科的建立都必须以坚实的理论力学知识为基础。

③理论力学的研究方法,与其他学科的研究方法有不少相同之处。因此,充分理解理论力学的研究方法,不仅可深入地掌握这门学科,而且有助于学习其他科学技术理论,有助于培养辩证唯物主义世界观,培养正确的分析问题和解决问题的能力,为今后解决生产实际问题,从事科学研究工作打下基础。

第 1 篇 静力学

引　言

静力学是研究物体在力系作用下的平衡规律的科学。

在静力学中所指的物体都是**刚体**。这是一个理想化的力学模型。

力，是物体间相互的机械作用，这种作用使物体的形状和运动状态发生改变。

在自然界中可以看到由各种不同的物理原因产生的力，但在理论力学里只研究力所产生的效应，而不研究它的物理来源。把引起物体变形的效应称为力的变形效应（内效应），而使受力物体运动状态改变的效应，称为力的运动效应（外效应）。力的内、外效应总是同时产生的，但对于刚体，不考虑力的变形效应。

实践表明，力的效应唯一地决定于力的三要素：

①力的大小。

②力的方向。

③力的作用位置或作用点。

因此，力是矢量，用 $\boldsymbol{F}$ 表示，而 F 仅仅表示力的大小。在国际单位制中，力的单位是牛（N）或千牛（kN）。

力系，是指作用于物体上的一群力。

如果一个力系作用于物体的效果与另一个力系作用于该物体的效果相同，这两个力系互为等效力系。不受外力作用的物体可称其为受零力系作用。一个力系如果与零力系等效，则该力系称为平衡力系。

静力学主要研究以下 3 个方面的问题：

(1) 物体的受力分析

分析物体受几个力作用，以及每个力的作用位置。

(2)力系的等效替换(或简化)

将作用在物体上的一个力系用与它等效的另一个力系来替换,称为力系的等效替换。如果用一个简单力系等效替换一个复杂力系,则称为力系的简化。如果某力系与一个力等效,则此力称为该力系的合力。

研究力系等效替换并不限于分析静力学问题,也是为动力学提供基础。

(3)建立各种力系的平衡条件

研究作用在物体上的各种力系所需满足的平衡条件。

第 1 章 静力学公理和物体的受力分析

本章将阐述静力学公理,并介绍工程中常见的约束和约束力的分析及物体的受力图,同时介绍力学模型及力学建模的概念。

1.1 静力学公理

在力的概念形成的同时,人们对力的基本性质的认识逐步深入。静力学公理就是对力的基本性质的概括与总结,它们以大量的客观事实为依据,其正确性已为实践所证实。

公理 1　力的平行四边形法则

作用在物体上同一点的两个力,可以合成为一个合力。合力的作用点也在该点,合力的大小和方向,由这两个力为边构成的平行四边形的对角线确定,如图 1.1(a)所示。或者说,合力矢等于这两个力矢的几何和,即

$$\boldsymbol{F}_R = \boldsymbol{F}_1 + \boldsymbol{F}_2 \tag{1.1}$$

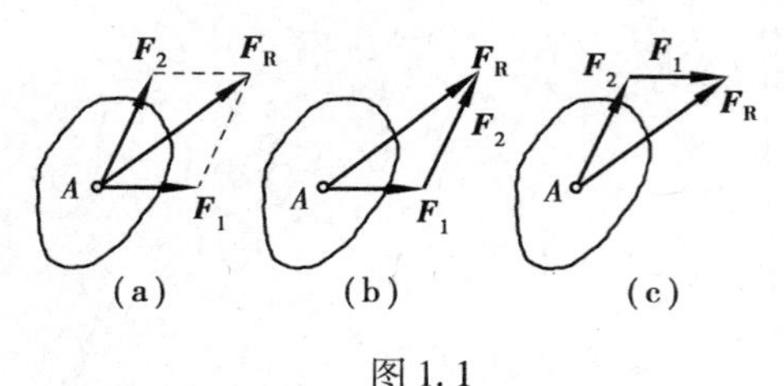

图 1.1

也可另作一**力三角形**,求两汇交力合力的大小和方向(即合力矢),如图 1.1(b)、(c)所示。

这个公理是复杂力系简化的基础。

公理 2　二力平衡条件

作用在刚体上的两个力(如 $\boldsymbol{F}_1$ 与 $\boldsymbol{F}_2$),使刚体保持平衡的必要和充分条件是:这两个力的大小相等,方向相反,且作用在同一直线上。

这个公理阐述了静力学中最简单的二力平衡条件,这是刚体平衡最基本的规律,是推证力系平衡条件的理论基础。必须指出,这个公理只适用于刚体。对于变形体来说,公理 2 给出的平衡条件是不充分的。

工程实际中常遇到只受两个力作用而保持平衡的构件,称为**二力构件**或**二力杆**。根据公理 2,无论二力构件形状如何,其所受的两个力必定沿两力作用点的连线,且大小相等,方向相反,如图 1.2 所示。

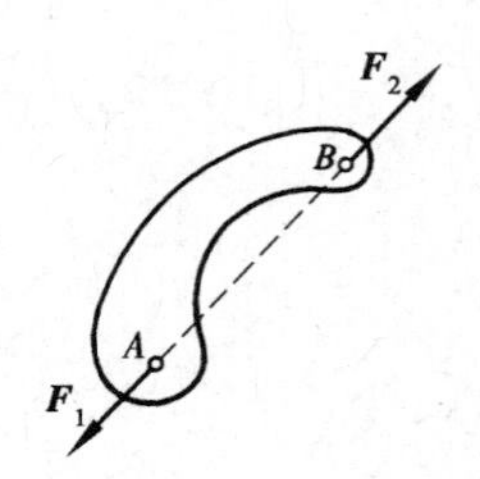

图 1.2

公理3　加减平衡力系原理

在作用于刚体的已知力系中加上或减去任意的平衡力系,与原力系对刚体的作用等效。

这个公理也只适用于刚体,它是力系等效替换的理论依据。

根据上述公理可以导出下列推理:

推理1　力在刚体上的可传性

作用于刚体上某点的力,可沿着它的作用线移到刚体内任意一点,而不改变该力对刚体的作用效果。

证明　在刚体上的点 A 作用力 $\boldsymbol{F}$,如图1.3(a)所示。根据加减平衡力系原理,可在力的作用线上任取一点 B,并加上两个相互平衡的力 $\boldsymbol{F}_1$ 和 $\boldsymbol{F}_2$,使 $\boldsymbol{F}=\boldsymbol{F}_2=-\boldsymbol{F}_1$,如图1.3(b)所示。由于力 $\boldsymbol{F}$ 和 $\boldsymbol{F}_1$ 也是一个平衡力系,故可减去,这样只剩下一个力 $\boldsymbol{F}_2$,如图1.3(c)所示,即原来的力 $\boldsymbol{F}$ 沿其作用线移到了刚体上点 B。

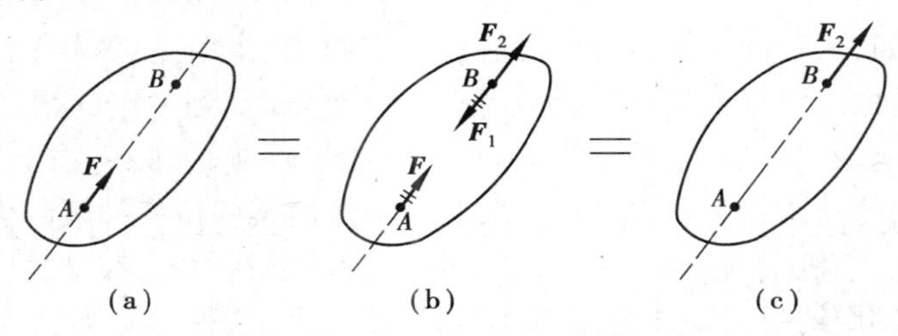

图1.3

由此可知,对于刚体来说,作用点并不重要,对力的作用效果有影响的是力的作用线。因此,作用于刚体上的**力的三要素**是:力的大小、方向和作用线。

作用于刚体上的力可以沿着其作用线移动,这种矢量称为**滑动矢量**。

应该指出,力的可传性仅适用于研究力的运动效应,而不适用于研究力的变形效应。

推理2　三力平衡汇交定理

作用于刚体上3个相互平衡的力,若其中两个力的作用线汇交于一点,则此三力必在同一平面内,且第3个力的作用线通过汇交点。

利用力平行四边形公理和二力平衡公理,读者可自行证明该定理。

公理4　作用和反作用公理

作用力和反作用力总是同时存在,两力的大小相等、方向相反,沿着同一直线,分别作用在两个相互作用的物体上。若用 $\boldsymbol{F}$ 表示作用力,$\boldsymbol{F}'$ 表示反作用力,则

$$\boldsymbol{F}=-\boldsymbol{F}'$$

这个公理概括了物体间相互作用的关系,无论物体是处于静止状态还是运动状态,它都普遍适用。由作用与反作用公理可知,力总是成对出现的,有作用力必有反作用力。应该注意,作用力和反作用力不是作用在同一物体上,而是分别作用于两个相互作用的物体上。因此,尽管二者大小相等、方向相反、沿同一作用线,但不能相互平衡。一定注意区分作用和反作用公理与二力平衡公理。

公理5　刚化公理

变形体在某一力系作用下处于平衡,如将此变形体刚化为刚体,其平衡状态保持不变。

这个公理提供了把变形体看作为刚体模型的条件。如图1.4所示,把处于平衡状态的绳索刚化成刚性杆,其平衡状态保持不变。反之不一定成立。

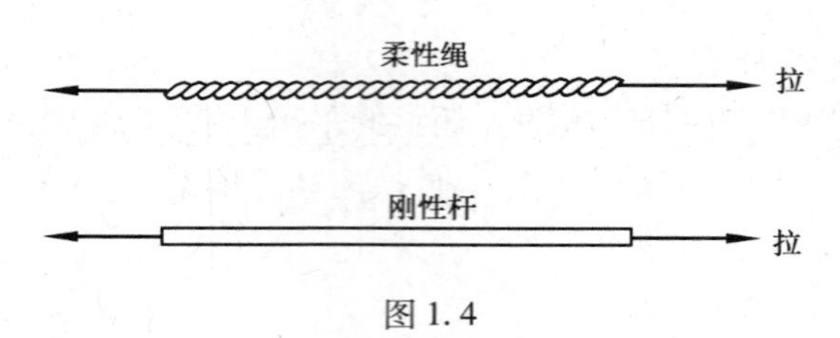

图 1.4

由此可知,刚体平衡的充要条件,对变形体的平衡来说只是必要的而不是充分的。在刚体静力学的基础上,考虑变形体的特性,可进一步研究变形体的平衡问题。

1.2 约束和约束力

有些物体,例如:飞行的飞机、炮弹和火箭等,它们在空间的位移不受任何限制。位移不受限制的物体称为**自由体**。相反,有些物体在空间的位移却受到一定的限制。如机车受铁轨的限制,只能沿轨道运动;电机转子受轴承的限制,只能绕轴线转动;重物由钢索吊住,不能下落等。位移受到限制的物体称为**非自由体**。对非自由体的某些位移起限制作用的周围物体称为**约束**。例如,铁轨对于机车,轴承对于电机转子,钢索对于重物等,都是约束。

从力学角度来看,约束对物体的作用,实际上就是力,这种力称为**约束力**,因此,约束力的方向必与该约束所能够阻碍的位移方向相反。应用这个准则,可确定约束力的方向或作用线的位置。至于约束力的大小则是未知的。在静力学问题中,约束力和物体受的其他已知力(称为**主动力**)组成平衡力系,因此,可用平衡条件求出未知的约束力。当主动力改变时,约束力一般也发生改变,因此,约束力是被动的,这也是将约束力之外的力称为主动力的原因。

下面介绍几种工程中常见的约束类型和确定约束力方向的方法。

1.2.1 具有光滑接触表面的约束

两物体直接接触,不计接触处摩擦而构成的约束称为光滑接触面约束。

这类约束限制了物体沿过接触点的公法线而趋向接触面方向的运动,即约束力方向为沿过接触点的公法线而指向被约束物体,通常用 $\boldsymbol{F}_N$ 表示,如图 1.5 中的 $\boldsymbol{F}_{NA}$、$\boldsymbol{F}_{NC}$ 和图 1.6 中的 $\boldsymbol{F}_N$ 等。

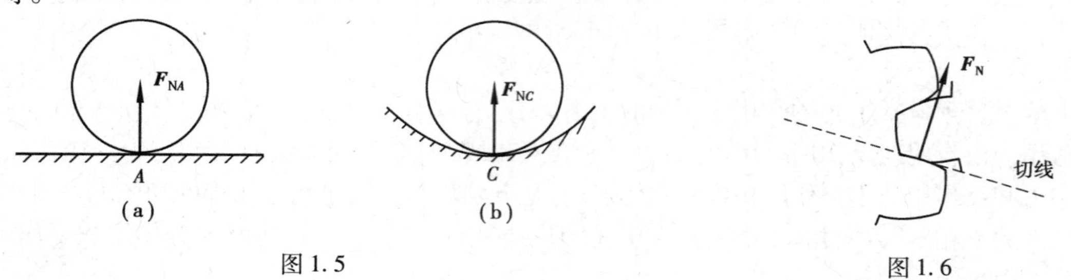

图 1.5　　图 1.6

1.2.2 由柔软的绳索、链条或胶带等构成的约束

如图 1.7 所示,由于柔软的绳索本身只能承受拉力,因此它给物体的约束力也只可能是拉力。绳索对物体的约束力,作用在接触点,方向沿着绳索背离物体。通常用 $\boldsymbol{F}$ 或 $\boldsymbol{F}_T$ 表示这类

约束力。

链条或胶带也都只能承受拉力。当它们绕在轮子上，对轮子的约束力沿轮缘的切线方向(见图1.8)。

这类约束一般通称为柔索类约束。

图1.7 图1.8

1.2.3 光滑铰链约束

圆柱铰链简称柱铰或者铰链，是指两个构件钻有同样大小的圆孔，并用与圆孔直径相同的光滑销钉连接而构成的约束，如图1.9所示。

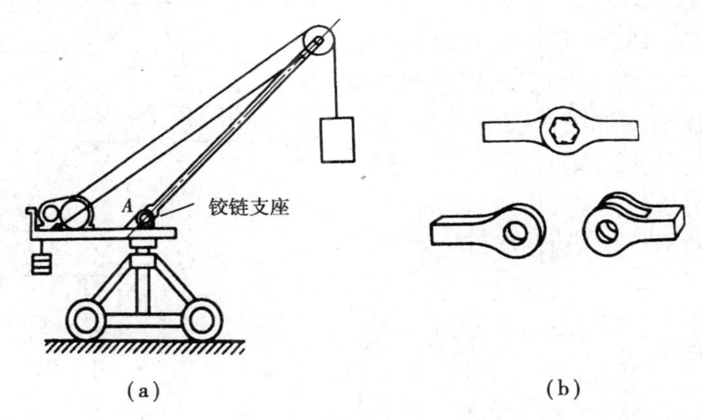

(a) (b)

图1.9

该类约束限制物体沿圆柱销的任意径向方向的移动，而不能限制物体绕圆柱销轴线的转动和沿平行圆柱销轴线方向的移动。由于圆柱销钉和圆孔是光滑面接触，则约束力应沿接触点的公法线，垂直于轴线。但因接触点的位置不能事先确定，因此，约束力的方向也不能事先确定，如图1.10所示。

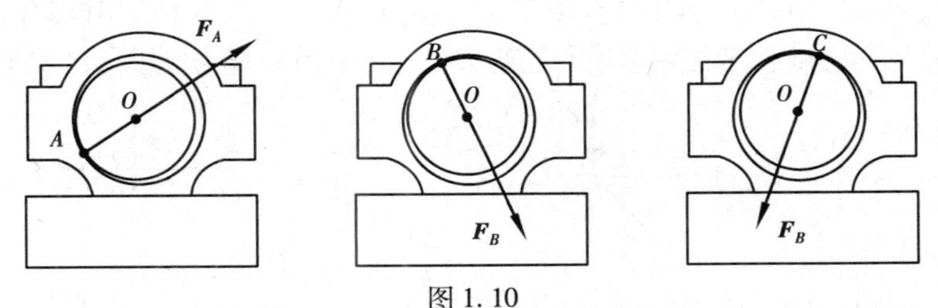

图1.10

也就是说，光滑圆柱铰链的约束力只能是压力，在垂直于圆柱销轴线的平面内，通过圆柱销中心，方向不定，通常用两个正交未知分力 $\boldsymbol{F}_{Ax}$，$\boldsymbol{F}_{Ay}$ 来表示(见图1.11)，$\boldsymbol{F}_{Ax}$，$\boldsymbol{F}_{Ay}$ 的指向可任意假定。

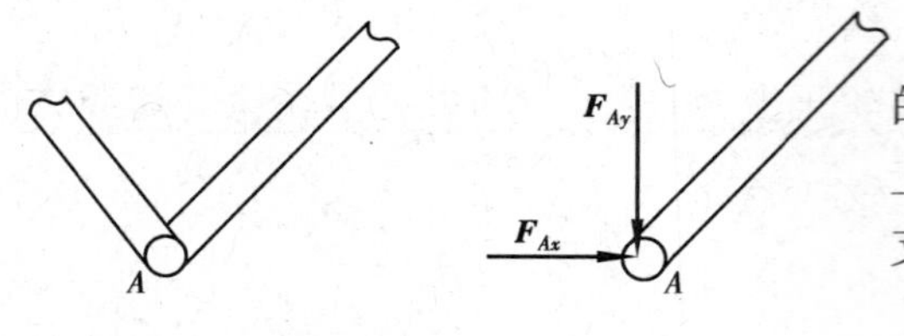

图 1.11

圆柱销连接处称为铰接点,在用圆柱销连接的构件中,若其中有一个构件固定在地面或机架上,则称这种铰链约束为固定铰链约束。固定铰支座的简图及约束力画法如图 1.12 所示。

如果用圆柱铰链连接两个构件,其中一个又与支座连接,而支座下面安装一排轮子,这就构成了辊轴支座,也称为活动铰支座。活动铰支座结构简图如图 1.13(a)所示。这种支座不能阻止物体沿支撑面移动和绕销钉的轴线转动,只能阻止物体沿支撑面法线方向移动。因此,活动铰支座的约束力垂直于支撑面,通过圆孔中心,指向可以假定。如图 1.13(b)所示为活动铰支座简图,约束反力画法如图 1.13(c)所示。

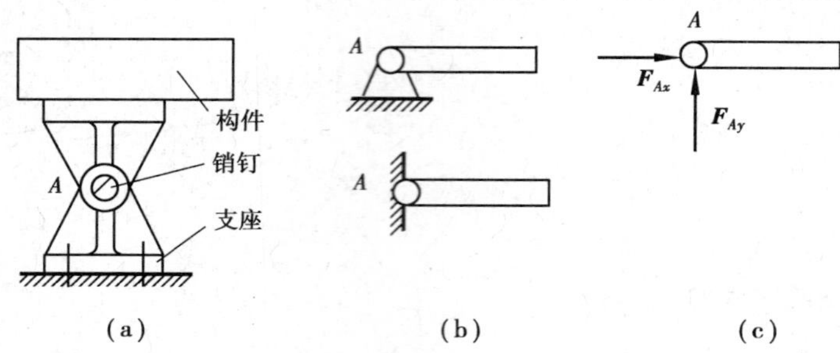

图 1.12

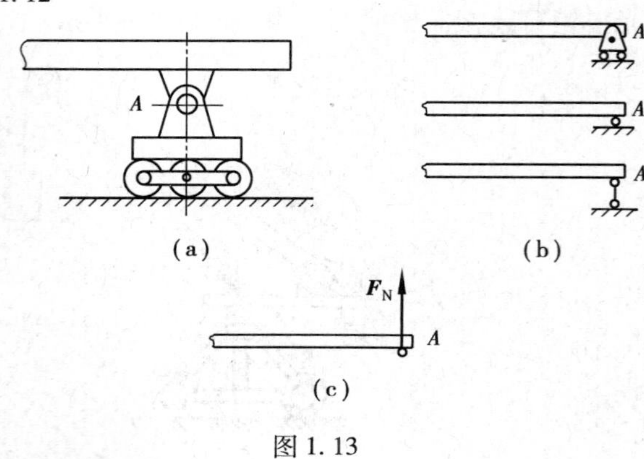

图 1.13

1.2.4 向心轴承

向心轴承是机器中常见的一种约束,如图 1.14(a)所示。它的性质与铰链约束的性质相同,不过在这里轴承是约束,而轴本身则是被约束物体。轴承对轴的约束反力与铰链的约束反力具有完全相同的特征。当主动力尚未确定时,约束反力的方向不能预先确定。但是,无论约束反力的方向如何,其作用线必定垂直于轴线并通过轴心。通常,用通过轴心的两个正交分解力表示这个方向不定的未知力,如图 1.14(b)所示。若向心轴承的一端固定,限制了轴沿轴向的位移,这种约束称为止推轴承,如图 1.14(c)所示,它比向心轴承多了一个轴向的约束反力。其约束反力简图如图 1.14(d)所示。

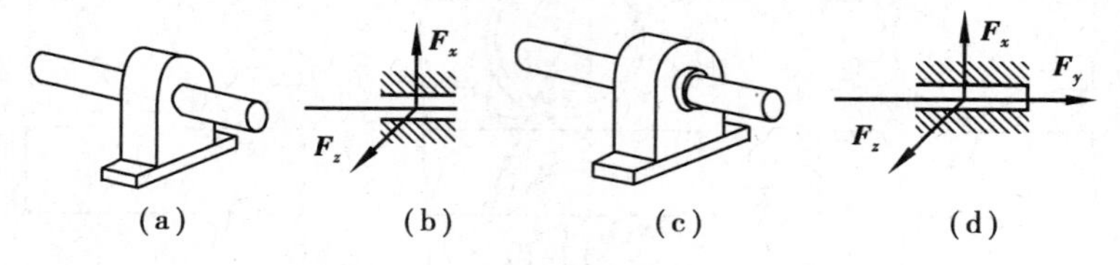

图 1.14

1.2.5　球铰链

通过圆球和球壳将两个构件连接在一起的约束称为球铰链，如图1.15(a)所示。它使构件的球心不能有任何位移，但构件可绕球心任意转动。若忽略摩擦，其约束力应是通过接触点与球心，但方向不能预先确定的一个空间法向约束力，可用3个正交分力 $\boldsymbol{F}_{Ax}$，$\boldsymbol{F}_{Ay}$，$\boldsymbol{F}_{Az}$ 表示，其简图及约束力如图1.15(b)所示。

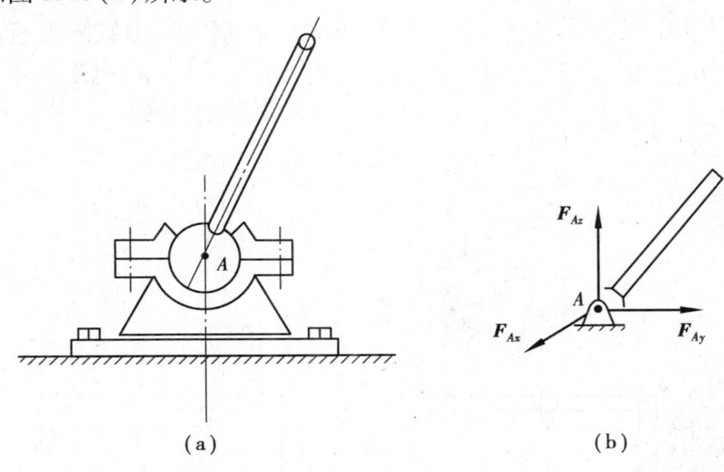

图1.15

以上只介绍了几种简单约束，在工程中，约束的类型远不止这些，有的约束比较复杂，分析时需要加以简化或抽象。

1.3　受力分析与受力图·力学模型和力学简图

1.3.1　受力分析和受力图

在工程实际中，为了求出未知的约束力，需要根据已知力，应用平衡条件求解。为此，首先要确定构件受了几个力，每个力的作用位置和力的作用方向，这种分析过程称为物体的受力分析。

作用在物体上的力可分为两类：一类是主动力，如物体的重力、风力、气体压力等，一般是已知的；另一类是约束对于物体的约束力，为未知的被动力。

为了清晰地表示物体的受力情况，把需要研究的物体(称为受力体)从周围的物体(称为施力体)中分离出来，单独画出它的简图，这个步骤称为取研究对象或取分离体。然后把施力物体对研究对象的作用力(包括主动力和约束力)全部画出来。这种表示受力的简明图形，称为**受力图**。画物体受力图是解决静力学问题的一个重要步骤。

例1.1　用力 $\boldsymbol{F}$ 拉动碾子以压平路面，重为 P 的碾子受到一石块的阻碍，如图1.16(a)所示。不计摩擦，试画出碾子的受力图。

解　1)取碾子为研究对象(即取分离体)，并单独画出其简图。

2)画主动力。有地球的引力 $\boldsymbol{P}$ 和碾子中心的拉力 $\boldsymbol{F}$。

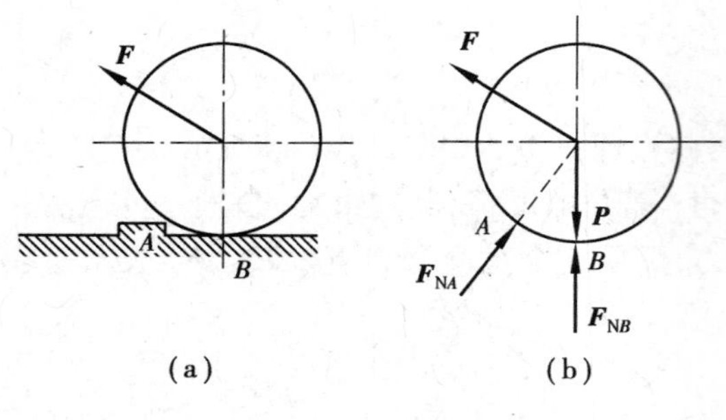

图 1.16

3)画约束力。因碾子在 A 和 B 两处受到石块和地面的光滑约束,故在 A 处及 B 处受石块与地面的法向反力 $\boldsymbol{F}_{NA}$ 和 $\boldsymbol{F}_{NB}$ 的作用,它们都沿着碾子上接触点的公法线而指向圆心。

碾子的受力图如图 1.16(b)所示。

例 1.2 平面刚架 $ABCD$ 的 A 端为光滑固定铰链支座,D 端为活动铰链支座,在 E 处作用水平力 $\boldsymbol{F}$,如图 1.17(a)所示。不计刚架质量,试画出该刚架的受力图。

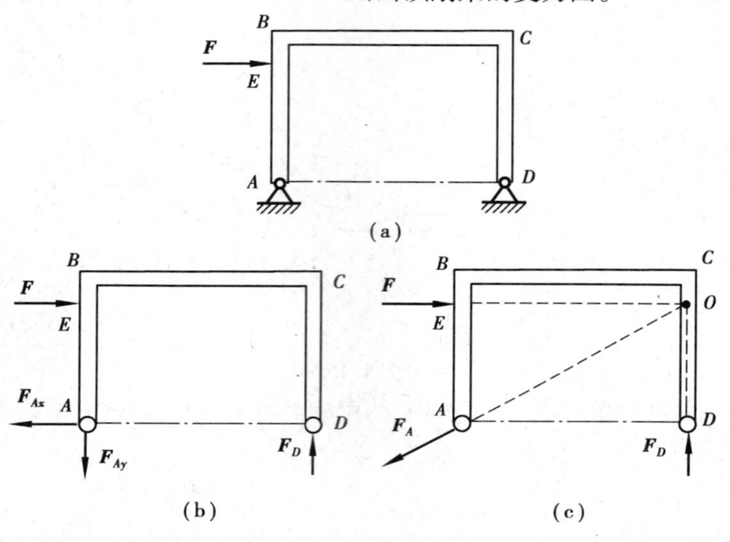

图 1.17

解 取刚架 $ABCD$ 为研究对象,把刚架从支座中分离出来,如图 1.17(b)所示。刚架在 E 处受主动力 $\boldsymbol{F}$ 的作用,在 A 和 D 处还受约束力的作用。D 处是活动铰链支座,它的约束力应通过铰销中心 D 并与支承面垂直,沿铅直向上的方向。固定铰链支座 A 的约束力通过铰销中心 A,它的大小和方向都不能预先独立地确定,一般可用 2 个正交分力 $\boldsymbol{F}_{Ax}$ 和 $\boldsymbol{F}_{Ay}$ 表示。

由于不计刚架的质量,刚架只受 3 个彼此不平行的力 $\boldsymbol{F}$,$\boldsymbol{F}_A$ 和 $\boldsymbol{F}_D$ 作用而处于平衡状态。根据三力平衡汇交定理,这 3 个力的作用线应汇交于同一点。由于力 $\boldsymbol{F}$ 和 $\boldsymbol{F}_D$ 的作用线交于点 O,故力 $\boldsymbol{F}_A$ 的作用线必沿通过 A,O 两点的连线,如图 1.17(c)所示。图中力 $\boldsymbol{F}_A$ 的指向是假定的,它的真实指向将在以后学习中确定。

例 1.3 如图 1.18(a)所示,水平梁 AB 用斜杆 CD 支撑,A、C、D 3 处均为光滑铰链连接。均质梁重 $\boldsymbol{P}_1$,其上放置一重为 $\boldsymbol{P}_2$ 的电动机。不计杆 CD 的自重,试分别画出杆 CD 和梁 AB(包括电动机)的受力图。

解 1)先分析斜杆 CD 的受力。由于斜杆的自重不计,根据光滑铰链的特性,C、D 处的约束力分别通过铰链 C、D 的中心,方向暂不确定。考虑到杆 CD 只在 $\boldsymbol{F}_C$、$\boldsymbol{F}_D$ 二力作用下平衡,根据二力平衡公理,这两个力必定沿同一直线,且等值、反向。由此可确定 $\boldsymbol{F}_C$ 和 $\boldsymbol{F}_D$ 的作用线应沿铰链中心 C 与 D 的连线,由经验判断,此处杆 CD 受压力,其受力图如图 1.18(b)所示。显然,CD 是二力构件。一般情况下,$\boldsymbol{F}_C$ 与 $\boldsymbol{F}_D$ 的指向不能预先判定,可先任意假设杆受拉力

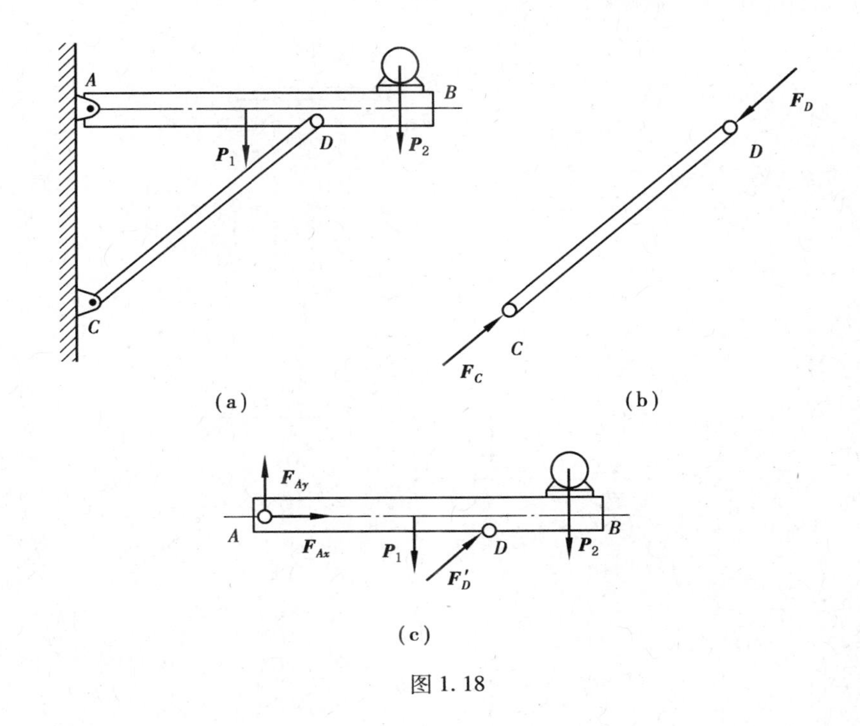

图1.18

或压力。

2)取梁 AB(包括电动机)为研究对象。它受有 $\boldsymbol{P}_1$、$\boldsymbol{P}_2$ 两个主动力的作用。梁在铰链 D 处受有二力杆 CD 给它的约束力 $\boldsymbol{F}'_D$。根据作用和反作用定律,$\boldsymbol{F}'_D=-\boldsymbol{F}_D$。梁在 A 处受固定铰支给它的约束力的作用,由于方向未知,可用两个大小未定的正交分力 $\boldsymbol{F}_{Ax}$ 和 $\boldsymbol{F}_{Ay}$ 表示。梁 AB 的受力图如图1.18(c)所示。

例1.4　如图1.19(a)所示的三铰结构由直杆 AB 和曲杆 CD 组成,在 D 处用光滑圆柱铰链连接,A 和 C 都是固定铰链支座。如果在 B 端作用铅直向下的力 $\boldsymbol{F}$,不计构件的质量,试分别画出曲杆 CD 和直杆 AB 的受力图。

解　三铰结构在铰链连接处 A、C、D 的约束力,一般可用两个正交力分别表示,如图1.19(b)、(c),图中 $\boldsymbol{F}_{Dx}=-\boldsymbol{F}'_{Dx}$,$\boldsymbol{F}_{Dy}=-\boldsymbol{F}'_{Dy}$。

由于不计构件的质量,曲杆 CD 只在两端受铰销 C 和 D 的约束力 $\boldsymbol{F}_C$ 和 $\boldsymbol{F}_D$,故曲杆 CD 是二力构件,如图1.19(d)所示。这两个力的作用线必须通过 C、D 两点的连线,且$\boldsymbol{F}_C=-\boldsymbol{F}_D$。

直杆 AB 在 A、D、B 3处受力作用,如图1.19(e)所示,且 $\boldsymbol{F}'_D=-\boldsymbol{F}_D$。由于力 $\boldsymbol{F}$ 与力 $\boldsymbol{F}'_D$ 的作用线交于点 O,根据三力平衡汇交定理,可判断力 $\boldsymbol{F}_A$ 的作用线必沿通过 A,O 两点的连线。

例1.5　铰链支架由两杆 AB、CD,以及定滑轮、绳索等组成,如图1.20(a)所示。D 处是铰链连接,A 和 B 都是固定铰链支座,在定滑轮上吊有重力为 $\boldsymbol{G}$ 的物体 H。如果不计其余物体的质量,试分别画出定滑轮、杆 CD、杆 AB 和整个支架的受力图。

解　本题的结构虽然比前面几个例题复杂,但其中由杆 AB 和 CD 组成的三铰构件是它的主体结构,另外还附加有定滑轮和绳索等物体共同组成图示铰链支架。

定滑轮除受绳索的拉力 $\boldsymbol{F}_{T1}$ 和 $\boldsymbol{F}_{T2}$ 外,还受铰 B 对滑轮的约束力 $\boldsymbol{F}_{Bx}$ 和 $\boldsymbol{F}_{By}$,如图1.20(b)所示。由于不计绳索质量,拉力 $\boldsymbol{F}_{T1}$ 和 $\boldsymbol{F}_{T2}$ 的大小都等于 G,即 $F_{T1}=F_{T2}=G$。

杆 CD 除受绳索的拉力 $\boldsymbol{F}'_{T2}$ 外,在 C 端和 D 端还受约束力的作用,它们可分别用两个正交

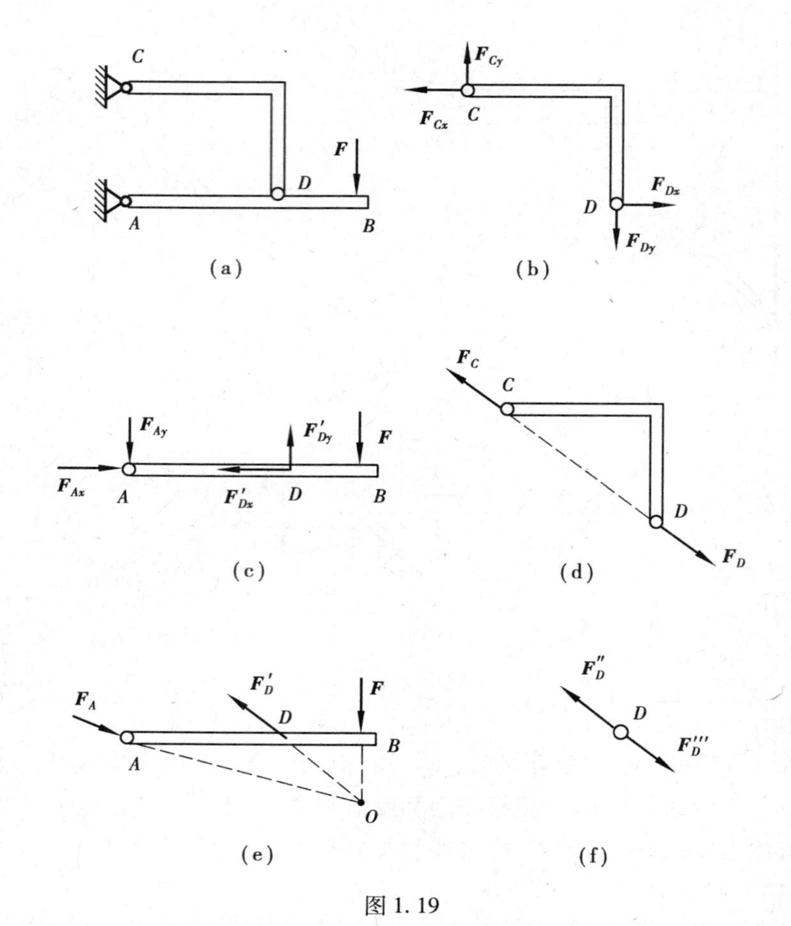

图 1.19

分力 $\boldsymbol{F}_{Cx}$,$\boldsymbol{F}_{Cy}$和 $\boldsymbol{F}_{Dx}$,$\boldsymbol{F}_{Dy}$ 表示,其指向可以事先任意假设,如图 1.20(c)所示。图中 $\boldsymbol{F}'_{T2}=-\boldsymbol{F}_{T2}$。

杆 AB 在 A、B、D 3 处受力作用,它们都可以分别用 2 个正交分力 $\boldsymbol{F}_{Ax}$,$\boldsymbol{F}_{Ay}$,$\boldsymbol{F}'_{Bx}$,$\boldsymbol{F}'_{By}$,$\boldsymbol{F}'_{Dx}$,$\boldsymbol{F}'_{Dy}$ 表示,如图1.20(d)所示。图中力$\boldsymbol{F}_{Ax}$和$\boldsymbol{F}_{Ay}$ 的指向可事先任意假设,而力$\boldsymbol{F}'_{Bx}$,$\boldsymbol{F}'_{By}$ 与力$\boldsymbol{F}_{Bx}$,$\boldsymbol{F}_{By}$ 以及力 $\boldsymbol{F}'_{Dx}$,$\boldsymbol{F}'_{Dy}$与力 $\boldsymbol{F}_{Dx}$,$\boldsymbol{F}_{Dy}$ 都是作用力与反作用力的关系,即 $\boldsymbol{F}_{Bx}=-\boldsymbol{F}'_{Bx}$,$\boldsymbol{F}_{By}=-\boldsymbol{F}'_{By}$,$\boldsymbol{F}'_{Dx}=-\boldsymbol{F}_{Dx}$,$\boldsymbol{F}'_{Dy}=-\boldsymbol{F}_{Dy}$,其指向必须对应相反。

整个支架的受力图如图 1.20(e)所示,只需画作用在整个支架的外力,即主动力 $\boldsymbol{G}$,以及支座 A 和 C 的约束力 $\boldsymbol{F}_{Ax}$,$\boldsymbol{F}_{Ay}$和 $\boldsymbol{F}_{Cx}$,$\boldsymbol{F}_{Cy}$。不画整个支架内各物体间相互作用的内力,例如铰 B,铰 D 以及绳索间相互作用的内力 $\boldsymbol{F}_{Bx}$,$\boldsymbol{F}_{By}$ 与 $\boldsymbol{F}'_{Bx}$,$\boldsymbol{F}'_{By}$ 和 $\boldsymbol{F}_{Dx}$,$\boldsymbol{F}_{Dy}$ 与 $\boldsymbol{F}'_{Dx}$,$\boldsymbol{F}'_{Dy}$,以及 $\boldsymbol{F}_{T2}$ 与 $\boldsymbol{F}'_{T2}$等。

正确地画出物体的受力图,是分析、解决力学问题的基础。画受力图时必须注意以下 5 点:

①必须明确研究对象。根据求解需要,可取单个物体为研究对象,也可取由几个物体组成的系统为研究对象。不同研究对象的受力图是不同的。

②正确确定研究对象的数目。由于力是物体之间相互的机械作用,因此,对每一个力都应明确它是哪一个施力物体施加给研究对象的,决不能凭空产生。同时,也不可漏掉一个力。一般可先画已知的主动力,再画约束力;凡是研究对象与外界接触的地方,一定存在约束力。

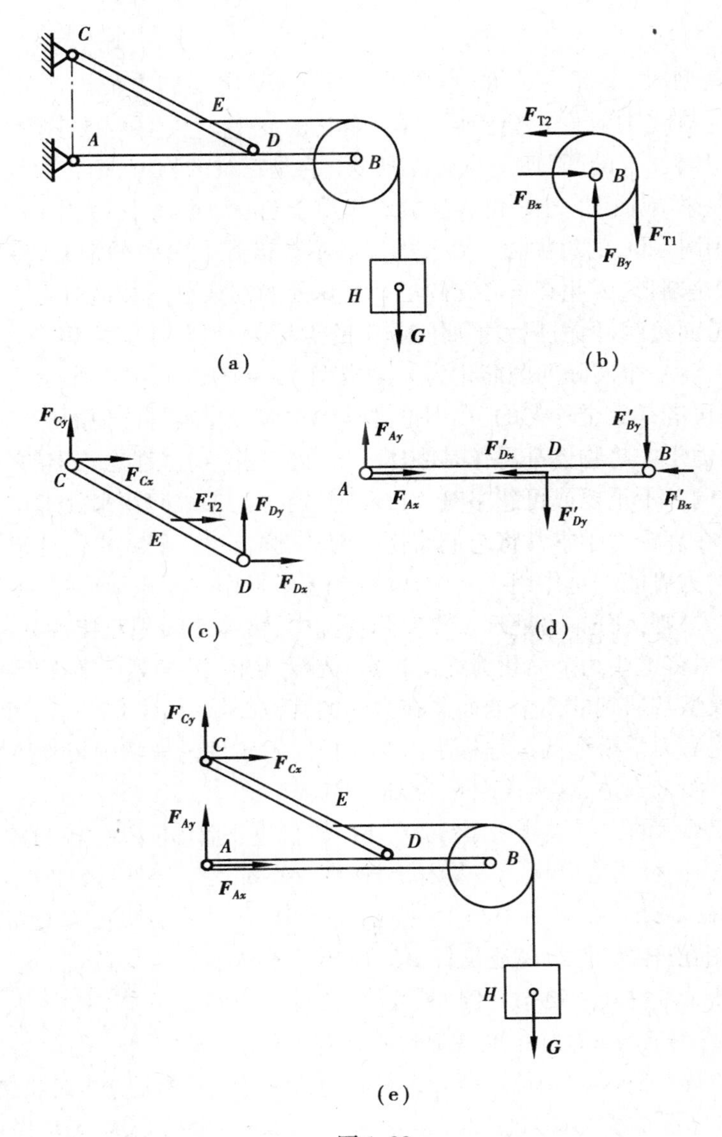

图1.20

③正确画出约束力。一个物体往往同时受到几个约束的作用,这时应分别根据每个约束本身的特性来确定其约束力的方向,而不能凭主观臆测。

④当分析两个物体间相互的作用力时,应遵循作用、反作用关系。作用力的方向一旦假定,则反作用力的方向应与之相反。

⑤在受力图上只画研究对象所受的外力。

1.3.2 力学模型和力学简图

对任何实际问题进行力学分析、计算时,都要将实际问题抽象成为力学模型,然后对力学模型进行分析、计算。任何力学计算实际上都是针对力学模型进行的。例如,某些人对这座桥梁进行了力学计算,实际上是指他们对这座桥梁的力学模型进行了计算。显然,将实际问题转化为力学模型是进行力学计算所必需的、重要的、关键的一环,这一环进行的好坏,将直接影响计算过程和计算结果。

在建立力学模型时，要抓住关键、本质的方面，忽略次要的方面。例如，在例1.1（见图1.16）中的碾子，它在受力时肯定会变形，可忽略它的变形，把它看成是刚体。它的几何形状不可能是严格数学意义上的圆，把它看成是圆形。它是三维的物体，把它简化为平面问题。它受的主动力 $\boldsymbol{F}$ 是怎样施加的，力 $\boldsymbol{F}$ 也不会恰好作用于圆心，而且也不会作用于一个几何点，但把力 $\boldsymbol{F}$ 简化为作用于圆心的集中力。碾子的重心不会恰好在图中的圆心，将碾子材料看成是均匀的，几何形状是圆形，因此其重心在圆心。A、B 处的约束也不会绝对光滑，但如忽略摩擦；A、B 处实际上会是面接触，但简化为平面问题中的点接触，如此才能用集中力 $\boldsymbol{F}_{NA}$、$\boldsymbol{F}_{NB}$ 表示约束力，等等。可知，将一个实际问题简化为力学模型，要在多方面进行抽象化处理。这些方面包括：实际材料不可能是完全均匀的，在理论力学中常假设材料是均匀的。实际物体受力后总会有变形，在理论力学中将物体都看作是刚体。实际问题中物体都是三维的，其受力也常为三维的，但当其一方向并不重要或可忽略时，可以将其简化为二维问题来处理。实际物体的几何形状可能极复杂，在理论力学中常将它们简化为圆柱、圆盘、板、杆或它们的组合等简单的几何形状。物体受到的力可能不是作用于一个几何点上，但当作用面积很小时，可将其简化为集中力；若分布面积较大，则按分布力处理。在实际情况中，物体之间相互接触处（约束）也是很复杂的，在理论力学中将这些约束简化为光滑铰链、光滑接触、柔索等。上面介绍的仅仅是理论力学中建立力学模型常遇到的几个方面。在力学的其他领域中，建立力学模型常常要更复杂。

将实际问题化为力学模型的过程称为力学建模。由于理论力学中将物体视为刚体，因此，其力学模型可用简图来表达，这类简图称为力学简图。

如图1.21(a)所示的力学模型表示杆 AC、BC 的自重不计，A、B、C 皆为铰链，点 C 受力 $\boldsymbol{F}$ 作用，要求对此结构进行受力分析。容易看出杆 AC、BC 都是二力杆，因此 A、B 处的约束力必沿两杆方向，难点在 C 处。在图1.21(a)的力学简图中，并没有表明铰 C 处的具体结构，也没有表明力 $\boldsymbol{F}$ 是作用在杆 AC 的点 C 还是杆 BC 的点 C 或销轴 C 上。因此，这一力学简图所表达的力学模型可针对多种实际结构。例如，可认为销轴与 BC 为一体，AC 上在 C 处有一孔，力 $\boldsymbol{F}$ 作用在销子上；或销轴与 AC 为一体，BC 上 C 处有一孔，力 $\boldsymbol{F}$ 作用在孔 C 上；或 AC、BC 上均在 C 处有孔，另有一销子将两者串在一起，力 $\boldsymbol{F}$ 作用在销子上，受力分析时将销子与杆 作为一个物体。以上3种情况的受力图如图1.21(b)所示。另外，也可认为力 $\boldsymbol{F}$ 作用于杆 AC 上的点 C，这种情况的受力图如图1.21(c)所示。还可认为 AC、BC 在 C 处皆有孔，而力 $\boldsymbol{F}$ 作用在销钉 C 上，以销钉 C 为研究对象的受力图如图1.21(d)所示。可知，如图1.21(a)所示的同一力学模型至少画出了3种受力图。这3种受力图都是正确的，用这3种受力图计算的结果也是相同的。

由于理论力学中总假设物体是刚体，且物体之间的联系及接触处都用抽象后的约束来表达，因此，理论力学中的力学模型一般用力学简图来表达。又由于理论力学课程主要讲授古典力学的理论和方法，因此，本书略去了力学建模的过程，而直接求解力学模型，书中的插图主要是力学简图。

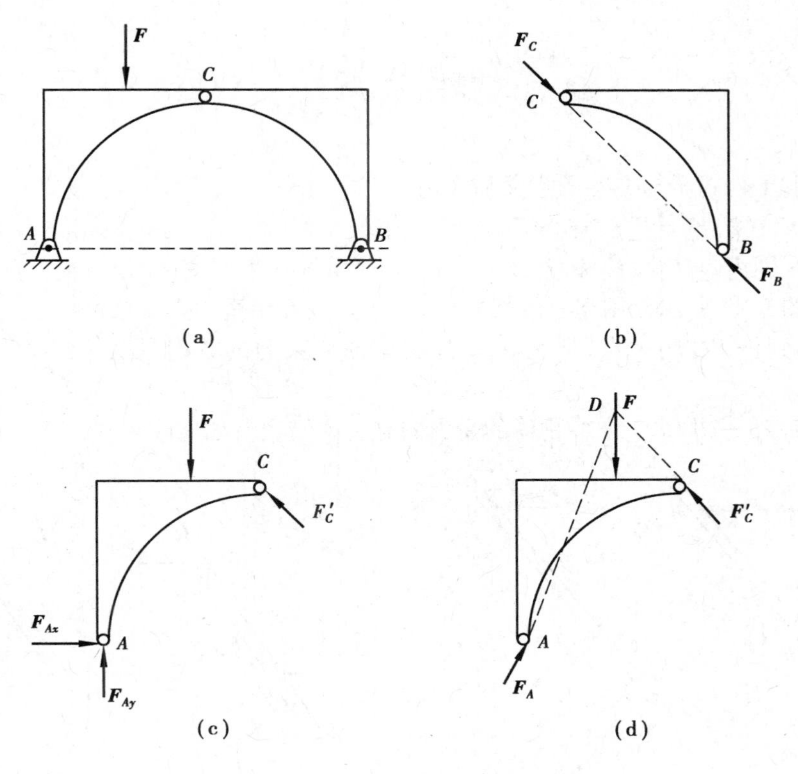

图1.21

小　结

1. 静力学是研究物体在力系作用下的平衡条件的科学。

2. 静力学公理。

公理1　力的平行四边形法则。

公理2　二力平衡条件。

公理3　加减平衡力系原理。

公理4　作用和反作用公理。

公理5　刚化公理。

3. 约束和约束力。

限制非自由体某些位移的周围物体,称为约束。约束对非自由体施加的力,称为约束力。约束力的方向与该约束所能阻碍的位移方向相反。

4. 物体的受力分析和受力图。

画物体受力图时,首先要明确研究对象(即取分离体)。物体受的力分为主动力和约束力。要注意分清内力与外力,在受力图上一般只画研究对象所受的外力;还要注意作用力与反作用力之间的相互关系。

思 考 题

1.1　说明下列式子与文字的意义和区别：

(1) $\boldsymbol{F}_1=\boldsymbol{F}_2$；(2) $F_1=F_2$；(3) 力 $\boldsymbol{F}_1$ 等效于力 $\boldsymbol{F}_2$。

1.2　试区别 $\boldsymbol{F}_R=\boldsymbol{F}_1+\boldsymbol{F}_2$ 和 $F_R=F_1+F_2$ 两个等式代表的意义。

1.3　如图1.22所示作用于三脚架的杆 AB 中点处的铅垂力 $\boldsymbol{F}$ 如果沿其作用线移到杆 BC 的中点，那么 A、C 处支座的约束力的方向是否不变？

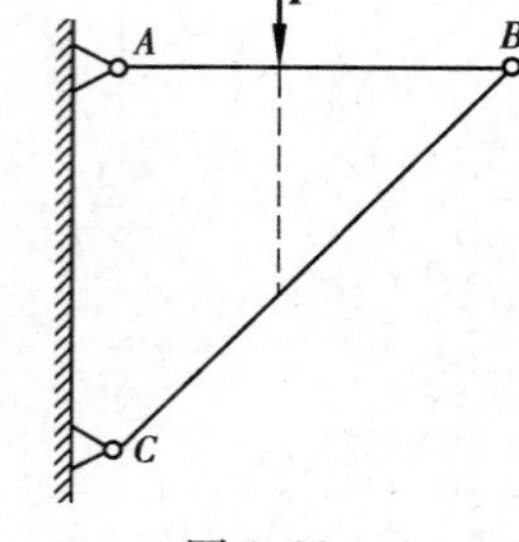

图1.22

1.4　图1.23—图1.27中各物体的受力图是否有错误？如何改正？

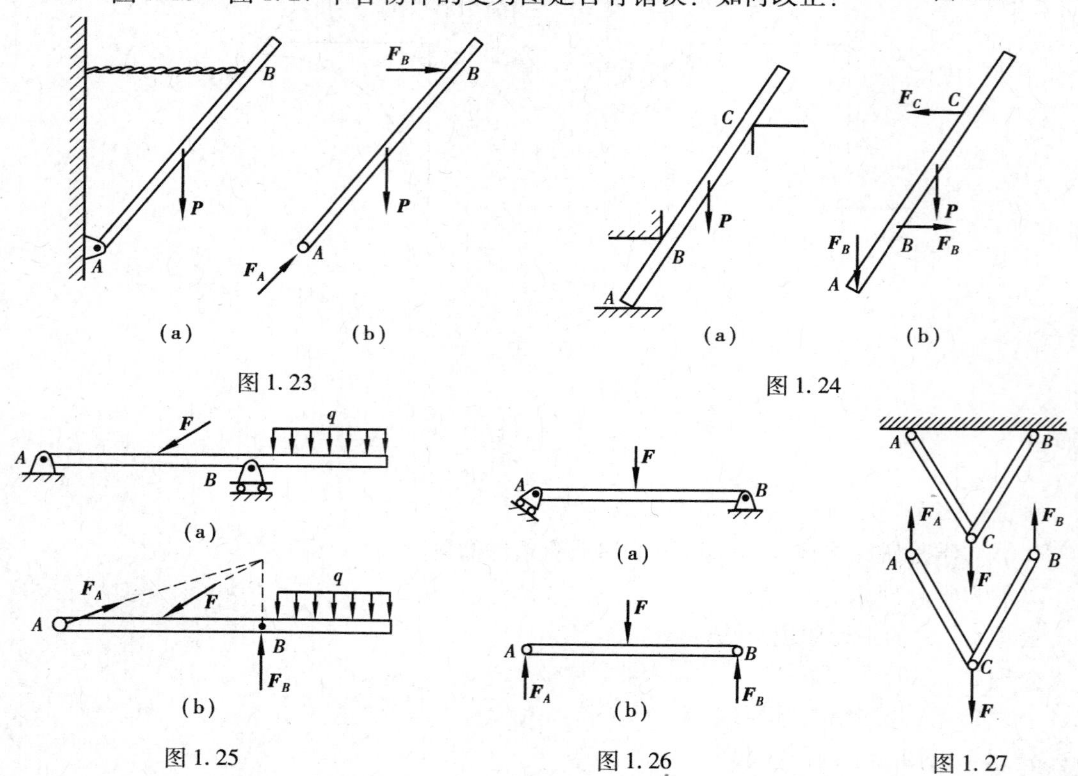

图1.23

图1.24

图1.25

图1.26

图1.27

1.5　刚体上 A 点受力 $\boldsymbol{F}$ 作用，如图1.28所示，问能否在 B 点加一个力使刚体平衡？为什么？

1.6　如图1.29所示结构，若力 $\boldsymbol{F}$ 作用在 B 点，系统能否平衡？若力 $\boldsymbol{F}$ 仍作用在 B 点，但可任意改变力 $\boldsymbol{F}$ 的方向，$\boldsymbol{F}$ 在什么方向上结构能平衡？

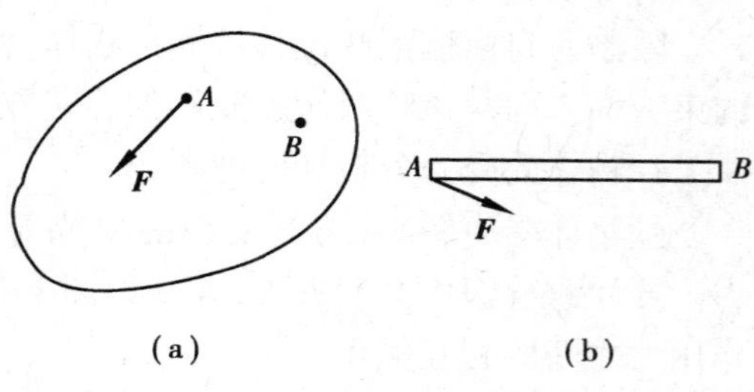

图1.28

1.7　将以下问题抽象为力学模型，充分发挥你们的想象、分析和抽象能力，试画出它们的力学简图及受力图。

(1)用两根细绳将日光灯吊挂在天花板上；

(2)水平面上的一块浮冰；

(3)一本打开的书静止于桌面上；

(4)一个人坐在一只足球上。

1.8　图1.30中力 $\boldsymbol{F}$ 作用于三铰拱的铰链 C 处的销钉上，所有物体质量不计。

(1)试分别画出左、右两拱及销钉 C 的受力图；

(2)若销钉 C 属于 AC，分别画出左、右两拱的受力图；

(3)若销钉 C 属于 BC，分别画出左、右两拱的受力图。

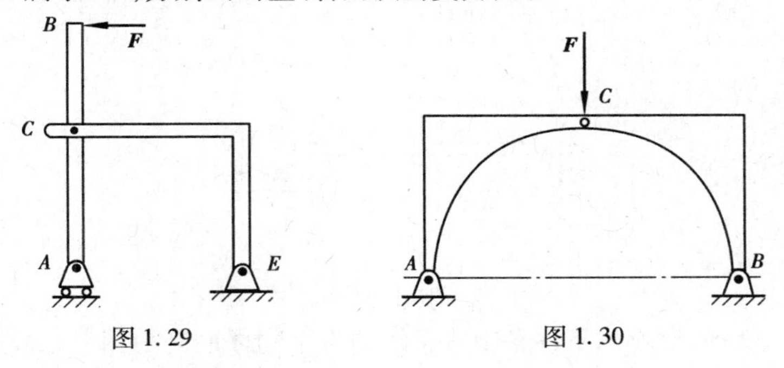

图1.29　　　图1.30

习　题

1.1　如图1.31所示，画出下列各图物体的受力图。未画重力的各物体的自重不计，所有接触处均为光滑接触。

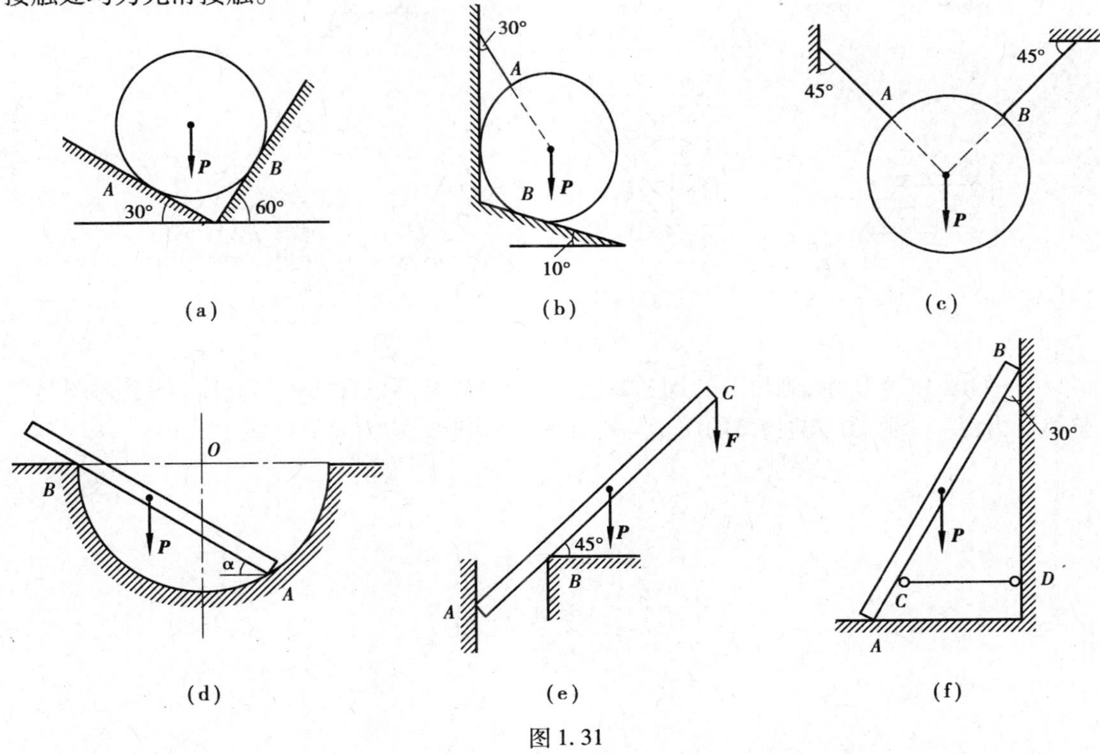

图1.31

1.2　如图 1.32 所示,画出下列各杆件的受力图。

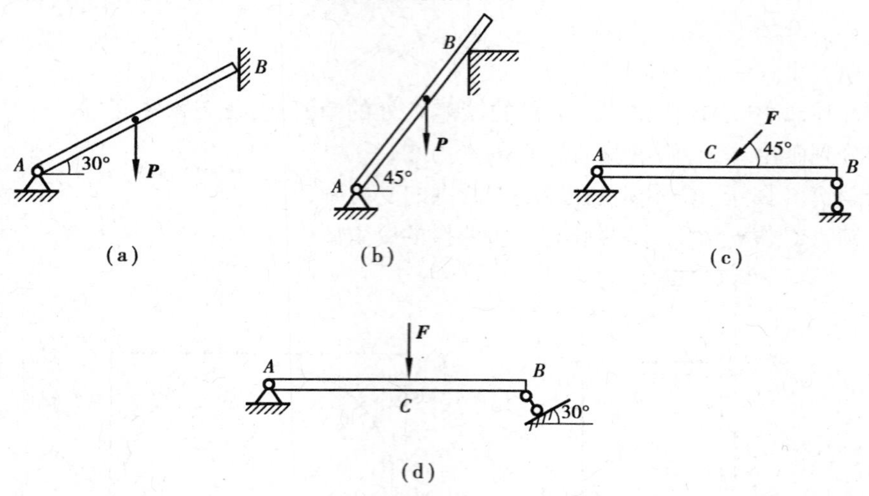

图 1.32

1.3　如图 1.33 所示,画出下列各物体系统中每个物体的受力图。未画重力的各物体的自重不计,所有接触处均为光滑接触。

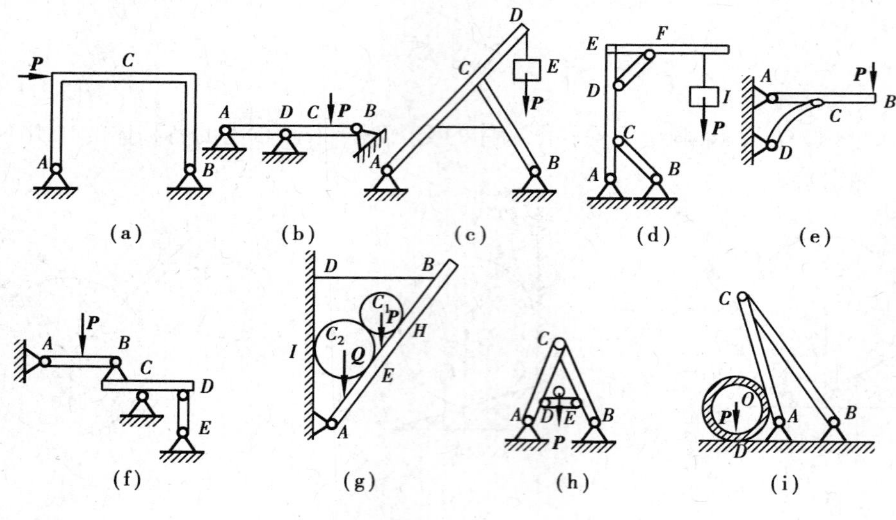

图 1.33

1.4　如图 1.34 所示,画出下列每个标注字符的物体(不包含销钉与支座)的受力图与系统整体受力图。未画重力的物体的质量均不计,所有接触处均为光滑接触。

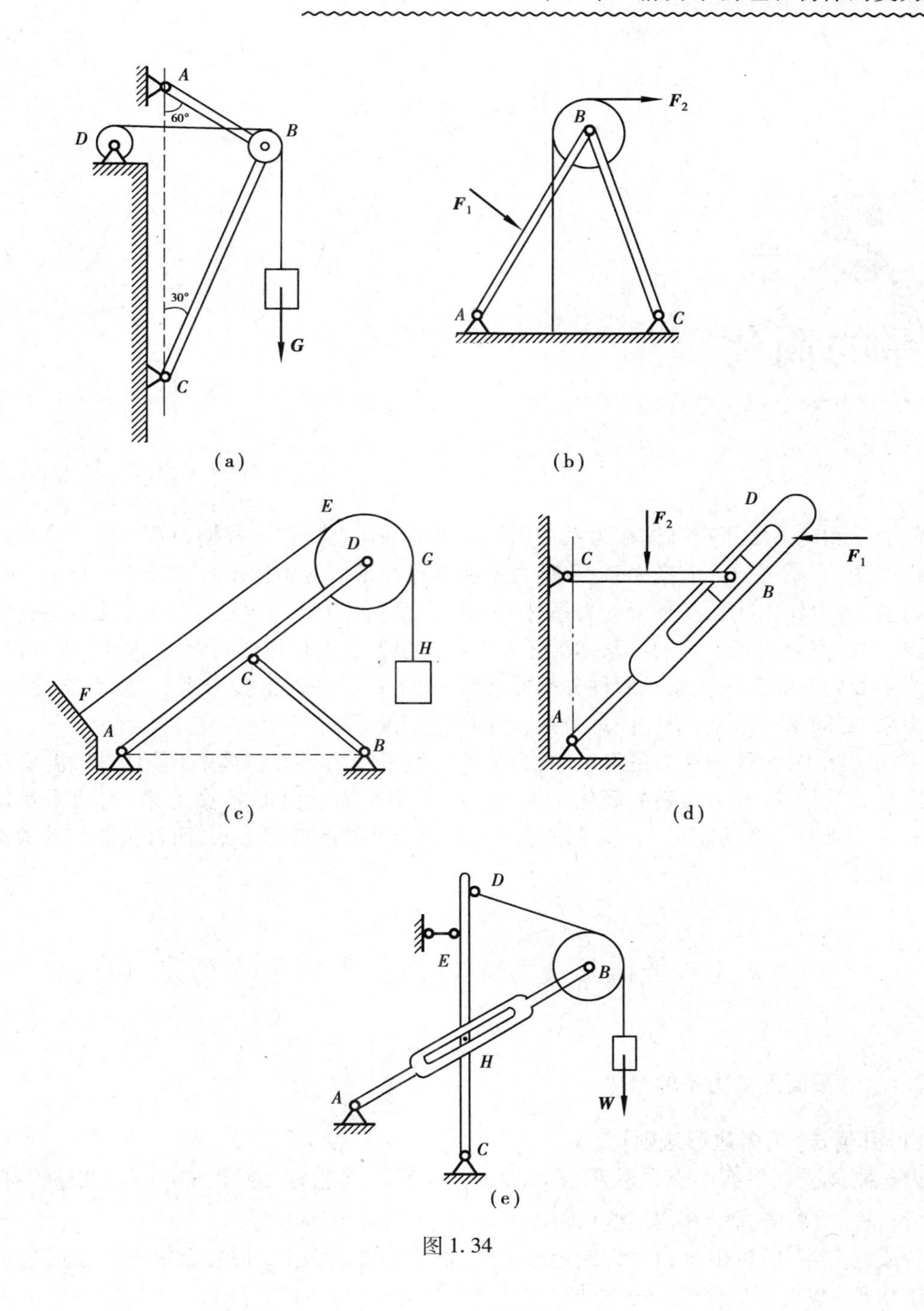

图 1.34

第2章 力系的简化

静力学和动力学研究刚体在力系作用下的平衡和运动规律。根据力系中各力作用线分布形式的不同,力系可分为**汇交力系**、**平行力系**和**任意力系**。各力作用线汇交于一点的力系称为汇交力系,各力作用线相互平行的力系称为平行力系,各力作用线任意分布,既不完全汇交于同一点,又不完全相互平行的力系称为任意力系。根据各力作用线是否位于同一平面内,力系可分为**平面力系**和**空间力系**。两种分类标准结合,于是有平面汇交力系、空间汇交力系;平面平行力系、空间平行力系;平面任意力系、空间任意力系等。

工程实际中,物体的受力是复杂的,为了更好地了解力系对物体的作用效果,需要对复杂力系进行等效替换,称为**力系的简化**。本章主要介绍平面(空间)汇交力系、力偶系及任意力系的简化。研究力系的简化,不仅可以导出力系平衡条件的普遍形式,而且也能为动力学的研究奠定基础。

2.1 平面汇交力系与平面力偶系的简化

2.1.1 平面汇交力系的合成

(1)几何法(力多边形法则)

设一刚体受到平面汇交力系 $\boldsymbol{F}_1$、$\boldsymbol{F}_2$、$\boldsymbol{F}_3$、$\boldsymbol{F}_4$ 的作用,各力作用线汇交于点 A,根据力在刚体上的可传性,可将各力沿其作用线移至汇交点 A,如图 2.1(a)所示。

合成此力系,既可根据力平行四边形法则,依次两两合成各力,最后求得一个通过汇交点 A 的合力 $\boldsymbol{F}_R$,也可用更简便的方法求此合力 $\boldsymbol{F}_R$ 的大小与方向,即任取一点 a 将各分力的矢量依次首尾相连,由此组成一个不封闭的**力多边形** $abcde$,如图 2.1(b)所示。此图中的虚线 $\boldsymbol{ac}$ 矢($\boldsymbol{F}_{R1}$)为力 $\boldsymbol{F}_1$ 与 $\boldsymbol{F}_2$ 的合力矢,而虚线 $\boldsymbol{ad}$ 矢($\boldsymbol{F}_{R2}$)为力 $\boldsymbol{F}_{R1}$ 与 $\boldsymbol{F}_3$ 的合力矢,在作力多边形时不必画出。

根据矢量相加的交换律,任意变换各分力矢的作图次序,将得到形状不同的力多边形,但其合力矢 $\boldsymbol{ae}$ 仍然不变,如图 2.1(c)所示。封闭边矢量 $\boldsymbol{ae}$ 仅表示此平面汇交力系合力 $\boldsymbol{F}_R$ 的大小与方向(即合力矢),而合力的作用线仍应通过原汇交点 A,如图 2.1(a)所示的 $\boldsymbol{F}_R$。

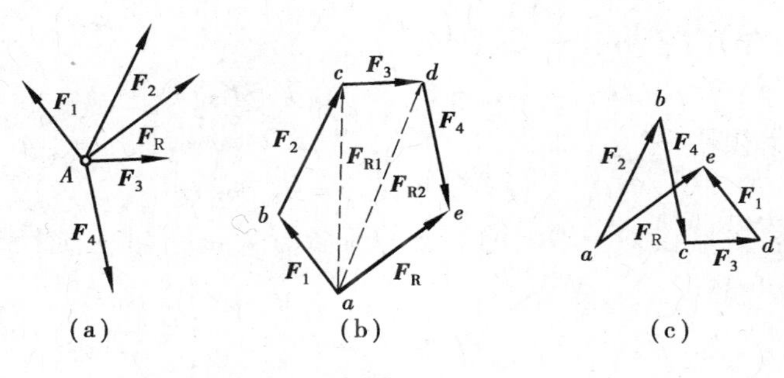

图 2.1

总之，平面汇交力系可简化为一合力，其合力的大小与方向等于各分力的矢量和，合力的作用线通过汇交点。设平面汇交力系包含 n 个力，以 $\boldsymbol{F}_R$ 表示它们的合力矢，则有

$$\boldsymbol{F}_R = \boldsymbol{F}_1 + \boldsymbol{F}_2 + \cdots + \boldsymbol{F}_n = \sum_{i=1}^{n} \boldsymbol{F}_i$$

在理论力学教材中，一般可略去求和符号中的 $i=1,n$，这样做至少在本书中不会引起误会。于是，上式可以简写为

$$\boldsymbol{F}_R = \sum \boldsymbol{F}_i \tag{2.1}$$

合力 $\boldsymbol{F}_R$ 对刚体的作用与原力系对该刚体的作用等效。如果一力与某一力系等效，则此力称为该力系的**合力**。

如力系中各力的作用线都沿同一直线，则此力系称为共线力系，它是平面汇交力系的特殊情况，它的力多边形在同一直线上。若沿直线的某一指向为正，相反为负，则力系合力的大小与方向取决于各分力的代数和，即

$$F_R = \sum F_i \tag{2.2}$$

(2)解析法

设由 n 个力组成的平面汇交力系作用于一个刚体上，建立直角坐标系 xOy，如图 2.2(a)

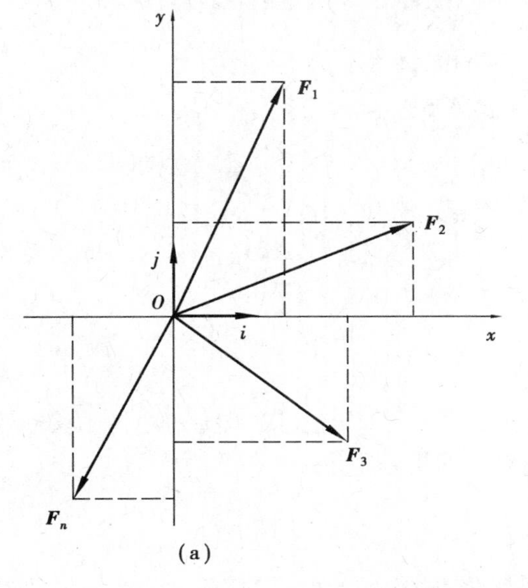

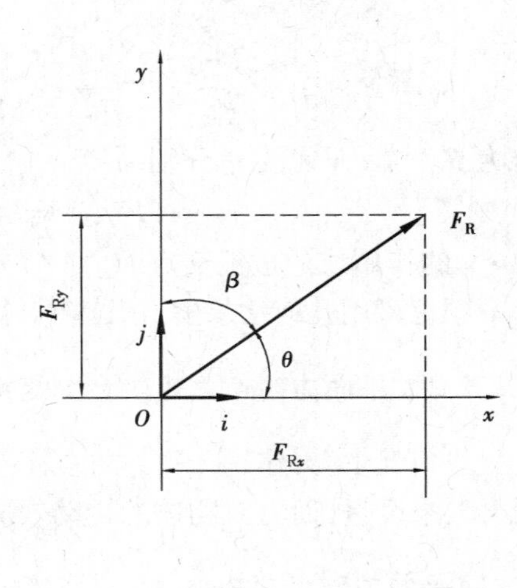

图 2.2

所示。此汇交力系的合力 $\boldsymbol{F}_R$ 的解析表达式为

$$\boldsymbol{F}_R = \boldsymbol{F}_{Rx} + \boldsymbol{F}_{Ry} = F_{Rx}\boldsymbol{i} + F_{Ry}\boldsymbol{j} \tag{2.3}$$

式中 F_{Rx}, F_{Ry}——合力 $\boldsymbol{F}_R$ 在 x, y 轴上的投影(见图 2.2(b)),且

$$F_{Rx} = F_R\cos\theta, F_{Ry} = F_R\cos\beta \tag{2.4}$$

根据矢量投影定理:合矢量在某一轴上的投影等于各分矢量在同一轴上投影的代数和,将式(2.1)向 x, y 轴投影,可得

$$\left.\begin{aligned} F_{Rx} &= F_{1x} + F_{2x} + \cdots + F_{nx} = \sum F_x \\ F_{Ry} &= F_{1y} + F_{2y} + \cdots + F_{ny} = \sum F_y \end{aligned}\right\} \tag{2.5}$$

式中 F_{1x}、F_{1y}, F_{2x}、F_{2y}, $\cdots$, F_{nx}、F_{ny}——各分力在 x, y 轴上的投影。

合力矢的大小和方向余弦为

$$\left.\begin{aligned} F_R &= \sqrt{F_{Rx}^2 + F_{Ry}^2} = \sqrt{\left(\sum F_x\right)^2 + \left(\sum F_y\right)^2} \\ \cos(\boldsymbol{F}_R, \boldsymbol{i}) &= \frac{F_{Rx}}{F_R} = \frac{\sum F_x}{F_R}, \cos(\boldsymbol{F}_R, \boldsymbol{j}) = \frac{F_{Ry}}{F_R} = \frac{\sum F_y}{F_R} \end{aligned}\right\} \tag{2.6}$$

例 2.1 某平面汇交力系如图 2.3 所示,已知 $F_1 = 200$ N, $F_2 = 300$ N, $F_3 = 100$ N, $F_4 = 250$ N。求该平面汇交力系的合力。

解 根据式(2.5)和式(2.6)计算。

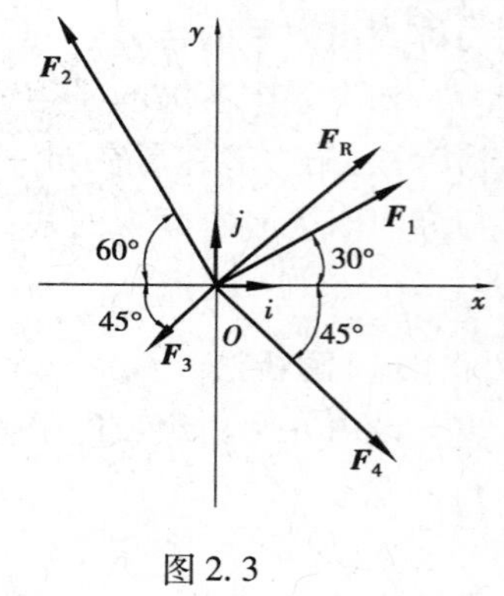

图 2.3

$$\sum F_x = F_1\cos 30° - F_2\cos 60° - F_3\cos 45° + F_4\cos 45° = 129.3 \text{ N}$$

$$\sum F_y = F_1\cos 60° + F_2\cos 30° - F_3\cos 45° - F_4\cos 45° = 112.3 \text{ N}$$

$$\begin{aligned} F_R &= \sqrt{F_{Rx}^2 + F_{Ry}^2} = \sqrt{\left(\sum F_x\right)^2 + \left(\sum F_y\right)^2} \\ &= \sqrt{129.3^2 + 112.3^2}\text{N} = 171.3 \text{ N} \end{aligned}$$

$$\cos(\boldsymbol{F}_R, \boldsymbol{i}) = \frac{F_{Rx}}{F_R} = \frac{\sum F_x}{F_R} = \frac{129.3}{171.3} = 0.754\ 8$$

$$\cos(\boldsymbol{F}_R, \boldsymbol{j}) = \frac{F_{Ry}}{F_R} = \frac{\sum F_y}{F_R} = \frac{112.3}{171.3} = 0.655\ 6$$

则合力 $\boldsymbol{F}_R$ 与 x, y 轴夹角分别为

$$(\boldsymbol{F}_R, \boldsymbol{i}) = 40.99°, (\boldsymbol{F}_R, \boldsymbol{j}) = 49.01°$$

合力 $\boldsymbol{F}_R$ 的作用线通过汇交点 O。

本题也可用几何法求解,请读者自行完成。

2.1.2 平面力对点之矩 · 合力矩定理

一般情况下,力作用于物体可以产生移动和转动两种外效应。其中,力对物体的移动效应可用力矢来度量,而力对物体的转动效应可用力对点的矩来度量。

(1)平面力对点之矩

用扳手拧一螺母(见图 2.4),使扳手连同螺母绕点 O(实为绕通过点 O 而垂直于图面的轴)转动。由经验得知,力的数值越大,螺母拧得越紧;力的作用线离螺母中心越远,拧紧螺母

越省力。用钉锤拔钉子也有类似的情况。许多这样的事例表明:力 $\boldsymbol{F}$ 使物体绕点 O 转动的效应,不仅与力的大小有关,而且与点 O 到力的作用线的垂直距离 d 有关。因此,要用乘积 Fd 来度量力对物体的转动效应。该乘积并根据转动效应的转向取适当的正负号称为**力 $\boldsymbol{F}$ 对点 O 之矩**,简称为**力矩**,以 $M_O(\boldsymbol{F})$ 表示,即

$$M_O(\boldsymbol{F}) = \pm Fd \tag{2.7}$$

点 O 称为**矩心**,点 O 到力 $\boldsymbol{F}$ 作用线的垂直距离 d 称为**力臂**。力矩的正负号用以区别力 $\boldsymbol{F}$ 使物体绕点 O 转动的两种转向,通常规定:力使物体绕矩心逆时针方向转动时为正,反之为负。力矩的单位常用 N · m 或 kN · m。

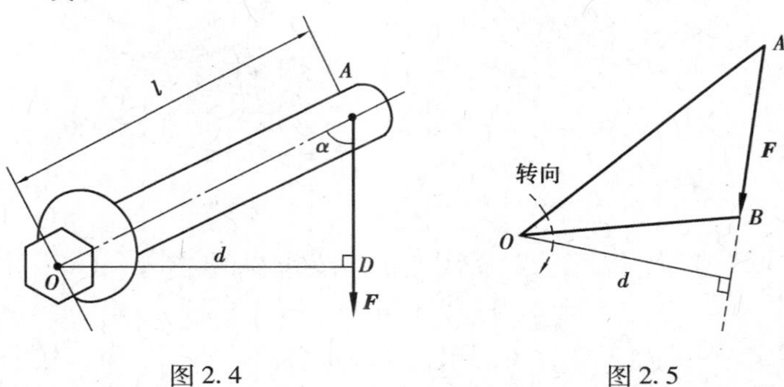

图 2.4　　　　图 2.5

力 $\boldsymbol{F}$ 对点 O 之矩的大小也可用图 2.5 中△OAB 面积 A 的 2 倍来表示,即

$$M_O(\boldsymbol{F}) = \pm 2A_{\triangle OAB} \tag{2.8}$$

在平面问题中,力对点之矩只取决于力矩的大小及其转动方向(力矩的正负),是一个代数量。

需要注意的是,上述力矩的概念是由力对物体上固定点的作用引出,实际上,作用于物体上的力可以对任意点取矩。

(2)合力矩定理

合力矩定理:平面汇交力系的合力对于平面内任一点之矩等于所有各分力对于该点之矩的代数和,即

$$M_O(\boldsymbol{F}_{\rm R}) = \sum M_O(\boldsymbol{F}_i) \tag{2.9}$$

按力系等效概念,上式必然成立,且式(2.9)应适用于任何有合力存在的力系。

如图 2.6 所示,已知力 $\boldsymbol{F}$,作用点 $A(x,y)$ 及其夹角 θ。欲求力 $\boldsymbol{F}$ 对坐标原点 O 之矩,可按式(2.9),通过其分力 $\boldsymbol{F}_x$ 与 $\boldsymbol{F}_y$ 对点 O 之矩而得到,即

$$M_O(\boldsymbol{F}) = M_O(\boldsymbol{F}_y) + M_O(\boldsymbol{F}_x) = xF\sin\theta - yF\cos\theta$$

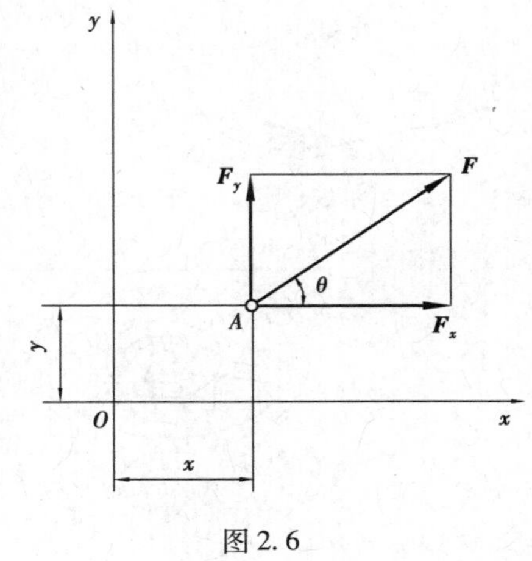

图 2.6

或

$$M_O(\boldsymbol{F}) = xF_y - yF_x \tag{2.10}$$

式(2.10)为平面内力矩的解析表达式。其中,x,y 为力 $\boldsymbol{F}$ 作用点的坐标;F_x,F_y 为力 $\boldsymbol{F}$ 在 x,y 轴的投影。计算时应注意它们是代数量。

若将式(2.10)代入式(2.9),可得合力 $\boldsymbol{F}_{\rm R}$ 对坐标原点之矩的解析表达式,即

$$M_O(\boldsymbol{F}_{\rm R}) = \sum (x_i F_{iy} - y_i F_{ix}) \tag{2.11}$$

例 2.2 如图 2.7(a)所示的圆柱直齿轮,受到啮合力 $\boldsymbol{F}$ 的作用。设 $F=1\ 400$ N。压力角 $\theta=20°$,齿轮的节圆(啮合圆)的半径 $r=60$ mm,试计算力 $\boldsymbol{F}$ 对于轴心 O 的力矩。

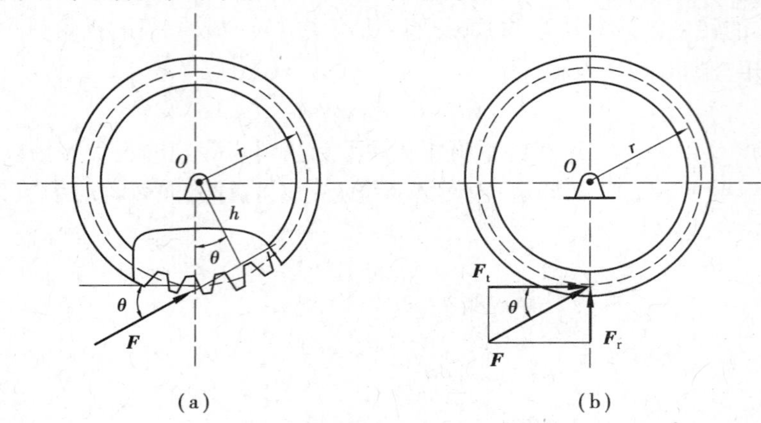

图 2.7

解 计算力 $\boldsymbol{F}$ 对点 O 的矩,可直接按力矩的定义求得(见图 2.7(a)),即

$$M_O(\boldsymbol{F}) = Fh = Fr\cos\theta = 78.93\ \text{N}\cdot\text{m}$$

也可以根据合力矩定理,将力 $\boldsymbol{F}$ 分解为圆周力 $\boldsymbol{F}_t$ 和径向力 $\boldsymbol{F}_r$(见图 2.7(b)),由于径向力 $\boldsymbol{F}_r$ 通过矩心 O,则

$$M_O(\boldsymbol{F}) = M_O(\boldsymbol{F}_t) + M_O(\boldsymbol{F}_r) = F\cos\theta\cdot r$$

显然,两种方法的计算结果相同。

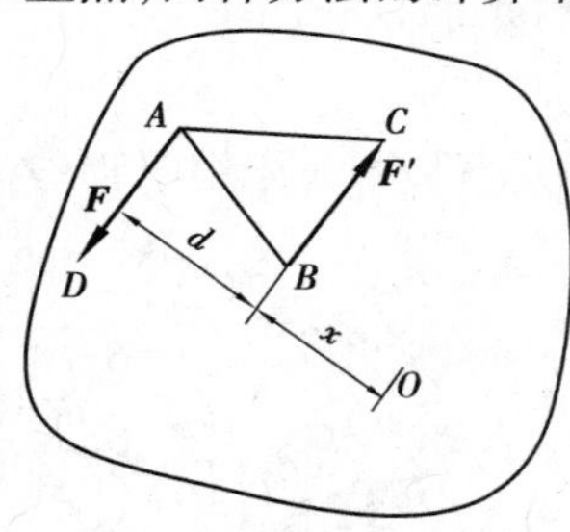

图 2.8

(3)力偶与力偶矩

由大小相等、方向相反且不共线的两个平行力组成的力系称为**力偶**,如图 2.8 所示,记作$(\boldsymbol{F},\boldsymbol{F}')$。组成力偶的两力所在的平面,称为**力偶作用平面**;两力作用线之间的距离 d,称为**力偶臂**。在日常生产、生活实际中经常遇到力偶,如汽车司机用双手转动方向盘(见图 2.9(a))、钳工用丝锥攻螺纹(见图 2.9(b))等。

由于力偶不能合成为一个力,故力偶也不能用一个力来平衡。因此,力和力偶是静力学的两个基本要素。

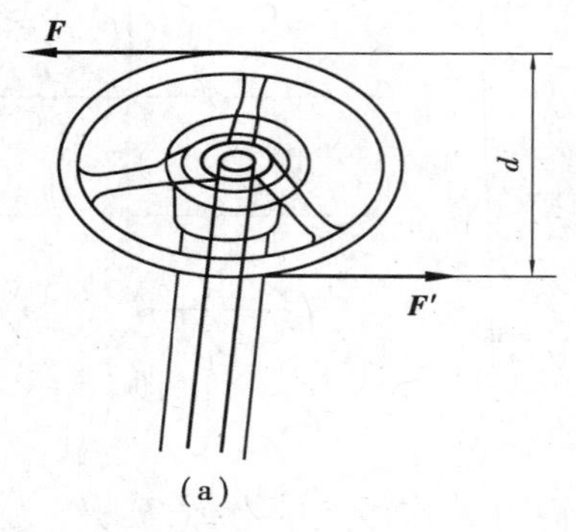

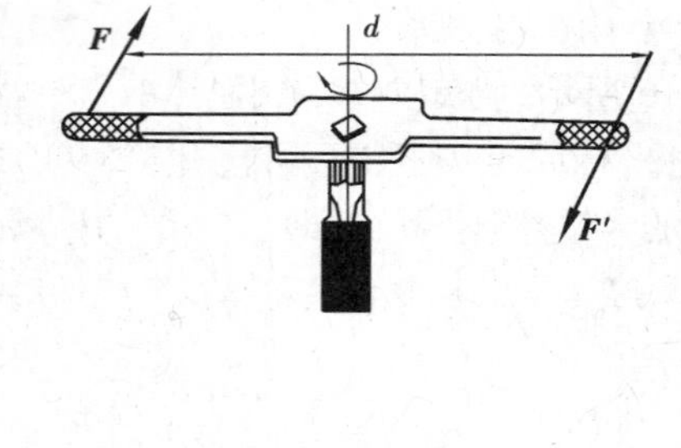

图 2.9

力偶是由两个力组成的特殊力系,它的作用只改变物体的转动状态。因此,力偶对物体的转动效应,可用**力偶矩**来度量,而力偶矩的大小为力偶中的力与力偶臂的乘积即 Fd。在图 2.8 中,力偶$(\boldsymbol{F},\boldsymbol{F}')$对任一点 O 的矩为 $F(d+x)-Fx=Fd$。这表明力偶对任意点的矩都等于力

偶矩，与矩心位置无关。

力偶在平面内的转向不同，其作用效应也不相同。因此，平面力偶对物体的作用效应，由以下两个因素决定：

①力偶矩的大小。

②力偶在作用面内的转向。

因此，平面力偶矩可视为代数量，以 M 或 $M(\boldsymbol{F},\boldsymbol{F}')$ 表示，即

$$M = \pm Fd = 2A_{\triangle ABC} \tag{2.12}$$

于是可得结论：力偶矩是一个代数量，其绝对值等于力的大小与力偶臂的乘积，正负号表示力偶的转向：一般以逆时针转向为正，反之则为负。力偶矩的单位与力矩相同，也是 N·m。力偶矩也可用三角形面积表示（见图2.8）。

(4)同平面内力偶的等效定理

由于力偶的作用只改变物体的转动状态，而力偶对物体的转动效应是用力偶矩来度量的，因此可得如下的定理：

定理　在同平面内的两个力偶，如果力偶矩相等，则两力偶彼此等效。

该定理给出了在同一平面内力偶等效的条件。由此可得推论：

①任一力偶可以在它的作用面内任意移转，而不改变它对刚体的作用。因此，力偶对刚体的作用与力偶在其作用面内的位置无关。

②只要保持力偶矩的大小和力偶的转向不变，可同时改变力偶中力的大小和力偶臂的长短，而不改变力偶对刚体的作用。

由此可知，力偶臂和力的大小都不是力偶的特征量，只有力偶矩是平面力偶作用的唯一量度。今后常用如图2.10所示的符号表示力偶。M 为力偶矩。

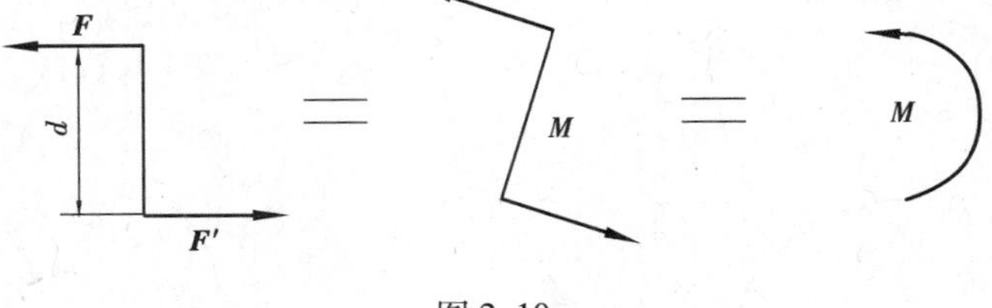

图2.10

(5)平面力偶系的合成

设在同一平面内有两个力偶$(\boldsymbol{F}_1,\boldsymbol{F}_1')$和$(\boldsymbol{F}_2,\boldsymbol{F}_2')$，它们的力偶臂各为 d_1 和 d_2，如图2.11(a)所示。这两个力偶的矩分别为 M_1 和 M_2，求它们的合成结果。为此，在保持力偶矩不变的情况下，同时改变这两个力偶的力的大小和力偶臂的长短，使它们具有相同的力偶臂 d，并将它们在平面内移转，使力的作用线重合，如图2.11(b)所示。于是得到与原力偶等效的两个新力偶$(\boldsymbol{F}_3,\boldsymbol{F}_3')$和$(\boldsymbol{F}_4,\boldsymbol{F}_4')$，即

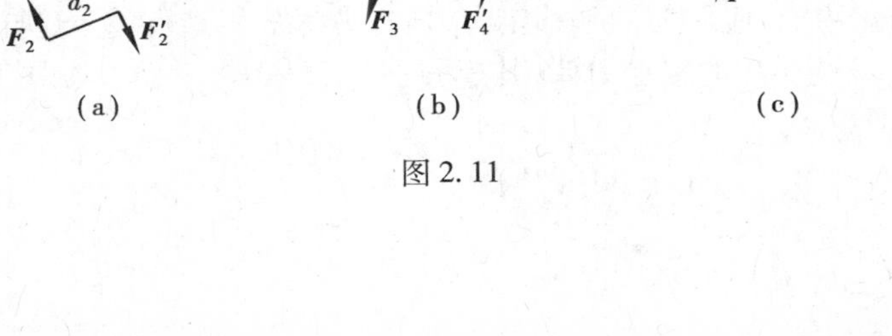

(a)　(b)　(c)

图2.11

$$M_1 = F_1d_1 = F_3d_3, M_2 = -F_2d_2 = -F_4d$$

分别将作用在点 A 和 B 的力合成(设 $F_3 > F_4$),得

$$F = F_3 - F_4, F' = F'_3 - F'_4$$

由于 $\boldsymbol{F}$ 与 $\boldsymbol{F}'$ 是相等的,因此构成了与原力偶系等效的**合力偶**($\boldsymbol{F}, \boldsymbol{F}'$),如图 2.11(c)所示,以 M 表示合力偶的矩,得

$$M = Fd = (F_3 - F_4)d = F_3d - F_4d = M_1 + M_2$$

如果有两个以上的平面力偶,可按照上述方法合成,即在同平面内的任意一个力偶可合成为一个合力偶,合力偶矩等于各个力偶矩的代数和,可写为

$$M = \sum M_i \tag{2.13}$$

2.2 平面任意力系的简化·主矢和主矩

2.2.1 力的平移定理

定理 可以把作用在刚体上点 A 的力 $\boldsymbol{F}$ 平行移到刚体上任一点 B,但必须同时附加一个力偶,这个附加力偶的矩等于原来的力 $\boldsymbol{F}$ 对新作用点 B 的矩。

证明 刚体的点 A 作用力 $\boldsymbol{F}$(见图 2.12(a))。在刚体上任取一点 B,并在点 B 加上一对平衡力 $\boldsymbol{F}'$ 和 $\boldsymbol{F}''$,令 $\boldsymbol{F}' = \boldsymbol{F} = -\boldsymbol{F}''$(见图 2.12(b))。显然,这 3 个力与原力 $\boldsymbol{F}$ 等效,这 3 个力又可视作一个作用在点 B 的力 $\boldsymbol{F}$ 和一个力偶($\boldsymbol{F}', \boldsymbol{F}''$),这力偶称为附加力偶(见图 2.12(c))。显然,附加力偶的矩为

$$M = Fd = M_B(\boldsymbol{F})$$

于是定理得证。

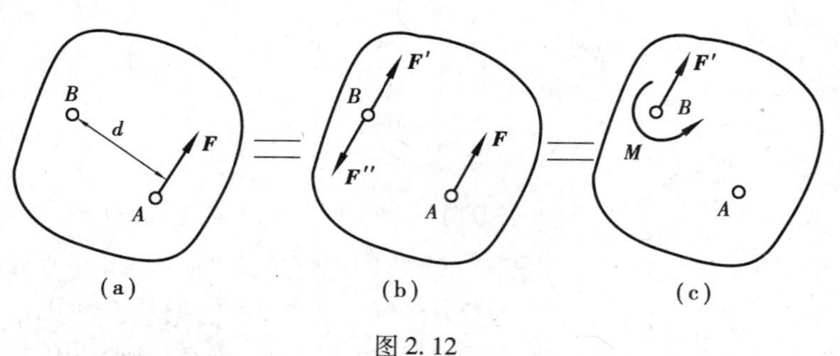

图 2.12

2.2.2 平面任意力系向作用面内一点简化·主矢和主矩

刚体上作用有 n 个力 $\boldsymbol{F}_1, \boldsymbol{F}_2, \cdots, \boldsymbol{F}_n$ 组成的平面任意力系,如图 2.13(a)所示。在平面内任取一点 O,称为**简化中心**,应用力的平移定理,把各力都平移到点 O。这样,得到作用于点 O 的力 $\boldsymbol{F}'_1, \boldsymbol{F}'_2, \cdots, \boldsymbol{F}'_n$,以及相应的附加力偶,其矩分别为 $M_1, M_2, \cdots, M_n$,如图 2.13(b)所示。这些附加力偶的矩分别为

$$M_i = M_O(\boldsymbol{F}_i) \qquad i = 1, 2, \cdots, n$$

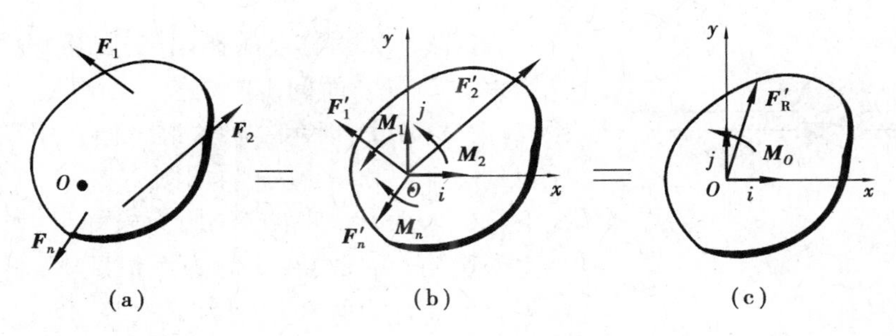

图 2.13

这样，平面任意力系等效为两个简单力系：平面汇交力系和平面力偶系。然后，再分别合成这两个力系。

平面汇交力系可合成为作用线通过点 O 的一个力 $\boldsymbol{F}'_R$，如图 2.13(c)所示。因为各力矢 $\boldsymbol{F}'_i=\boldsymbol{F}_i(i=1,2,\cdots,n)$，故

$$\boldsymbol{F}'_{\mathrm{R}}=\boldsymbol{F}'_1+\boldsymbol{F}'_2+\cdots+\boldsymbol{F}'_n=\sum\boldsymbol{F}_i \tag{2.14}$$

即力矢 $\boldsymbol{F}'_{\mathrm{R}}$ 等于原来各力的矢量和。

平面力偶系可合成为一个力偶，这个力偶的矩 M_O 等于各附加力偶矩的代数和，又等于原来各力对点 O 的矩的代数和，即

$$M_O=M_1+M_2+\cdots+M_n=\sum M_O(\boldsymbol{F}_i) \tag{2.15}$$

平面一般力系中所有各力的矢量和为 $\boldsymbol{F}'_{\mathrm{R}}$，称为该力系的**主矢**；而这些力对于任选简化中心 O 的矩的代数和为 M_O，称为该力系对于简化中心的**主矩**。显然，主矢与简化中心无关，而主矩一般与简化中心有关，故必须指明力系是对于哪一点的主矩。

可知，在一般情况下，平面任意力系向作用面内任选一点 O 简化，可得一个力和一个力偶。这个力的大小和方向等于该力系的主矢，作用线通过简化中心 O。这个力偶的矩等于该力系对于点 O 的主矩。

建立坐标系 xOy，如图 2.13(c)所示。$\boldsymbol{i},\boldsymbol{j}$ 为沿 x,y 轴的单位矢量，则力系主矢的解析表达式为

$$\boldsymbol{F}'_{\mathrm{R}}=\boldsymbol{F}'_{\mathrm{R}x}+\boldsymbol{F}'_{\mathrm{R}y}=\sum F_x\boldsymbol{i}+\sum F_y\boldsymbol{j} \tag{2.16}$$

于是主矢 $\boldsymbol{F}'_{\mathrm{R}}$ 的大小和方向余弦为

$$F'_{\mathrm{R}}=\sqrt{(\sum F_x)^2+(\sum F_y)^2}$$

$$\cos(\boldsymbol{F}'_{\mathrm{R}},\boldsymbol{i})=\frac{\sum F_x}{F'_{\mathrm{R}}},\cos(\boldsymbol{F}'_{\mathrm{R}},\boldsymbol{j})=\frac{\sum F_y}{F'_{\mathrm{R}}}$$

力系对点 O 的主矩的解析表达式为

$$M_O=\sum M_O(\boldsymbol{F}_i)=\sum(x_iF_{iy}-y_iF_{ix}) \tag{2.17}$$

式中　x_i,y_i——力 $\boldsymbol{F}_i$ 作用点的坐标。

在任意力系简化的基础上，下面介绍工程中另一种常见的约束，即**固定端约束**。固定端约束是指物体的一部分固嵌于另一物体中所构成的约束，如图 2.14(a)所示。例如，房屋固嵌于地基中，旗杆深入泥土中，镗刀杆和卡盘接触的位置以及阳台固嵌于墙壁当中等，这些都构成了固定端约束。

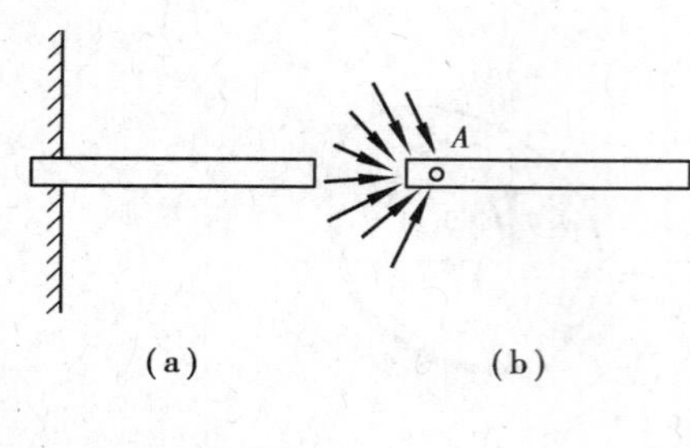

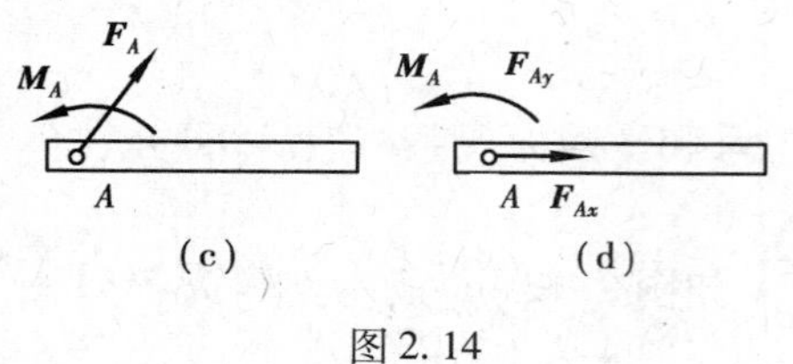

图 2. 14

固定端约束对物体的作用,是在接触面上作用了一群约束力。在平面问题中,这些力构成一平面任意力系,如图 2. 14(b)所示。将这群力向作用平面内点 A 简化得到一个力和一个力偶,如图 2. 14(c)所示。一般情况下,这个力的大小和方向均为未知量,可用两个未知分力来代替。因此,在平面力系情况下,固定端 A 处的约束力可简化为两个约束力 $\boldsymbol{F}_{Ax}$,$\boldsymbol{F}_{Ay}$ 和一个矩为 M_A 的约束力偶,如图 2. 14(d)所示。

比较固定端支座与固定铰支座的约束性质可知,固定端约束除了限制物体在水平方向和铅直方向移动外,还能限制物体在平面内转动。因此,除了约束力 $\boldsymbol{F}_{Ax}$,$\boldsymbol{F}_{Ay}$ 外,还有矩为 M_A 的约束力偶。而固定铰支座没有约束力偶,因为它不能限制物体在平面内转动。

2.2.3 平面任意力系的简化结果分析

平面任意力系向作用面内任一点简化的结果,可能有以下 4 种情况,即

①$\boldsymbol{F}'_{\mathrm{R}}=0, M_O\neq0$;

②$\boldsymbol{F}'_{\mathrm{R}}\neq0, M_O=0$;

③$\boldsymbol{F}'_{\mathrm{R}}\neq0, M_O\neq0$;

④$\boldsymbol{F}'_{\mathrm{R}}=0, M_O=0$。

下面对这几种情况作进一步的分析讨论:

(1)平面任意力系简化为一个力偶的情形

如果力系的主矢等于零,而主矩 M_O 不等于零,即

$$\boldsymbol{F}'_{\mathrm{R}} = 0, M_O \neq 0$$

则原力系合成为合力偶。合力偶矩为

$$M_O = \sum M_O(\boldsymbol{F}_i)$$

因为力偶对于平面内任意一点的矩都相同,因此,当力系合成为一个力偶时,主矩与简化中心的选择无关。

(2)平面任意力系简化为一个合力的情形

如果主矩等于零,主矢不等于零,即

$$\boldsymbol{F}'_{\mathrm{R}} \neq 0, M_O = 0$$

此时附加力偶系互相平衡,只有一个与原力系等效的力 $\boldsymbol{F}'_{\mathrm{R}}$。显然,$\boldsymbol{F}'_{\mathrm{R}}$ 就是原力系的合力,而合力的作用线恰好通过选定的简化中心 O。

如果平面力系向点 O 简化的结果是主矢和主矩都不等于零(见图 2. 15(a)),即

$$\boldsymbol{F}'_{\mathrm{R}} \neq 0, M_O \neq 0$$

现将矩为 M_O 的力偶用两个力 $\boldsymbol{F}_{\mathrm{R}}$ 和 $\boldsymbol{F}''_{\mathrm{R}}$ 表示,并令 $\boldsymbol{F}'_{\mathrm{R}}=\boldsymbol{F}_{\mathrm{R}}=-\boldsymbol{F}''_{\mathrm{R}}$(见图 2. 15(b)),再去掉一对平衡力 $\boldsymbol{F}'_{\mathrm{R}}$ 与 $\boldsymbol{F}''_{\mathrm{R}}$,于是就将作用于点 O 的力 $\boldsymbol{F}'_{\mathrm{R}}$ 和力偶($\boldsymbol{F}_{\mathrm{R}}$,$\boldsymbol{F}''_{\mathrm{R}}$)合成为一个作用在点 O' 的力 $\boldsymbol{F}_{\mathrm{R}}$,如图 2. 15(c)所示。这个力 $\boldsymbol{F}_{\mathrm{R}}$ 就是原力系的合力。合力矢的大小和方向等于主矢;合力的作用线在点 O 的哪一侧,需根据主矢和主矩的方向确定;合力作用线到点 O 的距离 d 为

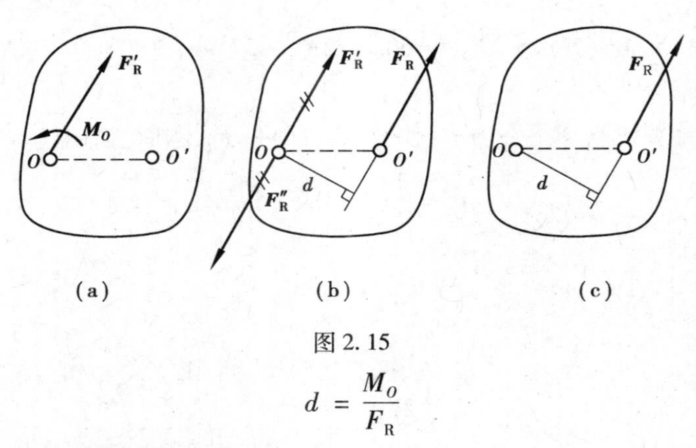

图 2.15

$$d = \frac{M_O}{F_R}$$

(3)平面任意力系平衡的情形

如果力系的主矢,主矩均等于零,即

$$F'_R = 0, M_O = 0$$

则原力系平衡,这种情形将在下一章中详细讨论。

例 2.3　如图 2.16(a)所示,在长方形平板的 O、A、B、C 点上分别作用有 4 个力。已知 $F_1 = 1$ kN,$F_2 = 2$ kN,$F_3 = F_4 = 3$ kN。试求以上 4 个力构成的力系对点 O 的简化结果,以及该力系的最后的合成结果。

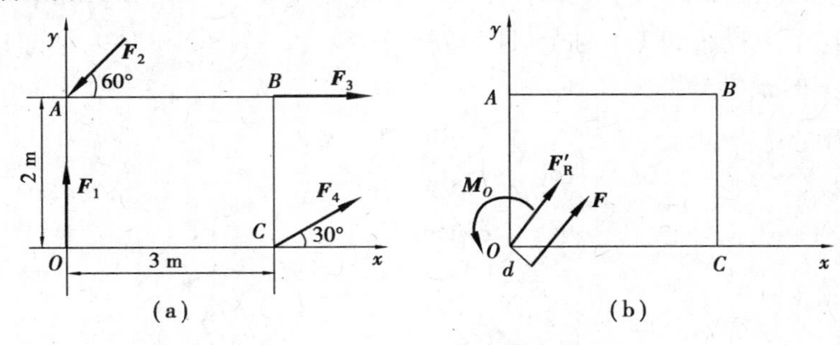

图 2.16

解　建立坐标系如图 2.16 所示。

将力系向点 O 简化,主矢 F'_R 在 x,y 轴上的投影分别为

$$\sum F_x = -F_2\cos 60° + F_3 + F_4\cos 30° = 0.598 \text{ kN}$$

$$\sum F_y = F_1 - F_2\sin 60° + F_4\sin 30° = 0.768 \text{ kN}$$

故主矢 F'_R 的大小为

$$F'_R = \sqrt{\left(\sum F_x\right)^2 + \left(\sum F_y\right)^2} = 0.973 \text{ kN}$$

主矢 F'_R 的方向余弦为

$$\cos(F'_R, i) = \frac{\sum F_x}{F'_R} = 0.614, \cos(F'_R, j) = \frac{\sum F_y}{F'_R} = 0.789$$

所以

$$\angle(F'_R, i) = 52°6', \angle(F'_R, j) = 37°54'$$

力系对点 O 的主矩为

$$M_O = \sum M_O(\boldsymbol{F}) = 2F_2\cos 60° - 2F_3 + 3F_4\sin 30° = 0.5\ \text{kN}\cdot\text{m}$$

逆时针转向。

该力系可进一步合成为一个合力 $\boldsymbol{F}$,其大小、方向与 $\boldsymbol{F}'_R$ 相同,作用线与 O 点的垂直距离

$$d = \frac{M_O}{F'_R} = 0.51\ \text{m}$$

如图 2.16(b)所示。

2.3 空间力系的简化

与平面力系一样,可把空间力系分为空间汇交力系、空间力偶系和空间任意力系来研究。

2.3.1 空间汇交力系

(1)力在直角坐标轴上的投影

若已知力 $\boldsymbol{F}$ 与正交坐标系 $Oxyz$ 三轴间的夹角,则可用直接投影法,即

$$F_x = F\cos(\boldsymbol{F},\boldsymbol{i}),F_y = F\cos(\boldsymbol{F},\boldsymbol{j}),F_z = F\cos(\boldsymbol{F},\boldsymbol{k}) \tag{2.18}$$

当力 $\boldsymbol{F}$ 与坐标轴 Ox,Oy 间的夹角不易确定时,可把力 $\boldsymbol{F}$ 先投影到坐标平面 xOy 上,得到力$\boldsymbol{F}_{xy}$,然后再把这个力投影到 x,y 轴上,此为间接投影法。在图 2.17 中,已知角 γ 和 φ,则力 $\boldsymbol{F}$ 在 3 个坐标轴上的投影分别为

$$\left.\begin{aligned} F_x &= F\sin\gamma\cos\varphi \\ F_y &= F\sin\gamma\sin\varphi \\ F_z &= F\cos\gamma \end{aligned}\right\} \tag{2.19}$$

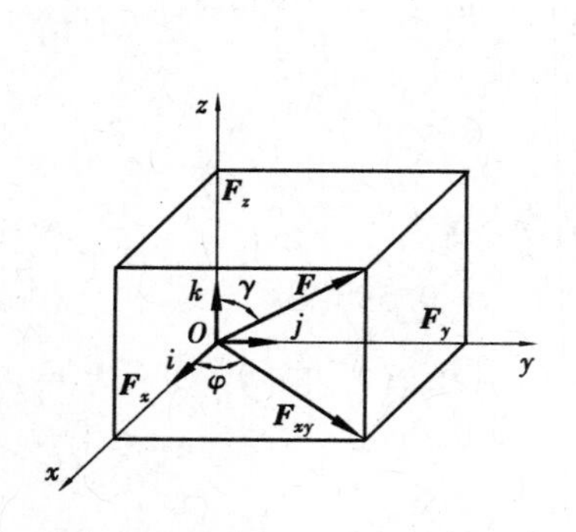

图 2.17

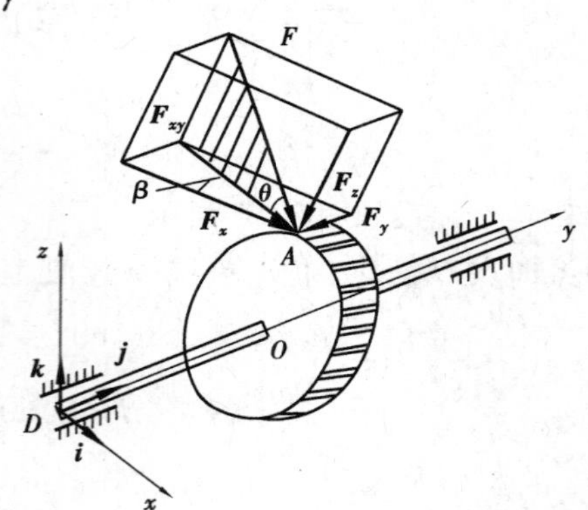

图 2.18

例 2.4 如图 2.18 所示的圆柱斜齿轮,其上受啮合力 $\boldsymbol{F}$ 的作用。已知斜齿轮的齿倾角(螺旋角)β 和压力角 θ,试求力 $\boldsymbol{F}$ 在 $x,\boldsymbol{y},\boldsymbol{z}$ 轴的投影。

解 先将力 $\boldsymbol{F}$ 向 z 轴和 xOy 平面投影,得

$$F_z = -F\sin\theta, F_{xy} = F\cos\theta$$

再将力$\boldsymbol{F}_{xy}$向 x,y 轴投影,得

$$F_x = F_{xy}\cos\beta = F\cos\theta\cos\beta$$

$$F_y = -F_{xy}\sin\beta = -F\cos\theta\sin\beta$$

(2)空间汇交力系的合力

将平面汇交力系的合成法则扩展到空间,可得:空间汇交力系的合力等于各分力的矢量和,合力的作用线通过汇交点。合力矢为

$$\boldsymbol{F}_{\mathrm{R}} = \boldsymbol{F}_1 + \boldsymbol{F}_2 + \cdots + \boldsymbol{F}_n = \sum \boldsymbol{F}_i \tag{2.20}$$

或

$$\boldsymbol{F}_{\mathrm{R}} = \sum F_x\boldsymbol{i} + \sum F_y\boldsymbol{j} + \sum F_z\boldsymbol{k} \tag{2.21}$$

式中　$\sum F_x, \sum F_y, \sum F_z$——合力 $\boldsymbol{F}_{\mathrm{R}}$ 沿 x,y,z 轴的投影。

由此可得合力的大小和方向余弦为

$$\left.\begin{aligned}
F_{\mathrm{R}} &= \sqrt{(\sum F_x)^2 + (\sum F_y)^2 + (\sum F_z)^2}\\
\cos(\boldsymbol{F}_{\mathrm{R}},\boldsymbol{i}) &= \frac{\sum F_x}{F_{\mathrm{R}}}\\
\cos(\boldsymbol{F}_{\mathrm{R}},\boldsymbol{j}) &= \frac{\sum F_y}{F_{\mathrm{R}}}\\
\cos(\boldsymbol{F}_{\mathrm{R}},\boldsymbol{k}) &= \frac{\sum F_z}{F_{\mathrm{R}}}
\end{aligned}\right\} \tag{2.22}$$

例2.5　在刚体上作用有4个汇交力,它们在坐标轴上的投影见表2.1,试求这4个力的合力的大小和方向(单位:kN)。

表2.1

	F_1	F_2	F_3	F_4
F_x	1	2	0	2
F_y	10	15	-5	10
F_z	3	4	1	-2

解　由上表得

$$\sum F_x = 5\ \mathrm{kN}$$

$$\sum F_y = 30\ \mathrm{kN}$$

$$\sum F_z = 6\ \mathrm{kN}$$

代入式(2.22),得合力的大小和方向余弦为

$$F_{\mathrm{R}} = 31\ \mathrm{kN}$$

$$\cos(\boldsymbol{F}_{\mathrm{R}},\boldsymbol{i}) = \frac{5}{31},\cos(\boldsymbol{F}_{\mathrm{R}},\boldsymbol{j}) = \frac{30}{31},\cos(\boldsymbol{F}_{\mathrm{R}},\boldsymbol{k}) = \frac{6}{31}$$

由此得夹角

$$\angle(\boldsymbol{F}_{\mathrm{R}},\boldsymbol{i}) = 80°43',\angle(\boldsymbol{F}_{\mathrm{R}},\boldsymbol{j}) = 14°36',\angle(\boldsymbol{F}_{\mathrm{R}},\boldsymbol{k}) = 78°50'$$

2.3.2　力对点的矩和力对轴的矩

(1)力对点的矩以矢量表示——力矩矢

对于平面力系,用代数量表示力对点的矩足以概括它的全部要素。但是在空间情况下,不仅要考虑力矩的大小、转向,而且还要注意力与矩心所组成的平面(力矩作用面)的方位。方位不同,即使力矩大小一样,作用效果将完全不同。这三个因素可以用力矩矢 $\boldsymbol{M}_O(\boldsymbol{F})$ 来描述。其中矢量的模即 $|\boldsymbol{M}_O(\boldsymbol{F})| = F \cdot h = 2A_{\triangle OAB}$;矢量的方位和力矩作用面的法线方向相同;矢量的指向按右手螺旋法则来确定,如图 2.19 所示。

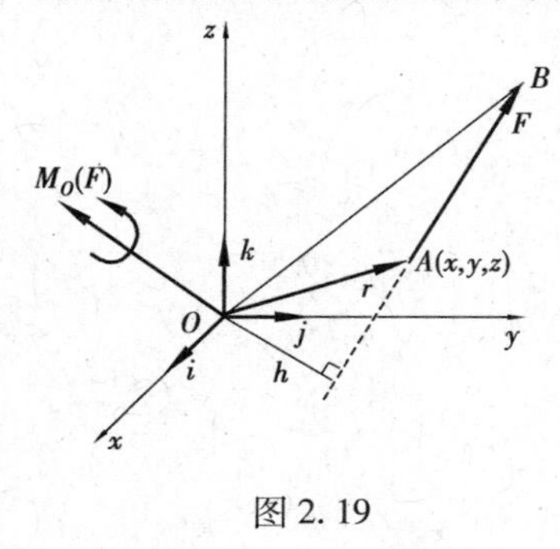

图 2.19

由图 2.19 可知,以 $\boldsymbol{r}$ 表示力作用点 A 的矢径,则矢积 $\boldsymbol{r} \times \boldsymbol{F}$ 的模等于三角形 OAB 面积的 2 倍,其方向与力矩矢一致。因此可得

$$\boldsymbol{M}_O(\boldsymbol{F}) = \boldsymbol{r} \times \boldsymbol{F} \tag{2.23}$$

式(2.23)为力对点的矩的矢积表达式,即力对点的矩矢等于矩心到该力作用点的矢径与该力的矢量积。

若以矩心 O 为原点,建立空间直角坐标系 $Oxyz$ 如图 2.19 所示。设力作用点 A 的坐标为 $A(x,y,z)$,力在 3 个坐标轴上的投影分别为 F_x, F_y, F_z,则矢径 $\boldsymbol{r}$ 和 $\boldsymbol{F}$ 分别为

$$\boldsymbol{r} = x\boldsymbol{i} + y\boldsymbol{j} + z\boldsymbol{k}$$
$$\boldsymbol{F} = F_x\boldsymbol{i} + F_y\boldsymbol{j} + F_z\boldsymbol{k}$$

代入式(2.23),得

$$\boldsymbol{M}_O(\boldsymbol{F}) = \boldsymbol{r} \times \boldsymbol{F} = \begin{vmatrix} \boldsymbol{i} & \boldsymbol{j} & \boldsymbol{k} \\ x & y & z \\ F_x & F_y & F_z \end{vmatrix}$$
$$= (yF_z - zF_y)\boldsymbol{i} + (zF_x - xF_z)\boldsymbol{j} + (xF_y - yF_x)\boldsymbol{k} \tag{2.24}$$

由式(2.24)可知,单位矢量 $\boldsymbol{i},\boldsymbol{j},\boldsymbol{k}$ 前面的 3 个系数,应分别表示力矩矢 $\boldsymbol{M}_O(\boldsymbol{F})$ 在 3 个坐标轴上的投影,即

$$\left.\begin{aligned} [\boldsymbol{M}_O(\boldsymbol{F})]_x &= yF_z - zF_y \\ [\boldsymbol{M}_O(\boldsymbol{F})]_y &= zF_x - xF_z \\ [\boldsymbol{M}_O(\boldsymbol{F})]_z &= xF_y - yF_x \end{aligned}\right\} \tag{2.25}$$

由于力矩矢 $\boldsymbol{M}_O(\boldsymbol{F})$ 的大小和方向都与矩心 O 的位置有关,故力矩矢的始端必须在矩心,不可任意挪动,这种矢量称为**定位矢量**。

(2)力对轴的矩

工程中,经常遇到刚体绕定轴转动的情形,为了度量力对绕定轴转动刚体的作用效果,必须了解**力对轴的矩**的概念。

现计算作用在斜齿轮上的力 $\boldsymbol{F}$ 对 z 轴的矩。根据合力矩定理,将力 $\boldsymbol{F}$ 分解为 $\boldsymbol{F}_z$ 与 $\boldsymbol{F}_{xy}$,其中分力 $\boldsymbol{F}_z$ 平行 z 轴,不能使静止的齿轮转动,故它对 z 轴之矩为零;只有垂直 z 轴的分力 $\boldsymbol{F}_{xy}$ 对 z 轴有矩,等于力 $\boldsymbol{F}_{xy}$ 对轮心 C 的矩(见图 2.20(a))。一般情况下,可先将空间一力 $\boldsymbol{F}$ 投影到垂直于 z 轴的 xOy 平面内,得力 $\boldsymbol{F}_{xy}$,再将力 $\boldsymbol{F}_{xy}$ 对平面与轴的交点 O 取矩(见图 2.20(b))。以

符号 $M_z(\boldsymbol{F})$ 表示力对 z 轴的矩，即

$$M_z(\boldsymbol{F}) = M_O(\boldsymbol{F}_{xy}) = \pm F_{xy}h = \pm 2A_{\triangle Oab} \tag{2.26}$$

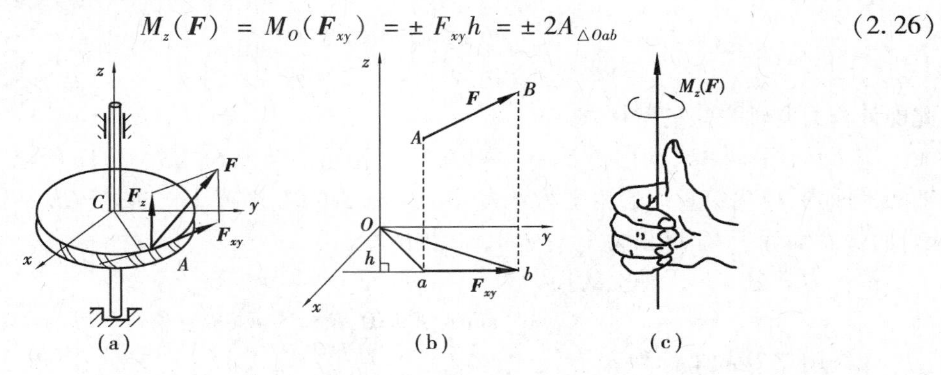

图 2.20

力对轴的矩的定义为：力对轴的矩是力使刚体绕该轴转动效果的度量，是一个代数量，其绝对值等于该力在垂直于该轴的平面上的投影对于这个平面与该轴的交点的矩。其正负号如下规定：从 z 轴正端来看，若力的这个投影使物体绕该轴逆时针转动，则取正号，反之取负号。也可按右手螺旋法则确定其正负号，如图 2.20(c)所示，拇指指向与 z 轴正向一致为正，反之为负。

力对轴的矩等于零的情形：

①当力与轴相交时（此时 $h=0$）。

②当力与轴平行时（此时 $|\boldsymbol{F}_{xy}|=0$）。

这两种情形可合起来说：当力与轴在同一平面时，力对该轴的矩等于零。

力对轴的矩的单位为 N · m。

力对轴的矩也可用解析式表示。设力 $\boldsymbol{F}$ 在 3 个坐标轴上的投影分别为 F_x, F_y, F_z，力作用点 A 的坐标为 x, y, z，如图 2.21 所示。根据式(2.26)，得

$$M_z(\boldsymbol{F}) = M_O(\boldsymbol{F}_{xy}) = M_O(\boldsymbol{F}_x) + M_O(\boldsymbol{F}_y)$$

即

$$M_z(\boldsymbol{F}) = xF_y - yF_x$$

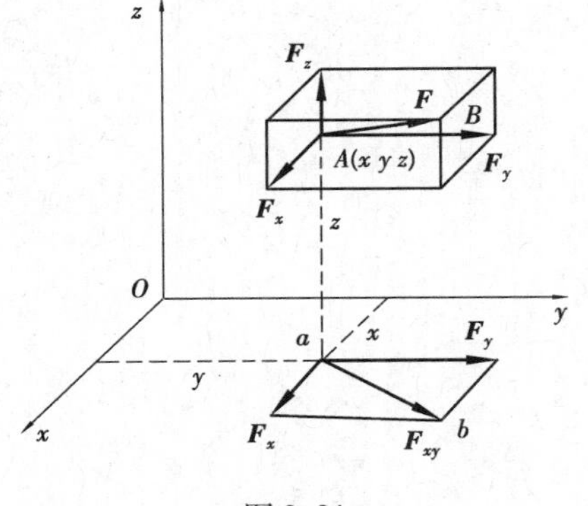

图 2.21

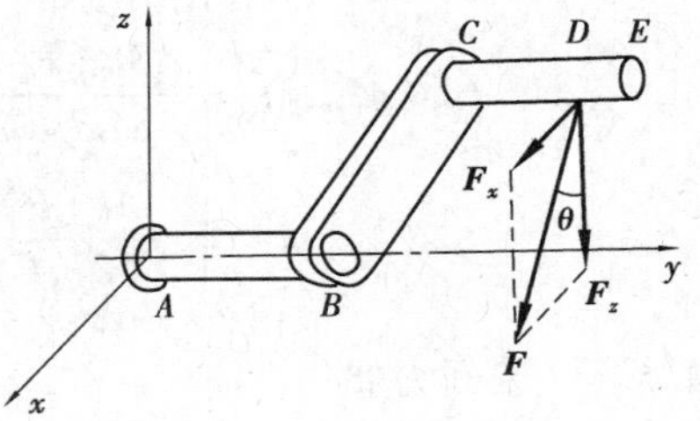

图 2.22

同理，可得其余两式。将此 3 式合写为

$$\left.\begin{aligned} M_x(\boldsymbol{F}) &= yF_z - zF_y \\ M_y(\boldsymbol{F}) &= zF_x - xF_z \\ M_z(\boldsymbol{F}) &= xF_y - yF_x \end{aligned}\right\} \tag{2.27}$$

此即计算力对轴之矩的解析式。

例 2.6 手柄 $ABCE$ 在平面 Axy 内,在 D 处作用一个力 $\boldsymbol{F}$,如图 2.22 所示。它在垂直于 y 轴的平面内,偏离铅直线的角度为 θ,如果 $CD=a$,杆 BC 平行于 x 轴,杆 CE 平行于 y 轴,AB 和 BC 的长度都等于 l。试求力 $\boldsymbol{F}$ 对 x,y,z 3 轴的矩。

解 力 $\boldsymbol{F}$ 在 x,y,z 轴上的投影为

$$F_x = F\sin\theta, F_y = 0, F_z = -F\cos\theta$$

力作用点 D 的坐标为

$$x = -l, y = l + a, z = 0$$

代入式(2.27),得

$$M_x(\boldsymbol{F}) = yF_z - zF_y = (l+a)(-F\cos\theta) - 0 = -F(l+a)\cos\theta$$

$$M_y(\boldsymbol{F}) = zF_x - xF_z = 0 - (-l)(-F\cos\theta) = -Fl\cos\theta$$

$$M_z(\boldsymbol{F}) = xF_y - yF_x = 0 - (l+a)(F\sin\theta) = -F(l+a)\sin\theta$$

本题也可直接按力对轴之矩的定义计算。

(3)力对点的矩与力对通过该点的轴的矩的关系

比较式(2.25)与式(2.27),可得

$$\left.\begin{aligned} [\boldsymbol{M}_O(\boldsymbol{F})]_x &= M_x(\boldsymbol{F}) \\ [\boldsymbol{M}_O(\boldsymbol{F})]_y &= M_y(\boldsymbol{F}) \\ [\boldsymbol{M}_O(\boldsymbol{F})]_z &= M_z(\boldsymbol{F}) \end{aligned}\right\} \tag{2.28}$$

式(2.28)建立了力对点的矩与力对轴的矩之间的关系,即力对点的矩矢在通过该点的某轴上的投影,等于力对该轴的矩。

如果力对通过点 O 的直角坐标轴 x,y,z 的矩是已知的,则可求得该力对点 O 的矩的大小和方向余弦为

$$\left.\begin{aligned} |\boldsymbol{M}_O(\boldsymbol{F})| &= |\boldsymbol{M}_O| = \sqrt{[M_x(\boldsymbol{F})]^2 + [M_y(\boldsymbol{F})]^2 + [M_z(\boldsymbol{F})]^2} \\ \cos(\boldsymbol{M}_O,\boldsymbol{i}) &= \frac{M_x(\boldsymbol{F})}{|\boldsymbol{M}_O(\boldsymbol{F})|} \\ \cos(\boldsymbol{M}_O,\boldsymbol{j}) &= \frac{M_y(\boldsymbol{F})}{|\boldsymbol{M}_O(\boldsymbol{F})|} \\ \cos(\boldsymbol{M}_O,\boldsymbol{k}) &= \frac{M_z(\boldsymbol{F})}{|\boldsymbol{M}_O(\boldsymbol{F})|} \end{aligned}\right\} \tag{2.29}$$

2.3.3 空间力偶

(1)力偶矩以矢量表示,力偶矩矢

空间力偶对刚体的作用效应,可用力偶矩矢来度量,即用力偶中的两个力对空间某点之矩的矢量和来度量。设有空间力偶$(\boldsymbol{F},\boldsymbol{F}')$,其力偶臂为 d,如图 2.23(a)所示。力偶对空间任一点 O 的矩矢为 $\boldsymbol{M}_O(\boldsymbol{F},\boldsymbol{F}')$,则有

$$M_O(F,F') = M_O(F) + M_O(F') = r_A \times F + r_B \times F'$$

由于 $F' = -F$，故上式改写为

$$M_O(F,F') = (r_A - r_B) \times F = r_{BA} \times F（或 r_{AB} \times F'）$$

计算表明，力偶对空间任一点的矩矢与矩心无关，以记号 $M(F,F')$ 或 M 表示力偶矩矢，则

$$M = r_{BA} \times F \tag{2.30}$$

由于矢 M 无须确定矢的初始位置，故这样的矢量称为**自由矢量**，如图2.23(b)所示。

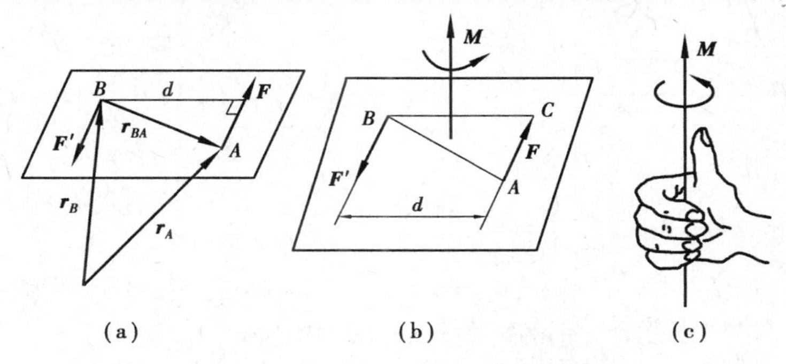

图2.23

总之，空间力偶对刚体的作用效果取决于下列3个因素：

①矢量的模，即力偶矩大小 $M = Fd = 2A_{\triangle ABC}$（见图2.23(b)）。

②矢量的方位与力偶作用面相垂直（见图2.23(b)）。

③矢量的指向与力偶的转向关系服从右手螺旋法则（见图2.23(c)）。

(2)空间力偶等效定理

由于空间力偶对刚体的作用效果完全由力偶矩矢来确定，而力偶矩矢是自由矢量，因此，两个空间力偶不论作用在刚体的什么位置，也不论力的大小、方向及力偶臂的大小，只要力偶矩矢相等，就等效。这就是空间力偶等效定理，即作用在同一物体上的两个空间力偶，如果其力偶矩矢相等，则它们彼此等效。

这一定理表明，空间力偶可平移到与其作用面平行的任意平面上而不改变力偶对刚体的作用效果；也可同时改变力与力偶臂的大小或将力偶在其作用面内任意移转，只要力偶矩矢的大小、方向不变，其作用效果就不变。

(3)空间力偶系的合成

任意一个空间分布的力偶可合成为一个合力偶，合力偶矩矢等于各分力偶矩矢的矢量和，即

$$M = M_1 + M_2 + \cdots + M_n = \sum M_i \tag{2.31}$$

证明　设由矩为 M_1 和 M_2 的两个力偶分别作用在相交的平面Ⅰ和Ⅱ内，如图2.24所示。首先证明它们合成的结果为一力偶。为此，在这两平面的交线上取任意线段 $AB = d$，利用力偶的等效条件，将两力偶各在其作用面内等效移转和变换，使它们具有共同的力偶臂 d，令 $M_1 = M(F_1,F_1')$，$M_2 = M(F_2,F_2')$。再分别合成 A、B 两点的汇交力，得 $F_R = F_1 + F_2$，$F_R' = F_1' + F_2'$。由图2.24可知，$F_R = -F_R'$，由此组成一个合力偶 (F_R,F_R')，它作用在平面Ⅲ内，令其矩为 M。由图2.24易得

$$M = r_{BA} \times F_R = r_{BA} \times (F_1 + F_2) = M_1 + M_2$$

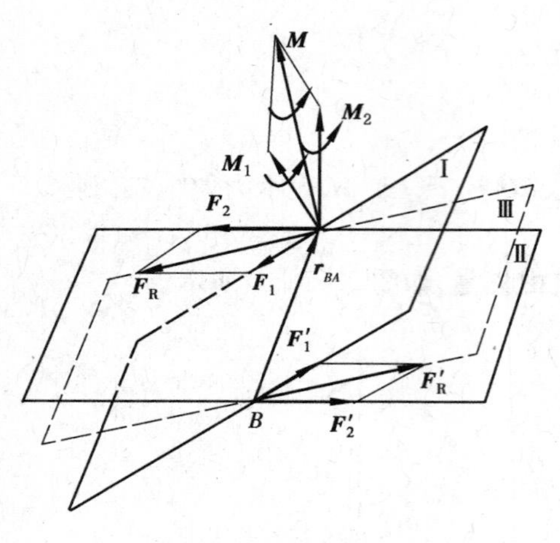

图 2.24

上式证得:合力偶矩矢等于原有两力偶矩矢的矢量和。

如有 n 个空间力偶,可逐次合成,则式(2.31)得证。

合力偶矩矢的解析表达式为

$$\boldsymbol{M} = M_x\boldsymbol{i} + M_y\boldsymbol{j} + M_z\boldsymbol{k}$$

将式(2.31)分别向 x,y,z 轴投影,有

$$\left.\begin{aligned} M_x &= M_{1x} + M_{2x} + \cdots + M_{nx} = \sum M_{ix} \\ M_y &= M_{1y} + M_{2y} + \cdots + M_{ny} = \sum M_{iy} \\ M_z &= M_{1z} + M_{2z} + \cdots + M_{nz} = \sum M_{iz} \end{aligned}\right\} \tag{2.32}$$

即合力偶矩矢在 x,y,z 轴上投影等于各分力偶矩矢在相应轴上投影的代数和。

例 2.7 工件如图 2.25(a)所示,它的 4 个面上同时钻五个孔,每个孔所受的切削力偶矩均为 80 N·m。求工件所受合力偶的矩在 x,y,z 轴上的投影 M_x,M_y,M_z。

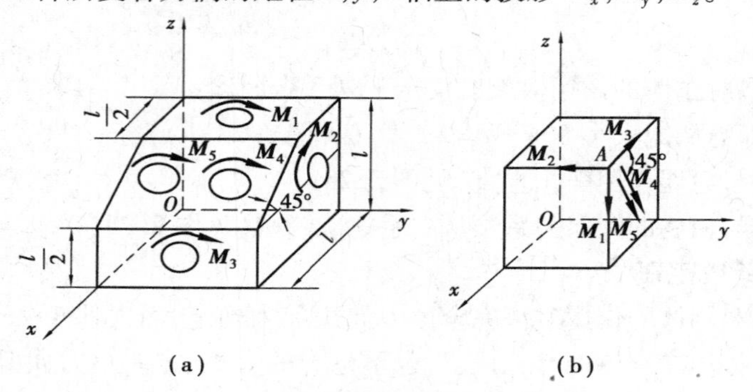

图 2.25

解 将作用在 4 个面上的力偶用力偶矩矢量表示,并将它们平行移到点 A,如图 2.25(b)所示。根据式(2.31),得

$$M_x = \sum M_x = -M_3 - M_4\cos 45^\circ - M_5\cos 45^\circ = -193.1\ \text{N}\cdot\text{m}$$

$$M_y = \sum M_y = -M_2 = -80\ \text{N}\cdot\text{m}$$

$$M_z = \sum M_z = -M_1 - M_4\cos 45^\circ - M_5\cos 45^\circ = -193.1\ \text{N}\cdot\text{m}$$

2.3.4 空间任意力系向一点的简化·主矢和主矩

(1)空间任意力系向一点的简化

刚体上作用空间任意力系 $\boldsymbol{F}_1,\boldsymbol{F}_2,\cdots,\boldsymbol{F}_n$(见图 2.26(a))。应用力的平移定理,依次将各力向简化中心 O 平移,同时附加一个相应的力偶。这样,原来的空间任意力系被空间汇交力系和空间力偶系两个简单力系等效替换,如图 2.26(b)所示。其中

$$\boldsymbol{F}_i' = \boldsymbol{F}_i$$

$$\boldsymbol{M}_i = \boldsymbol{M}_O(\boldsymbol{F}_i)$$

作用于点 O 的空间汇交力系可合成一力 $\boldsymbol{F}_R'$(图 2.26(c)),此力的作用线通过点 O,其大

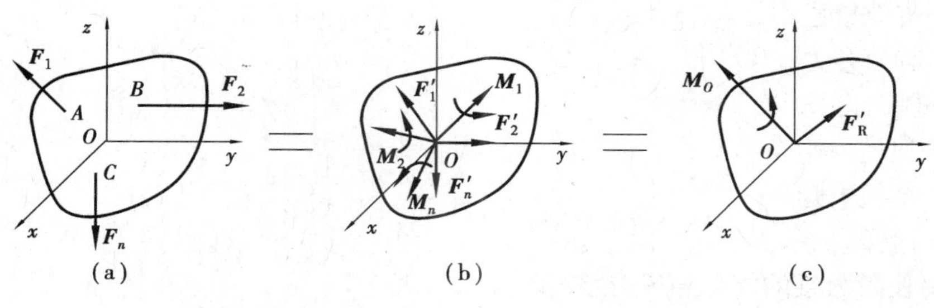

图2.26

小和方向等于力系的主矢,即

$$F'_R = \sum F_i = \sum F_x i + \sum F_y j + \sum F_z k \quad (2.33)$$

空间分布的力偶系可合成为一力偶(见图2.26(c))。其力偶矩矢等于原力系对点 O 的主矩,即

$$M_O = \sum M_i = \sum M_O(F_i) = \sum (r_i \times F_i) \quad (2.34)$$

由力矩的解析表达式(2.24),有

$$M_O = \sum (y_i F_{iz} - z_i F_{iy}) i + \sum (z_i F_{ix} - x_i F_{iz}) j + \sum (x_i F_{iy} - y_i F_{ix}) k \quad (2.34)'$$

空间任意力系向任一点 O 简化,可得一力和一力偶。这个力的大小和方向等于该力系的主矢,作用线通过简化中心 O;这力偶的矩矢等于该力系对简化中心的主矩。与平面任意力系一样,主矢与简化中心的位置无关,主矩一般与简化中心的位置有关。

式(2.34)′中,单位矢量 i,j,k 前的系数,即主矩 M_O 沿 x,y,z 轴投影,也等于力系各力对 x,y,z 轴之矩的代数和 $\sum M_x(F)$, $\sum M_y(F)$, $\sum M_z(F)$。

如果将力系向另一点 D 简化,设 $OD = r_D$。显然主矢仍为 F'_R,主矩等于原力系对点 D 的力矩的矢量和,也可利用力的平移定理将简化至点 O 的力和力偶平移到点 D,因此,力系向点 D 简化的主矩为

$$M_D = M_O - r_D \times F'_R$$

或

$$M_O = M_D + r_D \times F'_R$$

下面通过作用在飞机上的力系说明空间任意力系简化结果的实际意义。飞机在飞行时受到重力、升力、推力和阻力等力组成的空间任意力系的作用。通过其重心 O 作直角坐标系 $Oxyz$,如图2.27所示。将力系向飞机的重心 O 简化,可得一力 F'_R 和一力偶,其力偶矩矢为 M_O。如果将这力和力偶矩矢向上述3个坐标轴分解,则得到3个作用于重心 O 的正交分力 $F'_{Rx}, F'_{Ry}, F'_{Rz}$ 和3个绕坐标轴的力偶矩 M_{Ox}, M_{Oy}, M_{Oz}。可知,它们的意义是

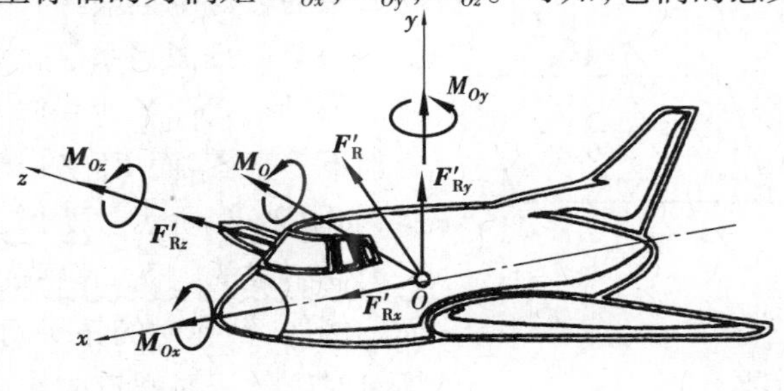

图2.27

$\boldsymbol{F}'_{Rx}$——有效推进力；

$\boldsymbol{F}'_{Ry}$——有效升力；

$\boldsymbol{F}'_{Rz}$——侧向力；

$\boldsymbol{M}_{Ox}$——滚转力矩；

$\boldsymbol{M}_{Oy}$——偏航力矩；

$\boldsymbol{M}_{Oz}$——俯仰力矩。

(2)空间任意力系的简化结果分析

空间任意力系向一点简化可能出现下列4种情况，即①$\boldsymbol{F}'_R=0,\boldsymbol{M}_O\neq0$；②$\boldsymbol{F}'_R\neq0,\boldsymbol{M}_O=0$；③$\boldsymbol{F}'_R\neq0,\boldsymbol{M}_O\neq0$；④$\boldsymbol{F}'_R=0,\boldsymbol{M}_0=0$。现分别加以讨论：

1)空间任意力系简化为一合力偶的情形

当空间任意力系向任一点简化时，若主矢$\boldsymbol{F}'_R=0$，主矩$\boldsymbol{M}_O=0$，这时得一与原力系等效的合力偶，其合力偶矩矢等于原力系对简化中心的主矩。由于力偶矩矢与矩心位置无关，因此，这种情况下，主矩与简化中心的位置无关。

2)空间任意力系简化为一合力的情形

当空间任意力系向任一点简化时，若主矢$\boldsymbol{F}'_R\neq0$，主矩$\boldsymbol{M}_O=0$，这时得一与原力系等效的合力，合力的作用线通过简化中心O，其大小和方向等于原力系的主矢。

若空间任意力系向一点简化的结果为主矢$\boldsymbol{F}'_R\neq0$，又主矩$\boldsymbol{M}_O=0$，且$\boldsymbol{F}'_R\perp\boldsymbol{M}_O$(见图2.28(a))。这时，力$\boldsymbol{F}_R$和力偶矩矢为$\boldsymbol{M}_O$的力偶$(\boldsymbol{F}''_R,\boldsymbol{F}_R)$在同一平面内(见图2.28(b))，可将力$\boldsymbol{F}'_R$与力偶$(\boldsymbol{F}''_R,\boldsymbol{F}_R)$进一步合成，得作用于点$O'$的一个力$\boldsymbol{F}_R$(见图2.28(c))。此力即为原力系的合力，其大小和方向等于原力系的主矢，其作用线离简化中心O的距离为

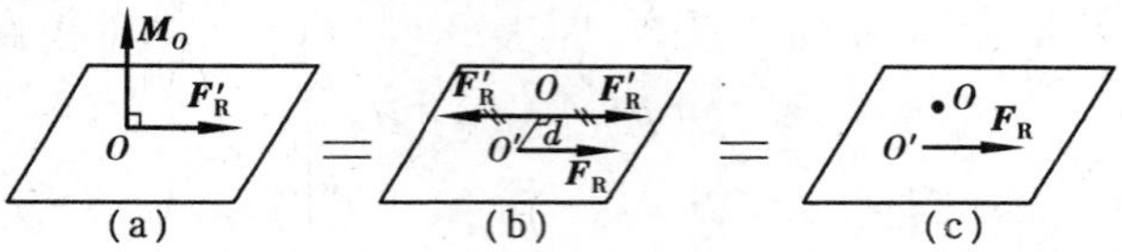

(a)　　(b)　　(c)

图2.28

$$d=\frac{|\boldsymbol{M}_O|}{F'_R}\tag{2.35}$$

当空间任意力系简化为一合力时，由于合力与力系等效，因此，合力对空间任一点的矩等于力系中各力对同一点的矩的矢量和。这就是空间力系的合力矩定理。

3)空间任意力系简化为力螺旋的情形

如果空间任意力系向一点简化后，主矢和主矩都不等于零，而$\boldsymbol{F}'_R\parallel\boldsymbol{M}_O$，这种结果称为**力螺旋**，如图2.29所示。所谓力螺旋，就是由一力和一力偶组成的力系，其中的力垂直于力偶的作用面。例如，钻孔时的钻头对工件的作用以及拧木螺钉时螺丝刀对螺钉的作用都是力螺旋。

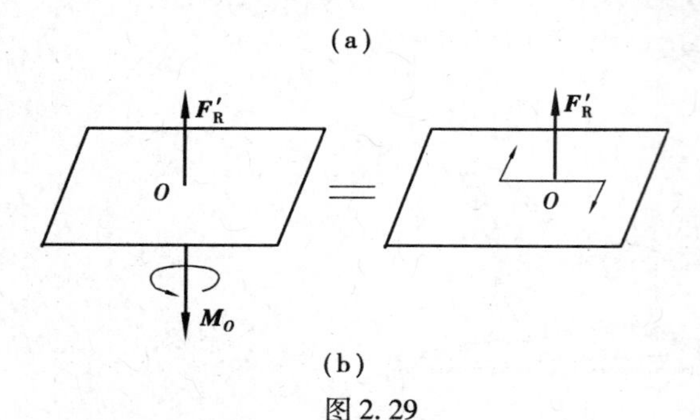

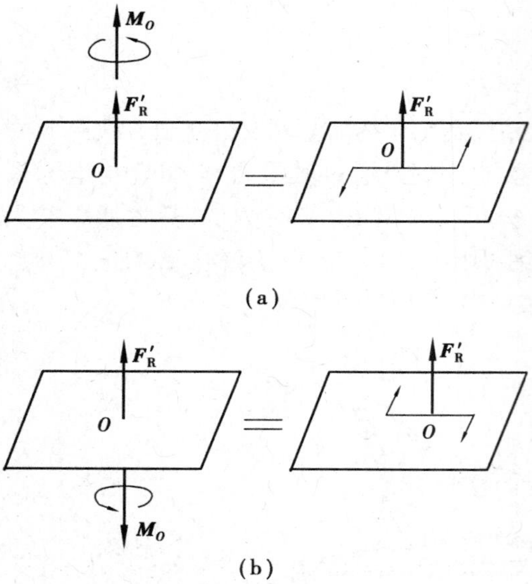

(a)

(b)

图2.29

力螺旋是由静力学的两个基本要素力和力偶组成的最简单的力系，不能再进一步合成。力偶的转向和力的指向符合右手螺旋法则的称为右螺旋（见图 2.29(a)），符合左手螺旋法则的称为左螺旋（见图 2.29(b)）。力螺旋的力作用线称为该力螺旋的中心轴。在上述情形下，中心轴通过简化中心。

如果 $\boldsymbol{F}'_{\mathrm{R}} \neq 0$，$\boldsymbol{M}_O \neq 0$，同时两者既不平行，又不垂直，如图 2.30(a) 所示。此时可将 $\boldsymbol{M}_O$ 分解为两个分力偶矩矢 $\boldsymbol{M}''_O$ 和 $\boldsymbol{M}'_O$，它们分别垂直于 $\boldsymbol{F}'_{\mathrm{R}}$ 和平行于 $\boldsymbol{F}'_{\mathrm{R}}$，如图 2.30(b) 所示，则 $\boldsymbol{M}''_O$ 和 $\boldsymbol{F}'_{\mathrm{R}}$ 可用作用于点 O' 的力 $\boldsymbol{F}_{\mathrm{R}}$ 来代替。由于力偶矩矢是自由矢量，故可将 $\boldsymbol{M}'_O$ 平行移动，使之与 $\boldsymbol{F}_{\mathrm{R}}$ 共线。这样便得一力螺旋，其中心轴不在简化中心 O，而是通过另一点 O'，如图 2.30(c) 所示。O，O' 两点间的距离为

$$d = \frac{|\boldsymbol{M}''_O|}{F'_{\mathrm{R}}} = \frac{M_O \sin\theta}{F'_{\mathrm{R}}} \tag{2.36}$$

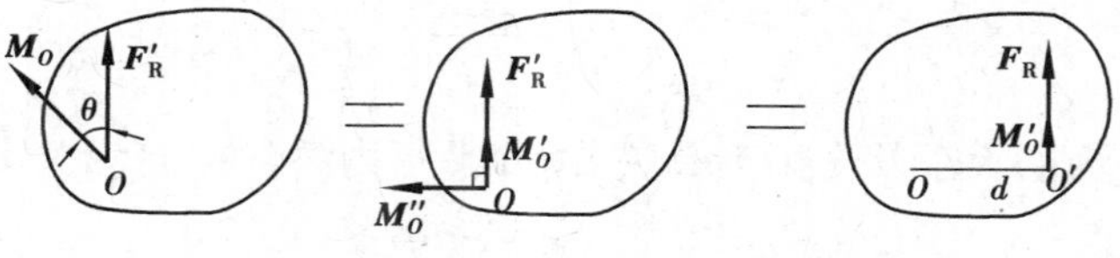

(a)　　(b)　　(c)

图 2.30

可见，一般情形下空间任意力系可合成为力螺旋。

4) 空间任意力系简化为平衡的情形

当空间任意力系向任一点简化时，若主矢 $\boldsymbol{F}'_{\mathrm{R}} = \boldsymbol{0}$，主矩 $\boldsymbol{M}_O = \boldsymbol{0}$，这是空间任意力系平衡的情形，将在下一章中详细讨论。

2.4　重心与形心

2.4.1　平行力系中心

平行力系中心是平行力系合力通过的一个点。设在刚体上 A、B 两点作用两个平行力 $\boldsymbol{F}_1$、$\boldsymbol{F}_2$，如图 2.31 所示。将其合成，得合力矢为

$$\boldsymbol{F}_{\mathrm{R}} = \boldsymbol{F}_1 + \boldsymbol{F}_2$$

由合力矩定理可确定合力作用点 C 为

$$\frac{F_1}{BC} = \frac{F_2}{AC} = \frac{F_{\mathrm{R}}}{AB}$$

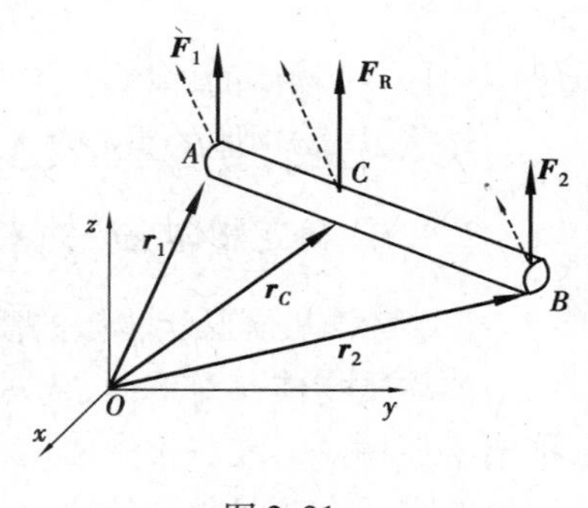

图 2.31

若将原有各力绕其作用点转过同一角度，使它们保持相互平行，则合力 $\boldsymbol{F}_{\mathrm{R}}$ 仍与各力平行也绕点 C 转过相同的角度，且合力的作用点 C 不变，如图 2.31 所示。上面的分析对反向平行力也适用。对于多个力组成的平行力系，以上的分析方法和结论仍然适用。

由此可知，平行力系合力作用点的位置仅与各平行力的

大小和作用点的位置有关,而与各平行力的方向无关。称该点为此平行力系的中心。

取各力作用点矢径如图 2.31 所示,由合力矩定理,得

$$\boldsymbol{r}_C \times \boldsymbol{F}_\text{R} = \boldsymbol{r}_1 \times \boldsymbol{F}_1 + \boldsymbol{r}_2 \times \boldsymbol{F}_2$$

设力作用线方向的单位矢量为 $\boldsymbol{F}^0$,则上式变为

$$\boldsymbol{r}_C \times F_\text{R}\boldsymbol{F}^0 = \boldsymbol{r}_1 \times F_1\boldsymbol{F}^0 + \boldsymbol{r}_2 \times F_2\boldsymbol{F}^0$$

从而得

$$\boldsymbol{r}_C = \frac{F_1\boldsymbol{r}_1 + F_2\boldsymbol{r}_2}{F_\text{R}} = \frac{F_1\boldsymbol{r}_1 + F_2\boldsymbol{r}_2}{F_1 + F_2}$$

若有若干个力组成的平行力系,用上述方法可以求得合力大小 $F_\text{R} = \sum F_i$,合力方向与各力方向平行,合力的作用点为

$$\boldsymbol{r}_C = \frac{\sum F_i\boldsymbol{r}_i}{\sum F_i} \tag{2.37}$$

显然,$\boldsymbol{r}_C$ 只与各力的大小及作用点有关,而与平行力系的方向无关。点 C 即为此平行力系的中心。

将式(2.37)投影到图 2.31 中的直角坐标轴上,得

$$x_C = \frac{\sum F_i x_i}{\sum F_i}, y_C = \frac{\sum F_i y_i}{\sum F_i}, z_C = \frac{\sum F_i z_i}{\sum F_i} \tag{2.38}$$

2.4.2 重心

地球半径很大,地表面物体的**重力**可看作是平行力系,此平行力系的中心即物体的**重心**。重心有确定的位置,与物体在空间的位置无关。

设物体由若干部分组成,其第 i 部分的重为 P_i,重心为(x_i,y_i,z_i),则由式(2.38)可得物体的重心为

$$x_C = \frac{\sum P_i x_i}{\sum P_i}, y_C = \frac{\sum P_i y_i}{\sum P_i}, z_C = \frac{\sum P_i z_i}{\sum P_i} \tag{2.39}$$

如果物体是均质的,由式(2.39)可得

$$x_C = \frac{\int_V x\mathrm{d}V}{V}, y_C = \frac{\int_V y\mathrm{d}V}{V}, z_C = \frac{\int_V z\mathrm{d}V}{V} \tag{2.40}$$

式中 V——物体的体积。

显然,均质物体的重心就是几何中心,即**形心**。

2.4.3 确定物体重心的方法

(1)简单几何形状物体的重心

如均质物体有对称面,或对称轴,或对称中心,不难看出,该物体的重心必相应地在这个对称面,或对称轴,或对称中心上。如椭球体、椭圆面或三角形的重心都在其几何中心上,平行四边形的重心在其对角线的交点上,等等。简单形状物体的重心可从工程手册上查到,表 2.2 列出了常见的几种简单形状物体的重心。

表 2.2　简单图形重心表

图　形	重心位置	图　形	重心位置
三角形 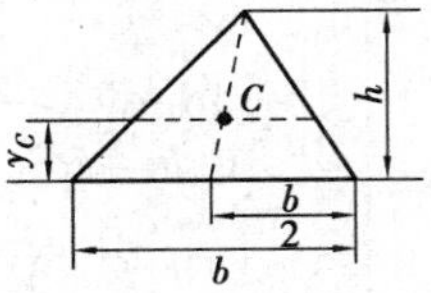	在中线的交点 $y_C = \frac{1}{3}h$	梯形 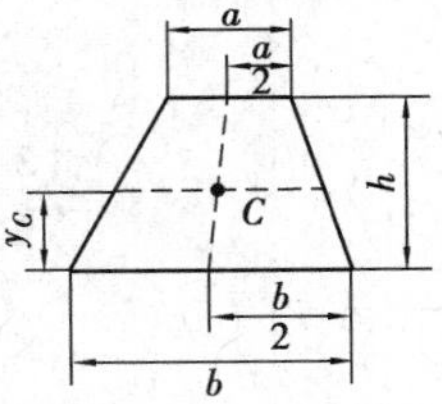	$y_C = \frac{h(2a+b)}{3(a+b)}$
圆弧 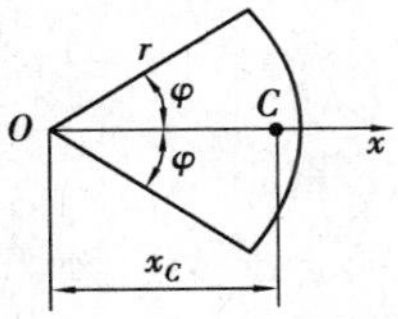	$x_C = \frac{r\sin\varphi}{\varphi}$ 对于半圆弧 $x_C = \frac{2r}{\pi}$	弓形 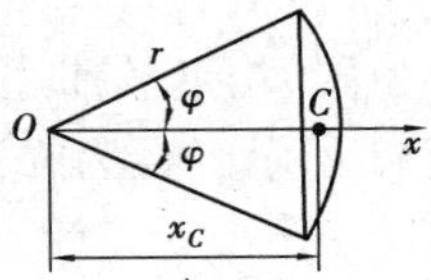	$x_C = \frac{2}{3}\frac{r^3\sin^3\varphi}{A}$ $A = \frac{r^2(2\varphi - \sin 2\varphi)}{2}$
扇形 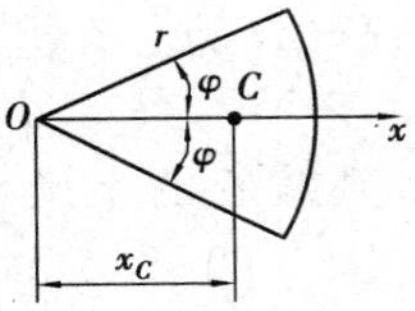	$x_C = \frac{2}{3}\frac{r\sin\varphi}{\varphi}$ 对于半圆 $x_C = \frac{4r}{3\pi}$	部分圆环 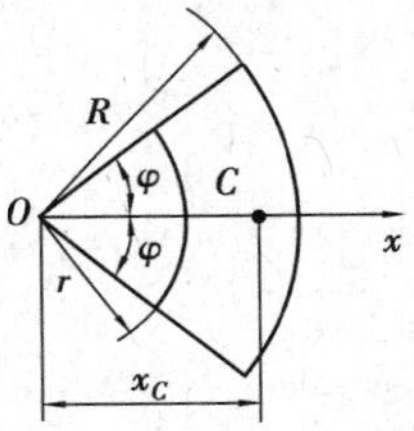	$x_C = \frac{2}{3}\frac{R^3 - r^3}{R^2 - r^2}\frac{\sin\varphi}{\varphi}$
二次抛物线面 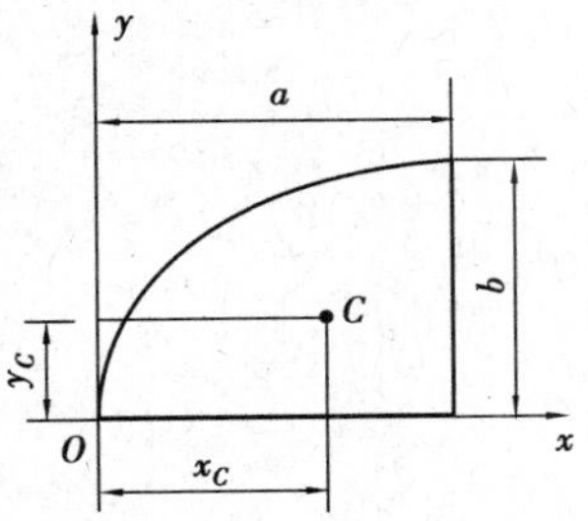	$x_C = \frac{5}{8}a$ $y_C = \frac{2}{5}b$	二次抛物线面 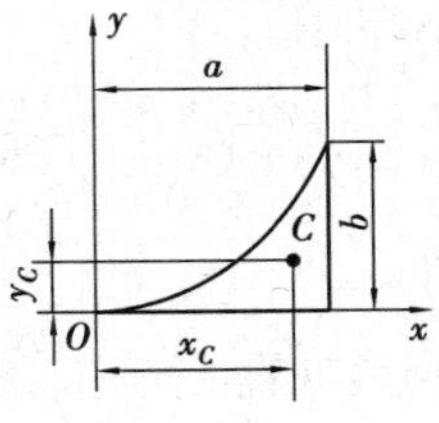	$x_C = \frac{3}{4}a$ $y_C = \frac{3}{10}b$
正圆锥体 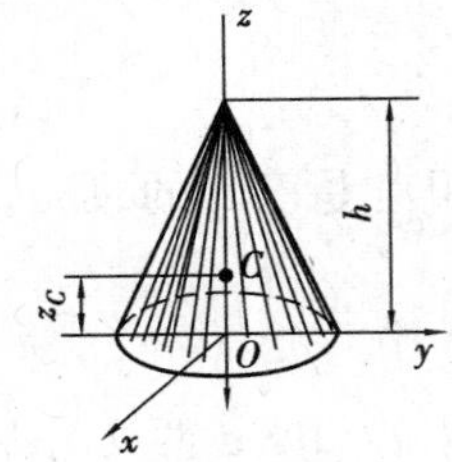	$z_C = \frac{1}{4}h$	正角锥体 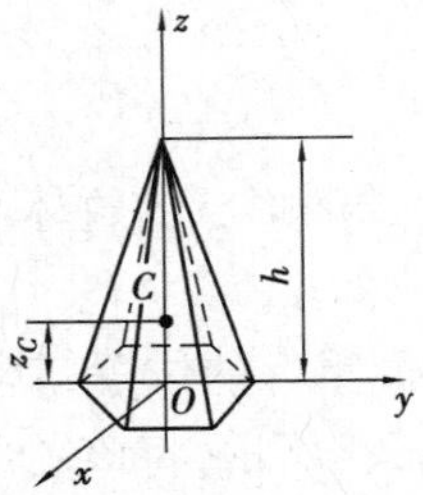	$z_C = \frac{1}{4}h$

续表

图　形	重心位置	图　形	重心位置
半圆球	$z_C=\frac{3}{8}r$	锥形筒体	$y_C=\frac{4R_1+2R_2-3t}{6(R_1+R_2-t)}L$

表 2.1 中列出的重心位置，均可按前述公式积分求得，如下例。

例 2.8　试求如图 2.32 所示半径为 R、圆心角为 2φ 的扇形面积的重心。

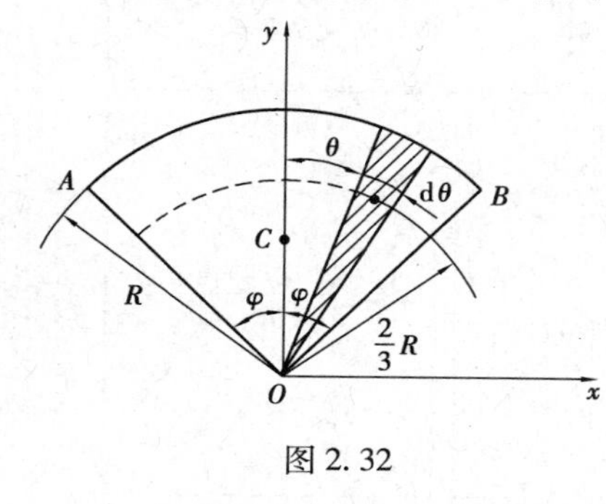

图 2.32

解　取中心角的平分线为 y 轴。由于对称关系，重心必在这个轴上，即 $x_C=0$，现在只需求出 y_C。

把扇形面积分成无数无穷小的面积素（可看作三角形），每个小三角形的重心都在距顶点 O 为 $\frac{2}{3}R$ 处。任一位置 θ 处的微小面积 $\mathrm{d}A=\frac{1}{2}R^2\mathrm{d}\theta$，其重心的 y 坐标为 $y=\frac{2}{3}R\cos\theta$，则扇形总面积为

$$A=\int \mathrm{d}A=\int_{-\varphi}^{\varphi}\frac{1}{2}R^2\mathrm{d}\theta=R^2\varphi$$

由面积形心坐标公式，可得

$$y_C=\frac{\int y\mathrm{d}A}{A}=\frac{\int_{-\varphi}^{\varphi}\frac{2}{3}R\cos\theta\cdot\frac{1}{2}R^2\mathrm{d}\theta}{R^2\varphi}=\frac{2}{3}R\frac{\sin\varphi}{\varphi}$$

如以 $\varphi=\frac{\pi}{2}$ 代入，即得半圆形的重心

$$y_C=\frac{4R}{3\pi}$$

(2)用组合法求重心

1)分割法

若一个物体由几个简单的形状的物体组合而成，而这些物体的重心是已知的，那么整个物体的重心即可用式(2.39)求出。

例 2.9　试求 Z 形截面重心的位置，其尺寸如图 2.33 所示。

解　取坐标轴如图 2.33 所示，将该图形分割为 3 个矩形（例如用 ab 和 cd 两线分割）。以 C_1、C_2、C_3 表示这些矩形的重心，而以 A_1、A_2、A_3 表示它们的面积。以 x_1、y_1；x_2、y_2；x_3、y_3 分别表示 C_1、C_2、C_3 的坐标，由图得

$$x_1=-15,y_1=45,A_1=300$$

$$x_2=5,y_2=30,A_2=400$$
$$x_3=15,y_3=5,A_3=300$$

按公式求得该截面重心的坐标 x_C,y_C 为

$$x_C=\frac{x_1A_1+x_2A_2+x_3A_3}{A_1+A_2+A_3}=2\ \text{mm}$$

$$y_C=\frac{y_1A_1+y_2A_2+y_3A_3}{A_1+A_2+A_3}=27\ \text{mm}$$

2)负面积法(负体积法)

若在物体或薄板内切去一部分(如有空穴或孔的物体),则这类物体的重心,仍可应用与分割法相同的公式来求得,只是切去部分的体积或面积应取负值。

例2.10　试求如图2.34所示振动沉桩器中的偏心块的重心。已知 $R=100\ \text{mm},r=17\ \text{mm},b=13\ \text{mm}$。

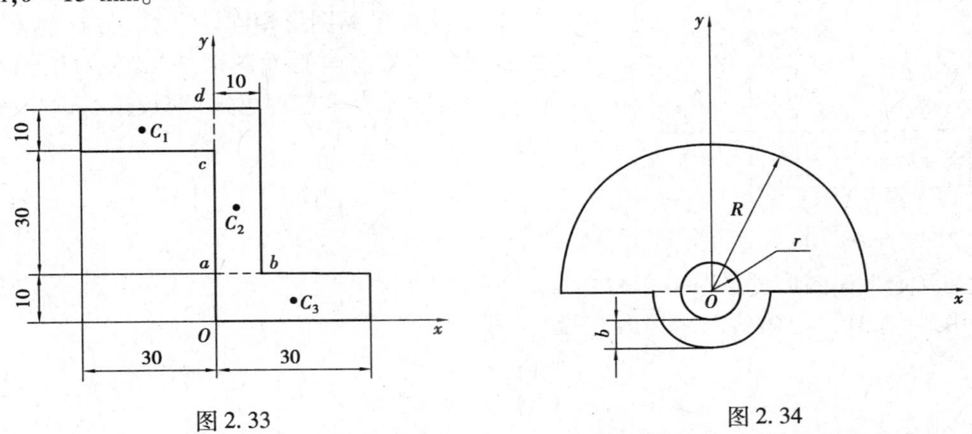

图2.33　　　　图2.34

解　将偏心块看成是由3部分组成,即半径为 R 的半圆 A_1,半径为 $r+b$ 的半圆 A_2 和半径为 r 的小圆 A_3。因 A_3 是切去的部分,所以面积应取负值。取坐标轴如图2.34所示,由于对称有 $x_C=0$。设 y_1、y_2、y_3 分别是 A_1、A_2、A_3 重心的坐标,由例2.8的结果可知

$$y_1=\frac{4R}{3\pi}=\frac{400}{3\pi}\text{mm},y_2=\frac{-4(r+b)}{3\pi}=\frac{40}{\pi}\text{mm},y_3=0$$

于是,偏心块重心的坐标为

$$y_C=\frac{A_1y_1+A_2y_2+A_3y_3}{A_1+A_2+A_3}$$

$$=\frac{\frac{\pi}{2}\times100^2(\text{mm})^2\times\frac{400}{3\pi}\text{mm}+\frac{\pi}{2}\times(17+13)^2(\text{mm})^2\times\left(\frac{-40}{\pi}\right)\text{mm}-(17^2\pi)(\text{mm})^2\times0}{\frac{\pi}{2}\times100^2(\text{mm})^2+\frac{\pi}{2}\times(17+13)^2(\text{mm})^2+(-17^2\pi)(\text{mm})^2}$$

$$=40.01\ \text{mm}$$

(3)用实验方法测定重心的位置

工程中一些外形复杂或质量分布不均的物体很难用计算方法求其重心,此时可用实验方法测定重心位置。常用的方法有悬挂法和称重法,具体的可参考其他相关书籍,在此不再详述。

2.4.4 静矩和形心

任意平面图形如图2.35所示，其面积为A。y轴和z轴为图形所在平面内的坐标轴。在坐标(y,z)处，取微面积dA，遍及整个图形面积A的积分

$$S_z = \int_A y\mathrm{d}A, S_y = \int_A z\mathrm{d}A \tag{2.41}$$

分别定义为图形对z轴和y轴的静矩，也称为图形对z轴和y轴的一次矩。

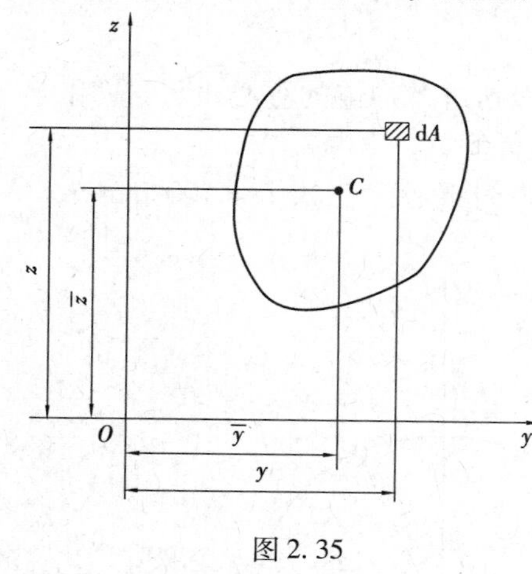

图2.35

从式(2.41)可知，平面图形的静矩是对某一坐标轴而言的，同一图形对不同的坐标轴，其静矩也就不同。静矩的数值可能为正，可能为负，也可能等于零。静矩的量纲是长度的三次方。

设想有一个厚度很小的均质薄板，薄板中间面的形状与图2.35中的平面图形相同。显然，在yz坐标系中，上述均质薄板的重心与平面图形的形心有相同的坐标$\bar{y}$和$\bar{z}$。由静力学的力矩定理可知，薄板重心的坐标$\bar{y}$和$\bar{z}$分别是

$$\bar{y} = \frac{\int_A y\mathrm{d}A}{A}, \bar{z} = \frac{\int_A z\mathrm{d}A}{A} \tag{2.42}$$

这也就是确定平面图形的形心坐标的公式。

利用式(2.41)，可将式(2.42)改写为

$$\bar{y} = \frac{S_z}{A}, \bar{z} = \frac{S_y}{A} \tag{2.43}$$

因此，把平面图形对z轴和y轴的静矩，除以图形的面积A，就得到图形形心的坐标$\bar{y}$和$\bar{z}$。把上式改写为

$$S_z = A \cdot \bar{y},\ S_y = A \cdot \bar{z} \tag{2.44}$$

这表明，平面图形对y轴和z轴的静矩，分别等于图形面积A乘形心的坐标$\bar{z}$和$\bar{y}$。

由式(2.43)、式(2.44)可知，若$S_z=0$和$S_y=0$，则$\bar{y}=0$和$\bar{z}=0$。可知，若图形对某一轴的静矩等于零，则该轴必然通过图形的形心；反之，若某一轴通过形心，则图形对该轴的静矩等于零。

例2.11 图2.36中抛物线的方程为$z=h\left(1-\frac{y^2}{b^2}\right)$。计算由抛物线、$y$轴和$z$轴所围成的平面图形对$y$轴和$z$轴的静矩$S_y$和$S_z$，并确定图形的形心$C$的坐标。

解 取平行于z轴的狭长条作为dA(见图2.36(a))，则

$$\mathrm{d}A = z\mathrm{d}y = h\left(1-\frac{y^2}{b^2}\right)\mathrm{d}y$$

图形的面积和对z轴的静矩分别为

$$A = \int_0^b h\left(1-\frac{y^2}{b^2}\right)\mathrm{d}y = \frac{2bh}{3}$$

$$S_z = \int_A y\mathrm{d}A = \int_0^b yh\left(1-\frac{y^2}{b^2}\right)\mathrm{d}y = \frac{b^2 h}{4}$$

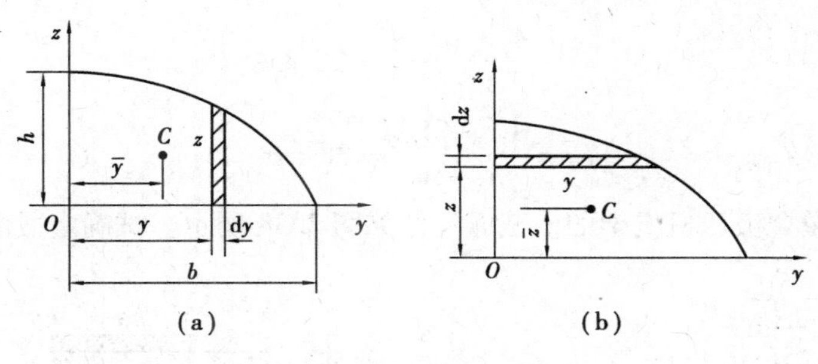

图 2.36

代入式(2.43),得

$$\bar{y}=\frac{S_z}{A}=\frac{3}{8}b$$

取平行于 y 轴的狭长条作为微面积(见图 2.36(b)),仿照上述方法,即可求出

$$S_y=\frac{4bh^2}{15},\bar{z}=\frac{2h}{5}$$

当一个平面图形是由若干个简单图形(如矩形、圆形、三角形等)组成时,由静矩的定义可知,图形各组成部分对某一轴的静矩的代数和,等于整个图形对同一轴的静矩,即

$$S_z=\sum_{i=1}^{n}A_i\bar{y}_i,S_y=\sum_{i=1}^{n}A_i\bar{z}_i \tag{2.45}$$

式中　A_i、$\bar{y}_i$、$\bar{z}_i$——任一组成部分的面积及其形心的坐标;

n——图形由 n 个部分组成。

由于图形的任一组成部分都是简单图形,其面积及形心坐标都不难确定,故式(2.45)中的任一项都可由式(2.44)算出,其代数和即为整个组合图形的静矩。

若将式(2.45)中的 S_z 和 S_y 代入式(2.43),便得组合图形形心坐标的计算公式为

$$\bar{y}=\frac{\sum_{i=1}^{n}A_i\bar{y}_i}{\sum_{i=1}^{n}A_i},\bar{z}=\frac{\sum_{i=1}^{n}A_i\bar{z}_i}{\sum_{i=1}^{n}A_i} \tag{2.46}$$

例 2.12　试确定如图 2.37 所示图形的形心 C 的位置。

解　把图形看作是由矩形Ⅰ和Ⅱ组成,建立坐标系如图 2.37 所示。每一矩形的面积及形心位置分别为:

矩形Ⅰ

$$A_1=(120\text{ mm})\times(10\text{ mm})=1\ 200\text{ mm}^2$$

$$\bar{y}_1=\frac{10\text{ mm}}{2}=5\text{ mm},\bar{z}_1=\frac{120\text{ mm}}{2}=60\text{ mm}$$

矩形Ⅱ

$$A_2=(80\text{ mm})\times(10\text{ mm})=800\text{ mm}^2$$

$$\bar{y}_2=10\text{ mm}+\frac{80\text{ mm}}{2}=50\text{ mm},\bar{z}_2=\frac{10\text{ mm}}{2}=5\text{ mm}$$

应用式(2.46),求出整个图形形心 C 的坐标为

$$\bar{y}=\frac{A_1\bar{y}_1+A_2\bar{y}_2}{A_1+A_2}=23\ \text{mm}$$

$$\bar{z}=\frac{A_1\bar{z}_1+A_2\bar{z}_2}{A_1+A_2}=38\ \text{mm}$$

例 2.13 某单臂液压机机架的横截面尺寸如图 2.38 所示。试确定截面形心的位置。

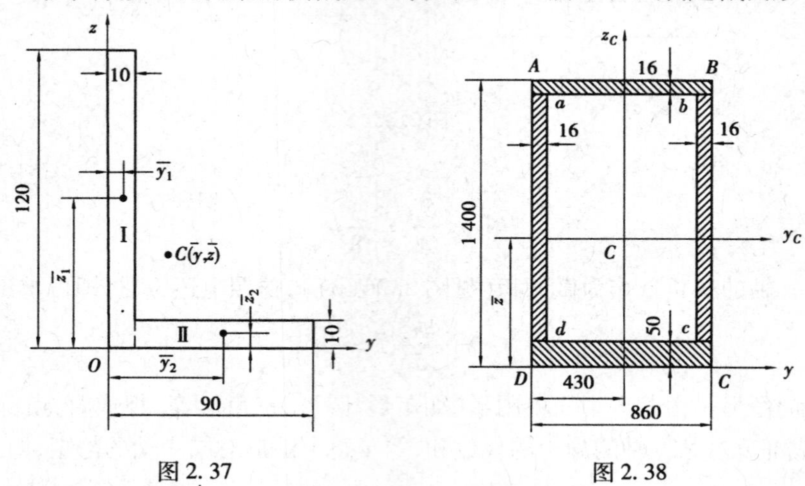

图 2.37　　　　　　　　图 2.38

解 截面有一垂直对称轴,其形心必然在这一对称轴上,因而只需确定形心在对称轴上的位置。把截面看成是由矩形 $ABCD$ 减去矩形 $abcd$,并记 $ABCD$ 的面积为 A_1,$abcd$ 的面积为 A_2。以底边 DC 作为参考坐标轴 y,则

$$A_1=1.4\ \text{m}\times 0.86\ \text{m}=1.204\ \text{m}^2$$

$$\bar{z}_1=\frac{1.4\ \text{m}}{2}=0.7\ \text{m}$$

$$A_2=(0.86-2\times 0.016)\text{m}\times(1.4-0.05-0.016)\text{m}=1.105\ \text{m}^2$$

$$\bar{z}_2=\frac{1}{2}(1.4-0.05-0.016)\text{m}+0.05\ \text{m}=0.717\ \text{m}$$

由式(2.46),整个截面的形心 C 的坐标 $\bar{z}$ 为

$$\bar{z}=\frac{A_1\bar{z}_1-A_2\bar{z}_2}{A_1-A_2}=0.51\ \text{m}$$

小　结

1. 平面汇交力系的合力:

(1)几何法:根据力多边形法则,合力矢为

$$\boldsymbol{F}_{\text{R}}=\sum \boldsymbol{F}_i$$

合力作用线通过汇交点。

(2)解析法:合力的解析表达式为

$$\boldsymbol{F}_{\text{R}}=\sum F_x\boldsymbol{i}+\sum F_y\boldsymbol{j}$$

$$F_R = \sqrt{(\sum F_x)^2 + (\sum F_y)^2}$$

$$\cos(\boldsymbol{F}_R, \boldsymbol{i}) = \frac{\sum F_x}{F_R}, \cos(\boldsymbol{F}_R, \boldsymbol{j}) = \frac{\sum F_y}{F_R}$$

2. 平面内的力对点 O 之矩是代数量，记为 $M_O(\boldsymbol{F})$

$$M_O(\boldsymbol{F}) = \pm Fd = \pm 2A_{\triangle OAB}$$

一般以逆时针转向为正，反之为负。或

$$M_O(\boldsymbol{F}) = xF_y - yF_x$$

3. 力偶和力偶矩。

力偶是由等值、反向、不共线的两个平行力组成的特殊力系。力偶没有合力，也不能用一个力来平衡。

平面力偶系对物体的作用效应取决于力偶矩 M 的大小和转向，即

$$M = \pm Fd$$

式中，正负号表示力偶的转向，一般以逆时针转向为正，反之为负。

力偶对平面内任一点的矩等于力偶矩，力偶矩与矩心的位置无关。

4. 同平面内力偶的等效定理：在同平面内的两个力偶，如果力偶矩相等，则彼此等效。力偶矩是平面力偶作用的唯一度量。

5. 平面力偶系的合成。

合力偶矩等于各分力偶矩的代数和，即

$$M = \sum M_i$$

6. 力的平移定理：平移一力的同时必须附加一力偶，附加力偶的矩等于原来的力对新的作用点的矩。

7. 平面任意力系向平面内任选一点 O 简化，一般情况下，可得一个力和一个力偶，这个力等于该力系的主矢，即

$$\boldsymbol{F}'_R = \sum \boldsymbol{F}_i = \sum F_x \boldsymbol{i} + \sum F_y \boldsymbol{j}$$

作用线通过简化中心 O。这个力偶的矩等于该力系对于点 O 的主矩，即

$$M_O = \sum M_O(\boldsymbol{F}_i) = \sum (x_i F_{iy} - y_i F_{ix})$$

8. 平面任意力系向一点简化，可能出现的4种情况（见表2.3）。

表2.3

主　矢	主　矩	合成结果	说　明
$\boldsymbol{F}'_R \neq 0$	$M_O = 0$	合力	此力为原力系的合力，合力作用线通过简化中心
	$M_O \neq 0$	合力	合力作用线离简化中心的距离 $d = \frac{M_O}{\boldsymbol{F}'_R}$
$\boldsymbol{F}'_R = 0$	$M_O \neq 0$	合力偶	此力偶为原力系的合力偶，在这种情况下，主矩与简化中心的位置无关
	$M_O = 0$	平衡	

9. 力在空间直角坐标轴上的投影：

(1)直接投影法

$$F_x = F\cos(\boldsymbol{F},\boldsymbol{i}),F_y = F\cos(\boldsymbol{F},\boldsymbol{j}),F_z = F\cos(\boldsymbol{F},\boldsymbol{k})$$

(2)间接投影法(即二次投影法)

$$F_x = F\sin\gamma\cos\varphi,F_y = F\sin\gamma\sin\varphi,F_z = F\cos\gamma$$

10. 力矩的计算：

(1)力对点的矩是一个定位矢量。

$$\boldsymbol{M}_O(\boldsymbol{F}) = \boldsymbol{r}\times\boldsymbol{F} = \begin{vmatrix} \boldsymbol{i} & \boldsymbol{j} & \boldsymbol{k} \\ x & y & z \\ F_x & F_y & F_z \end{vmatrix},|\boldsymbol{M}_O(\boldsymbol{F})| = F\cdot h = 2A_{\triangle OAB}$$

(2)力对轴的矩是一个代数量，可按下列两种方法求得：

①$M_z(\boldsymbol{F}) = \pm F_{xy}h = \pm 2A_{\triangle Oab}$

②$M_x(\boldsymbol{F}) = yF_z - zF_y,M_y(\boldsymbol{F}) = zF_x - xF_z,M_z(\boldsymbol{F}) = xF_y - yF_x$

(3)力对点的矩与力对通过该点的轴的矩的关系为

$$[\boldsymbol{M}_O(\boldsymbol{F})]_x = M_x(\boldsymbol{F}),[\boldsymbol{M}_O(\boldsymbol{F})]_y = M_y(\boldsymbol{F}),[\boldsymbol{M}_O(\boldsymbol{F})]_z = M_z(\boldsymbol{F})$$

11. 空间力偶及其等效定理：

(1)力偶矩矢

空间力偶对刚体的作用效果取决于 3 个因素(力偶矩的大小、力偶的作用面方位及力偶的转向)，它可用力偶矩矢 $\boldsymbol{M}$ 表示。

$$\boldsymbol{M} = \boldsymbol{r}_{BA}\times\boldsymbol{F}$$

力偶矩矢与矩心无关，是自由矢量。

(2)力偶的等效定理：若两个力偶的力偶矩矢相等，则它们彼此等效。

12. 空间力系的合成：

(1)空间汇交力系合成为一个通过其汇交点的合力，其合力矢为

$$\boldsymbol{F}_{\mathrm{R}} = \sum\boldsymbol{F}_i \quad 或 \quad \boldsymbol{F}_{\mathrm{R}} = \sum F_x\boldsymbol{i} + \sum F_y\boldsymbol{j} + \sum F_z\boldsymbol{k}$$

(2)空间力偶系合成结果为一合力偶，其合力偶矩矢为

$$\boldsymbol{M} = \sum\boldsymbol{M}_i \quad 或 \quad \boldsymbol{M} = \sum M_{ix}\boldsymbol{i} + \sum M_{iy}\boldsymbol{j} + \sum M_{iz}\boldsymbol{k}$$

(3)空间任意力系向点 O 简化得一个作用在简化中心 O 的力 $\boldsymbol{F}'_{\mathrm{R}}$ 和一个力偶，力偶矩矢为 $\boldsymbol{M}_O$，且

$$\boldsymbol{F}_{\mathrm{R}} = \sum\boldsymbol{F}_i(主矢),\boldsymbol{M}_O = \sum\boldsymbol{M}_O(\boldsymbol{F}_i)(主矩)$$

(4)空间任意力系简化的最终结果，见表 2.4。

表 2.4

主 矢	主 矩	最后结果	说 明
$\boldsymbol{F}'_{\mathrm{R}} = 0$	$\boldsymbol{M}_O = 0$	平衡	
	$\boldsymbol{M}_O \neq 0$	合力偶	此时主矩与简化中心位置无关

续表

<table>
<tr><th>主　矢</th><th colspan="2">主　矩</th><th>最后结果</th><th>说　明</th></tr>
<tr><td rowspan="4">$\boldsymbol{F}'_{\mathrm{R}} \neq 0$</td><td colspan="2">$\boldsymbol{M}_O = 0$</td><td>合力</td><td>合力作用线通过简化中心</td></tr>
<tr><td>$\boldsymbol{M}_O = 0$</td><td>$\boldsymbol{F}'_{\mathrm{R}} \perp \boldsymbol{M}_O$</td><td>合力</td><td>合力作用线离简化中心 O 的距离为
$d = \dfrac{\lvert \boldsymbol{M}_O \rvert}{\boldsymbol{F}'_{\mathrm{R}}}$</td></tr>
<tr><td rowspan="2">$\boldsymbol{M}_O \neq 0$</td><td>$\boldsymbol{F}'_{\mathrm{R}} /\!/ \boldsymbol{M}_O$</td><td>力螺旋</td><td>力螺旋的中心轴通过简化中心</td></tr>
<tr><td>$\boldsymbol{F}'_{\mathrm{R}}$ 与 $\boldsymbol{M}_O$ 成 θ 角</td><td>力螺旋</td><td>力螺旋的中心轴离简化中心 O 的距离为
$d = \dfrac{\lvert \boldsymbol{M}_O \rvert \sin\theta}{\boldsymbol{F}'_{\mathrm{R}}}$</td></tr>
</table>

13. 物体重心的坐标公式为

$$x_C = \frac{\sum P_i x_i}{\sum P_i}, y_C = \frac{\sum P_i y_i}{\sum P_i}, z_C = \frac{\sum P_i z_i}{\sum P_i}$$

思 考 题

2.1　“分力一定小于合力”这种说法对不对？为什么？试举例说明。

2.2　试分析如图2.39所示的非直角坐标系中，力 $\boldsymbol{F}$ 沿轴 x，y 方向的分力的大小与力 $\boldsymbol{F}$ 在轴 x，y 上的投影的大小是否相等？

2.3　平面汇交力系向汇交点以外一点简化，其结果可能是一个力吗？可能是一个力偶吗？可能是一个力和一个力偶吗？

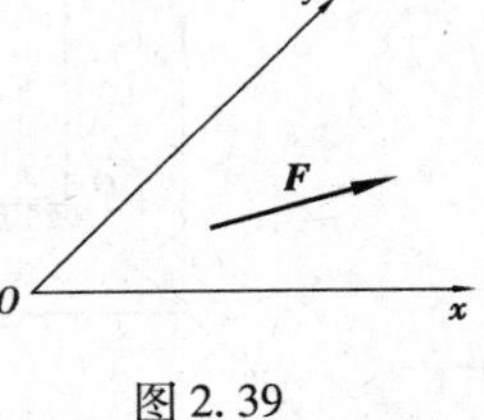

图2.39

2.4　一力偶($\boldsymbol{F}_1$，$\boldsymbol{F}'_1$)作用在平面 xOy 内，另一力偶($\boldsymbol{F}_2$，$\boldsymbol{F}'_2$)作用在平面 xOy 内，它们的力偶矩大小相等(见图2.40)。试问此两力偶是否等效？为什么？

2.5　如图2.41所示为两个相互啮合的齿轮。试问作用在齿轮 A 上的切向力 $\boldsymbol{F}_1$ 可否应用力的平移定理将其平移到齿轮的重心？为什么？

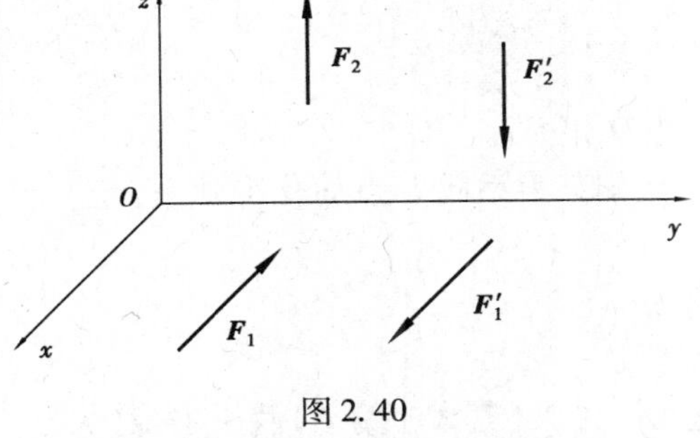

图2.40

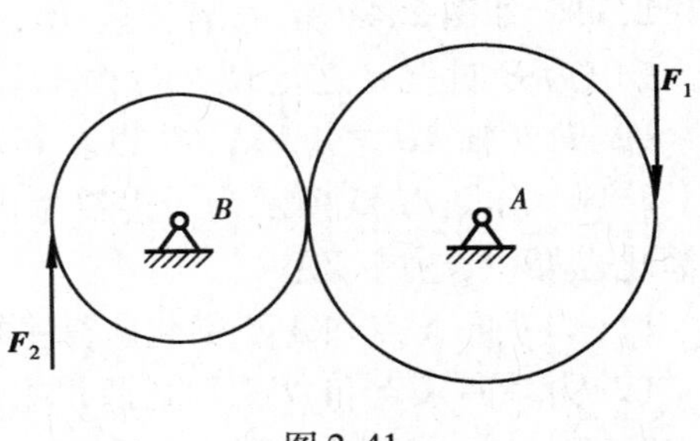

图2.41

2.6　某平面力系向同平面内任一点简化的结果都相同，此力系简化的最终结果可能是什么？

2.7 有一平面任意力系向某一点简化得到一合力，试问能否另选适当的简化中心而使该力系简化为一力偶？问什么？

2.8 某平面任意力系向 A 点简化得一个力 $\boldsymbol{F}'_{RA}$（$\boldsymbol{F}'_{RA}\neq 0$）及一个矩为 M_A（$M_A\neq 0$）的力偶，B 为平面内另一点，问：

(1)向 B 点简化仅得一力偶，是否可能？

(2)向 B 点简化仅得一力，是否可能？

(3)向 B 点简化得 $\boldsymbol{F}'_{RA}=\boldsymbol{F}'_{RB}$，$M_A\neq M_B$，是否可能？

(4)向 B 点简化得 $\boldsymbol{F}'_{RA}=\boldsymbol{F}'_{RB}$，$M_A=M_B$，是否可能？

(5)向 B 点简化得 $\boldsymbol{F}'_{RA}\neq\boldsymbol{F}'_{RB}$，$M_A=M_B$，是否可能？

(6)向 B 点简化得 $\boldsymbol{F}'_{RA}\neq\boldsymbol{F}'_{RB}$，$M_A\neq M_B$，是否可能？

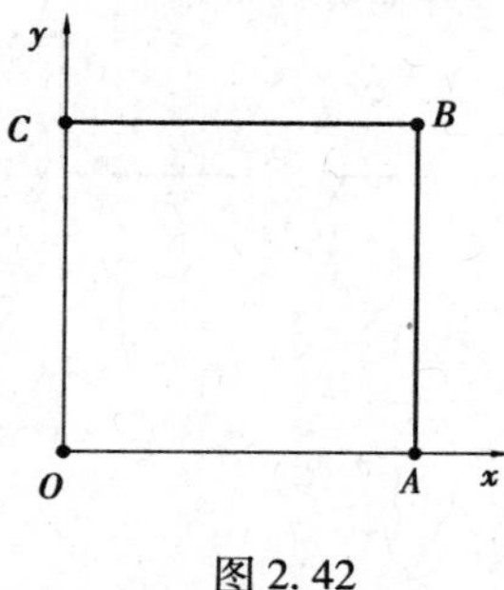

图 2.42

2.9 图 2.42 中 $OABC$ 为正方形，边长为 a。已知某平面任意力系向 A 点简化得一主矢（大小为 $\boldsymbol{F}'_{RA}$）及一主矩（大小、方向均未知）。又已知该力系向 B 点简化得一合力，合力指向 O 点。给出该力系向 C 点简化的主矢（大小、方向）及主矩（大小、方向）。

2.10 在正方体的顶角 A 和 B 处，分别作用力 $\boldsymbol{F}_1$ 和 $\boldsymbol{F}_2$，如图 2.43所示。求此两力在 x,y,z 轴上的投影和对 x,y,z 轴的矩。试将图中的力 $\boldsymbol{F}_1$ 和 $\boldsymbol{F}_2$ 向点 O 简化，并用解析式计算其大小和方向。

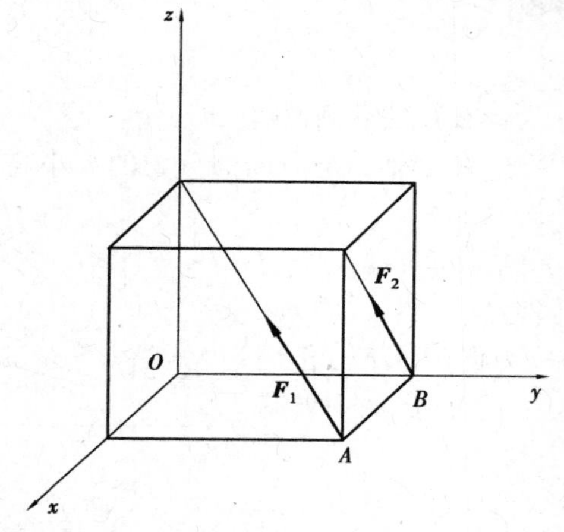

图 2.43

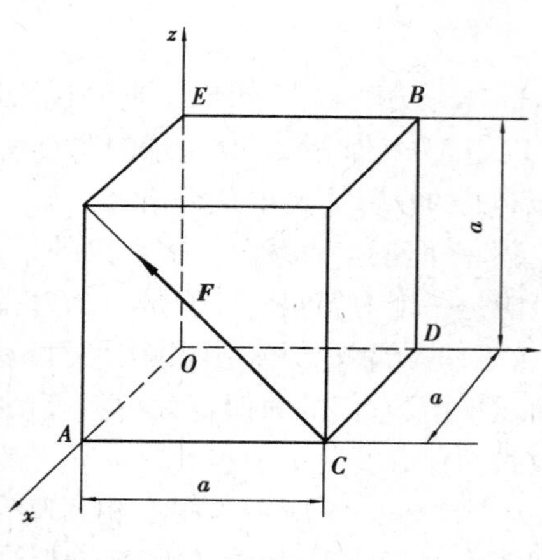

图 2.44

2.11 如图 2.44 所示，若连接 AB，试求：

(1)力 $\boldsymbol{F}$ 对点 B 之矩$\boldsymbol{M}_B(\boldsymbol{F})$；

(2)$\boldsymbol{F}$ 对轴 AB 之矩$\boldsymbol{M}_{AB}(\boldsymbol{F})$以及 $\boldsymbol{F}$ 对轴 BE 之矩$\boldsymbol{M}_{BE}(\boldsymbol{F})$。

2.12 如图 2.45 所示为一边长为 a 的正方体，已知某力系向 B 点简化得到一合力，向 C' 点简化也得一合力。问：

(1)力系向 A 点和 A'点简化所得主矩是否相等？

(2)力系向 A 点和 O'点简化所得主矩是否相等？

2.13 在上题图中，已知空间力系向 B'点简化得一主矢（其大小为 $\boldsymbol{F}$）及一主矩（大小、方向均未知），又已知该力系向 A 点简化为一合力，合力方向指向 O 点。试：

(1)用矢量的解析表达式给出力系向 B'点简化的主矩。

(2)用矢量的解析表达式给出力系向 C 点简化的主矢和主矩。

2.14　试问空间平行力系是否总能简化成一个力?

2.15　空间任意力系向两个不同的点简化,试问下述情况是否可能:

(1)主矢相等,主矩也相等;

(2)主矢不相等,主矩相等;

(3)主矢相等,主矩不相等;

(4)主矢、主矩都不相等。

2.16　一均质等截面直杆的重心在哪里?若把它弯成半圆形,重心的位置是否改变?

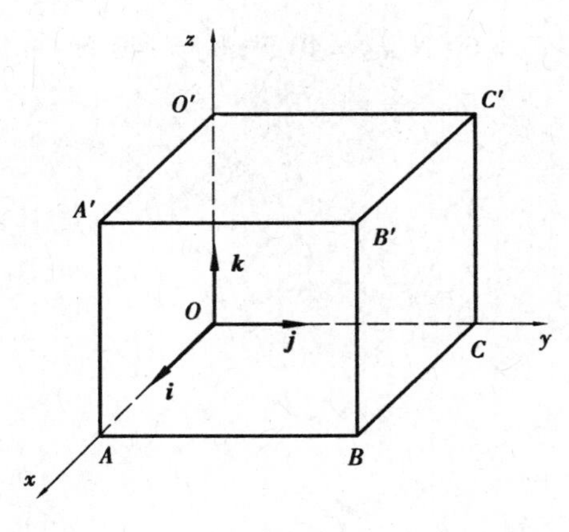

图2.45

习　题

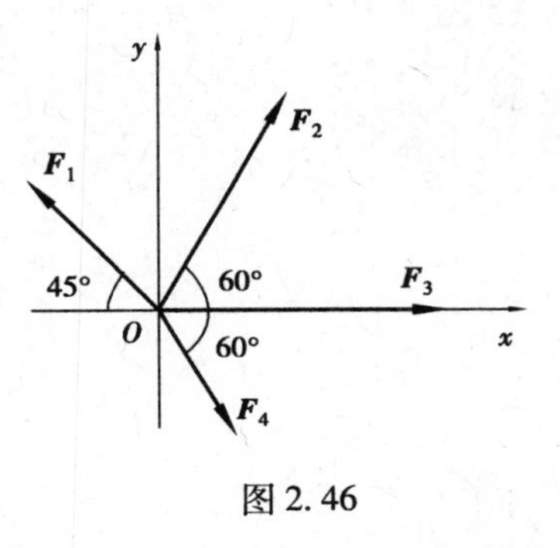

图2.46

2.1　如图2.46所示,已知 $F_1 = 150$ N, $F_2 = 200$ N, $F_3 = 250$ N 及 $F_4 = 100$ N,试分别用几何法和解析法求此汇交力系的合力。

2.2　试计算如图2.47所示的各图中力 $\boldsymbol{F}$ 对点 O 之矩。

2.3　如图2.48所示,刚架上作用有力 $\boldsymbol{F}$,已知 $AB = CD = a$, $AC = BD = b$。试分别计算力 $\boldsymbol{F}$ 对点 A 和 B 的力矩。

2.4　挡土墙横剖尺寸如图2.49所示。已知墙重 $P_1 = 85$ kN,直接压在墙上的土重 $P_2 = 164$ kN,线 BC 以右的填土作用在面 BC 上的压力 $F = 208$ kN。试将这3个力向点 A 简化,并求其合力作用线与墙底的交点 A' 到点 A 的距离。

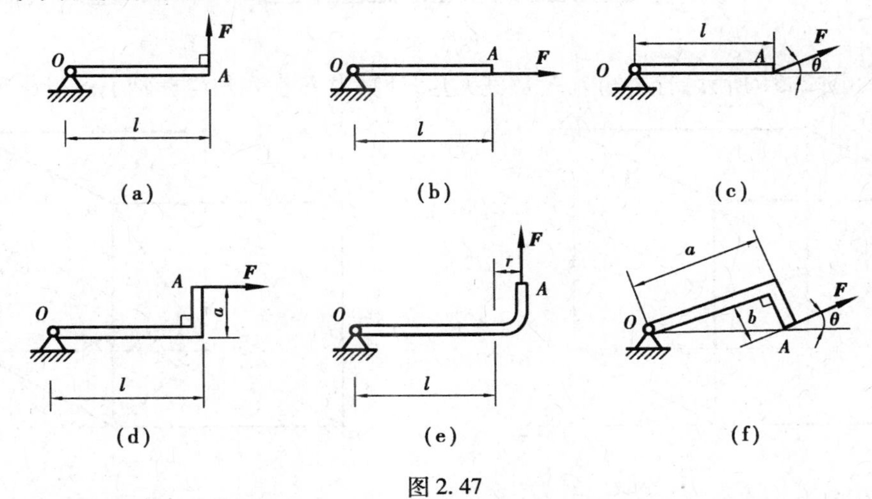

图2.47

2.5　如图2.50所示平板上作用有4个力和一个力偶,其大小分别为: $F_1 = 80$ N, $F_2 = 50$ N,

$F_3 = 60\ \text{N}, F_4 = 40\ \text{N}, M_e = 140\ \text{N}\cdot\text{m}$,方向如图 2.50 所示。试求其合成结果。

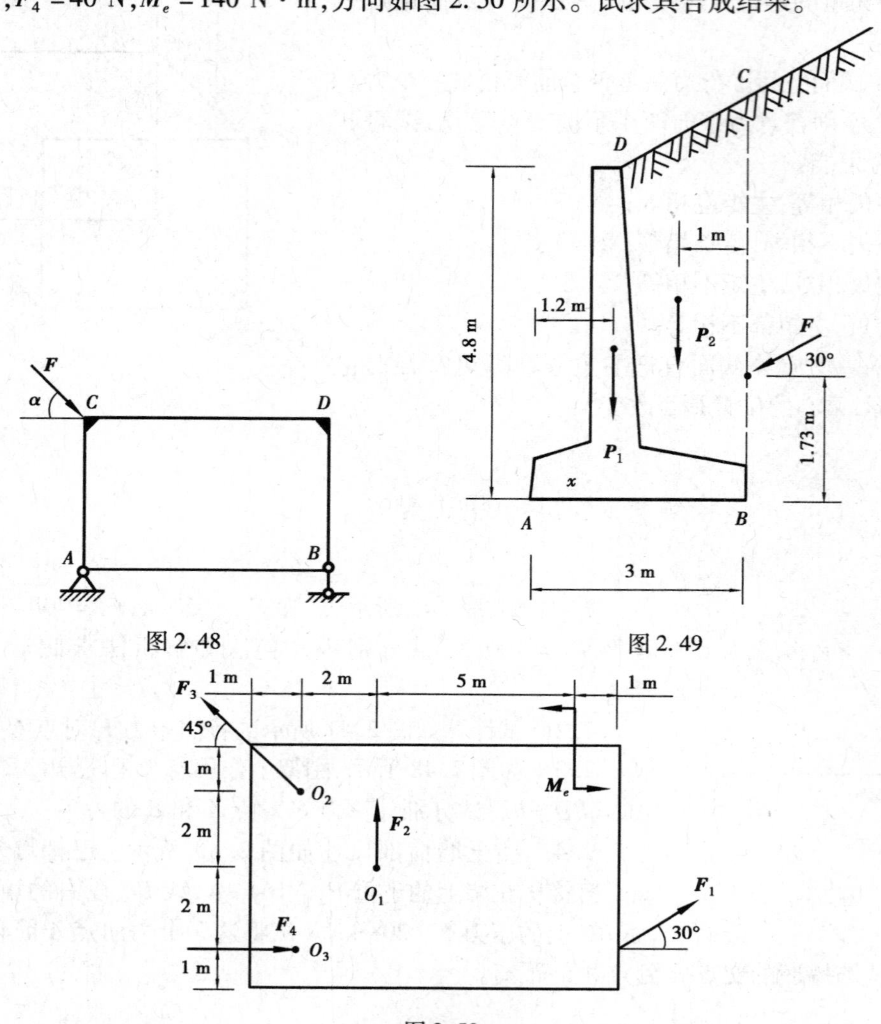

图 2.48

图 2.49

图 2.50

2.6　如图 2.51 所示,若已知力 $\boldsymbol{F}$ 及其夹角,计算力 $\boldsymbol{F}$ 在直角坐标轴上的投影。

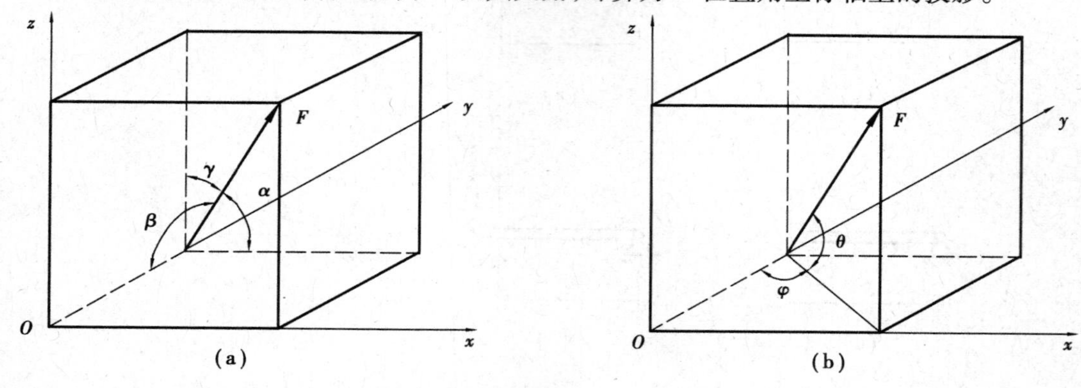

图 2.51

2.7　如图 2.52 所示,长方体上作用了五个力,其中,$F_1 = 100\ \text{N}, F_2 = 150\ \text{N}, F_3 = 500\ \text{N}$,

$F_4=200\ \text{N}, F_5=220\ \text{N}$,各力方向如图2.52所示,且$a=5\ \text{m}, b=4\ \text{m}, c=3\ \text{m}$。试求各力在坐标轴上的投影。

2.8　求图2.53中力$F=1\ 000\ \text{N}$对于z轴的力矩M_z。

2.9　槽型钢受力如图2.54所示。求此力向截面形心C简化的结果。

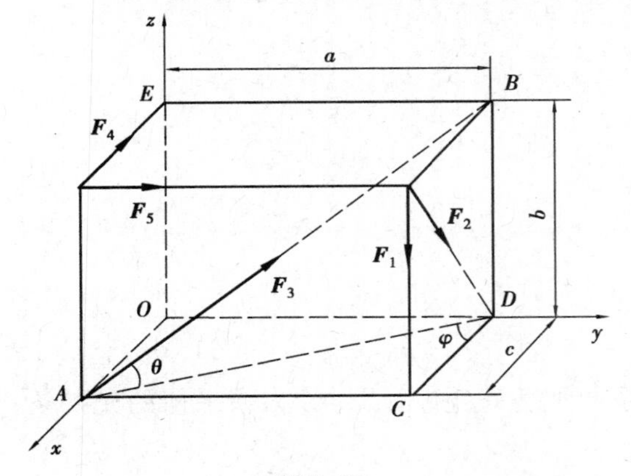

图2.52

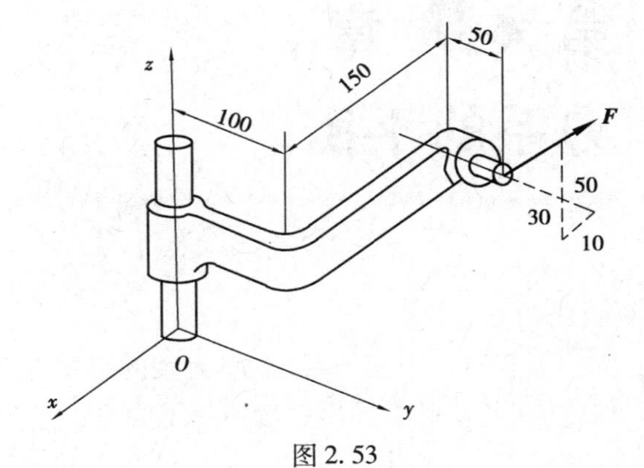

图2.53

2.10　试求图2.55中各图形的形心位置。

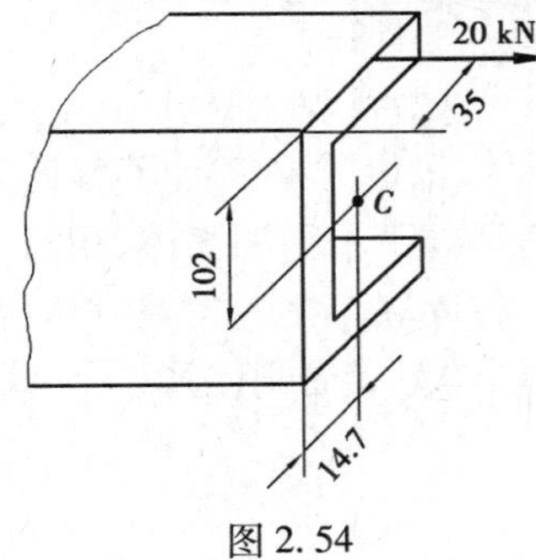

图2.54

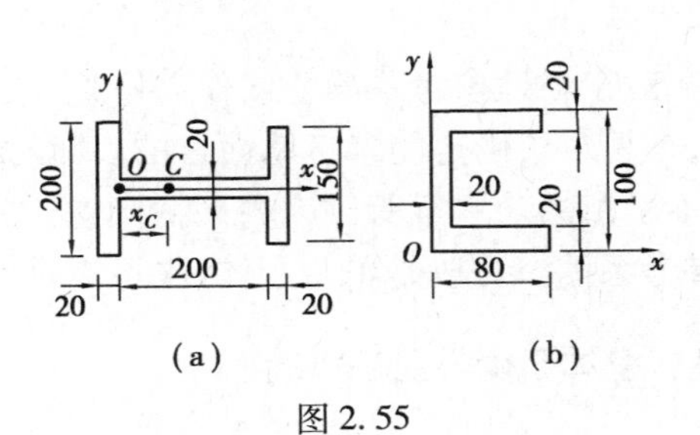

图2.55

2.11　试计算图2.56中阴影面积的形心坐标x_C。

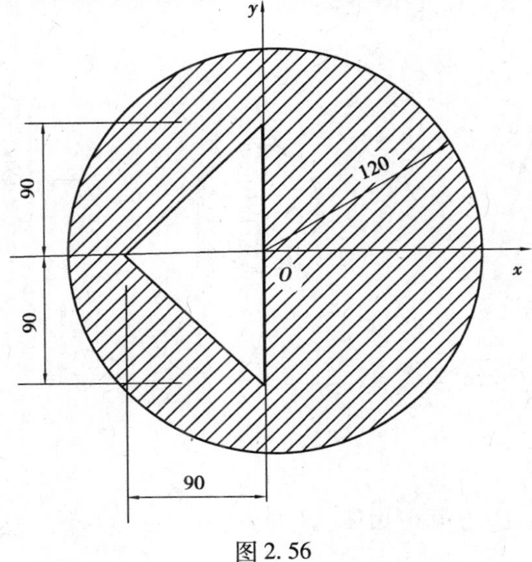

图2.56

第 3 章 力系的平衡

本章研究平面力系、空间力系的平衡及物体系的平衡问题，主要讨论力系平衡的充要条件，并在此基础上导出一般情形下力系的平衡方程。

3.1 力系的平衡条件与平衡方程

物体相对于惯性参考系静止或作匀速直线运动，这种状态称为**平衡**。平衡是运动的一种特殊情形，是相对于确定的参考系而言的。相对于某参考系处于平衡的物体，相对于另一参考系可能是不平衡的。本章所讨论的平衡问题，是以地球(将固联其上的参考系视为惯性参考系)作为参考系的。可以是单个刚体，也可以是由若干个刚体组成的刚体系。

3.1.1 整体平衡与局部平衡

对于刚体，整体平衡是指由两个或两个以上刚体组成的系统的平衡(见图 3.1(a))；局部平衡是指组成系统的单个刚体或几个刚体组成的子系统的平衡(见图 3.1(b)、(c))。

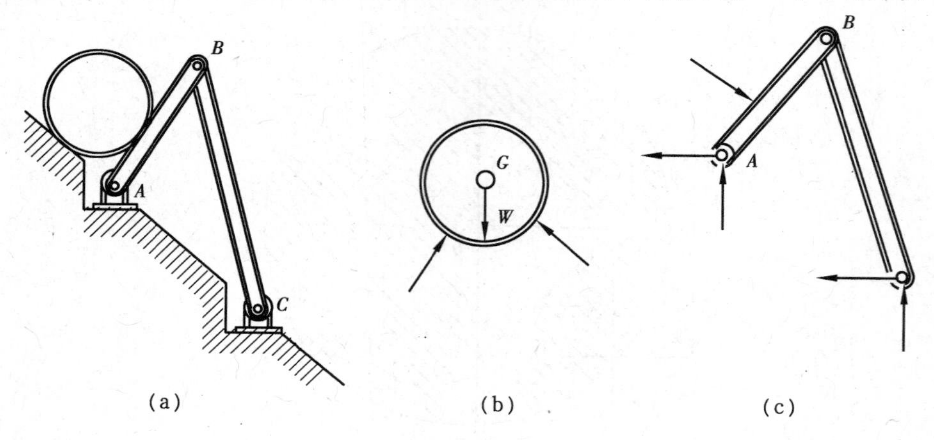

图 3.1

对于变形体，整体平衡是指单个物体，或者由两个以及两个以上物体组成的系统的平衡

(见图3.2(a));而局部平衡是指组成物体的任意一部分的平衡(见图3.2(b)、(c))。

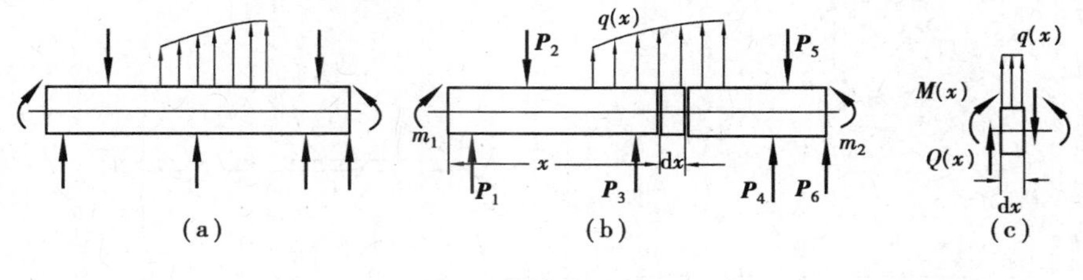

图3.2

3.1.2 平衡的充要条件

刚体或刚体系平衡与否,取决于作用在其上的力系。力系平衡的充要条件是:力系的主矢和力系对任一点的主矩都等于零。因此,如果刚体或刚体系保持平衡,则作用在刚体或刚体系统的力系主矢和和力系对任一点的主矩都等于零,即

$$\boldsymbol{F}_{\mathrm{R}} = \sum \boldsymbol{F}_i = 0, \boldsymbol{M}_O = \sum \boldsymbol{M}_O(\boldsymbol{F}_i) = 0$$

式中 $\boldsymbol{F}_{\mathrm{R}}$——力系的主矢;

$\boldsymbol{M}_O$——力系对任意点 O 的主矩。

结合上一章所研究的力系的简化,下面分别讨论平面力系、空间力系的平衡条件与平衡方程。

3.2 平面力系的平衡

3.2.1 平面汇交力系平衡的几何条件

平面汇交力系可简化为一合力。因此,平面汇交力系平衡的充要条件是:该力系的合力等于零,即

$$\boldsymbol{F}_{\mathrm{R}} = \sum \boldsymbol{F}_i = 0 \tag{3.1}$$

在平衡情形下,力多边形中最后一力的终点与第一力的起点重合,此时的力多边形称为封闭的力多边形。于是,平面汇交力系平衡的充要条件是:该力系的力多边形自行封闭,这是平衡的几何条件。

求解平面汇交力系的平衡问题时可用图解法,即按比例先画出封闭的力多边形,然后,量得所要求的未知量;也可根据图形的几何关系,用三角公式计算出所要求的未知量,这种解题方法称为几何法。

例3.1 在简支梁 AB 上作用有力 $F=50$ kN(见图3.3(a)),试求支座 A 和 B 的约束力。不计梁重及摩擦力。

解 1)选梁 AB 为研究对象,画它的受力图。梁 AB 受主动力 $\boldsymbol{F}$ 作用。B 处为活动铰支座,故约束力通过销钉中心 B,垂直于支撑面,至于其指向在现在的受力情况下,显然向上。A 处为固定铰支座,约束力的方向未定。由于梁 AB 在3个力作用下处于平衡,而力 $\boldsymbol{F}$ 与 $\boldsymbol{F}_B$ 交于 D,因此,$\boldsymbol{F}_A$ 必沿 AD 连线的方位,但指向待定。受力图如图3.3(b)所示。

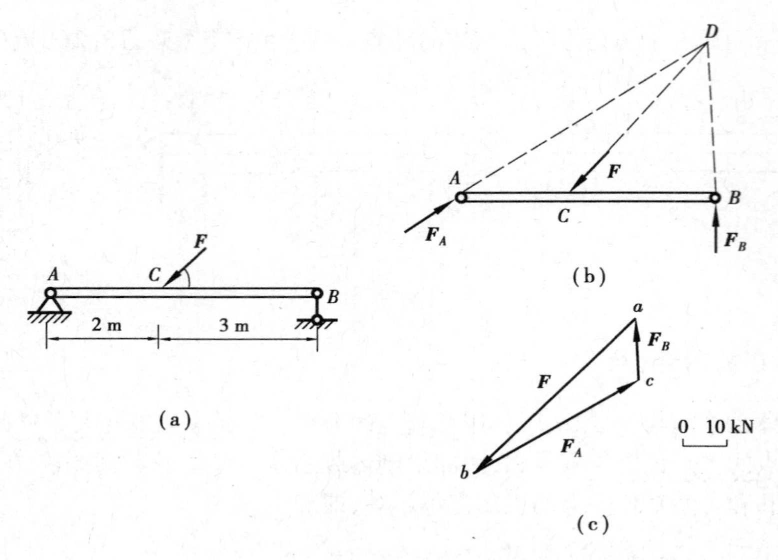

图 3.3

2)作力三角形来求未知量F_A及F_B。选取适当的比例尺,作封闭的力三角形,如图 3.3(c)所示,量得

$$F_A = 42\ \text{kN}(\nearrow 31°), F_B = 14\ \text{kN}(\uparrow)$$

两约束力的指向由力三角形各矢量首尾相接的条件确定,如图 3.3 所示。

3.2.2 平面汇交力系的平衡方程

由式(3.1)知,平面汇交力系平衡的充要条件是:该力系的合力 F_R 等于零。由式(2.3)及式(2.5),有

$$\left.\begin{aligned}\sum F_x = 0\\ \sum F_y = 0\end{aligned}\right\} \tag{3.2}$$

于是,平面汇交力系平衡的充要条件是:各力在两个坐标轴上投影的代数和分别等于零。式(3.2)称为平面汇交力系的**平衡方程**。这是两个独立的方程,可以求解两个未知量。

下面举例说明平面汇交力系平衡方程的应用。

例 3.2 如图 3.4(a)所示,重力 $P = 20$ kN,用钢丝绳挂在绞车 D 及滑轮 B 上。A、B、C 处为光滑铰链连接。钢丝绳、杆和滑轮的自重不计,并忽略摩擦和滑轮的大小,试求平衡时杆 AB 和 BC 所受的力。

解 1)取研究对象。由于 AB、BC 两杆都是二力杆,假设杆 AB 受拉力,杆 BC 受压力,如图 3.4(b)所示。通常将二力杆看成是一种约束,其受力图可以不画,因此杆 AB 与杆 BC 的受力图,即图 3.4(b)可不画。为了求出这两个未知力,可求两杆对滑轮的约束力。因此,选取滑轮 B 为研究对象。

2)画受力图。滑轮受到钢丝绳的拉力F_1和F_2(已知 $F_1 = F_2 = P$)。此外杆 AB 和 BC 对滑轮的约束力为F_{BA}和F_{BC}。由于滑轮的大小可忽略不计,故这些力可看作是汇交力系,如图 3.4(c)所示。

3)列平衡方程。选取坐标轴如图 3.4(c)所示,坐标轴应尽量取在未知力作用线相垂直的

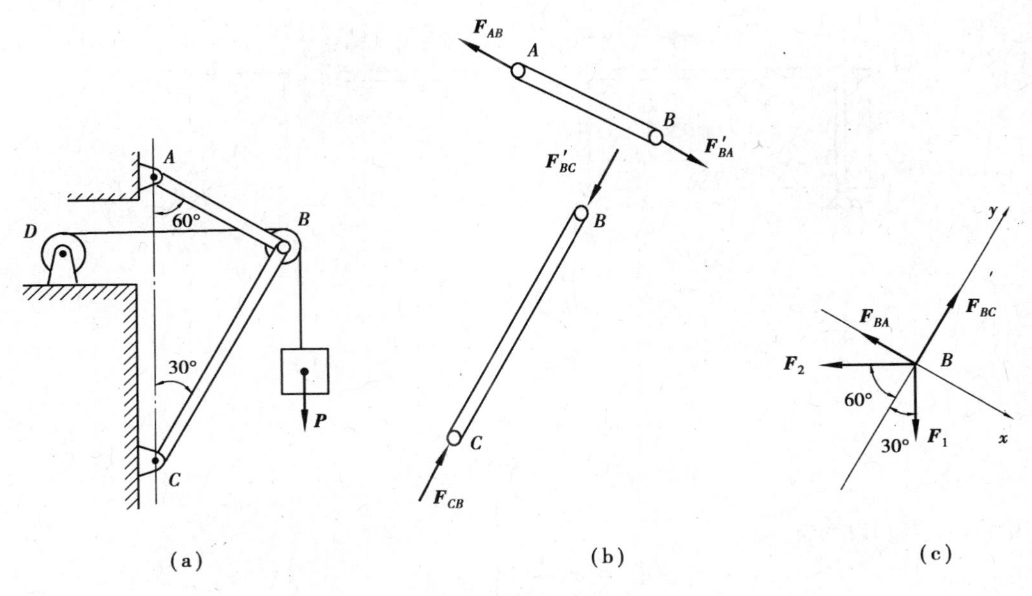

图 3.4

方向。这样在一个平衡方程中只有一个未知数,不必解联立方程,即

$$\sum F_x = 0,\ -F_{BA} + F_1\cos 60^\circ - F_2\cos 30^\circ = 0 \tag{a}$$

$$\sum F_y = 0, F_{BC} - F_1\cos 30^\circ - F_2\cos 60^\circ = 0 \tag{b}$$

4)求解方程,得

$$F_{BA} = -0.366P = -7.321\ \text{kN}$$

$$F_{BC} = 1.366P = 27.32\ \text{kN}$$

所求结果中,F_{BC}为正值,表示这力的假设方向与实际方向相同,即杆 BC 受压;F_{BA}为负值,表示这力的假设方向与实际方向相反,即杆 AB 也受压力。

3.2.3　平面力偶系的平衡条件

由上一章平面力偶系的合成结果可知,力偶系平衡时,其合力偶的矩等于零。因此,平面力偶系平衡的充要条件是:所有各力偶矩的代数和等于零,即

$$M = \sum M_i = 0 \tag{3.3}$$

例 3.3　如图 3.5(a)所示,三铰拱的 AC 部分上作用有力偶,其力偶矩为 M。已知两个半拱的直角边之比 $a:b = c:a$, 略去三铰拱自身的质量,求 A、B 两处的约束力。

解　半拱 BC 为二力构件,其受力如图 3.5(b)所示。

取 AC 为研究对象,其上所受的主动力为一力偶,其力偶矩为 M。由于 BC 为二力构件,C 点约束力 $\boldsymbol{F}_C$ 沿 BC 连线。考虑到 AC 上的主动力为一力偶 M,因此与之平衡的 A、C 两点的约束力必构成一力偶,且转向与 M 相反,这就确定了 $\boldsymbol{F}_A$ 的作用线方位及 $\boldsymbol{F}_A$、$\boldsymbol{F}_C$ 的指向,如图3.5(b)所示。

由于 $a:b = c:a$, 可知 $\boldsymbol{F}_A$、$\boldsymbol{F}_C$ 垂直于 AC,$\boldsymbol{F}_A$ 与 $\boldsymbol{F}_C$ 构成的力偶,其力偶矩大小为 $F_A \cdot \sqrt{a^2+b^2}$。

由力偶系的平衡条件知

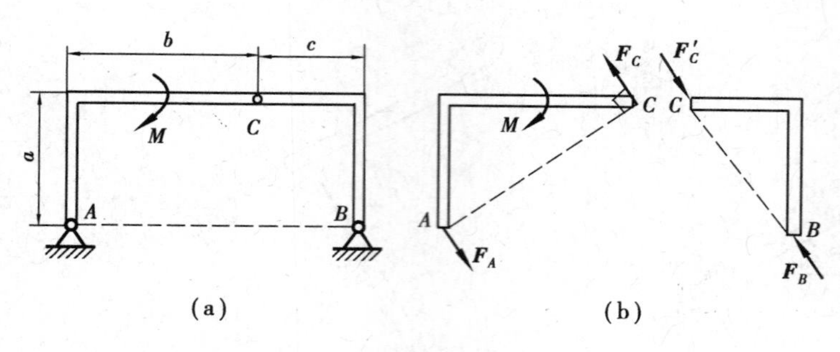

图 3.5

$$\sum M = 0, -M + F_A \cdot \sqrt{a^2 + b^2} = 0$$

解得

$$F_A = \frac{M}{\sqrt{a^2 + b^2}}$$

由于 BC 为二力构件,有

$$F_B = F_C = F'_C = F_A$$

方向如图 3.5(b)所示。

例 3.4　如图 3.6(a)所示机构的自重不计。圆轮上的销子 A 放在摇杆 BC 上的光滑导槽内。圆轮上作用一力偶,其力偶矩为 $M_1 = 2$ kN · m,$OA = r = 0.5$ m。图示位置时 OA 与 OB 垂直,$\theta = 30°$,且系统平衡。求作用于摇杆 BC 上力偶的矩 M_2 及铰链 O、B 处的约束力。

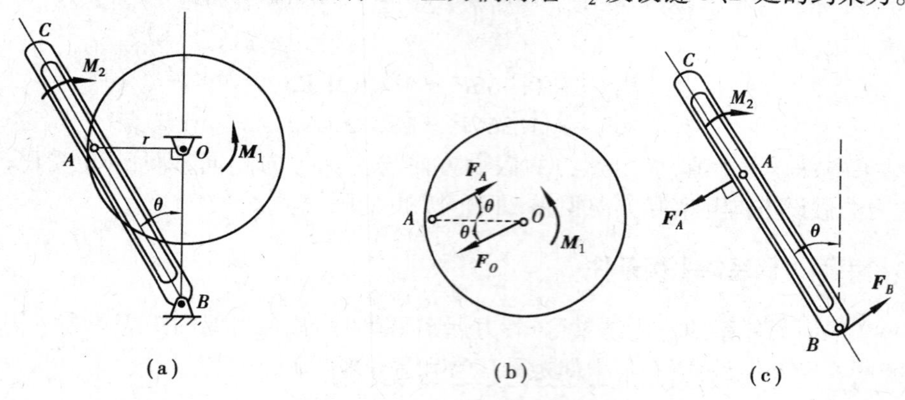

图 3.6

解　先取圆轮为研究对象,其上受有矩为 M_1 的力偶及光滑导槽对销子 A 的作用力$\boldsymbol{F}_A$和铰链 O 处约束力$\boldsymbol{F}_O$的作用。由于力偶必须由力偶来平衡,因而$\boldsymbol{F}_A$与$\boldsymbol{F}_O$必定组成一力偶,力偶矩方向与 M_1 相反,由此定出$\boldsymbol{F}_A$与$\boldsymbol{F}_O$的指向如图 3.6(b)所示。由力偶平衡条件

$$\sum M = 0, M_1 - F_A r \sin\theta = 0$$

解得

$$F_A = \frac{M_1}{r \sin 30°} \tag{a}$$

再以摇杆 BC 为研究对象,其上作用有矩为 M_2 的力偶及 $\boldsymbol{F}'_A$ 与$\boldsymbol{F}_B$,同理,$\boldsymbol{F}'_A$ 与$\boldsymbol{F}_B$ 必组成力偶,如图 3.6(c) 所示。由平衡条件

$$\sum M = 0, \ -M_2 + F'_A \frac{r}{\sin\theta} = 0 \tag{b}$$

其中，$F'_A = F_A$。将式(a)代入式(b)，得

$$M_2 = 4M_1 = 8 \text{ kN} \cdot \text{m}$$

$\boldsymbol{F}_A$与$\boldsymbol{F}_O$组成力偶，$\boldsymbol{F}'_A$ 与 $\boldsymbol{F}_B$ 组成力偶，则有

$$F_O = F_B = F_A = \frac{M_1}{r \sin 30°} = 8 \text{ kN}$$

方向如图3.6(b)、(c)所示。

3.2.4　平面任意力系的平衡条件和平衡方程

由上一章知识可知，平面任意力系向平面内任选一点 O 简化，一般情况下，可得一个力和一个力偶，这个力等于该力系的主矢，即

$$\boldsymbol{F}'_{\text{R}} = \sum \boldsymbol{F}_i = \sum F_x \boldsymbol{i} + \sum F_y \boldsymbol{j}$$

作用线通过简化中心 O。这个力偶的矩等于该力系对于点 O 的主矩，即

$$M_O = \sum M_O(\boldsymbol{F}_i) = \sum (x_i F_{iy} - y_i F_{ix})$$

现在讨论静力学中极重要的情形，即平面任意力系的主矢和主矩都等于零的情形，则

$$\left.\begin{aligned} \boldsymbol{F}'_{\text{R}} &= 0 \\ M_O &= 0 \end{aligned}\right\} \tag{3.4}$$

这表明该力系与零力系等效。因此，该力系必为平衡力系，且式(3.4)必为平面任意力系平衡的充要条件。

于是，平面任意力系平衡的充要条件是：力系的主矢和对于任一点的主矩都等于零。

这些平衡条件可用解析式表示。将式(2.15)和式(2.16)代入式(3.4)，可得

$$\left.\begin{aligned} \sum F_x &= 0 \\ \sum F_y &= 0 \\ \sum M_O(\boldsymbol{F}_i) &= 0 \end{aligned}\right\} \tag{3.5}$$

由此可得结论，平面任意力系平衡的解析条件是：所有各力在两个任选的坐标轴上的投影的代数和分别等于零，以及各力对于任意一点的矩的代数和也等于零。式(3.5)称为平面任意力系的**平衡方程**。这是3个独立的方程，可求解3个未知量。

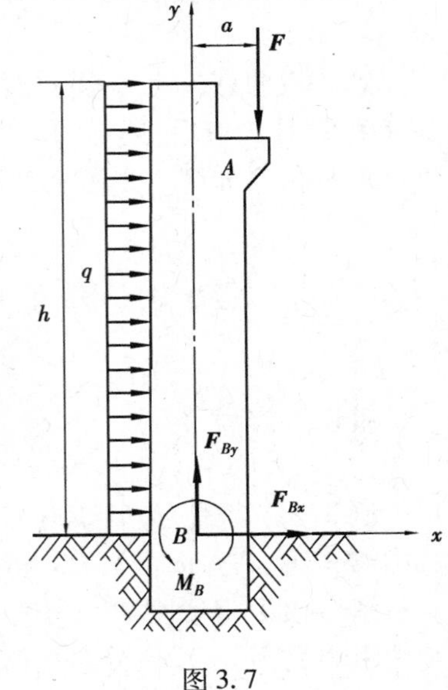

图3.7

例3.5　厂房立柱的底部与混凝土浇筑在一起，立柱上支持吊车梁的牛腿 A 上受到垂直载荷 $F = 60$ kN，立柱受到集度为 $q = 2$ kN/m 的均布风载。设立柱高度 $h = 10$ m，$\boldsymbol{F}$ 的作用线距立柱轴线的距离为 $a = 0.5$ m。试计算立柱底部固定端 B 处的约束力。

解　以立柱为研究对象，它所受的主动力有 $\boldsymbol{F}$ 和均布风载（集度为 q）。固定端 B 处的约

束力$\boldsymbol{F}_{Bx}$、$\boldsymbol{F}_{By}$和M_B，方向假设如图3.7所示。

建立坐标系如图3.7所示，列出平面任意力系的平衡方程，即

$$\sum F_x = 0, F_{Bx} + qh = 0$$

$$\sum F_y = 0, F_{By} - F = 0$$

$$\sum M_B(\boldsymbol{F}_i) = 0, M_B - Fa - \frac{1}{2}qh^2 = 0$$

求解以上方程，得

$$F_{Bx} = -20 \text{ kN}$$

$$F_{By} = 60 \text{ kN}$$

$$M_B = 130 \text{ kN} \cdot \text{m}$$

F_{Bx}为负值，说明它的方向与假设的方向相反。

例3.6 如图3.8(a)所示，已知作用在曲杆ABC上的集中力$F=8$ kN，$\theta=60°$，力偶的力偶矩$M=10$ kN·m，分布载荷的集度$q=4$ kN/m。如果不计杆的质量，试求活动支座A和固定铰链支座D对杆的反力。

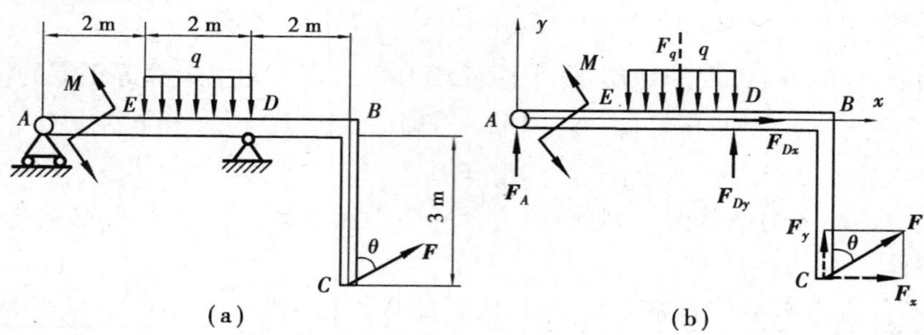

图3.8

解 取曲杆ABC为研究对象，它除了受主动力$\boldsymbol{F}$、分布载荷q和矩为M的力偶作用外，解除A和D处约束后，还受约束力$\boldsymbol{F}_A$、$\boldsymbol{F}_{Dx}$和$\boldsymbol{F}_{Dy}$的作用，如图3.8(b)所示。

取坐标系如图3.8所示，根据平面任意力系的平衡条件，有

$$\sum F_x = 0, F_{Dx} + F\sin\theta = 0$$

$$\sum M_D(\boldsymbol{F}_i) = 0, -4F_A + M + 1 \times (2q) + 3F\sin\theta + 2F\cos\theta = 0$$

$$\sum F_y = 0, F_A - 2q + F_{Dy} + F\cos\theta = 0$$

解以上方程，得

$$F_A = 11.7 \text{ kN}, F_{Dx} = -6.93 \text{ kN}, F_{Dy} = -7.7 \text{ kN}$$

例3.7 自重为$P=100$ kN的T字形刚架ABD，至于铅垂面内，载荷如图3.9(a)所示。其中$M=20$ kN·m，$F=400$ kN，$q=20$ kN/m，$l=1$ m。试求固定端A的约束力。

解 取T字形刚架为研究对象，其上除受主动力外，还受有固定端A处的约束力$\boldsymbol{F}_{Ax}$、$\boldsymbol{F}_{Ay}$和约束力偶M_A。线性分布载荷可视为一组平行力系，将其简化为一集中力$\boldsymbol{F}_1$，其大小为$F_1 = \frac{1}{2}q \times 3l = 30$ kN，其作用线可利用合力矩定理确定，即

$$F_1 h = \int_0^{3l} \frac{q}{3l}(3l - y)y\mathrm{d}y$$

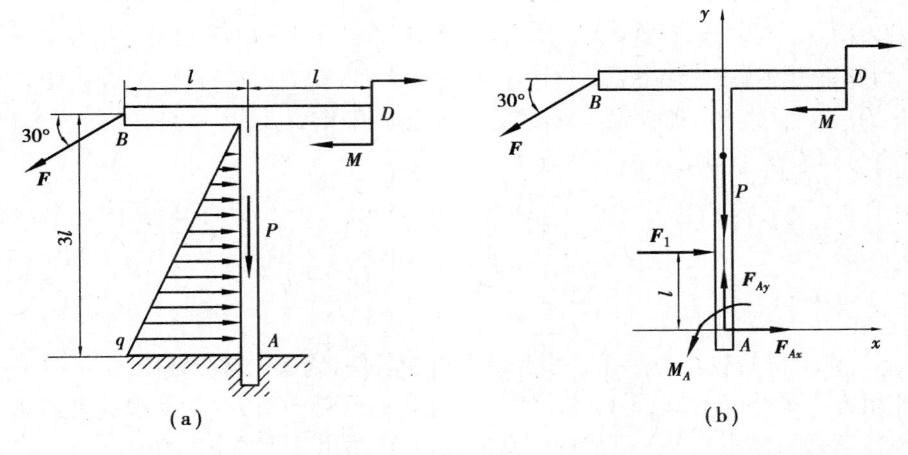

图3.9

式中,h 为点 A 到集中力 $\boldsymbol{F}_1$ 的距离。由上式求得 $h=l$,即集中力作用于三角形分布载荷的几何中心。刚架受力图如图3.9(b)所示。

按图示坐标,列平衡方程为

$$\sum F_x = 0, F_{Ax} + F_1 - F\sin 60° = 0$$

$$\sum F_y = 0, F_{Ay} - P - F\cos 60° = 0$$

$$\sum M_A(\boldsymbol{F}_i) = 0, M_A - M - F_1 l + F\cos 60° \cdot l + F\sin 60° \cdot 3l = 0$$

解方程,求得

$$F_{Ax} = F\sin 60° - F_1 = 316.4\ \text{kN}$$

$$F_{Ay} = P + F\cos 60° = 300\ \text{kN}$$

$$M_A = M + F_1 l - Fl\cos 60° - 3l\sin 60° = -1\ 188\ \text{kN}\cdot\text{m}$$

负号说明图中所设方向与实际情况相反,即 M_A 应为顺时针转向。

从上述例题可知,选取适当的坐标轴和力矩中心,可减少平衡方程中未知量的数目。在平面任意力系情况下,矩心应尽量取在多个未知力的交点上,而坐标轴应当与尽可能多的未知力相垂直。

在例3.6中,若以方程 $\sum M_A(\boldsymbol{F}_i)=0$ 取代方程 $\sum F_y=0$,可不解联立方程直接求得 F_{Dy} 的值。因此在计算某些问题时,采用力矩方程往往比投影方程简便。下面介绍平面任意力系平衡方程的其他两种形式。

3个平衡方程中有两个力矩和一个投影方程,即

$$\left.\begin{aligned} \sum M_A(\boldsymbol{F}_i) &= 0 \\ \sum M_B(\boldsymbol{F}_i) &= 0 \\ \sum F_x &= 0 \end{aligned}\right\} \tag{3.6}$$

其中,x 轴不得垂直于 A、B 两点的连线。

为什么上述形式的平衡方程也能满足力系平衡的必要和充分条件呢？这是因为如果力系对点 A 的主矩等于零,则这个力系不可能简化为一个力偶,但可能有两种情形:这个力系或者是简化为经过点 A 的一个力,或者平衡。如果力系对另一点 B 的主矩也同时为零,则这个力

系或有一合力沿 A、B 两点的连线，或者平衡（见图 3.10）。如果再加上 $\sum F_x = 0$，那么力系如有合力，则此合力必与 x 轴垂直。式(3.6)的附加条件（x 轴不得垂直于直线 AB）完全排除了力系简化为一个合力的可能性，故所研究的力系必为平衡力系。

同理，也可写出 3 个力矩式的平衡方程，即

$$\left.\begin{aligned}\sum M_A(\boldsymbol{F}_i) &= 0\\ \sum M_B(\boldsymbol{F}_i) &= 0\\ \sum M_C(\boldsymbol{F}_i) &= 0\end{aligned}\right\} \tag{3.7}$$

其中，A、B、C 3 点不得共线。为什么必须有这个附加条件，读者可自行证明。

上述 3 组方程式(3.5)、式(3.6)、式(3.7)，究竟选用哪一组方程，须根据具体条件确定。对于受平面任意力系作用的单个刚体的平衡问题，只可写出 3 个独立的平衡方程，求解 3 个未知量。任何第 4 个方程只是前 3 个方程的线性组合，因而不是独立的。

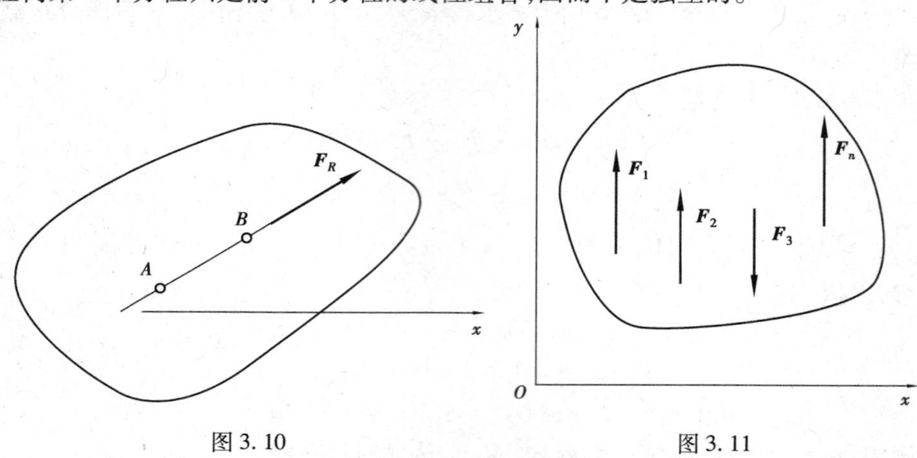

图 3.10　　图 3.11

下面讨论平面任意力系的一种特殊情况——平面平行力系的平衡。如图 3.11 所示，设物体受平面平行力系 $\boldsymbol{F}_1, \boldsymbol{F}_2, \cdots, \boldsymbol{F}_n$ 的作用。如选取 x 轴与各力垂直，则不论力系是否平衡，每一个力在 x 轴上的投影恒等于零，即 $\sum F_x \equiv 0$。于是，平面平行力系的独立平衡方程的数目只有两个，即

$$\left.\begin{aligned}\sum F_y &= 0\\ \sum M_O(\boldsymbol{F}_i) &= 0\end{aligned}\right\} \tag{3.8}$$

容易看出，当 x、y 轴取其他方向时，独立的平衡方程仍为两个，可求解两个未知量。

平面平行力系的平衡方程，也可用两个力矩方程的形式，即

$$\left.\begin{aligned}\sum M_A(\boldsymbol{F}_i) &= 0\\ \sum M_B(\boldsymbol{F}_i) &= 0\end{aligned}\right\} \tag{3.9}$$

其中，A、B 两点连线不能与力的作用线平行。

3.2.5　静定与静不定的概念

前面所研究的问题中，作用在刚体上的未知力的数目恰好等于独立的平衡方程数目。因

此，应用平衡方程，可解出全部未知量。这类问题称为**静定**问题。相应的结构称为静定结构。

实际工程结构中，为了提高结构的强度和刚度，或者为了其他工程要求，通常需要在静定结构上，再加上一些构件或者约束，从而使作用在刚体上未知约束力的数目多于独立的平衡方程数目。这种情况下，仅仅依靠刚体平衡条件不能求出全部未知量。这类问题称为**静不定**问题或**超静定**问题。相应的结构称为静不定结构或超静定结构。

对于静不定问题，必须考虑物体因受力而产生的变形，加列补充方程，才能使方程的数目等于未知量的数目。静不定问题已超出刚体静力学的范围，须在材料力学和结构力学中研究。

3.2.6　刚体系的平衡问题

研究刚体系的平衡问题时，首先要判断它是静定问题还是静不定问题。在刚体静力学中，只涉及静定的刚体系的平衡问题。其次，需要将平衡的概念加以扩展，即系统是平衡的，则组成系统的每一个局部以及每一个刚体也必然是平衡的。在此基础上，根据所选取的研究对象的受力特点，通过列平衡方程即可求解。

具体求解时应注意以下3点：

(1)研究对象有多种选择

由于刚体系是由多个刚体组成的，因此，研究对象的选择对于能不能求解以及求解过程的繁简程度有很大关系。多数情况下，先以系统为研究对象，虽然不能求出全部未知约束力，但可求出其中一个或几个未知力。

(2)对刚体系受力分析时，要分清内力和外力

内力和外力时相对的，需视选择的研究对象而定。研究对象以外的物体作用于研究对象上的力称为外力，研究对象内部各部分间相互作用力称为内力。内力总是成对出现，它们大小相等、方向相反、作用线同在一直线上，分别作用在两个相连接的物体上。

考虑以整体为研究对象的平衡时，由于内力在任意轴上的投影之和以及对任意点的力矩之和始终为零，因而不必考虑。但是，一旦将系统拆开，以局部或单个刚体作为研究对象时，在拆开处，原来的内力变成了外力，建立平衡方程时，必须考虑这些力。

(3)严格根据约束的性质确定约束力，注意相互连接物体之间的作用力与反作用力

刚体系的受力分析过程中，必须严格根据约束的性质确定约束力，特别要注意互相连接物体之间的作用力与反作用力，使作用在平衡系统整体上的力系和作用在每个刚体上的力系都满足平衡条件。

下面举例说明刚体系平衡问题的求解。

例3.8　如图3.12(a)所示曲轴连杆活塞机构，曲柄 $OA=r$，连杆 $AB=l$，活塞受力 $F=400$ N。不计所有构件的自重，试问在曲柄上应施加多大的力偶矩 $\boldsymbol{M}$ 才能使机构在图示位置平衡？

解　1)选择研究对象进行受力分析。连杆 AB 为二力构件。设杆 AB 受压，则 $\boldsymbol{F}_{AB}$ 与 $\boldsymbol{F}_{BA}$ 等值、反向、共线。曲柄 OA 的受力图如图3.12(b)所示。

2)应用力偶平衡的概念，确定作用在曲柄 OA 上的力。由于力偶只能与力偶平衡，因此 $\boldsymbol{F}_O$ 必与 $\boldsymbol{F}'_{AB}$ 组成一个力偶并与力偶 $\boldsymbol{M}$ 平衡。根据图中尺寸，有 $\theta=45°$，设 $\angle OBA=\beta$，则有 $\sin\beta=\dfrac{1}{\sqrt{5}}$，$\cos\beta=\dfrac{2}{\sqrt{5}}$。由力偶平衡条件，有

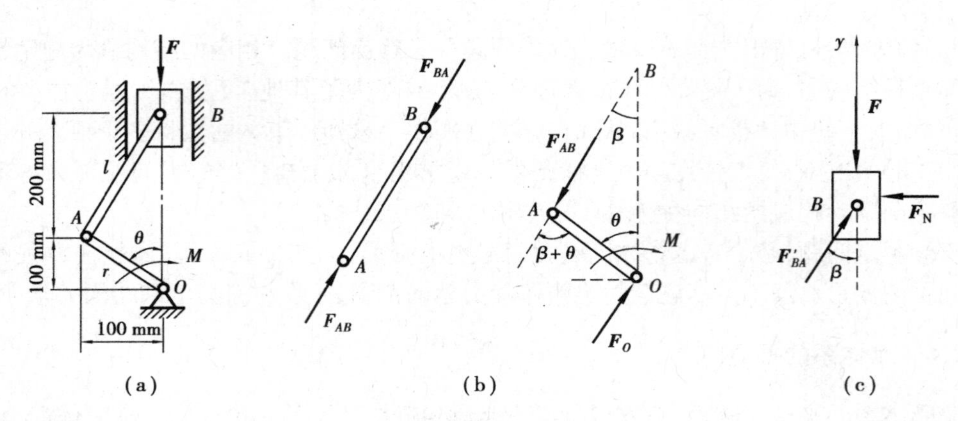

图 3.12

$$\sum M(\boldsymbol{F}_i) = 0, F'_{AB} r \sin(\theta + \beta) - M = 0$$

其中,曲柄长度 $r = 100\sqrt{2}$ mm, $\sin(\theta+\beta) = \dfrac{3}{\sqrt{10}}$,代入得

$$F'_{AB} = \frac{M}{r \sin(\theta+\beta)} = \frac{10\sqrt{5}}{3} M$$

3)以活塞 B 为研究对象。活塞受力如图 3.12(c)所示,其中 $F'_{BA} = F'_{AB}$。列出平衡方程为

$$\sum F_y = 0, F'_{BA} \cos\beta - F = 0$$

解得

$$F = F'_{BA} \cos\beta = \frac{20}{3} M$$

因此,机构在图示位置平衡时,作用在曲柄上的力偶矩 $\boldsymbol{M}$ 的大小为

$$M = 60 \text{ N} \cdot \text{m}$$

例 3.9 如图 3.13(a)所示的组合梁(不计自重)由 AC 和 CD 铰接而成。已知 $F=20$ kN,均布载荷 $q=10$ kN/m, $M=20$ kN·m, $l=1$ m。试求固定端 A 及支座 B 的约束力。

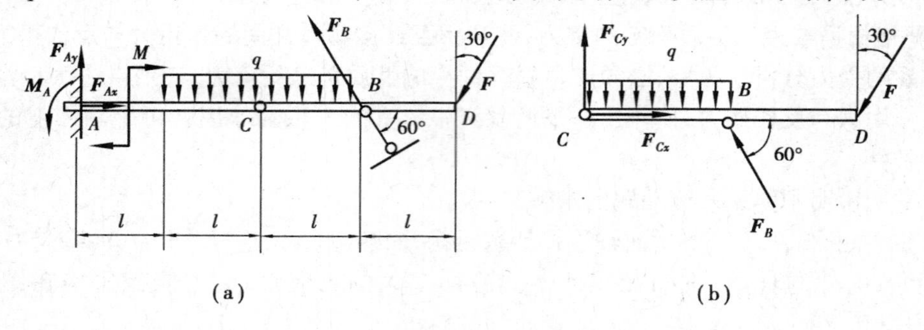

图 3.13

解 先以整体为研究对象,组合梁在主动力 M、F、q,以及约束力 $\boldsymbol{F}_{Ax}$、$\boldsymbol{F}_{Ay}$、$\boldsymbol{M}_A$ 及 $\boldsymbol{F}_B$ 作用下平衡,受力如图 3.13(a)所示。其中均布载荷的合力通过点 C,大小为 $2ql$。列平衡方程为

$$\sum F_x = 0, F_{Ax} - F_B \cos 60° - F \sin 30° = 0 \tag{a}$$

$$\sum F_y = 0, F_{Ay} + F_B \sin 60° - 2ql - F \cos 30° = 0 \tag{b}$$

$$\sum M_A(\boldsymbol{F}_i) = 0, M_A - M - 2ql \cdot 2l + F_B \sin 60° \cdot 3l - F\cos 30° \cdot 4l = 0 \qquad (c)$$

以上3个方程包含有4个未知量,必须再列补充方程才能求解。为此可取梁 CD 为研究对象,受力如图3.13(b)所示,列平衡方程为

$$\sum M_C(\boldsymbol{F}_i) = 0, F_B \sin 60° \cdot l - ql\frac{l}{2} - F\cos 30° \cdot 2l = 0 \qquad (d)$$

由式(d)得

$$F_B = 45.77\ \text{kN}$$

代入式(a)、式(b)、式(c)得

$$F_{Ax} = 32.89\ \text{kN}, F_{Ay} = -2.32\ \text{kN}, M_A = 10.37\ \text{kN}\cdot\text{m}$$

此题也可先取梁 CD 为研究对象,求得 $\boldsymbol{F}_B$ 后,再以整体为研究对象,求出$\boldsymbol{F}_{Ax}$、$\boldsymbol{F}_{Ay}$及 M_A。

注意:此题在研究整体平衡时,可将均匀载荷作作为合力通过点 C,但在研究梁 CD 或 AC 平衡时,必须分别受一半的均布载荷。

例3.10　如图3.14所示平面平衡结构,已知 $\boldsymbol{F}, M, AB=L, BC=2L, CD=ED, BD$ 为水平。不计自重及摩擦,求铰链 E 处的约束力和 BD 杆的内力。

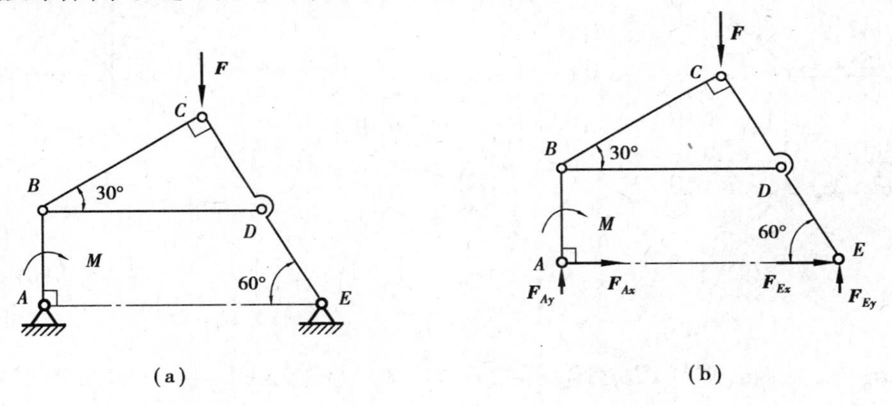

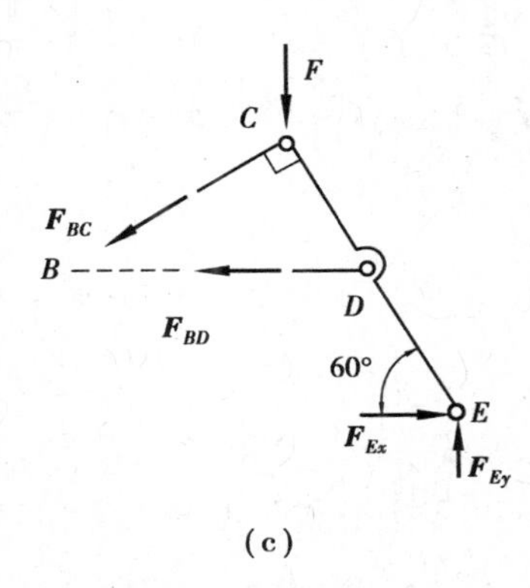

图3.14

解　先以整个结构为研究对象,受力分析如图3.14(b)所示。列平衡方程为

$$\sum M_A(\boldsymbol{F}_i) = 0, M - F_{Ey} \cdot \boldsymbol{AE} + F \cdot \boldsymbol{BC}\cos 30° = 0$$

解得

$$F_{Ey} = \frac{3}{5}F + \frac{\sqrt{3}M}{5L}$$

BC、BD 为二力杆。取 CDE 为研究对象，受力分析如图 3.14(c)所示。列平衡方程为

$$\sum M_B(\boldsymbol{F}_i) = 0, F \cdot \overline{BC}\cos 30° - F_{Ex}L - F_{Ey} \cdot \overline{AE} = 0$$

$$\sum M_C(\boldsymbol{F}_i) = 0, F_{BD} \cdot \overline{CD}\sin 60° - F_{Ex} \cdot \overline{CE}\sin 60° - F_{Ey} \cdot \overline{CE}\cos 60° = 0$$

联立求解，得 BD 杆的内力为

$$F_{BD} = \frac{\sqrt{3}}{5}F - \frac{9M}{5L}$$

例 3.11 由直角曲杆 ABC、DE、直杆 CD 及滑轮组成的结构如图 3.15(a)所示。不计各构件重量，在杆 AB 上作用水平均布载荷 q，在 D 处作用一铅垂力 F，在滑轮上悬挂一重量为 P 的重物，且滑轮的半径 $r = a$，$P = 2F$，$CO = OD$。求支座 E 和固定端 A 的约束力。

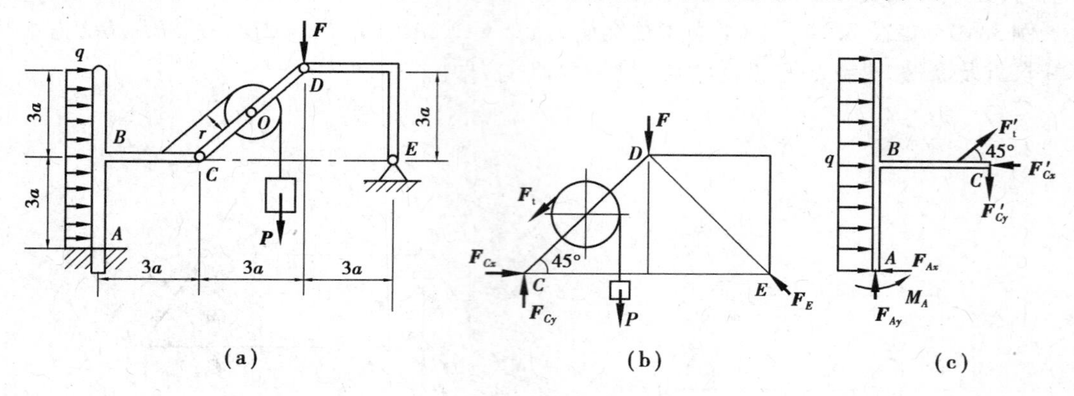

图 3.15

解 DE 为二力杆。取杆 CD、滑轮、重物 P 和杆 DE 为研究对象，受力分析如图 3.15(b)，且

$$F_T = P = 2F$$

列平衡方程为

$$\sum M_C(\boldsymbol{F}_i) = 0, F_E \cdot 3\sqrt{2}a - F \cdot 3a - P \cdot (3a/2 + r) + F_T \cdot r = 0$$

$$\sum F_x = 0, F_{Cx} - F_E\cos 45° - F_T\cos 45° = 0$$

$$\sum F_y = 0, F_{Cy} - F_T \cdot \cos 45° - P - F + F_E \cdot \cos 45° = 0$$

解得

$$F_E = \sqrt{2}F, F_{Cx} = (\sqrt{2} + 1)F, F_{Cy} = (\sqrt{2} + 2)F$$

取直角曲杆 ABC 为研究对象，受力分析如图 3.15(c)。列平衡方程为

$$\sum F_x = 0, q \cdot 6a - F_{Ay} - F'_{Cx} + F'_T\cos 45° = 0$$

$$\sum F_y = 0, F_{Ay} - F'_{Cy} + F'_T \cdot \cos 45° = 0$$

$$\sum M_A(\boldsymbol{F}_i) = 0, M_A - 6qa \cdot 3a + F'_{Cx} \cdot 3a - F'_{Cy} \cdot 3a - F'_T \cdot r = 0$$

联立求解，得

$$F_{Ax} = 6qa - F, F_{Ay} = 2F, M_A = 5Fa + 18qa^2$$

例 3.12　如图 3.16(a)所示的结构中，已知 a、$\boldsymbol{P}$，求支座 A、B 处的约束力。

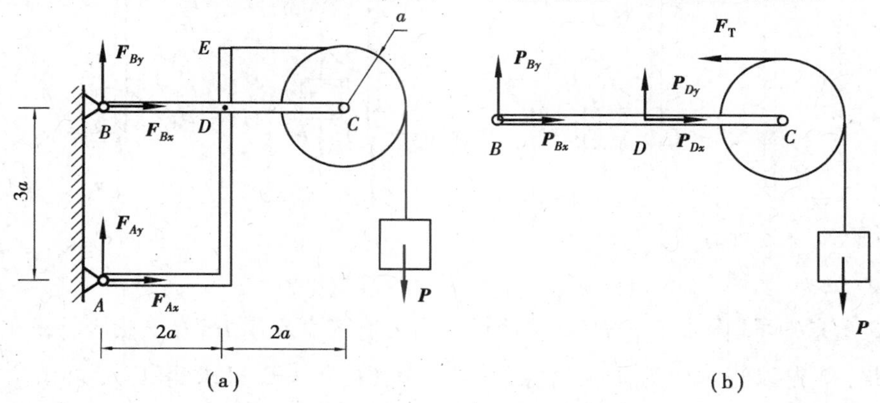

图 3.16

解　本题只讲解题思路，不具体求解。

对静力学问题，一般都先看看整体，其好处是在研究整体时不必再画图，可直接在题目上画出约束力，且其内部的约束力(内力)在受力图上不出现，也有利于解题。由上例已经知道，若能先从整体中解出几个未知量，再求分离体中的未知量就容易了。

本题整体受力图如图 3.16(a)所示，共有 4 个未知力，而方程只有 3 个。显然 3 个方程不可能求出全部 4 个未知量，但由受力图可知，这 4 个未知力的分布很特殊，其中点 A、B 均为 3 个未知力的交点。利用 $\sum M_A(\boldsymbol{F}_i) = 0$，可求出 F_{Bx}。再由 $\sum F_x = 0$ 或 $\sum M_B(\boldsymbol{F}_i) = 0$，可求出 F_{Ax}。这样虽然由整体不可能求出全部 4 个未知量，但可先求出其中的两个。

一道题目一般若能先求出 1 ~ 2 个未知量，再往下求就容易了。下面再以杆 BC 为研究对象。一般当杆上带有滑轮时，不要将滑轮拆下，因此，研究 BC 杆时自然要将杆与滑轮合起来作为研究对象(除非你要研究销轴 C 的受力)，其受力图如图 3.16(b)所示。图中 $F_T = P$，F_{Bx} 已由整体求出，因此只有 3 个未知量。这里体现了先研究整体的好处，否则杆 BC 上也有 4 个未知量。

现有 3 个方程，很容易求出杆 BC 上的 3 个未知量。为了求解方便，在列方程时要注意尽量使矩心取在较多未知力的交点上，投影轴尽量与较多的未知力相垂直。本题由 $\sum M_D(\boldsymbol{F}_i) = 0$ 可求出 F_{By}。

求得 F_{By} 后，再由整体的平衡方程 $\sum F_y = 0$ 即可求得 F_{Ay}。

例 3.13　图 3.17(a)中，已知 l，$\boldsymbol{P}$，R，怎样求固定端 A 处的约束力？

解　当然要先看一下整体。其实看整体时不用画受力图就能分析出是否要先取整体为研究对象。本题 A 处为固定端，其 3 个未知量(两个力及一个力偶)，D 处为固定铰支座，有两个未知量。未知量共 5 个，而且不可能先求出其中的几个未知量，因此不能先研究整体。

之后看分离体。杆 AB 的受力图如图 3.17(c)所示，由于杆 BC 是二力杆(一定要看出 BC 为二力杆)，因此有 4 个未知量。杆 CD(CD 上的滑轮不要拆下)的受力图如图 3.17(b)所示，

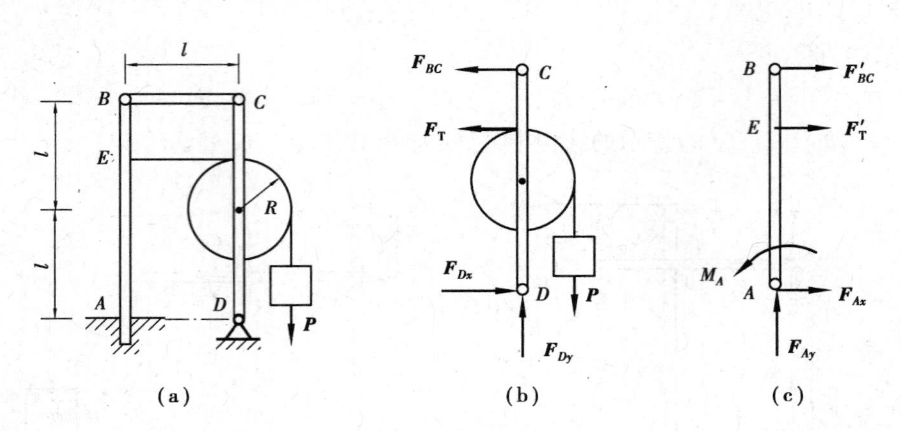

图 3.17

可知它有 3 个未知量(图中 $F_T = P$)。平面任意力系有 3 个平衡方程,当然容易求出这 3 个未知量。因此,首先以杆 CD 为研究对象,由 $\sum M_D(\boldsymbol{F}_i) = 0$ 可求得 F_{BC},再由 $\sum F_x = 0$, $\sum F_y = 0$ 可分别求得 F_{Dx}、F_{Dy}。由于本题只要求 A 处的约束力,因此 F_{Dx}、F_{Dy} 可以不求。

一个静力学问题,当求得几个未知量之后,其他的未知量一般就容易求了。求得 F_{BC}后,研究杆 AB,可知它只有 3 个未知量了。利用 $\sum F_x = 0$, $\sum F_y = 0$, $\sum M_A(\boldsymbol{F}_i) = 0$ 可分别求得 F_{Ax}、F_{Ay} 及 M_A。

例 3.14　编号为 1、2、3、4 的 4 根杆件组成平面结构,其中 A、C、E 为光滑铰链,B、D 为光滑接触,E 为中点,如图 3.18(a)所示。各杆自重不计。在水平杆 2 上作用力 $\boldsymbol{F}$。尺寸 a、b 已知,求 C、D 处约束力及杆 AC 受力大小。

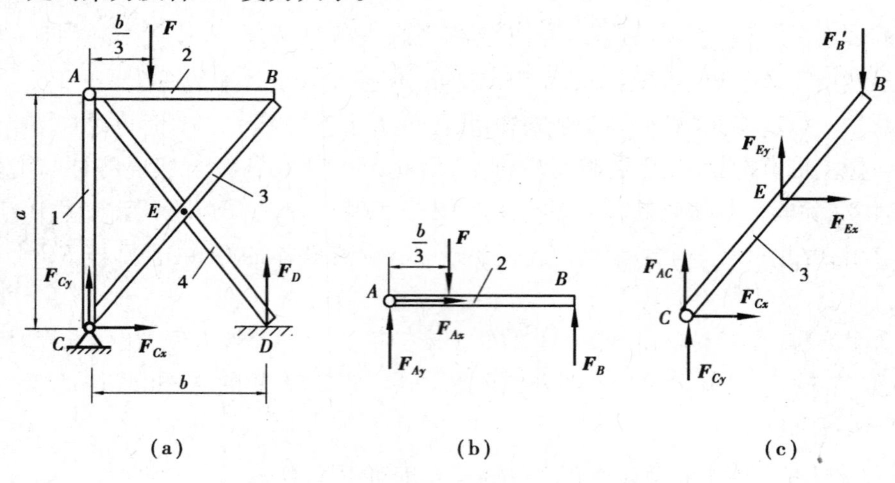

图 3.18

解　容易看出整体只有 3 个未知量,因此先研究整体,其受力图如图 3.18(a)所示,列平衡方程为

$$\sum M_C(\boldsymbol{F}_i) = 0, F_D b - F\frac{b}{3} = 0$$

$$\sum F_x = 0, F_{Cx} = 0$$

$$\sum F_y = 0, F_{Cy} + F_D - F = 0$$

解得

$$F_D = \frac{F}{3}, F_{Cx} = 0, F_{Cy} = \frac{2}{3}F$$

研究杆 AB，其受力图如图 3.18(b) 所示，即

$$\sum M_A(\boldsymbol{F}_i) = 0, F_B b - F\frac{b}{3} = 0$$

得

$$F_B = \frac{F}{3}$$

下面求杆 AC 受力，这是本题的难点。杆 AC、BC 都连接于铰链 C。图 3.18(a) 实际上是一个具体结构的力学模型。可以这样设想：铰链 C 的约束力作用于杆 BC 上的点 C，二力杆 AC 的约束力也作用于杆 BC 上的点 C。这样研究杆 BC，其受力图就如图 3.18(c) 所示。其中 $\boldsymbol{F}_{Cx}$、$\boldsymbol{F}_{Cy}$ 为固定铰 C 对杆 BC 的作用力，F_{AC} 为二力杆 AC 对杆 BC 的作用力。由于点 E 是两个未知力的汇交，因此平衡方程为

$$\sum M_E(\boldsymbol{F}_i) = 0, F_{Cx}\frac{a}{2} - (F_{Cy} + F_{AC})\frac{b}{2} - F'_B\frac{b}{2} = 0$$

解得

$$F_{AC} = -F$$

F_{AC} 为负值，表明杆 AC 对杆 BC 的力是向下的，因此，杆 BC 对杆 AC 的力是向上的，即杆 AC 受压。

3.3　空间力系的平衡

3.3.1　空间汇交力系的平衡条件

由于空间汇交力系可合成为一个合力，因此，空间汇交力系平衡的充要条件为：该力系的合力等于零，即

$$\boldsymbol{F}_{\mathrm{R}} = \sum \boldsymbol{F}_i = 0 \tag{3.10}$$

由式(2.21)可知，为使合力 $\boldsymbol{F}_{\mathrm{R}}$ 为零，必须同时满足

$$\left.\begin{aligned}\sum F_x = 0\\ \sum F_y = 0\\ \sum F_z = 0\end{aligned}\right\} \tag{3.11}$$

空间汇交力系平衡的充要条件为：该力系中所有各力在3个坐标轴上的投影的代数和分别等于零。式(3.11)称为空间汇交力系的**平衡方程**。这是两个独立的方程，可求解两个未知量。

应用解析法求解空间汇交力系的平衡问题的步骤，与平面汇交力系问题相同。

例3.15　如图3.19(a)所示,用起重杆吊起重物。起重杆的A端用球铰链固定在地面上,而B端则用绳CB和DB拉住,两绳分别系在墙上的点C和D,连线CD平行于x轴。已知$CE=EB=DE$,$\theta=30°$,CDB平面与水平面间的夹角$\angle EBF=30°$(见图3.19(b)),物重$P=10$ kN。如起重杆的质量不计,试求起重杆所受的压力和绳子的拉力。

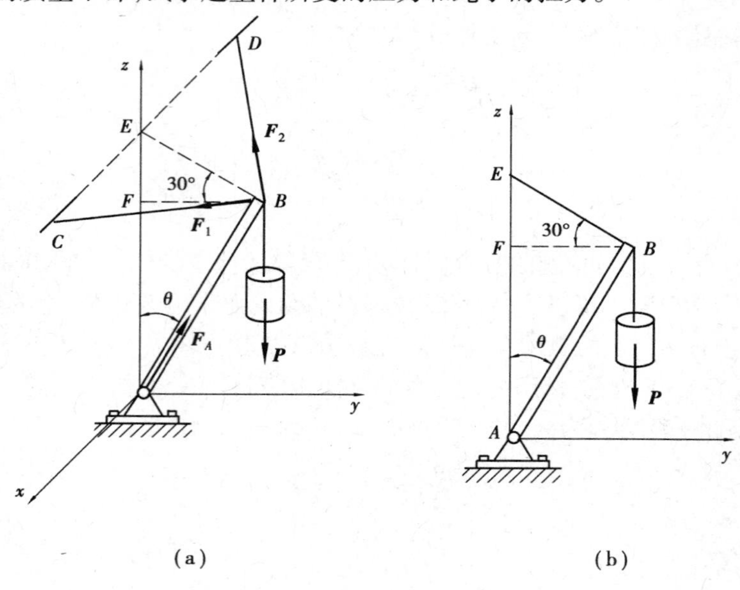

(a)　　　(b)

图3.19

解　取起重杆AB与重物为研究对象,其上受有主动力$\boldsymbol{P}$,B处受绳拉力$\boldsymbol{F}_1$与$\boldsymbol{F}_2$;球铰链A的约束力方向一般不能预先确定,可用单个正交分力表示。本题中,由于杆重不计,又只在A、B两端受力,因此,起重杆AB为二力构件,球铰A对杆AB的约束力$\boldsymbol{F}_A$必沿A、B连线。$\boldsymbol{P}$、$\boldsymbol{F}_1$、$\boldsymbol{F}_2$和$\boldsymbol{F}_A$ 4个力汇交于点B,为一空间汇交力系。

取坐标轴如图3.19所示。由已知条件知$\angle CBE=\angle DBE=45°$,列平衡方程为

$$\sum F_x=0, F_1\sin 45°-F_2\sin 45°=0$$

$$\sum F_y=0, F_A\sin 30°-F_1\cos 45°\cos 30°-F_2\cos 45°\cos 30°=0$$

$$\sum F_z=0, F_1\cos 45°\sin 30°+F_2\cos 45°\sin 30°+F_A\cos 30°-P=0$$

求解上面的3个平衡方程,得

$$F_1=F_2=3.536\ \text{kN}, F_A=8.66\ \text{kN}$$

F_A为正值,说明图中所设$\boldsymbol{F}_A$的方向正确,杆AB受压力。

3.3.2　空间力偶系的平衡条件

由于空间力偶系可以用一个合力偶来代替,因此,空间力偶系平衡的充要条件是:该力偶系的合力偶矩等于零,也即所有力偶矩矢的矢量和等于零,即

$$\boldsymbol{M}=\sum \boldsymbol{M}_i=0 \tag{3.12}$$

欲使上式成立,必须同时满足

$$\left.\begin{aligned}\sum M_x &= 0\\ \sum M_y &= 0\\ \sum M_z &= 0\end{aligned}\right\} \qquad (3.13)$$

式(3.13)为空间力偶系的**平衡方程**,即空间力偶系平衡的充要条件为:该力偶系中所有各力偶矩矢在3个坐标轴上投影的代数和分别等于零。这是3个独立的方程,可求解3个未知量。

例3.16　如图3.20(a)所示的直角弯折杆,$\angle ABC = \angle BCD = 90°$,且平面$ABC$与平面$BCD$垂直。杆的$D$端为球铰支,另一端$A$处为光滑联轴节仅在$z$和$y$方向有支反力。$\boldsymbol{M}_1$、$\boldsymbol{M}_2$、$\boldsymbol{M}_3$力偶所在平面分别垂直于$AB$、$BC$、$CD$。若$\boldsymbol{M}_1$大小未知,而$\boldsymbol{M}_2$、$\boldsymbol{M}_3$的大小已知。求使曲杆处于平衡的力偶矩$\boldsymbol{M}_1$大小和支座反力。

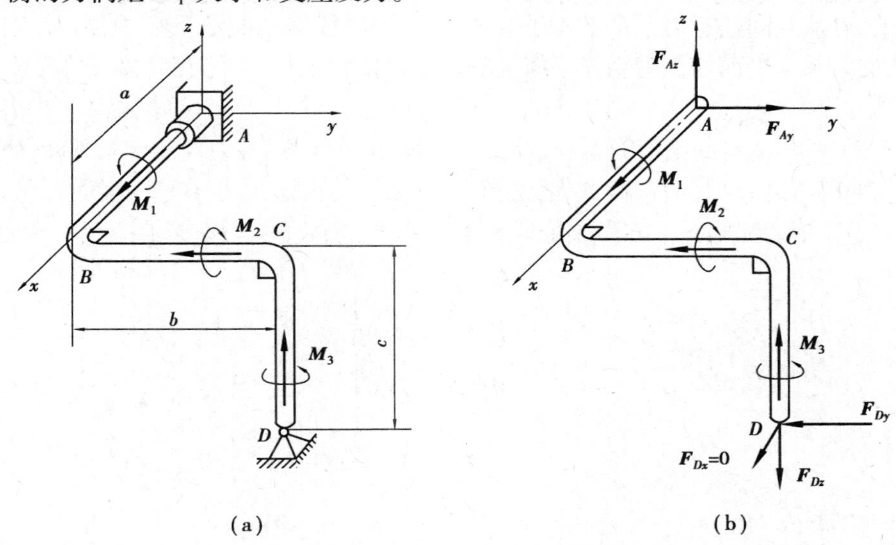

图3.20

解　取曲杆为研究对象,由于杆平衡,而且所受主动力为一组力偶,根据力偶只能由力偶来平衡,可以判断A、D两端的约束反力必构成力偶,力$\boldsymbol{F}_{Ay} = -\boldsymbol{F}_{Dy}$,$\boldsymbol{F}_{Az} = -\boldsymbol{F}_{Dz}$,$\boldsymbol{F}_{Dx} = 0$,曲杆受力分析如图3.20(b)所示。由力偶系的平衡方程,有

$$\sum M_x = 0, M_1 - F_{Dy} \cdot c - F_{Dz} \cdot b = 0$$

$$\sum M_y = 0, -M_2 + F_{Dz} \cdot a = 0$$

$$\sum M_z = 0, M_3 - F_{Dy} \cdot a = 0$$

联立求解,得

$$F_{Dz} = \frac{M_2}{a}, F_{Dy} = \frac{M_3}{a}, M_1 = M_2 \cdot \frac{b}{a} + M_3 \cdot \frac{c}{a}$$

所以

$$M_1 = M_2 \cdot \frac{b}{a} + M_3 \cdot \frac{c}{a}, F_{Ay} = F_{Dy} = \frac{M_3}{a}, F_{Az} = F_{Dz} = \frac{M_2}{a}, F_{Dx} = 0$$

3.3.3 空间任意力系的平衡方程

空间任意力系处于平衡的充要条件是:该力系的主矢和对于任一点的主矩都等于零,即

$$\boldsymbol{F}'_{\mathrm{R}} = 0, \boldsymbol{M}_O = 0$$

根据式(2.33)和式(2.34),可将上述条件写成空间任意力系的平衡方程,即

$$\left.\begin{aligned}&\sum F_x = 0,\ \sum F_y = 0,\ \sum F_z = 0\\&\sum M_x(\boldsymbol{F}_i) = 0,\ \sum M_y(\boldsymbol{F}_i) = 0,\ \sum M_z(\boldsymbol{F}_i) = 0\end{aligned}\right\} \tag{3.14}$$

所以,空间任意力系平衡的充要条件也可表述为:所有各力在3个坐标轴中每一个轴上的投影的代数和等于零,以及这些力对于每一个坐标轴的矩的代数和也等于零。

事实上,可从空间任意力系的普遍平衡规律中导出特殊情况的平衡规律,如空间平行力系、空间汇交力系和平面任意力系等平衡方程。现以空间平行力系为例,其余情况读者可自行推导。

如图3.21所示的空间平行力系,其z轴与这些力平行,则各力对于z轴的矩等于零。又由于x和y轴都与这些力垂直,因此,各力在这两轴上的投影也等于零。因而在平衡方程组(3.14)中,第1、第2和第6个方程成了恒等式。因此,空间平行力系只有3个平衡方程,即

$$\left.\begin{aligned}&\sum F_z = 0\\&\sum M_x(\boldsymbol{F}_i) = 0\\&\sum M_y(\boldsymbol{F}_i) = 0\end{aligned}\right\} \tag{3.15}$$

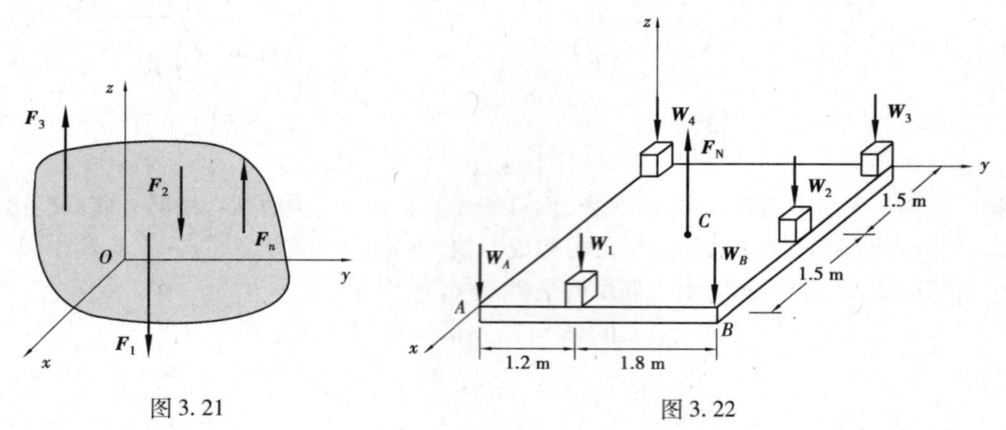

图3.21　　　　图3.22

例3.17　如图3.22所示,正方形基础上的4根柱子分别受到$W_1 = 500$ kN,$W_2 = 360$ kN,$W_3 = 800$ kN,$W_4 = 1\ 700$ kN载荷作用。试问在基础的角点A、B处需附加多大垂直载荷W_A、W_B,才能使地基对基础底部约束力的合力$\boldsymbol{F}_{\mathrm{N}}$通过基础的中心$C$?

解　以基础为研究对象,各垂直载荷和约束力组成空间平行力系。

建立如图3.22所示的坐标系,列出3个平衡方程为

$$\sum F_z = 0,\ W_A + W_B + \sum_{i=1}^{4} W_i - F_{\mathrm{N}} = 0$$

$$\sum M_x(\boldsymbol{F}_i) = 0,\ 3W_B + 1.2W_1 + 3(W_2 + W_3) - 1.5F_{\mathrm{N}} = 0$$

$$\sum M_y(\boldsymbol{F}_i) = 0,\ 3(W_A + W_B + W_1) + 1.5W_2 - 1.5F_N = 0$$

解得

$$W_A = 656\ \text{kN}, W_B = 1\ 304\ \text{kN}$$

例3.18　如图3.23所示，A是推力角接触轴承，B是滚珠轴承，在把手端部施加一力$\boldsymbol{F}$，大小为200 N。试求所支承重物的质量W及A、B处的约束力。尺寸如图3.23所示，其他部件质量不计。

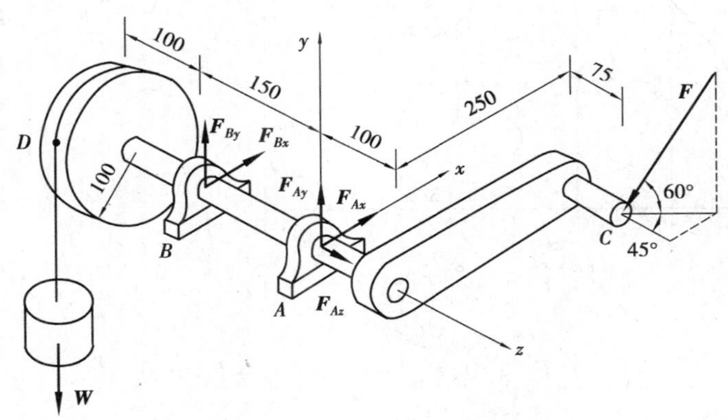

图3.23

解　以整个系统为研究对象，受力分析如图3.23所示。主动力和约束力组成空间任意力系，建立如图3.23所示坐标系，列平衡方程为

$$\sum F_x = 0, F_{Ax} + F_{Bx} - F\cos 60° \sin 45° = 0$$

$$\sum F_y = 0, F_{Ay} + F_{By} - F\sin 60° - W = 0$$

$$\sum F_z = 0, F_{Az} - F\cos 60° \cos 45° = 0$$

$$\sum M_x(\boldsymbol{F}_i) = 0,\ 0.15F_{By} + 0.175F\sin 60° - 0.25W = 0$$

$$\sum M_y(\boldsymbol{F}_i) = 0,\ -0.15F_{Bx} - 0.175F\cos 60° \sin 45° + 0.25F\cos 60° \cos 45° = 0$$

$$\sum M_z(\boldsymbol{F}_i) = 0,\ -0.1W - 0.25F\sin 60° = 0$$

联立求解，得

$$F_{Ax} = 35.3\ \text{N}, F_{Ay} = 86.8\ \text{N}, F_{Az} = 70.7\ \text{N}$$

$$F_{By} = 520\ \text{N}, F_{Bx} = 35.4\ \text{N}, W = 433\ \text{N}$$

例3.19　车床主轴如图3.24(a)所示。已知车刀对工件的切削力为：径向切削力F_x = 4.25 kN，纵向切削力F_y = 6.8 kN，主切削力（切向）F_z = 17 kN，方向如图3.24所示。在直齿轮C上有切向力$\boldsymbol{F}_t$和径向力$\boldsymbol{F}_r$，且$F_r = 0.36F_t$。齿轮C的节圆半径为R = 50 mm，被切削工件的半径为r = 30 mm。卡盘及工件等自重不计，其余尺寸如图所示。当主轴匀速转动时，求：

1）齿轮啮合力F_t及F_r；

2）径向轴承A和止推轴承B的约束力；

3）三爪卡盘E在O处对工件的约束力。

解　先取主轴、卡盘、齿轮以及工件系统为研究对象，受力如图3.24所示，为一空间任意力系。取坐标系$Axyz$如图3.24所示，列平衡方程：

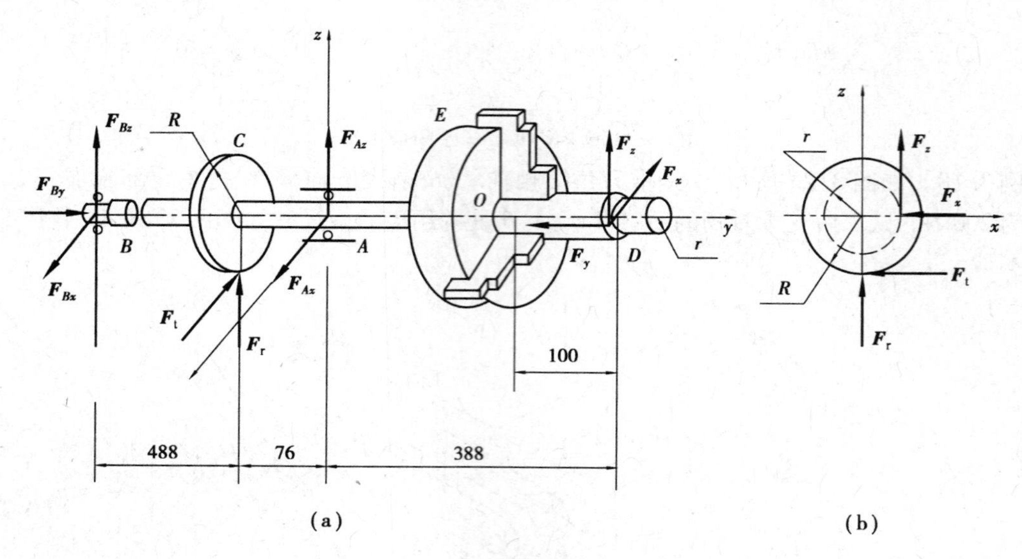

图 3.24

$$\sum F_x = 0, F_{Bx} - F_t + F_{Ax} - F_x = 0$$

$$\sum F_y = 0, F_{By} - F_y = 0$$

$$\sum F_z = 0, F_{Bz} + F_r + F_{Az} + F_z = 0$$

$$\sum M_x(\boldsymbol{F}) = 0, -(488 + 76)\text{mm} \cdot F_{Bz} - 76\ \text{mm} \cdot F_r + 388\ \text{mm} \cdot F_z = 0$$

$$\sum M_y(\boldsymbol{F}) = 0, F_t R - F_z r = 0$$

$$\sum M_z(\boldsymbol{F}) = 0, (488 + 76)\text{mm} \cdot F_{Bx} - 76\ \text{mm} \cdot F_t - 30\ \text{mm} \cdot F_y + 388\ \text{mm} \cdot F_x = 0$$

依题意有

$$F_r = 0.36F_t$$

联立求解上述7个方程,得

$$F_t = 10.2\ \text{kN}, F_r = 3.67\ \text{kN}$$

$$F_{Ax} = 15.64\ \text{kN}, F_{Az} = -31.87\ \text{kN}$$

$$F_{Bx} = -1.19\ \text{kN}, F_{By} = 6.8\ \text{kN}, F_{Bz} = 11.2\ \text{kN}$$

再取工件为研究对象,其上除受3个切削力外,还受到卡盘(空间插入端约束)对工件的6个约束力$\boldsymbol{F}_{Ox}, \boldsymbol{F}_{Oy}, \boldsymbol{F}_{Oz}, \boldsymbol{M}_x, \boldsymbol{M}_y, \boldsymbol{M}_z$,如图3.25所示。

取坐标轴系 $Oxyz$ 如图3.25所示,列平衡方程为

$$\sum F_x = 0, F_{Ox} - F_x = 0$$

$$\sum F_y = 0, F_{Oy} - F_y = 0$$

$$\sum F_z = 0, F_{Oz} + F_z = 0$$

$$\sum M_x(\boldsymbol{F}) = 0, M_x + 100\ \text{mm} \cdot F_z = 0$$

$$\sum M_y(\boldsymbol{F}) = 0, M_y - 30\ \text{mm} \cdot F_z = 0$$

$$\sum M_z(\boldsymbol{F}) = 0, M_z + 100\ \text{mm} \cdot F_x - 30\ \text{mm} \cdot F_y = 0$$

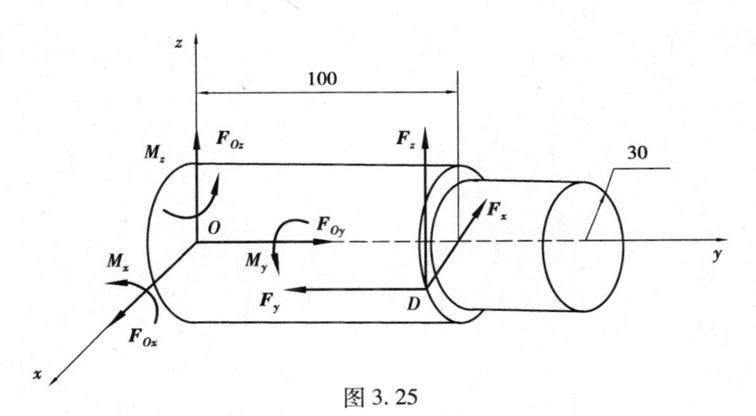

图 3.25

联立求解上述方程，得

$$F_{Ox}=4.25\ \text{kN}, F_{Oy}=6.8\ \text{kN}, F_{Oz}=-17\ \text{kN}$$

$$M_x=-1.7\ \text{kN}\cdot\text{m}, M_y=0.51\ \text{kN}\cdot\text{m}, M_z=-0.22\ \text{kN}\cdot\text{m}$$

空间任意力系有6个独立的平衡方程，可求解6个未知量，但其平衡方程不局限于式(3.14)所示的形式。为使解题简便，每个方程中最好只包含一个未知量。为此，选投影轴时不必相互垂直，取矩的轴也不必与投影轴重合，矩方程的数目可取3~6个。

例3.20　一等边三角形 ABC 边长为 a，由6根不计自重的直杆支撑在水平面内，直杆两端各用铰链与板和地面连接，2、4、6杆与水平面的夹角均为30°，如图3.26所示。在板平面内沿 AB 和 BC 分别作用两水平力 $\boldsymbol{F}_1$，$\boldsymbol{F}_2$，其中 $F_1=10$ kN，$F_2=5$ kN。若板重不计，求各杆内力。

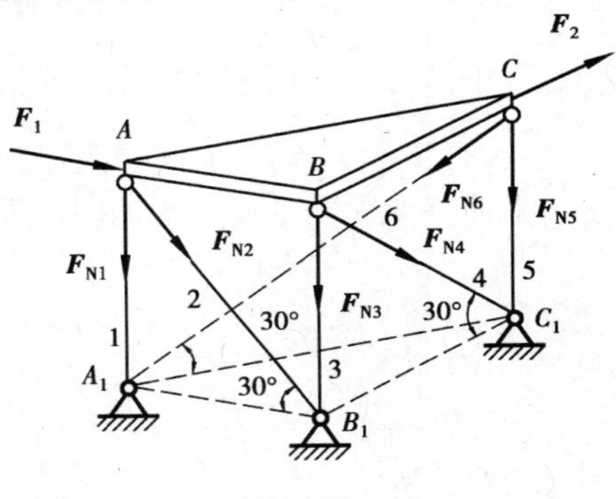

图 3.26

解　以三角板为研究对象，各直杆均为二力杆，设它们均受拉力，其受力如图3.26所示。

主动力 $\boldsymbol{F}_1$、$\boldsymbol{F}_2$ 与6根杆的内力(约束力)构成一空间任意力系，故可用空间任意力系的平衡方程求解。为避免求解联立方程，列平衡方程为

$$\sum M_{A_1A}(\boldsymbol{F}_i)=0, F_2a\sin 60°+F_{N4}\cos 30°\cdot a\sin 60°=0$$

$$\sum M_{B_1B}(\boldsymbol{F}_i)=0, F_{N6}\cos 30°\cdot a\sin 60°=0$$

$$\sum M_{C_1C}(\boldsymbol{F}_i)=0, F_1a\sin 60°+F_{N2}\cos 30°\cdot a\sin 60°=0$$

$$\sum M_{AB}(\boldsymbol{F}_i)=0, -F_{N5}\cdot a\sin 60°-F_{N6}\sin 30°\cdot a\sin 60°=0$$

$$\sum M_{BC}(\boldsymbol{F}_i)=0, -F_{N1}\cdot a\sin 60°-F_{N2}\sin 30°\cdot a\sin 60°=0$$

$$\sum M_{AC}(\boldsymbol{F}_i)=0, F_{N3}\cdot a\sin 60°+F_{N4}\sin 30°\cdot a\sin 60°=0$$

解得

$$F_{N4}=-5.77\ \text{kN}, F_{N6}=0, F_{N2}=-11.55\ \text{kN}$$

$$F_{N5}=0, F_{N1}=5.77\ \text{kN}, F_{N3}=2.89\ \text{kN}$$

此例用6个矩方程求得6根杆的内力。可知，矩方程比投影方程灵活，常可使一个方程只含有一个未知量，求解比较方便。

与平面刚体系平衡问题一样，当未知量数目不超过独立方程数时，为静定问题，否则为超静定问题。

小　结

1. 平面汇交力系的平衡条件：

(1)平衡的充要条件为

$$\boldsymbol{F}_{\mathrm{R}} = \sum \boldsymbol{F}_i = 0$$

(2)平衡的几何条件：平面汇交力系的力多边形自行封闭。

(3)平衡的解析条件(平衡方程)为

$$\left.\begin{aligned}\sum F_x = 0\\ \sum F_y = 0\end{aligned}\right\}$$

2. 平面力偶系的平衡条件为

$$M = \sum M_i = 0$$

3. 平面任意力系平衡的充要条件是：力系的主矢和对于任一点的主矩都等于零，即

$$\boldsymbol{F}_{\mathrm{R}} = \sum \boldsymbol{F}_i = 0, M_O = \sum M_O(\boldsymbol{F}_i) = 0$$

平面任意力系平衡方程的一般形式为

$$\left.\begin{aligned}\sum F_x = 0\\ \sum F_y = 0\\ \sum M_O(\boldsymbol{F}_i) = 0\end{aligned}\right\}$$

二矩式为

$$\left.\begin{aligned}\sum M_A(\boldsymbol{F}_i) = 0\\ \sum M_B(\boldsymbol{F}_i) = 0\\ \sum F_x = 0\end{aligned}\right\}$$

其中，x 轴不得垂直于 A、B 两点的连线。

三矩式为

$$\left.\begin{aligned}\sum M_A(\boldsymbol{F}_i) = 0\\ \sum M_B(\boldsymbol{F}_i) = 0\\ \sum M_C(\boldsymbol{F}_i) = 0\end{aligned}\right\}$$

其中，A、B、C 3 点不得共线。

4. 其他各种平面力系都是平面任意力系的特殊情形，它们的平衡方程如下：

力系名称	平衡方程	独立方程的数目
共线力系	$\sum \boldsymbol{F}_i = 0$	1

续表

力系名称	平衡方程	独立方程的数目
平面力偶系	$\sum M_i = 0$	1
平面汇交力系	$\sum F_{xi} = 0, \sum F_{yi} = 0$	2
平面平行力系	$\sum \boldsymbol{F}_i = 0, \sum M_O(\boldsymbol{F}_i) = 0$	2

5. 空间任意力系平衡方程的基本形式为

$$\left.\begin{array}{l}\sum F_x = 0, \sum F_y = 0, \sum F_z = 0 \\ \sum M_x(\boldsymbol{F}_i) = 0, \sum M_y(\boldsymbol{F}_i) = 0, \sum M_z(\boldsymbol{F}_i) = 0\end{array}\right\}$$

6. 几种特殊空间力系的平衡方程：

(1)空间汇交力系为

$$\left.\begin{array}{l}\sum F_x = 0 \\ \sum F_y = 0 \\ \sum F_z = 0\end{array}\right\}$$

(2)空间力偶系为

$$\left.\begin{array}{l}\sum M_x = 0 \\ \sum M_y = 0 \\ \sum M_z = 0\end{array}\right\}$$

(3)空间平行力系(假设力系中各力与 z 轴平行)为

$$\left.\begin{array}{l}\sum F_z = 0 \\ \sum M_x(\boldsymbol{F}_i) = 0 \\ \sum M_y(\boldsymbol{F}_i) = 0\end{array}\right\}$$

思 考 题

3.1　为什么写平衡方程时不考虑内力？欲求内力应该如何处理？

3.2　平面汇交力系的平衡方程中，选择的两个投影轴是否一定要满足垂直关系？

3.3　质量为 P 的钢管 C 搁在斜槽中，如图3.27所示。试问平衡时是否有 $F_A = P\cos\theta, F_B = P\cos\theta$？为什么？

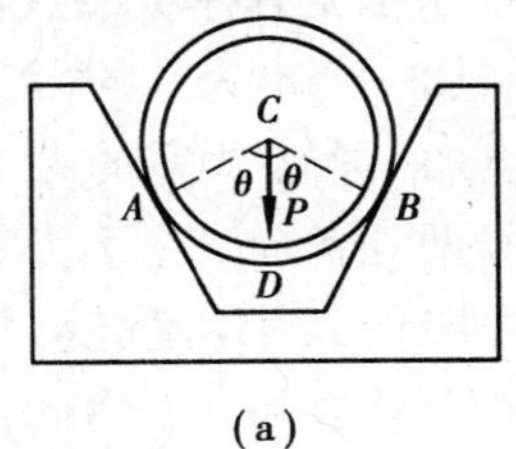

(a)

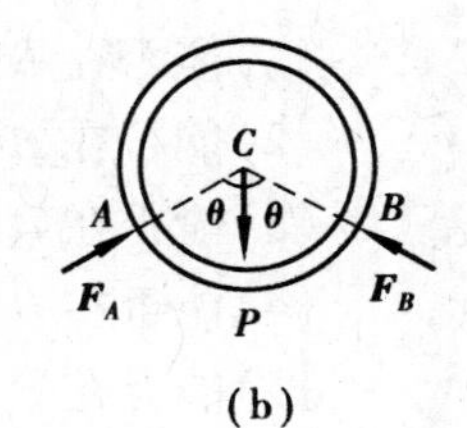

(b)

图3.27

3.4　从力偶理论知道，一力不能与力偶平衡。但是为什么螺旋压榨机上，力偶却似乎可以用被压

榨物体的反抗力 $\boldsymbol{F}_{\mathrm{N}}$ 来平衡(见图 3.28(a))？为什么如图 3.28(b)所示轮子上的力偶 M 似乎与重物的力 $\boldsymbol{P}$ 相平衡？这种说法错在哪里？

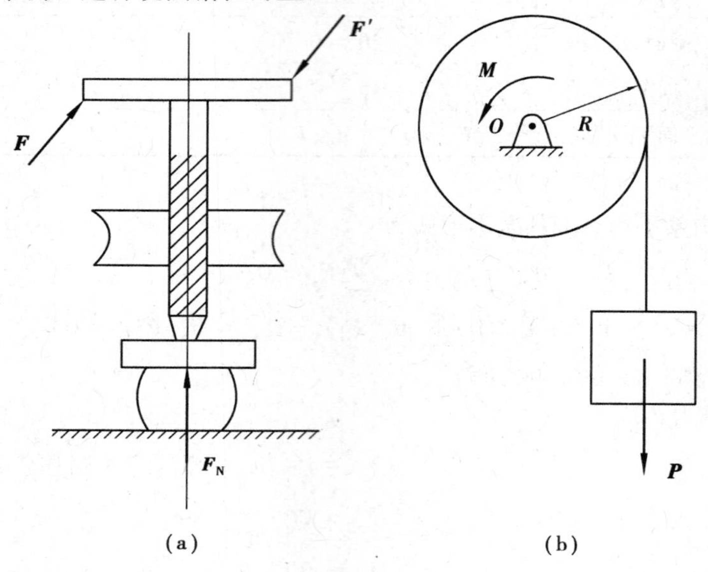

图 3.28

3.5　如图 3.29(a)所示,在物体上作用有两力偶($\boldsymbol{F}_1,\boldsymbol{F}_1'$)和($\boldsymbol{F}_2,\boldsymbol{F}_2'$),其力多边形封闭(见图3.29(b))。问该物体是否平衡？为什么？

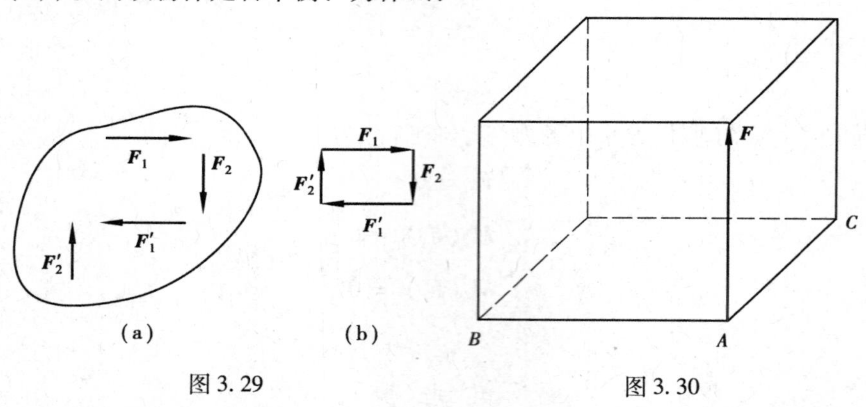

图 3.29　　　　图 3.30

3.6　某平面力系向 A、B 两点简化的主矩皆为零,此力系简化的最终结果可能是一个力吗？可能是一个力偶吗？可能平衡吗？

3.7　如图 3.30 所示正方体上 A 点作用一个力 $\boldsymbol{F}$,沿棱方向,问:

(1)能否在 B 点加一个不为零的力,使力系向 A 点简化的主矩为零？

(2)能否在 B 点加一个不为零的力,使力系向 B 点简化的主矩为零？

(3)能否在 B,C 两处各加一个不为零的力,使力系平衡？

(4)能否在 B 处加一个力螺旋,使力系平衡？

(5)能否在 B,C 两处各加一个力偶,使力系平衡？

(6)能否在 B 处加一个力,在 C 处加一个力偶,使力系平衡？

3.8　试分析下面两种力系最多各有几个独立的平衡方程。

(1)空间力系中各力的作用线平行于某一固定平面；

(2)空间力系中各力的作用线分别汇交于两个固定点。

3.9　传动轴用两个轴承支持，每个轴承有 3 个未知力，共 6 个未知量。而空间任意力系的平衡方程恰好有 6 个，是否为静定问题？

3.10　空间任意力系总可以用两个力来平衡，为什么？

3.11　某一空间力系对不共线的 3 个点的主矩都等于零，问此力系是否一定平衡？

3.12　如图 3.31 所示，各物体自重不计，已知主动力和几何尺寸，各平衡问题哪些是静定的？哪些是静不定的？

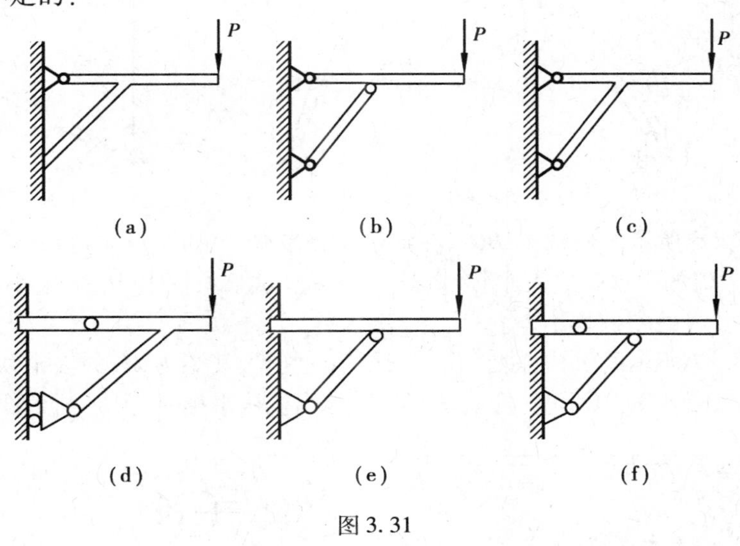

图 3.31

习　题

3.1　托架制成如图 3.32 所示 3 种形式。已知 $F=1\ \text{kN}$，$AC=CB=AD=l$。试分别对 3 种情况计算出点 A 的约束力的大小和方向(不计托架自重及摩擦)。

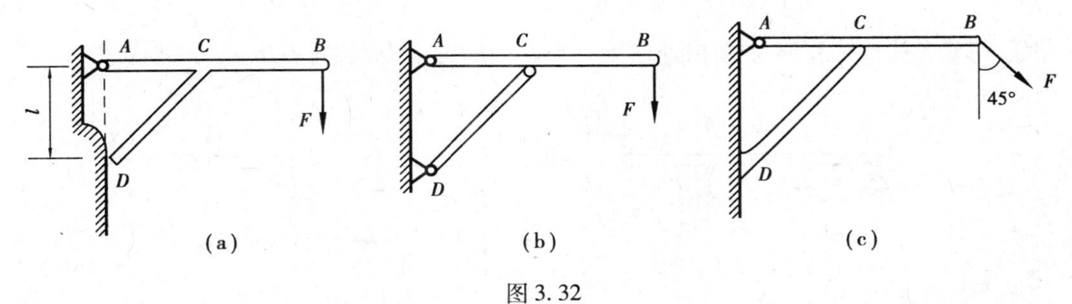

图 3.32

3.2　如图 3.33 所示，简易起重机用钢丝绳吊起重 $P=2\ \text{kN}$ 的物体。起重机由杆 AB、AC 及滑轮 A、D 组成，不计杆及滑轮的自重。试求平衡时杆 AB、AC 所受的力(忽略滑轮尺寸)。

3.3　如图 3.34 所示的机构 $ABCD$，杆重及摩擦均可不计；在铰链 B 上作用有力 $\boldsymbol{F}_2$，在铰链 C 上作用有力 $\boldsymbol{F}_1$，方向如图 3.34 所示。试求当机构在图示位置平衡时 $\boldsymbol{F}_1$ 和 $\boldsymbol{F}_2$ 两力大小

之间的关系。

3.4　如图 3.35 所示为平面机构，自重不计。已知杆 $AB=BC=L$，铰接于 B；AC 之间用一弹簧连接，弹簧原长为 L_0，刚度系数为 k，作用力为 $\boldsymbol{F}$。试求机构平衡时 AC 间的距离 h。

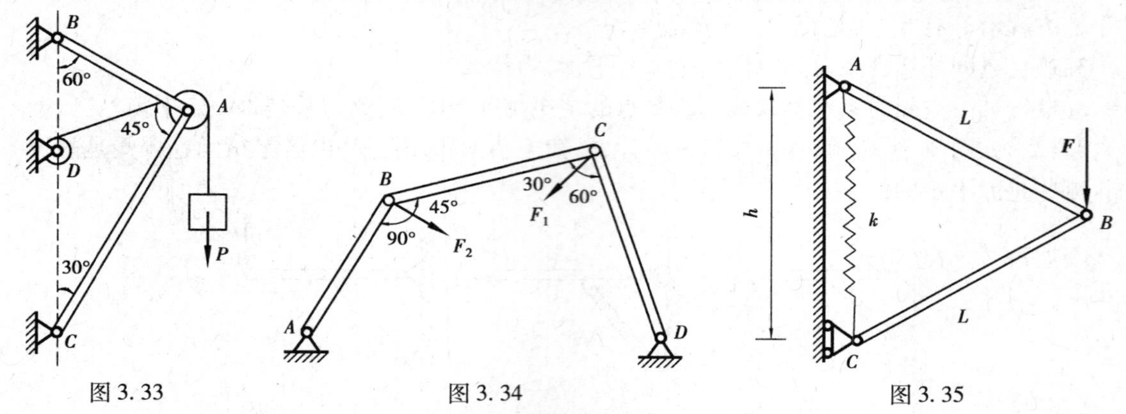

图 3.33　　图 3.34　　图 3.35

3.5　如图 3.36 所示的机构 $OABO_1$，在图示位置平衡。已知 $OA=400$ mm，$O_1B=600$ mm，作用在 OA 上的力偶的力偶矩之大小 $|M_{e1}|=1$ N · m。试求力偶矩 M_{e2} 的大小和杆 AB 所受的力。各杆的质量及各处摩擦均不计。

3.6　如图 3.37 所示的机构，曲柄 OA 上作用一力偶，其矩为 M；另在滑块 D 上作用水平力 $\boldsymbol{F}$。机构尺寸如图 3.37 所示，各杆质量不计。求当机构平衡时，力 F 与力偶矩 M 的关系。

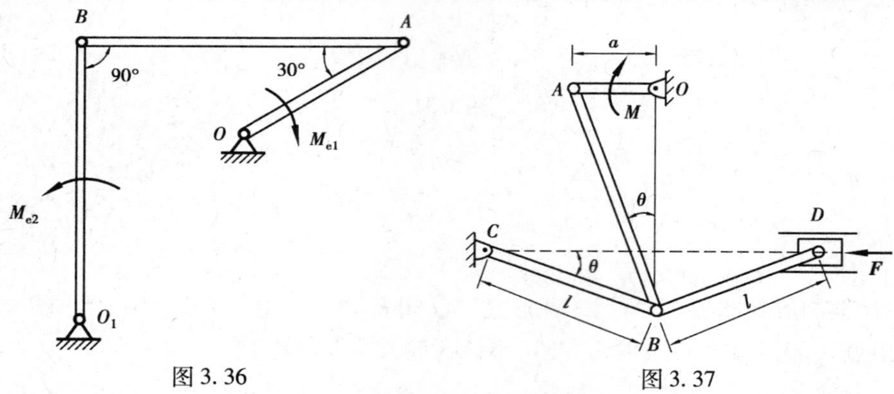

图 3.36　　图 3.37

3.7　试分别求图 3.38 中两根外伸梁其支座处的约束力（梁重及摩擦均不计）。

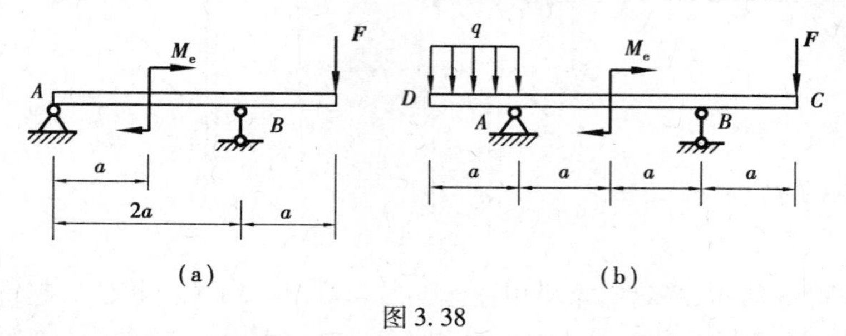

图 3.38

3.8　试分别求如图 3.39 所示两个构架上 A、B 处所受到的约束力。不计构件自重及各处的摩擦。图 3.39(b) 中 C 处为铰链。

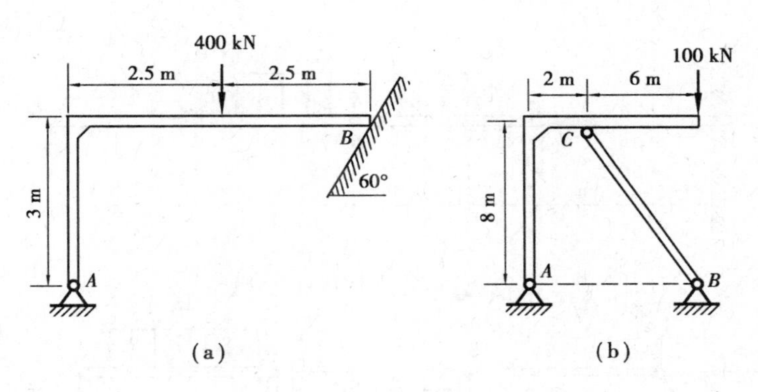

图 3.39

3.9 各刚架的载荷和尺寸如图 3.40 所示。图 3.40(c)中 $M_2 > M_1$。试求各刚架的支座反力。

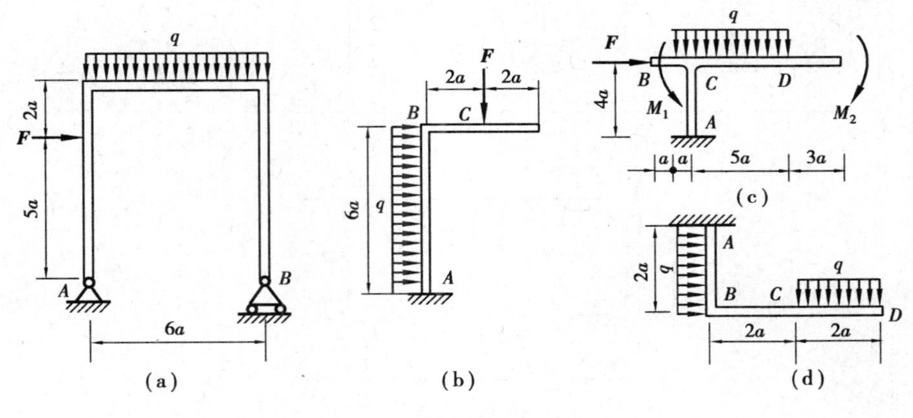

图 3.40

3.10 如图 3.41 所示的三铰刚架,在左半跨上作用有均匀分布的铅垂载荷,其集度为 q(N/m),刚架自重不计。试求支座 A、B 处的约束力。

3.11 如图 3.42 所示的双跨静定梁,由梁 AC 和梁 CD 通过铰链 C 连接而成。试求支座 A、B、D 处的约束力和中间铰 C 处两梁之间相互作用的力(梁的自重及摩擦均不计)。

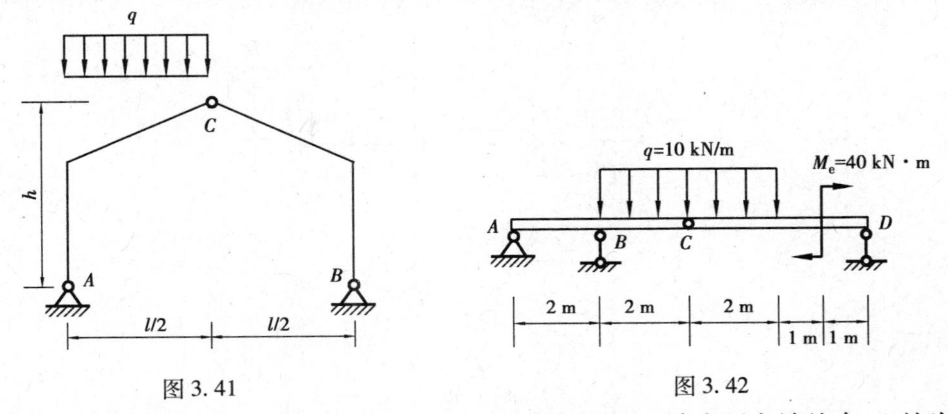

图 3.41　　图 3.42

3.12 如图 3.43 所示,水平梁由 AB 与 BC 两部分组成,A 端为固定端约束,C 处为活动铰支座,B 处用铰链连接。试求 A、C 处的约束力(不计梁重与摩擦)。

3.13 各刚架和载荷和尺寸如图 3.44 所示,不计刚架质量,试求刚架上各支座反力。

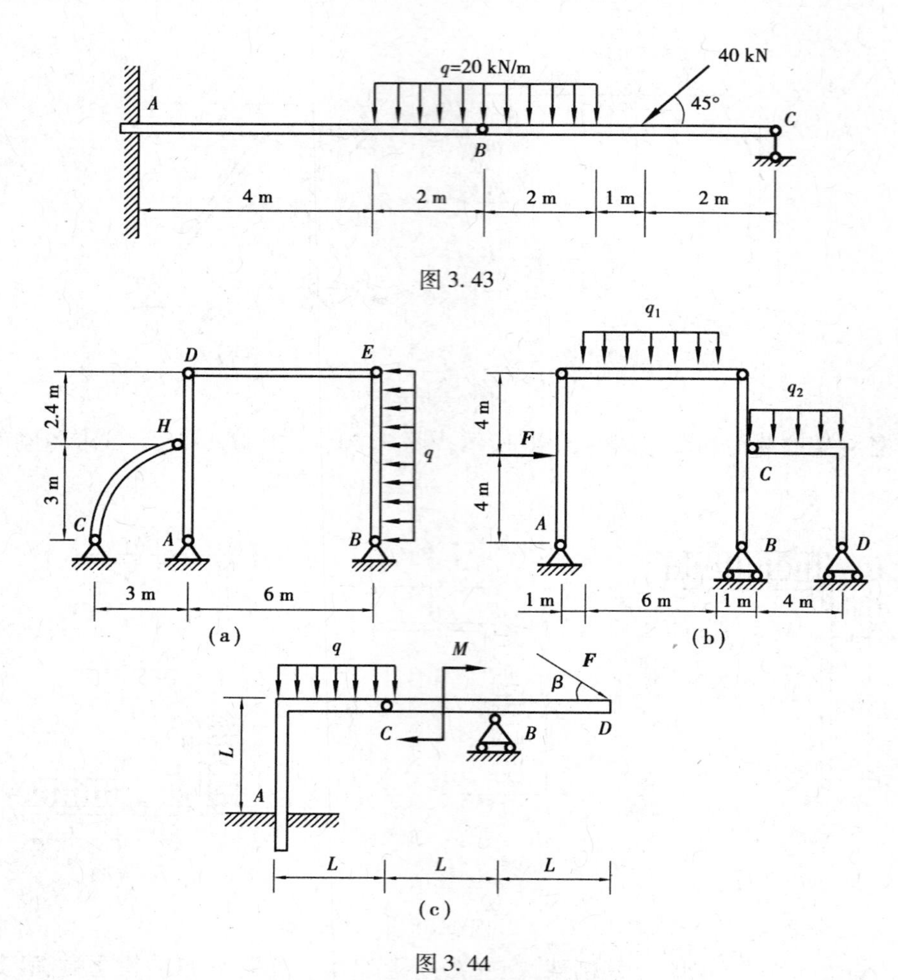

图 3.43

图 3.44

3.14　如图 3.45 所示的平面支撑构架，杆重不计。已知 $M=1\ \text{kN}\cdot\text{m}$，$q=0.5\ \text{kN/m}$，$L_1=2\ \text{m}$，$L_2=3\ \text{m}$，$C$、$E$ 为铰链连接。试求铰链 C 的力。

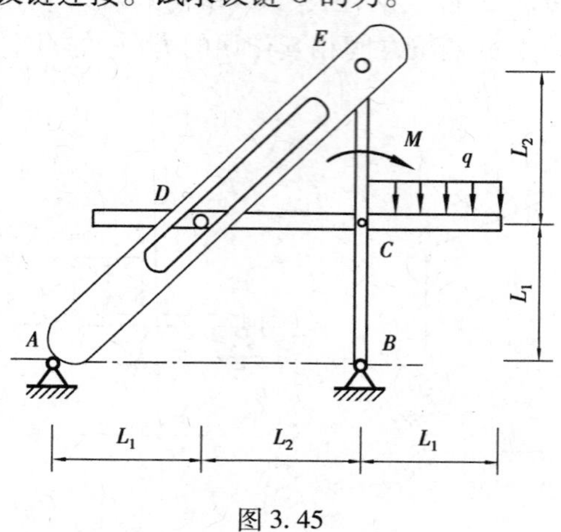

图 3.45

3.15　如图 3.46 所示的支架机构，已知 $F=30\ \text{kN}$，C、D、E、G、H 皆为铰链。试求 A、B 处的反力。

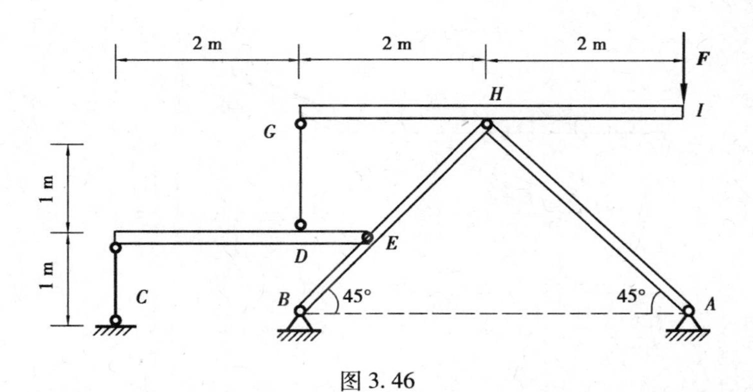

图 3.46

3.16　如图3.47所示的起重架，已知重物重$\boldsymbol{P}$，各部分尺寸如图3.47所示。忽略各部分自重及销轴处摩擦。求A、D处的约束力。

3.17　如图3.48所示重为P的物块悬挂于杆AO的O端，支座A处为球形铰连接，绳BO、DO位于同一水平面内。已知$P=800\ \text{N}$，$BC=CD=1\ \text{m}$，$\alpha=30°$，$\theta=45°$，不计杆的自重。试求杆与绳所受的力。

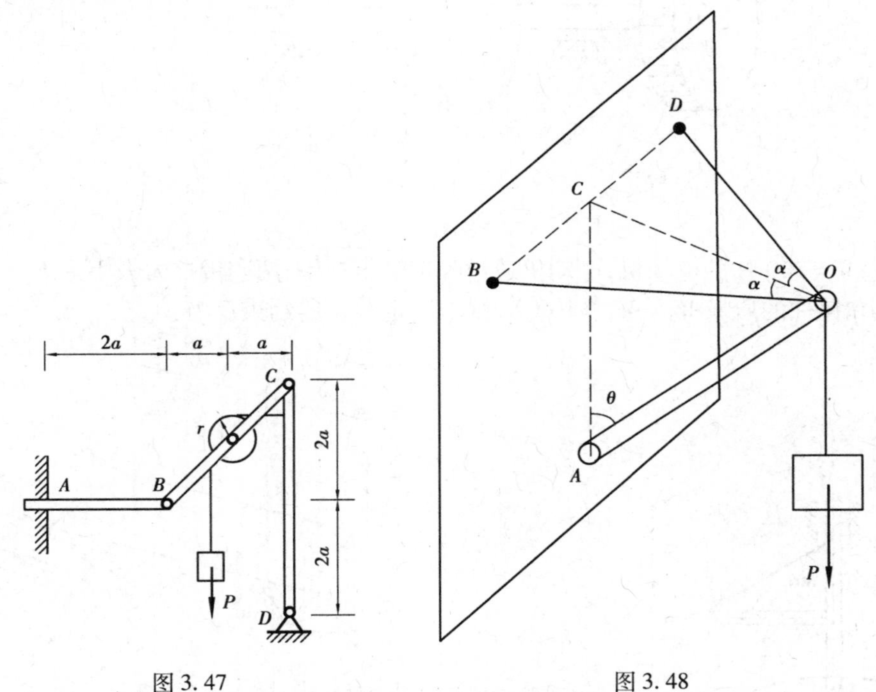

图 3.47　　　　　　　　　　图 3.48

3.18　空间构架由3根无重直杆组成，在D端用球铰链连接，如图3.49所示。A、B和C端则用球铰链固定在水平地板上。如果挂在D端的物重$P=10\ \text{kN}$，求铰链A、B和C的约束力。

3.19　如图3.50所示固结在轴AB上的3个圆轮，半径分别为r_1、r_2和r_3。已知水平和铅垂作用力的大小$F_1=F_1'$，$F_2=F_2'$，求平衡时F_3和F_3'两力的大小。

3.20　如图3.51所示的系统，圆盘平面与轴垂直，已知F，$\theta=30°$，$R=a$。求A、B轴承处的约束反力。

3.21　如图3.52所示，一铸件BC固定于立柱AB上，立柱的A端固定在基础上。在C端

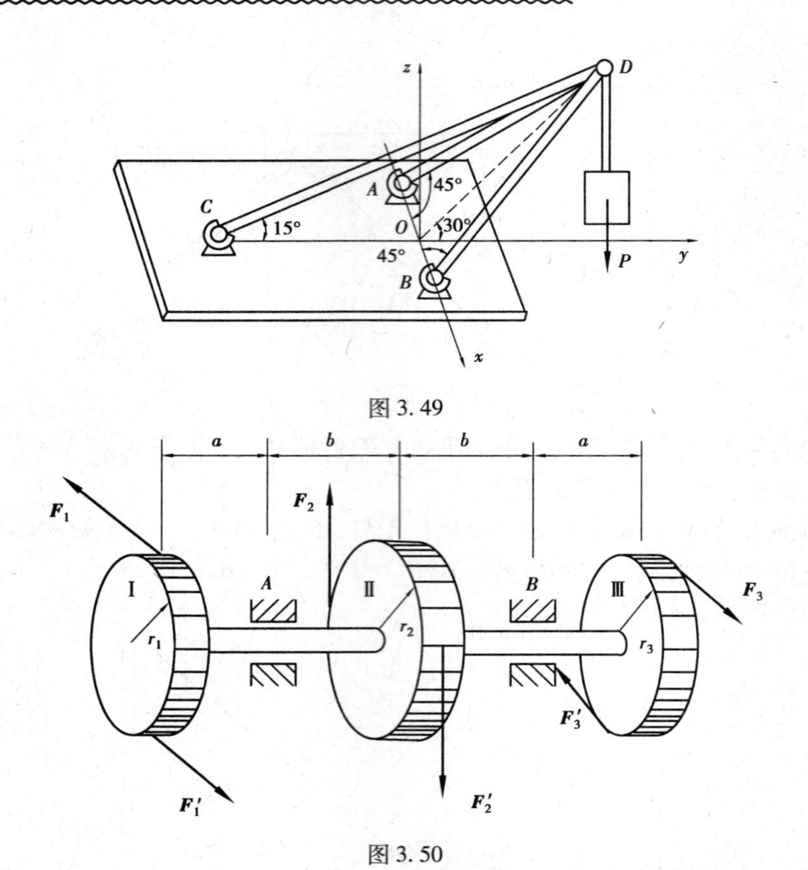

图 3.49

图 3.50

装有一质量 $W=300$ N 的电动机，电动机通过胶带输出功率，两胶带拉力大小为 $F_1=2F_2=200$ N。若立柱和铸件的质量 $W_1=W_2=100$ N，试求固定端 A 的约束反力。

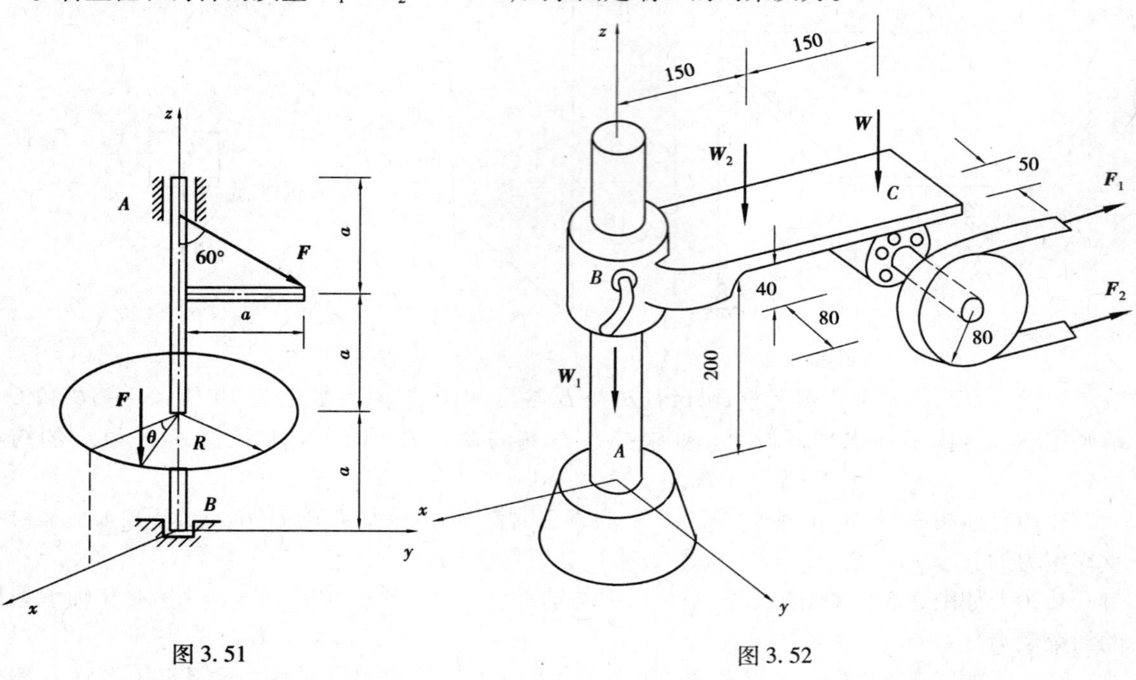

图 3.51

图 3.52

第 4 章 摩 擦

前几章的讨论中,都没有考虑摩擦,而把所遇到的接触面看成是绝对光滑的。这是因为在所研究的问题中,假定接触处的摩擦力比较小,当物体平衡时它不起明显的作用,同时忽略摩擦使问题变得容易处理。但是,如果摩擦力较大,或者虽然不大但对所研究的问题起着重要的作用,那么就必须加以考虑了。

摩擦是自然界普遍存在的现象之一。一方面,摩擦是生产、生活实际中所不可缺少的。摩擦太小时,人不便行走,车辆不能行驶,机器不能装配,甚至有时还直接利用摩擦来传输动力,以完成特定的工作。在这些情形下,需尽可能地增大摩擦。而另一方面,摩擦又有着十分不利的影响。例如,机械加工的动力绝大部分消耗于摩擦,机器运动部件的磨损主要是由于摩擦,仪表往往因摩擦而降低精密度。此时,必须尽量减小摩擦,限制它的消极作用。

摩擦是一种极其复杂的物理-力学现象。关于摩擦机理的研究,已形成一门边缘学科"摩擦学",其内容涉及数学、物理、化学、机械工程、材料科学等多学科领域,已超出本书的范围,在此不做讨论。本章仅介绍滑动摩擦及滚动摩阻定律以及工程中常用的近似理论,并将重点研究有摩擦存在时物体的平衡问题。

4.1 滑动摩擦

两个表面粗糙的物体,当其接触表面之间有相对滑动趋势或相对滑动时,彼此作用有阻碍相对滑动的阻力,即滑动摩擦力。摩擦力作用于相互接触处,其方向与相对滑动趋势或相对滑动的方向相反,它的大小根据主动力作用的不同,可分为 3 种情况,即静滑动摩擦力、最大静滑动摩擦力和动滑动摩擦力。

4.1.1 静滑动摩擦力及最大静滑动摩擦力

在粗糙的水平面上放置一重为 $\boldsymbol{P}$ 的物体,该物体在重力 $\boldsymbol{P}$ 和法向反力 $\boldsymbol{F}_N$ 的作用下处于静止状态(见图 4.1(a))。今在该物体上作用一大小可变化的水平拉力 $\boldsymbol{F}$,当拉力 $\boldsymbol{F}$ 由零逐渐增加,物体仅有相对滑动趋势,但仍保持静止。可见支承面对物体除法向约束力 $\boldsymbol{F}_N$ 外,还有一个阻碍物体沿水平面向右滑动的切向约束力,此力即**静滑动摩擦力**,简称静摩擦力,常以 $\boldsymbol{F}_S$

表示,方向如图4.1(b)所示。它的大小由平衡条件确定。此时有

$$\sum F_x = 0, F_s = F$$

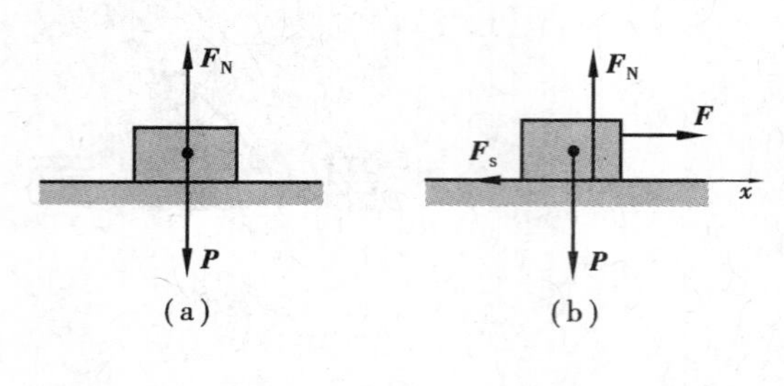

图4.1

由上式可知,静摩擦力的大小随主动力 $\boldsymbol{F}$ 的增大而增大,这是静摩擦力和一般约束力共同的性质。

静摩擦力又与一般约束力不同,它并不随主动力 $\boldsymbol{F}$ 的增大而无限度地增大。当主动力 $\boldsymbol{F}$ 的大小达到一定数值时,物块处于平衡的临界状态。这时,静摩擦力达到最大值,即为**最大静滑动摩擦力**,简称最大静摩擦力,以 $\boldsymbol{F}_{max}$ 表示。此后,如果主动力 $\boldsymbol{F}$ 再继续增大,但静摩擦力不能再随之增大,物体将失去平衡而滑动。

综上所述,静摩擦力的大小随主动力的情况而改变,但介于零与最大值之间,即

$$0 \leqslant F_s \leqslant F_{max} \tag{4.1}$$

实验表明:最大静摩擦力的大小与两物体间的正压力(即法向约束力)成正比,即

$$F_{max} = f_s F_N \tag{4.2}$$

这就是静摩擦定律(又称**库仑摩擦定律**),是工程中常用的近似理论。式(4.2)中,f_s 是比例常数,称为**静摩擦因数**,它是量纲一的量。

静摩擦因数的大小需由实验测定。它与接触物体的材料和表面情况(如粗糙度、温度和湿度等)有关,而与接触面积的大小无关。

静摩擦因数的数值可在工程手册中查到,表4.1中列出了一部分常用材料的摩擦因数。但影响摩擦因数的因素很复杂,如果需用比较准确的数值时,必须在具体条件下进行实验测定。

表4.1　常用材料的滑动摩擦因数

材料名称	静摩擦因数		动摩擦因数	
	无润滑	有润滑	无润滑	有润滑
钢-钢	0.15	0.1~0.12	0.15	0.05~0.1
钢-软钢			0.2	0.1~0.2
钢-铸铁	0.3		0.18	0.05~0.15
钢-青铜	0.15	0.1~0.15	0.15	0.1~0.15
软钢-铸铁	0.2		0.18	0.05~0.15
软钢-青铜	0.2		0.18	0.07~0.15
铸铁-铸铁		0.18	0.15	0.07~0.12
铸铁-青铜			0.15~0.2	0.07~0.15
青铜-青铜		0.1	0.2	0.07~0.1
皮革-铸铁	0.3~0.5	0.15	0.6	0.15
橡皮-铸铁			0.8	0.5
木材-木材	0.4~0.6	0.1	0.2~0.5	0.07~0.15

4.1.2　动滑动摩擦力

当滑动摩擦力已达到最大值时，若主动力 $\boldsymbol{F}$ 再继续加大，接触面之间将出现相对滑动。此时，接触物体之间仍作用有阻碍相对滑动的阻力，这种阻力称为**动滑动摩擦力**，简称动摩擦力，以 $\boldsymbol{F}$ 表示。实验表明，动摩擦力的大小与接触物体间的正压力成正比，即

$$F = fF_N \tag{4.3}$$

式中　f——**动摩擦因数**，它与接触物体的材料和表面情况有关。

一般情况下，动摩擦因数小于静摩擦因数，即

$$f < f_s$$

实际上，动摩擦因数还与接触物体间相对滑动的速度大小有关。对于不同材料的物体，动摩擦因数随相对滑动的速度变化规律也不同。多数情况下，动摩擦因数随相对滑动速度的增大而稍减小。但当相对滑动速度不大时，动摩擦因数可近似地认为是个常数，参见表4.1。

在机器中，往往用降低接触表面的粗糙度或加入润滑剂等方法，使动摩擦因数 f 降低，以减小摩擦和磨损。

4.2　摩擦角和自锁现象

4.2.1　摩擦角

当有摩擦时，支承面对平衡物体的约束力包含法向约束力 $\boldsymbol{F}_N$ 和切向约束力 $\boldsymbol{F}_S$（即静摩擦力）。这两个力之和 $\boldsymbol{F}_{RA} = \boldsymbol{F}_N + \boldsymbol{F}_S$ 称为支承面的**全约束力**，它的作用线与接触面的公法线成一偏角 φ，如图4.2(a)所示。当物块处于平衡的临界状态时，静摩擦力达到由式(4.2)确定的最大值，偏角 φ 也达到最大值 φ_f，如图4.2(b)所示。全约束力与法线间的夹角的最大值 φ_f 称为**摩擦角**。由图4.2可得

$$\tan\varphi_f = \frac{F_{max}}{F_N} = \frac{f_s F_N}{F_N} = f_s \tag{4.4}$$

即摩擦角的正切等于静摩擦因数。可知，摩擦角与摩擦因数一样，都是表示材料表面性质的量。

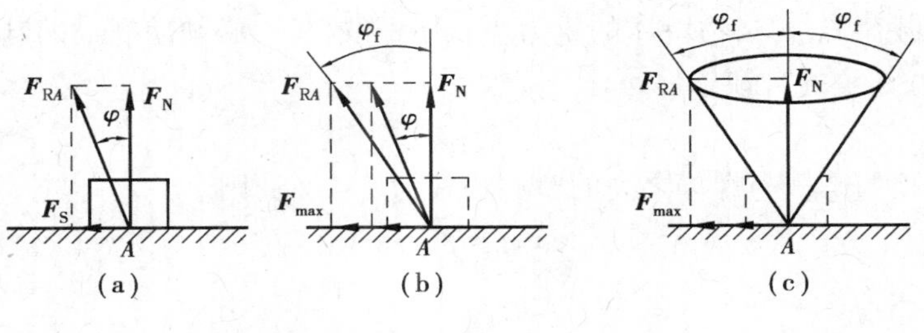

图4.2

当物块的滑动趋势方向改变时，全约束力作用线的方位也随之改变。在临界状态下，$\boldsymbol{F}_{RA}$ 的作用线将画出一个以接触点 A 为顶点的锥面（见图4.2(c)），称为摩擦锥。设物块与支承面间沿任何方向的摩擦因数都相同，即摩擦角都相等，则摩擦锥将是一个顶角为 $2\varphi_f$ 的圆锥。

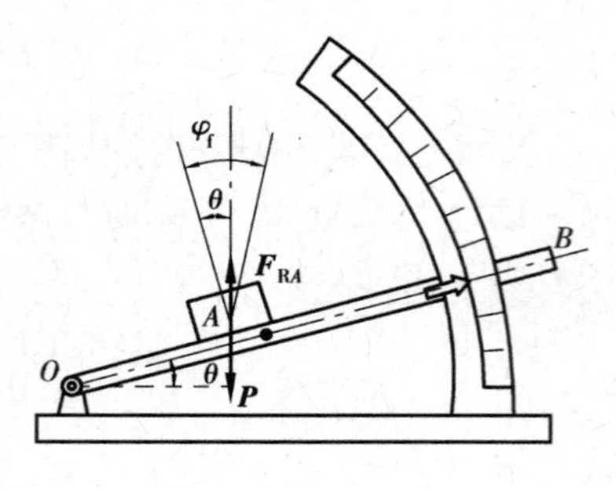

图 4.3

利用摩擦角的概念，可用简单的试验方法测定静摩擦因数。如图 4.3 所示，把要测定的两种材料分别做成斜面和物块，把物块放在斜面上，并逐渐从零起增大斜面的倾角 θ，直到物块刚开始下滑时为止。这时的 θ 角就是要测定的摩擦角 φ_f，因为当物块处于临界状态时，$\boldsymbol{P} = -\boldsymbol{F}_{RA}$，$\theta = \varphi_f$。由式(4.4)求得摩擦因数，即

$$f_s = \tan \varphi_f = \tan \theta$$

4.2.2 自锁现象

物块平衡时，静摩擦力不一定达到最大值，可在零与最大值 F_{max}之间变化，因此，全约束力与法线间的夹角 φ 也在零与摩擦角 φ_f 之间变化，即

$$0 \leqslant \varphi \leqslant \varphi_f \tag{4.5}$$

由于静摩擦力不可能超过最大值，因此，全约束力的作用线也不可能超出摩擦角以外，即全约束力必在摩擦角之内。由此可知：

①如果作用于物块的全部主动力的合力 $\boldsymbol{F}_R$ 的作用线在摩擦角 φ_f 之内，则无论这个力怎样大，物块必保持静止。这种现象称为**自锁**。因为在这种情况下，主动力的合力 $\boldsymbol{F}_R$ 与法线间的夹角 θ 小于 φ_f，因此，$\boldsymbol{F}_R$ 和全约束力$\boldsymbol{F}_{RA}$必能满足二力平衡条件，且 $\theta = \varphi \leqslant \varphi_f$，如图 4.4(a) 所示。工程实际中，常应用自锁条件设计一些机构或夹具，如千斤顶、压榨机、圆锥销等，使它们始终保持在平衡状态下工作。

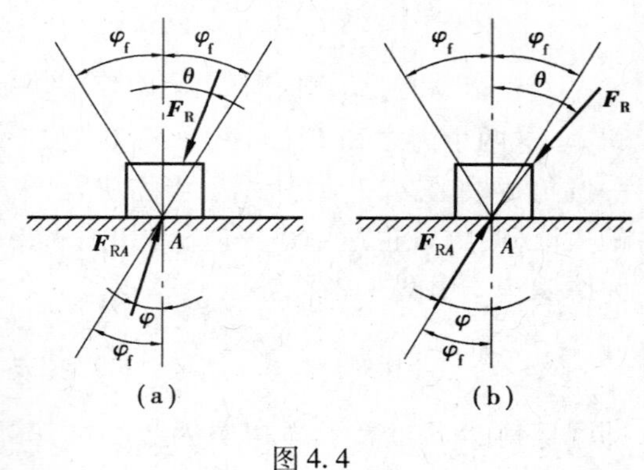

图 4.4

②如果全部主动力的合力 $\boldsymbol{F}_R$ 的作用线在摩擦角 φ_f 之外，则无论这个力怎样小，物块一定会滑动。因为在这种情况下，$\theta > \varphi_f$，而$\varphi \leqslant \varphi_f$，支承面的全约束力$\boldsymbol{F}_{RA}$和主动力的合力 $\boldsymbol{F}_R$ 不能满足二力平衡条件，如图 4.4(b) 所示。应用这个原理，可设法避免发生自锁现象。

斜面的自锁条件就是螺纹(见图 4.5(a))的自锁条件。因为螺纹可看为绕在一圆柱体上的斜面(见图 4.5(b))，螺纹升角 θ 就是斜面的倾角，如图 4.5(c) 所示。螺母相当于斜面上的滑块 A，加于螺母的轴向载荷 $\boldsymbol{P}$，相当物块 A 的重力。要使螺纹自锁，必须使螺纹的升角 θ 小于或等于摩擦角 φ_f。因此，螺纹的自锁条件是

$$\theta \leqslant \varphi_f$$

若螺旋千斤顶的螺杆与螺母之间的摩擦因数为 $f_s = 0.1$，则

$$\tan \varphi_f = f_s = 0.1$$

得

$$\varphi_f = 5°43'$$

为保证螺旋千斤顶自锁，一般取螺纹升角 $\theta = 4° \sim 4°30'$。

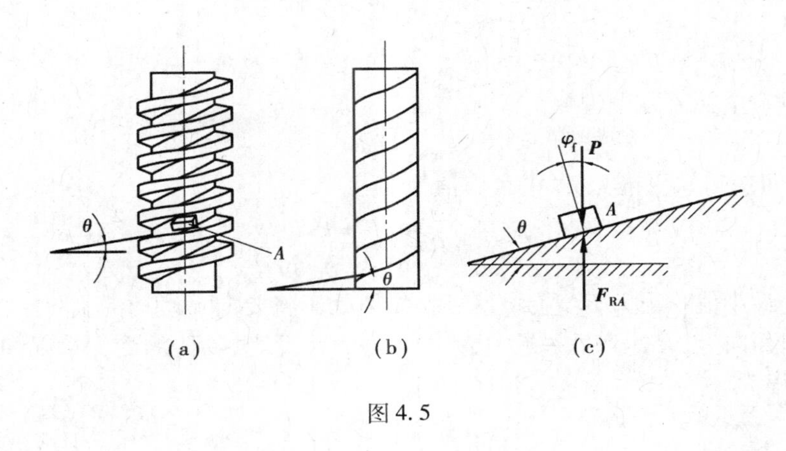

图4.5

4.3 考虑滑动摩擦时物体的平衡问题

考虑摩擦时,求解物体平衡问题的步骤与前面所述大致相同,但有以下3个特点:

①分析物体受力时,必须考虑接触面间切向的摩擦力 $\boldsymbol{F}_S$,通常增加了未知量的数目。

②为确定这些新增加的未知量,还需列出补充方程,即 $F_s \leqslant f_s F_N$,补充方程的数目与摩擦力的数目相同。

③由于物体平衡时摩擦力有一定的范围(即 $0 \leqslant F_s \leqslant f_s F_N$),因此,有摩擦时平衡问题的解也有一定的范围,而不是一个确定的值。

工程中,有不少问题只需要分析平衡的临界状态,这时静摩擦力等于其最大值,补充方程只取等号。有时为了计算方便,也先在临界状态下计算,求得结果后再分析、讨论其解的平衡范围。

例4.1 物体重为 $\boldsymbol{P}$,放在倾角为 θ 的斜面上,它与斜面间的摩擦因数为 f_s,如图4.6(a)所示。当物体处于平衡时,试求水平力 $\boldsymbol{F}_1$ 的大小。

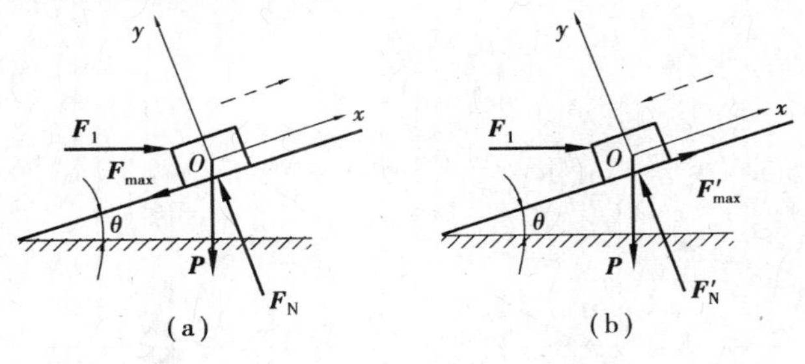

图4.6

解 分析可知,力 $\boldsymbol{F}_1$ 太大,物块将上滑;力 $\boldsymbol{F}_1$ 太小,物块将下滑。因此,$\boldsymbol{F}_1$ 应在最大与最小值之间。

先求力 $\boldsymbol{F}_1$ 的最大值。当力 $\boldsymbol{F}_1$ 达到此值时,物体处于将要向上滑动的临界状态。在此情形下,摩擦力 $\boldsymbol{F}_S$ 沿斜面向下,并达到最大值 F_{max}。物体共受4个力作用:已知力 $\boldsymbol{P}$,未知力 $\boldsymbol{F}_1$、$\boldsymbol{F}_N$、$\boldsymbol{F}_{max}$,如图4.6(a)所示。列平衡方程为

$$\sum F_x = 0, F_1 \cos\theta - P\sin\theta - F_{max} = 0$$

$$\sum F_y = 0, F_N - F_1 \sin\theta - P\cos\theta = 0$$

此外,还有1个补充方程,即

$$F_{max} = f_s F_N$$

3式联立,可解得水平推力 $\boldsymbol{F}_1$ 的最大值为

$$F_{1max} = P\frac{\sin\theta + f_s\cos\theta}{\cos\theta - f_s\sin\theta}$$

再求 F_1 的最小值。当力 $\boldsymbol{F}_1$ 达到此值时,物体处于将要向下滑动的临界状态。在此情形下,摩擦力沿斜面向上,并达到另一最大值,用 $\boldsymbol{F}'_{max}$ 表示此力,物体的受力情况如图4.6(b)所示。列平衡方程为

$$\sum F_x = 0, F_1\cos\theta - P\sin\theta + F'_{max} = 0$$

$$\sum F_y = 0, F'_N - F_1\sin\theta - P\cos\theta = 0$$

此外,再列出补充方程

$$F'_{max} = f_s F'_N$$

3式联立,可解得水平推力 F_1 的最小值为

$$F_{1min} = P\frac{\sin\theta - f_s\cos\theta}{\cos\theta + f_s\sin\theta}$$

综合上述两个结果可知,为使物块静止,力 $\boldsymbol{F}_1$ 必须满足如下条件

$$P\frac{\sin\theta - f_s\cos\theta}{\cos\theta + f_s\sin\theta} \leqslant F_1 \leqslant P\frac{\sin\theta + f_s\cos\theta}{\cos\theta - f_s\sin\theta}$$

此题如不计摩擦,平衡时应有 $F_1 = P\tan\theta$,其解答是唯一的。

本题也可利用摩擦角的概念,使用全约束力来进行求解。当物体有向上滑动趋势且达到临界状态时,全约束力 $\boldsymbol{F}_R$ 与法线夹角为摩擦角 φ_f,物块受力如图4.7(a)所示。这是平面汇交力系,平衡方程为

$$\sum F_x = 0, F_{1max} - F_R\sin(\theta + \varphi_f) = 0$$

$$\sum F_y = 0, F_R\cos(\theta + \varphi_f) - P = 0$$

解得

$$F_{1max} = P\tan(\theta + \varphi_f)$$

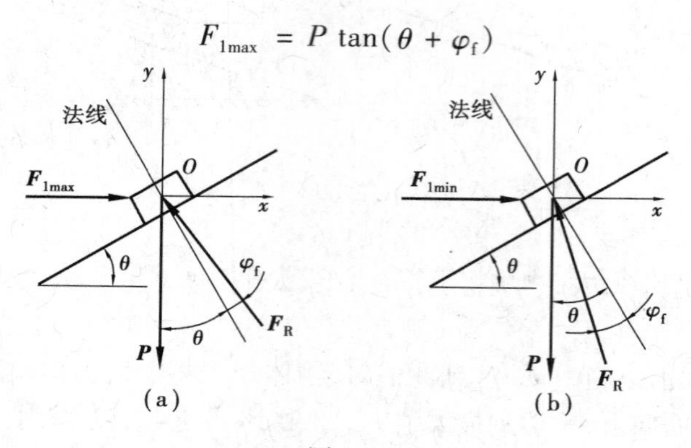

图4.7

同样,当物块有向下滑动趋势且达到临界状态时,受力如图4.7(b)所示,平衡方程为

$$\sum F_x = 0, F_{1\min} - F_R \sin(\theta - \varphi_f) = 0$$

$$\sum F_y = 0, F_R \cos(\theta - \varphi_f) - P = 0$$

解得

$$F_{1\min} = P \tan(\theta - \varphi_f)$$

由以上计算可知,使物块平衡的力 $\boldsymbol{F}_1$ 应满足

$$P \tan(\theta - \varphi_f) \leqslant F_1 \leqslant P \tan(\theta + \varphi_f)$$

这一结果与前一种解法计算结果是相同的。对如图4.7(a),(b)所示的两个平面汇交力系也可以不列平衡方程,只需用几何法画出封闭的力三角形就可直接求出 $F_{1\max}$ 与 $F_{1\min}$。

在此例题中,如斜面的倾角小于摩擦角,即 $\theta < \varphi_f$ 时,水平推力 $F_{1\min}$ 为负值。这说明,此时物块不需要力 $\boldsymbol{F}_1$ 的支持就能静止于斜面上;而且无论重力 $\boldsymbol{P}$ 的值多大,物块也不会下滑,这就是自锁现象。

应该强调指出,在临界状态下求解有摩擦的平衡问题时,必须根据相对滑动的趋势,正确判定摩擦力的方向。这是因为解题中引用了补充方程 $F_{\max} = f_s F_N$,由于 f_s 为正值,$F_{\max}$ 与 F_N 必须有相同的符号。法向约束力 $\boldsymbol{F}_N$ 的方向总是确定的,F_N 值永为正,因而 $F_{\max}$ 也应为正值,即摩擦力 $\boldsymbol{F}_{\max}$ 的方向不能假定,必须按真实方向给出。

例4.2 如图4.8(a)所示机构中,已知悬挂着的三脚架的重力为 $\boldsymbol{P}$,重心在 G 点,轮轴重力 $\boldsymbol{P}_1$。尺寸为 L_1、L_2、L_3、r_1、r_2 如图4.8(a)所示,C、D 处的静摩擦因数均为 f_s,且 $L_1 > f_s L_2$,滚动摩阻略去不计。试求机构平衡时水平拉力 $\boldsymbol{F}$ 的最大值。

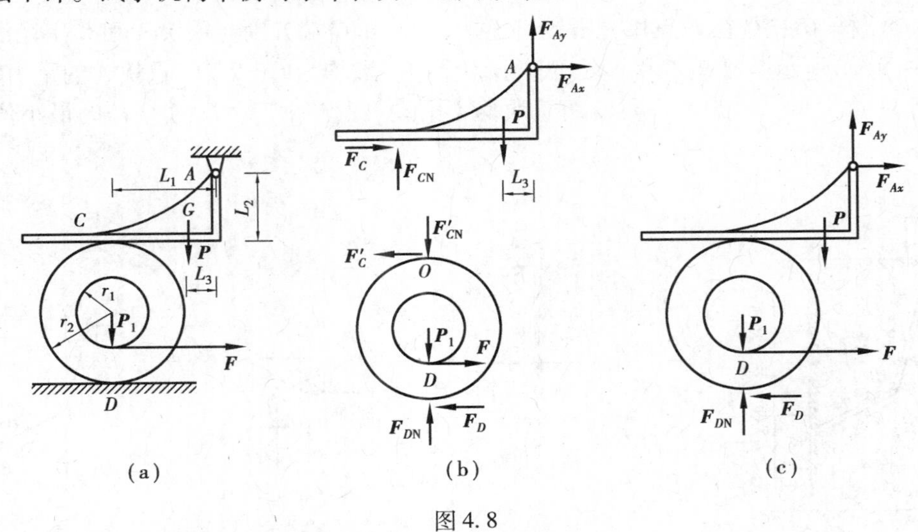

图4.8

解 求解本题要注意两个摩擦接触点的临界条件。

1)设 C 处先滑。

取三脚架为研究对象,受力如图4.8(b)所示。列平衡方程为

$$\sum M_A(\boldsymbol{F}_i) = 0, PL_3 - F_{CN}L_1 + F_C L_2 = 0$$

$$F_C = f_s F_{CN}$$

所以有

$$F_C = \frac{f_s P L_3}{L_1 - f_s L_2}$$

对轮子的受力分析如图4.8(b)所示。列平衡方程为

$$\sum M_D(\boldsymbol{F}_i) = 0, -F_a(r_2 - r_1) + F'_C \times 2r_2 = 0$$

又

$$F'_C = F_C, F_a = \frac{2r_2 f_s P L_3}{(r_2 - r_1)(L_1 - f_s L_2)}$$

2)设 D 处先滑。

对整体作受力分析如图4.8(c)所示。列平衡方程为

$$\sum M_A(\boldsymbol{F}_i) = 0, PL_3 + P_1L_1 - F_{DN}L_1 + F_b(L_2 + r_1 + r_2) - F_D(L_2 + 2r_2) = 0$$

$$F_D = f_s F_{DN}$$

对轮子的受力分析如图4.8(b)所示。列平衡方程为

$$\sum M_C(\boldsymbol{F}_i) = 0, F_b(r_1 + r_2) - F_D \times 2r_2 = 0$$

解得

$$F_b = \frac{2r_2 f_s(PL_3 + P_1L_1)}{(r_1 + r_2)(f_sL_2 + L_1) - 2f_s r_2 L_2}$$

综上讨论,机构平衡时水平拉力 $\boldsymbol{F}$ 的最大值为

$$F = \min[F_a, F_b]$$

例4.3 杆 AB、BC 在 B 点用光滑销钉连接,在 A 和 C 端分别与重块 A 和 C 用光滑销钉连接,如图4.9(a)所示。已知 A 和 C 处的静滑动摩擦因数均为 $f_s = 0.25$,重块 A 的重力 $W_1 = 200$ N,重块 C 的重力 $W_2 = 100$ N。要使两重块均不滑动,问作用于铰 B 的力 $\boldsymbol{F}$ 的最小值必须是多少?

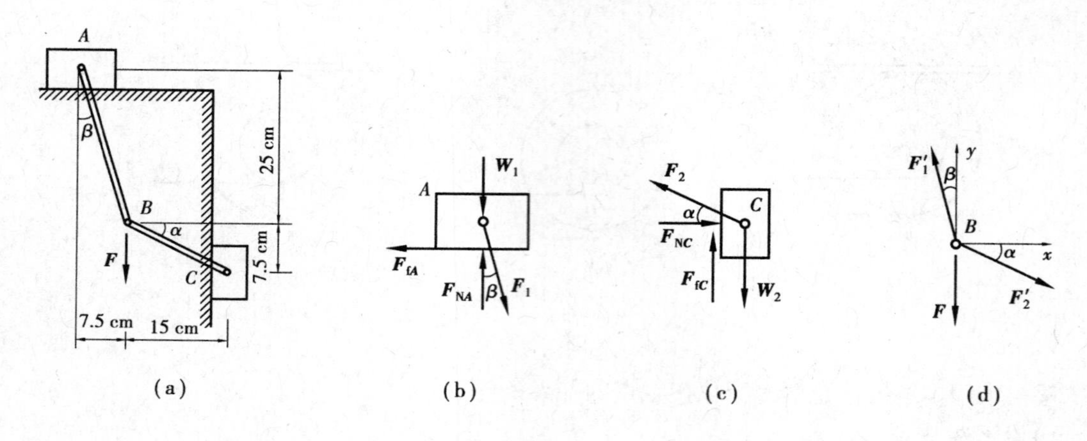

图4.9

解 1)取重块 C 为研究对象。考虑重块 C 处于下滑的临界状态,其摩擦力 $\boldsymbol{F}_{fC}$ 向上,受力分析如图4.9(c)所示。列平衡方程为

$$\sum F_x = 0, F_{NC} - F_2\cos\alpha = 0$$

$$\sum F_y = 0, F_2\sin\alpha + F_{fC} - W_2 = 0$$

列补充方程为

$$F_{fC}=f_s F_{NC}$$

联立求解,可得

$$F_2=\frac{W_2}{\sin\alpha+f_s\cos\alpha}=149\ \text{N}$$

2)取节点 B 为研究对象。受力分析如图4.9(d)所示,列平衡方程为

$$\sum F_x=0, F_2'\cos\alpha-F_1\sin\beta=0$$

$$\sum F_y=0, F_1'\cos\beta-F_2'\sin\alpha-P=0$$

解得

$$F_1'=464\ \text{N}, F=378\ \text{N}$$

3)判别在力 $\boldsymbol{F}$ 作用下重块 A 是否会滑动。取重块 A 为研究对象,因为 A 块在力 $\boldsymbol{F}_1$ 作用下有水平向右的滑动趋势,所以,摩擦力 $\boldsymbol{F}_{fA}$ 水平向左,为求摩擦力 $\boldsymbol{F}_{fA}$,应该用平衡方程求。

受力分析如图4.9(b)所示,列平衡方程为

$$\sum F_x=0, F_1\sin\beta-F_{fA}=0$$

$$F_{fA}=F_1\sin\beta=464\times0.287\ \text{N}=133.2\ \text{N}$$

$$\sum F_y=0, F_{NA}-W_1-F_1\cos\beta=0$$

解得

$$F_{NA}=W_1+F_1\cos\beta=644.5\ \text{N}$$

由补充方程得

$$F_{fA\max}=f_s F_{NA}=0.25\times644.5\ \text{N}=161\ \text{N}$$

例4.4　如图4.10所示的均质木箱重 $P=5$ kN,它与地面间的静摩擦因数 $f_s=0.4$。图4.10中,$h=2a=2$m,$\theta=30°$。求:

1)当 D 处的拉力 $F=1$ kN时,木箱是否平衡?

2)能保持木箱平衡的最大拉力。

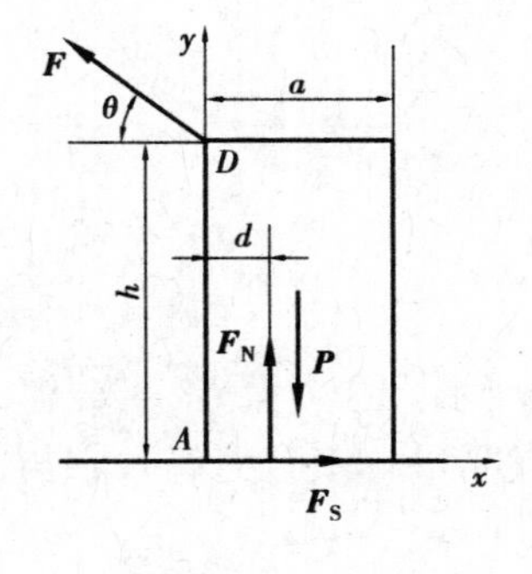

图4.10

解　欲保持木箱平衡,必须满足两个条件:一是不发生滑动,即要求静摩擦力 $F_s\leqslant F_{\max}=f_s F_N$;二是不绕 A 点翻倒,这时法向约束力 $\boldsymbol{F}_N$ 的作用线应在木箱内,即 $d>0$。

1)取木箱为研究对象,受力如图4.10所示,列平衡方程为

$$\sum F_x=0, F_s-F\cos\theta=0 \quad \text{(a)}$$

$$\sum F_y=0, F_N-P+F\sin\theta=0 \quad \text{(b)}$$

$$\sum M_B(\boldsymbol{F}_i)=0, hF\cos\theta-P\frac{a}{2}+F_N d=0 \quad \text{(c)}$$

联立求解,得

$$F_S=0.866\ \text{kN}, F_N=4.5\ \text{kN}, d=0.171\ \text{m}$$

此时木箱与地面间最大摩擦力

$$F_{\max}=f_s F_N=1.8\ \text{kN}$$

可见,$F_S<F_{\max}$,木箱不滑动;又 $d>0$,木箱不会翻倒。因此,木箱保持平衡。

2）为求保持平衡的最大拉力 F，可分别求出木箱将滑动时的临界拉力 $F_{滑}$ 和木箱将绕 A 点翻倒的临界拉力 $F_{翻}$。两者中取其较小者，即为所求。

木箱将滑动的条件为

$$F_S = F_{max} = f_s F_N \tag{d}$$

由式(a)、式(b)、式(c)联立解得

$$F_{滑} = \frac{f_s P}{\cos\theta + f_s \sin\theta} = 1.876\ \text{kN}$$

木箱将绕 A 点翻倒的条件为 $d=0$，代入式(c)，得

$$F_{翻} = \frac{Pa}{2h\cos\theta} = 1.443\ \text{kN}$$

由于 $F_{翻} < F_{滑}$，因此，保持木箱平衡的最大拉力为

$$F = F_{翻} = 1.443\ \text{kN}$$

这说明，当拉力 F 逐渐增大时，木箱将先翻倒而失去平衡。

4.4 滚动摩阻的概念

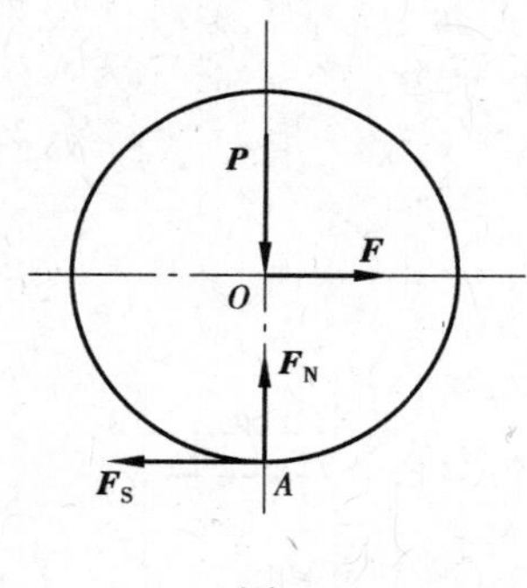

图 4.11

由实践可知，使滚子滚动比使它滑动省力。在工程中，为了提高效率，减轻劳动强度，常利用物体的滚动代替物体的滑动。设在水平面上有一滚子，重力为 $\boldsymbol{P}$，半径为 r，在其中心 O 上作用一水平力 $\boldsymbol{F}$，当力 $\boldsymbol{F}$ 不大时，滚子仍保持静止。若滚子的受力情况如图 4.11 所示，则滚子不可能保持平衡。因为静滑动摩擦力 $\boldsymbol{F}_S$ 与力 $\boldsymbol{F}$ 组成一力偶，将使滚子发生滚动。但是，实际上当力 $\boldsymbol{F}$ 不大时，滚子是可以平衡的。这是因为滚子和平面实际上并不是刚体，它们在力的作用下都会发生变形，有一个接触面，如图 4.12(a)所示。在接触面上，物体受分布力的作用，这些力向点 A 简化，得到一个力 $\boldsymbol{F}_R$ 和一个力偶，力偶的矩为 M_f，如图 4.12(b)所示。这个力 $\boldsymbol{F}_R$ 可分解为摩擦力 $\boldsymbol{F}_S$ 和法向约束力 $\boldsymbol{F}_N$，这个矩为 M_f 的力偶称为**滚动摩阻力偶**（简称滚阻力偶），它与力偶($\boldsymbol{F}$,$\boldsymbol{F}_S$)平衡，它的转向与滚动的趋向相反，如图 4.12(c)所示。

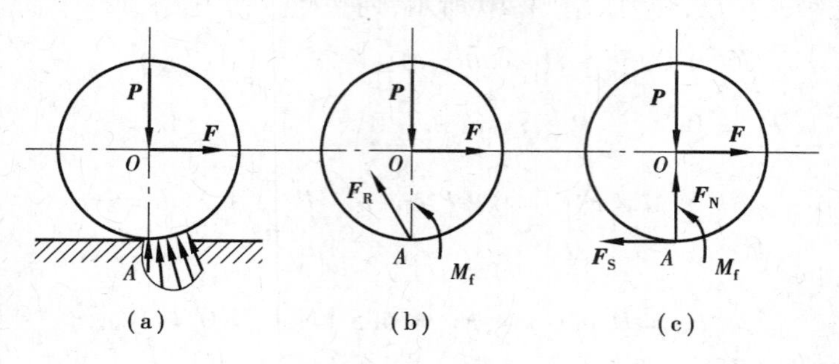

图 4.12

与静滑动摩擦力相似，滚动摩阻力偶矩 M_f 随着主动力的增加而增大，当力 $\boldsymbol{F}$ 增加到某个值时，滚子处于将滚未滚的临界平衡状态；这时，滚动摩阻力偶矩达到最大值，称为**最大滚动摩阻力偶矩**，用 M_{max} 表示。若力 $\boldsymbol{F}$ 再增大一点，轮子就会滚动。在滚动过程中，滚动摩阻力偶矩近似等于 M_{max}。

由此可知，滚动摩阻力偶矩 M_f 的大小介于零与最大值之间，即

$$0 \leqslant M_f \leqslant M_{max} \tag{4.6}$$

由实验表明：最大滚动摩阻力偶矩 M_{max} 与滚子半径无关，而与支承面的正压力（法向约束力）$\boldsymbol{F}_N$ 的大小成正比，即

$$M_{max} = \delta F_N \tag{4.7}$$

这就是滚动摩阻定律。其中，δ 是比例常数，称为**滚动摩阻系数**，简称滚阻系数。由式(4.7)可知，滚动摩阻系数具有长度的量纲，单位一般用 mm。

滚动摩阻系数由实验测定，它与滚子和支承面的材料的硬度和湿度等有关，与滚子的半径无关。表4.2是几种材料的滚动摩阻系数的值。

表4.2　常用材料的滚动摩阻系数 δ

材料名称	δ/mm	材料名称	δ/mm
铸铁与铸铁	0.5	软钢与钢	0.5
钢质车轮与钢轨	0.05	有滚珠轴承的料车与钢轨	0.09
木与钢	0.3~0.4	无滚珠轴承的料车与钢轨	0.21
木与木	0.5~0.8	钢质车轮与木面	1.5~2.5
软木与软木	1.5	轮胎与路面	2~10
淬火钢珠与钢	0.01		

滚阻系数的物理意义是滚子在即将滚动的临界平衡状态时，其受力图如图4.13(a)所示。根据力的平移定理，可将其中的法向约束力 $\boldsymbol{F}_N$ 与最大滚动摩阻力偶 M_{max} 合成为一个力 $\boldsymbol{F}'_N$，且 $F'_N = F_N$。力 $\boldsymbol{F}'_N$ 的作用线距中心线的距离为 d（见图4.13(b)），即

$$d = \frac{M_{max}}{F'_N}$$

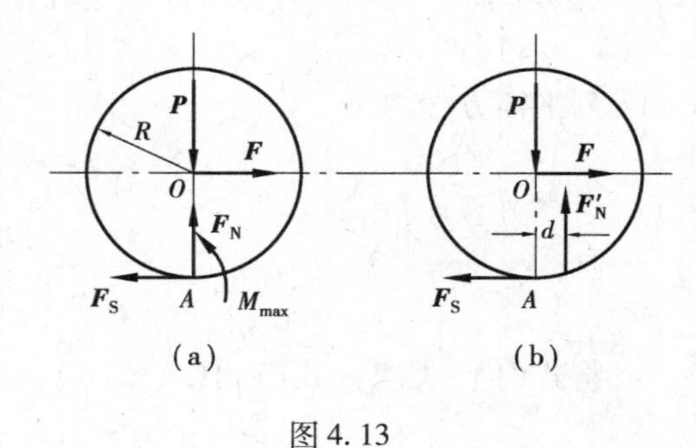

图4.13

与式(4.7)比较，得

$$\delta = d$$

因而滚动摩阻系数 δ 可看成在即将滚动时，法向约束力 $\boldsymbol{F}'_N$ 离中心线的最远距离，也就是最大滚阻力偶($\boldsymbol{F}'_N$,$\boldsymbol{P}$)的臂，故它具有长度的量纲。

由于滚动摩阻系数较小，因此，在大多数情况下滚动摩阻是可忽略不计的。

由图4.14(a)可分别计算出使滚子滚动或滑动所需要的水平拉力 $\boldsymbol{F}$。

由平衡方程 $\sum M_A(\boldsymbol{F}) = 0$，可求得

$$F_{滚} = \frac{M_{max}}{R} = \frac{\delta F_N}{R} = \frac{\delta}{R}P$$

由平衡方程 $\sum F_x = 0$，可求得

$$F_{滑} = F_{\max} = f_s F_N = f_s P$$

一般情况下，有

$$\frac{\delta}{R} << f_s$$

因而使滚子滚动比滑动省力得多。

例 4.5 如图 4.14 所示一重为 $P = 20$ kN 的均质圆柱，置于倾角为 $\alpha = 30°$的斜面上，已知圆柱半径 $r = 0.5$ m，圆柱与斜面之间的滚动摩阻系数 $\delta = 5$ mm，静摩擦因数 $f_s = 0.65$。试求：

1）欲使圆柱沿斜面向上滚动所需施加最小的力 $\boldsymbol{F}_T$（平行于斜面）的大小以及圆柱与斜面之间的摩擦力；

2）阻止圆柱向下滚动所需的力 $\boldsymbol{F}_T$ 的大小以及圆柱与斜面之间的摩擦力。

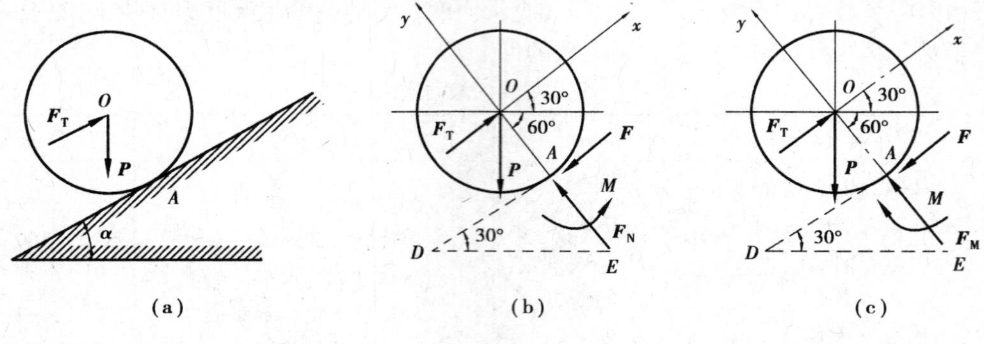

图 4.14

解 1）取圆柱为研究对象，受力分析如图 4.14(b)所示。圆柱即将向上滚动，即顺时针滚动，则滚动摩阻力偶 $\boldsymbol{M}$ 为逆时针。此时有

$$M = \delta F_N \tag{1}$$

列平衡方程为

$$\sum F_x = 0, F_T - P\sin\alpha - F = 0 \tag{2}$$

$$\sum F_y = 0, F_N - P\cos\alpha = 0 \tag{3}$$

$$\sum M_A(\boldsymbol{F}_i) = 0, M - F_T r + Pr\sin\alpha = 0 \tag{4}$$

将式(1)、式(2)、式(3)代入式(4)，有

$$\delta P\cos\alpha - r(F + P\sin\alpha) + Pr\sin\alpha = 0$$

$$F = P\frac{\delta}{r}\cos\alpha = 0.173 \text{ kN}$$

最大静摩擦力为

$$F_{\max} = f_s F_N = 11.3 \text{ kN}$$

因此，圆柱与斜面之间的实际摩擦力 $F = 0.173$ kN，圆柱滚动而未发生滑动。

由式(2)得

$$F_T = P\sin\alpha + F = 10.2 \text{ kN}$$

故使圆柱沿斜面向上滚动所需施加的力 $F_T > 10.2$ kN。

2）取圆柱为研究对象，受力分析如图 4.14(c)所示。圆柱即将向下滚动，即逆时针滚动，

则滚动摩阻力偶 $\boldsymbol{M}$ 为顺时针。此时，有

$$M = \delta F_{\mathrm{N}} \tag{5}$$

列平衡方程为

$$\sum F_x = 0, F_{\mathrm{T}} - P \sin \alpha - F = 0 \tag{6}$$

$$\sum F_y = 0, F_{\mathrm{N}} - P \cos \alpha = 0 \tag{7}$$

$$\sum M_A(\boldsymbol{F}_i) = 0, -M - F_{\mathrm{T}} r + Pr \sin \alpha = 0 \tag{8}$$

将式(5)、式(6)、式(7)代入式(8)，有

$$-\delta P \cos \alpha - r(F + P \sin \alpha) + Pr \sin \alpha = 0$$

$$F = -P \frac{\delta}{r} \cos \alpha = -0.173 \text{ kN}$$

式中，负号说明摩擦力 $\boldsymbol{F}$ 的实际指向沿斜面向上，大小为0.173 kN。

由式(6)得

$$F_{\mathrm{T}} = P \sin \alpha + F = 9.83 \text{ kN}$$

故阻止圆柱沿斜面向下滚动所需施加的力 $F_{\mathrm{T}} > 9.83$ kN。

小　结

1. 摩擦现象分为滑动摩擦和滚动摩阻两类。

2. 滑动摩擦力是在两个物体相互接触的表面之间有相对滑动趋势或有相对滑动时出现的切向约束力。前者称为静滑动摩擦力，后者称为动滑动摩擦力。

(1) 静摩擦力 $\boldsymbol{F}_{\mathrm{S}}$ 的方向与接触面间相对滑动趋势相反，其值满足

$$0 \leqslant F_{\mathrm{S}} \leqslant F_{\max}$$

静摩擦定律为

$$F_{\max} = f_{\mathrm{s}} F_{\mathrm{N}}$$

式中，f_{s} 为静摩擦因数，$\boldsymbol{F}_{\mathrm{N}}$ 为法向约束力。

(2) 动摩擦力的方向与接触面间相对滑动的速度方向相反，其大小为

$$F = f F_{\mathrm{N}}$$

式中，f 是动摩擦因数，一般情况下略小于静摩擦因数 f_{s}。

3. 摩擦角 φ_{f} 为全约束力与法线间夹角的最大值，且有

$$\tan \varphi_{\mathrm{f}} = f_{\mathrm{s}}$$

全约束力与法线间夹角 φ 的变化范围为

$$0 \leqslant \varphi \leqslant \varphi_{\mathrm{f}}$$

当主动力的合力作用线在摩擦角之内时发生自锁现象。

4. 物体滚动时会受到阻碍滚动的滚动摩阻力偶作用。

物体平衡时，滚动摩阻力偶矩 M_{f} 随着主动力的大小变化范围为

$$0 \leqslant M_{\mathrm{f}} \leqslant M_{\max}$$

又

$$M_{\max} = \delta F_{\mathrm{N}}$$

式中,δ 为滚动摩阻系数,单位为 mm。

物体滚动时,滚动摩阻力偶矩近似等于 $M_{\max}$。

思 考 题

4.1　如图 4.15(a)所示物体重 $P=1\ 000$ N,力 $F=200$ N,$f_s=0.3$;如图 4.15(b)所示物体重 $P=200$ N,力 $F=500$ N,$f_s=0.3$。问两物体能否平衡?并求两物体所受的摩擦力的大小和方向。

4.2　如图 4.16 所示,两物块 A 和 B 重叠放在粗糙的水平面上,物块 A 的顶上作用一斜向力 $\boldsymbol{P}$。已知:A 重 1 000 N,B 重 2 000 N,A 与 B 之间的摩擦系数 $f_{s1}=0.5$,B 与地面 C 之间的摩擦系数 $f_{s2}=0.2$。问当 $P=600$ N 时,是物块 A 相对于物块 B 运动,还是物块 A、B 一起相对于地面运动?

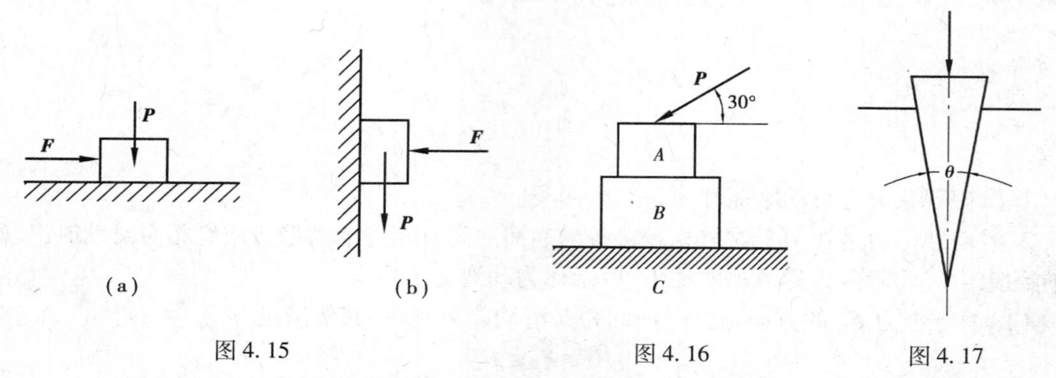

图 4.15　　图 4.16　　图 4.17

4.3　为什么传动螺纹多用方牙螺纹(如丝杠)?而锁紧螺纹多用三角螺纹(如螺钉)?

4.4　如图 4.17 所示,用钢楔劈物,接触面间的摩擦角为 φ_f。劈入后欲使楔不滑出,问钢楔两个平面间的夹角 θ 应该多大?(楔重不计)

4.5　重为 P、半径为 R 的球放在水平面上,球对平面的滑动摩擦因数是 f_s,而滚阻系数为 δ,问在什么情况下,作用于球心的水平力 $\boldsymbol{F}$ 能使球匀速转动?

习　题

4.1　如图 4.18 所示,置于 V 形槽中的捧料上作用一力偶,力偶的矩 $M=15\ \mathrm{N\cdot m}$ 时,刚好能转动此棒料。已知棒料重 $P=400$ N,直径 $D=0.25$ m,不计滚动摩阻。求棒料与 V 形槽间的静摩擦因数 f_s。

4.2　梯子 AB 靠在墙上,其重为 $P=200$ N,如图 4.19 所示。梯长为 l,并与水平面交角 $\theta=60°$。已知接触面间的摩擦因数均为 0.25。今有一重 650 N 的人沿梯上爬,问人所能达到的最高点 C 到 A 点的距离 s 应为多少?

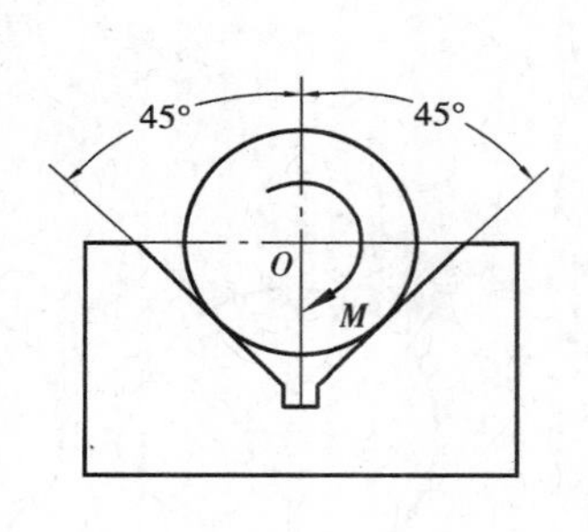

图4.18

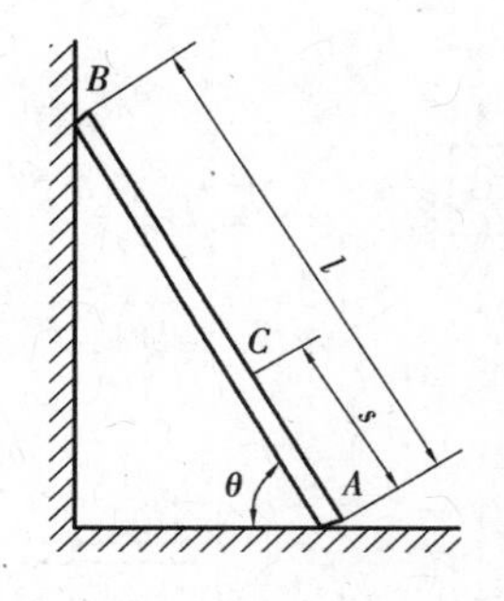

图4.19

4.3 如图4.20所示,均质直杆AB重力为$\boldsymbol{P}$,长$2L$,以倾角45°搁在竖直墙上;杆的A端系以绕过滑柱C的细绳,细绳的另一端吊有重$\boldsymbol{W}$的物体;杆与地面和墙面间的静摩擦因数均为f_s。试求平衡时$\boldsymbol{W}$的最小值。

4.4 如图4.21所示一折梯置于水平面上,倾角为60°,在点E作用一铅垂力$F=500$ N,$BC=l$,$CE=\dfrac{l}{3}$。折梯A、B处与水平面间的静摩擦因数分别是$f_{sA}=0.4$,$f_{sB}=0.35$,动摩擦因数$f_{dA}=0.35$,$f_{dB}=0.25$。若不计折梯自重。试问折梯是否平衡?

4.5 如果上题中$f_{sA}=0.6$,$f_{sB}=0.2$,$f_{dA}=0.35$,$f_{dB}=0.15$,$CE=\dfrac{l}{2}$(见图4.22),其余条件不变,试问折梯是否平衡?若能平衡,试求出A、B处与地面的摩擦力。

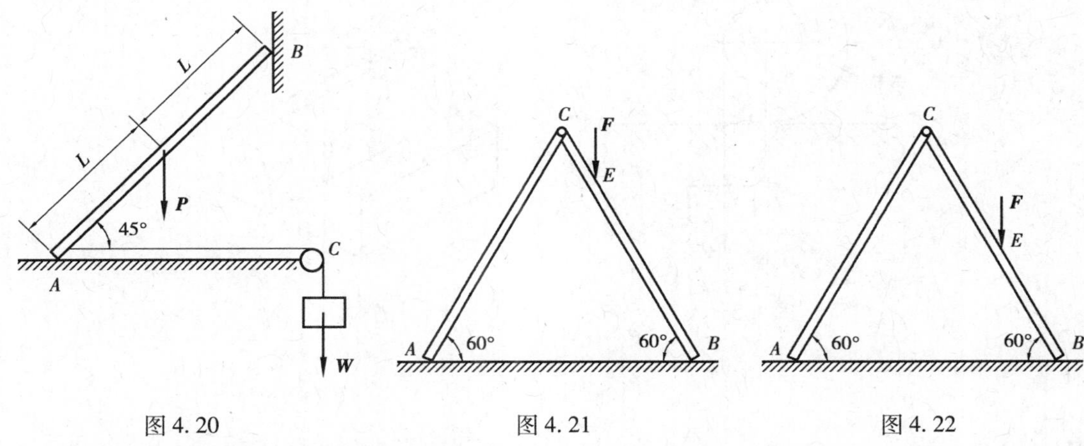

图4.20　　图4.21　　图4.22

4.6 如图4.23所示,曲柄连杆机构的活塞(大小不计)上作用有力$F=400$N。B处静摩擦因数$f_s=0.6$。如不计所有构件的质量,试问在曲柄OA上应加多大的力偶矩M_e方能使机构在图示位置平衡?

4.7 如图4.24所示,物块A重$P=100$ N,物块A与杆之间的静摩擦因数为0.5,绳子的一端系在A上,然后绕过一光滑的滑轮D,另一端悬挂物块B,物块B重$W=500$ N,已知弹簧的刚度为20 N/mm,试求维持系统平衡时弹簧的变形量应该多大?

4.8 如图4.25所示的辊式破碎机,轧辊直径$D=500$ mm,以同一角速度相对转动。如摩擦系数$f_s=0.3$,求能轧入的圆形物料的最大直径d。

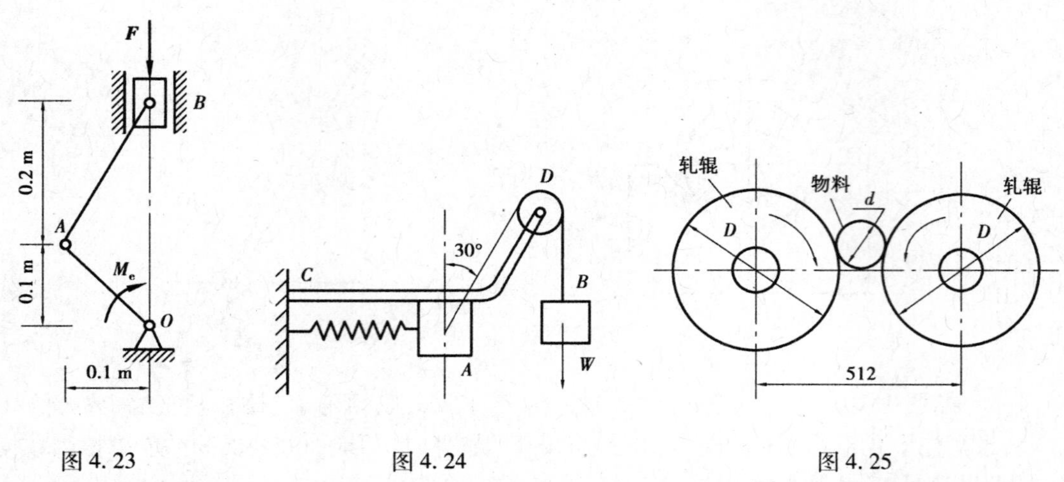

图 4.23　　图 4.24　　图 4.25

4.9　如图 4.26 所示,滚子与鼓轮一起的重量为 P,滚子与地面间的滚动摩阻系数为 δ,在与滚子固连半径为 r 的鼓轮上挂一重为 Q 的物体,问当 Q 等于多少时,滚子开始滚动?

4.10　将半径为 R、重力为 $\boldsymbol{W}$ 的圆柱体放在 V 形槽内,如图 4.27 所示。若圆柱体与 V 形槽面间的摩擦角 $\varphi_f < \theta$,试求:

(1)使圆柱体滑动的轴向力 $\boldsymbol{F}$ 的最小值;

(2)作用在圆柱体横截面使其转动的力偶矩 M 的最小值。

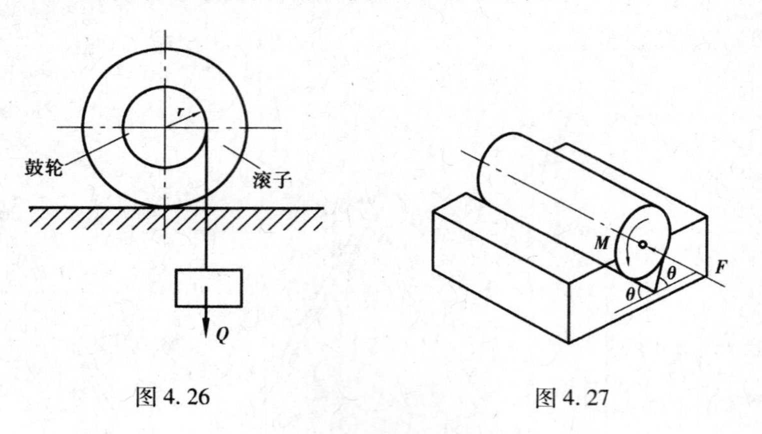

图 4.26　　图 4.27

第2篇 运动学

引　言

静力学研究了作用在物体上的力系的平衡条件。当作用在物体上的力系不平衡时，物体原有的静止或匀速直线运动状态将发生变化。这种变化不仅与受力情况相关，而且与物体本身的惯性和原来的运动状态有关，这就是动力学问题。然而在研究动力学问题之前，可先研究问题的一个方面，即先研究物体的运动，在搭建运动学的体系之后，再研究力与运动之间的关系。

运动学是从几何的角度描述物体的机械运动，它只阐明运动过程的几何特征及其各运动要素之间的关系，完全不涉及运动的物理原因。因此，运动学的任务是建立物体机械规律的描述方法，确定物体运动的有关特征量（如点的轨迹、速度、加速度，刚体的角速度、角加速度等）及其相互关系。

学习运动学，一方面是为学习动力学和后续课程打下基础；另一方面又有其独立的意义，即为今后进行机构运动分析提供理论基础。因为设计运动机械时，一般需要先依据运动学理论进行结构的运动学分析。例如，在设计汽车转向机构时，需要依据运动学知识确定方向盘转动角度与转向轮转角之间的关系；某些精密仪表的运动部件，受到的力往往不大，此时变形与破坏是次要的，而运动分析却十分重要。

机械运动的一个重要特征是相对性。物体在空间的位置，只能从它与周围物体的相互关系中确定，只能说出一个物体相对于另一个物体的位置。这时，后一物体被作为确定前一物体位置的**参考体**。固连于参考体的任何一组坐标系，称为参考坐标系或**参考系**。同一物体，对于不同的参考系，可表现出不同的运动特征。例如，在地面上看到的建筑物是静止的，而在移动的车厢中看到的建筑物却是运动的。一般工程问题中，总是取地球作为物体运动的参考体，即将参考系固连于地球。以后如无特别说明，都是如此。即使需要研究物体对于特定参考系的运动,上述对于固连于地球的坐标系所得出的全部运动学理论,同样适用于在其他坐标系中的运动。

有时要研究物体对于特定参考系的运动,此时,对于固连于地球的坐标系所得出的全部运动学理论,同样适用于在其他坐标系中的运动。

建立参考系解决了物体运动的位置度量,而运动物体的位置是随时间变化的,因此引入时间的两个概念:**瞬时**(或**时刻**)、**时间间隔**。瞬时就是某个时间点,或时间轴上的一个点;时间间隔就是任意两个不同时刻之间的一段时间,或时间轴上的一个区间。

第5章 运动学基础

运动学的内容包括点的运动学和刚体的运动学两部分。本章研究点的运动和刚体的基本运动,它们除了本身有其独立的实用意义外,也是研究点的合成运动和刚体复杂运动的基础。本章先介绍点的运动的描述方法、基本特征及其分析计算方法,再研究刚体的基本运动——平行移动(平动)和绕定轴转动。

5.1 点的运动学描述

运动学里描述某个点的运动,在于确定该点在任一瞬间相对于某一参考系的位置随时间变动的规律,包括点的运动方程、运动轨迹、速度和加速度等。下面介绍点的运动学描述的3种基本方法,即矢量法、直角坐标法和弧坐标法(自然法)。

5.1.1 矢量法

如图5.1(a)所示,为研究空间中某一点 M 的运动,选取参考系上某确定点 O 为坐标原点,自点 O 向动点 M 作矢量 $\boldsymbol{r}$,称 $\boldsymbol{r}$ 为点 M 相对原点 O 的位置矢量,简称**矢径**。显然,动点 M 在任意瞬时的空间位置可以用矢径 $\boldsymbol{r}$ 表示。当动点 M 运动时,矢径 $\boldsymbol{r}$ 随时间而变化,并且是时间的单值连续函数,即

$$\boldsymbol{r} = \boldsymbol{r}(t) \tag{5.1}$$

式(5.1)称为动点 M 的**矢量形式的运动方程**。动点 M 在运动过程中,其矢径 $\boldsymbol{r}$ 的末端描绘出一条连续曲线,称为**矢端曲线**。可知,矢径 $\boldsymbol{r}$ 的矢端曲线就是动点 M 的运动轨迹。

点的速度为矢径 $\boldsymbol{r}$ 对时间的一阶导数,即

$$\boldsymbol{v} = \frac{\mathrm{d}\boldsymbol{r}}{\mathrm{d}t} = \lim_{\Delta t \to 0} \left| \frac{\Delta \boldsymbol{r}}{\Delta t} \right| \tag{5.2}$$

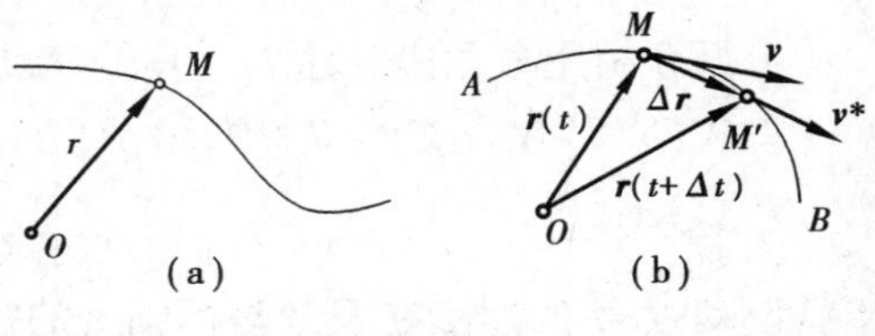

图5.1

由于矢径 $\boldsymbol{r}$ 为矢量,其对时间的一阶导数仍为矢量,故速度是矢量。速度矢量的方向沿点运动轨迹的切线,并与此点运动的方向一致,如图5.1(b)所示。速度矢量的大小,即速度矢 $\boldsymbol{v}$ 的模,表明点运动的快慢。在国际单位制中,速度的

单位为 m/s。

点的速度矢对时间的变化率称为**点的加速度**,表示为速度矢对时间的一阶导数或矢径对时间的二阶导数,即

$$\boldsymbol{a} = \frac{\mathrm{d}\boldsymbol{v}}{\mathrm{d}t} = \frac{\mathrm{d}^2\boldsymbol{r}}{\mathrm{d}t^2} \tag{5.3}$$

有时为了方便,在字母上方加“.”表示该量对时间的一阶导数,加“..”表示该量对时间的二阶导数。因此,式(5.2)、式(5.2)也可记为

$$\boldsymbol{v} = \dot{\boldsymbol{r}}, \boldsymbol{a} = \dot{\boldsymbol{v}} = \ddot{\boldsymbol{r}} \tag{5.4}$$

点的加速度也是矢量,它表征了速度大小和方向随时间的变化。在国际单位制中,加速度的单位为 $\mathrm{m/s^2}$。

5.1.2 直角坐标法

在矢量法中,采用矢径 $\boldsymbol{r}$ 为动点 M 定位。当然,也可用其他的方法确定动点 M 的空间位置。如图5.2所示,取固定的直角坐标系 $Oxyz$,则动点 M 在空间的位置可用该点在坐标系中的3个直角坐标 x,y,z 表示。

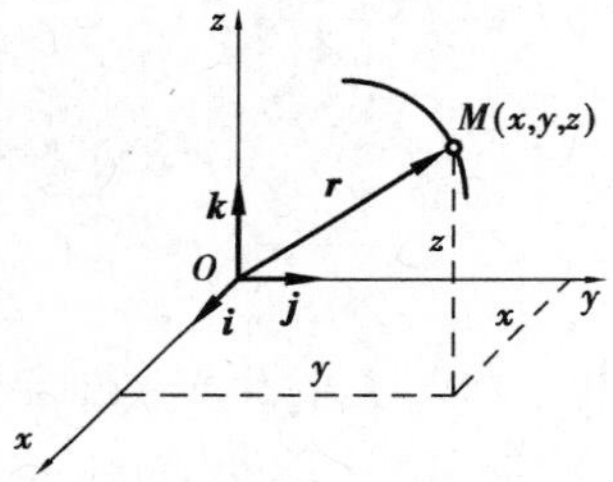

图5.2

可取矢径的原点与直角坐标系的原点重合,因此有关系为

$$\boldsymbol{r} = x\boldsymbol{i} + y\boldsymbol{j} + z\boldsymbol{k} \tag{5.5}$$

式中　$\boldsymbol{i},\boldsymbol{j},\boldsymbol{k}$——沿3个**定坐标轴的单位矢量**。

结合式(5.5),可将运动方程(5.1)改写为

$$\begin{cases} x = x(t) \\ y = y(t) \\ z = z(t) \end{cases} \tag{5.6}$$

式(5.6)称为动点 M 的**直角坐标形式的运动方程**。若函数 $x(t)$,$y(t)$,$z(t)$ 都是已知的,则动点 M 对应于任一瞬间 t 的位置可完全确定,其运动轨迹也可以驻点描绘出来。因为动点的轨迹与时间无关,所以从运动方程(5.6)中消去时间 t,便得到**轨迹方程**。

当动点 M 始终在一平面内运动,即点的轨迹为平面曲线时,可取该平面为坐标平面。这样,点 M 的 z 坐标恒等于零,而点的平面运动方程则可写为

$$\begin{cases} x = x(t) \\ y = y(t) \end{cases} \tag{5.7}$$

从式(5.7)中消去时间 t,即得轨迹方程

$$f(x,y) = 0 \tag{5.8}$$

下面介绍用直角坐标法表示点的速度和加速度:

将式(5.5)代入式(5.2)中,由于 $\boldsymbol{i},\boldsymbol{j},\boldsymbol{k}$ 为大小和方向都不变的恒矢量,因此有

$$\boldsymbol{v} = \dot{\boldsymbol{r}} = \dot{x}\boldsymbol{i} + \dot{y}\boldsymbol{j} + \dot{z}\boldsymbol{k} \tag{5.9}$$

设动点 M 的**速度在直角坐标轴上的投影**为 v_x,v_y,v_z,则

$$\boldsymbol{v} = v_x\boldsymbol{i} + v_y\boldsymbol{j} + v_z\boldsymbol{k} \tag{5.10}$$

比较式(5.9)和式(5.10),得到

$$v_x = \dot{x}, v_y = \dot{y}, v_z = \dot{z} \tag{5.11}$$

因此,速度在各坐标轴上的投影等于动点的各对应坐标时时间的一阶导数。

由式(5.11)求得 v_x,v_y 和 v_z 后,速度 $\boldsymbol{v}$ 的大小和方向就可由它的 3 个投影完全确定,即速度的大小为

$$v = \sqrt{v_x^2 + v_y^2 + v_z^2} \tag{5.12}$$

方向用方向余弦表示为

$$\cos\alpha = \cos(\boldsymbol{v},\boldsymbol{i}) = \frac{v_x}{v}, \cos\beta = \cos(\boldsymbol{v},\boldsymbol{j}) = \frac{v_y}{v}, \cos\gamma = \cos(\boldsymbol{v},\boldsymbol{k}) = \frac{v_z}{v} \tag{5.13}$$

式中　α、β、γ——速度矢 $\boldsymbol{v}$ 与 x,y,z 轴的夹角。

与速度分析类似,设

$$\boldsymbol{a} = a_x\boldsymbol{i} + a_y\boldsymbol{j} + a_z\boldsymbol{k} \tag{5.14}$$

则有

$$a_x = \dot{v}_x = \ddot{x}, a_y = \dot{v}_y = \ddot{y}, a_z = \dot{v}_z = \ddot{z} \tag{5.15}$$

因此,**加速度在直角坐标轴上的投影**等于动点的各对应坐标对时间的二阶导数。

由式(5.15)求得 a_x,a_y 和 a_z 后,加速度 $\boldsymbol{a}$ 的大小和方向就可由它的 3 个投影完全确定,即加速度矢量的大小为

$$a = \sqrt{a_x^2 + a_y^2 + a_z^2} \tag{5.16}$$

方向用方向余弦表示为

$$\cos\alpha = \cos(\boldsymbol{a},\boldsymbol{i}) = \frac{a_x}{a}, \cos\beta = \cos(\boldsymbol{a},\boldsymbol{j}) = \frac{a_y}{a}, \cos\gamma = \cos(\boldsymbol{v},\boldsymbol{k}) = \frac{a_z}{a} \tag{5.17}$$

式中　α、β、γ——加速度矢 $\boldsymbol{a}$ 与 x,y,z 轴的夹角。

例 5.1　如图 5.3 所示曲线规尺,各杆长度分别为 $OA = AB = 200$ mm,$CD = DE = AC = AE = 50$ mm。如杆 OA 以等角速度 $\omega = \frac{\pi}{5}$ 绕 O 轴转动,并且当运动开始时,杆 OA 水平向右,求尺上点 D 的运动方程和轨迹。

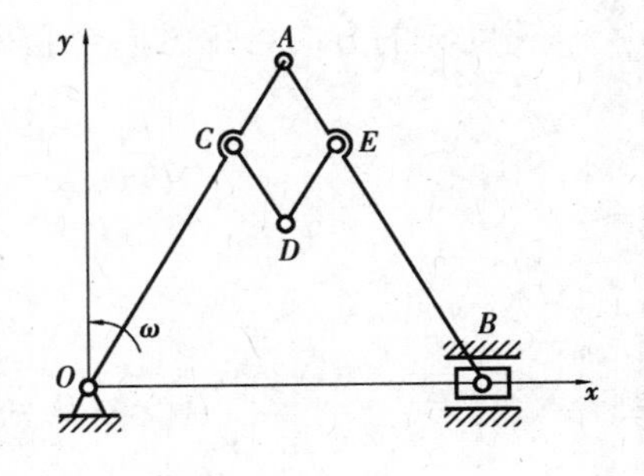

图 5.3

解　欲求 D 点的运动轨迹,应先写出 D 点的直角坐标形式的运动方程,再从运动方程中消去时间 t 即得运动轨迹。为此,建立如所示直角坐标系 xOy,则 $\angle AOB = \omega t$,故点 D 的运动方程为

$$\begin{cases} x = \overline{OA}\cos\omega t = 200\cos\dfrac{\pi}{5}t \\ y = \overline{OA}\sin\omega t - 2\,\overline{AC}\sin\omega t = 100\sin\dfrac{\pi}{5}t \end{cases}$$

消去时间 t,得点 D 的轨迹方程为

$$\frac{x^2}{40\,000} + \frac{y^2}{10\,000} = 1$$

由此可知,点 D 的轨迹为中心在原点,长半轴 0.2 m、短半轴 0.1 m 的一个椭圆。

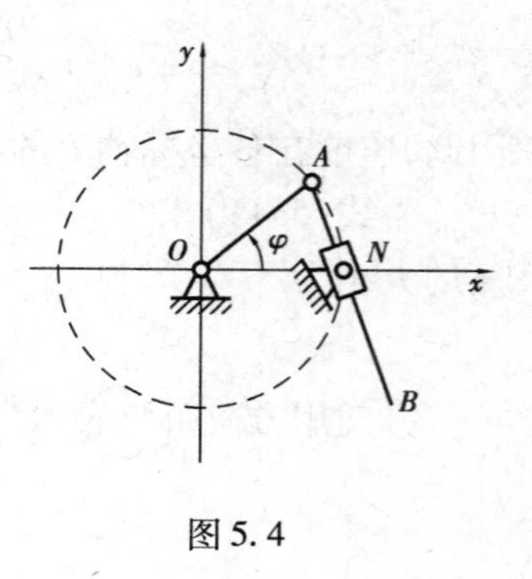

图 5.4

例 5.2 曲柄 OA 长 r,在平面内绕 O 轴转动,如图 5.4 所示。杆 AB 通过固定于点 N 的套筒与曲柄 OA 铰接于点 A。设 $\varphi=\omega t$,杆 AB 长 $l=2r$,求点 B 的运动方程、速度和加速度。

解 为研究点 B 的运动,应先写出 B 点的直角坐标形式的运动方程。为此,建立如图 5.4 所示直角坐标系 xOy。

由于 $l=2r,\varphi=\omega t$,故点 B 的运动方程为

$$\begin{cases}x=r+\left(l-2r\sin\dfrac{\omega t}{2}\right)\sin\dfrac{\omega t}{2}\\ y=-\left(l-2r\sin\dfrac{\omega t}{2}\right)\cos\dfrac{\omega t}{2}\end{cases}$$

即

$$\begin{cases}x=r+l\sin\dfrac{\omega t}{2}-2r\sin^2\dfrac{\omega t}{2}=l\sin\dfrac{\omega t}{2}+r\cos\omega t=r\left(\cos\omega t+2\sin\dfrac{\omega t}{2}\right)\\ y=-l\cos\dfrac{\omega t}{2}+r\sin\omega t=r\left(\sin\omega t-2\cos\dfrac{\omega t}{2}\right)\end{cases}$$

为求 B 点的速度,应将点 B 的坐标对时间求一阶导数,得

$$\dot{x}=l\frac{\omega}{2}\cos\frac{\omega t}{2}-r\omega\sin\omega t=r\omega\left(\cos\frac{\omega t}{2}-\sin\omega t\right)$$

$$\dot{y}=r\omega\cos\omega t+l\cdot\frac{\omega}{2}\sin\frac{\omega t}{2}=r\omega\left(\cos\omega t+\sin\frac{\omega t}{2}\right)$$

故 B 点的速度大小为

$$v=\sqrt{\dot{x}^2+\dot{y}^2}=r\omega\sqrt{2-\sin\frac{\omega t}{2}}$$

速度矢的方向可用方向余弦表示为

$$\cos\alpha=\cos(\boldsymbol{v},\boldsymbol{i})=\frac{v_x}{v}=\frac{\cos\dfrac{\omega t}{2}-\sin\omega t}{\sqrt{2-2\sin\dfrac{\omega t}{2}}}$$

$$\cos\beta=\cos(\boldsymbol{v},\boldsymbol{j})=\frac{v_y}{v}=\frac{\cos\omega t+\sin\dfrac{\omega t}{2}}{\sqrt{2-2\sin\dfrac{\omega t}{2}}}$$

式中,α、β 分别为速度矢与 x,y 轴的夹角。

为求 B 点的加速度,应将点 B 的坐标对时间求二阶导数,得

$$\begin{cases}\ddot{x}=r\omega\left(-\dfrac{\omega}{2}\sin\dfrac{\omega t}{2}-\omega\cos\omega t\right)=\dfrac{-r\omega^2}{2}\left(\sin\dfrac{\omega t}{2}+2\cos\omega t\right)\\ \ddot{y}=r\omega\left(-\omega\sin\omega t+\dfrac{\omega}{2}\cos\dfrac{\omega t}{2}\right)=\dfrac{r\omega^2}{2}\left(\cos\dfrac{\omega t}{2}-2\sin\omega t\right)\end{cases}$$

故 B 点的加速度大小为

$$a=\sqrt{\ddot{x}^2+\ddot{y}^2}=\frac{r\omega^2}{2}\sqrt{5-4\sin\frac{\omega t}{2}}$$

其方向也可用方向余弦表示为

$$\cos\varphi = \cos(\boldsymbol{a},\boldsymbol{i}) = \frac{a_x}{a} = \frac{\sin\frac{\omega t}{2} + 2\cos\omega t}{\sqrt{5 - 4\sin\frac{\omega t}{2}}}$$

$$\cos\gamma = \cos(\boldsymbol{a},\boldsymbol{j}) = \frac{a_y}{a} = \frac{\cos\frac{\omega t}{2} - 2\sin\omega t}{\sqrt{5 - 4\sin\frac{\omega t}{2}}}$$

式中,φ、γ 分别为加速度矢与 x,y 轴的夹角。

例5.3　正弦机构如图5.5所示。曲柄 OM 长为 r,绕 O 轴匀速转动,它与水平线间的夹角 $\varphi=\omega t+\theta$,其中 θ 为 $t=0$ 时的夹角,ω 为一常数。已知动杆上 A、B 两点间距离为 b。求点 A、B 的运动方程及点 B 的速度和加速度。

解　A、B 两点都作直线运动。取 Ox 轴如图所示,于是 A、B 两点的坐标分别为

$$x_A = b + r\sin\varphi, x_B = r\sin\varphi$$

将坐标写成时间的函数,即得 A、B 两点沿 Ox 轴的运动方程为

$$x_A = b + r\sin(\omega t+\theta), x_B = r\sin(\omega t+\theta)$$

工程中,为了使点的运动情况一目了然,通常将点的坐标与时间的函数关系绘成图线,一般取横轴为时间,纵轴为点的坐标,绘出的图线称为运动图线。图5.6给出了 A、B 两点的运动图线。

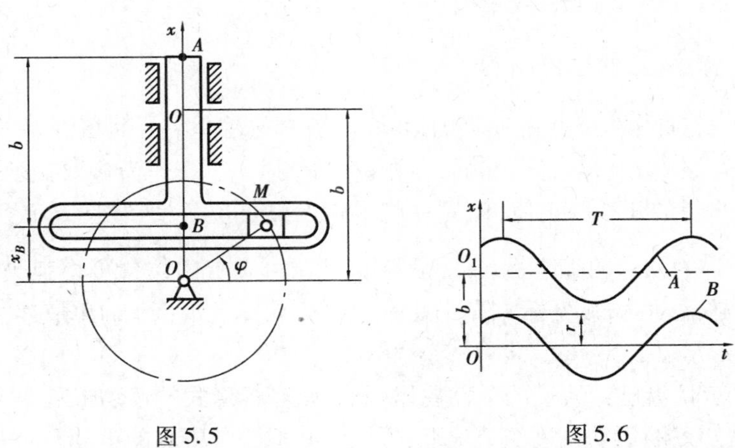

图5.5　　　　图5.6

当点作直线往复运动,并且运动方程可写成时间的正弦或余弦函数时,这种运动称为直线谐振动。往复运动的中心称为振动中心。动点偏离振动中心最远的距离 r 称为振幅。用来确定动点位置的角 $\varphi=\omega t+\theta$ 称为位相,用来确定动点初始位置的角 θ 称为初位相。

动点往复一次所需的时间 T 称为振动的**周期**。由于时间经过一个周期,位相应增加 2π,即

$$\omega(t+T)+\theta = (\omega t+\theta)+2\pi$$

所以

$$T=\frac{2\pi}{\omega}$$

周期 T 的倒数 $f=\frac{1}{T}$，称为**频率**，表示每秒振动的次数，其单位为 $1/s$，或称为赫兹(Hz)。ω 称为振动的角频率，因为

$$\omega=\frac{2\pi}{T}=2\pi f$$

故角频率表示在 2π 秒内振动的次数。

将点 B 的运动方程对时间取一阶导数，即得点 B 的速度为

$$v=\dot{x}_B=r\omega\cos(\omega t+\theta)$$

点 B 的加速度为

$$a=\ddot{x}_B=r\omega^2\sin(\omega t+\theta)=-\omega^2x_B$$

从上式可知，谐振动的特征之一是加速度的大小与动点的位移成正比，而方向相反。

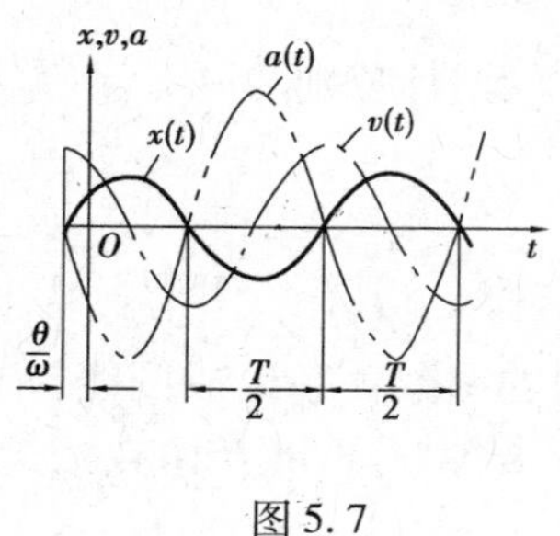

图 5.7

为了形象地表示动点的速度和加速度随时间变化的规律，将速度和加速度随时间变化的函数关系画成曲线，这些曲线分别称为速度图线和加速度图线。图 5.7 中绘出了谐振动的运动图线、速度图线和加速度图线。可知，动点在振动中心时，速度值是大，加速度值为零；在两端位置时，加速度值最大，速度值为零；点从振动中心向两端运动是减速运动，而从两端回到中心的运动是加速运动。

5.1.3 弧坐标法(自然法)

除了用矢量法和直角坐标法描述点的运动之外，自然法也是一种常见的描述点的运动的方法。假设动点 M 的运动轨迹是已知的，在轨迹上选定一点 O 作为量取弧长的起点，并规定由原点 O 向一侧量得的弧长取正值，向另一侧量得的弧长取负值，如图 5.8 所示。这种带有正负值的弧长 $\widehat{OM}$ 称为动点的**弧坐标**，用 s 表示。点在轨迹上的位置可由弧坐标 s 完全确定。当点 M 沿已知轨迹运动时，弧坐标 s 随时间而变，并可表示为时间 t 的单值连续函数，即

$$s=s(t) \tag{5.18}$$

式(5.18)表示了点 M 沿已知轨迹的运动规律，称为**弧坐标形式的运动方程**或**自然形式的运动方程**。通常，在已知点的运动轨迹的情况下，可用弧坐标法分析点的运动。

下面介绍用弧坐标法表示点的速度和加速度。

设在两相邻瞬时 t 和 $t+\Delta t$，动点的位置分别为 M 和 M'，相对于固定点 O_1 的矢径分别为 $\boldsymbol{r}$ 和 $\boldsymbol{r}'$，在时间间隔 Δt 内，动点的位移为 $\Delta\boldsymbol{r}$，弧坐标的增量为 Δs，如图 5.9 所示。根据式(5.2)，注意到 $\Delta t\to0$ 时有 $\Delta s\to0$，则动点 M 的速度为

$$\boldsymbol{v}=\lim_{\Delta t\to0}\frac{\Delta\boldsymbol{r}}{\Delta t}=\lim_{\Delta t\to0}\frac{\Delta s}{\Delta t}\times\lim_{\Delta s\to0}\frac{\Delta\boldsymbol{r}}{\Delta s}=\frac{\mathrm{d}s}{\mathrm{d}t}\times\lim_{\Delta s\to0}\frac{\Delta\boldsymbol{r}}{\Delta s} \tag{5.19}$$

当 M' 点趋近于 M 点，即 $\Delta s\to0$ 时，$\lim\limits_{\Delta s\to0}\left|\frac{\Delta\boldsymbol{r}}{\Delta s}\right|=1$，而 $\Delta\boldsymbol{r}$ 的方向则趋近于轨迹在 M 点的切线方向。若记切线方向的单位矢量为 $\boldsymbol{\tau}$，则有

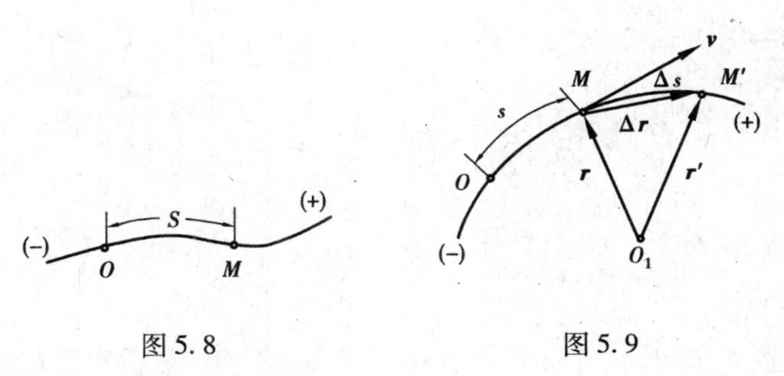

图5.8　　图5.9

$$\lim_{\Delta s\to 0}\frac{\Delta \boldsymbol{r}}{\Delta s}=\boldsymbol{\tau} \tag{5.20}$$

$\boldsymbol{\tau}$ 指向弧坐标 s 增加的方向即弧坐标的正向。将式(5.20)代入式(5.19)，得动点的速度为

$$\boldsymbol{v}=\frac{\mathrm{d}s}{\mathrm{d}t}\boldsymbol{\tau}=v\boldsymbol{\tau} \tag{5.21}$$

式中

$$v=\frac{\mathrm{d}s}{\mathrm{d}t}=\dot{s} \tag{5.22}$$

可见，速度矢沿轨迹的切线方向。同时，式(5.22)表明，动点的速度在切线上的投影，等于它的弧坐标对时间的一阶导数。如 $v>0$，则 s 随时间增加而增大，点沿轨迹的正向运动；如 $v<0$，则点沿轨迹的负向运动。于是，v 的绝对值表示速度的大小，它的正负号表示点沿轨迹运动的方向。

将式(5.21)代入式(5.3)，得动点的加速度为

$$\boldsymbol{a}=\frac{\mathrm{d}\boldsymbol{v}}{\mathrm{d}t}=\frac{\mathrm{d}v}{\mathrm{d}t}\boldsymbol{\tau}+v\frac{\mathrm{d}\boldsymbol{\tau}}{\mathrm{d}t} \tag{5.23}$$

可见，速度矢的变化率由其大小(代数值 v)的变化率和方向(方向向量 $\boldsymbol{\tau}$)的变化率两部分组成。下面分别讨论。

若动点的轨迹为平面曲线，在瞬时 t，点 M 的切向单位矢量为 $\boldsymbol{\tau}$，经过时间间隔 Δt，动点运动至 M' 点，该点的切向单位矢量为 $\boldsymbol{\tau}'$，如图5.10(a)所示。可知，切线方向转过了 $\Delta\varphi$ 角，于是在式(5.23)中，即

$$\frac{\mathrm{d}\boldsymbol{\tau}}{\mathrm{d}t}=\lim_{\Delta t\to 0}\frac{\Delta\boldsymbol{\tau}}{\Delta t}=\lim_{\Delta t\to 0}\frac{\boldsymbol{\tau}'-\boldsymbol{\tau}}{\Delta t}$$

由图5.10(b)可知，$\Delta\boldsymbol{\tau}$ 的模为

$$|\Delta\boldsymbol{\tau}|=2|\boldsymbol{\tau}|\sin\frac{\Delta\varphi}{2}$$

所以

$$\left|\frac{\mathrm{d}\boldsymbol{\tau}}{\mathrm{d}t}\right|=\lim_{\Delta t\to 0}\left|\frac{2\sin\frac{\Delta\varphi}{2}}{\Delta t}\right|=\lim_{\Delta t\to 0}\left|\frac{\Delta s}{\Delta t}\times\frac{\Delta\varphi}{\Delta s}\times\frac{\sin\frac{\Delta\varphi}{2}}{\frac{\Delta\varphi}{2}}\right|$$

$$=\lim_{\Delta t\to 0}\left|\frac{\Delta s}{\Delta t}\right|\times\lim_{\Delta t\to 0}\left|\frac{\Delta\varphi}{\Delta s}\right|\times\lim_{\Delta t\to 0}\left|\frac{\sin\frac{\Delta\varphi}{2}}{\frac{\Delta\varphi}{2}}\right|$$

当 $\Delta t\to 0$ 时,$\Delta s\to 0$,$\Delta\varphi\to 0$,故上式改写为

$$\left|\frac{\mathrm{d}\boldsymbol{\tau}}{\mathrm{d}t}\right| = \lim_{\Delta t\to 0}\left|\frac{\Delta s}{\Delta t}\right| \times \lim_{\Delta s\to 0}\left|\frac{\Delta\varphi}{\Delta s}\right| \times \lim_{\Delta\varphi\to 0}\left|\frac{\sin\frac{\Delta\varphi}{2}}{\frac{\Delta\varphi}{2}}\right|$$

$$= |\boldsymbol{v}| \times \frac{1}{\rho} \times 1 = \frac{|\boldsymbol{v}|}{\rho}$$

式中　ρ——**曲率半径**,$\frac{1}{\rho} = \lim_{\Delta s\to 0}\left|\frac{\Delta\varphi}{\Delta s}\right|$为轨迹在 M 点的曲率。对于常见的圆周运动,ρ 为圆周半径。

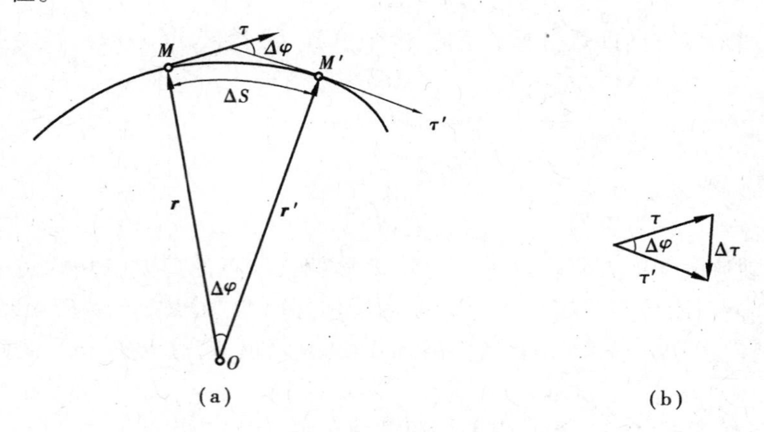

图 5.10

当 $\Delta t\to 0$ 时,$\Delta\boldsymbol{\tau}$ 的方向趋近于轨迹在点 M 的法线方向,指向曲率中心。若记指向曲率中心的**法线方向单位矢量**为 $\boldsymbol{n}$,则有

$$\frac{\mathrm{d}\boldsymbol{\tau}}{\mathrm{d}t} = \frac{v}{\rho}\boldsymbol{n} \tag{5.24}$$

于是式(5.23)改写为

$$\boldsymbol{a} = \frac{\mathrm{d}v}{\mathrm{d}t}\boldsymbol{\tau} + \frac{v^2}{\rho}\boldsymbol{n} \tag{5.25}$$

记式(5.25)右端第 1 项为 $\boldsymbol{a}_t$,第 2 项为 $\boldsymbol{a}_n$,则

$$\boldsymbol{a}_t = \frac{\mathrm{d}v}{\mathrm{d}t}\boldsymbol{\tau} = \dot{v}\boldsymbol{\tau} = \ddot{s}\,\boldsymbol{\tau} = a_t\boldsymbol{\tau} \tag{5.26}$$

显然,$\boldsymbol{a}_t$ 是一沿轨迹切向的矢量,因此称为**切向加速度**。若 $\dot{v}>0$,则 $\boldsymbol{a}_t$ 指向轨迹的正向;若 $\dot{v}<0$,则 $\boldsymbol{a}_t$ 指向轨迹的负向。而 a_t 为一代数量,是加速度 $\boldsymbol{a}$ 沿轨迹切向的投影。切向加速度反映点的速度值随时间变化的快慢程度,它的代数值等于速度的代数值对时间的一阶导数,或弧坐标对时间的二阶导数,它的方向轨迹切线。

同时

$$\boldsymbol{a}_n = \frac{v^2}{\rho}\boldsymbol{n} = \frac{\dot{s}^2}{\rho}\boldsymbol{n} = a_n\boldsymbol{n} \tag{5.27}$$

显然,$\boldsymbol{a}_n$ 是一沿轨迹法线并指向曲率中心的矢量,因此称为**法向加速度**。而 a_n 为一代数量,

是加速度 $\boldsymbol{a}$ 沿轨迹法向的投影。法向加速度反映点的速度方向改变的快慢程度，它的大小等于点的速度平方除以曲率半径，它的方向沿着法线并指向曲率中心。

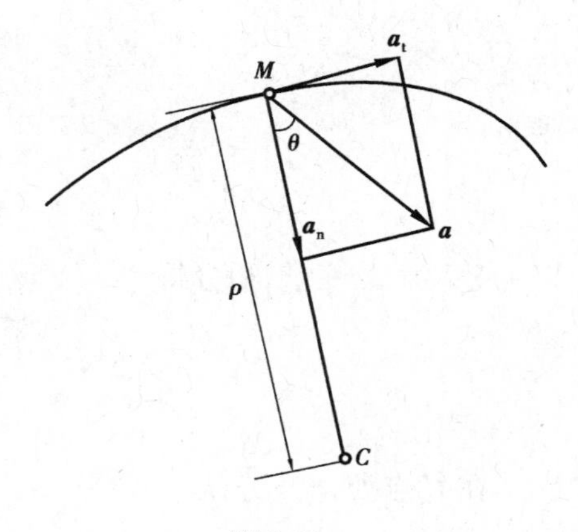

图5.11

将式(5.26)、式(5.27)代入式(5.25)，有

$$\boldsymbol{a} = \boldsymbol{a}_t + \boldsymbol{a}_n = a_t\boldsymbol{\tau} + a_n\boldsymbol{n} \tag{5.28}$$

式中，$\boldsymbol{a}$ 称为**全加速度**，它包含 $\boldsymbol{a}_t$ 和 $\boldsymbol{a}_n$ 两个分量，如图5.11所示。而且

$$a_t = \dot{v} = \ddot{s} \tag{5.29}$$

$$a_n = \frac{v^2}{\rho} \tag{5.30}$$

由全加速度 $\boldsymbol{a}$ 的两个正交分量 $\boldsymbol{a}_t$、$\boldsymbol{a}_n$，可求出全加速度 $\boldsymbol{a}$ 的大小为

$$a = \sqrt{a_t^2 + a_n^2} = \sqrt{(\ddot{s})^2 + \left(\frac{\dot{s}^2}{\rho}\right)^2} \tag{5.31}$$

它与法线间夹角 θ 的正切为

$$\tan\theta = \frac{a_t}{a_n} \tag{5.32}$$

当 $\boldsymbol{a}$ 与切向单位矢量 $\boldsymbol{\tau}$ 的夹角为锐角时 θ 为正，否则为负。

正如前面分析的那样，切向加速度表明速度大小的变化率，而法向加速度只反映速度方向的变化，因此，当速度 $\boldsymbol{v}$ 与切向加速度 $\boldsymbol{a}_t$ 的指向相同，即 $a_t \cdot v > 0$ 时，速度的绝对值不断增加，点作加速运动；当速度 $\boldsymbol{v}$ 与切向加速度 $\boldsymbol{a}_t$ 的指向相反时，即 $a_t \cdot v < 0$，速度的绝对值不断减小，点作减速运动。

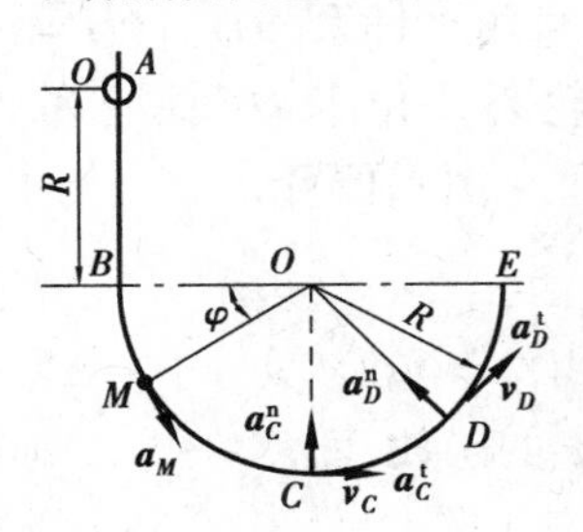

图5.12

另外，如果运动中 $a_t = 0$ 而 $a_n \neq 0$，则说明动点作速度大小不变的匀速曲线运动；如 $a_t \neq 0$ 而 $a_n = 0$，则说明动点作速度方向不变的变速直线运动；如 $a_t \neq 0$ 且 $a_n \neq 0$，则说明动点作一般曲线运动。在一般曲线运动中，除 $v = 0$ 的瞬时外，点的法向加速度 a_n 总不等于零。直线运动为曲线运动的一种特殊情况，即曲率半径 $\rho \to \infty$，任何瞬时点的法向加速度始终为零。

例5.4　如图5.12所示，小环由静止从 A 开始沿轨迹运动。已知 $\overset{\frown}{CD} = \overset{\frown}{DE}$，$AB$ 段加速度 $\boldsymbol{a} = \boldsymbol{g}$，$\overset{\frown}{BCE}$ 段切向加速度 $a_t = g\cos\varphi$。求小环在 C、D 两处的速度和加速度。

解　AB 段，加速度 $\boldsymbol{a} = \boldsymbol{g}$ 为常数，可得小环沿轨迹运动至 B 处的速度

$$v_B^2 = 2gR$$

$\overset{\frown}{BCE}$ 段，切向加速度 $a_t = g\cos\varphi$。而

$$a_t = \frac{\mathrm{d}v}{\mathrm{d}t} = \frac{\mathrm{d}v}{\mathrm{d}\varphi} \cdot \frac{\mathrm{d}\varphi}{\mathrm{d}t}$$

且

$$\varphi = \frac{s}{R}$$

所以

$$a_t = \frac{dv}{d\varphi} \cdot \frac{v}{R} = g \cos \varphi$$

分离积分变量，积分得

$$\int_{v_B}^{v} v dv = \int_0^{\varphi} gR \cos \varphi d\varphi$$

$$v^2 = v_B^2 + 2gR \sin \varphi$$

在 C 点处，$\varphi = \frac{\pi}{2}$，故

$$v_C = 2\sqrt{gR}$$

$$a_C^n = \frac{v_C^2}{R} = 4g, a_C^t = 0, a_C = a_C^n = 4g$$

在 D 点处，$\varphi = \frac{3}{4}\pi$，故

$$v_D = 1.848\sqrt{gR}$$

$$a_D^n = (2+\sqrt{2})g, a_D^t = -\frac{\sqrt{2}}{2}g, a_D = \sqrt{(a_D^n)^2 + (a_D^t)^2} = 3.487g$$

方向如图 5.12 所示。

例 5.5 如图 5.13 所示，半径为 r 的车轮在直线轨道上滚动而不滑动。已知轮心 A 的速度 $\boldsymbol{u}$ 是常量，求轮缘上任一点 M 的轨迹、速度、加速度（包括切向加速度和法向加速度）以及轨迹的曲率半径。

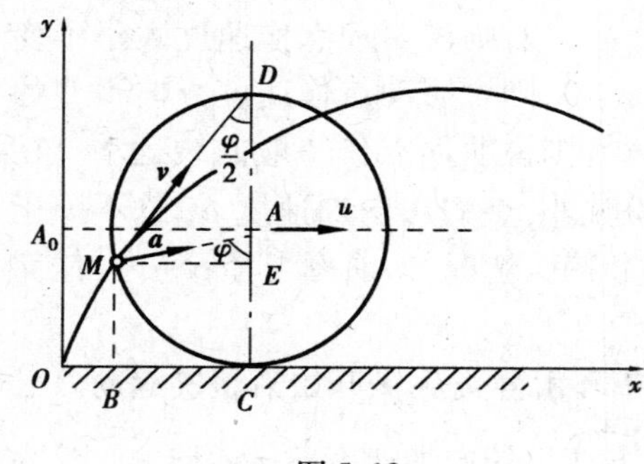

图 5.13

解 建立如图 5.13 所示直角坐标系 xOy。令 $t=0$ 时，M 点位于坐标原点 O，轮心 A 位于 Oy 轴的 A_0 点，而在 t 瞬时，轮心和 M 点位于图示位置。

由于轮只滚不滑，故

$$OC = \overset{\frown}{MC} = A_0A = ut \tag{a}$$

M 点的 x, y 坐标都是角 φ 的函数，而

$$\varphi = \frac{\overset{\frown}{MC}}{r} = \frac{ut}{r} \tag{b}$$

所以

$$\begin{cases} x = OB = OC - BC = OC - r\sin\varphi \\ y = MB = AC - AE = r - r\cos\varphi \end{cases} \tag{c}$$

将式(a)、式(b)代入式(c)，得

$$\begin{cases} x = ut - r\sin\dfrac{ut}{r} \\ y = r - r\cos\dfrac{ut}{r} \end{cases} \tag{d}$$

这就是点 M 的运动方程。消去时间参量 t，得点 M 的轨迹方程为

$$x+\sqrt{y(2r-y)}=r\arccos\left(1-\frac{y}{r}\right)$$

可见,点 M 的轨迹为旋轮线或摆线方程。

式(d)对时间求一阶导数,得速度的投影

$$\begin{cases}v_x=u\left(1-\cos\dfrac{ut}{r}\right)\\v_y=u\sin\dfrac{ut}{r}\end{cases}\tag{e}$$

故 M 点的速度的大小和方向余弦分别为

$$v=\sqrt{v_x^2+v_y^2}=u\sqrt{\left(1-\cos\frac{ut}{r}\right)^2+\left(\sin\frac{ut}{r}\right)^2}=2u\sin\frac{ut}{2r}\tag{f}$$

$$\cos(\boldsymbol{v},\boldsymbol{i})=\frac{v_x}{v}=\sin\frac{ut}{2r}=\sin\frac{\varphi}{2}=\frac{ME}{MD}$$

$$\cos(\boldsymbol{v},\boldsymbol{j})=\frac{v_y}{v}=\cos\frac{ut}{2r}=\cos\frac{\varphi}{2}=\frac{DE}{MD}\tag{g}$$

可见,速度 $\boldsymbol{v}$ 恒通过车轮的最高点 D。

式(e)对时间求一阶导数,得加速度的投影

$$\begin{cases}a_x=\dfrac{\mathrm{d}v_x}{\mathrm{d}t}=\dfrac{u^2}{r}\sin\dfrac{ut}{r}\\a_y=\dfrac{\mathrm{d}v_y}{\mathrm{d}t}=\dfrac{u^2}{r}\cos\dfrac{ut}{r}\end{cases}\tag{h}$$

故 M 点的加速度的大小和方向余弦为

$$a=\sqrt{a_x^2+a_y^2}=\frac{u^2}{r}=\text{常量}\tag{i}$$

$$\cos(\boldsymbol{a},\boldsymbol{i})=\frac{a_x}{a}=\sin\frac{ut}{r}=\sin\varphi=\frac{ME}{MA}$$

$$\cos(\boldsymbol{a},\boldsymbol{j})=\frac{a_y}{a}=\cos\frac{ut}{r}=\cos\varphi=\frac{AE}{MA}\tag{j}$$

可见,加速度 $\boldsymbol{a}$ 恒通过车轮中心 A。

式(f)对时间求一阶导数,得 M 点的切向加速度为

$$a_t=\frac{\mathrm{d}v}{\mathrm{d}t}=\frac{u^2}{r}\cos\frac{ut}{2r}$$

由式(5.31),得 M 点的法向加速度为

$$a_n=\sqrt{a^2-a_t^2}=\frac{u^2}{r}\sin\frac{ut}{2r}$$

由式(5.30),得轨迹在 M 点处的曲率半径为

$$\rho=\frac{v^2}{a_n}=4r\sin\frac{ut}{2r}$$

由此可知,当$\frac{ut}{r}=\pi$(对应轨迹的最高点),曲率半径最大,此时 $\rho_{\max}=4r$,$v=2u$(方向向右),$a=-\frac{u^2}{r}$(方向向下);当$\frac{ut}{r}=0$ 或 2π 时(M 点在轨道上),曲率半径最小,此时 $\rho_{\min}=0$,$v=$

0，$a=\frac{u^2}{r}$（方向向上）。轨迹在这里是两段连续旋轮线的连接点，即不连续的尖端点。

5.2 刚体的基本运动

刚体的运动形式是多种多样的，其中，平行移动和定轴转动是最简单、最基本的刚体运动形式。刚体的平行移动和定轴转动，称为**刚体的基本运动**。它们在工程中有着广泛应用，同时也是后续研究刚体复杂运动的基础。

5.2.1 刚体的平行移动

在日常生活和工程实践中，常见到这样的运动，如机车在直线轨道上行驶时车轮连杆 AB 的运动（见图 5.14(a)）、荡木 AB 的运动（见图 5.14(b)）等，这些运动看起来各式各样，但它们却有一个共同的特征，即如果在物体内任取一直线段，在运动过程中这条直线段始终与它的最初位置平行，这种运动称为**平行移动**，简称**平动**。

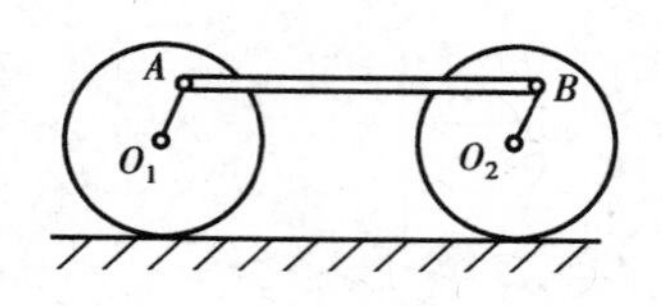

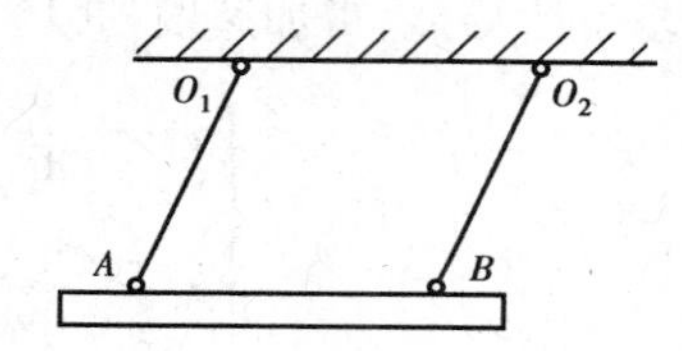

图 5.14

现在研究刚体平动时其上各点的轨迹、速度和加速度之间的关系。由于研究对象是刚体，所以运动中要考虑其本身形状和尺寸大小。又因为刚体是几何形状不变体，所以研究它在空间的位置不必一个点一个点地确定，只要根据刚体的各种运动形式，确定刚体内某一有代表性的直线或平面的位置即可。

设刚体作平动（见图 5.14），在刚体内任选两点 A 和 B，点 A 的矢径为 $\boldsymbol{r}_A$，点 B 的矢径为 $\boldsymbol{r}_B$，则两条矢端曲线就是两点的轨迹。由图 5.14 可知

$$\boldsymbol{r}_B=\boldsymbol{r}_A+\boldsymbol{AB} \tag{5.33}$$

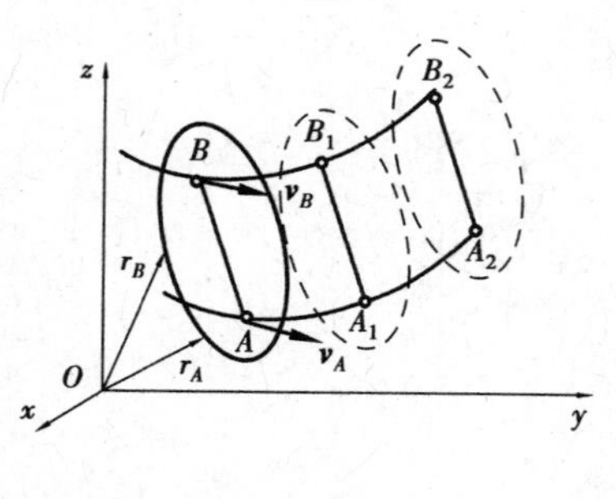

图 5.15

当刚体平动时，线段 AB 的长度和方向都不改变，即 $\boldsymbol{AB}$ 是常矢量。因此，刚体平动时其上各点的轨迹形状是完全相同的。应该注意，平动刚体内的点，不一定沿直线运动，也不一定保持在平面内运动，它的轨迹可以是任意的空间曲线。如果平动刚体内各点的轨迹都是平面曲线或直线，则这些特殊情形称为平面平动或直线平动。

式(5.33)对时间 t 求导数，因为常矢量 $\boldsymbol{AB}$ 的导数等于零，于是有

$$\boldsymbol{v}_B=\boldsymbol{v}_A,\boldsymbol{a}_B=\boldsymbol{a}_A \tag{5.34}$$

式中 $\boldsymbol{v}_A$、$\boldsymbol{v}_B$——A、B 点的速度；

$\boldsymbol{a}_A$、$\boldsymbol{a}_B$——A、B 点的加速度。

由于 A、B 点是刚体上的任意两点，于是可得结论：当刚体平动时，其上各点的轨迹形状相同；在每一瞬时，各点的速度相同，加速度也相同。

因此，刚体的平动可归结为一个点的运动。研究刚体的平动，也就归结为上一节中所研究的点的运动学问题。

例5.6　如图5.16所示的机构从 $\varphi=0$ 开始匀速转动，运动中 AB 杆始终保持铅垂。已知 $OA=1.5$ m，$AB=0.8$ m，B 端速度 $v_B=0.05$ m/s。求 B 点的轨迹。

解　由于 AB 杆始终保持铅垂状态，因此其运动形式为平动，A 点与 B 点的速度相同，即

$$v_A=v_B=0.05\ \text{m/s}$$

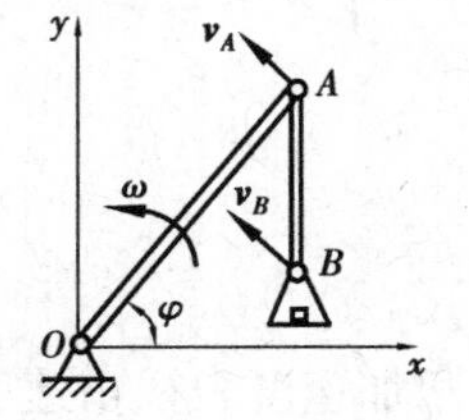

图5.16

A 点作匀速圆周运动，且弧坐标

$$s_A=v_A t$$

所以 OA 杆转过的角度为

$$\varphi=\frac{s_A}{OA}=\frac{1}{30}t \qquad \text{rad}$$

由此可得 B 点的坐标为

$$\begin{cases}x=\overline{OA}\cdot\cos\varphi\\ y=\overline{OA}\cdot\sin\varphi-\overline{AB}\end{cases}$$

消去 φ，得 B 点的轨迹方程为

$$x^2+(y+0.8)^2=1.5^2$$

可见，B 点的轨迹和 A 点的轨迹形状完全相同，也是一个圆，只是圆心位置不同而已。

5.2.2　刚体绕定轴转动

刚体基本运动的另一种形式是绕定轴转动。顾名思义，定轴转动是物体绕某一固定转轴的转动，如地球绕地轴的自转、绕铰链开闭的门窗、传动齿轮、电机的转子等，都是绕定轴转动的实例。在运动过程中，这些物体内都有一条固定的轴线，物体绕此固定轴转动。显然，只要轴线上有两点是不动的，这轴线就是固定的。刚体在运动时，其上或其扩展部分有两点保持不动，则这种运动称为**刚体绕定轴转动**，简称刚体的**转动**。通过这两个固定点的一条不动的直线，称为刚体的**转轴**或者轴线，简称轴。需要注意的是，转轴可在刚体的扩展部分，如在圆弧形拱桥上运动的车厢，作定轴转动，轴在圆弧形拱桥的圆心处。

为确定转动刚体的位置，取其转轴为 z 轴，正向如图5.17所示。通过轴线作一固定平面 A，再在刚体内取通过转轴 z 的任一平面 B。显然，刚体对于该轴系的位置，可用动平面 B 与固定平面 A 之间的夹角 φ 来表示。角 φ 确定了刚体的位置，称为刚体的**转角**，是一个代数量，其符号规定如下：立足于 z 轴正向观察，逆时针为正，顺时针为负，单位用弧度(rad)表示。

当刚体转动时，转角 φ 随时间而变化，因而可表示为时间 t 的单值连续函数，即

$$\varphi=f(t) \tag{5.35}$$

这个方程称为**刚体绕定轴转动的运动方程**。绕定轴转动的刚体，只要用一个参变量(转角 φ)就可决定它的位置，这样的刚体，称它具有一个自由度。

转角 φ 对时间的一阶导数，称为刚体的**角速度**，用 ω 表示，即

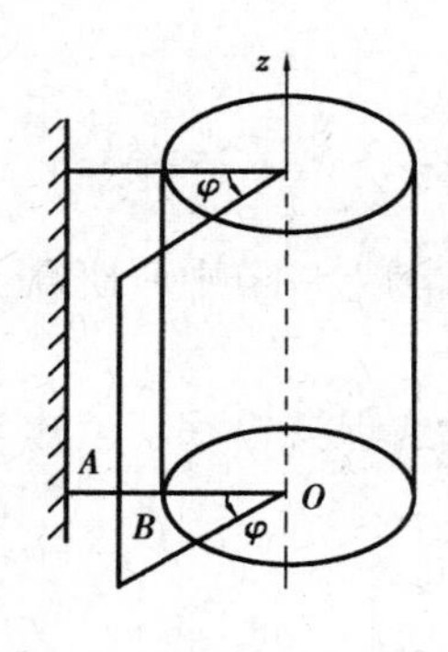

图 5.17

$$\omega = \frac{d\varphi}{dt} = \dot{\varphi} \tag{5.36}$$

角速度表征刚体转动的快慢和方向。角速度也是代数量,其正负号这样来确定:立足于 z 轴正向观察,逆时针为正,顺时针为负。角速度的单位一般用 rad/s。在工程计算中,也常用每分钟若干转表示,以 n 代表(恒取绝对值),单位为 r/min。与每分钟转数 n 相当的角速度的绝对值为

$$|\omega| = \frac{2\pi n}{60} = \frac{\pi n}{30} \tag{5.37}$$

角速度对时间的一阶导数,称为刚体的**角加速度**,用 α 表示,即

$$\alpha = \frac{d\omega}{dt} = \frac{d^2\varphi}{dt^2} = \ddot{\varphi} \tag{5.38}$$

角加速度表征角速度变化的快慢,其单位一般用 rad/s^2。角加速度也是代数量。若 α 与 ω 同号,则角速度的绝对值随时间而增大,刚体作加速转动;反之,角速度的绝对值随时间而减小,刚体作减速转动,但减速转动只到 $\omega=0$ 时为止。

下面讨论两种特殊情况。

(1) 匀速转动

如果刚体的角速度 $\omega=$ 常量,这种转动称为**匀速转动**。容易求得

$$\varphi = \varphi_0 + \omega t \tag{5.39}$$

式中 φ_0——初瞬时刚体的转角 φ 之值。

(2) 匀变速转动

如果刚体的角加速度 $\alpha=$ 常量,这种转动称为**匀变速转动**。容易求得

$$\begin{cases} \omega = \omega_0 + \alpha t \\ \varphi = \varphi_0 + \omega_0 t + \dfrac{1}{2}\alpha t^2 \\ \omega^2 = \omega_0^2 + 2\alpha(\varphi - \varphi_0) \end{cases} \tag{5.40}$$

式中 ω_0、φ_0——初瞬时刚体的角速度 ω 和转角 φ 之值。

可见,刚体作匀变速转动时,其角速度、转角和时间之间的关系与点在匀变速运动中的速度、坐标和时间之间的关系相似。

例 5.7 如图 5.18 所示,高度为 h 的滑块 B 沿地面向右滑动,速度为 $\boldsymbol{v}_0$,杆 OA 由于滑块的滑动顺时针转动。求 OA 杆的运动方程、转动的角速度和角加速度。

解 如图,由几何关系可知

$$\tan\varphi = \frac{x}{h} = \frac{v_0 t}{h}$$

故绕定轴转动的 OA 杆的运动方程为

$$\varphi = \arctan\frac{v_0 t}{h}$$

角速度为

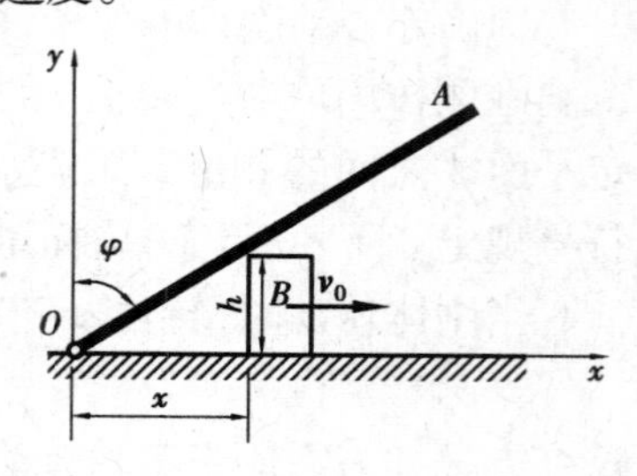

图 5.18

$$\omega = \frac{\mathrm{d}\varphi}{\mathrm{d}t} = \frac{v_0 h}{h^2 + v_0^2 t^2}$$

角加速度为

$$\alpha = \frac{\mathrm{d}^2\varphi}{\mathrm{d}t^2} = -\frac{2hv_0^3 t}{(h^2 + v_0^2 t^2)^2}$$

5.2.3 绕定轴转动刚体内各点的速度和加速度

当刚体绕定轴转动时,除转轴上的点固定不动外,刚体内其他点都作圆周运动,圆心在转轴上,圆心所在平面与转轴垂直,半径 R 等于该点到轴线的垂直距离。由于这些点的运动轨迹为已知的圆周,因此,宜采用自然法研究各点的速度和加速度。

设刚体由定平面 A 绕定轴 O 转动任一角度 φ,到达 B 位置,其上到轴线垂直距离为 R 的任一点由 M_0 运动到 M,如图5.19所示。以固定点 O 为弧坐标 s 的原点,按 φ 角的正向规定弧坐标 s 的正向,于是

$$s = R\varphi \tag{5.41}$$

将式(5.41)对时间 t 求一阶导数,得

$$\frac{\mathrm{d}s}{\mathrm{d}t} = R\frac{\mathrm{d}\varphi}{\mathrm{d}t}$$

注意到$\frac{\mathrm{d}s}{\mathrm{d}t} = v$, $\frac{\mathrm{d}\varphi}{\mathrm{d}t} = \omega$,故上式改写为

$$v = R\omega \tag{5.42}$$

即转动刚体内任一点的速度的大小,等于刚体的角速度与该点到轴线的垂直距离的乘积,它的方向沿圆周的切线而指向转动的一方。平面上各点的速度分布如图5.20所示。

现在求点 M 的加速度。因为点作圆周运动,因此 M 点的加速度应包含切向加速度和法向加速度。根据式(5.29),切向加速度为

$$a_t = \ddot{s} = R\ddot{\varphi}$$

注意到 $\ddot{\varphi} = \alpha$, 因此

$$a_t = R\alpha \tag{5.43}$$

即转动刚体内任一点的切向加速度(又称转动加速度)的大小,等于刚体的角加速度与该点到轴线垂直距离的乘积,它的方向沿圆周的切线,其正负由角加速度的符号决定。

根据式(5.30),法向加速度为

$$a_n = \frac{v^2}{\rho} = \frac{(R\omega)^2}{\rho}$$

式中 ρ——曲率半径,对于圆,$\rho = R$,故

$$a_n = R\omega^2 \tag{5.44}$$

即转动刚体内任一点的法向加速度(又称向心加速度)的大小,等于刚体角速度的平方与该点到轴线的垂直距离的乘积,它的方向与速度垂直并指向轴线。

点 M 的加速度 $\boldsymbol{a}$ 的大小为

$$a = \sqrt{a_t^2 + a_n^2} = \sqrt{R^2\alpha^2 + R^2\omega^4} = R\sqrt{\alpha^2 + \omega^4} \tag{5.45}$$

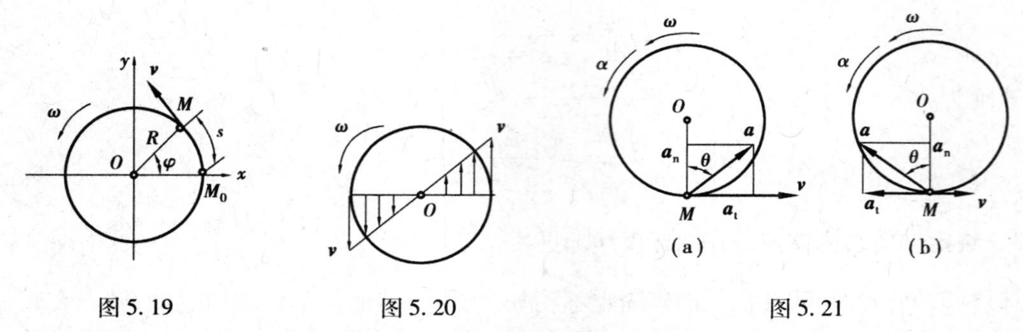

图 5.19　　　　图 5.20　　　　图 5.21

要确定加速度 $\boldsymbol{a}$ 的方向，只需确定 $\boldsymbol{a}$ 与半径 MO 所成的夹角 θ 即可(见图 5.21)。由几何关系可得

$$\tan\theta = \frac{a_t}{a_n} = \frac{R\alpha}{R\omega^2} = \frac{\alpha}{\omega^2} \tag{5.46}$$

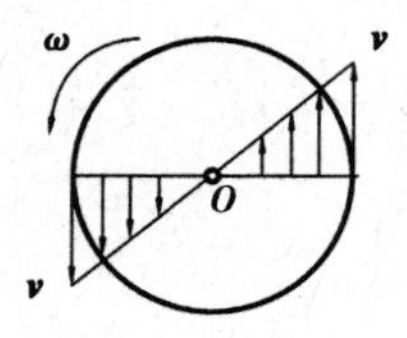

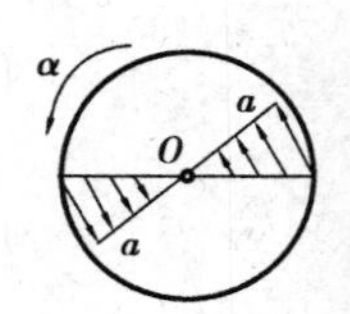

图 5.22

依据上面的分析，再结合刚体绕定轴转动时每一瞬时的 ω 和 α 都是确定的，所以有以下结论：

①在每一瞬时，转动刚体内所有各点的速度和加速度的大小，分别与这些点到轴线的垂直距离成正比；

②在每一瞬时，刚体内所有各点的加速度 $\boldsymbol{a}$ 与半径之间有相同的夹角 θ。平面上各点加速度的分布如图 5.22 所示。

5.2.4　以矢量表示角速度和角加速度·以矢积表示绕定轴转动刚体内各点的速度和加速度

在分析较为复杂的运动问题时，用矢量表示转动刚体的角速度与角加速度通常较为方便。因此，下面讨论定轴转动问题的矢量表达式。

(1)角速度矢与角加速度矢

绕定轴转动刚体的角速度可以用矢量表示。角速度矢 $\boldsymbol{\omega}$ 的大小等于角速度的绝对值，即

$$|\boldsymbol{\omega}| = |\omega| = \left|\frac{\mathrm{d}\varphi}{\mathrm{d}t}\right| \tag{5.47}$$

角速度矢 $\boldsymbol{\omega}$ 沿轴线，它的指向表示刚体转动的方向；如果从角速度矢的末端向始端看，则看到刚体作逆时针转向的转动，如图 5.23(a)所示；或按照右手螺旋规则确定：右手的四指代表转动的方向，拇指代表角速度矢 $\boldsymbol{\omega}$ 的指向，如图 5.23(b)所示。至于角速度矢的起点，可在轴线上任意选取，即角速度矢是滑动矢量。

如取转轴为 z 轴，它的正向用单位矢 $\boldsymbol{k}$ 的方向表示(见图 5.24)。于是刚体绕定轴转动的角速度矢可写为

$$\boldsymbol{\omega} = \omega\boldsymbol{k} \tag{5.48}$$

式中　ω——角速度的代数值，它等于 $\ddot{\varphi}$。

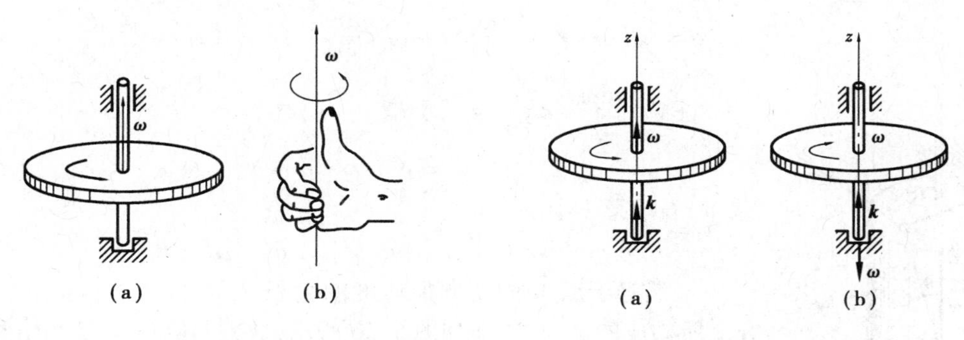

图5.23　　　　图5.24

同样，刚体绕定轴转动的角加速度也可用一个沿轴线的滑动矢量表示为

$$\boldsymbol{\alpha} = \alpha \boldsymbol{k} \tag{5.49}$$

式中　α——角加速度的代数值，它等于$\dot{\omega}$或$\ddot{\varphi}$，则

$$\boldsymbol{\alpha} = \frac{\mathrm{d}\omega}{\mathrm{d}t}\boldsymbol{k} = \frac{\mathrm{d}}{\mathrm{d}t}(\omega \boldsymbol{k})$$

或

$$\boldsymbol{\alpha} = \frac{\mathrm{d}\boldsymbol{\omega}}{\mathrm{d}t} \tag{5.50}$$

即角加速度矢$\boldsymbol{\alpha}$为角速度矢$\boldsymbol{\omega}$对时间的一阶导数。

(2)用矢积表示绕定轴转动刚体内各点的速度和加速度

根据上述角速度和角加速度的矢量表示法，刚体内任一点的速度可用矢积表示。

如在轴线上任选一点O为原点，点M的矢径以$\boldsymbol{r}$表示(见图5.25)，则点M的速度可用角速度矢与它的矢径的矢量积表示，即

$$\boldsymbol{v} = \boldsymbol{\omega} \times \boldsymbol{r} \tag{5.51}$$

下面证明矢积$\boldsymbol{\omega} \times \boldsymbol{r}$确实表示点$M$的速度矢的大小和方向。

根据矢积的定义知，$\boldsymbol{\omega} \times \boldsymbol{r}$仍是一个矢量，它的大小为

$$|\boldsymbol{\omega} \times \boldsymbol{r}| = |\boldsymbol{\omega}| \cdot |\boldsymbol{r}| \sin\theta = |\boldsymbol{\omega}| R = |\boldsymbol{v}|$$

式中　θ——角速度$\boldsymbol{\omega}$与矢径$\boldsymbol{r}$间的夹角。

于是证明了矢积$\boldsymbol{\omega} \times \boldsymbol{r}$的大小等于速度的大小。

矢积$\boldsymbol{\omega} \times \boldsymbol{r}$的方向垂直于$\boldsymbol{\omega}$、$\boldsymbol{r}$所组成的平面(即图5.25中三角形$OMO_1$平面)，从矢量$\boldsymbol{v}$的末端向始端看，则见$\boldsymbol{\omega}$按逆时针转向转过角$\theta$与$\boldsymbol{r}$重合，由图5.25易知，矢积$\boldsymbol{\omega} \times \boldsymbol{r}$的方向正好与点$M$的速度方向相同。

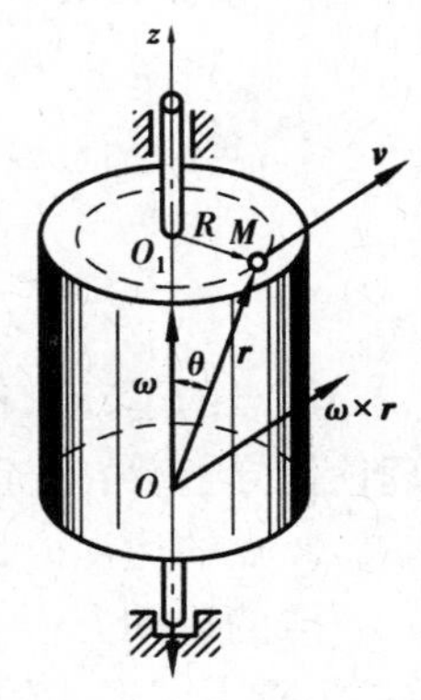

图5.25

于是可得结论，绕定轴转动的刚体上任一点的速度等于刚体的角速度矢与该点矢径的矢积。

绕定轴转动的刚体上任一点的加速度也可用矢积表示。

因为点M的加速度为

$$\boldsymbol{a} = \frac{\mathrm{d}\boldsymbol{v}}{\mathrm{d}t}$$

将速度的矢积表达式(5.51)代入，得

$$\boldsymbol{a}=\frac{\mathrm{d}}{\mathrm{d}t}(\boldsymbol{\omega}\times\boldsymbol{r})=\frac{\mathrm{d}\boldsymbol{\omega}}{\mathrm{d}t}\times\boldsymbol{r}+\boldsymbol{\omega}\times\frac{\mathrm{d}\boldsymbol{r}}{\mathrm{d}t}$$

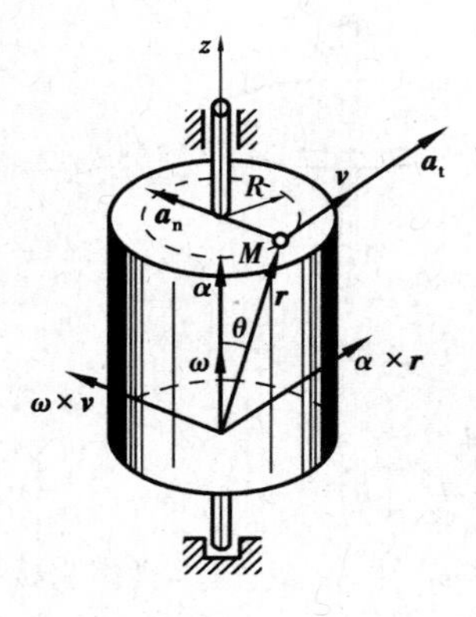

图 5.26

注意到$\frac{\mathrm{d}\boldsymbol{\omega}}{\mathrm{d}t}=\boldsymbol{\alpha},\frac{\mathrm{d}\boldsymbol{r}}{\mathrm{d}t}=\boldsymbol{v}$，于是

$$\boldsymbol{a}=\boldsymbol{\alpha}\times\boldsymbol{r}+\boldsymbol{\omega}\times\boldsymbol{v} \tag{5.52}$$

式中，右端第1项的大小为

$$|\boldsymbol{\alpha}\times\boldsymbol{r}|=|\boldsymbol{\alpha}|\cdot|\boldsymbol{r}|\sin\theta=|\boldsymbol{\alpha}|\cdot R$$

显然等于点 M 的切向加速度的大小。而 $\boldsymbol{\alpha}\times\boldsymbol{r}$ 的方向垂直于 $\boldsymbol{\alpha}$、$\boldsymbol{r}$ 所构成的平面，指向如图 5.26 所示，这方向恰与点 M 的切向加速度的方向一致，因此矢积 $\boldsymbol{\alpha}\times\boldsymbol{r}$ 等于切向加速度 $\boldsymbol{a}_t$，即

$$\boldsymbol{a}_t=\boldsymbol{\alpha}\times\boldsymbol{r} \tag{5.53}$$

同理可知，式(5.52)右端的第2项等于点 M 的法向加速度，即

$$\boldsymbol{a}_n=\boldsymbol{\omega}\times\boldsymbol{v} \tag{5.54}$$

于是可得结论，转动刚体内任一点的切向加速度等于刚体的角加速度矢与该点矢径的矢积；法向加速度等于刚体的角速度矢与该点的速度矢的矢积。

例 5.8 刚体绕定轴转动，已知转轴通过坐标原点 O，角速度矢为 $\boldsymbol{\omega}=5\sin\frac{\pi t}{2}\boldsymbol{i}+5\cos\frac{\pi t}{2}\boldsymbol{j}+5\sqrt{3}\boldsymbol{k}$。求 $t=1$ s 时，刚体上点 $M(0,2,3)$ 的速度矢及加速度矢。

解

$$\boldsymbol{v}=\boldsymbol{\omega}\times\boldsymbol{r}=\begin{vmatrix}\boldsymbol{i} & \boldsymbol{j} & \boldsymbol{k}\\ 5\sin\frac{\pi t}{2} & 5\cos\frac{\pi t}{2} & 5\sqrt{3}\\ 0 & 2 & 3\end{vmatrix}=-10\sqrt{3}\boldsymbol{i}-15\boldsymbol{j}+10\boldsymbol{k}$$

$$\boldsymbol{a}=\alpha\times\boldsymbol{r}+\boldsymbol{\omega}\times\boldsymbol{v}=\frac{\mathrm{d}\boldsymbol{\omega}}{\mathrm{d}t}\times\boldsymbol{r}+\boldsymbol{\omega}\times\boldsymbol{v}=\left(-\frac{15}{2}\pi+75\sqrt{3}\right)\boldsymbol{i}-200\boldsymbol{j}-75\boldsymbol{k}$$

小　结

1. 点的运动学描述主要有矢量法、直角坐标法和弧坐标法等方法。其中，矢量法主要用于理论推导，直角坐标法一般用于轨迹未知的情形，弧坐标法一般用于轨迹已知的情形。

2. 点的运动方程。

点的运动方程描述动点在空间的几何位置随时间的变化规律。同一个点对于不同的坐标系，将有不同形式的运动方程。

矢量形式

$$\boldsymbol{r}=\boldsymbol{r}(t)$$

直角坐标形式

$$\begin{cases}x=x(t)\\ y=y(t)\\ z=z(t)\end{cases}$$

弧坐标形式

$$s=s(t)$$

3. 点的速度与加速度都是矢量。

矢径法

$$\boldsymbol{v}=\dot{\boldsymbol{r}},\boldsymbol{a}=\dot{\boldsymbol{v}}=\ddot{\boldsymbol{r}}$$

直角坐标法

$$\boldsymbol{v}=\boldsymbol{v}_x\boldsymbol{i}+\boldsymbol{v}_y\boldsymbol{j}+\boldsymbol{v}_z\boldsymbol{k}$$

其中

$$\boldsymbol{v}_x=\dot{x},\boldsymbol{v}_y=\dot{y},\boldsymbol{v}_z=\dot{z}$$

$$\boldsymbol{a}=a_x\boldsymbol{i}+a_y\boldsymbol{j}+a_z\boldsymbol{k}$$

其中

$$a_x=\dot{\boldsymbol{v}}_x=\ddot{x},a_y=\dot{\boldsymbol{v}}_y=\ddot{y},a_z=\dot{\boldsymbol{v}}_z=\ddot{z}$$

弧坐标法

$$\boldsymbol{v}=\boldsymbol{v}\boldsymbol{\tau}=\dot{s}\boldsymbol{\tau}$$

$$\boldsymbol{a}=\boldsymbol{a}_{\mathrm{t}}+\boldsymbol{a}_{\mathrm{n}}=a_{\mathrm{t}}\boldsymbol{\tau}+a_{\mathrm{n}}\boldsymbol{n}$$

其中

$$a_{\mathrm{t}}=\dot{v}=\ddot{s},a_{\mathrm{n}}=\frac{v^2}{\rho}$$

切向加速度 $\boldsymbol{a}_{\mathrm{t}}$ 反映速度大小随时间的变化,法向加速度 $\boldsymbol{a}_{\mathrm{n}}$ 反映速度方向随时间的变化。

4. 几种特殊运动:

(1)直线运动

$$a_{\mathrm{n}}\equiv 0,\rho\to\infty$$

(2)圆周运动

$$\rho=\text{常数(圆的半径)}$$

(3)匀速运动

$$v=\text{常数},a_{\mathrm{t}}\equiv 0$$

(4)匀变速运动

$$a_{\mathrm{t}}=\text{常数}$$

5. 刚体的基本运动。

刚体的基本运动形式为平行移动(平动)和绕定轴转动。

(1)刚体作平动时,其上各点的轨迹形状、速度及加速度相同。因此,刚体上任一点的运动就能代表整个刚体的运动。

(2)刚体绕定轴转动时,用转角 φ 确定转动刚体的位置。

运动方程:

$$\varphi=f(t)$$

角速度:

$$\omega=\frac{\mathrm{d}\varphi}{\mathrm{d}t}=\dot{\varphi}\text{ 或 }\boldsymbol{\omega}=\omega\boldsymbol{k}$$

角加速度:

$$\alpha=\frac{\mathrm{d}\omega}{\mathrm{d}t}=\frac{\mathrm{d}^2\varphi}{\mathrm{d}t^2}=\ddot{\varphi}\text{ 或 }\boldsymbol{\alpha}=\alpha\boldsymbol{k}$$

(3)转动刚体上各点的速度

$$\boldsymbol{v}=\boldsymbol{\omega}\times\boldsymbol{r}$$

其中,$v=R\omega$,方向沿圆周的切线而指向转动的一方。

(4)转动刚体上各点的加速度

$$\boldsymbol{a}=\boldsymbol{\alpha}\times\boldsymbol{r}+\boldsymbol{\omega}\times\boldsymbol{v}$$

其中

$$\boldsymbol{a}_{\mathrm{t}}=\boldsymbol{\alpha}\times\boldsymbol{r},a_{\mathrm{t}}=R\alpha$$

$$\boldsymbol{a}_{\mathrm{n}}=\boldsymbol{\omega}\times\boldsymbol{v},a_{\mathrm{n}}=R\omega^{2}$$

思考题

5.1 试说明 $\boldsymbol{v}$ 与 v 有何区别?$\dfrac{\mathrm{d}\boldsymbol{v}}{\mathrm{d}t}$和$\dfrac{\mathrm{d}v}{\mathrm{d}t}$有何区别?

5.2 点 P 沿螺线自外向内运动,走过的弧长与时间的一次方成正比。该点速度与加速度将如何变化。

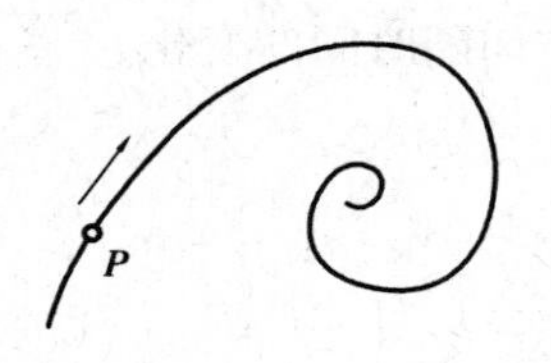

图 5.27

5.3 试问动点作何种运动时出现下列情况:

(1)切向加速度等于零;

(2)法向加速度等于零;

(3)全加速度等于零。

5.4 切向加速度、法向加速度的物理意义是什么?并指出下列情况下动点作何种运动。

(1)$a_{\mathrm{t}}=0,a_{\mathrm{n}}=0$;

(2)$a_{\mathrm{t}}=0,a_{\mathrm{n}}=$常数;

(3)$a_{\mathrm{n}}=0,a_{\mathrm{t}}=$常数;

(4)$a_{\mathrm{t}}=$常数,$a_{\mathrm{n}}=$常数。

5.5 已知点的轨迹方程为 $s=a+bt$(a、b 为常数),试问点的加速度等于多少?

5.6 刚体平动的特征是什么?请列举出一些直线平动和曲线平动的实例。

5.7 各点都作圆周运动的刚体一定作定轴转动吗?

5.8 如图 5.28 所示,转动物体的 ω 和 α 均已知。试画出 A、B 和 C 点的速度、切向加速度和法向加速度。

5.9 试问当刚体的 $\alpha>0$ 时,刚体是否越转越快?

习 题

5.1 已知点的运动方程如下,试画出轨迹曲线,不同瞬时点的 $\boldsymbol{v}$,$\boldsymbol{a}$ 图像,说明其运动特性。

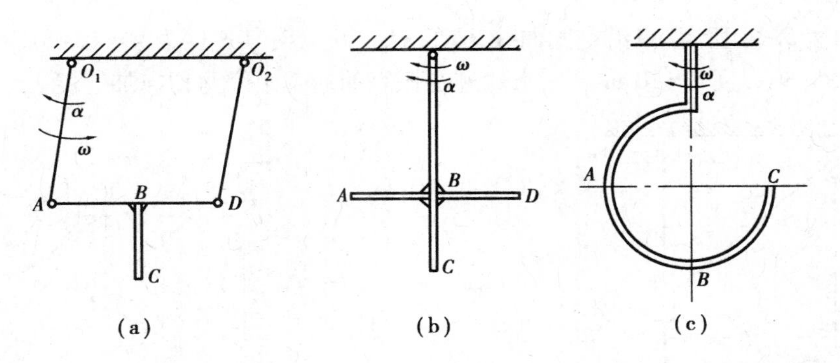

图5.28

(1) $\begin{cases} x = 4t - 2t^2 \\ y = 3t - 1.5t^2 \end{cases}$　　(2) $\begin{cases} x = 3\sin t \\ y = 2\cos 2t \end{cases}$

5.2　椭圆规的曲柄 OC 可绕定轴 O 转动，其端点 C 与规尺 AB 的中点以铰链连接，而规尺 A、B 两端分别在相互垂直的滑槽中运动，如图5.29所示。已知 $OC = AC = BC = l$，$MC = a$，$\varphi = \omega t$，求规尺上点 M 的运动方程、运动轨迹、速度和加速度。

5.3　如图5.30所示，从水面上方高 $h = 20$ m 的岸上一点 D，用长 $l = 40$ m 的绳系住一船 B。今在 D 处以匀速 $v = 3$ m/s 牵拉绳使船靠岸。试求 $t = 5$ s 时船的速度。

5.4　如图5.31所示，雷达在距离火箭发射台距离为 l 的 O 处观察铅直上升的火箭发射，测得角 θ 的规律为 $\theta = kt$（k 为常数）。写出火箭的运动方程，并计算当 $\theta = \frac{\pi}{6}$ 和 $\frac{\pi}{3}$ 时，火箭的速度和加速度。

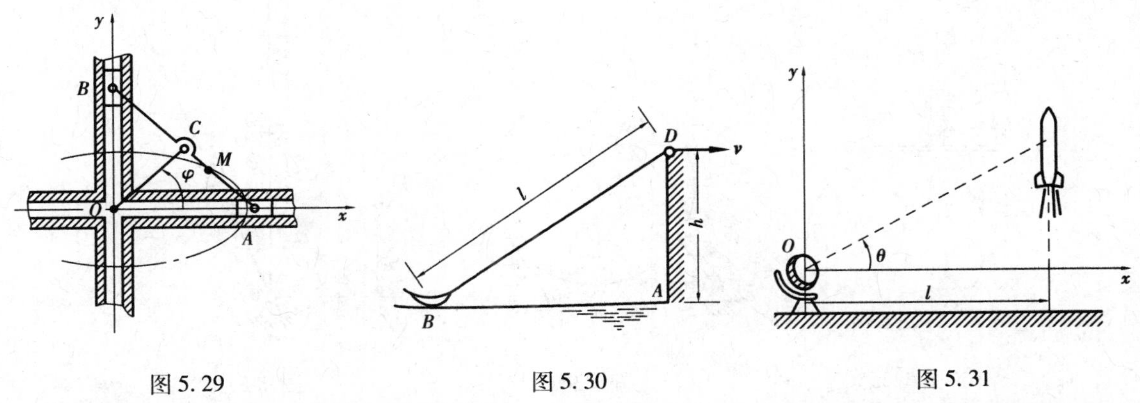

图5.29　　图5.30　　图5.31

5.5　如图5.32所示，套管 A 由绕过定滑轮 B 的绳索牵引而沿导轨上升，滑轮中心到导轨的距离为 l。设绳索以等速 $\boldsymbol{v}_0$ 拉下，忽略滑轮尺寸。求套管 A 的速度和加速度与距离 x 的关系式。

5.6　点作圆周运动，弧坐标的原点在 O 点，顺时针为弧坐标的正方向，运动方程为 $s = \frac{1}{2}\pi R t^2$。轨迹图形和直角坐标的关系如图5.33所示。求当点第1次到达 y 坐标值最大的位置时，点的加速度在 x 和 y 轴上的投影。

5.7　一圆轮加速时，其轮缘上一点 M 的运动规律为 $s = 0.2t^3$，圆轮半径 $R = 0.4$ m。求该点的运动速度达到 $v = 6$ m/s 时，它的切向及法向加速度。

5.8　如图5.34所示，点沿空间曲线运动，到达 M 处时其速度为 $\boldsymbol{v}=4\boldsymbol{i}+3\boldsymbol{j}$，加速度 $\boldsymbol{a}$ 与速度 $\boldsymbol{v}$ 的夹角 $\beta=30°$，且 $a=10\ \mathrm{m/s^2}$。求轨迹在该点的曲率半径和切向加速度。

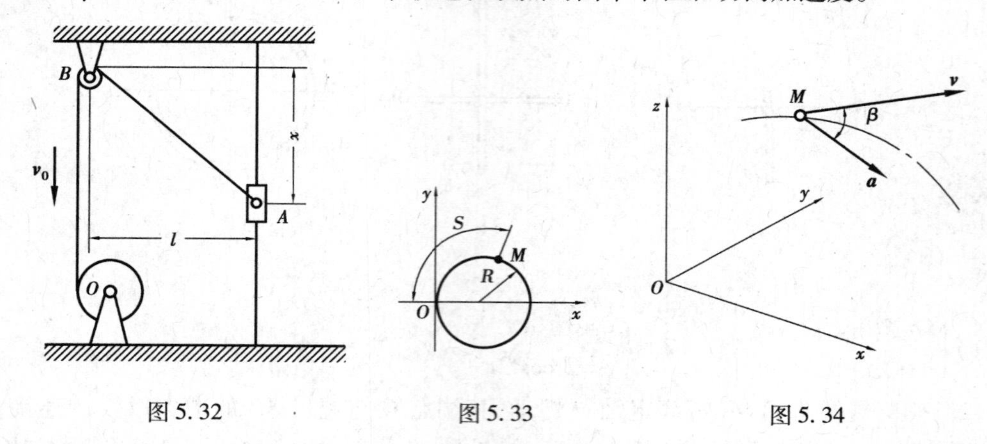

图5.32　　图5.33　　图5.34

5.9　如图5.35所示凸轮顶板机构，偏心凸轮的半径为 R，偏心距 $OC=e$，绕轴 O 以等角速从而带动顶板 A 作平移。试列写顶板的运动方程，并求其速度和加速度。

5.10　揉茶机的揉桶由3根曲柄支持，如图5.36所示。曲柄的转动轴 A、B、C 与支轴 A'、B'、C' 恰成等边三角形。已知3根曲柄长均为15 cm，都以匀转速 $n=45$ r/min 转动。试求揉桶中心 O 点的速度和加速度。

5.11　如图5.37所示，曲柄 CB 以等角速度 ω_0 绕 C 轴转动，其转动方程为 $\varphi=\omega_0 t$。滑块 B 带动摇杆 OA 绕 O 转动。设 $OC=h$，$CB=r$。求摇杆的转动方程。

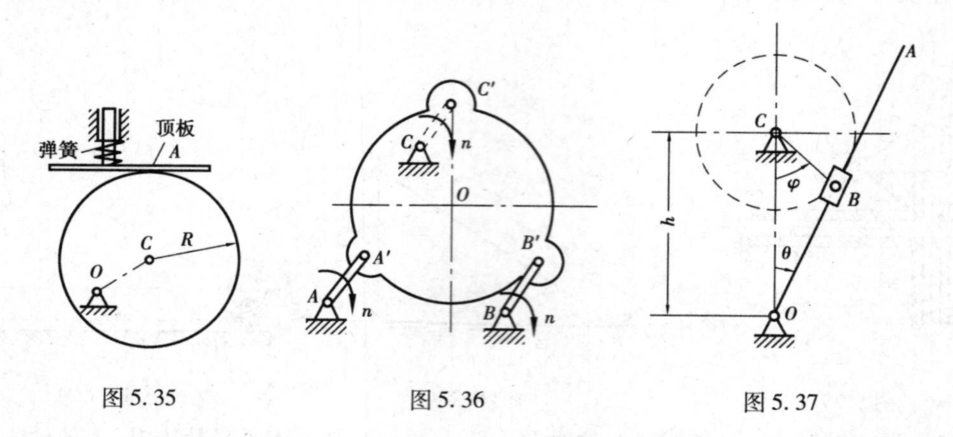

图5.35　　图5.36　　图5.37

5.12　如图5.38所示飞轮绕轴 O 转动。已知飞轮的初转角 $\varphi_0=0$，初角速度为 ω_0，轮缘上任一点的全加速度与轮半径的交角恒为 $\theta=60°$。试求飞轮的转动方程以及角速度与转角间的关系。

5.13　纸盘由厚度为 a 的纸条卷成，令纸盘的中心不动，而以等速度 $\boldsymbol{v}$ 拉纸条，如图5.39所示。求纸盘的角加速度（以半径 r 的函数表示）。

5.14　如图5.40所示的滑座 B 沿水平面以匀速 $\boldsymbol{v}_0$ 向右移动，由其上通过销钉连接的滑块 C 带动槽杆 OA 绕 O 轴移动。开始时槽杆 OA 恰在铅垂位置，销钉位于 C_0 处，且 $OC_0=b$。试求槽杆的转动方程、角速度和角加速度。

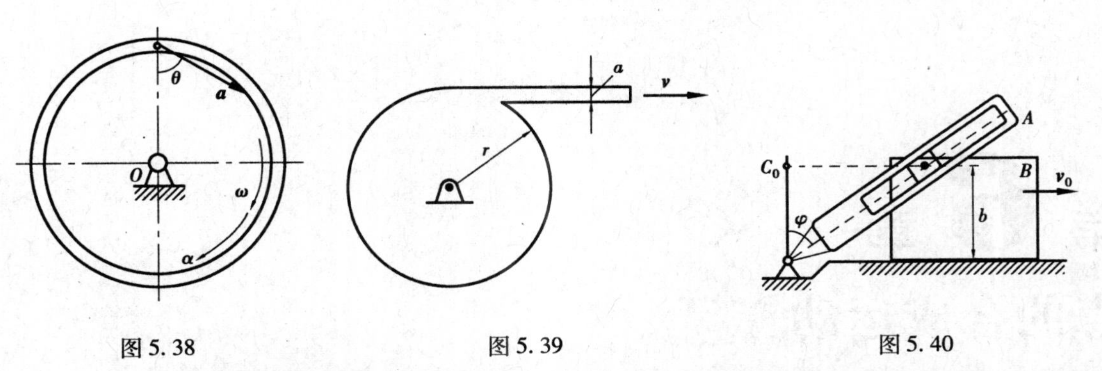

图 5.38　　　　图 5.39　　　　图 5.40

5.15　如图 5.41 所示矢径 $\boldsymbol{r}$ 绕轴 z 转动，其角速度矢量为 $\boldsymbol{\omega}$，角加速度矢量为 $\boldsymbol{\alpha}$。试用矢量表示此矢径端点 M 的速度、法向加速度和切向加速度。

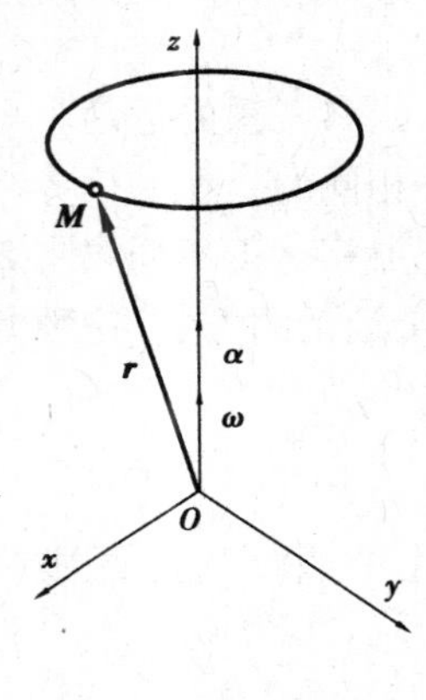

图 5.41

第 6 章 点的合成运动

上一章研究了点和刚体相对一个定参考系的运动。众所周知,物体的运动具有相对性,在不同的参考系下描述物体的运动是不相同的。在一个参考系下的运动是复杂的,可能在另一参考系下的运动是简单的。本章研究点相对于不同参考系的运动,分析点相对于不同参考系运动之间的关系,并从中寻求求解复杂运动的方法,这种方法称为点的合成运动方法或点的复合运动方法。

6.1 几个基本概念

6.1.1 运动分解与合成

由运动的相对性可知,描述同一物体的运动,选择的参考系不同,其观察的结果也不相同。如图 6.1 所示,沿直线轨道滚动的车轮,研究轮缘上一点 M 的运动,从地面观察(即相对于静参考系 xOy),其轨迹是旋轮线,从车上观察(即相对于随车运动的动参考系 $x'O'y'$),其轨迹是一个圆。由此可见,同一物体相对于不同参考系的运动是不同的。那么,两种运动之间有什么关系呢? 通过观察,可发现物体相对于某一参考系的运动,可由相对于其他参考系的几个简单运动复合而成。例如,轮缘上 M 点相对于地面作旋轮线的运动,可以看成是车厢相对于地面作平动和 M 点相对于车厢作圆周运动这两种简单运动的合成。

于是,相对于某一参考系的运动可由相对于其他参考系的简单运动以及其他参考体相对该参考体的运动组合而成,称为合成运动。反之,也可把一个复杂运动分解为几种简单运动。

6.1.2 绝对运动、相对运动和牵连运动的概念

在运动合成及分解过程中,实际上存在两个参考系和 3 种运动。如前例的合成运动中,有地面和车厢两个参考系,有 M 点相对地面的运动、M 点相对车厢的运动以及车厢相对地面的运动 3 种运动。将固定在地面上的参考系称为**静参考系**,而将固定在运动物体上的参考系称为**动参考系**。有了静参考系和动参考系的定义,就可对合成运动中的 3 种运动、两种运动轨迹、两种速度和两种加速度分别定义如下(见图 6.2):

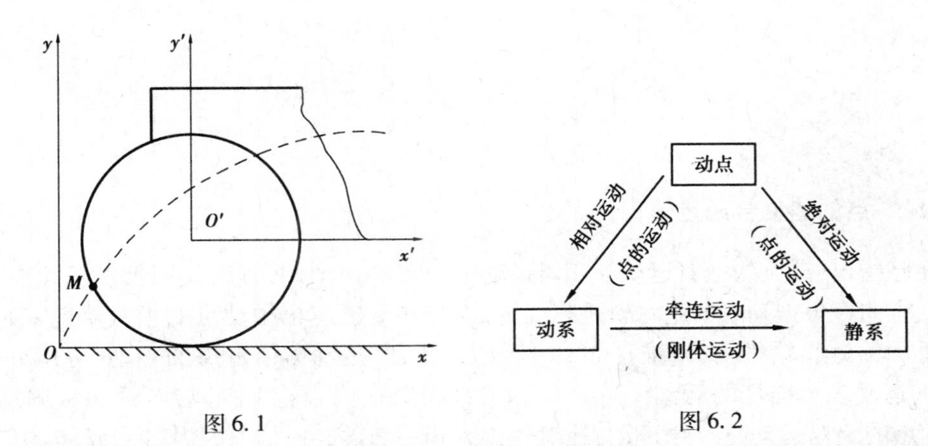

图6.1　　　　　　　　　　　　　　　　图6.2

动点相对于静参考系的运动，称为**绝对运动**；动点相对于动参考系的运动，称为**相对运动**；动参考系相对于静参考系的运动，称为**牵连运动**。

动点相对于静参考系的运动轨迹，称为动点的**绝对轨迹**。动点相对于动参考系的运动轨迹，称为动点的**相对轨迹**。动点相对于静参考系的运动速度，称为动点的**绝对速度**，记为 $\boldsymbol{v}_a$；动点相对于动参考系的运动速度，称为动点的**相对速度**，记为 $\boldsymbol{v}_r$。动点相对于静参考系的运动加速度，称为动点的**绝对加速度**，记为 $\boldsymbol{a}_a$；动点相对于动参考系的运动加速度称为动点的**相对加速度**，记为 $\boldsymbol{a}_r$。由于牵连运动的速度、加速度比较复杂，将在6.2节中详细介绍。

例如，前例中若取 M 点为动点，固定在地面上的参考系 xOy 为静参考系，固定在车厢上的参考系 $x'O'y'$ 为动参考系，则动点 M 相对地面的运动为绝对运动，轨迹为旋轮线；动点相对车厢的运动为相对运动，其轨迹为圆；而车厢相对地面的运动是牵连运动，为刚体的直线平动。又如，如图6.3(a)所示的外接行星轮机构，分析行星轮上 M 点的运动。若静参考系 xOy 固定在地面上，动参考系 $x'O_1y'$ 固定在曲柄 O_1O_2 上，则相对运动是以 O_2 为圆心、r 为半径的圆周运动，牵连运动是曲柄绕 O_1 轴的定轴转动，而绝对运动则是一复杂的曲线运动。再如，如图6.3(b)所示的牛头刨床急回机构，分析滑块 A 的运动。若静参考系 xOy 固定在地面上，动参考系 $x'O_1y'$ 固定在摇杆上，则绝对运动为以 O_2 为圆心、O_2A 为半径的圆周运动，相对运动为滑块 A 沿摇杆 O_1B 的往复直线运动，牵连运动为摇杆绕 O_1 轴的定轴转动。

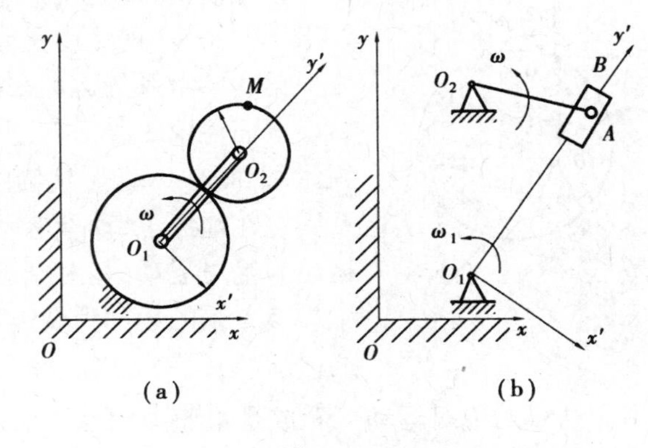

图6.3

应当注意，动点的绝对运动和相对运动都是指点的运动，只不过是对不同的参考系而已，而牵连运动则是指动参考系相对于静参考系的运动。因参考系仅能与刚体固连，因此，牵连运动是刚体的运动。

6.2 点的速度合成定理

6.2.1 点的速度合成定理

前面已指出,动点的绝对运动和相对运动都是点的运动,两者的差别仅仅是参考系不同。绝对速度方向应根据动点的绝对轨迹来确定,而相对速度应根据动点的相对轨迹来确定。如图6.4所示的偏心轮机构,以推杆 MA 为研究对象,其运动为沿滑道的平动,可用杆上 M 点(动点)的运动表示推杆的运动。若将动参考系固结在偏心轮上,静参考系 xOy 固结在地面上,则 M 点的绝对运动是直线运动,绝对轨迹为铅垂直线,在图示位置瞬时,M 点的绝对速度 $\boldsymbol{v}_a$ 应是铅垂的;而 M 点的相对运动是沿偏心轮轮廓的圆周运动,其相对轨迹为圆,故此瞬时动点 M 的相对速度 $\boldsymbol{v}_r$ 应沿其相对轨迹的切线方向。

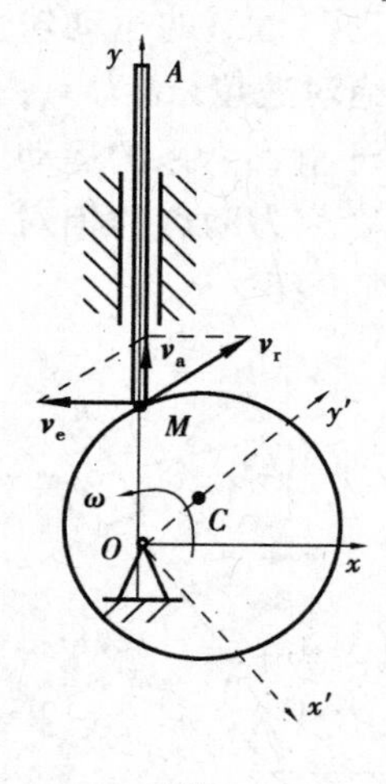

图6.4

在合成运动中,动点在某瞬时的绝对运动可看成是由动点跟随动参考系的运动与动点相对于动参考系的运动合成而得。而每一瞬时,动点跟随动参考系的运动,就是该瞬时动参考系上与动点重合的那一点的运动。将某瞬时动参考系上与动点重合的点,称为**牵连点**;牵连点的速度,称为**牵连速度**,记为 $\boldsymbol{v}_e$。牵连点的加速度,称为**牵连加速度**,记为 $\boldsymbol{a}_e$。需要指出的是,牵连速度是牵连点相对于静参考系的速度,牵连速度方向应根据动参考系的运动来确定。

下面讨论3种速度之间的关系。设有一相对于地面作任意运动的刚体,上面有一动点 M 沿刚体上某曲线运动,如图6.5所示。将静参考系固定在地面上,动参考系固定在刚体上,则动点 M 相对于静参考系的运动为绝对运动,相对于动参考系的运动为相对运动,而动参考系相对于静参考系的运动为牵连运动。设某瞬时 t,曲线在 AB 位置,动点在 M 处,经时间间隔 Δt 后,曲线运动至 $A'B'$ 位置,动点运动至 M',如图6.4所示。动点的绝对运动可看成是跟随动参考系的运动与动点沿曲线的相对运动两部分组成,于是有

$$\boldsymbol{MM'} = \boldsymbol{MM_1} + \boldsymbol{M_1M'}$$

式中 $\boldsymbol{MM'}$——动点的绝对位移;

$\boldsymbol{MM_1}$——瞬时 t 动参考系上与动点重合的点的位移;

$\boldsymbol{M_1M'}$——动点相对于动参考系的位移,称为动点的相对位移。

将上式两端分别除以时间间隔 Δt,并取 $\Delta t\to 0$ 时的极限,则

$$\lim_{\Delta t\to 0}\frac{\boldsymbol{MM'}}{\Delta t} = \lim_{\Delta t\to 0}\frac{\boldsymbol{MM_1}}{\Delta t} + \lim_{\Delta t\to 0}\frac{\boldsymbol{M_1M'}}{\Delta t}$$

由速度的定义可知,上式左端就是动点 M 在瞬时 t 相对于静参考系的速度,即动点 M 在瞬时 t 的绝对速度 $\boldsymbol{v}_a$,其方向为绝对运动轨迹 $\overset{\frown}{MM'}$ 在 M 点处的切线方向。等式右端第一项是动坐标系上在瞬时 t 与动点重合的点的速度,即动点瞬时 t 的牵连速度 $\boldsymbol{v}_e$,其方向沿牵连运动

轨迹$\overset{\frown}{MM_1}$在M点的切线方向。而等式右端第2项是动点M在瞬时t相对于动参考系的运动速度，即动点M的相对速度$\boldsymbol{v}_r$，其方向为相对运动轨迹在M点处的切线方向。于是有

$$\boldsymbol{v}_a = \boldsymbol{v}_e + \boldsymbol{v}_r \tag{6.1}$$

即在运动的任意瞬时，动点的绝对速度等于其牵连速度与相对速度的矢量和。这就是**点的速度合成定理**。这一定理反映了合成运动中各速度之间的关系。

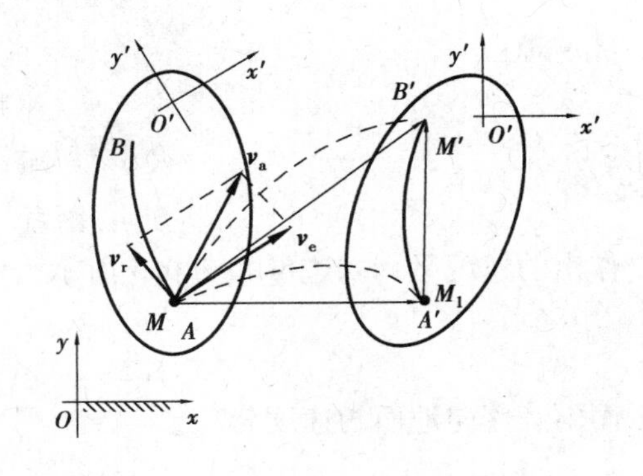

图6.5

式(6.1)满足平行四边形法则，对角线始终为绝对速度。

应当指出，在推证该定理的过程中，对动参考系的运动没有作任何限制，因此，该定理对任何形式的牵连运动都是成立的。

6.2.2　点的速度合成定理的应用

点的绝对速度、相对速度以及牵连速度间的关系如式(6.1)，此式为一矢量式，含矢量的大小和方向共有6个量，若已知其中的4个量，即可利用此式求解另外两个未知量。在求解时可用几何法和解析法。解题时一般可遵循以下步骤：

(1)根据题意选取动点、动参考系和静参考系

动点要选取相对于动参考系有运动的点，同时该点的相对轨迹一般应为已知或比较明显。动参考系必须建立在相对于静参考系有运动的刚体上（自然包括该刚体的空间延伸部分）。

例如，凸轮机构中，通常选顶杆上的顶尖为动点；套筒—导杆机构和滑块—导槽机构中，通常选套筒和滑块为动点；两个相互接触的刚体，若运动过程中一个刚体上的一点距另一个刚体的某个平面的距离始终不变，则通常选该点为动点。

(2)分析三种运动及动点的3种速度

分析绝对运动和相对运动是哪一种运动（直线、圆周或其他某种曲线运动），而牵连运动则是刚体的运动，通常为平动、定轴转动或其他较复杂的运动。

需要特别注意的是，牵连速度是动参考系上与动点重合的点的速度。各种运动的速度都有大小和方向两个因素。因此，必须分析清楚各要素中哪些是已知的，哪些是未知的。

(3)应用点的速度合成定理求解

点的速度合成定理$\boldsymbol{v}_a = \boldsymbol{v}_e + \boldsymbol{v}_r$为平面矢量式，解题时须画出速度平行四边形。必须注意，作图时绝对速度一定为平行四边形的对角线。

例6.1　车厢以速度$\boldsymbol{v}_1$沿水平直线轨道向右行驶，如图6.6所示。雨滴铅垂落下，滴在车厢侧面的玻璃上，留下与铅直线成角θ的雨痕。试求雨滴的速度。

解　取雨滴为动点，动参考系固定在车厢上，静参考系固定在地面上。动点的绝对运动是雨滴沿铅垂直线的运动，牵连运动是车厢以速度$\boldsymbol{v}_1$沿水平方向的平动，相对运动是雨滴沿着与铅直线成θ角的直线运动。于是，动点的绝对速度$\boldsymbol{v}_a$沿铅垂方向，大小未知；牵连速度为$\boldsymbol{v}_1$，大小和方向均为已知；相对速度$\boldsymbol{v}_r$沿与铅垂方向成θ角的方向，大小未知。由点的速度合

成定理：

$$\boldsymbol{v}_a = \boldsymbol{v}_e + \boldsymbol{v}_r$$

大小：未知　v_1　未知

方向：铅直　水平　与铅直线成 θ 角

作出的速度平行四边形如图 6.5 所示。由几何关系可得雨滴相对于车厢的速度大小为

$$v_r = \frac{v_1}{\sin\theta}$$

而雨滴落向地面的速度为

$$v_a = v_e \cot\theta = v_1 \cot\theta$$

例 6.2　如图 6.7 所示，倾角为 θ 的直角三角块 ABC 某瞬时以向右的速度 $\boldsymbol{u}$ 推动杆 DE 沿固定的铅垂导槽运动。求此时 DE 杆的运动速度。

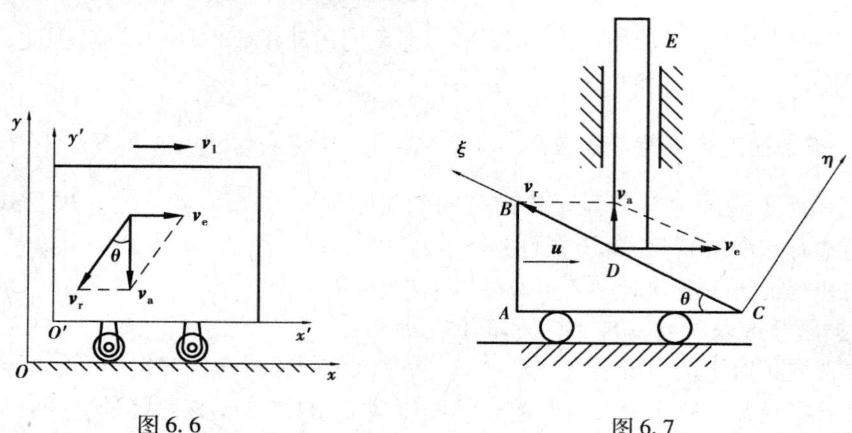

图 6.6　　图 6.7

解　本题是已知一刚体的运动，求另一刚体的运动。两个刚体间的运动是通过一个公共接触点来传递的。如图 6.7 所示，三角块的运动是通过 DE 杆与三角块的接触点传递给 DE 杆的，而这两个刚体上的接触点各有其特点：即 DE 杆上的接触点不变，而三角块上的接触点则不断变化。这种传递运动的方式是很常见的。在应用合成运动的方法研究这类问题时，通常将接触点不断变化的那个刚体作为动参考系，而将另一刚体上那个不变的接触点选作动点。因此，动参考系上不断变化的接触点构成了动点的相对运动轨迹，通常这种相对运动轨迹十分明显。

本题宜选 DE 杆上的 D 点为动点，动参考系固定在三角块上，则动点的绝对速度 $\boldsymbol{v}_a$ 沿铅垂方向，大小未知；动点 D 的相对速度 $\boldsymbol{v}_r$ 应沿 BC 边，大小未知；而牵连运动是三角块向右的水平平动，即牵连速度为 $\boldsymbol{u}$，大小和方向均为已知。由点的速度合成定理，则

$$\boldsymbol{v}_a = \boldsymbol{v}_e + \boldsymbol{v}_r \tag{a}$$

大小：未知　u　未知

方向：铅直　水平　沿 BC

作出的速度平行四边形如图 6.6 所示。由几何关系可得

$$v_a = v_e \tan\theta = u\tan\theta$$

若用解析法求解，将式(a)两端向 $\boldsymbol{\eta}$ 轴投影，得

$$v_a\cos\theta = v_e\sin\theta = u\sin\theta$$

所以

$$v_a = u \tan \theta$$

其结果是相同的。

例6.3　如图6.8所示机构中,套筒 D 可沿 AB 杆滑动,又通过铰链带动 DE 杆沿固定的铅垂导槽运动。已知曲柄 O_1A 长为 r,以匀角速度 ω 沿逆时针方向转动。求图示位置时顶杆 DE 的速度。

解　本题为已知一个刚体的运动求解另一刚体的运动。动点、动参考系的选择原则与上例相同。宜选取 DE 杆上的 D 点(也即套筒 D)为动点,动参考系固定在 AB 杆上。由于杆 AB 和杆 DE 作平动,杆 O_1A 和杆 O_2B 绕定轴转动,因此,动点的绝对运动为直线运动,绝对速度 $\boldsymbol{v}_a$ 沿铅垂方向,大小未知;动点的相对运动为沿 AB 杆的相对滑动,相对速度 $\boldsymbol{v}_r$ 应沿 AB 杆,大小未知;牵连运动为 AB 杆的曲线平动,牵连速度为该瞬时 AB 杆上与滑块 D 重合点的速度,大小为 ωr,方向垂直于 O_1A 杆。由点的速度合成定理,则

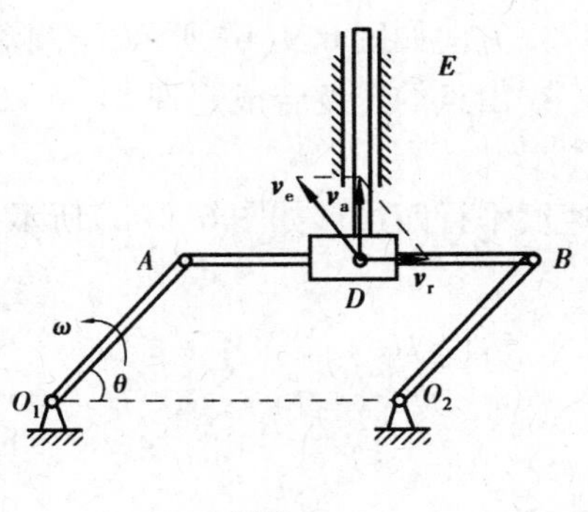

图6.8

$$\boldsymbol{v}_a = \boldsymbol{v}_e + \boldsymbol{v}_r$$

	$\boldsymbol{v}_a$	$\boldsymbol{v}_e$	$\boldsymbol{v}_r$
大小:	未知	ωr	未知
方向:	铅直	$\perp O_1A$	沿 AB

速度平行四边形如图6.8所示,由三角关系可得

$$\boldsymbol{v}_a = \boldsymbol{v}_e \cos\theta = \omega r \cos\theta$$

此即顶杆 DE 的速度。

例6.4　如图6.9(a)所示,圆盘绕 AB 轴转动,其角速度 $\omega = 2t$ rad/s。点 M 沿圆盘半径离开中心向外缘运动,其运动规律为 $OM = 40t^2$ mm。半径 OM 与轴 AB 成60°角。求当 $t = 1$ s 时点 M 的绝对速度。

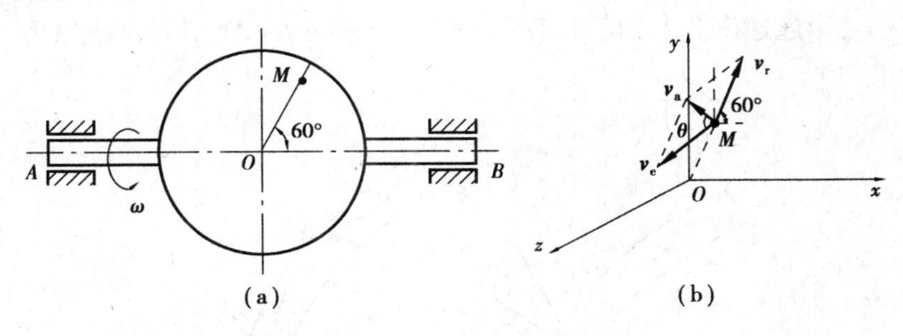

图6.9

解　本题为一个单独的点在另一个运动的物体上的运动问题。取单独的点 M 点为动点,动参考系固定在作定轴转动的圆盘上。动点的绝对运动待求;相对运动为沿 OM 的直线运动,其运动方程为 $s_r = OM = 40t^2$ mm;牵连运动为圆盘以角速度 $\omega = 2t$ rad/s 绕 AB 轴的定轴转动,牵连速度为 $t = 1$ s 时圆盘上与动点 M 重合点的速度。

下面首先求出相对速度和牵连速度。

相对速度大小为

$$v_r = \frac{ds_r}{dt} = 80\ t$$

当 $t = 1$ s 时，$v_r = 80$ mm/s，方向沿 OM。

牵连速度大小为

$$v_e = \omega \cdot \overline{OM} \sin 60° = 40\sqrt{3}\ \text{mm/s}$$

方向如图 6.9(b)所示，与圆盘面垂直，沿 z 轴方向。

由点的速度合成定理

$$\boldsymbol{v}_a = \boldsymbol{v}_e + \boldsymbol{v}_r$$

速度平行四边形如图 6.8(b)所示。根据几何关系，绝对速度大小为

$$v_a = \sqrt{v_e^2 + v_r^2} = 105.83\ \text{mm/s}$$

方向为

$$\tan(x, v_a) = \tan\theta = \frac{v_r}{v_e} = \frac{2\sqrt{3}}{3}$$

6.3 点的加速度合成定理

点的速度合成定理揭示了合成运动中 3 种速度之间的关系，而 3 种加速度之间的关系却要复杂得多。牵连运动的形式不同，各加速度间的关系也就不同。下面讨论牵连运动为平动和绕定轴转动时点的加速度合成定理。

6.3.1 牵连运动为平动时点的加速度合成定理及应用

如图 6.10 所示，弯管作平动，一动点在图示弯管内运动。假设某瞬时 t，弯管位于 AB 位置，动点在 M 处。经时间间隔 Δt，AB 平动至 $A'B'$，而动点沿弯管运动至 M'处。记瞬时 t，动点的绝对速度为 $\boldsymbol{v}_a$，牵连速度为 $\boldsymbol{v}_e$，相对速度为 $\boldsymbol{v}_r$；而在瞬时 $t + \Delta t$，其绝对速度为 $\boldsymbol{v}'_a$，牵连速度为 $\boldsymbol{v}'_e$，相对速度为 $\boldsymbol{v}'_r$。

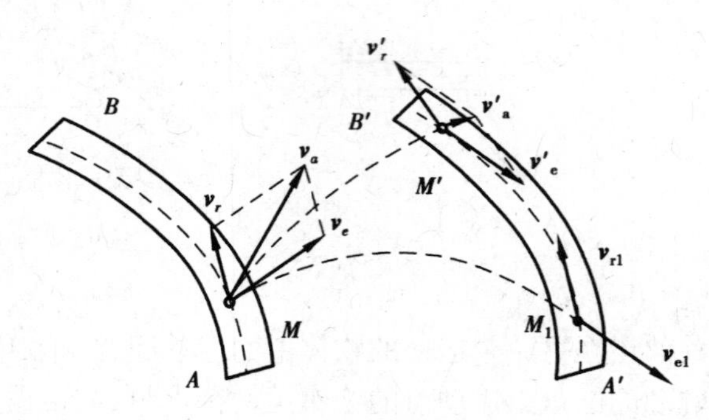

图 6.10

根据加速度的定义，有

$$\lim_{\Delta t\to 0}\frac{\Delta \boldsymbol{v}_{a}}{\Delta t}=\lim_{\Delta t\to 0}\frac{\Delta \boldsymbol{v}_{e}}{\Delta t}+\lim_{\Delta t\to 0}\frac{\Delta \boldsymbol{v}_{r}}{\Delta t}$$

即

$$\lim_{\Delta t\to 0}\frac{\boldsymbol{v}'_{a}-\boldsymbol{v}_{a}}{\Delta t}=\lim_{\Delta t\to 0}\frac{\boldsymbol{v}'_{e}-\boldsymbol{v}_{e}}{\Delta t}+\lim_{\Delta t\to 0}\frac{\boldsymbol{v}'_{r}-\boldsymbol{v}_{r}}{\Delta t}$$

设想将动点的运动分成两个阶段：第1阶段，动点随 AB 运动至 M_1 处；第2阶段，动点相对于弯管由 M_1 运动至 M' 处。实际上这两个阶段是同时发生的。设在 M_1 处动点牵连速度为 $\boldsymbol{v}_{e1}$、相对速度为 $\boldsymbol{v}_{r1}$。因此，上式又可写为

$$\lim_{\Delta t\to 0}\frac{\boldsymbol{v}'_{a}-\boldsymbol{v}_{a}}{\Delta t}=\lim_{\Delta t\to 0}\frac{\boldsymbol{v}_{e1}-\boldsymbol{v}_{e}}{\Delta t}+\lim_{\Delta t\to 0}\frac{\boldsymbol{v}'_{e}-\boldsymbol{v}_{e1}}{\Delta t}+\lim_{\Delta t\to 0}\frac{\boldsymbol{v}_{r1}-\boldsymbol{v}_{r}}{\Delta t}+\lim_{\Delta t\to 0}\frac{\boldsymbol{v}'_{r}-\boldsymbol{v}_{r1}}{\Delta t}$$

由于弯管作平动，故有 $\boldsymbol{v}_{r1}=\boldsymbol{v}_{r}$，$\boldsymbol{v}_{e1}=\boldsymbol{v}'_{e}$，因此上式改写为

$$\lim_{\Delta t\to 0}\frac{\boldsymbol{v}'_{a}-\boldsymbol{v}_{a}}{\Delta t}=\lim_{\Delta t\to 0}\frac{\boldsymbol{v}_{e1}-\boldsymbol{v}_{e}}{\Delta t}+\lim_{\Delta t\to 0}\frac{\boldsymbol{v}_{r}-\boldsymbol{v}_{r1}}{\Delta t}$$

根据加速度定义及图6.10可知，等式左端为 t 瞬时动点的绝对速度对时间的变化率，称为动点的绝对加速度 $\boldsymbol{a}_a$；等式右端第1项为瞬时 t 动参考系上与动点重合点的加速度，称为动点的牵连加速度 $\boldsymbol{a}_e$；等式右端第2项为瞬时 t 动点的相对速度对时间的变化率，称为动点的相对加速度 $\boldsymbol{a}_r$。因此，上式可写成

$$\boldsymbol{a}_a=\boldsymbol{a}_e+\boldsymbol{a}_r \tag{6.2}$$

即当牵连运动为平动时，动点在某瞬时的绝对加速度等于在该瞬时的牵连加速度与相对加速度的矢量和。这就是**牵连运动为平动时点的加速度合成定理**。

在进行加速度分析时，如果动点的绝对轨迹、相对轨迹和牵连轨迹都为曲线，则动点的绝对加速度、相对加速度以及牵连加速度都包含切向加速度和法向加速度两个分量。此时，式(6.2)又可写为

$$\boldsymbol{a}_a^t+\boldsymbol{a}_a^n=\boldsymbol{a}_e^t+\boldsymbol{a}_e^n+\boldsymbol{a}_r^t+\boldsymbol{a}_r^n$$

由于此时的矢量关系较复杂，故常采用解析法求解。

下面举例说明牵连运动为平动时点的加速度合成定理的应用。

例6.5　如图6.11所示，曲柄 OA 绕固定轴 O 转动，T字形杆 BC 沿水平方向往复平动。铰接在曲柄端 A 的滑块，可在T字形杆的铅直槽 DE 内滑动。设曲柄以角速度 ω 作匀速转动，$OA=r$，试求杆 BC 的加速度。

解　本题为已知一个刚体的运动，求解另一刚体的运动，其动点、动参考系的选择原则与求解速度问题相同。以滑块 A 为动点，T字形杆为动参考系。动点 A 的绝对运动为绕 O 点的圆周运动；相对运动为滑块沿铅直滑道 DE 的滑动，其轨迹为直线；牵连运动为 BC 杆的平动。因 BC 杆作平动，故杆 BC 上各点的加速度完全相同。显然，只要求出图示瞬时铅直槽 DE 上与滑块 A 重合的那一点的加速度即可。

曲柄 OA 绕 O 作匀速圆周运动，所以滑块 A 的绝对加速度 $\boldsymbol{a}_a$ 指向点 O，大小为 $\omega^2 r$；相对运动为沿槽 DE 的直线运动，相对加速度 $\boldsymbol{a}_r$ 的方向沿铅直槽 DE，大小未知；动参考系作平动，牵连加速度 $\boldsymbol{a}_e$ 沿水平方向，大小未知。由牵连运动为平动时点的加速度合成定理，则

$$\boldsymbol{a}_a=\boldsymbol{a}_e+\boldsymbol{a}_r$$

	$\boldsymbol{a}_a$	$\boldsymbol{a}_e$	$\boldsymbol{a}_r$
大小：	$\omega^2 r$	未知	未知
方向：	指向 O	水平	铅直

6 个要素中已知 4 个,问题可求解。作出的加速度图如图 6.11 所示,由图中的几何关系求得

$$a_e = a_a \cos\varphi = \omega^2 r \cos\varphi$$

此即杆 BC 的加速度。

例 6.6 如图 6.12 所示机构,已知条件与例题 6.3 中相同,求图示瞬时 DE 杆的加速度。

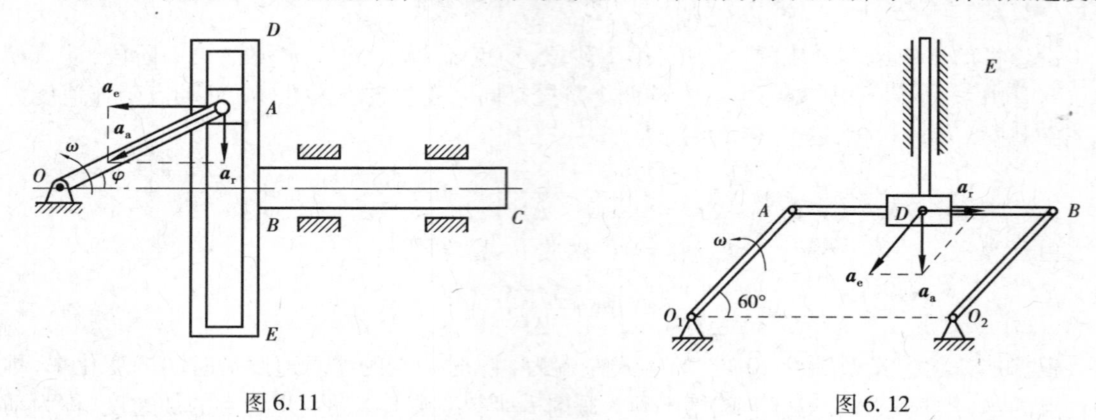

图 6.11　　　　图 6.12

解 选 DE 杆的 D 点(滑块 D)为动点,动参考系固定在 AB 杆上。动点的绝对运动为 D 点沿铅直滑道的直线运动;相对运动为 D 点沿 AB 杆的水平直线运动;牵连运动为 AB 杆的曲线平动。

动点的绝对运动和相对运动轨迹都是直线,因此绝对加速度和相对加速度分别沿铅直方向和水平方向。动点的牵连加速度为 AB 杆上 D 点的加速度,由于 AB 杆平动,因此 D 点与 A 点的加速度相等,而 O_1A 作匀速转动,点 A 的加速度指向 O_1。由牵连运动为平动时点的加速度合成定理,则

$$\boldsymbol{a}_a = \boldsymbol{a}_e + \boldsymbol{a}_r$$

大小:未知　未知　$\omega^2\,\overline{O_1A}$

方向;铅直　水平　$/\!/O_1A$

作出的加速度图如图 6.12 所示。根据几何关系得

$$a_a = a_e \sin 60° = \frac{\sqrt{3}}{2}\omega^2 r$$

此即杆 DE 的加速度。

例 6.7 如图 6.13 所示的曲柄滑道机构中,曲柄 OA 以匀角速度 ω 转动,曲柄 OA 和圆弧形滑道 BD 的半径均为 r,$\theta = 30°$。试求图示位置时滑道 BD 的速度 $\boldsymbol{v}_B$ 和加速度 $\boldsymbol{a}_B$。

解 1)运动分析

曲柄 OA 绕定轴转动,圆弧形滑道 BD 作平动。以滑块为动点,动参考系固定在圆弧形滑道上,则动点的绝对运动是以 O 为圆心,OA 为半径的圆周运动;相对运动是沿 BD 滑道的相对滑动,其轨迹为以 C 为圆心,CA 为半径的圆弧 BD;牵连运动是圆弧形滑道的水平平动。

2)速度分析

动点的绝对速度大小为 ωr,方向垂直于 OA(指向与 ω 相应);相对速度大小未知,方向垂直于 CA;牵连速度大小未知,沿水平方向。根据点的速度合成定理,得

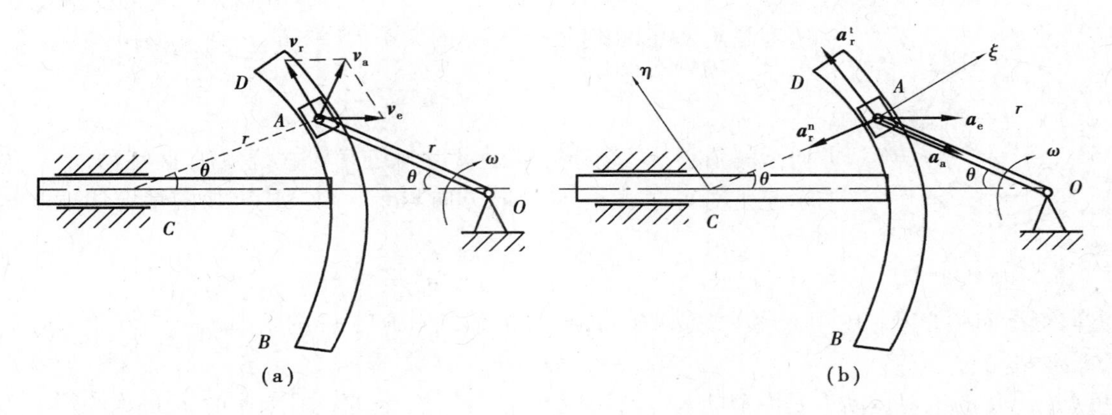

图6.13

$$\begin{array}{lccc} & \boldsymbol{v}_a & = \boldsymbol{v}_e & + \boldsymbol{v}_r \\ \text{大小：} & \omega r & \text{未知} & \text{未知} \\ \text{方向：} & \perp OA & \text{水平} & \perp CA \end{array}$$

速度平行四边形如图6.13(a)所示。由几何关系得

$$v_B = v_e = v_a = v_r = \omega r$$

3)加速度分析

OA 以匀角速度 ω 转动,所以动点的绝对加速度沿 OA 指向 O 点,大小为 $\omega^2 r$;相对运动轨迹为圆,所以相对加速度包含法向和切向两个分量,大小均未知;牵连运动为水平平动,牵连加速度为 BD 上与动点重合的 A 点的加速度,大小未知,沿水平方向。由牵连运动为平动时点的加速度合成定理,得

$$\begin{array}{lcccc} & \boldsymbol{a}_a & = \boldsymbol{a}_r^n & + \boldsymbol{a}_r^t & + \boldsymbol{a}_e \\ \text{大小：} & \omega^2 r & \omega^2 r & \text{未知} & \text{未知} \\ \text{方向：} & A\to O & A\to C & \perp CA & \text{水平} \end{array}$$

加速度图如图6.13(b)所示。欲求得 $\boldsymbol{a}_e$ 的大小,采用解析法。为避免求 $\boldsymbol{a}_r^t$,在与 $\boldsymbol{a}_r^t$ 垂直的方向选投影轴 ξ,将矢量式的两端向 ξ 轴投影,得

$$a_a^n \sin 30° = -a_r^n + a_e \cos 30°$$

所以

$$a_e = \frac{a_a^n \sin 30° + a_r^n}{\cos 30°} = \sqrt{3}\omega^2 r$$

计算结果为正,说明 $\boldsymbol{a}_e$ 实际指向与图示假设方向相同。

根据分析,滑道 BD 作水平平动,故其加速度 $\boldsymbol{a}_B = \boldsymbol{a}_e$。

6.3.2　牵连运动为定轴转动时点的加速度合成定理及应用

当牵连运动是定轴转动时,加速度的合成较为复杂。下面分析一个简单的例子。

如图6.14所示,假设圆盘以匀角速度 ω 绕垂直于盘面的固定中心轴 O 转动,动点 M 在圆盘上半径是 r 的圆槽内按 ω 的转向以匀速率 $\boldsymbol{v}_r$ 相对于圆盘运动。现考察动点 M 运动至最高点时的加速度。

取动参考系固连于圆盘,静参考系固连于支座。动点 M 的相对运动是匀速圆周运动,相

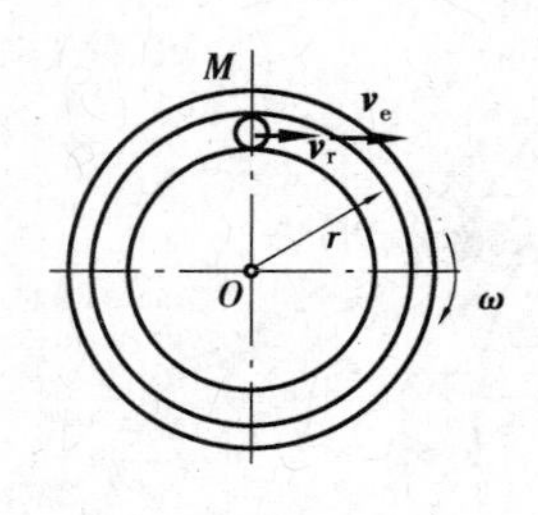

图6.14

对速度是 $\boldsymbol{v}_r$,所以相对加速度 $\boldsymbol{a}_r$ 的大小为

$$a_r = a_r^n = \frac{v_r^2}{r} \tag{a}$$

方向指向圆心 O。牵连运动是盘以匀角速度 ω 绕定轴 O 转动,故点 M 的牵连速度 $\boldsymbol{v}_e$ 的大小 $v_e = \omega r$,方向与 $\boldsymbol{v}_r$ 一致,则点 M 的牵连加速度 $\boldsymbol{a}_e$ 的大小

$$a_e = a_e^n = \omega^2 r \tag{b}$$

方向也指向圆心 O。由于 $\boldsymbol{v}_r$ 和 $\boldsymbol{v}_e$ 方向相同,故点 M 的绝对速度 $\boldsymbol{v}_a$ 的大小

$$v_a = v_e + v_r = \omega r + v_r = 常数$$

可见,点 M 的绝对运动也是沿槽的匀速圆周运动。于是,点 M 的绝对加速度 $\boldsymbol{a}_a$ 的大小

$$a_a = \frac{v_a^2}{r} = \frac{(\omega r + v_r)^2}{r} = \omega^2 r + \frac{v_r^2}{r} + 2\omega v_r \tag{c}$$

方向也是指向圆心 O。把式(a)和式(b)代入上式,有

$$a_a = a_e + a_r + 2\omega v_r \tag{d}$$

显然,如果对本例仍应用牵连运动为平动时点的加速度合成定理式(6.2),将得到错误结果。可知,当牵连运动为转动时,动点的绝对加速度 $\boldsymbol{a}_a$ 并不等于牵连加速度 $\boldsymbol{a}_e$ 和相对加速度 $\boldsymbol{a}_r$ 的矢量和,还多出了一项 $2\omega v_r$,该项正是由于动参考系转动时牵连运动与相对运动相互影响而产生的。

下面直接给出牵连运动为定轴转动时点的加速度合成定理,即

$$\boldsymbol{a}_a = \boldsymbol{a}_e + \boldsymbol{a}_r + \boldsymbol{a}_C \tag{6.3}$$

式中,科氏加速度为

$$\boldsymbol{a}_C = 2\boldsymbol{\omega}_e \times \boldsymbol{v}_r \tag{6.4}$$

即当牵连运动为定轴转动时,动点在某瞬时的绝对加速度等于该瞬时的牵连加速度、相对加速度与科氏加速度的矢量和。这就是**牵连运动为定轴转动时点的加速度合成定理**。相关证明可参考其他理论力学教材,这里不再赘述。

根据矢积运算规则,科氏加速度的大小为

$$a_C = 2\omega_e v_r \sin\theta$$

式中 θ——$\boldsymbol{\omega}_e$ 与 $\boldsymbol{v}_r$ 两矢量正向间小于 π 的夹角。

科氏加速度的方向可根据矢积规则由 $\boldsymbol{\omega}_e \times \boldsymbol{v}_r$ 确定,即科氏加速度 $\boldsymbol{a}_C$ 垂直于 $\boldsymbol{\omega}_e$ 和 $\boldsymbol{v}_r$ 所决定的平面,其指向由右手法则确定,如图6.15所示。另一种判定科氏加速度方向的方法是:将 $\boldsymbol{v}_r$ 投影到与 $\boldsymbol{\omega}_e$ 垂直的平面上,并将它顺着 $\boldsymbol{\omega}_e$ 的转向转过90°,就得到 $\boldsymbol{a}_C$ 的方向,如图6.16所示。

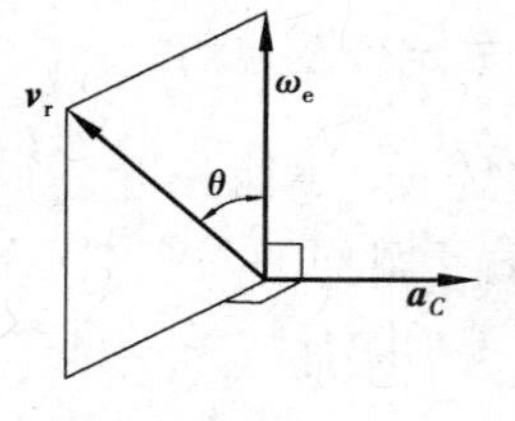

图6.15

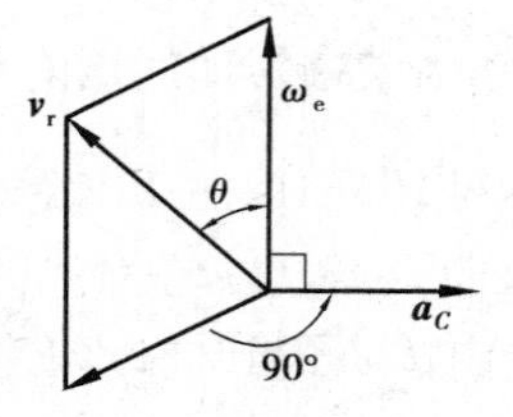

图6.16

在应用点的加速度合成定理时，绝对加速度、相对加速度和牵连加速度可能同时有切向和法向分量（应根据其运动和轨迹来确定），这样式(6.3)可写为

$$\boldsymbol{a}_{\mathrm{a}}^{\mathrm{t}}+\boldsymbol{a}_{\mathrm{a}}^{\mathrm{n}}=\boldsymbol{a}_{\mathrm{e}}^{\mathrm{t}}+\boldsymbol{a}_{\mathrm{e}}^{\mathrm{n}}+\boldsymbol{a}_{\mathrm{r}}^{\mathrm{t}}+\boldsymbol{a}_{\mathrm{r}}^{\mathrm{n}}+\boldsymbol{a}_{C}$$

由于涉及的矢量较多，因此加速度分析常采用解析法求解，即将矢量式的两端分别投影到任意选定的投影轴上进行求解。此外，由于法向加速度、科氏加速度都与速度有关，所以加速度分析之前通常应先进行速度分析。

下面举例说明牵连运动为定轴转动时点的加速度合成定理的应用。

例6.8　如图6.17(a)所示，半径为r的圆轮以等角速度ω绕O轴转动，从而带动靠在轮上的杆O_1A绕O_1轴摆动。已知$O_1O=3r$，试求图示位置时杆O_1A的角加速度。

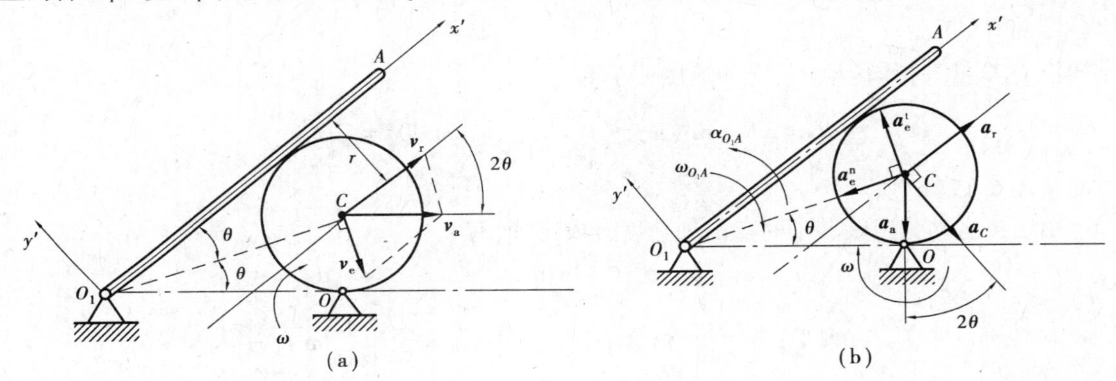

图6.17

解　本机构在传动中，圆轮与杆始终保持接触，但却无一持续的接触点。但注意到轮心C与杆O_1A之间的距离始终保持不变，均为r，因此C点相对于杆O_1A的轨迹是与杆O_1A相平行的一条直线段。因此，可以选C点为动点，动参考系固定在杆O_1A上。绝对运动是以O为圆心、r为半径的匀速圆周运动；相对运动是平行于杆O_1A的直线运动；牵连运动是杆O_1A绕固定轴O_1摆动。

1）速度分析

绝对速度的大小$v_{\mathrm{a}}=\omega r$，方向垂直于OC与ω一致；相对速度大小未知，方向平行于杆O_1A；牵连速度大小未知，方向垂直于O_1C。根据点的速度合成定理

	$\boldsymbol{v}_{\mathrm{a}}$	=	$\boldsymbol{v}_{\mathrm{e}}$	+	$\boldsymbol{v}_{\mathrm{r}}$
大小：	ωr		未知		未知
方向：	$\perp OC$		$\perp O_1C$		$/\!/ O_1A$

作出的速度平行四边形如图6.17(a)所示。由几何关系可求得

$$v_{\mathrm{e}}=2v_a\sin\theta=\frac{\sqrt{10}}{5}\omega r$$

$$v_r=v_a=\omega r$$

于是杆O_1A的角速度为

$$\omega_{O_1A}=\frac{v_{\mathrm{e}}}{O_1C}=\frac{1}{5}\omega$$

其转向为顺时针，如图6.17(b)所示。

2)加速度分析

由于牵连运动是杆 O_1A 绕固定轴 O_1 摆动,因此有科氏加速度,须应用牵连运动为定轴转动时点的加速度合成定理求解点的加速度。

圆轮以等角速度 ω 绕 O 轴转动,因此 C 点的绝对加速度只有法向分量,其大小为

$$a_a = a_a^n = \omega^2 r$$

方向沿 OC 指向 O。C 点的相对加速度的方向平行于杆 O_1A,指向假设如图 6.17(b)所示,大小未知。牵连加速度包含法向和切向两部分,切向分量大小未知,方向垂直于 O_1C,指向假设如图 6.17(b)所示。法向分量大小为

$$a_e^n = \omega_{O_1A}^2 \cdot \overline{O_1C} = \frac{\sqrt{10}}{25}\omega^2 r$$

方向沿 O_1C 杆并指向 O_1。科氏加速度大小为

$$a_C = 2\omega_e v_r \sin(\boldsymbol{\omega}_e, \boldsymbol{v}_r) = 2\omega_{O_1A} v_r \sin 90° = \frac{2}{5}\omega^2 r$$

方向如图 6.17(b)所示。

由牵连运动为定轴转动时点的加速度合成定理,有

$\boldsymbol{a}_a$	=	$\boldsymbol{a}_r$	+	$\boldsymbol{a}_e^n$	+	$\boldsymbol{a}_e^t$	+	$\boldsymbol{a}_C$
大小:$\omega^2 r$		未知		$\frac{\sqrt{10}}{25}\omega^2 r$		未知		$\frac{2}{5}\omega^2 r$
方向:$C \to O$		$/\!/ O_1A$		$C \to O_1$		$\perp O_1C$		$\perp O_1A$

将上式两端向 y' 轴上投影,得

$$-a_a \cos 2\theta = a_e^t \cos\theta + a_e^n \sin\theta - a_C$$

由此解得

$$a_e^t = \frac{-a_a \cos 2\theta - a_e^n \sin\theta + a_C}{\cos\theta} = -\frac{11\sqrt{10}}{75}\omega^2 r$$

负号表示 $\boldsymbol{a}_e^t$ 的指向应与图设方向相反。

因此,杆 O_1A 的角加速度为

$$\alpha_{O_1A} = \frac{a_e^t}{\overline{O_1C}} = -\frac{11}{75}\omega^2$$

负号表示与图示转向相反,其真实转向为顺时针转向。

例 6.9 圆盘以匀角速度 ω_1 绕水平轴 CD 转动,同时框架和 CD 轴一起以匀角速度 ω_2 绕通过圆盘中心 O 的铅直轴 AB 转动,如图 6.18 所示。已知圆盘半径 $R = 5$ cm, $\omega_1 = 5$ rad/s, $\omega_2 = 3$ rad/s,求圆盘上 1、2 两点的绝对加速度。

解 1)计算点 1 的加速度

取圆盘上的点 1 为动点,动参考系与框架固结,则动参考系绕 AB 轴转动。应用点的加速度合成定理

$$\boldsymbol{a}_a = \boldsymbol{a}_e + \boldsymbol{a}_r + \boldsymbol{a}_C$$

设想动参考系是无限大体,其上与动点重合的点(牵连点)在以 O 为圆心的水平面内作匀速圆周运动,因此牵连加速度 $\boldsymbol{a}_e$ 只有法向分量,其大小为

$$a_e = a_e^n = \omega_2^2 R = 45\ \text{cm/s}^2$$

方向如图 6.18 所示。

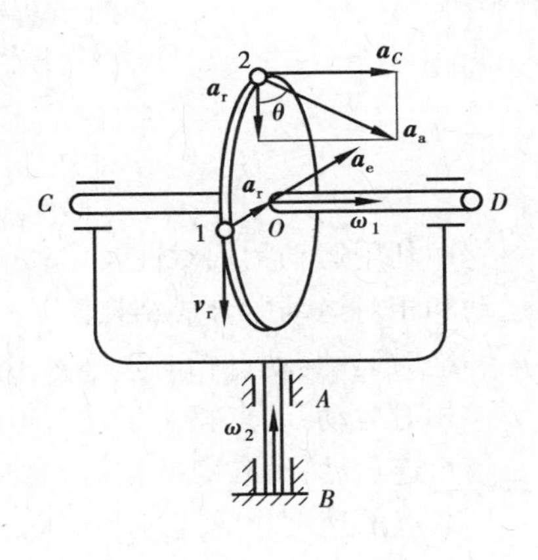

图 6.18

动点的相对运动是以 O 为圆心的铅直面内的匀速圆周运动，因此，相对加速度 $\boldsymbol{a}_r$ 也只有法向分量，大小为

$$a_r = a_r^n = \omega_1^2 R = 125\ \text{cm/s}^2$$

方向如图 6.18 所示。

由于动参考系绕定轴转动，因此存在科氏加速度 $\boldsymbol{a}_C$。根据式(6.4)，科氏加速度大小为

$$a_C = 2\omega_2 \boldsymbol{v}_r \sin 180° = 0$$

因此，点 1 的绝对加速度的大小为

$$a_a = a_e + a_r = 170\ \text{cm/s}^2$$

方向与 $\boldsymbol{a}_e$、$\boldsymbol{a}_r$ 的方向相同，指向轮心 O。

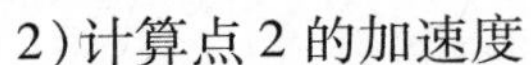

2）计算点 2 的加速度

仍将动参考系固结在框架上，动参考系上与动点 2 相重合的点（即动点 2 的牵连点）是轴线上的一个点，这点的加速度等于零，故

$$a_e = 0$$

相对加速度 $\boldsymbol{a}_r$ 也只有法向分量，大小为

$$a_r = \omega_1^2 R = 125\ \text{cm/s}^2$$

方向指向轮心 O。

科氏加速度 $\boldsymbol{a}_C$ 垂直于圆盘平面，方向如图 6.18 所示，大小为

$$a_C = 2\omega_e \boldsymbol{v}_r \sin 90° = 2\omega_1\omega_2 R = 150\ \text{cm/s}^2$$

于是，点 2 的绝对加速度的大小为

$$a_a = \sqrt{a_r^2 + a_C^2} = 195\ \text{cm/s}^2$$

它与铅直线形成的夹角为

$$\theta = \arctan \frac{a_C}{a_r} = 50°12'$$

总结以上几个例题可知，应用点的加速度合成定理求解点的加速度，其步骤基本上与应用点的速度合成定理求解点的速度相同，但应注意以下两个问题：

①选取动点和动参考系后，应根据动参考系的运动，确定是否有科氏加速度。

②因为点的绝对运动轨迹、相对运动轨迹和牵连运动轨迹都可能是曲线，因此，点的加速度合成定理一般可写为

$$\boldsymbol{a}_a^t + \boldsymbol{a}_a^n = \boldsymbol{a}_e^t + \boldsymbol{a}_e^n + \boldsymbol{a}_r^t + \boldsymbol{a}_r^n + \boldsymbol{a}_C$$

式中，每一项都有大小和方向两个要素，必须认真分析，才可能正确地解决问题。再次强调，上式中各项法向加速度的方向总是指向相应轨迹曲线的曲率中心，它们的大小总可根据相应的速度大小和曲率半径求出。因此，在速度已经求解的情况下，各项法向加速度都是已知量。同时，由于科氏加速度的大小和方向都是由牵连角速度和相对速度确定的，因此其大小和方向也是已知量。这样，在点的加速度合成定理中只有 3 项切向加速度的 6 个要素可能是待求量，若知道其中的 4 个，则余下的两个要素就完全可求了。

小　结

1. 利用运动的相对性及运动的分解与合成的方法研究了点的合成运动。绝对运动是牵连运动和相对运动的合成结果。

绝对运动:动点相对于静参考系的运动;

相对运动:动点相对于动参考系的运动;

牵连运动:动参考系相对于静参考系的运动。

2. 点的速度合成定理

$$\boldsymbol{v}_{\mathrm{a}}=\boldsymbol{v}_{\mathrm{e}}+\boldsymbol{v}_{\mathrm{r}}$$

绝对速度 $\boldsymbol{v}_{\mathrm{a}}$:动点相对于静参考系运动的速度;

相对速度 $\boldsymbol{v}_{\mathrm{r}}$:动点相对于动参考系运动的速度;

牵连速度 $\boldsymbol{v}_{\mathrm{e}}$:动参考系上与动点重合的那一点(牵连点)相对于静参考系运动的速度。

3. 点的加速度合成定理

$$\boldsymbol{a}_{\mathrm{a}}=\boldsymbol{a}_{\mathrm{e}}+\boldsymbol{a}_{\mathrm{r}}+\boldsymbol{a}_{C}$$

绝对加速度 $\boldsymbol{a}_{\mathrm{a}}$:动点相对于静参考系运动的加速度;

相对加速度 $\boldsymbol{a}_{\mathrm{r}}$:动点相对于动参考系运动的加速度;

牵连加速度 $\boldsymbol{a}_{\mathrm{e}}$:动参考系上与动点重合的那一点(牵连点)相对于静参考系运动的加速度。

科氏加速度 $\boldsymbol{a}_{C}$:牵连运动为转动时,牵连运动和相对运动相互影响而产生的附加加速度,则

$$\boldsymbol{a}_{C}=2\boldsymbol{\omega}_{\mathrm{e}}\times\boldsymbol{v}_{\mathrm{r}}$$

牵连运动为平动时无此项。

4. 在研究点的运动时,动点与动参考系选取的原则是:动点相对于动参考系有运动,且相对运动轨迹相对简单。在机构的运动分析中,运动的传递往往是通过两构件(刚体)的公共接触点来实现。当接触点有相对滑动时,常将接触点不断变化的那个构件选为动参考系,而将另一构件上那个始终不变的接触点选为动点。

思考题

6.1　如何选择动点和动参考系?在例6.3中若以滑块 D 为动点,为什么不能以推杆 DE 为动参考系?

6.2　如图6.19所示的速度平行四边形有无错误?错在哪里?

6.3　设在某瞬时,动坐标系上与动点 M 相重合的一点为 M_0,试问:动点 M 与点 M_0 在该瞬时的绝对速度是否相等?为什么?

6.4　如下计算对不对?错在哪里?

(1)图6.20(a)中取动点为滑块 A,动参考系为杆 OC,则

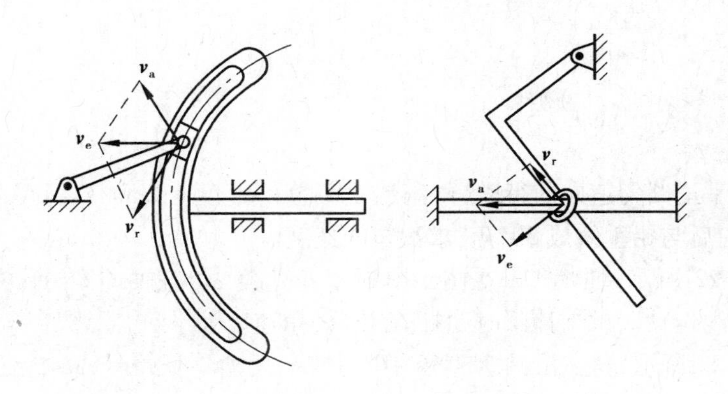

图6.19

$$v_e = \omega \cdot OA, v_a = v_e \cos \varphi$$

(2)图6.20(b)中 $v_{BC} = v_e = v_a \cos 60°$, $v_a = \omega \cdot OA$,因为 ω = 常量,故

$$v_{BC} = 常量, a_{BC} = \frac{dv_{BC}}{dt} = 0$$

(3)图6.20(c)中,为了求 $\boldsymbol{a}_a$ 的大小,取加速度在 η 轴上的投影式:

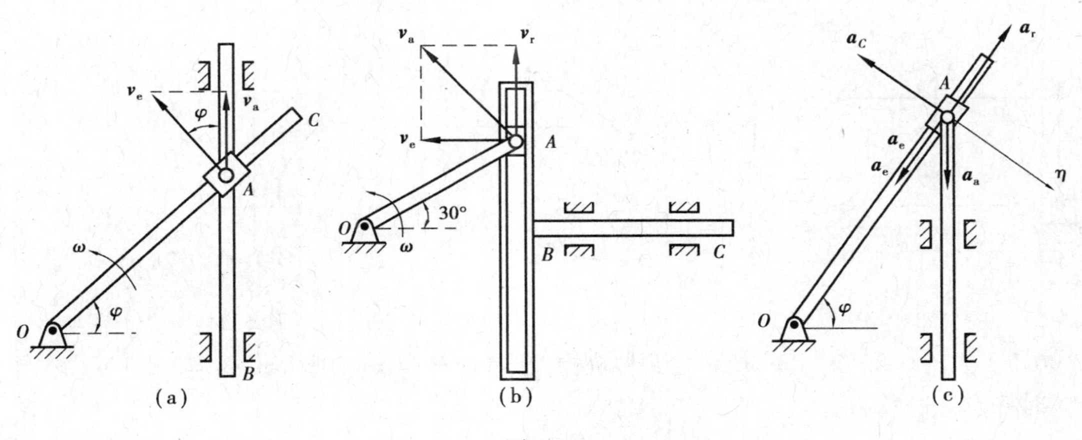

图6.20

$$a_a \cos \varphi - a_C = 0$$

所以

$$a_a = \frac{a_C}{\cos \varphi}$$

6.5　为什么牵连运动为平动时没有科氏加速度?为什么牵连角速度矢 ω_e 和相对速度矢平行 $\boldsymbol{v}_r$ 时,$a_C = 0$?

6.6　图6.21中,哪一种分析正确?

(a)以 OA 上的点 A 为动点,以 BC 为动参考系;

(b)以 BC 上的点 A 为动点,以 OA 为动参考系。

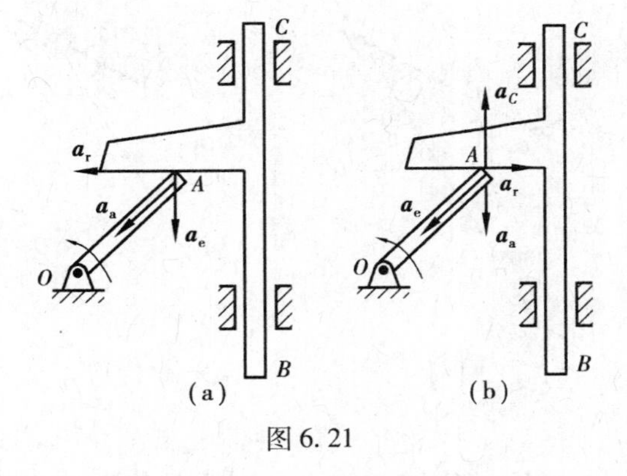

图6.21

习　题

6.1　车沿水平道路匀速向前行驶，雨滴铅垂下落的速度是 2 m/s，但车内的人观察到雨滴的下落方向是向后与铅垂线成 30°角，求汽车的速度。

6.2　如图 6.22 所示，曲柄 OA 在图示瞬时以角速度 ω_0 绕轴 O 转动，并带动直角曲杆 O_1BC 在图示平面内运动。试求该瞬时曲杆 O_1BC 的角速度。

6.3　如图 6.23 所示，M 点沿圆盘直径 AB 匀速 $\boldsymbol{v}$ 运动。开始时，M 点在圆盘中心，直径 AB 与 Ox 轴重合。若圆盘以匀角速度 ω 绕 O 轴转动，求 M 点的绝对轨迹。

6.4　如图 6.24 所示，离心调速器以角速度 ω 绕铅垂轴转动。由于机器负荷的变化，调速器重球以角速度 ω_1 向外张开。若 $\omega = 10$ rad/s，$\omega_1 = 1.2$ rad/s，$l = 500$ mm，$e = 50$ mm，求当球杆与铅垂轴所成的交角 $\beta = 30°$时，重球 M 的速度。

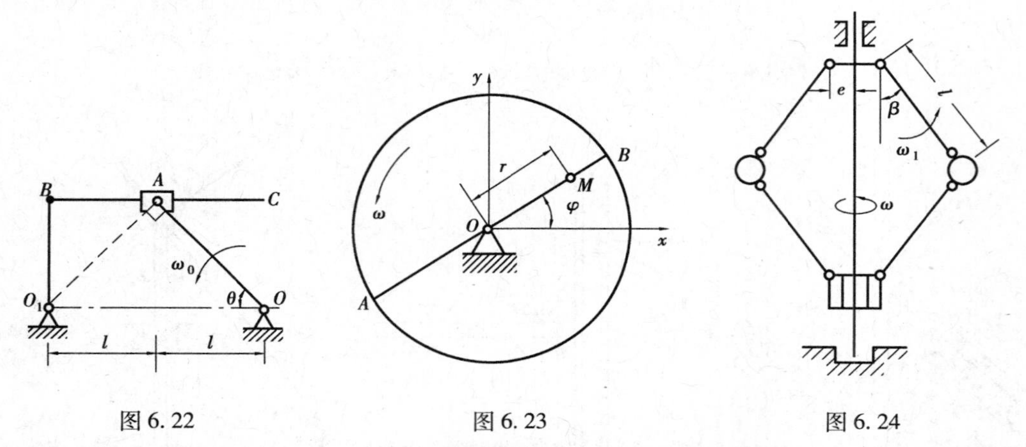

图 6.22　　图 6.23　　图 6.24

6.5　如图 6.25(a)、(b)所示的两种机构，已知 $O_1O_2 = a = 200$ mm，$\omega_1 = 3$ rad/s。求图示位置时杆 O_2A 的角速度。

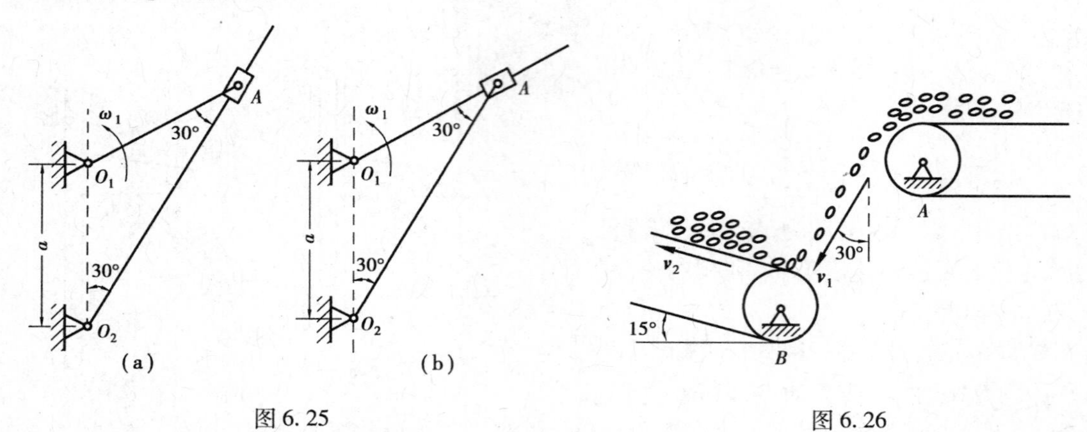

图 6.25　　图 6.26

6.6　如图 6.26 所示，矿砂从传送带 A 落到另一传送带 B，其绝对速度 $v_1 = 4$ m/s，方向与铅垂线成 30°角。设传送带 B 与水平面成 15°角，其速度 $v_2 = 2$ m/s。求此时矿砂对传送带的相对速度。并问传送带 B 的速度为多大时,矿砂的相对速度才能与它垂直?

6.7　如图6.27所示曲柄滑道机构,杆 BC 为水平,而杆 DE 保持铅垂。曲柄长 $OA=10$ cm,以等角速度 $\omega=20$ rad/s 绕 O 轴转动,通过滑块 A 使杆 BC 作往复运动。求当曲柄与水平线的交角分别为 $\varphi=30°$、$90°$时,杆 BC 的速度。

6.8　如图6.28所示的曲柄滑道机构,曲柄长 $OA=r$,以等角速度 ω 绕 O 轴转动。装在水平杆上的滑槽 DE 与水平线成60°角。求当曲柄与水平线的交角分别为 $\varphi=0°$、$30°$、$60°$时,杆 BC 的速度。

6.9　如图6.29所示,OA 杆长 l,由推杆推动而在图面内绕点 O 转动。假定推杆的速度为 $\boldsymbol{v}$,其弯头长为 a。求杆端 A 的速度大小(表示为 x 的函数)。

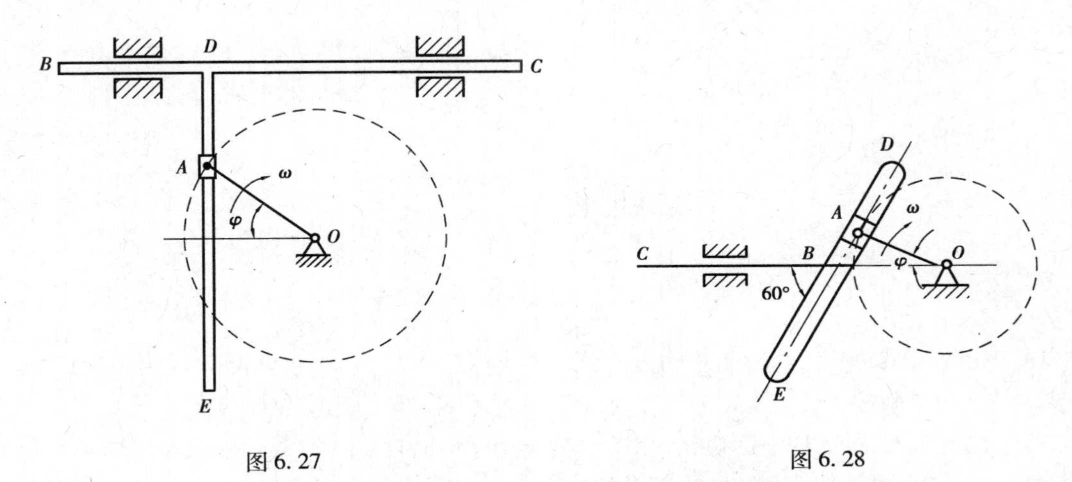

图6.27　　　　图6.28

6.10　如图6.30所示,摇杆机构的滑杆 AB 以等速 $\boldsymbol{v}$ 向上运动,初瞬时摇杆 OC 水平。摇杆长 $OC=a$,距离 $OD=l$。求当 $\varphi=\dfrac{\pi}{4}$时点 C 的速度的大小。

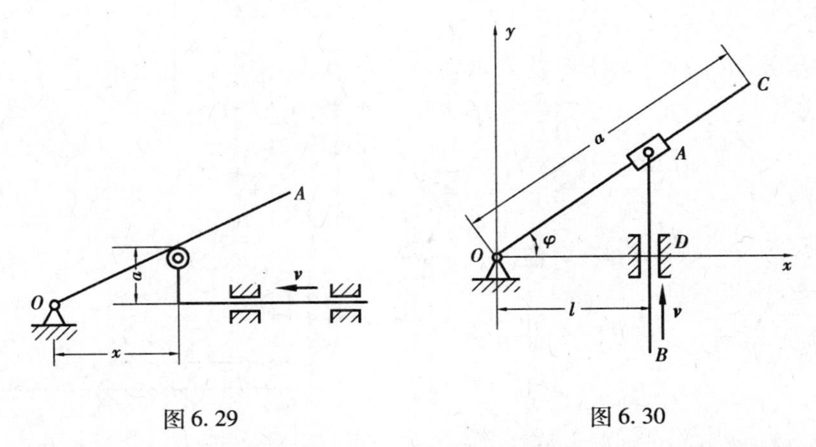

图6.29　　　　图6.30

6.11　如图6.31所示,摇杆 OC 经过固定在齿条 AB 上的销钉 K 带动齿条上下平动,齿条又带动半径为10 cm的齿轮绕 O_1 轴转动。图示位置时摆杆的角速度 $\omega=0.5$ rad/s,求此时齿轮的角速度。

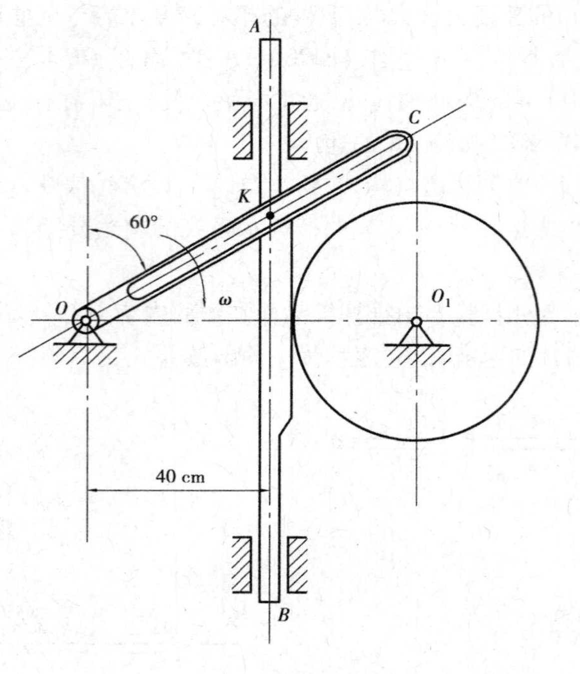

图 6.31

6.12　如图 6.32 所示，偏心凸轮的偏心距 $OC=e$，轮半径 $r=\sqrt{3}e$。凸轮以匀角速度 ω_0 绕 O 轴转动。设某瞬时 OC 与 CA 成直角，求此瞬时从动杆 AB 的速度和加速度。

6.13　如图 6.33 所示的平面机构，$O_1A=O_2B=100$ mm，杆 O_1A 以等角速度 $\omega=2$ rad/s 绕 O_1 轴转动。求当 $\varphi=60°$时杆 CD 的速度和加速度。

6.14　如图 6.34 所示，斜面 AB 以 0.1 m/s^2 的加速度沿 Ox 轴的正向运动。物块以匀相对加速度 $0.1\sqrt{2}$ m/s^2 沿斜面滑下。斜面与物块的初速度都为零，物块的初位置$(0,h)$。求物块 M 的加速度。

6.15　如图 6.35 所示，半径为 R 的半圆形凸轮 D，以等速 $\boldsymbol{v}_0$ 沿水平向右运动，带动从动杆 AB 沿铅直方向运动。求 $\varphi=30°$时杆 AB 相对于凸轮的速度和加速度。

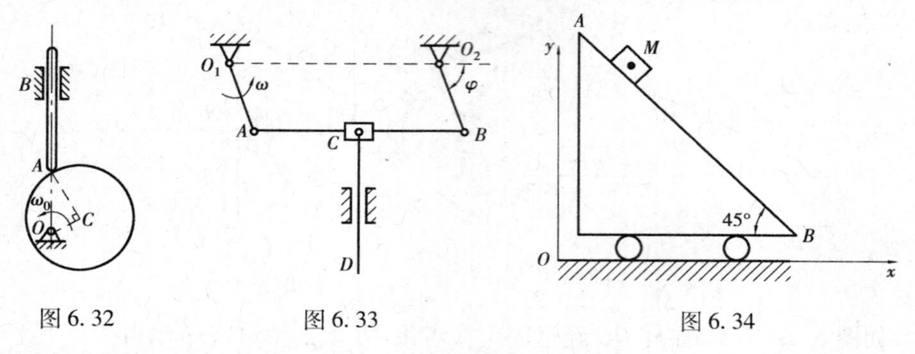

图 6.32　　　　图 6.33　　　　图 6.34

6.16　如图 6.36 所示，小车沿水平方向向右作匀加速运动，加速度 $a=0.493$ m/s^2。车上有一半径为 0.2 m 的轮子按 $\varphi=t^2$rad 的规律绕 O 轴转动。当 $t=1$ s 时，轮缘上 A 点在图示位置，求此时 A 点的绝对加速度。

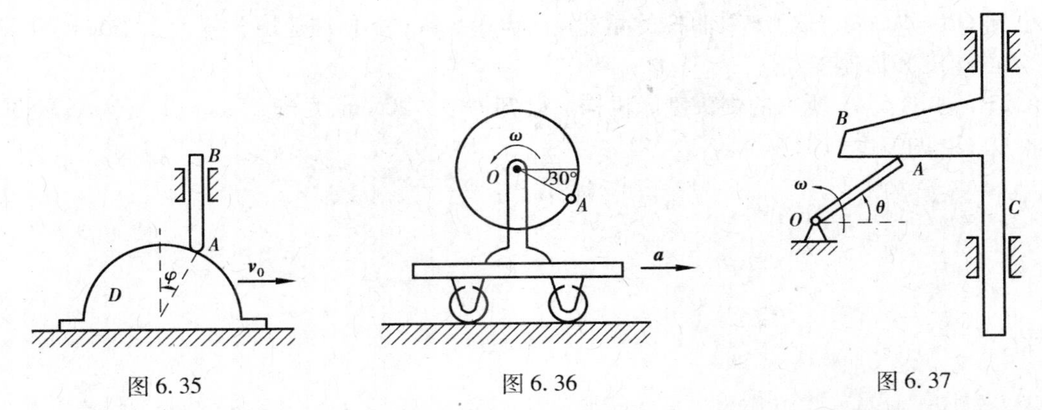

图6.35　　图6.36　　图6.37

6.17　如图6.37所示，曲柄$OA=40$ cm，以匀角速度$\omega=5$ rad/s绕O轴转动，从而带动构件BC沿铅直方向运动。求当曲柄与水平线间夹角$\theta=30°$时，构件BC的速度和加速度。

6.18　如图6.38所示，小环P将大圆环和丁字尺套在一起。大圆环C可绕O轴转动，在$\theta=60°$位置，其角速度$\omega=0.5$ rad/s，角加速度$\alpha=0$，而丁字尺AB在水平面上移动的速度，加速度$a=0$。求此位置小环P的速度和加速度。

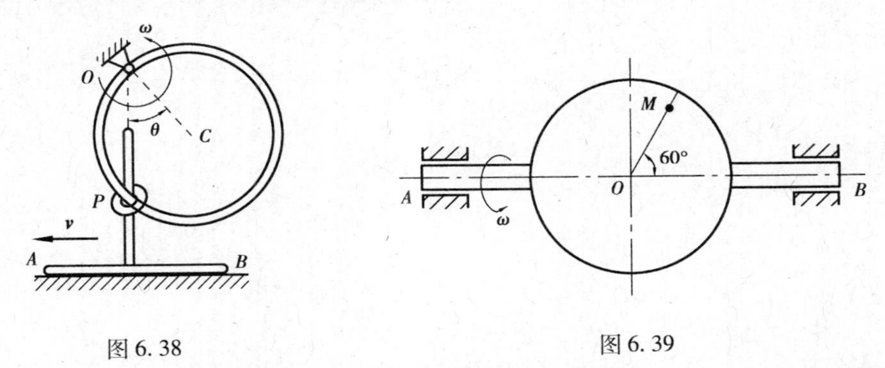

图6.38　　图6.39

6.19　如图6.39所示，圆盘绕AB轴转动，其角速度$\omega=2t$ rad/s。点M沿圆盘直径离开中心向外缘运动，其运动规律为$OM=4t^2$cm。半径OM与AB轴间成60°角。求当$t=1$ s时点M的绝对加速度的大小。

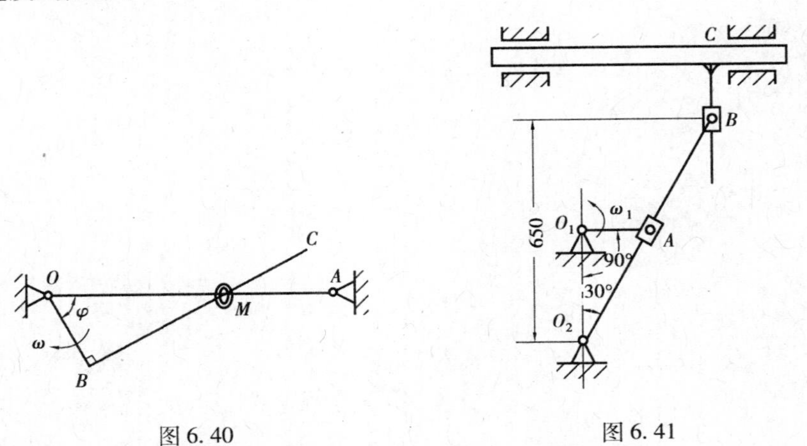

图6.40　　图6.41

6.20　如图6.40所示，曲杆OBC绕O轴转动，使套在其上的小环M沿固定直杆OA滑动。已知 $OB=10$ cm，$OB \perp BC$，曲杆的角速度 $\omega=0.5$ rad/s，角加速度为零。求当 $\varphi=60°$时，小环 M 的速度和加速度。

6.21　如图6.41所示的牛头刨床机构。已知 $O_1A=20$ cm，角速度 $\omega_1=2$ rad/s。求图示位置滑枕 CD 的速度和加速度。

第7章 刚体的平面运动

第5章讨论的刚体平动与绕定轴转动是最常见的、最简单的刚体运动。刚体运动还可以有更复杂的运动形式,其中,刚体的平面运动是工程机械较为常见的一种刚体运动,它可以视为是平动和转动的合成,也可以看作是绕不断运动的轴的转动。

绝大部分的实际机构中都有作平面运动的构件。因此,平面运动的研究,在机构运动的分析中占有重要的地位。本章将研究刚体平面运动的分解,平面运动刚体的角速度、角加速度以及刚体上各点的速度和加速度。

7.1 刚体平面运动的概述和运动分解

7.1.1 刚体平面运动的概述

考察沿直线轨道滚动的车轮的运动(见图7.1)、行星轮机构中小行星轮的运动(见图7.2)、以及曲柄连杆机构中的连杆 AB 的运动(见图7.3),显然,这些刚体的运动既不是平动,也不是绕定轴转动,而是一种比较复杂的运动。它们的运动有一个共同特征,即在运动中,刚体上任意一点到某一固定平面的距离始终保持不变,这种运动称为平面运动。平面运动刚体上的各点都在平行于某一固定平面的平面内运动。

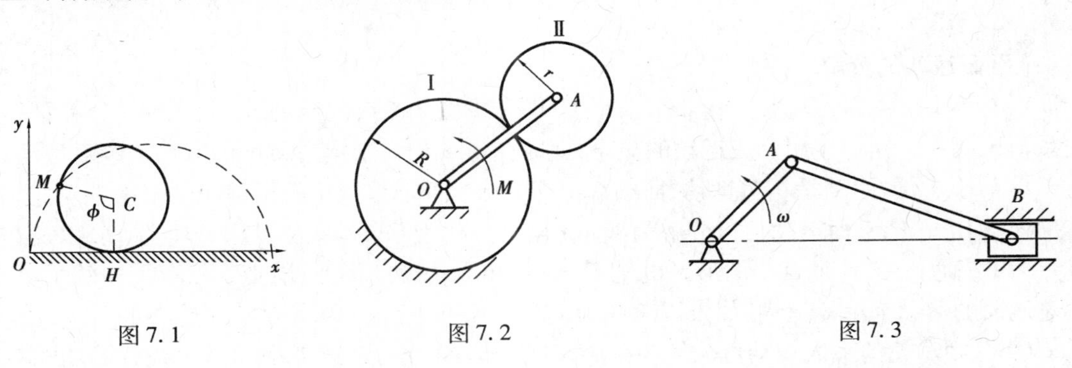

图7.1　　图7.2　　图7.3

7.1.2 刚体平面运动的简化

假设刚体作平面运动时,刚体内每一点都在与固定平面1平行的平面内运动,如图7.4所示。以平行于平面1的另一平面2截割刚体,得到一平面图形S。根据平面运动的定义可知,图形S始终在平面2内运动。建立定系$Oxyz$,使得坐标平面xOy重合于平面2,则刚体内与图形S相垂直的任一直线A_1A_2在运动中始终保持与z轴平行,即直线A_1A_2作平动,因此,直线A_1A_2的运动可用它与图形S的交点A的运动来代表。刚体可看作是由无数根与A_1A_2平行并作平动的直线所组成,若每根直线的运动都选择该直线与图形S的交点的运动来代表,则整个刚体的运动可用平面图形S的运动来代表。由此可知,刚体的平面运动可简化为平面图形在其自身平面内的运动。

7.1.3 刚体平面运动的分解

(1)刚体的平面运动方程

刚体的平面运动可简化为平面图形在其自身平面内的运动。为确定图形S在平面xOy内的位置,只需给出图形内任一线段$O'A$的位置,而该线段的位置可以由其上任一点O'的两个坐标$x_{O'}$、$y_{O'}$以及线段$O'A$与x轴的夹角φ来表示(见图7.5)。当图形S在平面xOy内运动时,坐标$x_{O'}$、$y_{O'}$和角φ的值都随时间而变化,并可分别表示为时间t的单值连续函数,即

$$\begin{cases} x_{O'} = f_1(t) \\ y_{O'} = f_2(t) \\ \varphi = f_3(t) \end{cases} \tag{7.1}$$

若这些函数已知,则图形S乃至整个刚体在每一瞬时t的位置都可以确定。因此,这组方程称为刚体的平面运动方程。

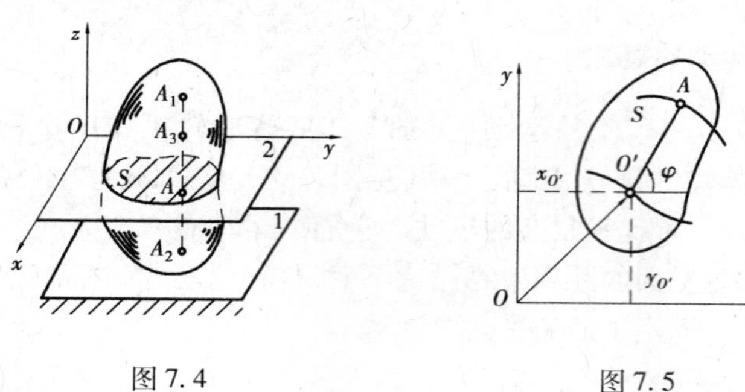

图7.4　　图7.5

(2)平面运动的分解

取点O'为原点(称为基点),建立平动系$x'O'y'$(见图7.6),假定动轴x'、y'始终分别平行于定系xOy的x、y轴。应用合成运动的概念,此时图形S相对于定系xOy的运动是绝对运动,相对于动系$x'O'y'$的运动是相对运动,而动系$x'O'y'$相对于定系xOy的运动则是牵连运动。

这样,图形S的平面运动可以分解为随着基点O'(代表平动系$x'O'y'$)的牵连平动,以及绕着基点O'(绕通过O'且垂直于图形S的轴$O'z'$)的相对转动。例如,沿直线轨道滚动的车轮,车轮对地面的运动为绝对运动,如果以车厢为动参考系并建立一原点固定在轮心处的平动坐标系$x'O'y'$,则车轮的平面运动可分解为跟随车厢(即轮心)的牵连平动和车轮绕轮心的相对转动。显然,如果基点O'不动,则图形的运动简化为绕基点O'的转动;如果角φ不变,则图形

的运动化简化为平面平动，刚体内各点的轨迹都是平面曲线。可知，定轴转动和平面平动都是平面运动的特例。

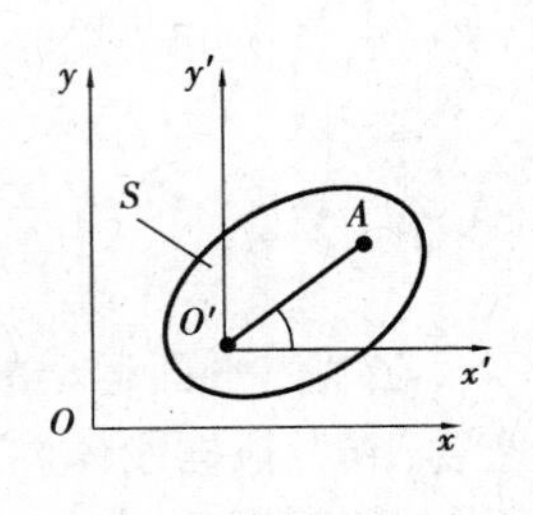

图7.6

应当注意，此处的运动分解与点的合成运动中的运动分解有所不同，平面运动中牵连运动为跟随基点的平动，相对运动为刚体的运动；而在点的合成运动中，牵连运动可以是刚体的任意运动，相对运动则是点的运动。

如图7.7所示，平面图形在S平面内作平面运动，线段AB是平面图形上的任一线段，它的运动代表平面图形的运动。设在t瞬时线段位于AB处，经过Δt的时间间隔运动至$A'B'$位置，现从运动分解的角度来考察AB的运动。若以A为基点，可认为AB随A牵连平动到$A'B''$，再绕基点逆时针相对转动$\Delta\varphi_1$至$A'B'$。若以B为基点，则AB随B点牵连平动至$A''B'$，再绕基点B逆时针相对转动$\Delta\varphi_2$至$A'B'$。显然，在相同时间间隔Δt内，基点A、B的位移不同，因此基点的速度、加速度不同，即图形S牵连平动的速度、加速度有所不同。可见，牵连平动的速度和加速度与基点的选择有关。但是，由于$A'B''/\!/A''B'/\!/AB$，$\Delta\varphi_1=\Delta\varphi_2$，且转向相同，故

$$\omega_A=\lim_{\Delta t\to 0}\frac{\Delta\varphi_1}{\Delta t}=\lim_{\Delta t\to 0}\frac{\Delta\varphi_2}{\Delta t}=\omega_B$$

$$\alpha_A=\frac{d\omega_A}{dt}=\frac{d\omega_B}{dt}=\alpha_B$$

即绕基点A、B相对转动的角速度和角加速度相等。因此，平面运动绕基点相对转动的角速度和角加速度与基点的选择无关。同时，由于牵连运动是平动，平移系（动系）相对定参考系没有方位的变化（见图7.6），因此平面图形的角速度和角加速度既是平面图形相对于平移系的相对角速度和角加速度，也是平面图形相对于定参考系的绝对角速度和角加速度，今后无须标明是绕哪一点转动或以哪一点为基点。

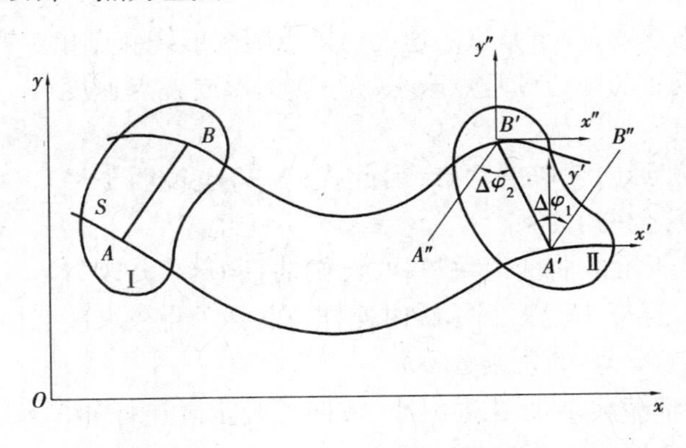

图7.7

基点的选择，理论上是任意的，因为它不影响运动的最终合成结果，但在求解实际问题时，常选择刚体内运动已知的点作为基点。

7.2 平面图形上各点的速度分析

在刚体平面运动的研究中,最常遇到的问题是:根据刚体的已知运动,求出刚体内各点的速度;或者根据刚体内某些点的已知速度,确定刚体的角速度和刚体内其他点的速度。下面介绍求平面图形内各点速度的方法,主要包括基点法、速度投影法、速度瞬心法3种方法。

7.2.1 基点法

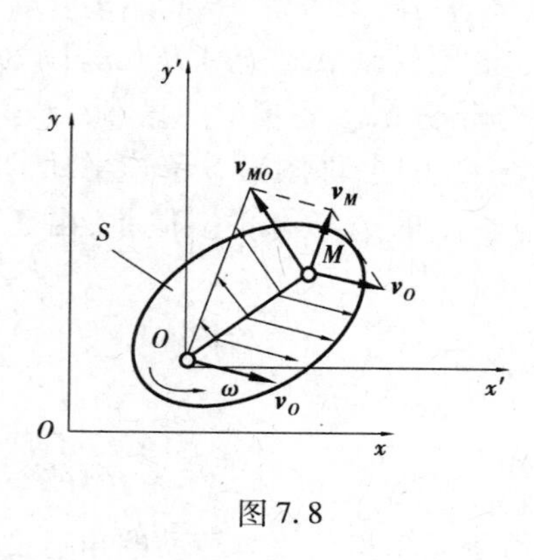

图7.8

根据上一节的分析,刚体的平面运动可简化为平面图形在其自身平面内的运动,进而分解为随着基点的牵连平动,以及绕着基点的相对转动。因此,平面图形内任一点M的运动可看作为合成运动。如图7.8所示,设在平面图形S上任取一点O为基点,且该瞬时基点O的速度为$\boldsymbol{v}_O$,图形S的角速度为ω。由于牵连运动是随着基点O的平动,因此点M的牵连速度$\boldsymbol{v}_e=\boldsymbol{v}_O$;由于相对运动是图形以角速度$\omega$绕基点$O$的转动,因此点$M$的相对运动是以点$O$为圆心的圆周运动,点$M$的相对速度就是点$M$绕基点$O$的相对转动速度,它垂直于$OM$而指向图形的转动方向,大小为

$$\boldsymbol{v}_r = \boldsymbol{v}_{MO} = \omega \cdot \overline{OM}$$

于是,由点的速度合成定理$\boldsymbol{v}_a=\boldsymbol{v}_e+\boldsymbol{v}_r$,得到点$M$的绝对速度

$$\boldsymbol{v}_M = \boldsymbol{v}_O + \boldsymbol{v}_{MO} \tag{7.2}$$

即平面图形内任一点的速度,等于基点的速度与该点随图形绕基点相对转动速度的矢量和。

这种应用点的合成运动并通过基点来求解平面图形内各点速度的方法,称为基点法。

由于点O和M是图形内任取的两点,因此式(7.2)也说明了平面图形上任意两点速度之间的关系。

例7.1 如图7.9所示的曲柄滑块机构,已知曲柄$OA=r$,以匀角速度ω_0绕O轴转动,连杆$AB=l$,图示瞬时连杆与曲柄垂直。求该瞬时滑块的速度$\boldsymbol{v}_B$和连杆AB的角速度ω_{AB}。

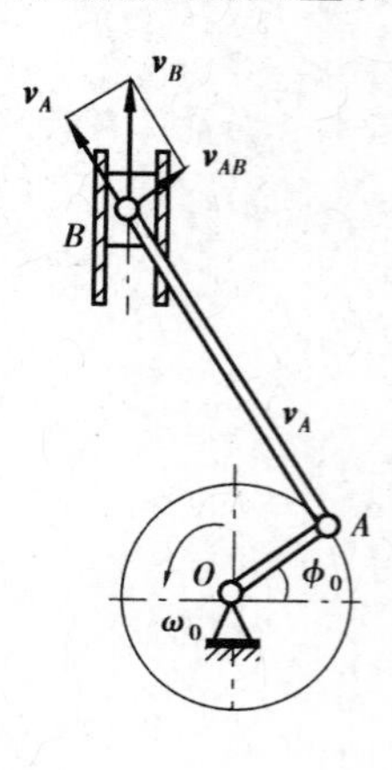

图7.9

解 曲柄OA绕定轴转动,A点速度大小、方向可确定。连杆AB作平面运动,欲求滑块的速度$\boldsymbol{v}_B$和连杆AB的角速度ω_{AB},只需以A点为基点,由基点法即可求得。

由题设条件,A点速度大小为

$$v_A = \omega_0 \cdot \overline{OA} = \omega_0 r$$

方向如图7.9所示。

对于作平面运动的连杆AB,以A点为基点,根据式(7.2),可得

$$\boldsymbol{v}_B = \boldsymbol{v}_A + \boldsymbol{v}_{BA}$$

式中，$\boldsymbol{v}_A$ 大小和方向已知；$\boldsymbol{v}_{BA}$、$\boldsymbol{v}_B$ 方向如图7.9所示，大小未知。由于上式中4个要素已知，可以作出此瞬时的速度平行四边形如图7.9所示。根据几何关系可求得

$$\boldsymbol{v}_B = \frac{\boldsymbol{v}_A}{\cos\phi_0} = \frac{\omega_0 r}{\cos\phi_0}$$

$$\boldsymbol{v}_{BA} = \boldsymbol{v}_A \tan\phi_0 = \omega_0 r\tan\phi_0$$

因此，连杆 AB 的角速度

$$\omega_{AB} = \frac{\boldsymbol{v}_{BA}}{\overline{AB}} = \frac{\omega_0 r}{l}\tan\phi_0$$

顺时针转向。

例7.2　如图7.10所示的机构，摆杆 OC 在铅直面内以角速度 ω 绕 O 轴转动，摆杆上套一个可沿之滑动的套筒 AB。在套筒 AB 上用铰链连接滑块 A，该滑块可沿铅直槽 DE 滑动。已知 $\omega=2$ rad/s，$AB=20$ cm，$h=10$ cm。求当 $\theta=30°$ 时，点 B 的速度。

解　套筒 AB 作平面运动，其角速度与杆 OC 的角速度 ω 相同。

为求点 B 的速度，须先求出滑块 A 的速度。为此，以滑块 A 为动点，OC 杆为动参考系。动点的绝对运动为沿铅直槽的滑动，牵连运动为 OC 杆绕 O 轴的定轴转动，相对运动为套筒 AB 沿 OC 杆的相对滑动。由点的速度合成定理，有

$$\boldsymbol{v}_a = \boldsymbol{v}_e + \boldsymbol{v}_r$$

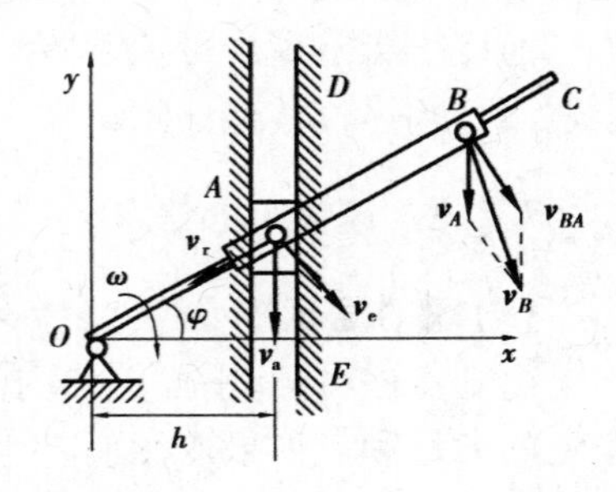

图7.10

作出此瞬时的速度平行四边形如图7.10所示。根据几何关系可求得

$$v_A = v_a = \frac{v_e}{\cos\varphi} = \frac{\omega\cdot\overline{OA}}{\cos\varphi} = \frac{\omega h}{\cos^2\varphi} = 26.7\ \text{cm/s}$$

现在求套筒 AB 上点 B 的速度。套筒作平面运动，点 A 的速度已求得，可以 A 为基点，根据式(7.2)，有

$$\boldsymbol{v}_B = \boldsymbol{v}_A + \boldsymbol{v}_{BA}$$

式中，$\boldsymbol{v}_B$ 大小和方向已知，$\boldsymbol{v}_{BA}$ 方向如图7.10所示，大小为

$$v_{BA} = \omega\cdot\overline{AB} = 40\ \text{cm/s}$$

作出此瞬时的速度平行四边形如图7.10所示。根据几何关系可求得 B 点的速度为

$$v_B = \sqrt{v_A^2 + v_{BA}^2 + 2v_A v_{BA}\cos\varphi} = 64.5\ \text{cm/s}$$

总结以上各例，在应用基点法求解平面图形上任意一点 M 的速度时，应注意以下3点：

①注意分析各物体的运动形式，哪些物体作平动，哪些物体绕定轴转动，哪些物体作平面运动。

②在选择基点时，应选择平面图形上速度大小和方向均已知或容易求出的点为基点。

③在速度分析时，所求点的速度由式(7.2)决定。同时注意，绝对速度应为速度平行四边形的对角线。

7.2.2 速度投影法

基点法是求速度的基本方法，由此还可导出利用速度投影定理求平面图形内各点速度的速度投影法。

将式(7.2)的两端投影到直线 OM 上，并分别用$[\boldsymbol{v}_M]_{OM}$、$[\boldsymbol{v}_O]_{OM}$、$[\boldsymbol{v}_{MO}]_{OM}$表示 $\boldsymbol{v}_M$、$\boldsymbol{v}_O$、$\boldsymbol{v}_{MO}$ 在直线 OM 上的投影，则

$$[\boldsymbol{v}_M]_{OM}=[\boldsymbol{v}_O]_{OM}+[\boldsymbol{v}_{MO}]_{OM}$$

由于 $\boldsymbol{v}_{MO}$ 总是垂直于直线 OM，因此$[\boldsymbol{v}_{MO}]_{OM}\equiv 0$，于是有

$$[\boldsymbol{v}_M]_{OM}=[\boldsymbol{v}_O]_{OM} \tag{7.3}$$

这就是**速度投影定理**，即同一平面图形上任意两点的速度在此两点连线上的投影相等。因此，当平面图形上某点的速度大小和方向已知，而且图形上另一点的速度方向也已知时，则可用此定理求得该点速度的大小。

速度投影定理也可从刚体不变形的特性直接得出。因此，它不仅适用于刚体作平面运动，也适用于刚体作其他任意运动。

7.2.3 速度瞬心法

(1)瞬时速度中心

由基点法可知，平面图形内任一点的速度等于基点的速度与该点随图形绕基点相对转动速度的矢量和。如果取图形内速度等于零的点 P 作为基点，那么用基点法求平面图形上任一点速度的问题就可大大简化。

可证明，在角速度 $\omega\neq 0$ 的情况下，平面图形在每一瞬时都有唯一的速度为零的点存在。

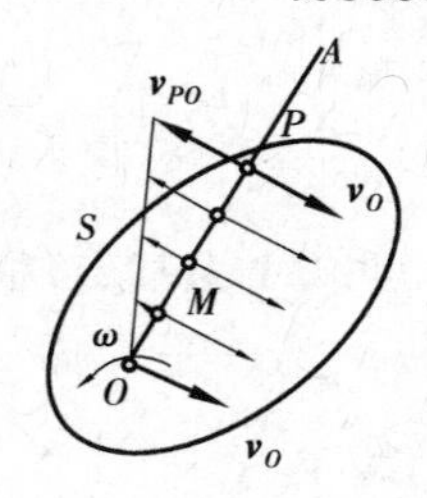

图 7.11

如图 7.11 所示，设某一瞬时平面图形 S 的角速度为 ω，取图形上的点 O 为基点，它的速度为 $\boldsymbol{v}_O$。现考察 $\boldsymbol{v}_O$ 垂线 OA(由 $\boldsymbol{v}_O$ 沿 ω 转向旋转 90°)上任意一点 M 的速度。

不难看出，任意一点 M 的牵连速度和相对速度共线反向。根据基点法，点 M 的绝对速度大小为

$$v_M=v_O-\omega\cdot\overline{OM}$$

由上式可知，随着点 M 在垂线 OA 上的位置不同，$\boldsymbol{v}_M$ 的大小也不同，因此只要 $\omega\neq 0$，在 OA 线上总可以找到一点 P，这点的瞬时速度等于零。令

$$\overline{OM}=\frac{v_O}{\omega}$$

则

$$v_P=v_O-\omega\cdot\overline{OM}=0$$

由此证明，在角速度 $\omega\neq 0$ 的情况下，平面图形在每一瞬时都有唯一的速度为零的点存在。

在某一瞬时，平面图形内(绝对)速度等于零的点称为平面图形的瞬时速度中心，简称**速度瞬心或瞬心**。显然，瞬心是一“瞬时”概念，在不同瞬时，速度瞬心在平面图形内具有不同的位置。

应当注意：

①速度瞬心在刚体上之位置是随时间而变化的，而不是固定的。例如，当车轮沿轨迹只滚不滑运动时，车轮上与轨迹接触的点就是速度瞬心，这个点不断沿轮缘迁移。

②瞬心的唯一性，即每一瞬时平面图形上有唯一的速度为零的点存在。

③由于瞬心位置不断变化，可知瞬心是有加速度的，否则，瞬心的位置固定不动，那就与定轴转动毫无区别了。

(2) 平面图形内各点的速度及其分布

如在某瞬时，所选的基点恰与图形在该瞬时的速度中心相重合，则该瞬时图形的牵连平动速度等于零，因而图形内各点的绝对速度就等于相对转动速度，即该瞬时图形内各点的速度分布和定轴转动时的情形一样，如图7.12所示。因此，从各点速度分布情形来看，图形在每瞬时的绝对运动，可看成为绕定参考系内通过速度瞬心 P 且垂直于平面图形的轴而转动。显然，这根轴在定参考系中的位置是随时间而迁移的，故称为瞬时转轴，简称瞬轴。图形绕瞬轴的转动角速度称为图形的(绝对)角速度 ω，它等于绕任意基点的相对转动角速度。

由图7.12可知，图形内各点速度的大小与该点到速度瞬心的距离成正比，其方向垂直于该点与速度瞬心的连线，指向图形转动的一方。这种以速度瞬心为基点求解平面图形上各点速度的方法，称为速度瞬心法，简称瞬心法。

(3) 速度瞬心的确定

图形的速度瞬心位置可根据不同的已知条件求出，通常有下列4种情况：

①已知某瞬时图形上某两点的速度方向，且两者不平行(图7.13)，则这两点速度垂线的交点 P 就是速度瞬心。

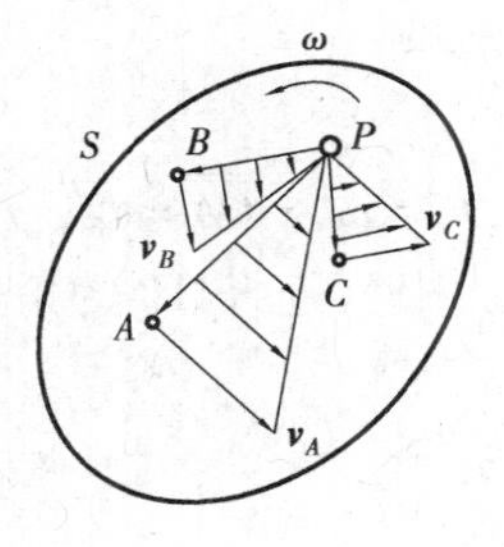

图7.12

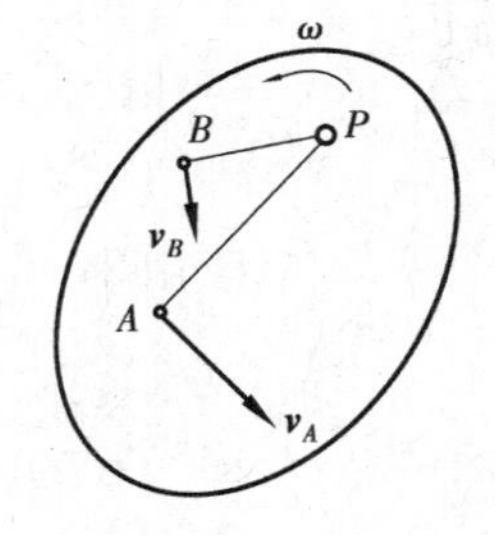

图7.13

如果此时还知道其中一个点(如点 A)的速度 $\boldsymbol{v}_A$ 的大小和指向，则

$$\omega=\frac{v_A}{AP}$$

②已知某瞬时图形上某两点的速度 $\boldsymbol{v}_A$ 和 $\boldsymbol{v}_B$ 相互平行，且与连线 AB 的交角 $\theta\neq90°$(见图7.14(a))。此时速度瞬心 P 在无穷远处，平面运动刚体的角速度 $\omega=v_A/\overline{AP}=0$。这种情况下刚体作瞬时平动。同时，由速度投影定理可知 $\boldsymbol{v}_A=\boldsymbol{v}_B$，即此时平面图形上各点的速度相同。必须注意，刚体作瞬时平动时各点的速度相同，但加速度却不相同，否则刚体就是作平动了。

③已知某瞬时图形上某两点的速度 $\boldsymbol{v}_A$ 和 $\boldsymbol{v}_B$ 大小不等但相互平行，且垂直于连线 AB(见图7.14(b)、(c))。根据速度分布规律，瞬心 P 都在通过 AB 的直线和通过 $\boldsymbol{v}_A$、$\boldsymbol{v}_B$ 端点的直线的交点上。

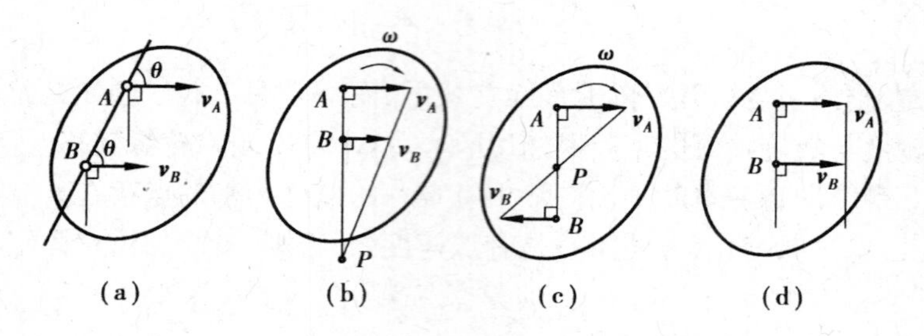

图 7.14

特殊情况是 $\boldsymbol{v}_A$ 和 $\boldsymbol{v}_B$ 大小相等且指向相同(见图 7.14(d)),此时图形的速度瞬心在无穷远处,图形上所有各点的速度矢相等,刚体作瞬时平动。

④平面图形在固定平面纯滚动时,其接触点为速度瞬心。例如,车轮沿直线滚动的过程中,轮缘上的各点相继与地面接触而成为车轮在不同时刻的速度瞬心。

例 7.3 如图 7.15 所示的四连杆机构,已知 $O_1B=l$,$AB=\frac{3}{2}l$,$AD=DB$,OA 以匀角速度 ω_O 绕 O 轴转动。求:1)AB 杆的角速度;2)B、D 点的速度。

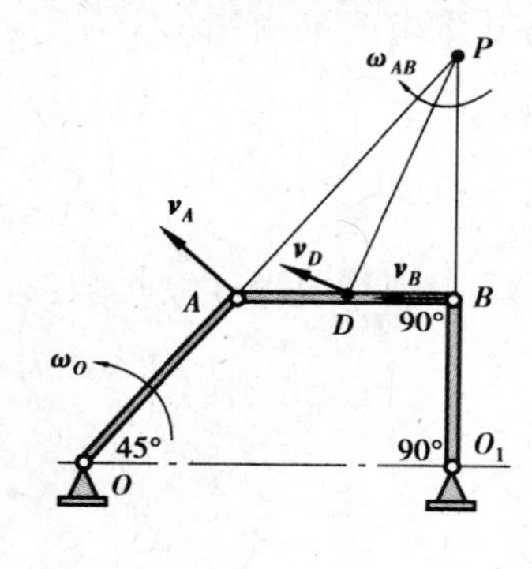

图 7.15

解 机构中杆 AB 作平面运动,杆 OA 和 O_1B 绕定轴转动。A、B 两点的速度 $\boldsymbol{v}_A$、$\boldsymbol{v}_B$ 的方向都可以确定。作 $\boldsymbol{v}_A$ 和 $\boldsymbol{v}_B$ 的垂线,相交于 P,此即杆 AB 的速度瞬心。

图中的几何关系为

$$OA=\sqrt{2}l,AB=BP=\frac{3}{2}l,AP=\frac{3\sqrt{2}}{2}l,PD=\frac{3\sqrt{5}}{4}l$$

1)求 AB 杆的角速度

因为 A 点的速度为

$$v_A=\omega_0\cdot\overline{OA}=\sqrt{2}\omega_0 l$$

方向如图 7.15 所示。因此,连杆 AB 的角速度为

$$\omega_{AB}=\frac{v_A}{\overline{AP}}=\frac{2}{3}\omega_0$$

顺时针转向。

2)求 B、D 点的速度

由速度瞬心法,B、D 点的速度分别为

$$v_B=\omega_{AB}\cdot\overline{BP}=\omega_0 l$$

$$v_D=\omega_{AB}\cdot\overline{DP}=\frac{\sqrt{5}}{2}\omega_0 l$$

方向如图 7.15 所示。

例 7.4 如图 7.16 所示,节圆半径为 r 的行星齿轮Ⅱ由曲柄 OA 带动在节圆半径为 R 的固定齿轮Ⅰ上作无滑动的滚动。已知曲柄 OA 以匀角速度 ω_0 绕 O 轴转动。求在图示位置时,齿轮Ⅱ节圆上 M_1、M_2、M_3、M_4 各点的速度。图 7.16 中,$M_3M_4\perp M_1M_2$。

解 行星齿轮Ⅱ作平面运动。因为行星轮Ⅱ滚而不滑,所以其速度瞬心在两轮接触点 C 处,利用瞬心法进行求解。为此先求轮Ⅱ的角速度。

因为 A 点的速度为

$$v_A = \omega \cdot \overline{AC} = \omega_O \cdot \overline{OA} = \omega_O(R + r)$$

方向如图 7.16 所示。因此，轮Ⅱ的角速度为

$$\omega = \frac{v_A}{r} = \frac{R + r}{r}\omega_O$$

逆时针转向。

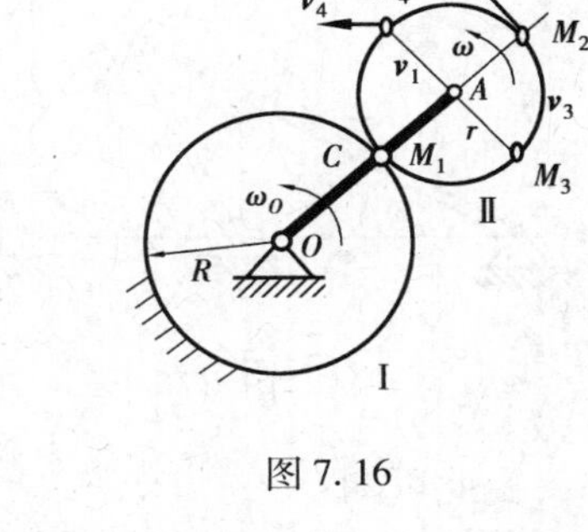

图 7.16

因此，齿轮Ⅱ节圆上 M_1、M_2、M_3、M_4 各点的速度分别为

$$v_{M_1} = v_C = 0$$

$$v_{M_2} = \omega \cdot \overline{CM_2} = 2\omega_0(R + r)$$

$$v_{M_3} = v_{M_4} = \omega \cdot \overline{CM_3} = \sqrt{2}\omega_0(R + r)$$

各点的速度方向如图 7.16 所示。

例 7.5　如图 7.17 所示，长为 l 的杆 AB，A 端靠在铅垂墙面，B 端铰接在半径为 R 的圆盘中心，圆盘沿水平地面作纯滚动。已知图示位置时，杆 A 端的速度为 $\boldsymbol{v}_A$，求此时杆 B 端的速度、杆 AB 的角速度、杆 AB 中点 D 的速度和圆盘的角速度。

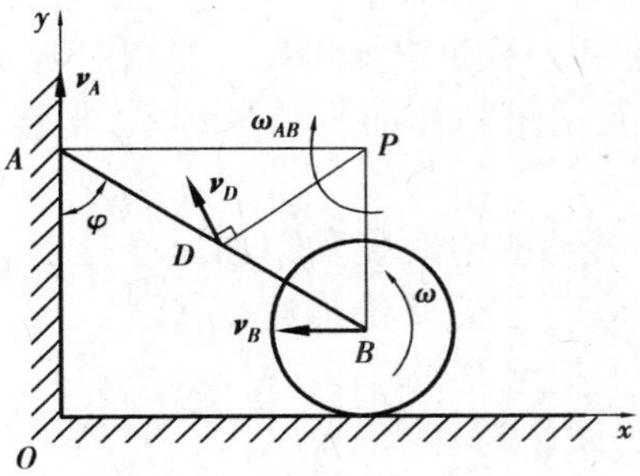

图 7.17

解　杆 AB 和圆盘均作平面运动。

对于杆 AB，其速度瞬心在点 A、B 速度 $\boldsymbol{v}_A$、$\boldsymbol{v}_B$ 垂线的交点 P。故杆 AB 的角速度为

$$\omega_{AB} = \frac{v_A}{\overline{AP}} = \frac{v_A}{l \sin \varphi}$$

利用瞬心法求得杆 B 端及杆 AB 中点 D 的速度大小分别为

$$v_B = \omega_{AB} \cdot \overline{PB} = v_A \cot \varphi$$

$$v_D = \omega_{AB} \cdot \overline{PD} = \frac{v_A}{2 \sin \varphi}$$

方向如图 7.17 所示。

对于圆盘，其速度瞬心在与地面的接触点，故圆盘的角速度大小为

$$\omega = \frac{v_B}{R} = \frac{v_A}{R}\cot \varphi$$

转向为逆时针。

例 7.6　如图 7.18 所示的双滑块摇杆机构，滑块 A、B 可沿水平导槽滑动，摇杆 OC 绕定轴 O 转动，连杆 CA 和 CB 可在图示平面内运动，且 $CB = l$。当机构处于图示位置时，已知滑块 A 的速度 $\boldsymbol{v}_A$，方向如图 7.18 所示。试求该瞬时滑块 B 的速度 $\boldsymbol{v}_B$ 以及连杆 CB 的角速度 ω_{CB}。

解　连杆 CA 和 CB 均作平面运动。

对于连杆 CA，其速度瞬心在点 A、C 速度 $\boldsymbol{v}_A$、$\boldsymbol{v}_C$ 垂线的交点 P_1。由图 7.18 可知，$P_1A = P_1C$，故 C 点速度为

$$v_C = v_A$$

方向如图 7.18 所示。

对于连杆 CB，其速度瞬心在点 B、C 速度 $\boldsymbol{v}_B$、$\boldsymbol{v}_C$ 垂线的交点 P_2。由于 $P_2C = BC \cdot$

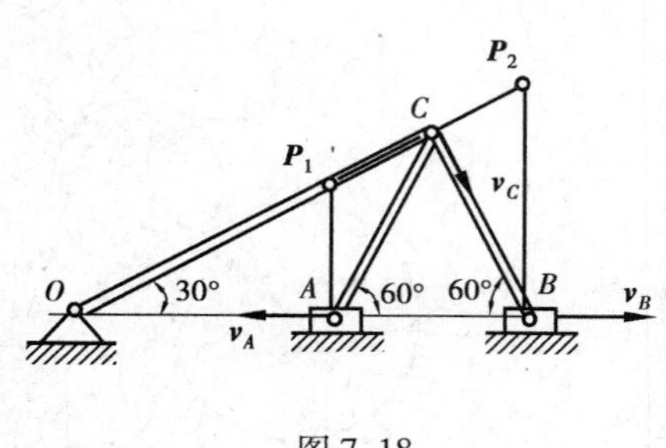

图 7.18

$\tan 30° = \frac{\sqrt{3}}{3}l$,故连杆 CB 的角速度为

$$\omega_{CB} = \frac{v_C}{\overline{P_2C}} = \frac{\sqrt{3}}{l}v_A$$

逆时针转向。

于是滑块 B 的速度大小为

$$v_B = \omega_{CB} \cdot \overline{P_2B} = 2v_A$$

方向如图 7.18 所示。

由此可知：

①机构的运动都是通过各部件的连接点来传递的。

②机构中作平面运动的各刚体有各自的速度瞬心和角速度。

7.3 平面图形上各点的加速度分析

前面已经指出,刚体的平面运动可以分解为跟随基点的牵连平动和绕此基点的相对转动。因此,与分析平面图形上各点速度的方法类似,在基点处建立一随基点的平动坐标系,根据点的加速度合成定理,可求得平面图形上各点的加速度。

设某瞬时平面图形 S 内某一点 O 的加速度为 $\boldsymbol{a}_O$,图形转动的角速度和角加速度分别 ω、α,如图 7.19 所示。以 O 为基点,现在应用基点法求该图形上任一点 M 的加速度 $\boldsymbol{a}_M$。

由于牵连运动是平动,故点 M 的牵连加速度 $\boldsymbol{a}_e$ 显然等于基点 O 的加速度为 $\boldsymbol{a}_O$,而相对加速度 $\boldsymbol{a}_r$ 是点 M 绕基点 O 相对转动的加速度,记为 $\boldsymbol{a}_{MO}$,它由切向分量 $\boldsymbol{a}_{MO}^{t}$ 和法向分量 $\boldsymbol{a}_{MO}^{n}$ 组成。因此,根据牵连运动为平动时点的加速度合成定理,此瞬时点 M 的加速度为

$$\boldsymbol{a}_M = \boldsymbol{a}_O + \boldsymbol{a}_{MO}^{t} + \boldsymbol{a}_{MO}^{n} \tag{7.4}$$

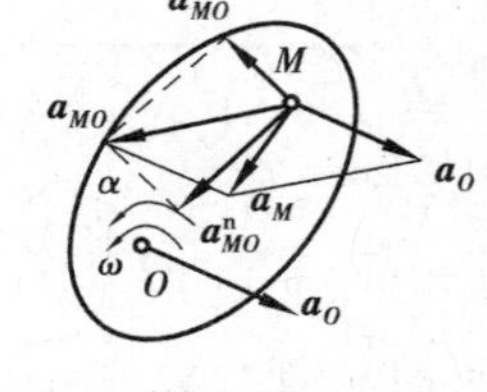

图 7.19

即平面图形内任一点的加速度,等于基点的加速度与该点随图形绕基点相对转动的切向加速度和法向加速度的矢量和。这就是求平面图形上各点加速度的基点法。

式(7.4)中,点 M 绕基点 O 相对转动的切向加速度 $\boldsymbol{a}_{MO}^{t}$ 方向垂直于 OM 并与角加速度的 α 转向一致,大小为

$$a_{MO}^{t} = \alpha \cdot \overline{OM}$$

点 M 绕基点 O 相对转动的法向加速度 $\boldsymbol{a}_{MO}^{n}$ 方向始终由点 M 指向基点 O,大小为

$$a_{MO}^{n} = \omega^2 \cdot \overline{OM}$$

可以证明,在某瞬时只要平面图形的角速度和角加速度不同时为零,在该瞬时平面图形上必有一点的加速度为零,这样的点称为**加速度瞬心**。显然,若选加速度瞬心作为基点,则求平面图形内任一点加速度的基点法可作进一步简化。值得注意的是,平面图形上的速度瞬心和加速度瞬心一般是两个不同的点。通常情况下,加速度瞬心位置的确定比较困难,因此平面图形上各点的加速度分析仍然常采用基点法。

例 7.7 如图 7.20 所示的外啮合行星轮机构,已知定齿轮 Ⅰ 的半径为 r_1,动齿轮 Ⅱ 的半

径为 r_2，杆 OA 在图示位置时的角速度、角加速度分别为 ω_0、α_0。试求动齿轮上 M 点(在 OA 的延长线上)的加速度。

解　杆 OA 绕定轴转动，其上 A 点的速度和加速度分别为

$$v_A = \omega_0(r_1 + r_2)$$
$$a_a^n = \omega_0^2(r_1 + r_2)$$
$$a_a^t = \alpha_0(r_1 + r_2)$$

方向如图7.20所示。

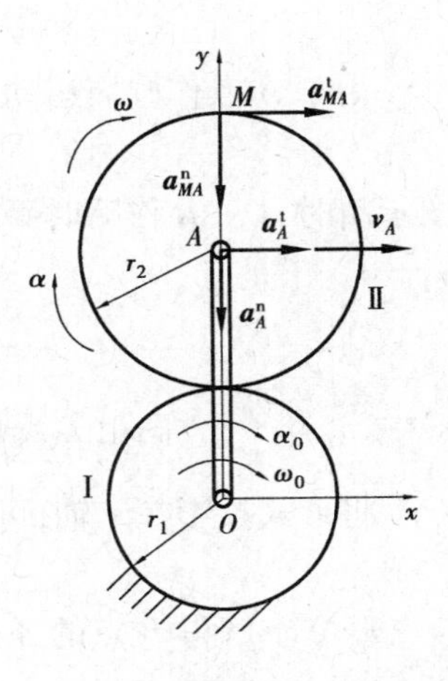

图7.20

齿轮Ⅱ作平面运动，其速度瞬心在齿轮Ⅰ与齿轮Ⅱ的啮合点，齿轮Ⅱ上的 A 点与杆 OA 上 A 点的速度相同，所以齿轮Ⅱ的角速度为

$$\omega = \frac{v_A}{r_2} = \frac{r_1 + r_2}{r_2}\omega_0$$

顺时针转向。于是齿轮Ⅱ的角加速度为

$$\alpha = \dot{\omega} = \frac{\dot{v}_A}{r_2} = \frac{r_1 + r_2}{r_2}\dot{\omega}_0 = \frac{r_1 + r_2}{r_2}\alpha_0$$

也是顺时针转向。

取齿轮Ⅱ上的 A 点为基点，用基点法求 M 点的加速度，有

$$\boldsymbol{a}_M = \boldsymbol{a}_A + \boldsymbol{a}_{MA}^t + \boldsymbol{a}_{MA}^n$$
$$= \boldsymbol{a}_A^t + \boldsymbol{a}_A^n + \boldsymbol{a}_{MA}^t + \boldsymbol{a}_{MA}^n$$

将上式投影在 x、y 轴，可求出

$$a_{Mx} = a_A^t + a_{MA}^t = \alpha_0(r_1 + r_2) + r_2\alpha = 2\alpha_0(r_1 + r_2)$$

$$a_{My} = -a_A^n - a_{MA}^n = -\omega_0^2(r_1 + r_2) - r_2\omega^2 = -\frac{(r_1 + r_2)(r_1 + 2r_2)}{r_2}\omega_0^2$$

根据这些结果，可进一步求出 M 点的加速度的大小和方向。

例7.8　如图7.21所示，长为 $2r$ 的杆 AB，其 A 端以匀速度 $\boldsymbol{u}$ 沿水平直线运动，B 端由长为 r 的绳索 BD 吊起。试求运动到图示位置(AB 与水平线夹角为 θ，BD 铅垂)时，B 点的加速度以及杆 AB 的角加速度。

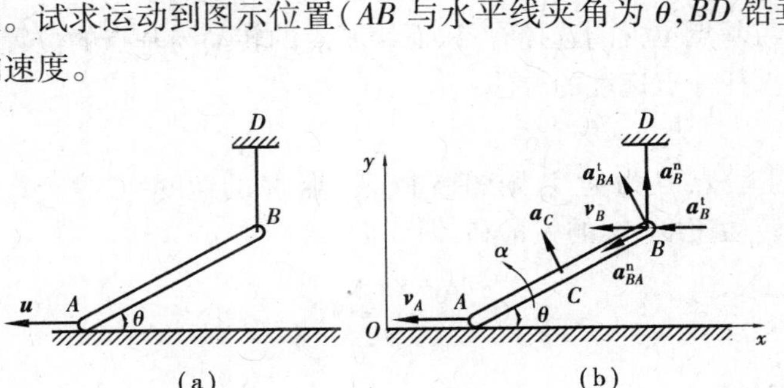

图7.21

解　图示位置时，$\boldsymbol{v}_A /\!/ \boldsymbol{v}_B$，杆 AB 作瞬时平动，杆 AB 的角速度和 B 点的速度分别为

$$\omega = 0$$
$$v_B = v_A = u$$

方向如图 7.21 所示。

取 A 点为基点,用基点法求 B 点的加速度,有

$$\boldsymbol{a}_B = \boldsymbol{a}_A + \boldsymbol{a}_{BA}^{\mathrm{t}} + \boldsymbol{a}_{BA}^{\mathrm{n}}$$

由于 B 点作圆周运动,故其加速度为

$$\boldsymbol{a}_B = \boldsymbol{a}_B^{\mathrm{t}} + \boldsymbol{a}_B^{\mathrm{n}}$$

图示瞬时,杆 AB 作瞬时平动,其角速度为零,故 $a_{BA}^{\mathrm{n}} = 0$。又根据题意,A 点作匀速直线运动,故 $a_A = 0$。于是有

$$\boldsymbol{a}_B = \boldsymbol{a}_B^{\mathrm{t}} + \boldsymbol{a}_B^{\mathrm{n}} = \boldsymbol{a}_{BA}^{\mathrm{t}}$$

式中,$a_B^{\mathrm{n}} = \dfrac{v_B^2}{r}$,方向由 B 指向 D。

将上式投影在 y 轴,可求出

$$a_B^{\mathrm{n}} = a_{BA}^{\mathrm{t}} \cos\theta$$

联立求解得 B 点的加速度以及杆 AB 的角加速度分别为

$$a_B = a_{BA}^{\mathrm{t}} = \frac{a_B^{\mathrm{n}}}{\cos\theta} = \frac{u^2}{r\cos\theta}$$

$$\alpha = \frac{a_{BA}^{\mathrm{t}}}{\overline{AB}} = \frac{a_B^{\mathrm{n}}}{2r\cos\theta} = \frac{u^2}{2r^2\cos\theta}$$

方向如图 7.21 所示。

小　结

1. 本章采用运动分解与合成的方法研究了刚体的平面运动,即

$$\text{平面运动} \underset{\text{合成}}{\overset{\text{分解}}{\rightleftharpoons}} \text{随基点的平动} + \text{绕基点的转动}$$

（绝对运动）（牵连运动）（相对运动）

随基点的平动与基点位置的选择有关,而绕基点的转动与基点的位置无关。

2. 求平面图形上任一点速度的方法:

(1)基点法:

任选平面图形上一点 O 为基点,则图形上任一点 M 的速度 $\boldsymbol{v}_M$ 等于基点的速度 $\boldsymbol{v}_O$ 与该点随图形绕基点相对转动速度 $\boldsymbol{v}_{MO}$ 的矢量和,即

$$\boldsymbol{v}_M = \boldsymbol{v}_O + \boldsymbol{v}_{MO}$$

该方法普遍适用。

(2)速度投影法:

根据速度投影定理,同一平面图形上任意两点的速度在此两点连线上的投影相等,即

$$[\boldsymbol{v}_M]_{OM} = [\boldsymbol{v}_O]_{OM}$$

该方法仅在能够确定平面图形上两点速度方向及其与该两点连线夹角的情况下才能求解速度。

(3)速度瞬心法：

在某一瞬时，平面图形内(绝对)速度等于零的点称为平面图形的瞬时速度中心，简称速度瞬心或瞬心。平面图形的运动可看成是绕速度瞬心作瞬时转动。

平面图形上任一点 M 的速度大小为

$$v_M = \omega \cdot \overline{PM}$$

式中，ω 为平面图形的角速度，$\overline{PM}$为点 M 到速度瞬心 P 的距离。$\boldsymbol{v}_M$ 垂直于该点与速度瞬心的连线，指向图形转动的一方。

3. 求平面图形上任一点加速度的方法：

(1)基点法：

任选平面图形上一点 O 为基点，则图形上任一点 M 的速度 $\boldsymbol{a}_M$ 等于基点的加速度 $\boldsymbol{a}_O$ 与该点随图形绕基点相对转动的切向加速度 $\boldsymbol{a}_{MO}^{t}$和法向加速度 $\boldsymbol{a}_{MO}^{n}$的矢量和，即

$$\boldsymbol{a}_M = \boldsymbol{a}_O + \boldsymbol{a}_{MO}^{t} + \boldsymbol{a}_{MO}^{n}$$

该方法普遍适用。

(2)加速度瞬心法：

在某一瞬时，平面图形内(绝对)加速度等于零的点称为平面图形的加速度瞬心。通常情况下，加速度瞬心位置的确定比较困难，因此平面图形上各点的加速度分析仍然常采用基点法。

思 考 题

7.1　如图7.22所示，刚体上 A、B 两点的速度方向可能是这样吗？

7.2　下列各题的计算过程有没有错误？为什么？

(1)如图7.23(a)所示，已知 v_B，则 $v_{BA} = v_B \sin\alpha$，故

$$\omega_{AB} = \frac{v_{BA}}{AB}$$

(2)已知 $\boldsymbol{v}_B = \boldsymbol{v}_A + \boldsymbol{v}_{BA}$，则速度平行四边形如图7.23(b)所示。

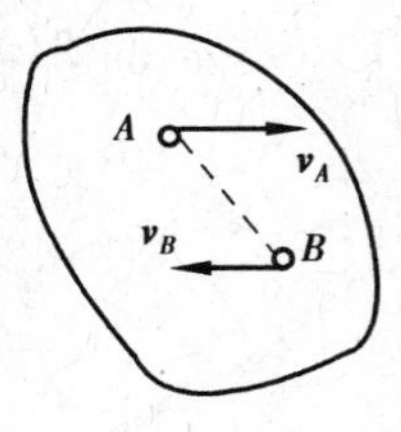

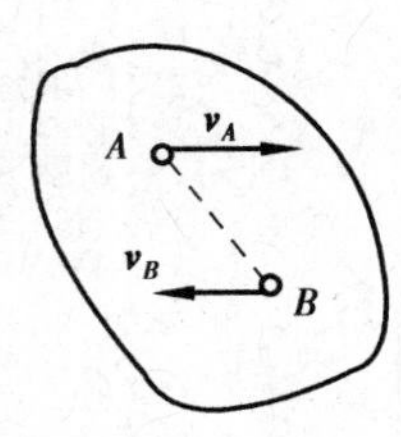

图7.22

(3)如图7.23(c)所示，已知 ω = 常量，$OA = r$，$v_A = \omega r$ = 常量，在图示瞬时，$v_A = v_B$，即 $v_B = \omega r$ = 常量，故

$$a_B = \frac{\mathrm{d}v_B}{\mathrm{d}t} = 0$$

(4)如图7.23(d)所示，已知 $v_A = \omega \cdot OA$，所以 $v_B = \boldsymbol{v}_A \cos\alpha$

(5)如图7.23(e)所示，已知 $v_A = \omega_1 \cdot O_1A$，方向如图7.23所示；$v_D$ 垂直于 O_2D。于是可确定速度瞬心 C 的位置，求得

$$v_D = \frac{v_A}{AC} \cdot CD, \omega_2 = \frac{v_D}{O_2D}$$

7.3　已知如图7.24所示瞬时 O_1A 与 O_2B 平行且相等，问 ω_1 与 ω_2，α_2 与 α_1 是否相等？

7.4　如图7.25所示，O_1A 的角速度为 ω_1，板 ABC 和杆 O_1A 铰接。问图中 O_1A 和 AC 上各

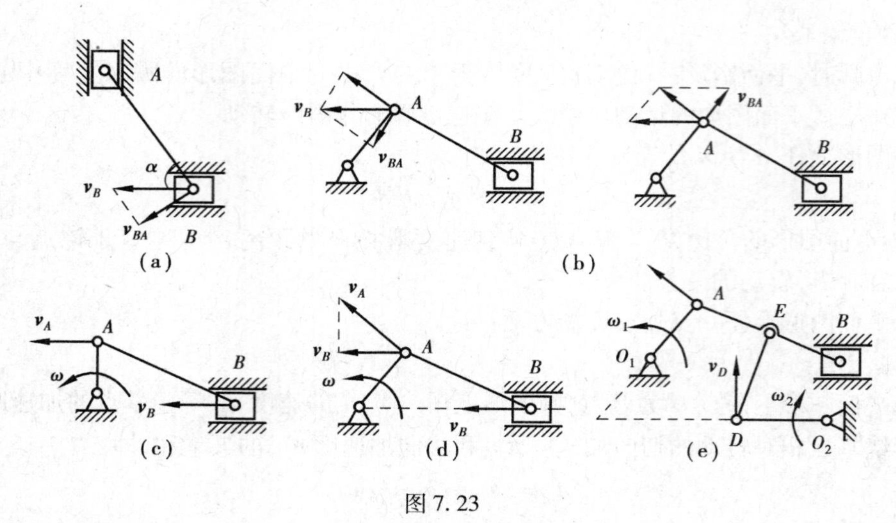

图 7.23

点的速度分布规律对不对?

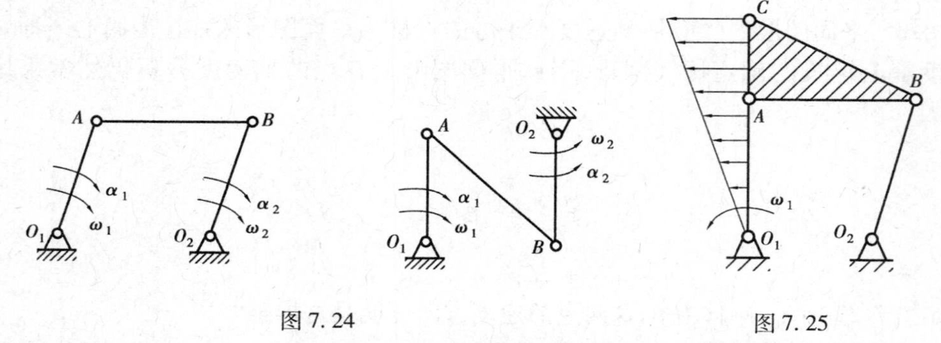

图 7.24　　　　　　　　图 7.25

7.5　在如图 7.26 所示的机构中,哪些构件做平面运动?画出它们图示位置的速度瞬心。

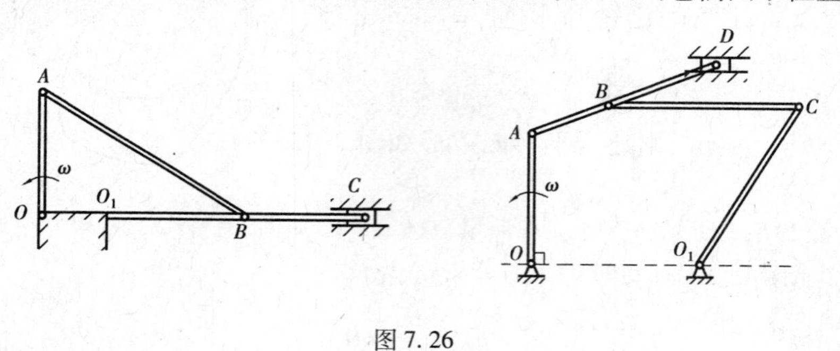

图 7.26

习　题

7.1　半径为 r 的齿轮由曲柄 OA 带动,沿半径为 R 的固定齿轮滚动,如图 7.27 所示。如曲柄 OA 以等角加速度 α 绕 O 轴转动,当运动开始时,角速度 $\omega_0=0$,转角 $\varphi=0$。求动齿轮以中心 A 为基点的平面运动方程。

7.2　杆 AB 斜靠于高为 h 的台阶角 C 处，一端 A 以匀速 $\boldsymbol{v}_0$ 沿水平向右运动，如图7.28所示。试以杆与铅垂线的夹角 θ 表示杆的角速度。

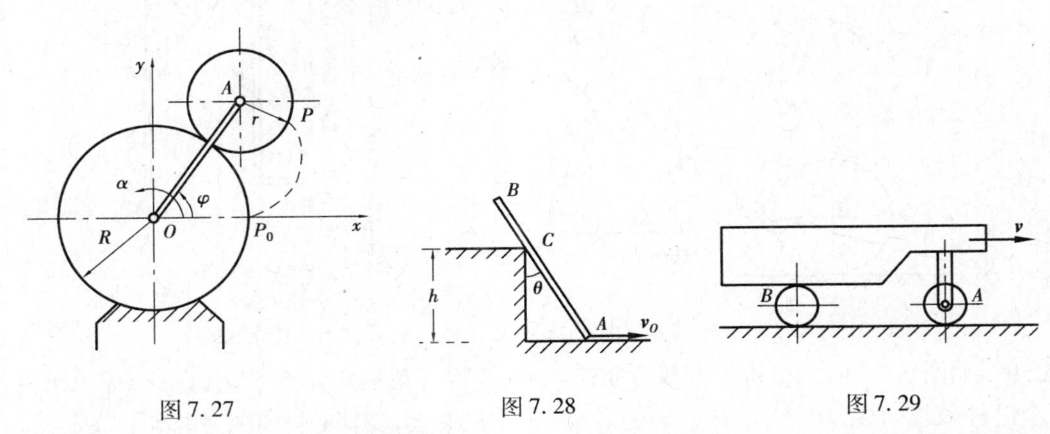

图7.27　　图7.28　　图7.29

7.3　如图7.29所示拖车的车轮 A 与垫滚 B 的半径均为 r。试问当拖车以速度 $\boldsymbol{v}$ 前进时，轮 A 与垫滚 B 的角速度 ω_A 与 ω_B 有什么关系？设轮 A 和垫滚 B 与地面之间以及垫滚 B 与拖车之间无滑动。

7.4　如图7.30所示，直径为 $60\sqrt{3}$mm 的滚子在水平面上作纯滚动，杆 BC 一端与滚子铰接，另一端与滑块 C 铰接。设杆 BC 在水平位置时，滚子的角速度 $\omega = 12$ rad/s，$\theta = 30°$，$\varphi = 60°$，$BC = 270$ mm。试求该瞬时杆 BC 的角速度和点 C 的速度。

7.5　如图7.31所示的四连杆机械 $OABO_1$，$OA = O_1B = \frac{1}{2}AB$，曲柄 OA 的角速度 $\omega = 3$ rad/s。试求当图示 $\varphi = 90°$ 而曲柄 O_1B 重合于 OO_1 的延长线上时，杆 AB 和曲柄 O_1B 的角速度。

7.6　如图7.32所示，两齿条以速度 $\boldsymbol{v}_1$ 和 $\boldsymbol{v}_2$ 作同方向运动，在两齿条间夹一齿轮，其半径为 r。求齿轮的角速度及其中心 O 的速度。

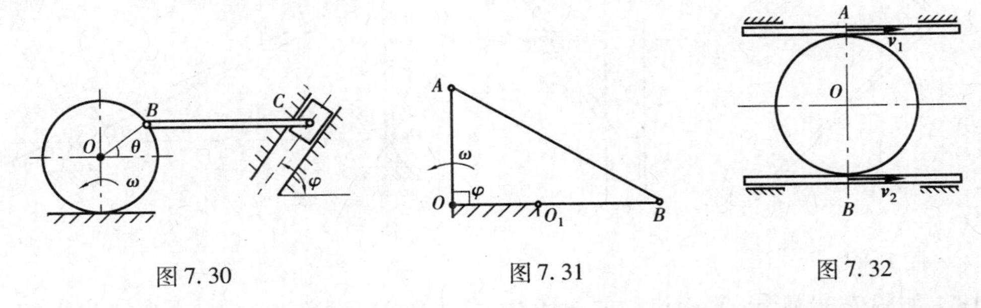

图7.30　　图7.31　　图7.32

7.7　杆 AB 长为 $l = 1.5$ m，一端铰接在半径为 $r = 0.5$ m 的轮缘上，另一端放在水平面上，如图7.33所示。轮沿地面作纯滚动，已知轮心 O 速度的大小为 $\boldsymbol{v}_O = 20$ m/s。求图示瞬时（OA 水平）B 点的速度以及轮和杆的角速度。

7.8　如图7.34所示的平面机构，已知 $OA = AB = 20$ cm，半径 $r = 5$ cm 的圆轮可沿铅垂面作纯滚动。在图示位置时，OA 水平，其角速度 $\omega = 2$ rad/s、角加速度为零，杆 AB 处于铅垂。求该瞬时：(1)圆轮的角速度和角加速度；(2)杆 AB 的角加速度。

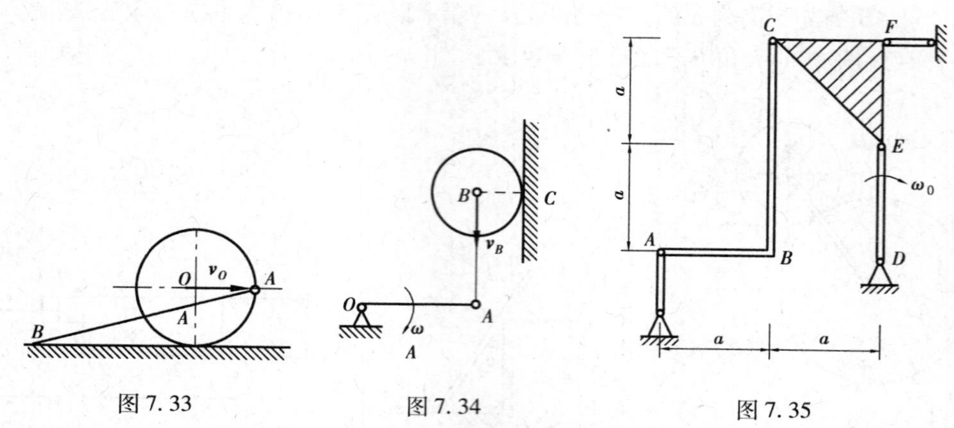

图 7.33　　图 7.34　　图 7.35

7.9　如图 7.35 所示机构由直角形曲杆 ABC、等腰直角三角形板 CEF、直杆 DE 3 个刚体和两个链杆铰接而成，DE 杆绕 D 轴匀速转动，角速度为 ω_0，求图示瞬时（AB 水平，DE 铅垂）点 A 的速度和三角板 CEF 的角加速度。

7.10　如图 7.36 所示，曲柄连杆机构在其连杆中点 C 以铰链与 CD 相连接，DE 杆可绕 E 点转动。如曲柄的角速度 $\omega = 8$ rad/s，且 $OA = 25$ cm，$DE = 100$ cm，若当 B、E 两点在同一铅垂线上时，O、A、B 3 点在同一水平线上，$\angle CDE = 90°$，求杆 DE 的角速度和杆 AB 的角加速度。

7.11　如图 7.37 所示，滑块以匀速度 $v_B = 2$ m/s 沿铅垂滑槽向下滑动，通过连杆 AB 带动轮子 A 沿水平面作纯滚动。设连杆长 $l = 800$ mm，轮子半径 $r = 200$ mm。当 AB 与铅垂线成角 $\theta = 30°$时，求此时点 A 的加速度及连杆、轮子的角加速度。

7.12　如图 7.38 所示曲柄摇块机构，曲柄 OA 以角速度 ω_0 绕 O 轴转动，带动连杆 AC 在摇块 B 内滑动；摇块及与其刚性连接的 BD 杆则绕 B 铰转动，杆 BD 长 l。求在图示位置时，摇块的角速度及 D 点的速度。

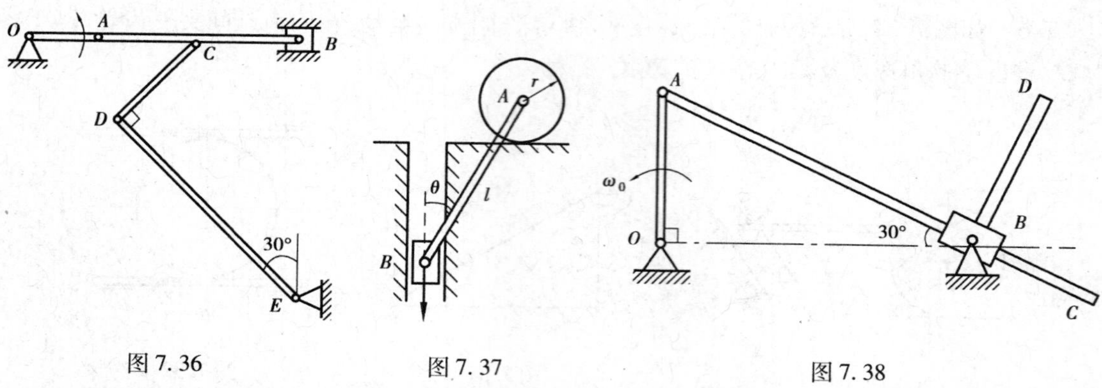

图 7.36　　图 7.37　　图 7.38

7.13　如图 7.39 所示，平面机构的曲柄 OA 长为 $2a$，以角速度 ω_0 绕轴 O 转动。在图示位置时，$AB = BO$ 且 $\angle OAD = 90°$。求此时套筒 D 相对于杆 BC 的速度。

7.14　如图 7.40 所示，曲柄导杆机构的曲柄 OA 长 120 mm，在图示位置 $\angle AOB = 90°$时，曲柄的角速度 $\omega = 4$ rad/s，角加速度 $\alpha = 2$ rad/s^2。试求此时导杆 AC 的角加速度及导杆相对于套筒 B 的加速度。设 $OB = 160$ mm。

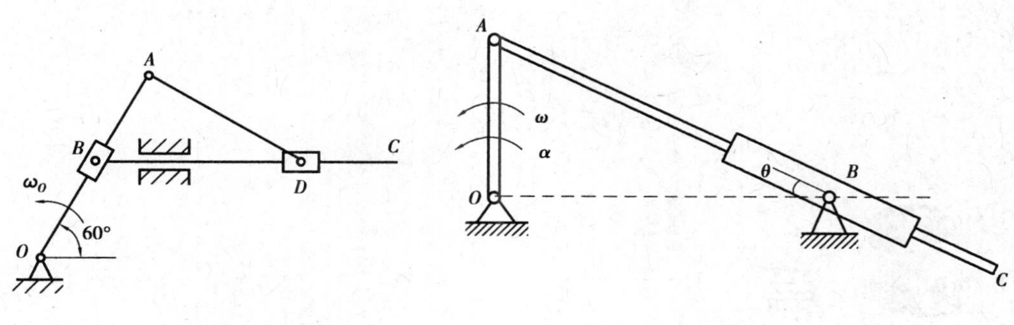

图7.39　　图7.40

7.15　如图7.41所示，曲柄OA以恒定的角速度$\omega=2$ rad/s绕轴O转动，并借助连杆AB驱动半径为r的轮子在半径为R的圆弧槽中作无滑动的滚动。设$OA=AB=R=2r=1$ m，求图示瞬时点B、C的速度与加速度。

7.16　如图7.42所示，曲柄连杆机构带动摇杆O_1C绕轴O_1摆动。在连杆AB上装有两个滑块，滑块B在水平槽内滑动，而滑块D则在摇杆O_1C的槽内滑动。已知曲柄OA长50 mm，以匀角速度$\omega=10$ rad/s绕轴O转动。图示位置时，曲柄与水平线间成90°角，$\angle OAB=60°$，摇杆与水平线间成60°角，距离$O_1D=70$ mm。求摇杆的角速度和角加速度。

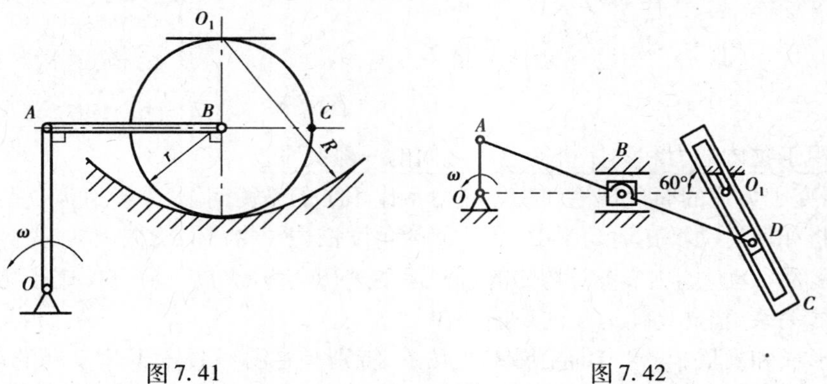

图7.41　　图7.42

第 3 篇
动力学

引　言

动力学研究作用于物体的力和物体机械运动之间的一般关系。

在静力学中，研究了力系的简化理论和物体在力系作用下的平衡问题，并没有涉及受不平衡力系作用的物体将如何运动。在运动学中，从几何的角度描述了物体的机械运动，完全不涉及运动的物理原因。而在动力学中，将对物体的机械运动进行全面的分析，研究作用于物体的力与物体运动之间的关系，建立物体运动的普遍规律。

动力学理论的形成和发展，与生产的发展密切联系，特别是在科学技术迅速发展的今天，对动力学提出了更加复杂的课题，如高速运转的机械、高速车辆、机器人、航空、航天等领域，都需要应用动力学理论。

从研究对象来看，动力学可分为质点动力学和质点系（包括刚体）动力学两部分。前者是后者的基础。

牛顿三定律是质点动力学的基础，也是整个动力学的理论基础，在物理学中已详细介绍，这里简述如下：

(1) 第一定律（惯性定律）

不受力作用的质点，将保持静止或作匀速直线运动。不受力作用的质点（包括受平衡力系作用的质点），不是处于静止状态，就是保持其原有的速度矢不变，这种性质称为**惯性**。

(2) 第二定律（力与加速度之间的关系的定律）

第二定律可表示为

$$\frac{\mathrm{d}}{\mathrm{d}t}(m\boldsymbol{v}) = \boldsymbol{F}$$

式中　m——质点的质量；

$\boldsymbol{v}$——质点的速度；

$\boldsymbol{F}$——质点所受的力。

当质点的质量为常量时，上式可写为

$$m\boldsymbol{a}=\boldsymbol{F}$$

如果有一个力系($\boldsymbol{F}_1,\boldsymbol{F}_2,\cdots,\boldsymbol{F}_n$)作用在质点上，牛顿第二定律可表示为

$$m\boldsymbol{a} = \sum \boldsymbol{F}_i$$

可见，质点的质量与加速度的乘积，等于作用于质点的力的大小，加速度的方向与力的方向相同。质点的质量越大，其运动状态越不容易改变，也就是质点的惯性越大。因此，**质量**是质点惯性的度量。

(3)第三定律(作用与反作用定律)

两个物体间的作用力与反作用力总是大小相等，方向相反，沿着同一条直线，且同时分别作用在这两个物体上。它不仅适用于平衡的物体，而且也适用于任何运动的物体。

第一定律不仅是第二定律的特殊情况，更重要的是，第一定律是第二定律所不可缺少的前提，因为第一定律为整个力学体系选定了一类特殊的参考系——**惯性参考系**(固定于地面的坐标系或相对于地面作匀速直线平移的坐标系)。牛顿第三定律，无论在静力学还是动力学的问题中，都是适用的，它与参考系的选取无关。

第 8 章 质点动力学基础

8.1 质点的运动微分方程

质点受到 n 个力 $\boldsymbol{F}_1,\boldsymbol{F}_2,\cdots,\boldsymbol{F}_n$ 作用时,由牛顿第二定律,有

$$m\boldsymbol{a} = \sum \boldsymbol{F}_i$$

即

$$m\frac{\mathrm{d}^2\boldsymbol{r}}{\mathrm{d}t^2} = \sum \boldsymbol{F}_i \tag{8.1}$$

这就是**质点的运动微分方程的矢量形式**。

式(8.1)为矢量形式,可向任意轴投影,得到相应的投影形式。下面介绍两种常用的质点运动微分方程的投影形式。

8.1.1 质点运动微分方程在直角坐标轴上投影

设矢径 $\boldsymbol{r}$ 在直角坐标轴上的投影分别为 x,y,z,力 $\boldsymbol{F}_i$ 在轴上的投影分别为 F_{xi},F_{yi},F_{zi}(见图8.1),则式(8.1)在直角坐标轴上的投影形式为

$$\begin{cases} m\dfrac{\mathrm{d}^2x}{\mathrm{d}t^2} = \sum F_{xi} \\ m\dfrac{\mathrm{d}^2y}{\mathrm{d}t^2} = \sum F_{yi} \\ m\dfrac{\mathrm{d}^2z}{\mathrm{d}t^2} = \sum F_{zi} \end{cases} \tag{8.2}$$

8.1.2 质点运动微分方程在自然轴上投影

由点的运动学知,点的全加速度 $\boldsymbol{a}$ 在切线与主法线构成的密切面内,点的加速度在副法线上的投影等于零,即

$$\boldsymbol{a} = a_t\boldsymbol{\tau} + a_n\boldsymbol{n}, \boldsymbol{a}_b = 0$$

式中　$\boldsymbol{\tau}$、$\boldsymbol{n}$——沿轨迹切线和主法线的单位矢量,如图8.1所示。

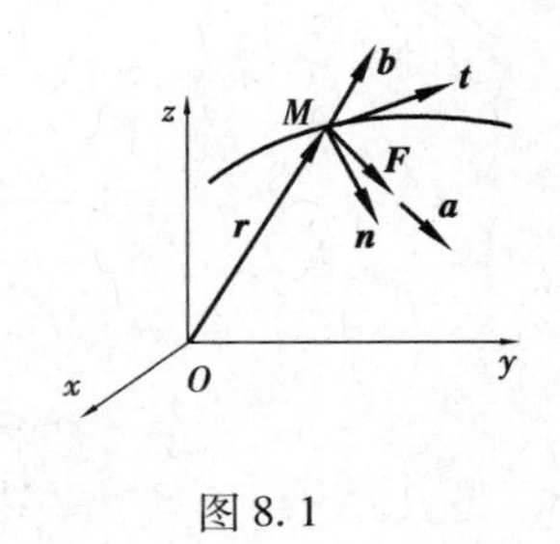

图8.1

因此,式(8.1)在自然轴系上的投影式为

$$\begin{cases} m\dfrac{\mathrm{d}v}{\mathrm{d}t}=\sum F_{it} \\ m\dfrac{v^2}{\rho}=\sum F_{in} \\ 0=\sum F_{ib} \end{cases} \tag{8.3}$$

式中　ρ——轨迹的曲率半径;

F_{it}、F_{in}、F_{ib}——作用于质点的各力在自然轴系切线、主法线和副法线上的投影。

8.2　质点动力学基本问题

应用质点的运动微分方程式(8.1),可求解自由质点动力学的两类基本问题。第一类是已知质点的运动,求作用于质点的力;第二类是已知作用于质点的力,求质点的运动。

第一类基本问题的求解,需根据质点的已知运动规律,通过导数运算,求出加速度,再代入质点运动微分方程相应的投影形式,如在直角坐标轴上的投影式(8.2)或在自然轴上的投影式(8.3)等,即可求得作用于质点的力。

第二类基本问题的求解,从数学的角度看,是解微分方程或求积分的问题。作用于质点的已知力,在一般情形下可能表现为质点位置、速度和时间的函数,即$\boldsymbol{F}=\boldsymbol{F}(\boldsymbol{r},\dot{\boldsymbol{r}},t)$,这使得质点运动微分方程的投影式成为$\boldsymbol{r}(t)$的二阶微分方程,而且仅在少数情形下可化成可积分形式。因此,第二类问题的求解在数学上比较困难。通常有两种方法:一是在可能的条件下将微分方程化成为线性的,因为线性微分方程的求解相对比较容易;二是采用数值解法,通过计算机辅助实现。这种方法被大量采用,尤其是当力$\boldsymbol{F}$并不能用解析形式表示时,数值解法成为唯一的途径。必须注意,在求解第二类问题时,积分时会出现积分常数。为了完全确定质点的运动,必须根据具体问题的运动初始条件确定积分常数。

在实际问题中,物体常常受到约束的作用,而对于非自由质点,约束力总是待求的。这种情况下,可设法将未知约束力从运动微分方程中消去,将原问题转化为根据已知主动力求质点运动的问题。当然,如果已知非自由质点的运动,则既可求出主动力,也可求出约束力。

例8.1　如图8.2所示,设质量为m的质点M在xOy平面内运动。已知其运动方程为$x=a\cos\omega t$,$y=b\sin\omega t$,求作用在质点上的合力$\boldsymbol{F}$。

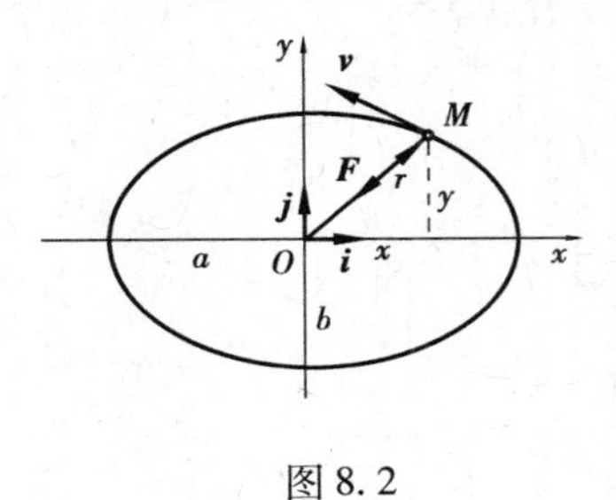

图8.2

解　以质点M为研究对象。由运动方程消去时间t,得

$$\frac{x^2}{a^2}+\frac{y^2}{b^2}=1$$

可见,质点的运动轨迹为椭圆。

将运动方程对时间求二阶导数,得

$$\ddot{x}=-a\omega^2\cos\omega t,\ \ddot{y}=-b\omega^2\sin\omega t$$

代入质点运动微分方程在直角坐标轴上投影式(8.2),即可求

得主动力的投影为

$$F_x = m\ddot{x} = -ma\omega^2\cos\omega t, F_y = m\ddot{y} = -mb\omega^2\sin\omega t$$

所以

$$\begin{aligned}\boldsymbol{F} &= F_x\boldsymbol{i} + F_y\mathbf{j} = -ma\omega^2\cos\omega t\,\mathbf{i} - mb\omega^2\sin\omega t\,\mathbf{j}\\ &= -m\omega^2(a\cos\omega t\,\mathbf{i} + b\sin\omega t\,\mathbf{j}) = -m\omega^2(x\,\boldsymbol{i} + y\,\mathbf{j}) = -m\omega^2\boldsymbol{r}\end{aligned}$$

可见,力 $\boldsymbol{F}$ 与矢径 $\boldsymbol{r}$ 共线反向,其大小正比于矢径 $\boldsymbol{r}$ 的模,方向恒指向椭圆中心。这种力称为有心力。

上例属于质点动力学的第一类基本问题。

例 8.2 物体由高度 h 处以速度 $\boldsymbol{v}_0$ 水平抛出,如图 8.3(a)所示。空气阻力可视为与速度的一次方成正比,即 $\boldsymbol{F} = -km\boldsymbol{v}$,其中 m 为物体的质量,$\boldsymbol{v}$ 为物体的速度,k 为常系数。求物体的运动方程和轨迹。

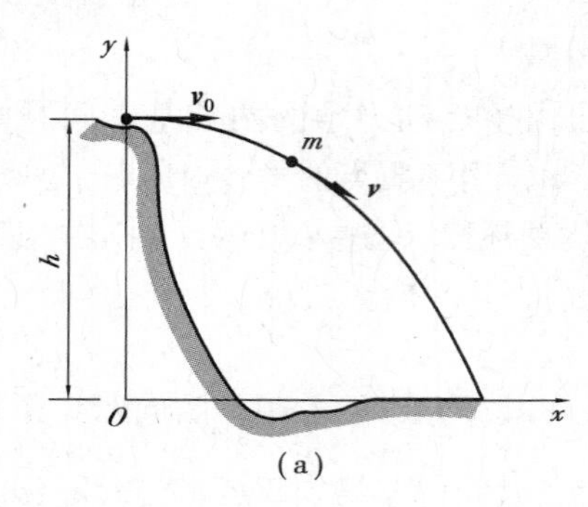

(a)

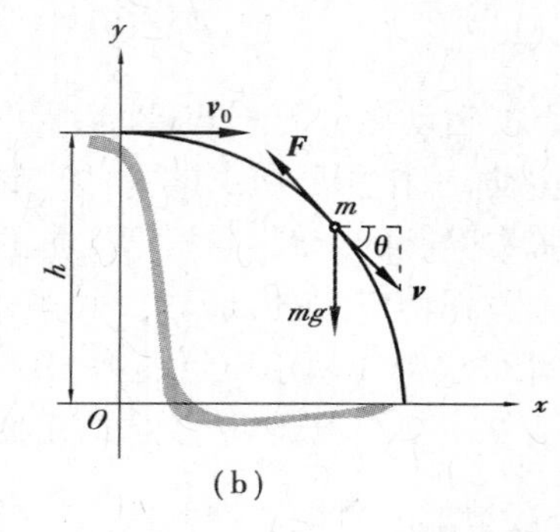

(b)

图 8.3

解 取物体为研究对象,并视为质点。其在运动过程中的受力和运动分析如图 8.3(b)所示。

建立图示直角坐标系 xOy。根据式(8.2),物体的运动微分方程为

$$\begin{cases} m\ddot{x} = F_x = -\kappa m\boldsymbol{v}_x \\ m\ddot{y} = F_y - mg = -\kappa m\boldsymbol{v}_y - mg \end{cases}$$

即

$$\begin{cases} \ddot{x} = -k\dot{x} \\ \ddot{y} = -k\dot{y} - g \end{cases}$$

解这两个微分方程,注意到运动初始条件为

$$t=0\text{ 时}, x_0=0, y_0=h;\ \dot{x}_0=\boldsymbol{v}_0,\ \dot{y}_0=0$$

于是解得

$$\begin{cases} x = \dfrac{v_0}{k}(1-\mathrm{e}^{-kt}) \\ y = h - \dfrac{g}{k}t + \dfrac{g}{k^2}(1-\mathrm{e}^{-kt}) \end{cases}$$

这就是物体的运动方程。消去时间 t，得该物体的轨迹方程为

$$y = h - \frac{g}{k^2}\ln\frac{v_0}{v_0 - kx} + \frac{gx}{kv_0}$$

上例属于质点动力学的第二类基本问题。

在实际问题中，也可能两类问题兼而有之，即已知质点的一部分受力和运动，要求另一部分力和运动。这是第一类基本问题与第二类基本问题综合在一起的质点动力学问题，称为混合问题。下面举例说明这类问题的求解方法。

例 8.3　一圆锥摆，如图 8.4 所示。质量 $m = 0.1$ kg 的小球系于长 $l = 0.3$ m 的绳上，绳的另一端系在固定点 O，并与铅直线成 $\theta = 60°$ 的角。如小球在水平面内作匀速圆周运动，求小球的速度 $\boldsymbol{v}$ 与绳的张力 $\boldsymbol{F}$ 的大小。

解　以小球为研究对象，并视为质点。作用在其上的力有重力 $m\boldsymbol{g}$ 和绳的拉力 $\boldsymbol{F}$。由于小球的运动轨迹为半径已知的圆，因此选用质点运动微分方程在自然轴上的投影。

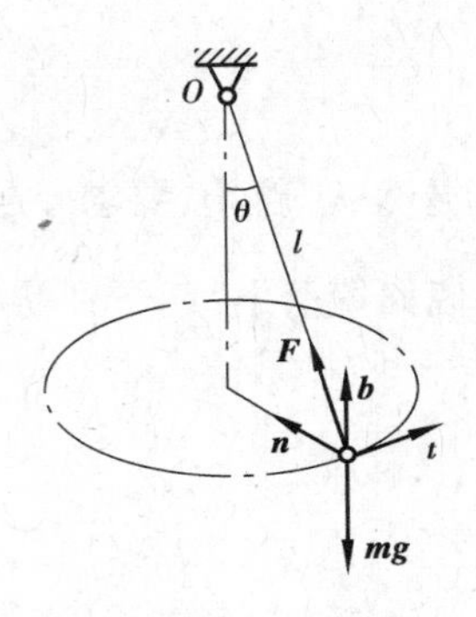

图 8.4

根据式(8.3)，得小球的运动微分方程为

$$\begin{cases} m\dfrac{v^2}{\rho} = F\sin\theta \\ 0 = F\cos\theta - mg \end{cases}$$

注意到 $\rho = l\sin\theta$，于是解得

$$F = \frac{mg}{\cos\theta} = 1.96\ \text{N}$$

$$v = \sqrt{\frac{Fl\sin^2\theta}{m}} = 2.1\ \text{m/s}$$

绳的张力与拉力 F 的大小相等。

此例表明，对某些混合问题，向自然轴系投影，可使质点动力学两类基本问题分开求解。

例 8.4　粉碎机滚筒半径为 R，绕通过中心的水平轴匀速转动，筒内铁球由筒壁上的凸棱带着上升。为了使铁球获得粉碎矿石的能量，铁球应在 $\theta = \theta_0$ 时才掉下来(见图 8.5)。求滚筒每分钟的转数 n。

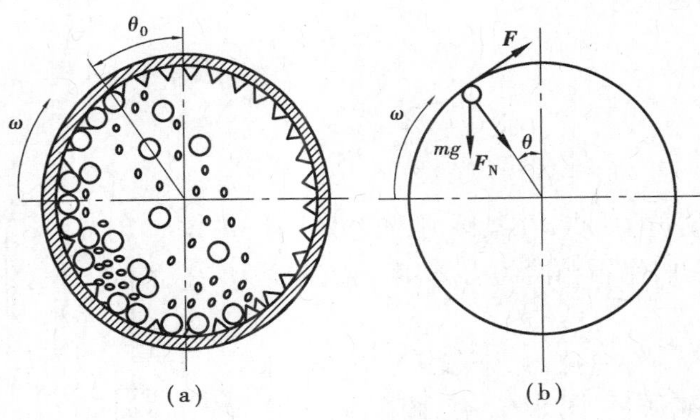

图 8.5

解　以铁球为研究对象，并视为质点。质点在上升过程中，受到重力 mg 和筒壁的法向约束力 $\boldsymbol{F}_\text{N}$，切向约束力 $\boldsymbol{F}$ 的作用。

列出质点运动微分方程在主法线上的投影式

$$m\frac{v^2}{R}=F_N+mg\cos\theta$$

质点在未离开筒壁前的速度等于筒壁的速度，即

$$v=\frac{\pi n}{30}R$$

于是解得

$$n=\frac{30}{\pi R}\left[\frac{R}{m}(F_N+mg\cos\theta)\right]^{\frac{1}{2}}$$

当 $\theta=\theta_0$ 时，铁球将落下，这时 $F_N=0$，于是得

$$n=9.549\sqrt{\frac{g}{R}\cos\theta_0}$$

显然，θ_0 越小，要求 n 越大。当 $n=9.549\sqrt{\frac{g}{R}}$ 时，$\theta_0=0$，铁球就会紧贴筒壁转过最高点而不脱离筒壁落下，起不到粉碎矿石的作用。

小 结

1. 牛顿三定律是质点动力学的基础，适用于惯性参考系。

2. 质点动力学的基本方程为 $m\boldsymbol{a}=\sum \boldsymbol{F}_i$，应用时常取其投影形式。

3. 质点动力学可分为两类基本问题：

(1)已知质点的运动，求作用于质点的力。

(2)已知作用于质点的力，求质点的运动。

求解第一类基本问题，需先求得质点的加速度；求解第二类基本问题，一般是解微分方程或求积分的过程。质点的运动规律不仅决定于作用力，也与质点的运动初始条件有关。这两类的综合问题称为混合问题。

思 考 题

8.1　3 个质量相同的质点，在某瞬时的速度大小相同，方向不同。若对它们作用相同的力 $\boldsymbol{F}$，问质点的运动情况是否相同？

8.2　如图 8.6 所示，绳拉力 $F=2$ kN，$P_1=2$ kN，$P_2=1$ kN。若不计滑轮质量，图 8.6(a)、图 8.6(b)两种情形下重物Ⅱ的加速度是否相同？绳的张力是否相同？

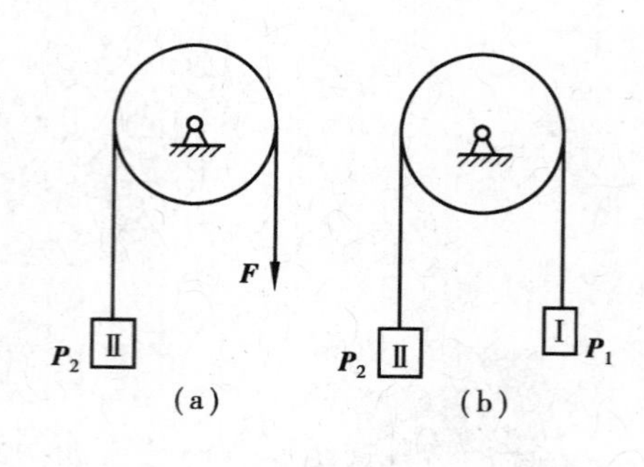

图 8.6

8.3　质点在空间运动，已知作用力。为求质点的运动方程，需要几个运动初始条件？若质点在平面内运动

呢？若质点沿给定的轨道运动呢？

8.4　某人用枪瞄准了空中一悬挂的靶体。如在子弹射出的同时靶体开始自由下落，不计空气阻力，问子弹能否击中靶体？

习　题

8.1　一质量为 m 的物体放在匀速转动的水平转台上，它与转轴的距离为 r，如图8.7所示。设物体与轮台表面的摩擦因数为 f，求当物体不致因转台旋转而滑出时，水平台的最大转速。

8.2　如图8.8所示，A、B 两个物体的质量分别为 m_1 与 m_2，二者间用一绳子连接，此绳跨过一滑轮，滑轮半径为 r。如在开始时，两物体的高度差为 h，而且 $m_1 > m_2$，不计滑轮质量。求由静止释放后，两物体到达相同高度时所需的时间。

8.3　如图8.9所示，在曲柄滑道机构中，活塞和活塞杆质量共为50 kg。曲柄 OA 长0.3 m，绕 O 轴作匀速转动，转速为 $n = 120$ r/min。求当曲柄在 $\varphi = 0$ 和 $\varphi = 90°$ 时，作用在构件 BDC 上总的水平力。

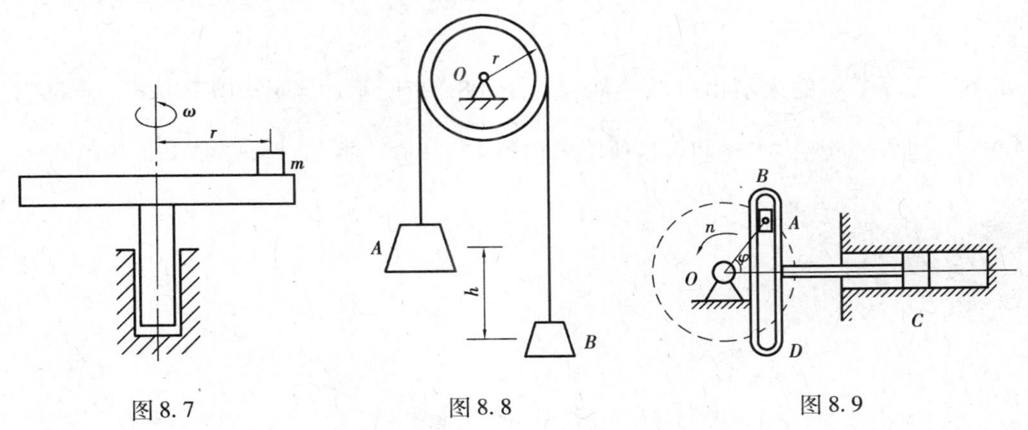

图8.7　　图8.8　　图8.9

8.4　一飞机水平飞行。推进力恒为30.8 kN，且与飞行方向往上成10°角。空气阻力与速度平方成正比，当速度为1 m/s时，空气阻力等于0.5 N。求飞机的最大速度。

8.5　如图8.10所示，半径为 R 的偏心轮绕 O 轴以匀角速度 ω 转动，推动导板沿铅直轨道运动。导板顶部放有一质量为 m 的物块 A，设偏心距 $OC = e$，开始时 OC 沿水平线。求：

(1)物块对导板的最大压力；

(2)使物块不离开导板的 ω 最大值。

8.6　载货小车的质量 $m = 70$ kg，以 $v = 1.6$ m/s 的速度沿缆车轨道下降，如图8.11所示。轨道的倾角 $\alpha = 15°$，运动的总阻力系数 $f = 0.015$，求小车匀速下降时缆绳的张力。若小车开始制动到停止的时间为 $t = 4$ s，求此时缆绳的张力(设制动时小车作匀减速运动)。

8.7　如图8.12所示，套管 A 的质量为 m，受绳子牵引沿铅直杆向上滑动。绳子的另一端绕过离杆距离为 l 的滑车 B 而缠在鼓轮上。当鼓轮转动时，其边缘上各点的速度大小为 v_0。求绳子拉力与距离 x 之间的关系。

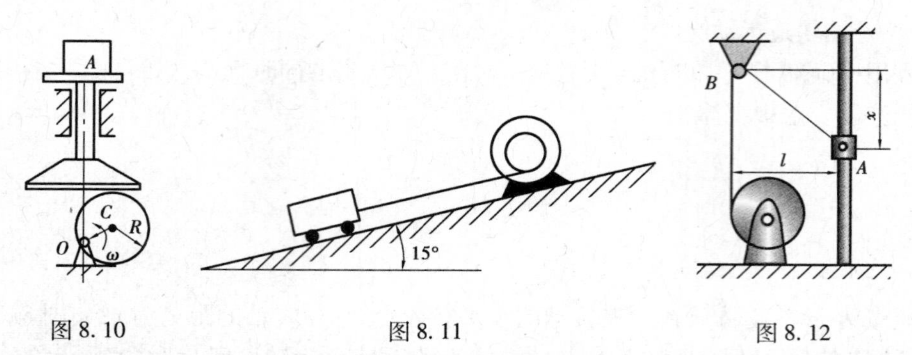

图 8.10　　图 8.11　　图 8.12

8.8　如图 8.13 所示，在三棱柱 ABC 的粗糙斜面上，放一质量为 m 的物体 M，三棱柱以匀加速度 $\boldsymbol{a}$ 沿水平方向运动。设摩擦系数为 f_s，且 $f_s < \tan\theta$。为使物体 M 在三棱柱上处于相对静止，试求 $\boldsymbol{a}$ 的最大值，以及这时物体 M 对三棱柱的压力。

8.9　质量为 2 kg 的滑块在力 $\boldsymbol{F}$ 作用下沿杆 AB 运动，杆 AB 在铅直平面内绕 A 转动。已知 $s=0.4t$，$\varphi=0.5t$（s 的单位为 m，φ 的单位为 rad，t 的单位为 s），滑块与杆 AB 的摩擦系数为 0.1。求 $t=2$ s 时力 $\boldsymbol{F}$ 的大小。

8.10　一物体质量 $m=10$ kg，在变力 $F=100(1-t)$ N 作用下运动。设物体初速度 $v_0=0.2$ m/s，开始时，力的方向与速度方向相同。问经过多少时间后物体速度为零，此前走了多少路程？

8.11　铅垂发射的火箭由一雷达跟踪，如图 8.15 所示。当 $r=10\ 000$ m，$\theta=60°$，$\dot{\theta}=0.02$ rad/s 且 $\ddot{\theta}=0.003$ rad/s² 时，火箭的质量为 5 000 kg。求此时的喷射反推力 $\boldsymbol{F}$。

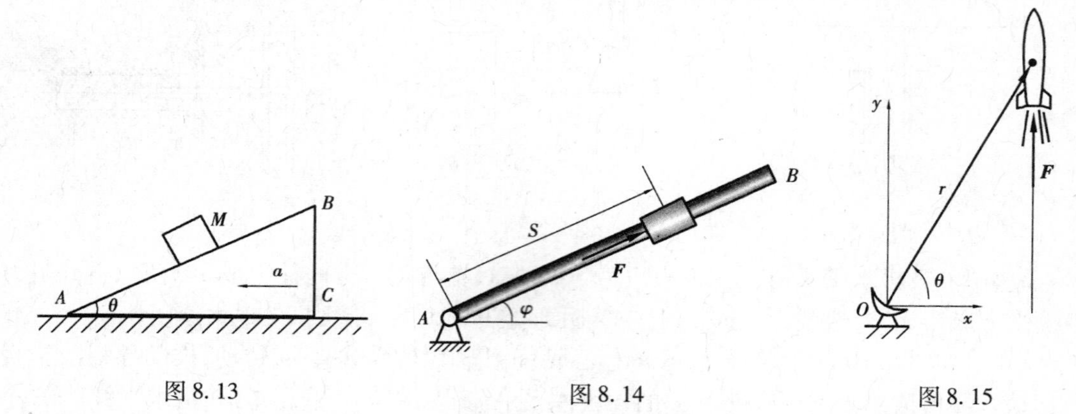

图 8.13　　图 8.14　　图 8.15

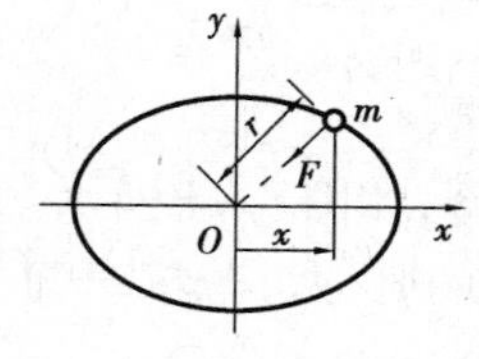

图 8.16

8.12　如图 8.16 所示质点的质量为 m，受指向原点 O 的力 $F=kr$ 作用，力与质点到点 O 的距离成正比。若初瞬时质点的坐标为 $x=x_0$，$y=0$，速度的分量为 $\boldsymbol{v}_x=0$，$\boldsymbol{v}_y=v_0$。求质点的轨迹。

8.13　不前进的潜水艇质量为 m，受到较小的沉力 $\boldsymbol{P}$（重力与浮力的合力）向水底下潜。在沉力不大时，水的阻力 $\boldsymbol{F}$ 可视为与下潜速度的一次方成正比，并等于 kAv。其中，k 为比例常数，A 为潜水艇的水平投影面积，v 为下潜速度。如当 $t=0$ 时，$v=0$。求下潜速度和在时间 T 内潜水艇下潜的路程 s。

第 9 章 动量定理

9.1 动力学普遍定理概述

本章开始，将逐个讲述动力学的几个普遍定理，研究质点特别是质点系（包括刚体）的动力学问题。所谓质点系，是指一群相互间有联系的质点的集合。各种机器、运载器、质量连续分布的介质（包括面体、流体）等，都是质点系的实例。因此，质点系动力学的研究在工程中具有重要的实际意义。

质点系可按系内各质点是否受到约束而分成自由质点系和非自由质点系。若质点系中各质点的运动不受约束的限制，则称为自由质点系；否则，称为非自由质点系。太阳系是自由质点系，工程实际中的结构或机构都是非自由质点系。显然，质点系在受外界作用的同时，内部各质点间也有相互作用。因此，作用于质点系的力很自然地分为外力和内力。对于非自由质点系，也可把作用力分为主动力和约束力。这两种不同的分类方法，将在后续研究不同问题时分别用到。

质点系动力学问题的求解，仍然是以牛顿定律为基础。理论上分析，由 n 个质点组成的质点系，可列出 n 个运动微分方程，构成一个联立的微分方程组，再结合约束方程和初始条件，就可求解各个质点的运动情况，从而解决质点系的动力学问题。但是，如果 n 足够大，其求解将会非常困难。因此，接下来的几章将讲述动力学问题求解的其他理论，其基本思路是通过对质点系运动微分方程组的变换，找出能够表示整个质点系运动特征的量（如动量、动量矩、动能等），与那些能够决定力系对质点系作用效果的量（如力系的功、主矢、主矩等）之间的关系。这些关系表达为各个动力学普遍定理，包括动量定理、动量矩定理和动能定理，以及它们的各种不同表示形式。

本章介绍动量定理及其应用。

9.2 动量与冲量

9.2.1 动量

作为机械运动强弱的一种度量,动量不仅与物体的运动速度有关,而且与它们的质量有关。例如,子弹的质量虽小,但速度很大,可击穿钢板;轮船靠岸时速度很小,但质量非常大,如不慎撞在岸上,可能撞坏船体。因此,可用质点的质量与速度的乘积,来表征质点的这种运动量。

质点的质量与速度的乘积,称为**质点的动量**,记为 $m\boldsymbol{v}$。质点的动量是矢量,方向与质点速度方向一致。

在国际单位制中,动量的单位是 kg · m/s 或 N · s。

质点系内各质点动量的矢量和,称为**质点系的动量**,即

$$\boldsymbol{p} = \sum m_i \boldsymbol{v}_i \tag{9.1}$$

式中 m_i——第 i 个质点的质量;

$\boldsymbol{v}_i$——第 i 个质点的速度。

因而质点系的动量是矢量。

设质点系中任一质点 i 的矢径为 $\boldsymbol{r}_i$,则其速度 $\boldsymbol{v}_i = \dfrac{\mathrm{d}\boldsymbol{r}_i}{\mathrm{d}t}$。代入式(9.1),注意到质量 m_i 是不变的,有

$$\boldsymbol{p} = \sum m_i \boldsymbol{v}_i = \sum m_i \frac{\mathrm{d}\boldsymbol{r}_i}{\mathrm{d}t} = \frac{\mathrm{d}}{\mathrm{d}t}\sum m_i \boldsymbol{r}_i \tag{9.2}$$

令 $m = \sum m_i$ 为质点系的总质量,定义质点系**质量中心**(简称质心)的矢径为

$$\boldsymbol{r}_C = \frac{\sum m_i \boldsymbol{r}_i}{m} \tag{9.3}$$

代入式(9.2),得

$$\boldsymbol{p} = \frac{\mathrm{d}}{\mathrm{d}t}\sum m_i \boldsymbol{r}_i = \frac{\mathrm{d}}{\mathrm{d}t}(m\boldsymbol{r}_C) = m\boldsymbol{v}_C \tag{9.4}$$

式中 $\boldsymbol{v}_C = \dfrac{\mathrm{d}\boldsymbol{r}_C}{\mathrm{d}t}$——质点系质心 C 的速度。

式(9.4)表明,质点系的动量等于质心速度与其全部质量的乘积。应当注意到,质点系的动量是描述质点系随质心运动的一个物理量,它不能描述质点系相对于质心的运动。

刚体是无限多个质点组成的不变质点系,质心是刚体内一个确定点。在求出质心速度的前提下,利用式(9.4)可很方便地计算刚体的动量。

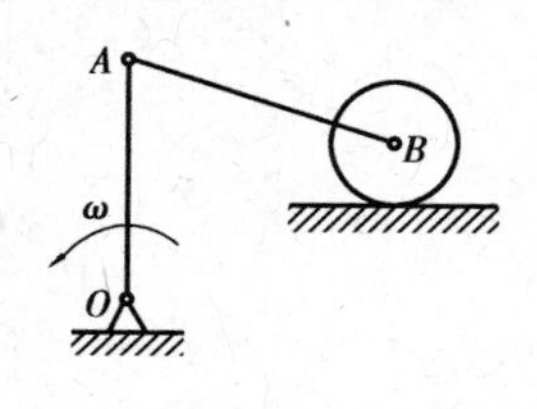

图 9.1

例 9.1 如图 9.1 所示的系统,均质杆 OA、AB 与均质轮的质量均为 m,OA 杆长度为 l_1,AB 杆长度为 l_2,轮的半径为 R,轮沿水平面作纯滚动。图示瞬时,OA 杆的角速度为 ω。求整个系统的动量。

解　系统共有3个刚体:均质杆 OA、AB 和轮 B。为求整个系统的动量,首先需确定每个刚体质心的速度。

杆 OA 作定轴转动,图示瞬时其质心速度只有水平分量,且 $v_{1x}=\frac{1}{2}\omega l_1$,方向水平向左。杆 AB 作瞬时平动,图示瞬时其质心速度也只有水平分量,且 $v_{2x}=v_A=\omega l_1$,方向水平向左。轮 B 作平面运动,其质心 B 的运动轨迹为水平直线,因此,B 点的速度方向始终为水平方向,图示瞬时 $v_{3x}=v_B=v_A=\omega l_1$,方向水平向左,故

$$p_x=mv_{1x}+mv_{2x}+mv_{3x}=\frac{5}{2}ml_1\omega,\quad p_y=0$$

整个系统的动量 $p=p_x=\frac{5}{2}m\omega l_1$,方向水平向左。

9.2.2　冲量

物体运动状态的变化,不仅与力的大小和方向有关,还与力作用时间的长短有关。例如,人推汽车,经过很长一段时间后汽车才被推动;而若改用发动机牵引,在很短的时间内汽车就可以动起来。因此,用力与时间的乘积来衡量力在某一段时间内累积的作用。

当作用力 $\boldsymbol{F}$ 是常量时,作用力与作用时间的乘积,称为常力的**冲量**。以 t 表示作用时间,则此常力的冲量为

$$\boldsymbol{I}=\boldsymbol{F}t \tag{9.5}$$

冲量是矢量,其方向与常力的方向一致。

当作用力 $\boldsymbol{F}$ 是变量时,在微小时间间隔 $\mathrm{d}t$ 内,力 $\boldsymbol{F}$ 的冲量称为**元冲量**,即

$$\mathrm{d}\boldsymbol{I}=\boldsymbol{F}\mathrm{d}t$$

力 $\boldsymbol{F}$ 在作用时间 $t_1\sim t_2$ 内的冲量为

$$\boldsymbol{I}=\int_{t_1}^{t_2}\boldsymbol{F}\mathrm{d}t \tag{9.6}$$

在国际单位制中,冲量的单位是 N·s。

9.3　动量定理

9.3.1　质点的动量定理

设一质点的质量为 m,相对于某惯性参考系坐标原点的矢径为 $\boldsymbol{r}$,作用在质点 m 上的所有外力的合力为 $\boldsymbol{F}$。由动力学基本方程可知

$$m\frac{\mathrm{d}^2\boldsymbol{r}}{\mathrm{d}t^2}=m\frac{\mathrm{d}\boldsymbol{v}}{\mathrm{d}t}=m\boldsymbol{a}=\boldsymbol{F} \tag{9.7}$$

由于质量 m 为常量,故式(9.7)改写为

$$\mathrm{d}(m\boldsymbol{v})=\boldsymbol{F}\mathrm{d}t \tag{9.8}$$

式(9.8)是质点动量定理的微分形式,即质点动量的增量等于作用于质点上的力的元冲量。

对上式积分,假设在 $t_1\sim t_2$ 的时间段内,质点的速度由 $\boldsymbol{v}_1$ 变到 $\boldsymbol{v}_2$,得

$$m\boldsymbol{v}_2 - m\boldsymbol{v}_1 = \int_{t_1}^{t_2} \boldsymbol{F}\mathrm{d}t = \boldsymbol{I} \tag{9.9}$$

式(9.9)是质点动量定理的积分形式,即在某一时间间隔内,质点动量的变化等于作用于质点的力在此段时间内的冲量。

9.3.2 质点系的动量定理

设质点系有 n 个质点,其中第 i 个质点的质量为 m_i,速度为 $\boldsymbol{v}_i$。作用在第 i 个质点上的力 $\boldsymbol{F}_i$ 由两部分组成:一部分是外界物体对该质点的作用力,称为外力,用 $\boldsymbol{F}_i^{(e)}$ 表示;另一部分是质点系内其他质点对该质点的作用力,称为内力,用 $\boldsymbol{F}_i^{(i)}$ 表示。根据质点的动量定理,有

$$d(m_i\boldsymbol{v}_i) = (\boldsymbol{F}_i^{(e)} + \boldsymbol{F}_i^{(i)})\mathrm{d}t = \boldsymbol{F}_i^{(e)}\mathrm{d}t + \boldsymbol{F}_i^{(i)}\mathrm{d}t \tag{9.10}$$

这样的方程共有 n 个。将 n 个方程左右两端分别相加,得到

$$\sum \mathrm{d}(m_i\boldsymbol{v}_i) = \sum \boldsymbol{F}_i^{(e)}\mathrm{d}t + \sum \boldsymbol{F}_i^{(i)}\mathrm{d}t \tag{9.11}$$

由于质点系内质点间相互作用的内力总是大小相等、方向相反且成对出现,因此,内力冲量的矢量和等于零,即

$$\sum \boldsymbol{F}_i^{(i)}\mathrm{d}t = 0$$

又因 $\sum \mathrm{d}(m_i\boldsymbol{v}_i) = \mathrm{d}\sum (m_i\boldsymbol{v}_i) = \mathrm{d}\boldsymbol{p}$,是质点系动量的增量,于是

$$\mathrm{d}\boldsymbol{p} = \sum \boldsymbol{F}_i^{(e)}\mathrm{d}t = \mathrm{d}\boldsymbol{I}_i^{(e)} \tag{9.12}$$

式(9.12)是质点系动量定理的微分形式,即质点系动量的增量等于作用于质点系的外力元冲量的矢量和。

式(9.12)也可写成

$$\frac{\mathrm{d}\boldsymbol{p}}{\mathrm{d}t} = \sum \boldsymbol{F}_i^{(e)} \tag{9.13}$$

即质点系的动量对时间的导数等于作用于质点系的外力的矢量和(主矢)。

对式(9.12)积分,假设在 $t_1 \sim t_2$ 的时间段内,质点系的动量由 $\boldsymbol{p}_1$ 变到 $\boldsymbol{p}_2$,得

$$\int_{\boldsymbol{p}_1}^{\boldsymbol{p}_2} \mathrm{d}\boldsymbol{p} = \sum \int_{t_1}^{t_2} \boldsymbol{F}_i^{(e)}\mathrm{d}t$$

或

$$\boldsymbol{p}_2 - \boldsymbol{p}_1 = \sum \boldsymbol{I}_i^{(e)} \tag{9.14}$$

式(9.14)是质点系动量定理的积分形式,即在某一时间间隔内,质点系动量的改变量等于在这段时间内作用于质点系外力冲量的矢量和。

由质点系动量定理可知,质点系的内力不能改变质点系的动量。但是,由于内力的作用,质点系每一部分动量可能会改变,只是这一部分所增加的动量恰好与另一部分所减少的动量相互抵消。枪炮的反座、火箭的推进都是这一结论的例证。

动量定理是矢量式,应用时应取投影形式,如式(9.13)和式(9.14)在直角坐标系的投影式为

$$\left.\begin{aligned}\frac{\mathrm{d}p_x}{\mathrm{d}t} &= \sum F_{ix}^{(e)} \\ \frac{\mathrm{d}p_y}{\mathrm{d}t} &= \sum F_{iy}^{(e)} \\ \frac{\mathrm{d}p_z}{\mathrm{d}t} &= \sum F_{iz}^{(e)}\end{aligned}\right\} \tag{9.15}$$

和

$$\left.\begin{aligned}p_{2x} - p_{1x} &= \sum I_{ix}^{(e)} \\ p_{2y} - p_{1y} &= \sum I_{iy}^{(e)} \\ p_{2z} - p_{1z} &= \sum I_{iz}^{(e)}\end{aligned}\right\} \tag{9.16}$$

现在讨论质点系动量守恒的情形。

①如果 $\sum \boldsymbol{F}_i^{(e)} \equiv 0$，则由式(9.13)可知，$\boldsymbol{p}$ = 常矢量。显然，这个常矢量决定于质点系初始瞬时的动量 $\boldsymbol{p}$。

②如果 $\sum F_{iz}^{(e)} \equiv 0$，则由式(9.15)可知，$p_z$ = 常量。显然，这个常量决定于质点系初始瞬时的动量在 z 轴上的投影。

可见，在运动过程中，如作用于质点系的所有外力的矢量和(或在某固定轴上投影的代数和)始终等于零，则质点系的动量(或在该轴上的投影)保持不变。这就是**质点系动量守恒定理**。它说明了质点系动量守恒的条件。

例9.2　电动机的外壳固定于水平基础上，定子和机壳质量为 m_1，转子质量为 m_2，如图9.2所示。设定子的质心位于转轴的中心 O_1，转子的质心 O_2 到 O_1 的距离为 e。已知转子匀速转动，角速度为 ω。求基础水平及铅直约束力。

解　取电动机外壳与转子组成质点系，外力有重力 m_1g、m_2g，基础约束力 F_x，F_y 和约束力偶 M_O。机壳不动，质点系的动量就是转子的动量，其大小为 $p = m_2\omega e$，方向如图9.2所示。设 $t=0$ 时，O_1O_2 铅垂，有 $\varphi = \omega t$。

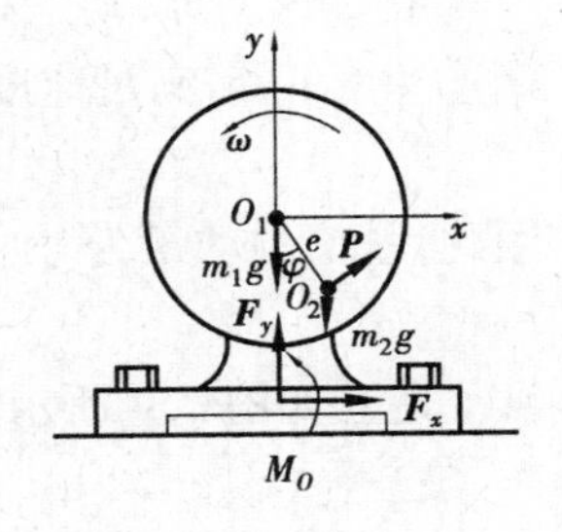

图9.2

建立如图9.2所示的坐标系。由动量定理的投影式(9.15)得

$$\begin{cases}\dfrac{\mathrm{d}p_x}{\mathrm{d}t} = F_x \\ \dfrac{\mathrm{d}p_y}{\mathrm{d}t} = F_y - m_1g - m_2g\end{cases}$$

而

$$p_x = m_2\omega e\cos\omega t, p_y = m_2\omega e\sin\omega t$$

代入即可解出基础水平及铅直约束力为

$$F_x = -m_2e\omega^2\sin\omega t, F_y = (m_1 + m_2)g + m_2e\omega^2\cos\omega t$$

电机不转时，基础只有向上的约束力 $(m_1 + m_2)g$，称为**静约束力**。电机转动时的约束力，称为**动约束力**。动约束力与静约束力的差值是由于系统运动而产生的，称为**附加动约束力**。x 方向附加动约束力 $-m_2e\omega^2\sin\omega t$ 和 y 方向附加动约束力 $m_2e\omega^2\cos\omega t$ 将会引起电机和基础的振动。

关于约束力偶 M_O，可利用后续的动量矩定理或达朗贝尔原理进行求解。

例 9.3 水泥运输装置如图 9.3 所示。假设输送胶带水平，每秒从水泥仓输出的水泥质量 $q=36$ kg，水泥下落到输送胶带上的速度 $v_1=1.5$ m/s，输送带速度 $v=5.5$ m/s。求输送带对水泥的附加动约束力。

解 取输送带上的水泥组成质点系。由于水泥落在输送带上的速度为 $\boldsymbol{v}_1$，而离开输送带的速度为 $\boldsymbol{v}_2(\boldsymbol{v}_2=\boldsymbol{v})$，因此，该质点系动量有变化，从而引起输送带对水泥的附加动约束力。

由题意可得附加动约束力为

$$\boldsymbol{F}_2=q(\boldsymbol{v}_2-\boldsymbol{v}_1)$$

将上式投影在固定轴 x、y 上，得

$$F_{2x}=q(v_{2x}-0)=198\ \text{N},F_{2y}=q[0-(-v_1)]=54\ \text{N}$$

例 9.4 如图 9.4 所示，倾角为 φ 的三棱柱 B，质量为 m_1，放在光滑的水平面上。三棱柱光滑斜面上放一质量为 m_2 的物体 A。开始时系统静止，若物体 A 无初速下滑到三棱柱 B 的底部时，B 的速度为 $\boldsymbol{v}_0$，求物体 A 相对于 B 的速度大小。

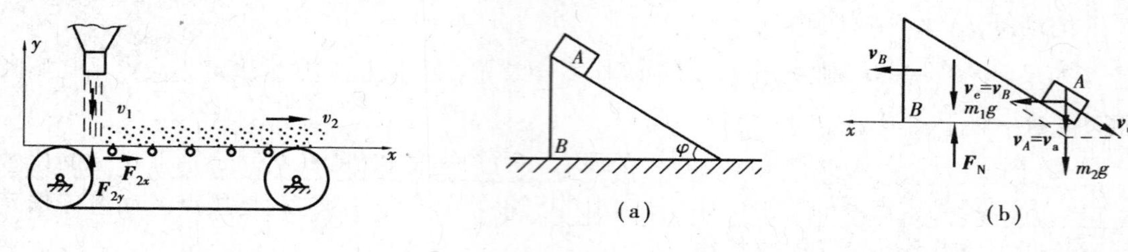

图 9.3

图 9.4

解 取物体 A 和三棱柱 B 为研究对象，受力分析如图 9.4(b)所示。由于系统水平方向不受外力作用，因此沿水平方向动量守恒。

取 A 为动点，动系固结在 B 上，则 A 相对于 B 的速度 $\boldsymbol{v}_r$、A 的绝对速度 $\boldsymbol{v}_a$ 以及 B(动系)的牵连速度 $\boldsymbol{v}_e$ 需满足速度合成定理，即

$$\boldsymbol{v}_A=\boldsymbol{v}_a=\boldsymbol{v}_e+\boldsymbol{v}_r=\boldsymbol{v}_B+\boldsymbol{v}_r$$

因此，系统的动量为

$$\boldsymbol{p}=m_1\boldsymbol{v}_B+m_2\boldsymbol{v}_A=m_1\boldsymbol{v}_B+m_2(\boldsymbol{v}_B+\boldsymbol{v}_r)$$

建立如图 9.4 所示坐标。由于开始时系统静止，故

$$p_x=m_1v_{Bx}+m_2(v_{Bx}+v_{rx})=0$$

即

$$m_1v_B+m_2v_B-m_2v_r\cos\varphi=0$$

从而解得

$$v_r=\frac{m_1+m_2}{m_2\cos\varphi}v_B=\frac{m_1+m_2}{m_2\cos\varphi}v_0$$

9.4　质心运动定理

9.4.1　质量中心

质点系的运动，不仅与作用在质点系上的力以及各质点的质量有关，还与质点系的质量分布有关。由式(9.3)，即

$$\boldsymbol{r}_C = \frac{\sum m_i \boldsymbol{r}_i}{m}$$

所定义的质心位置反映出质点系质量分布的一种特征。计算质心位置时，常用上式在直角坐标系中的投影式，即

$$\left.\begin{aligned} x_C &= \frac{\sum m_i x_i}{m} \\ y_C &= \frac{\sum m_i y_i}{m} \\ z_C &= \frac{\sum m_i z_i}{m} \end{aligned}\right\} \tag{9.17}$$

质心的概念及质心运动在质点系(特别是刚体)动力学中具有重要地位。对于质量均匀分布的规则刚体，质心也就是几何中心。

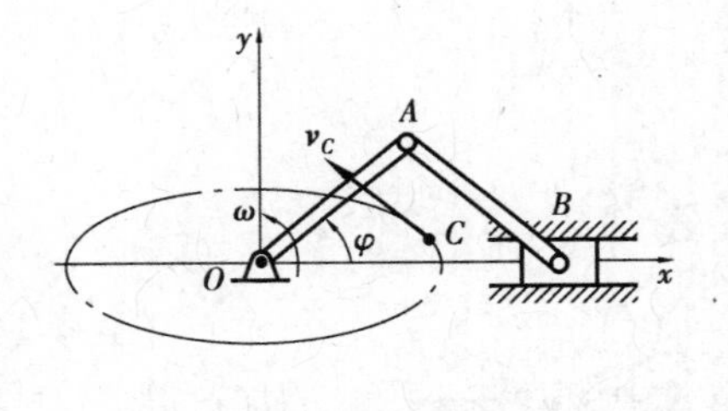

图 9.5

例 9.5　如图 9.5 所示的曲柄滑块机构，设曲柄 OA 受力偶作用以匀角速度 ω 转动，滑块 B 沿 x 轴滑动。若 $OA = AB = l$，OA 及 OB 皆为均质杆，质量皆为 m_1，滑块 B 的质量为 m_2。求此系统的质心运动方程、轨迹和系统的动量。

解　设 $t=0$ 时，杆 OA 水平，则有 $\varphi = \omega t$。根据式(9.17)，系统质心 C 的坐标为

$$\left.\begin{aligned} x_C &= \frac{m_1 \dfrac{l}{2} + m_1 \dfrac{3l}{2} + 2m_2 l}{2m_1 + m_2}\cos\omega t = \frac{2(m_1 + m_2)}{2m_1 + m_2} l\cos\omega t \\ y_C &= \frac{2m_1 \dfrac{l}{2}}{2m_1 + m_2}\sin\omega t = \frac{m_1}{2m_1 + m_2} l\sin\omega t \end{aligned}\right\} \tag{a}$$

式(a)也就是此系统质心 C 的运动方程。消去时间 t，得

$$\left[\frac{x_C}{\dfrac{2(m_1 + m_2)l}{2m_1 + m_2}}\right]^2 + \left[\frac{y_C}{\dfrac{m_1 l}{2m_1 + m_2}}\right]^2 = 1 \tag{b}$$

即质心 C 的运动轨迹为一椭圆，如图 9.5 所示的点画线。应该指出，系统的质心一般不在其中某一物体上，而是空间的某一特定点。

为求系统的动量,可将式(9.4)沿 x、y 轴投影,即

$$p_x = mv_{Cx}, p_y = mv_{Cy}$$

此例中系统质量 $m = 2m_1 + m_2$。由式(a)得

$$v_{Cx} = \dot{x}_C = -\frac{2(m_1 + m_2)}{2m_1 + m_2}\omega l \sin \omega t$$

$$v_{Cy} = \dot{y}_C = \frac{m_1}{2m_1 + m_2}\omega l \cos \omega t$$

所以系统动量沿 x、y 轴的投影

$$p_x = -2(m_1 + m_2)\omega l \sin \omega t, p_y = m_1 \omega l \cos \omega t$$

系统动量的大小为

$$p = \sqrt{p_x^2 + p_y^2} = \omega l \sqrt{4(m_1 + m_2)^2 \sin^2 \omega t + m_1^2 \cos^2 \omega t}$$

动量的方向沿质心轨迹的切线方向,可用其方向余弦表示。

9.4.2 质心运动定理

由于质点系的动量等于质点系的质量与质心速度的乘积,因此,质点系动量定理的微分形式(9.13)可写为

$$\frac{\mathrm{d}(m\boldsymbol{v}_C)}{\mathrm{d}t} = \sum \boldsymbol{F}_i^{(e)} \tag{9.18}$$

对于质量不变的质点系(m 为常数),式(9.18)改写为

$$m\frac{\mathrm{d}\boldsymbol{v}_C}{\mathrm{d}t} = \sum \boldsymbol{F}_i^{(e)}$$

或

$$m\boldsymbol{a}_C = \sum \boldsymbol{F}_i^{(e)} \tag{9.19}$$

式中 $\boldsymbol{a}_C$——质心的加速度。

式(9.19)表明,质点系的质量与质心加速度的乘积等于作用于质点系外力的矢量和(主矢)。这就是**质心运动定理**。

在形式上,质心运动定理与质点的动力学基本方程 $m\boldsymbol{a} = \sum_{i=1}^{n} \boldsymbol{F}_i$ 相似,因此,质心运动定理也可叙述如下:质点系质心的运动,可以看成为一个质点的运动,设想此质点集中了整个质点系的质量及其所受的外力。但应注意到,动力学基本方程是公理,它描述质点运动状态变化的规律;而质心运动定理是导出的定理,它描述质点系质心运动状态变化的规律。

质心运动定理虽然只是动量定理的另一表达形式,但它更形象地说明了问题的实质,即质点系的内力不影响质心的运动,只有外力才能改变质心的运动。例如,投掷炸弹,如不计空气阻力,则炸弹的质心将按抛物线运动。若某瞬时,炸弹在空中爆炸,在爆炸的瞬间,虽然炸弹的各部分间产生极大的作用力,但这些力都是内力,并不影响质心的运动。因此,炸弹爆炸后,尽管它的碎片四面纷飞,但全数碎片的质心仍继续沿爆炸前炸弹质心的抛物线轨迹运动,直到任一碎片碰到其他物体为止。

质心运动定理是矢量式,应用时应取投影形式。其在直角坐标系的投影式为

$$\left.\begin{aligned} ma_{Cx} &= \sum F_{ix}^{(e)} \\ ma_{Cy} &= \sum F_{iy}^{(e)} \\ ma_{Cz} &= \sum F_{iz}^{(e)} \end{aligned}\right\} \tag{9.20}$$

在自然轴系的投影式为

$$\left.\begin{aligned} ma_C^{\mathrm{t}} &= \sum F_{it}^{(e)} \\ ma_C^{\mathrm{n}} &= \sum F_{in}^{(e)} \\ 0 &= \sum F_{ib}^{(e)} \end{aligned}\right\} \tag{9.21}$$

现在讨论质心运动守恒的情形：

(1)如果 $\sum \boldsymbol{F}_i^{(e)} \equiv 0$，则由式(9.19)可知 $a_C=0$，从而

$$\boldsymbol{v}_C = \text{常矢量}$$

即，如作用于质点系的所有外力的矢量和(主矢)始终等于零，则质心作惯性运动；如在初瞬时质心处于静止，则它将停留在原处。

(2)如果 $\sum F_{ix}^{(e)} \equiv 0$，则由式(9.20)可知 $a_{Cx}=0$，从而

$$v_{Cx} = \text{常量}$$

即如作用于质点系的所有外力在某固定轴上投影的代数和始终等于零，则质心的速度在该轴上的投影是常量；如初瞬时质心的速度在该轴上的投影也等于零(即 $v_{Cx}=0$)，则质心沿该轴的位置坐标不变。

以上两种情形说明了质心运动守恒的条件，统称为**质心运动守恒定律**。

例9.6　均质曲柄 AB 长为 r，质量为 m_1，假设受力偶作用以不变的角速度 ω 转动，并带动滑槽连杆及其与它固连的活塞 D，如图9.6所示。滑槽、连杆、活塞总质量为 m_2，质心在点 C。在活塞上作用一恒力 $\boldsymbol{F}$。不计摩擦及滑块 B 的质量，求作用在曲柄轴 A 处的最大水平约束力 $\boldsymbol{F}_x$。

解　选取整个机构为研究对象。作用在水平方向的外力有 $\boldsymbol{F}$ 和 $\boldsymbol{F}_x$，且力偶不影响质心运动。

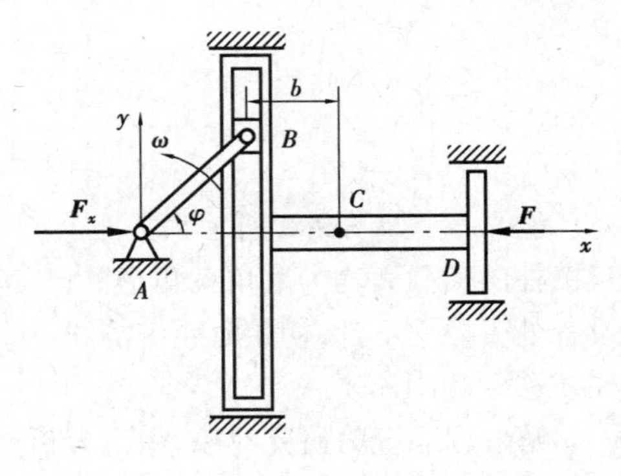

图9.6

建立如图9.6所示坐标系。列出质心运动定理在 x 轴上的投影式

$$(m_1+m_2)a_{Cx} = F_x - F$$

为求质心的加速度在 x 轴上的投影，先计算质心的坐标，然后把它对时间取二阶导数，即

$$x_C = \left[m_1 \frac{r}{2}\cos\varphi + m_2(r\cos\varphi + b)\right]\cdot\frac{1}{m_1+m_2}$$

$$a_{Cx} = \frac{\mathrm{d}^2 x_C}{\mathrm{d}t^2} = \frac{-r\omega^2}{m_1+m_2}\left(\frac{m_1}{2}+m_2\right)\cos\omega t$$

应用质心运动定理，解得

$$F_x = F - r\omega^2\left(\frac{m_1}{2}+m_2\right)\cos\omega t$$

显然,最大水平约束力

$$F_{x\max} = F + r\omega^2\left(\frac{m_1}{2} + m_2\right)$$

例 9.7 如图 9.7 所示,均质杆 OA,长 $2l$,重 P,绕 O 轴在铅垂面转动。杆与水平线成 φ 角时,其角速度和角加速度分别为 ω 和 α。求该瞬时轴 O 的约束力。

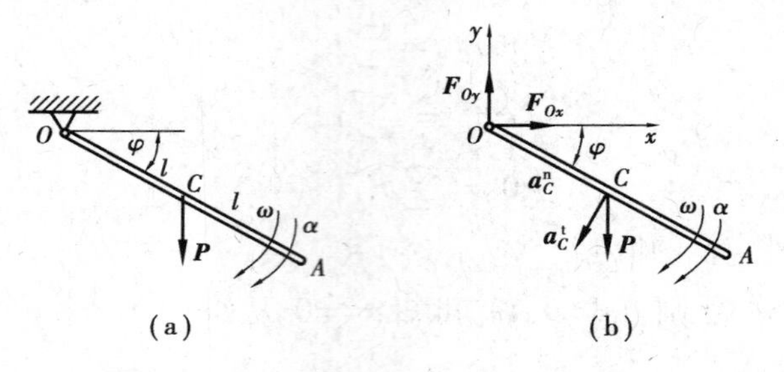

图 9.7

解 取杆 OA 为研究对象,受力分析如图 9.7(b)所示。杆 OA 质心 C 的加速度为

$$a_C^{\mathrm{n}} = l\omega^2, a_C^{\mathrm{t}} = l\alpha$$

方向如图 9.7(b)所示。

建立如图 9.7(b)所示坐标系,则质心加速度在 x、y 轴上的投影分别为

$$a_{Cx} = -a_C^{\mathrm{n}}\cos\varphi - a_C^{\mathrm{t}}\sin\varphi = -l\omega^2\cos\varphi - l\alpha\sin\varphi$$

$$a_{Cy} = a_C^{\mathrm{n}}\sin\varphi - a_C^{\mathrm{t}}\cos\varphi = l\omega^2\sin\varphi - l\alpha\cos\varphi$$

由质心运动定理,得

$$\begin{cases} \dfrac{P}{g}(-l\omega^2\cos\varphi - l\alpha\sin\varphi) = F_{Ox} \\ \dfrac{P}{g}(l\omega^2\sin\varphi - l\alpha\cos\varphi) = F_{Oy} - P \end{cases}$$

解得

$$F_{Ox} = -\frac{Pl}{g}(\omega^2\cos\varphi + \alpha\sin\varphi)$$

$$F_{Oy} = P + \frac{Pl}{g}(\omega^2\sin\varphi - \alpha\cos\varphi)$$

例 9.8 如图 9.8 所示水平面上放一均质三棱柱 A,在其斜面上又放一均质三棱柱 B,两三棱柱的横截面均为直角三角形。已知三棱柱 A 重 P_1,三棱柱 B 重 P_2,尺寸如图 9.8 所示。设各处摩擦均不计,初始时系统静止。求当三棱柱 B 沿三棱柱 A 滑下接触到水平面时,三棱柱 A 移动的距离。

解 取系统为研究对象,受力分析如图 9.8(b)所示。由于系统水平方向没有外力作用,且初始时系统静止,因此,系统质心在水平轴的坐标保持不变。

建立如图 9.8 所示坐标,O 为坐标原点。则初始时系统质心坐标为

$$x_{C1} = \frac{m_A(-c) + m_B(-d)}{m_A + m_B} = \frac{\dfrac{P_1}{g}\left(-\dfrac{a}{3}\right) + \dfrac{P_2}{g}\left(-\dfrac{2}{3}b\right)}{\dfrac{P_1}{g} + \dfrac{P_2}{g}} = -\frac{P_1 a + 2P_2 b}{3(P_1 + P_2)}$$

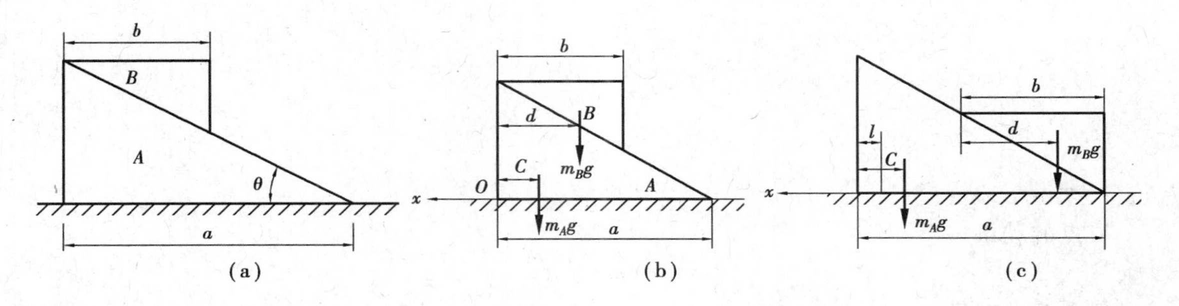

图9.8

当三棱柱 B 沿三棱柱 A 滑下接触到水平面时，设 A 向左滑动距离为 l，则此时系统质心坐标为

$$x_{C2}=\frac{\frac{P_1}{g}\left(l-\frac{a}{3}\right)+\frac{P_2}{g}\left[l-\left(a-\frac{1}{3}b\right)\right]}{\frac{P_1}{g}+\frac{P_2}{g}}=\frac{3(P_1+P_2)l-a(P_1+3P_2)+P_2b}{3(P_1+P_2)}$$

根据 $x_{C1}=x_{C2}$，解得

$$l=\frac{P_2(a-b)}{P_1+P_2}$$

例9.9　如图9.9所示，设例9.2中的电动机没有用螺栓固定，各处摩擦不计，初始时电动机静止，求转子以匀角速度 ω 转动时电动机外壳的运动。

解　电动机在水平方向没有受到外力作用，且初始为静止，因此，系统质心在水平轴的坐标保持不变。

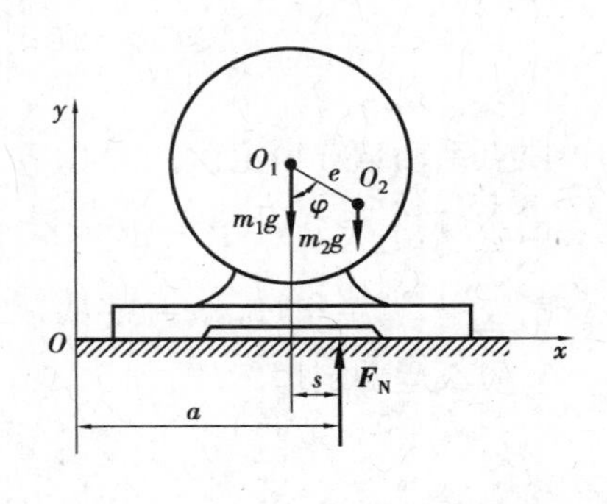

图9.9

建立如图9.9所示坐标。转子在静止时转子的质心 O_2 在最低点，设此时 $x_{C1}=a$。当转过角度 φ 时，定子应向左移动，假设移动距离为 s，则质心坐标为

$$x_{C2}=\frac{m_1(a-s)+m_2(a+e\sin\varphi-s)}{m_1+m_2}$$

因为在水平方向质心守恒，所以有 $x_{C1}=x_{C2}$，解得

$$s=\frac{m_2}{m_1+m_2}e\sin\varphi$$

电机在水平面上往复运动。

顺便指出，支承面的法向约束力的最小值可由例9.2求得为

$$F_{y\min}=(m_1+m_2)g-m_2e\omega^2$$

当 $\omega>\sqrt{\frac{m_1+m_2}{m_2e}g}$ 时，有 $F_{y\min}<0$，如果电机未用螺栓固定，将会跳起来。

小　结

1. 动量与冲量：

质点的动量

$$m\boldsymbol{v}$$

质点系的动量

$$\boldsymbol{p} = \sum m_i \boldsymbol{v}_i = m\boldsymbol{v}_C$$

力的冲量

$$\boldsymbol{I} = \int_{t_1}^{t_2} \boldsymbol{F} \mathrm{d}t$$

2. 动量定理：

质点的动量定理

$$d(m\boldsymbol{v}) = \boldsymbol{F}\mathrm{d}t$$

$$m\boldsymbol{v}_2 - m\boldsymbol{v}_1 = \int_{t_1}^{t_2} \boldsymbol{F}\mathrm{d}t = \boldsymbol{I}$$

质点系的动量定理

$$\frac{\mathrm{d}\boldsymbol{p}}{\mathrm{d}t} = \sum \boldsymbol{F}_i^{(e)}$$

$$\boldsymbol{p}_2 - \boldsymbol{p}_1 = \sum \boldsymbol{I}_i^{(e)}$$

质点系动量守恒定律：

当 $\sum \boldsymbol{F}_i^{(e)} \equiv 0$ 时，$\boldsymbol{p}$ = 常矢量。

当 $\sum F_{iz}^{(e)} \equiv 0$ 时，p_z = 常量。

3. 质心运动定理

$$m\boldsymbol{a}_C = \sum \boldsymbol{F}_i^{(e)}$$

质点系的质心

$$\boldsymbol{r}_C = \frac{\sum_{i=1}^{n} m_i \boldsymbol{r}_i}{m}$$

$$x_C = \frac{\sum m_i x_i}{m}, y_C = \frac{\sum m_i y_i}{m}, z_C = \frac{\sum m_i z_i}{m}$$

质心运动守恒定律

当 $\sum \boldsymbol{F}_i^{(e)} \equiv 0$ 时，$\boldsymbol{v}_C$ = 常矢量。

当 $\sum F_{ix}^{(e)} \equiv 0$ 时，v_{Cx} = 常量。

思考题

9.1　质点系的总动量为零,该质点系是否处于静止状态?

9.2　作用于质点系的外力在一段时间内的冲量矢量和是否等于质点系动量在该段时间内的改变量?

9.3　物体静止于水平面上,其动量为零,则物体的重力的冲量是否为零?

9.4　刚体受多个力作用,不论各力作用点如何,此刚体质心加速度一样吗?

9.5　质点系的动量是否等于外力的矢量和?

9.6　质点系的质心位置保持不变的条件是作用于质点系的所有外力主矢为零及质心初速度为零?

9.7　求下列各均质物体的动量。设各物体质量均为 m。

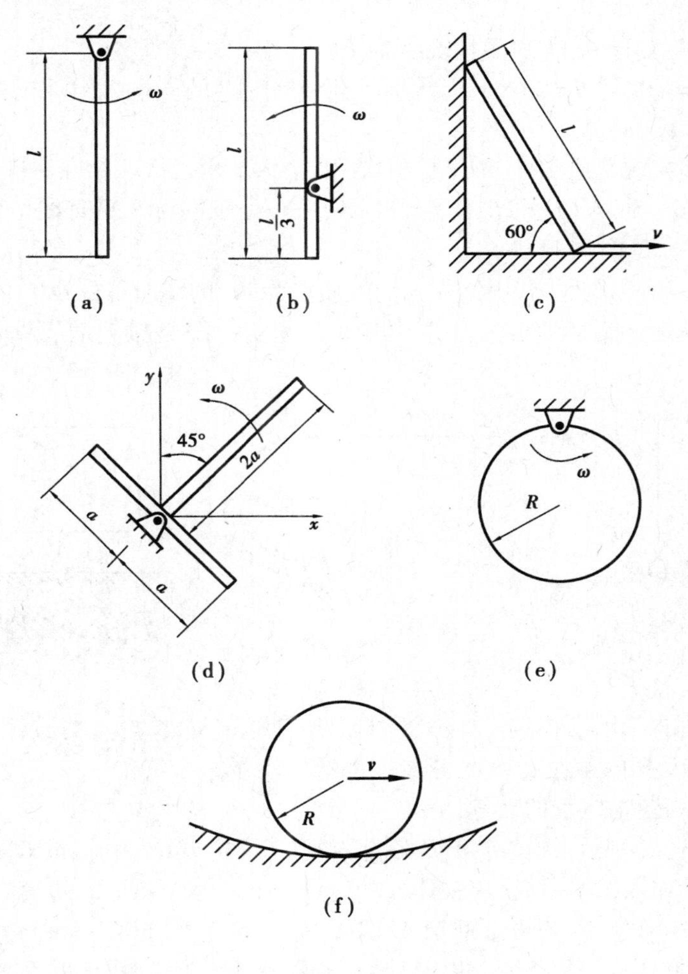

图9.10

9.8　质点系动量定理导数形式为 $\frac{d\boldsymbol{p}}{dt} = \sum \boldsymbol{F}_i^{(e)}$，积分形式为 $\boldsymbol{p}_2 - \boldsymbol{p}_1 = \sum \int_{t_1}^{t_2} \boldsymbol{F}_i^{(e)} dt$。以下说法正确的是哪个？

A. 导数形式和积分形式均可在自然轴系上投影。

B. 导数形式和积分形式均不可在自然轴系上投影。

C. 导数形式能在自然轴系上投影，积分形式不能。

D. 导数形式不能在自然轴系上投影，积分形式能。

习　题

9.1　跳伞者质量 60 kg，自停留在空中的直升机跳出，落下 100 m 后，将降落伞打开。略去开伞前的阻力，伞重不计，开伞后所受的阻力不变，经 5 s 后跳伞者的速度减为 4.3 m/s。求阻力大小。

9.2　计算下列如图 9.11 所示情况下系统的动量：

（1）已知 $OA = AB = l, \theta = 45°$，$\omega$ 为常量，均质连杆 AB 的质量为 M，而曲柄 OA 和滑块 B 的质量不计（见图 9.11(a)）。

（2）质量均为 m 的均质细杆 AB、BC 和均质圆盘 CD 用铰链联结在一起并支承，如图 9.11(b)所示。已知 $AB = BC = CD = 2R$，图示瞬时 A、B、C 处于同一水平直线位置，而 CD 铅直，AB 杆以角速度 ω 转动（见图 9.11(b)）。

（3）图示小球 M 质量为 m_1，固结在长为 l、质量为 m_2 的均质细杆 OM 上，杆的一端 O 铰接在不计质量且以速度 v 运动的小车上，杆 OM 以角速度 ω 绕 O 轴转动（见图 9.11(c)）。

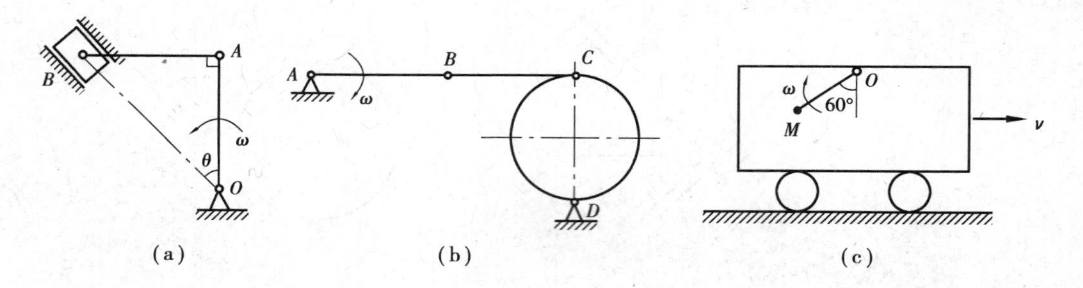

图 9.11

9.3　如图 9.12 所示的机构，已知均质杆 AB 质量为 m，长为 l；均质杆 BC 质量为 $4m$，长为 $2l$。图示瞬时 AB 杆的角速度为 ω，求此时系统的动量。

9.4　试求下列各物体系的动量：

（1）如图 9.13(a)所示，物体 A 和 B 各重 G_A 和 G_B，$G_A > G_B$；滑轮重 G，并可看作半径为 r 的匀质圆盘。不计绳索的质量，试求物体 A 的速度为 $\boldsymbol{v}$ 时整个系统的动量。

（2）如图 9.13(b)所示，正方形框架 $ABCD$ 的质量是 m_1，边长为 l，以角速度 ω_1 绕定轴转动；匀质圆盘的质量是 m_2，半径是 r，以角速度 ω_1 绕重合于框架的对角线 BD 的中心轴转动。试求物体系的动量。

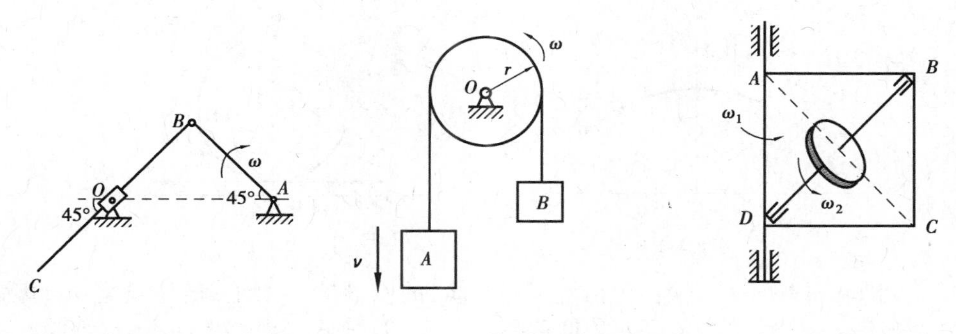

图9.12　　　　　　　　　　　　图9.13

9.5　已知均质杆 AB 长为 l,直立于光滑水平面上。求杆无初速倒下时,端点 A 相对于如图9.14所示坐标系的轨迹。

9.6　如图9.15所示,已知均质鼓轮 O 的质量为 m_1,重物 B、C 的质量分别为 m_2 和 m_3。斜面光滑,倾角为 θ,重物 B 的加速度为 $\boldsymbol{a}$。求轴承 O 处的约束反力。

9.7　如图9.16所示,物体 A 和 B 的质量分别是 m_1 和 m_2,借一绕过滑轮 C 的不可伸长的绳索相连,这两个物体可沿直角三棱柱的光滑斜面滑动,而三棱柱的底面 DE 则放在光滑水平面上。试求当物体 A 落下高度 $h=10$ cm 时,三棱柱沿水平面的位移。设三棱柱的质量 $m=4m_1=16m_2$,绳索和滑轮的质量都不计。初瞬时系统处于静止。

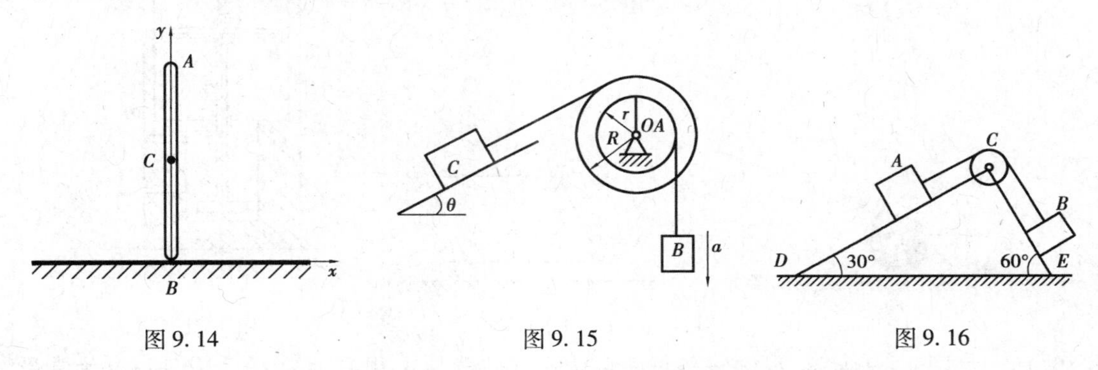

图9.14　　　　　　　　图9.15　　　　　　　　图9.16

9.8　一炮弹的质量为 M_1+M_2,射出时水平及竖直分速度为 $\boldsymbol{u}$ 及 $\boldsymbol{v}$,当炮弹达到最高点时,其内部的炸药产生能量 E,使炮弹分为 M_1 和 M_2 两部分。在开始时,两者仍旧按原方向飞行,试求它们落地时相隔距离。不计空气阻力。

9.9　如图9.17所示,质量为 M,半径为 a 的光滑半球,其底面放在光滑的水平面上。有一质量为 m 的质点沿此半球面滑下。设质点的初始位置与球心连线和竖直方向上的直线所成夹角为 α,并且系统初始静止。求此质点滑到它与球心的连线和竖直向上直线间成 θ 夹角时的 $\dot{\theta}$ 之值。

9.10　如图9.18所示,质量为 m,半径为 R 的均质圆盘,置于质量为 M 的平板上,沿平板加一常力 $\boldsymbol{F}$。设平板与地面间摩擦系数为 f,平板与圆盘间的接触是足够粗糙的,求圆盘中心点的加速度。

9.11　在静止的小船上,一人自船头走到船尾,设人质量为 m_2,船的质量为 m_1,船长 l,水的阻力不计。求船的位移。

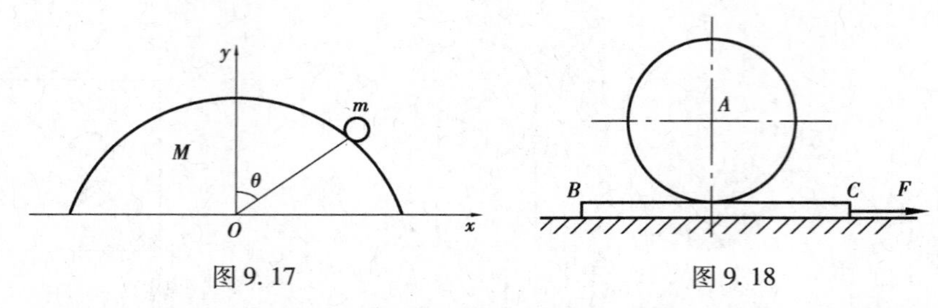

图 9.17　　图 9.18

9.12　如图 9.19 所示，火炮（包括炮车与炮筒）的质量是 m_1，炮弹的质量是 m_2，炮弹相对炮车的发射速度是 $\boldsymbol{v}_r$，炮筒对水平面的仰角是 α。设火炮放在光滑水平面上，且炮筒与炮车相固连。求火炮的后坐速度 $\boldsymbol{u}$ 和炮弹的发射速度。

9.13　如图 9.20 所示，板 AB 质量为 m，放在光滑水平面上，其上用铰链连接四连杆机构 $OCDO_1$。已知 $OC = O_1D = b$，$CD = OO_1$，均质杆 OC、O_1D 质量皆为 m_1，均质杆 CD 质量为 m_2。求当杆 OC 从与铅垂线夹角为 θ 处由静止开始转到水平位置时，板 AB 的位移。

9.14　如图 9.21 所示水泵的固定外壳 D 和基础 E 的质量为 m_1，曲柄 $OA = d$，质量为 m_2，滑道 B 和活塞 C 的质量为 m_3。若曲柄 OA 以匀角速度 ω 转动，试求水泵在唧水时给地面的动压力（曲柄可视为匀质杆）。

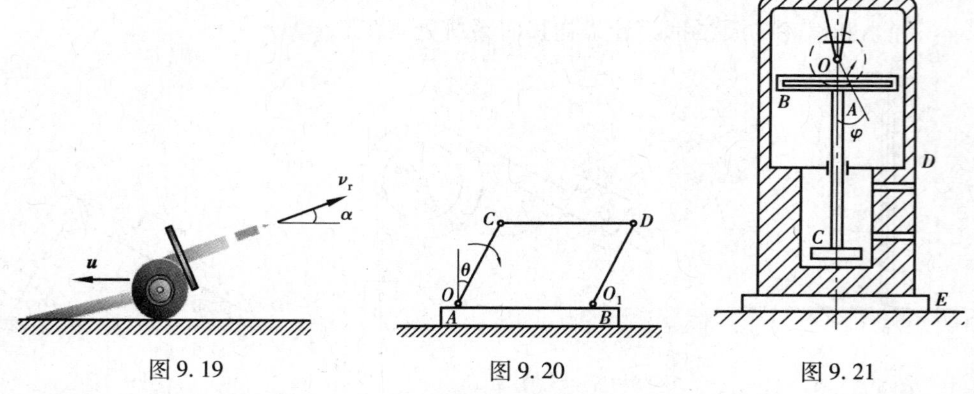

图 9.19　　图 9.20　　图 9.21

9.15　如图 9.22 所示，已知链条长 l，单位长度质量为 ρ，提升力为 $\boldsymbol{F}$，上升速度 $\boldsymbol{v}$ 为常量。设留在地面上的链条对提起部分没有作用力，求地面反力 F_N 的表达式。

9.16　如图 9.23 所示，一条柔软、无弹性、质量均匀的绳索，竖直地自高处下坠到地面上。如绳索的长度等于 l，每单位长度的质量为 ρ，求当绳索剩在空中的长度等于 $x(x < l)$ 时，绳索的速度以及它对地板的压力。设初始时绳索速度为零，它的下端距地面为 h。

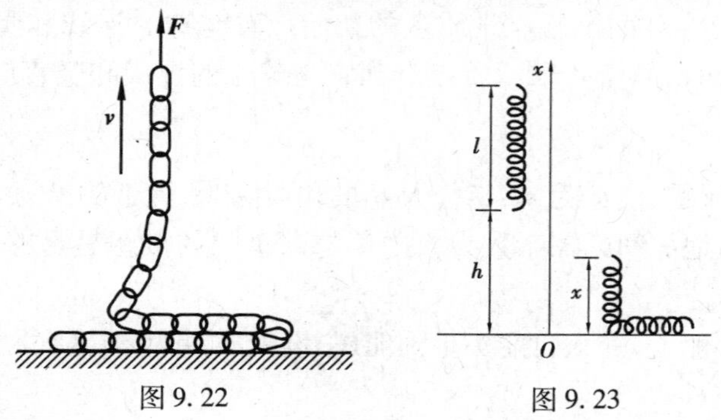

图 9.22　　图 9.23

第 10 章 动量矩定理

质点系的动量及动量定理，描述了质点系质心的运动状态及其变化规律。本章阐述的质点系的动量矩及动量矩定理则在一定程度上描述了质点系相对于定点或质心的运动状态及其变化规律。

10.1 动量矩与转动惯量

10.1.1 质点的动量矩

质点的动量是具有明确作用线的矢量，与力矢量一样可对点或对轴取矩。假设质点 Q 某瞬时的动量为 $m\boldsymbol{v}$，质点相对点 O 的位置用矢径 $\boldsymbol{r}$ 表示，如图 10.1 所示。质点 Q 的动量对于点 O 的矩，定义为质点对于点 O 的动量矩，即

$$\boldsymbol{M}_O(m\boldsymbol{v}) = \boldsymbol{r} \times m\boldsymbol{v} \tag{10.1}$$

质点对于点 O 的动量矩是矢量，如图 10.1 所示。

质点动量 $m\boldsymbol{v}$ 在 Oxy 平面内的投影 $(m\boldsymbol{v})_{xy}$ 对于点 O 的矩，定义为质点动量对于 z 轴的矩，简称对于 z 轴的动量矩。对轴的动量矩是代数量。质点对点 O 的动量矩矢在 z 轴上的投影，等于对 z 轴的动量矩，即

$$[\boldsymbol{M}_O(m\boldsymbol{v})]_z = M_z(m\boldsymbol{v}) \tag{10.2}$$

在国际单位制中，动量矩的单位为 $\mathrm{kg \cdot m^2/s}$。

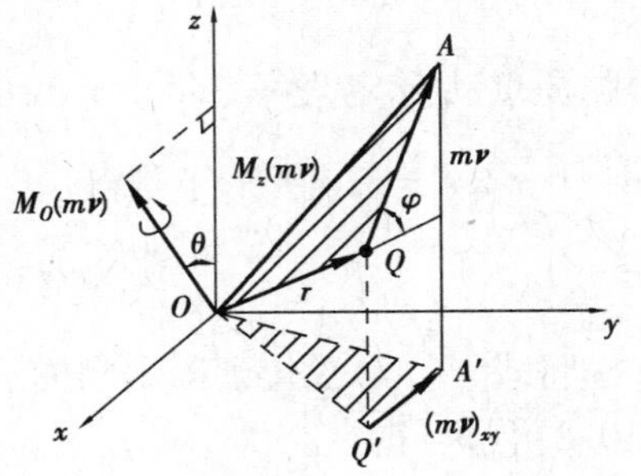

图 10.1

10.1.2 质点系的动量矩

质点系对某点 O 的动量矩等于各质点对同一点 O 的动量矩的矢量和，或称为质点系动量对点 O 的主矩，即

$$\boldsymbol{L}_O = \sum \boldsymbol{M}_O(m_i\boldsymbol{v}_i) \tag{10.3}$$

质点系对某轴 z 的动量矩等于各质点对同一 z 轴动量矩的代数和，即

$$L_z = \sum M_z(m_i \boldsymbol{v}_i) \tag{10.4}$$

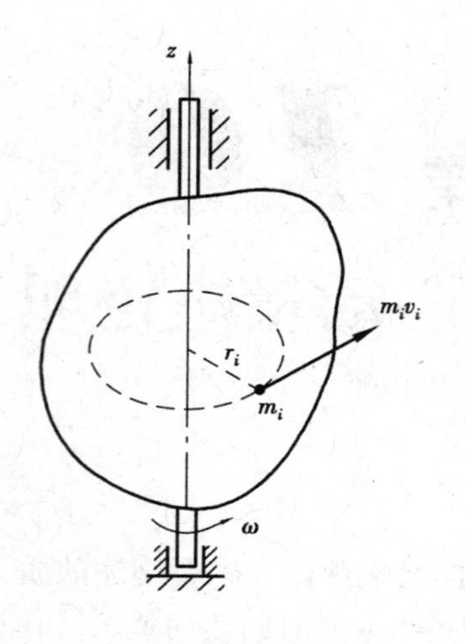

图 10.2

利用式(10.2)，得

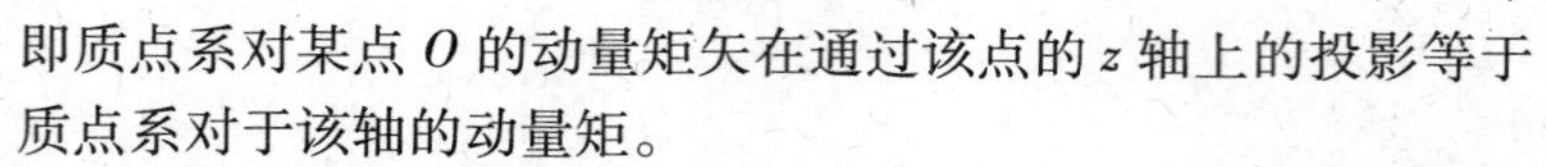

$$[\boldsymbol{L}_O]_z = L_z \tag{10.5}$$

即质点系对某点 O 的动量矩矢在通过该点的 z 轴上的投影等于质点系对于该轴的动量矩。

刚体平移时，可将全部质量集中于质心，作为一个质点计算其动量矩。

刚体绕定轴转动是工程中最常见的一种运动。设刚体以角速度 ω 绕 z 轴转动（见图 10.2），它对转轴 z 的动量矩为

$$L_z = \sum M_z(m_i \boldsymbol{v}_i) = \sum m_i v_i r_i = \sum m_i \omega r_i r_i = \omega \sum m_i r_i^2$$

令 $\sum m_i r_i^2 = J_z$，称为刚体对于 z 轴的**转动惯量**。于是有

$$L_z = J_z \omega \tag{10.6}$$

即绕定轴转动刚体对其转轴的动量矩等于刚体对转轴的转动惯量与转动角速度的乘积。

10.2 对定点（定轴）的动量矩定理

10.2.1 质点的动量矩定理

设质点对定点 O 的动量矩为 $\boldsymbol{M}_O(m\boldsymbol{v})$，作用力 $\boldsymbol{F}$ 对同一点的矩为 $\boldsymbol{M}_O(\boldsymbol{F})$，如图 10.3 所示。

将动量矩对时间取一阶导数，得

$$\frac{\mathrm{d}}{\mathrm{d}t}\boldsymbol{M}_O(m\boldsymbol{v}) = \frac{\mathrm{d}}{\mathrm{d}t}(\boldsymbol{r} \times m\boldsymbol{v}) = \frac{\mathrm{d}\boldsymbol{r}}{\mathrm{d}t} \times m\boldsymbol{v} + \boldsymbol{r} \times \frac{\mathrm{d}}{\mathrm{d}t}(m\boldsymbol{v})$$

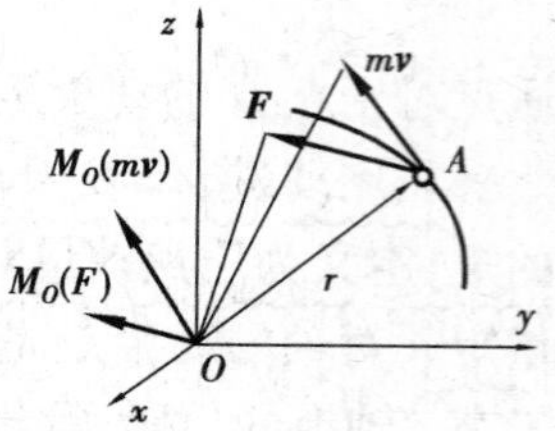

根据质点动量定理 $\frac{\mathrm{d}}{\mathrm{d}t}(m\boldsymbol{v}) = \boldsymbol{F}$，且 O 为定点，有 $\frac{\mathrm{d}\boldsymbol{r}}{\mathrm{d}t} = \boldsymbol{v}$。因为 $\boldsymbol{v} \times m\boldsymbol{v} = 0$，$\boldsymbol{r} \times \boldsymbol{F} = \boldsymbol{M}_O(\boldsymbol{F})$，于是得

$$\frac{\mathrm{d}}{\mathrm{d}t}\boldsymbol{M}_O(m\boldsymbol{v}) = \boldsymbol{M}_O(\boldsymbol{F}) \tag{10.7}$$

图 10.3

将式(10.7)投影到固定坐标轴系上，并将质点对于点的动量矩与对轴的动量矩的关系式(10.2)代入，得

$$\left.\begin{aligned}\frac{\mathrm{d}}{\mathrm{d}t}M_x(m\boldsymbol{v}) &= M_x(\boldsymbol{F})\\ \frac{\mathrm{d}}{\mathrm{d}t}M_y(m\boldsymbol{v}) &= M_y(\boldsymbol{F})\\ \frac{\mathrm{d}}{\mathrm{d}t}M_z(m\boldsymbol{v}) &= M_z(\boldsymbol{F})\end{aligned}\right\} \tag{10.8}$$

可见，质点对固定点（或某固定轴）的动量矩随时间的变化率，等于作用于质点的力对同一点（或同一轴）的矩。这就是**质点的动量矩定理**。

10.2.2　质点系的动量矩定理

设质点系内有 n 个质点，作用于每个质点的力分为内力 $\boldsymbol{F}_i^{(i)}$ 和外力 $\boldsymbol{F}_i^{(e)}$。根据质点的动量矩定理，有

$$\frac{\mathrm{d}}{\mathrm{d}t}\boldsymbol{M}_O(m_i\boldsymbol{v}_i)=\boldsymbol{M}_O(\boldsymbol{F}_i^{(i)})+\boldsymbol{M}_O(\boldsymbol{F}_i^{(e)})$$

这样的方程共有 n 个，左右两端分别相加后得

$$\sum\frac{\mathrm{d}}{\mathrm{d}t}\boldsymbol{M}_O(m_i\boldsymbol{v}_i)=\sum\boldsymbol{M}_O(\boldsymbol{F}_i^{(i)})+\sum\boldsymbol{M}_O(\boldsymbol{F}_i^{(e)})$$

由于内力总是大小相等、方向相反且成对出现，因此

$$\sum\boldsymbol{M}_O(\boldsymbol{F}_i^{(i)})=0$$

又

$$\sum\frac{\mathrm{d}}{\mathrm{d}t}\boldsymbol{M}_O(m_i\boldsymbol{v}_i)=\frac{\mathrm{d}}{\mathrm{d}t}\sum\boldsymbol{M}_O(m_i\boldsymbol{v}_i)=\frac{\mathrm{d}\boldsymbol{L}_O}{\mathrm{d}t}$$

于是得

$$\frac{\mathrm{d}\boldsymbol{L}_O}{\mathrm{d}t}=\sum\boldsymbol{M}_O(\boldsymbol{F}_i^{(e)}) \tag{10.9}$$

将式(10.9)投影到固定坐标轴系上，并将质点系对于点的动量矩与对轴的动量矩的关系式(10.5)代入，得

$$\left.\begin{aligned}\frac{\mathrm{d}L_x}{\mathrm{d}t}&=\sum M_x(\boldsymbol{F}_i^{(e)})\\\frac{\mathrm{d}L_y}{\mathrm{d}t}&=\sum M_y(\boldsymbol{F}_i^{(e)})\\\frac{\mathrm{d}L_z}{\mathrm{d}t}&=\sum M_z(\boldsymbol{F}_i^{(e)})\end{aligned}\right\} \tag{10.10}$$

可见，质点系对某固定点（或某固定轴）的动量矩随时间的变化率，等于作用于质点系的全部外力对同一点（或同一轴）的矩的矢量和（或代数和）。这就是**质点系的动量矩定理**。

必须指出，上述动量矩定理的表达式只适用于对固定点或固定轴。对于一般的动点或动轴，动量矩定理具有较复杂的表达式。

现在讨论动量矩守恒的情形。

对于质点：

①如果 $\boldsymbol{M}_O(\boldsymbol{F})\equiv0$，则由式(10.7)可知，$\boldsymbol{M}_O(m\boldsymbol{v})=$ 常矢量。

②如果 $M_z(\boldsymbol{F})\equiv0$，则由式(10.8)可知，$M_z(m\boldsymbol{v})=$ 常量。

对于质点系：

①如果 $\sum\boldsymbol{M}_O(\boldsymbol{F}_i^{(e)})\equiv0$，则由式(10.9)可知，$\boldsymbol{L}_O=$ 常矢量。

②如果 $\sum M_z(\boldsymbol{F}_i^{(e)})\equiv0$，则由式(10.10)可知，$L_z=$ 常量。

可见，在运动过程中，如作用于质点（质点系）的所有外力对固定点（或固定轴）的矩（主矩）始

终等于零,则质点(质点系)对该点(或该轴)的动量矩保持不变。这就是**质点(质点系)的动量矩守恒定理**。它说明了质点系动量矩守恒的条件。

例 10.1 如图 10.4 所示,人造地球卫星沿椭球轨道运动,地球中心 O 是椭球焦点之一。已知卫星离地面最近点为 B,最远点为 A,且 $\overline{BB_1}=439\ \text{km}$, $\overline{AA_1}=2\ 384\ \text{km}$,地球半径 R 为 6 371 km。求卫星在点 B、点 A 的速度比。

解 取卫星为研究对象的质点,作用在其上的力 $\boldsymbol{F}$ 恒指向地心 O。

由于 $\sum \boldsymbol{M}_O(\boldsymbol{F})\equiv 0$, 故卫星对点 O 的动量矩为常矢量。设卫星质量为 m,则

$|\boldsymbol{M}_O(m\boldsymbol{v})|=mv_A\cdot\overline{OA}=mv_B\cdot\overline{OB}=$ 常量

而 $OA=8\ 755\ \text{km}, OB=6\ 810\ \text{km}$,故

$$\frac{v_A}{v_B}=\frac{OA}{OB}=\frac{8\ 755}{6\ 810}=1.29$$

例 10.2 如图 10.5 所示的水轮机转轮,每两叶片间的水流皆相同。在图面内的进口水速度为 $\boldsymbol{v}_1$,出口水速度为 $\boldsymbol{v}_2$,α_1 和 α_2 分别为 $\boldsymbol{v}_1$ 和 $\boldsymbol{v}_2$ 与切线方向的夹角。如总的体积流量为 q_v,求水流对转轮的转动力矩。

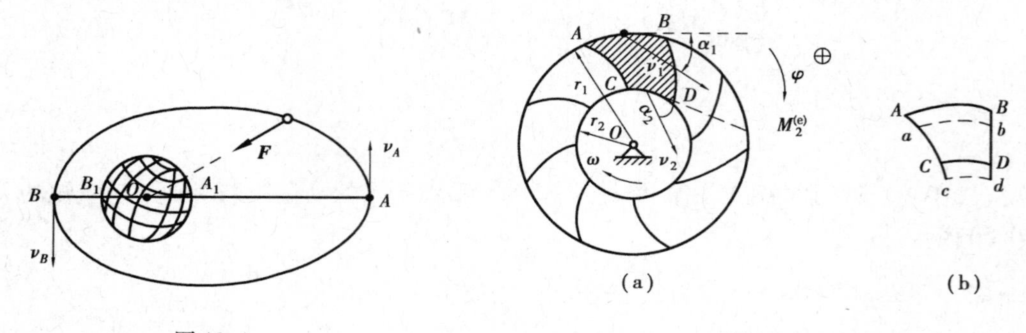

图 10.4

图 10.5

解 取两叶片间的水(图中阴影部分)为研究的质点系,经过 $\mathrm{d}t$ 时间,此部分水由图 10.5(b)中的 $ABCD$ 位置移动到 $abcd$。设流动是稳定的,则其对转轴 O 的动量矩改变为

$$\mathrm{d}L_O=L_{abcd}-L_{ABCD}=L_{CDcd}-L_{ABab}$$

如转轮有 n 个叶片,水的密度为 ρ,则有

$$L_{CDcd}=\frac{1}{n}q_v\rho\mathrm{d}tv_2r_2\cos\alpha_2$$

$$L_{ABab}=\frac{1}{n}q_v\rho\mathrm{d}tv_1r_1\cos\alpha_1$$

由此得

$$\mathrm{d}L_O=\frac{1}{n}q_v\rho\mathrm{d}t(v_2r_2\cos\alpha_2-v_1r_1\cos\alpha_1)$$

转轮有 n 个叶片,由动量矩定理,水流对 O 点的总力矩为

$$M_O(\boldsymbol{F})=n\frac{\mathrm{d}L_O}{\mathrm{d}t}=q_v\rho\mathrm{d}t(v_2r_2\cos\alpha_2-v_1r_1\cos\alpha_1)$$

转轮受到的转动力矩 M 与 $M_O(F)$ 等值反向。

例 10.3 如图 10.6 所示,装在发电机上的调速器,小球 A、B 质量相等,其余构件质量不

计。设各杆铅直时,系统的角速度为 ω_0,求当各杆与铅直线成 θ 角时系统的角速度 ω(忽略各处摩擦)。

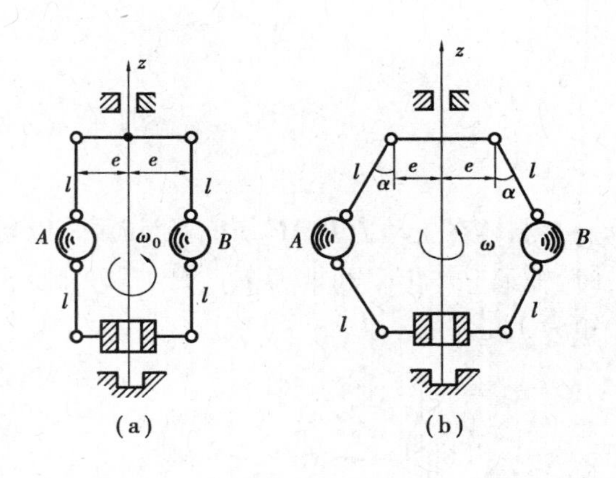

图 10.6

解　取整个系统为研究对象。系统所受的重力和轴承的约束力对于 z 轴的矩都等于零,因此,系统对 z 轴的动量矩守恒。

当 $\theta=0$ 时

$$L_{z1}=2\cdot\frac{P}{g}e\omega_0\cdot e=\frac{2P}{g}e^2\omega_0$$

当 $\theta\neq0$ 时

$$L_{z2}=2\cdot\frac{P}{g}(e+l\sin\theta)^2\omega$$

式中,P 为小球质量,l 为杆长。

由 $L_{z1}=L_{z2}$,得

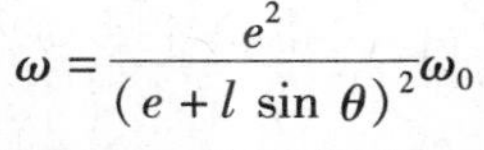

$$\omega=\frac{e^2}{(e+l\sin\theta)^2}\omega_0$$

例 10.4　摩擦离合器靠接合面的摩擦进行传动。在接合前,已知主动轴 1 以角速度 ω_0 转动,而从动轴 2 处于静止(见图 10.7(a))。一经结合,轴 1 的转速迅速减慢。轴 2 的转速迅速加快,两轴最后以共同角速度 ω 转动(见图 10.7(b))。已知轴 1 和轴 2 连同各自的附件对转轴的转动惯量分别是 J_1 和 J_2,试求接合后的共同角速度 ω,轴承的摩擦不计。

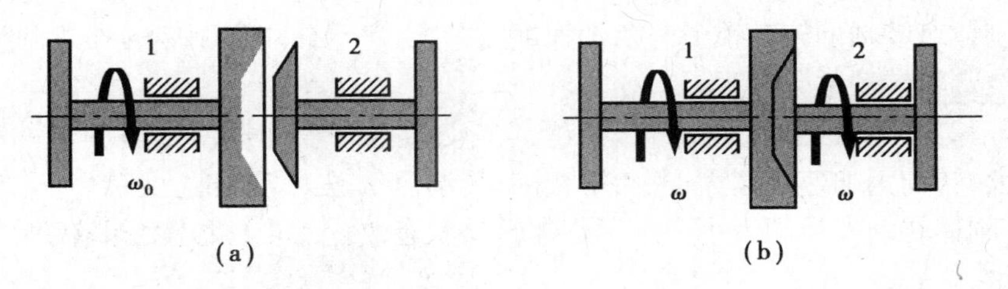

图 10.7

解　取轴 1 和轴 2 组成的系统作为研究对象。接合时作用在两轴的外力对公共转轴的矩都等于零,故系统对转轴的总动量矩不变。

接合前系统的动量矩是 $J_1\omega_0$,离合器接合后系统的动量矩是 $(J_1+J_2)\omega$。由动量矩守恒定理得

$$J_1\omega_0=(J_1+J_2)\omega$$

故结合后,两轮轴转动的共同角速度为

$$\omega=\frac{J_1}{J_1+J_2}\omega_0$$

显然 ω 的转向与 ω_0 相同。

10.3 刚体绕定轴的转动微分方程

刚体在主动力 $\boldsymbol{F}_1,\boldsymbol{F}_2,\cdots,\boldsymbol{F}_n$ 作用下以角速度为 ω 绕定轴 z 转动，如图10.8所示。与此同时，轴承上产生了约束力 $\boldsymbol{F}_{N1},\boldsymbol{F}_{N2}$。设刚体对于 z 轴的转动惯量为 J_z，则刚体对于 z 轴的动量矩为 $J_z\omega$。

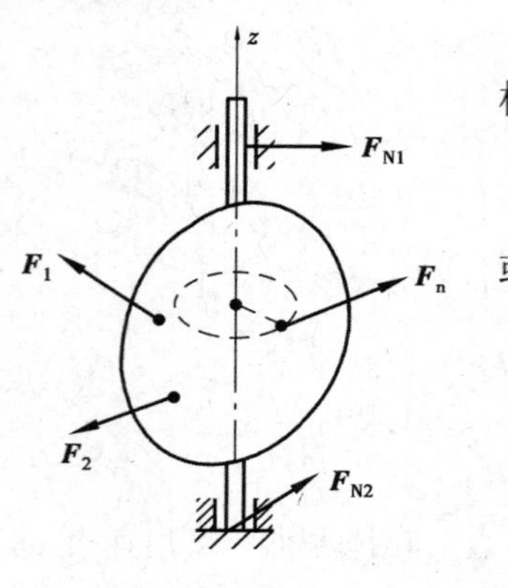

图10.8

如果不计轴承中的摩擦，轴承约束力对于 z 轴的力矩为零。根据质点系动量矩定理的投影式(10.10)，有

$$\frac{\mathrm{d}}{\mathrm{d}t}(J_z\omega) = \sum M_z(\boldsymbol{F}_i)$$

或

$$J_z\frac{\mathrm{d}\omega}{\mathrm{d}t} = \sum M_z(\boldsymbol{F}_i) \tag{10.11}$$

注意到 $\alpha=\frac{\mathrm{d}\omega}{\mathrm{d}t}=\frac{\mathrm{d}^2\varphi}{\mathrm{d}t^2}$，故式(10.11)也可写为

$$J_z\alpha = \sum M_z(\boldsymbol{F}_i)$$

或

$$J_z\frac{\mathrm{d}^2\varphi}{\mathrm{d}t^2} = \sum M_z(\boldsymbol{F}_i) \tag{10.12}$$

即定轴转动刚体对转轴的转动惯量与角加速度的乘积，等于作用于刚体的外力对转轴的主矩。这就是刚体绕定轴转动微分方程。

由式(10.12)可知，刚体绕定轴转动时，其主动力对转轴的矩使刚体的转动状态发生改变。力矩越大，转动角加速度越大；若力矩相同，转动惯量越大，角加速度越小；反之，角加速度越大。可知，刚体转动惯量的大小表现了刚体转动状态改变的难易程度，即**转动惯量**是刚体转动惯性的度量。

刚体的转动微分方程 $J_z\alpha = \sum M_z(\boldsymbol{F}_i)$ 与质点的运动微分方程 $m\boldsymbol{a} = \sum \boldsymbol{F}$ 有相似的形式，因此，其求解方法也是相似的。

例10.5 如图10.9所示，已知滑轮半径为 R，转动惯量为 J，带动滑轮的胶带拉力为 $\boldsymbol{F}_1$ 和 $\boldsymbol{F}_2$。求滑轮的角加速度。

解 根据刚体绕定轴转动微分方程，有

$$J\alpha=(F_1-F_2)R$$

于是得

$$\alpha=\frac{(F_1-F_2)R}{J}$$

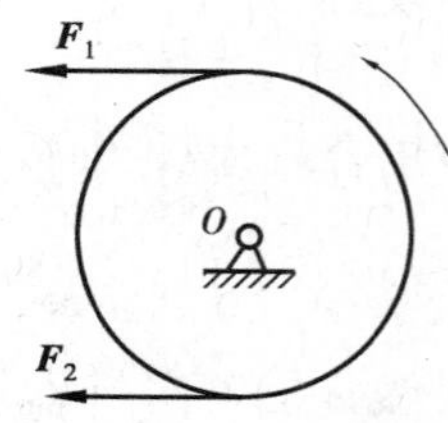

图10.9

例10.6 复摆由可绕水平轴转动的刚体构成，如图10.10所示。已知复摆的质量是 m，重心 C 到转轴 O 的距离 $OC=b$，复摆对转轴 O 的转动惯量是 J_O，设摆动开始时 OC 与铅直线的偏角是 φ_0，且复摆的初角速度为零，试求复摆的微幅摆动规律。轴承摩擦和空气阻力不计。

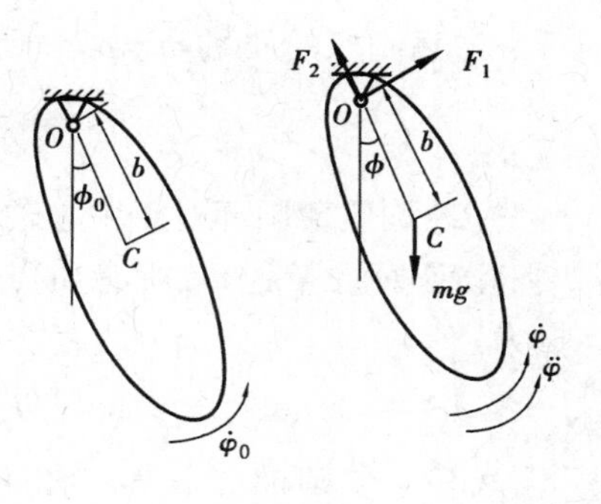

图10.10

解　复摆在任意位置时,所受的外力有重力 mg 和轴承 O 的反力,为便于计算,把轴承反力沿质心轨迹的切线和法线方向分解成两个分力 $\boldsymbol{F}_1$ 和 $\boldsymbol{F}_2$。

根据刚体绕定轴转动的微分方程,有

$$J_O\frac{\mathrm{d}^2\varphi}{\mathrm{d}t^2}=-mgb\sin\varphi$$

刚体作微小摆动,有 $\sin\varphi\approx\varphi$,于是转动微分方程可写为

$$J_O\frac{\mathrm{d}^2\varphi}{\mathrm{d}t^2}=-mgb\varphi$$

或

$$\frac{\mathrm{d}^2\varphi}{\mathrm{d}t^2}+\frac{mgb}{J_O}\varphi=0$$

这是简谐运动的标准微分方程。可知,复摆的微幅振动也是简谐运动。

考虑到复摆运动的初条件,即当 $t=0$ 时,$\varphi=\varphi_0$,$\dot{\varphi}=0$。则复摆运动规律可写为

$$\varphi=\varphi_0\cos\left(\sqrt{\frac{mgb}{J_O}}t\right)$$

摆动的频率 ω_0 和周期 T 分别为

$$\omega_0=\sqrt{\frac{mgb}{J_O}},T=\frac{2\pi}{k}=2\pi\sqrt{\frac{J_O}{mgb}}$$

工程上常利用上式测定形状不规则刚体的转动惯量。因此,把刚体做成复摆并用试验测出它的摆动频率 ω_0 和周期 T,然后求得转动惯量

$$J_O=\frac{mgbT^2}{4\pi^2}$$

10.4　刚体对轴的转动惯量

刚体的转动惯量是刚体转动惯性的度量,刚体对任意轴 z 的转动惯量定义为

$$J_z=\sum m_ir_i^2 \tag{10.13}$$

可见,转动惯量不仅与质量大小有关,而且与质量的分布情况有关。在国际单位制中,转动惯量的单位是 $\mathrm{kg\cdot m^2}$。

10.4.1　简单形状物体的转动惯量计算

(1)均质细直杆对于 z 轴的转动惯量(见图10.11)

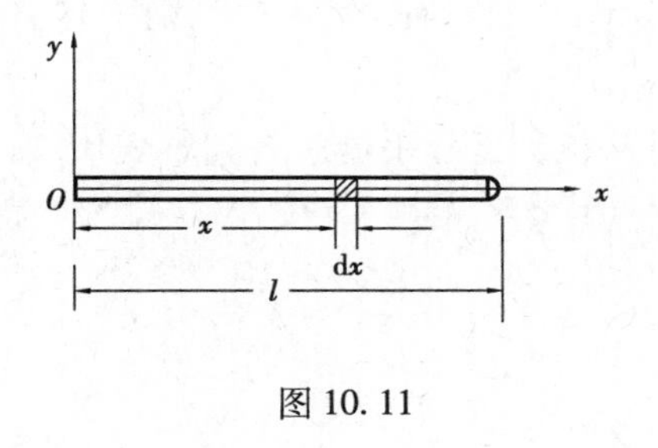

图10.11

设杆长为 l,单位长度的质量为 ρ_l,取杆上一微段 $\mathrm{d}x$,其质量为 $m=\rho_l\mathrm{d}x$。则此杆对于 z 轴的转动惯量为

$$J_z=\int_0^l(\rho_l\mathrm{d}x\cdot x^2)=\rho_l\cdot\frac{l^3}{3}$$

注意到杆的质量 $m=\rho_l l$，于是

$$J_z = \frac{1}{3}ml^2 \tag{10.14}$$

(2)均质薄圆环对于中心轴的转动惯量(见图 10.12)

设圆环质量为 m，所有质点到中心轴的距离都等于半径 R。圆环对中心轴 z 的转动惯量为

$$J_z = \sum m_i R^2 = R^2 \sum m_i = mR^2 \tag{10.15}$$

(3)均质圆板对于中心轴的转动惯量(见图 10.13)

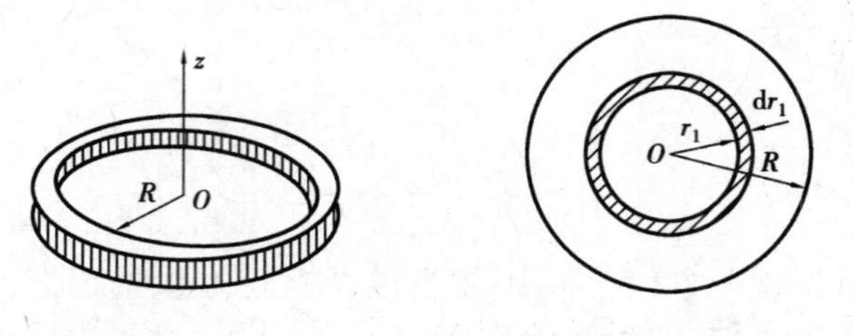

图 10.12　　图 10.13

设圆板的质量为 m，半径为 R。将圆板看作无数同心的薄圆环，任一圆环的半径为 r_i，宽度为 dr_i，则薄圆环的质量为

$$m_i = 2\pi r_i dr_i \cdot \rho_A$$

式中，$\rho_A = \dfrac{m}{\pi R^2}$，是均质圆板单位面积的质量。因此圆板对于中心轴的转动惯量为

$$J_O = \int_0^R 2\pi r \rho_A dr \cdot r^2 = 2\pi\rho_A \frac{R^4}{4}$$

或

$$J_O = \frac{1}{2}mR^2 \tag{10.16}$$

10.4.2　惯性半径(回转半径)

惯性半径(回转半径)定义为

$$\rho_z = \sqrt{\frac{J_z}{m}} \tag{10.17}$$

对于几何形状相同的均质物体，其惯性半径的公式是相同的。

由式(10.17)，有

$$J_z = m\rho_z^2 \tag{10.18}$$

即物体的转动惯量等于该物体的质量与惯性半径平方的乘积。

简单几何形状或几何形状已标准化的零件的惯性半径可从机械工程手册中查到。表10.1列出了一些常见均质物体的转动惯量和惯性半径。

表10.1　常见均质物体的转动惯量好惯性半径

物体形状	简　图	转动惯性	惯性半径
细直杆	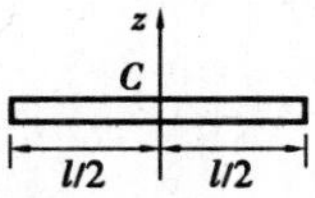	$J_z = \frac{1}{12}ml^2$	$\rho_z = \frac{1}{2\sqrt{3}}l$
矩形薄板	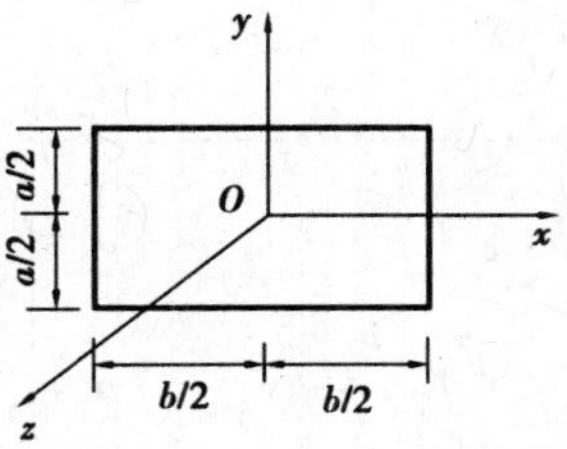	$J_x = \frac{1}{12}ma^2$ $J_y = \frac{1}{12}mb^2$ $J_z = \frac{1}{12}m(a^2 + b^2)$	$\rho_x = \frac{1}{2\sqrt{3}}a$ $\rho_y = \frac{1}{2\sqrt{3}}b$ $\rho_z = \sqrt{\frac{1}{12}(a^2 + b^2)}$
薄圆环	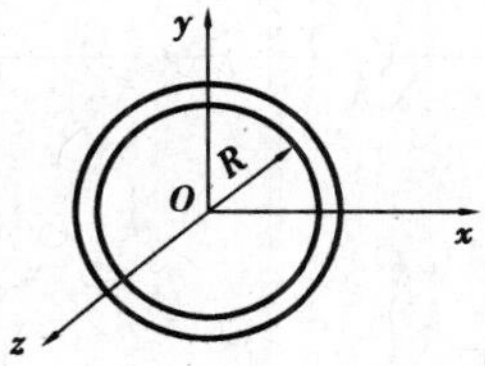	$J_x = J_y = \frac{1}{2}mR^2$ $J_z = mR^2$	$\rho_x = \rho_y = \frac{1}{\sqrt{2}}R$ $\rho_z = R$
薄圆板	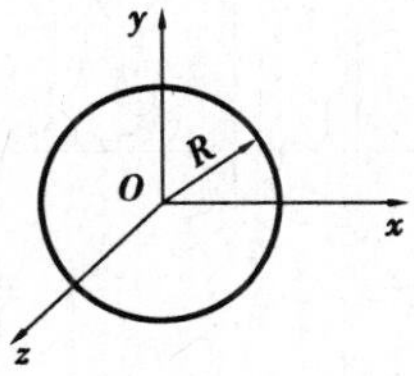	$J_x = J_y = \frac{1}{4}mR^2$ $J_z = \frac{1}{2}mR^2$	$\rho_x = \rho_y = \frac{1}{2}R$ $\frac{1}{\sqrt{2}}R$
圆柱	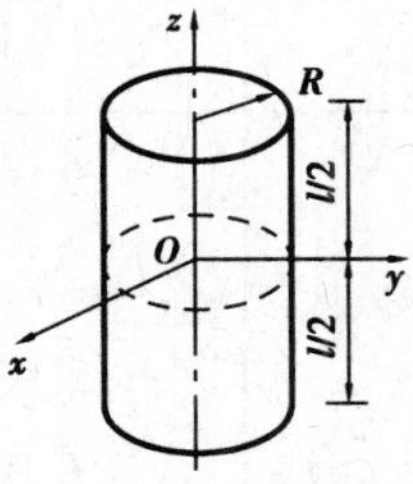	$J_x = J_y = m(\frac{R^2}{4} + \frac{l^2}{12})$ $J_z = \frac{1}{2}mR^2$	$\rho_x = \rho_y = \sqrt{\frac{3R^2 + l^2}{12}}$ $\frac{1}{\sqrt{2}}R$
薄壁空心球	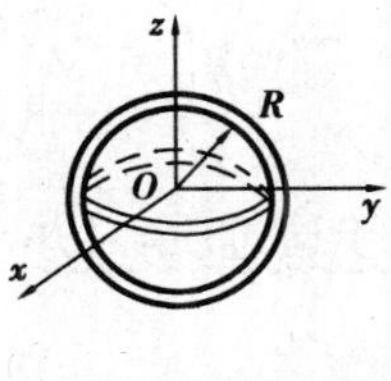	$J_x = J_y = J_z = \frac{2}{3}mR^2$	$\sqrt{\frac{2}{3}}R$

续表

物体形状	简　图	转动惯性	惯性半径
实心球		$J_x=J_y=J_z=\frac{2}{5}mR^2$	$\sqrt{\frac{2}{5}}R$
长方体		$J_x=\frac{1}{12}m(b^2+c^2)$ $J_y=\frac{1}{12}m(a^2+c^2)$ $J_z=\frac{1}{12}m(a^2+b^2)$	$\rho_x=\sqrt{\frac{b^2+c^2}{12}}$ $\rho_y=\sqrt{\frac{a^2+c^2}{12}}$ $\rho_z=\sqrt{\frac{a^2+b^2}{12}}$
圆锥体		$J_x=J_y=\frac{3}{80}m(4R^2+h^2)$ $J_z=\frac{3}{10}mR^2$	$\rho_x=\rho_y=\sqrt{\frac{3(4R^2+h^2)}{80}}$ $\rho_z=\sqrt{\frac{3}{10}}R$
实心半球		$J_x=J_y=\frac{83}{320}mR^2$ $J_z=\frac{1}{5}mR^2$	$\rho_x=\rho_y=0.509R$ $\rho_z=\sqrt{\frac{1}{5}}R=0.447R$
椭圆形薄板		$J_x=\frac{1}{4}mb^2$ $J_y=\frac{1}{4}ma^2$ $J_z=\frac{m}{4}(a^2+b^2)$	$\rho_x=\frac{b}{2}$ $\rho_y=\frac{a}{2}$ $\rho_z=\frac{1}{2}\sqrt{a^2+b^2}$

10.4.3　平行轴定理

平行轴定理是刚体对于任一轴的转动惯量，等于刚体对于通过质心、并与该轴平行的轴的转动惯量，加上刚体的质量与两轴间距离的平方的乘积，即

$$J_z = J_{z_C} + md^2 \tag{10.19}$$

可见，刚体对于诸平行轴，以通过质心的轴的转动惯量为最小。

例 10.7　简化的钟摆如图 10.14 所示。已知均质细杆和均质圆盘的质量分别为 m_1 和

m_2，杆长为 l，圆盘半径为 R。求钟摆对过 O 点的水平轴的转动惯量。

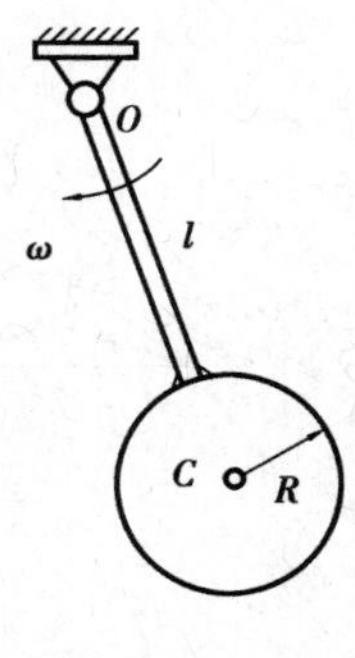

图 10.14

解　摆对过 O 点的水平轴的转动惯量

$$J_O = J_{O杆} + J_{O盘}$$

式中，$J_{O杆} = \frac{1}{3}m_1 l^2$。

设 J_C 为圆盘对于中心 C 的转动惯量，则

$$\begin{aligned} J_{O盘} &= J_C + m_2(l+R)^2 \\ &= \frac{1}{2}m_2R^2 + m_2(l+R)^2 \\ &= m_2\left(\frac{3}{2}R^2 + l^2 + 2lR\right) \end{aligned}$$

于是得

$$J_O = \frac{1}{3}m_1 l^2 + m_2\left(\frac{3}{2}R^2 + l^2 + 2lR\right)$$

例 10.8　如图 10.15 所示，均质空心薄圆盘，质量为 m，外半径为 R_1，内半径为 R_2。求圆盘对过 O 点的水平轴的转动惯量。

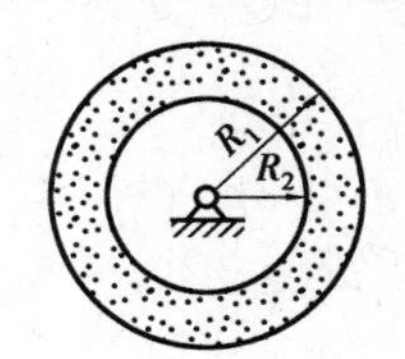

图 10.15

解　设外圆盘、内圆盘质量分别为 m_1 和 m_2，则空心薄圆盘对过 O 点的水平轴的转动惯量为

$$J_O = J_1 - J_2$$

其中

$$J_1 = \frac{1}{2}m_1R_1^2, J_2 = \frac{1}{2}m_2R_2^2$$

于是

$$J_O = \frac{1}{2}m_1R_1^2 - \frac{1}{2}m_2R_2^2$$

设单位体积的质量为 ρ，则

$$m_1 = \rho \cdot \pi R_1^2, m_2 = \rho \cdot \pi R_2^2$$

空心圆盘的质量为

$$m = m_1 - m_2 = \rho \cdot \pi(R_1^2 - R_2^2)$$

所以

$$J_O = J_1 - J_2 = \frac{1}{2}\rho \cdot \pi(R_1^4 - R_2^4) = \frac{1}{2}m(R_1^2 + R_2^2)$$

10.5　质点系相对于质心的动量矩定理

在前面推导动量矩定理时，曾指出矩心和矩轴都必须是固定的。因为对于一般的动点和动轴，动量矩定理具有较复杂的形式。然而，相对于质点系的质心或通过质心的动轴，动量矩定理仍然保持简单的形式。

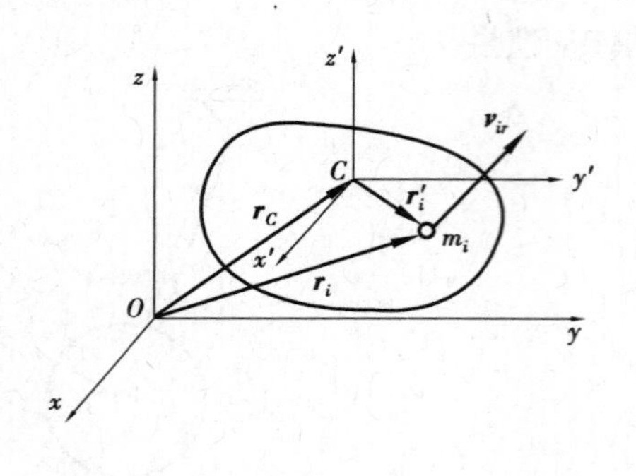

图 10.16

10.5.1 对质心的动量矩

以质心 C 为原点,建立一平移参考系 $Cx'y'z'$,如图 10.16 所示。在此平移参考系内,任一质点 m_i 的相对矢径为 $\boldsymbol{r}_i'$、相对速度为 $\boldsymbol{v}_{ir}$、绝对速度为 $\boldsymbol{v}_i$。

可以证明,以质点的相对速度或绝对速度计算质点系相对于质心的动量矩是相等的。因此,质点系相对于质心 C 的动量矩为

$$\boldsymbol{L}_C = \sum \boldsymbol{M}_C(m_i\boldsymbol{v}_i) = \sum \boldsymbol{r}'_i \times m_i\boldsymbol{v}_i \tag{10.20}$$

或

$$\boldsymbol{L}_C = \sum \boldsymbol{M}_C(m_i\boldsymbol{v}_{ir}) = \sum \boldsymbol{r}'_i \times m_i\boldsymbol{v}_{ir} \tag{10.21}$$

在固定参考系 $Oxyz$ 内,任一质点 m_i 对固定点的矢径为 $\boldsymbol{r}_i$、绝对速度为 $\boldsymbol{v}_i$,则质点系对固定点 O 的动量矩为

$$\boldsymbol{L}_O = \sum \boldsymbol{M}_O(m_i\boldsymbol{v}_i) = \sum \boldsymbol{r}_i \times m_i\boldsymbol{v}_i$$

注意到

$$\boldsymbol{r}_i = \boldsymbol{r}_C + \boldsymbol{r}_i', \boldsymbol{v}_i = \boldsymbol{v}_C + \boldsymbol{v}_{ir}$$

所以

$$\begin{aligned}\boldsymbol{L}_O &= \sum (\boldsymbol{r}_C + \boldsymbol{r}'_i) \times m_i\boldsymbol{v}_i \\ &= \boldsymbol{r}_C \times \sum m_i\boldsymbol{v}_i + \sum \boldsymbol{r}'_i \times m_i(\boldsymbol{v}_C + \boldsymbol{v}_{ir}) \\ &= \boldsymbol{r}_C \times \sum m_i\boldsymbol{v}_i + \sum \boldsymbol{r}_i' \times m_i\boldsymbol{v}_C + \sum \boldsymbol{r}_i' \times m_i\boldsymbol{v}_{ir} \\ &= \boldsymbol{r}_C \times m_i\boldsymbol{v}_C + \sum m_i\boldsymbol{r}_i' \times \boldsymbol{v}_C + \boldsymbol{L}_C \\ &= \boldsymbol{r}_C \times m_i\boldsymbol{v}_C + m_i\boldsymbol{r}_C' \times \boldsymbol{v}_C + \boldsymbol{L}_C\end{aligned}$$

由于质心 C 为动系的原点,因此上式中间一项为零,于是有

$$\boldsymbol{L}_O = \boldsymbol{r}_C \times m\boldsymbol{v}_C + \boldsymbol{L}_C \tag{10.22}$$

可见,质点系对任一点 O 的动量矩,等于质点系随质心平移时对点 O 的动量矩($\boldsymbol{r}_C \times m\boldsymbol{v}_C$),再加上质点系相对于质心的动量矩($\boldsymbol{L}_C$)。

例 10.9 如图 10.17 所示,行星齿轮机构在水平面内运动。质量为 m 的均质曲柄 OA 带动行星齿轮Ⅱ在固定齿轮Ⅰ上纯滚动。已知定齿轮Ⅰ的半径为 r_1。齿轮Ⅱ的质量为 m_2,半径为 r_2,对质心轴的转动惯量为 J_A。曲柄 OA 的角速度为 ω_0。求轮Ⅱ对轴 O 的动量矩。

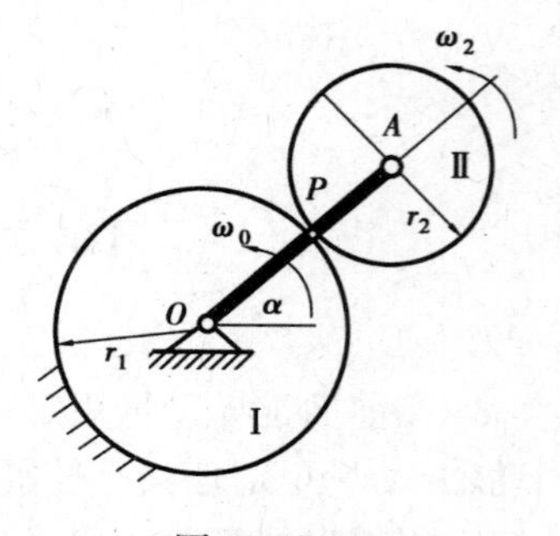

图 10.17

解 根据式(10.22),轮Ⅱ对轴 O 的动量矩为

$$L_O = (r_1 + r_2) \cdot m_2v_A + J_A\omega_2$$

式中,v_A 为齿轮Ⅱ质心的速度,ω_2 为齿轮Ⅱ的角速度。

齿轮Ⅱ在固定齿轮Ⅰ上纯滚动,有

$$v_A = \omega_0(r_1 + r_2) = \omega_2 r_2$$

于是

$$\omega_2 = \frac{r_1 + r_2}{r_2}\omega_0$$

所以

$$L_O = m_2\omega_0(r_1 + r_2)^2 + J_A\frac{r_1 + r_2}{r_2}\omega_0$$

例10.10 如图10.18所示，均质圆盘质量为 m，半径为 R，沿地面作纯滚动，角速度为 ω。求圆盘对 A、C、P 3点的动量矩。

解 点 C 为质心，在以 C 为基点的平移坐标系中计算 L_C，故

$$L_C = J_C\omega = \frac{mR^2}{2}\omega$$

点 P 为速度瞬心，各点的速度分布如同绕点 P 作定轴转动，故

$$L_P = J_P\omega = \frac{3}{2}mR^2\omega$$

对任意点 A 的动量矩，可利用式(10.22)计算，于是

$$L_A = \frac{\sqrt{2}R}{2} \times mv_C + L_C = \frac{\sqrt{2} + 1}{2}mR^2\omega$$

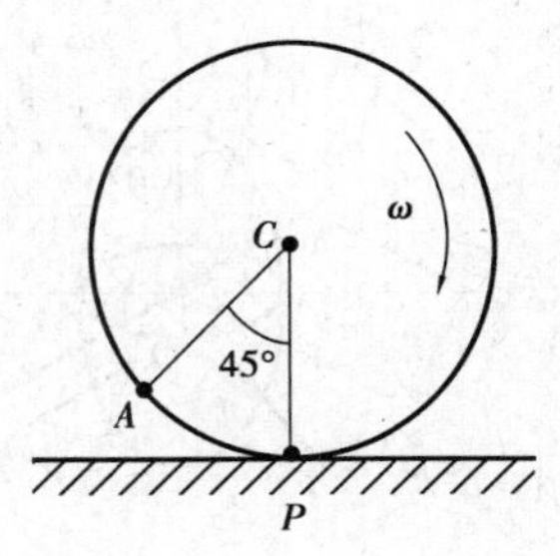

图10.18

10.5.2 质点系相对于质心的动量矩定理

质点系对于定点 O 的动量矩定理可写为

$$\frac{\mathrm{d}\boldsymbol{L}_O}{\mathrm{d}t} = \frac{\mathrm{d}(\boldsymbol{r}_C \times m\boldsymbol{v}_C + \boldsymbol{L}_C)}{\mathrm{d}t} = \sum \boldsymbol{r}_i \times \boldsymbol{F}_i^{(e)}$$

展开上式，注意到 $\boldsymbol{r}_i = \boldsymbol{r}_C + \boldsymbol{r}_i'$，于是有

$$\frac{\mathrm{d}\boldsymbol{r}_C}{\mathrm{d}t} \times m\boldsymbol{v}_C + \boldsymbol{r}_C \times \frac{\mathrm{d}(m\boldsymbol{v}_C)}{\mathrm{d}t} + \frac{\mathrm{d}\boldsymbol{L}_C}{\mathrm{d}t} = \sum \boldsymbol{r}_C \times \boldsymbol{F}_i^{(e)} + \sum \boldsymbol{r}_i' \times \boldsymbol{F}_i^{(e)}$$

即

$$\boldsymbol{v}_C \times m\boldsymbol{v}_C + \boldsymbol{r}_C \times m\boldsymbol{a}_C + \frac{\mathrm{d}\boldsymbol{L}_C}{\mathrm{d}t} = \sum \boldsymbol{r}_C \times \boldsymbol{F}_i^{(e)} + \sum \boldsymbol{r}_i' \times \boldsymbol{F}_i^{(e)}$$

又因为

$$m\boldsymbol{a}_C = \sum \boldsymbol{F}_i^{(e)}, \boldsymbol{v}_C \times \boldsymbol{v}_C = 0$$

于是得

$$\frac{\mathrm{d}\boldsymbol{L}_C}{\mathrm{d}t} = \sum \boldsymbol{r}_i' \times \boldsymbol{F}_i^{(e)}$$

上式右端即为外力对于质心的主矩，故

$$\frac{\mathrm{d}\boldsymbol{L}_C}{\mathrm{d}t} = \sum \boldsymbol{M}_C(\boldsymbol{F}_i^{(e)}) \tag{10.23}$$

即质点系相对于质心的动量矩对时间的导数，等于作用于质点系的外力对质心的主矩，这就是**质点系相对于质心的动量矩定理**。

可见，该定理在形式上与质点系对于固定点的动量矩定理完全一样，因此，对定点的动量

矩定理的有关描述也适用于对质心的动量矩定理,如动量矩守恒等。

10.6 刚体的平面运动微分方程

设刚体在外力 $\boldsymbol{F}_1,\boldsymbol{F}_2,\cdots,\boldsymbol{F}_n$ 作用下作平面运动。取固定坐标系 $Oxyz$,使刚体平行于坐标面 xOy 运动,且质心 C 在这个平面内,再以质心为原点建立平动坐标系 $Cx'y'z'$,如图 10.19 所示。

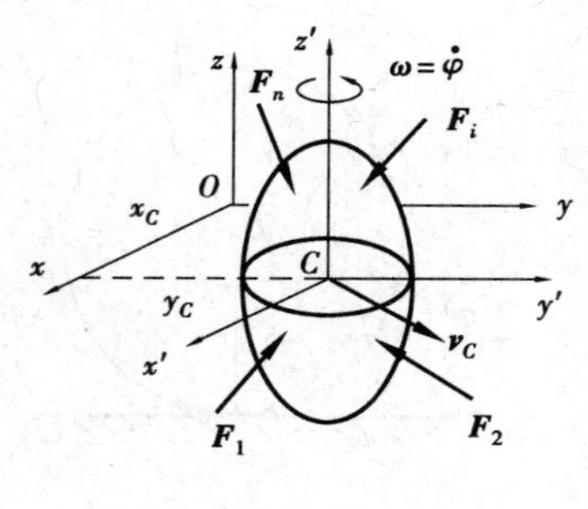

图 10.19

由运动学知识可知,刚体的平面运动可分解成随质心的平动和绕质心轴的相对转动。随质心的平动可用质心运动定理描述,绕质心轴的相对转动则可用相对于质心的动量矩定理描述,于是有

$$\left.\begin{aligned} m\boldsymbol{a}_C &= \sum \boldsymbol{F}_i^{(e)} \\ \frac{\mathrm{d}}{\mathrm{d}t}(J_C\omega) &= J_C\alpha = \sum M_C(\boldsymbol{F}_i^{(e)}) \end{aligned}\right\} \tag{10.24}$$

式中 m——刚体质量;

$\boldsymbol{a}_C$——质心加速度;

α——刚体角加速度;

J_C——刚体对通过质心且与运动平面垂直的轴的转动惯量。

式(10.24)也可写为

$$\left.\begin{aligned} m\frac{\mathrm{d}^2\boldsymbol{r}_C}{\mathrm{d}t^2} &= \sum \boldsymbol{F}_i^{(e)} \\ J_C\frac{\mathrm{d}^2\varphi}{\mathrm{d}t^2} &= \sum M_C(\boldsymbol{F}_i^{(e)}) \end{aligned}\right\} \tag{10.25}$$

式(10.24)和式(10.25)称为刚体平面运动微分方程。

实际应用时,常利用其在直角坐标系或自然轴系上的投影式

$$\left.\begin{aligned} ma_{Cx} &= \sum F_{ix}^{(e)} \\ ma_{Cy} &= \sum F_{iy}^{(e)} \\ J_C\alpha &= \sum M_C(\boldsymbol{F}_i^{(e)}) \end{aligned}\right\} \tag{10.26}$$

$$\left.\begin{aligned} ma_C^t &= \sum_{i=1}^{n} F_{it}^{(e)} \\ ma_C^n &= \sum_{i=1}^{n} F_{in}^{(e)} \\ J_C\alpha &= \sum M_C(\boldsymbol{F}_i^{(e)}) \end{aligned}\right\} \tag{10.27}$$

例 10.11 如图 10.20 所示,质量为 m,半径为 r 的均质圆柱从静止开始沿倾角为 ϕ 的固定斜面向下滚动而不滑动。已知斜面与圆柱的静摩擦系数是 f_s。试求圆柱质心 C 的加速度,以及保证圆柱滚动而不滑动的条件。

解　以圆柱为研究对象，圆柱作平面运动。

建立如图 10.20 所示坐标系。因为 $a_{Cx}=a_C, a_{Cy}=0$，所以根据刚体平面运动微分方程，有

$$ma_C = mg\sin\phi - F$$
$$0 = F_{\mathrm{N}} - mg\cos\phi$$
$$J_C\alpha = Fr$$

式中，力矩和 α 均以顺时针转向为正，$J_C=\dfrac{1}{2}mr^2$。

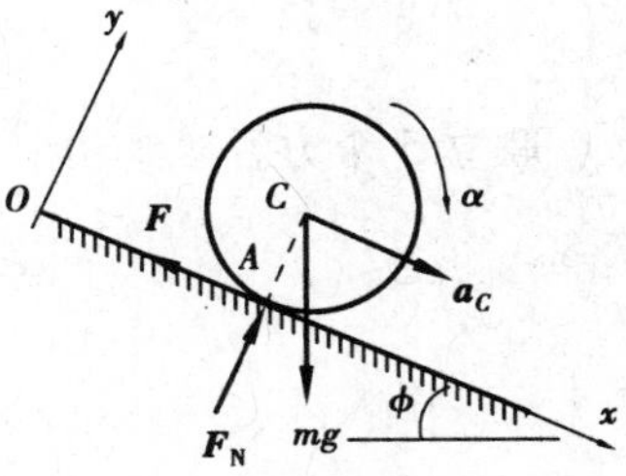

图 10.20

由于圆柱只滚不滑，故有运动学关系

$$a_C = r\alpha$$

联立求解，得

$$a_C=\frac{2}{3}g\sin\phi, F=\frac{1}{3}mg\sin\phi, F_{\mathrm{N}}=mg\cos\phi$$

欲使圆轮只滚动而不滑动，必须有 $F\leqslant f_{\mathrm{s}}F_{\mathrm{N}}$，于是得圆柱滚动而不滑动的条件为

$$\tan\phi\leqslant 3f_{\mathrm{s}}$$

例 10.12　如图 10.21 所示，均质圆环半径为 r，质量为 m，其上焊接钢杆 OA，杆长为 r，质量也为 m。用手扶住圆环，使其在 OA 水平位置静止。试求刚放开手瞬时，圆环的角加速度为 α，水平地面的摩擦力大小为 F_{s} 及法向约束力大小 F_{N}。设圆环相对于地面作纯滚动。

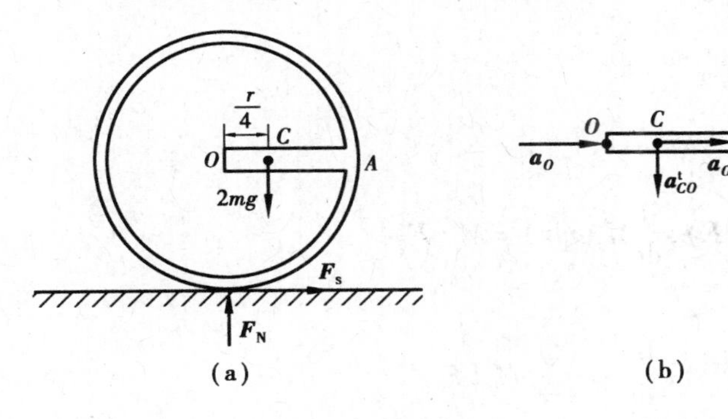

图 10.21

解　取系统为研究对象，整体质心在点 C，受力分析如图 10.21(a) 所示。由于它作平面运动，故根据刚体平面运动微分方程，有

$$2ma_{Cx} = F_{\mathrm{s}}$$
$$2ma_{Cy} = 2mg - F_{\mathrm{N}}$$
$$J_C\alpha = F_{\mathrm{N}}\cdot\frac{r}{4} - F_{\mathrm{s}}r$$

应当注意的是，上面的方程是对质心 C 建立的，而不是圆心 O。式中，J_C 可利用组合法及平行轴定理求得，即

$$J_C = \frac{mr^2}{12} + m\left(\frac{r}{4}\right)^2 + mr^2 + m\left(\frac{r}{4}\right)^2 = \frac{29}{24}mr^2$$

对质心 C 建立的 3 个方程，未知量有 5 个（a_{Cx}、a_{Cy}、α、F_{s}、F_{N}），必须补充方程。在动力学问题中，经常补充的是运动学关系。由于圆环作纯滚动，因此运动学量 a_{Cx}、a_{Cy}、α 中只有一个是独立的。

由求加速度的基点法，有

$$\boldsymbol{a}_C = \boldsymbol{a}_O + \boldsymbol{a}_{CO}^{\mathrm{t}} + \boldsymbol{a}_{CO}^{\mathrm{n}}$$

其中，$\boldsymbol{a}_O$ 方向水平，大小为 $r\alpha$；$\boldsymbol{a}_{CO}^{\mathrm{t}}$ 方向铅直，大小为 $\dfrac{r}{4}\alpha$；$a_{CO}^{\mathrm{n}}=0$（因为初瞬时 $\omega=0$）。矢量图如图 10.21(b) 所示。将此矢量方程投影到水平及铅直方向上，有

$$a_{Cx} = a_O = r\alpha$$

$$a_{Cy} = a_{CO}^{t} = \frac{r}{4}\alpha$$

联立5个方程求解得

$$\alpha = \frac{3}{20}\frac{g}{r}（顺时针）, F_{s} = \frac{3}{10}mg, F_{N} = \frac{77}{40}mg$$

小　结

1. 动量矩：

质点对点 O 的动量矩为

$$\boldsymbol{M}_O(m\boldsymbol{v}) = \boldsymbol{r} \times m\boldsymbol{v}$$

质点系对点 O 的动量矩为

$$\boldsymbol{L}_O = \sum \boldsymbol{M}_O(m_i\boldsymbol{v}_i) = \boldsymbol{L}_C + \boldsymbol{r}_C \times m\boldsymbol{v}_C$$

式中，C 为质点系的质心。

质点系对某轴 z 的动量矩

$$L_z = \sum M_z(m_i\boldsymbol{v}_i)$$

若 z 轴通过点 O，则

$$[\boldsymbol{L}_O]_z = L_z$$

2. 动量矩定理：

质点动量矩定理为

$$\frac{\mathrm{d}}{\mathrm{d}t}\boldsymbol{M}_O(m\boldsymbol{v}) = \boldsymbol{M}_O(\boldsymbol{F}), \frac{\mathrm{d}}{\mathrm{d}t}M_z(m\boldsymbol{v}) = M_z(\boldsymbol{F})$$

质点系动量矩定理为

$$\frac{\mathrm{d}\boldsymbol{L}_O}{\mathrm{d}t} = \sum \boldsymbol{M}_O(\boldsymbol{F}_i^{(e)}), \frac{\mathrm{d}L_z}{\mathrm{d}t} = \sum M_z(\boldsymbol{F}_i^{(e)})$$

质点系相对于质心 C 的动量矩定理为

$$\frac{\mathrm{d}\boldsymbol{L}_C}{\mathrm{d}t} = \sum \boldsymbol{M}_C(\boldsymbol{F}_i^{(e)}), \frac{\mathrm{d}L_{Cz}}{\mathrm{d}t} = \sum \boldsymbol{M}_{Cz}(\boldsymbol{F}_i^{(e)})$$

3. 转动惯量：

$$J_z = \sum m_i r_i^2$$

平行轴定理为

$$J_z = J_{z_C} + md^2$$

式中，m 为刚体质量，z_C 轴为通过质心的轴，z 轴与 z_C 轴平行，且间距为 d。

4. 刚体绕 z 轴转动的动量矩为

$$L_z = J_z\omega$$

若 z 轴为定轴或通过质心，有

$$J_z\alpha = \sum M_z(\boldsymbol{F}_i^{(e)})$$

5. 刚体平面运动微分方程为

$$\left.\begin{aligned} m\boldsymbol{a}_C &= \sum \boldsymbol{F}_i^{(e)} \\ J_C\alpha &= \sum M_C(\boldsymbol{F}_i^{(e)}) \end{aligned}\right\}$$

思考题

10.1 质点系的内力能否改变质点系的动量与动量矩?

10.2 某质点系对空间任一固定点的动量矩都完全相同,且不等于零。这种情况可能吗?

10.3 质点系动量矩定理 $\dfrac{\mathrm{d}\boldsymbol{L}_O}{\mathrm{d}t} = \sum \boldsymbol{M}_O(\boldsymbol{F}_i^{(e)})$ 中,点 O 可以任意选取吗?

10.4 若系统的动量守恒,则其对任意点的动量矩一定守恒;若系统都某点的动量矩守恒,则其动量一定守恒。这种说法对吗?

10.5 平面运动刚体,所受外力对质心的主矩等于零,则刚体只能作平动。这种说法对吗?

10.6 质点系动量向任意简化中心简化,可得到作用于简化中心的动量主矢和动量主矩。动量主矢与简化中心位置无关,动量主矩与简化中心的位置有关。是这样的吗?

10.7 质量为 m 的均质圆盘,平放在光滑的水平面上,受力情况分别如图 10.22 所示。其中,$F'=F$,$r=\dfrac{R}{2}$。设开始时,圆盘静止。试说明各圆盘将如何运动。

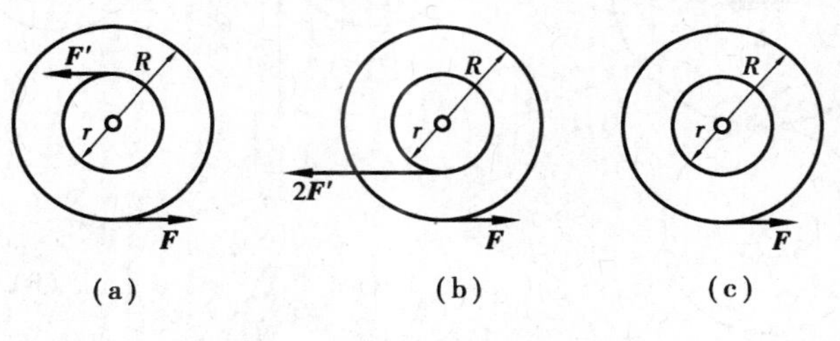

图 10.22

10.8 试计算如图 10.23 所示各物体对其转轴的动量矩。

10.9 如图 10.24 所示传动系统中,轮Ⅰ、轮Ⅱ的转动惯量分别为 J_1、J_2,则轮Ⅰ的角加速度 $\alpha_1 = \dfrac{M_1}{J_1 + J_2}$,对否?

10.10 如图 10.25 所示,两个完全相同的均质轮,图 10.25(a)中绳的一端挂一重物,质量等于 P,图 10.25(b)中绳的一端受拉力 F,且 $F=P$。问两轮的角加速度是否相同?绳中的拉力是否相同?为什么?

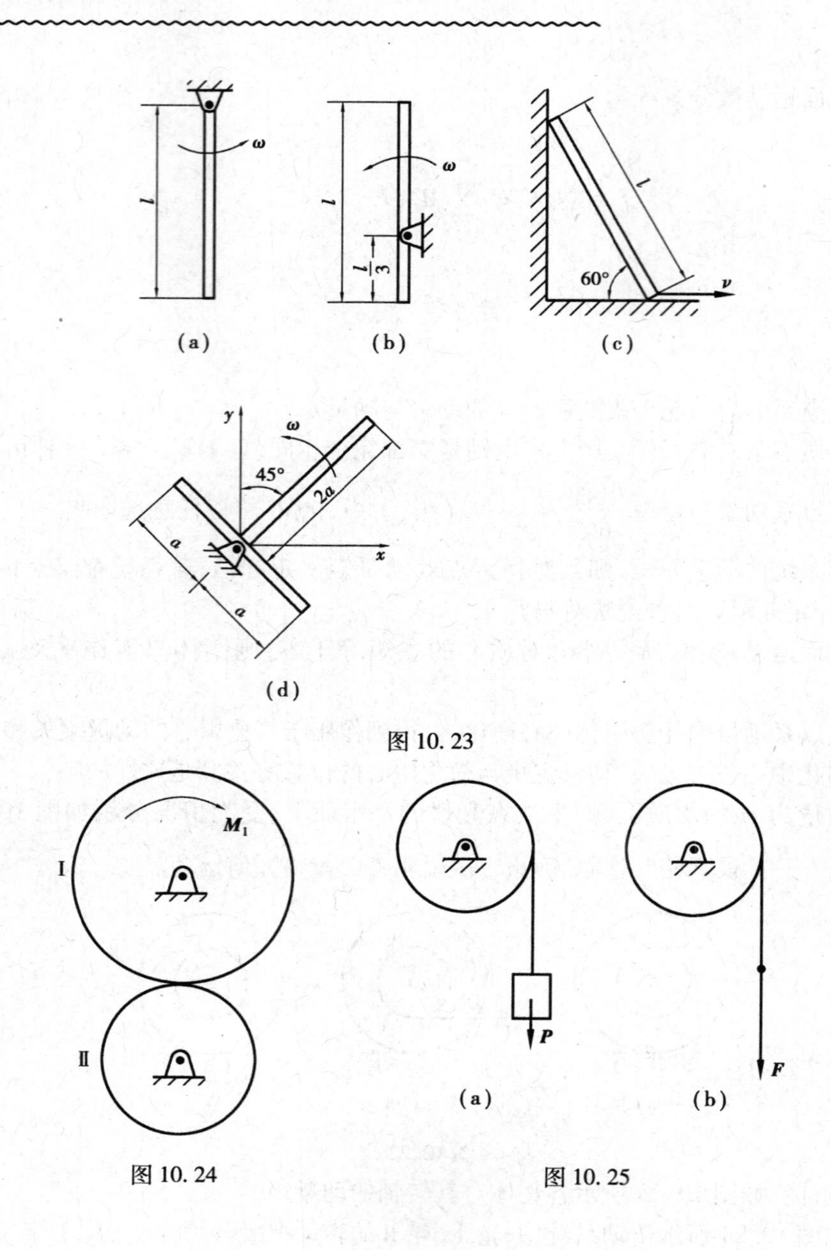

图 10.23

图 10.24

图 10.25

习　题

10.1　质量为 m 的点在平面内运动，其运动方程为

$$\begin{cases} x = a\ \cos\ \omega t \\ y = b\ \sin\ 2\omega t \end{cases}$$

其中，a、b、ω 均为常量。求质点对原点的动量矩。

10.2　如图 10.26 所示，圆盘以 ω 的角速度绕 O 轴转动，质量为 m 的小球 M 可沿圆盘的径向凹槽运动。图示瞬时小球以相对于圆盘的速度 $\boldsymbol{v}_r$ 运动到 $OM = s$ 处，求小球对 O 点的动量矩。

10.3　如图10.27所示，均质圆盘半径为R，质量为m，不计质量的细杆长l，绕轴O转动，角速度为ω。求下列3种情况下圆盘对固定轴的动量矩：(1)圆盘固结于杆；(2)圆盘绕A轴转动，相对于杆OA的角速度为$-\omega$；(3)圆盘绕A轴转动，相对于杆OA的角速度为ω。

10.4　如图10.28所示，试计算各物体对通过点O并与图面垂直的轴的动量矩(见图10.28(d)中圆盘和水平面接触点为O点)。已知各物体质量为m，转动角速度为ω。

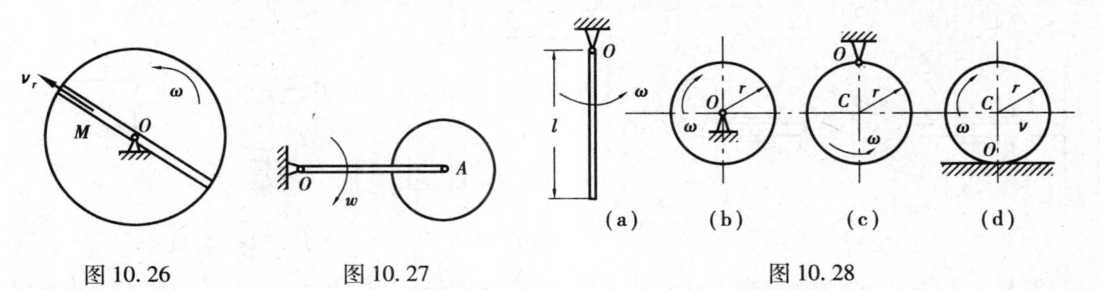

图10.26　　图10.27　　图10.28

10.5　如图10.29所示，质量为m的偏心轮在水平面上作平面运动。轮心为A，质心为C，且偏心距$AC=e$。轮子半径为R，对轮心的转动惯量为J_A。C、A、B 3点在同一铅垂线上。求：(1)、(2)两种情况下轮子的动量和对B点的动量矩。

(1)轮子只滚不滑，轮心速度为$\boldsymbol{v}_A$；

(2)轮子又滚又滑，轮心速度为$\boldsymbol{v}_A$，轮子角速度为ω。

10.6　如图10.30所示的系统，已知鼓轮以ω的角速度绕O轴转动，其大、小半径分别为R、r，对O轴的转动惯量为J_O，物块A、B的质量分别为m_A和m_B。试求系统对O轴的动量矩。

10.7　如图10.31所示的水平圆盘可绕铅直轴z转动，其对z轴的转动惯量为J_z。一质量为m的质点，在圆盘上作匀速圆周运动，质点的速度为v_0，圆的半径为r，圆心到盘中心的距离为l。开始运动时，质点在位置M_0，圆盘角速度为零。轴承摩擦和空气阻力不计，求圆盘角速度ω与角φ间的关系。

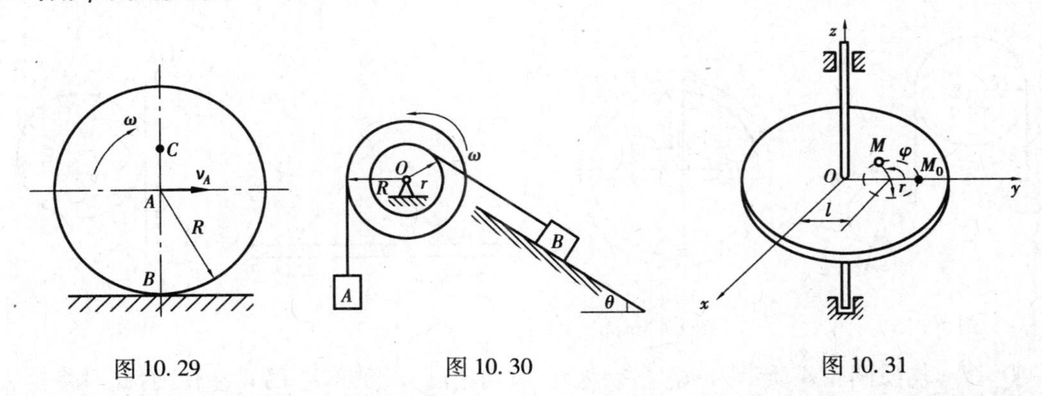

图10.29　　图10.30　　图10.31

10.8　如图10.32所示的离合器，开始时轮2静止，轮1具有角速度ω_0。当离合器接合后，依靠摩擦使轮2启动。已知轮1和2的转动惯量分别是J_1和J_2。求：(1)当离合器接合后，两轮共同转动的角速度；(2)若经过t秒两轮的转速才相同，求离合器应有的摩擦力矩。

10.9　如图10.33所示匀质细杆OA和EC的质量分别为50 kg和100 kg，并在点A焊成一体。若此结构在图示位置由静止状态释放，计算刚释放时，杆的角加速度及铰链O处的约束力(不计铰链摩擦)。

10.10　如图 10.34 所示,已知均质鼓轮的半径为 r,质量为 m_1。物块 D 的质量为 m_2,与水平面间的动摩擦系数为 f。在手柄 AB 上作用力矩为 M 的力偶,求物体 D 的加速度。

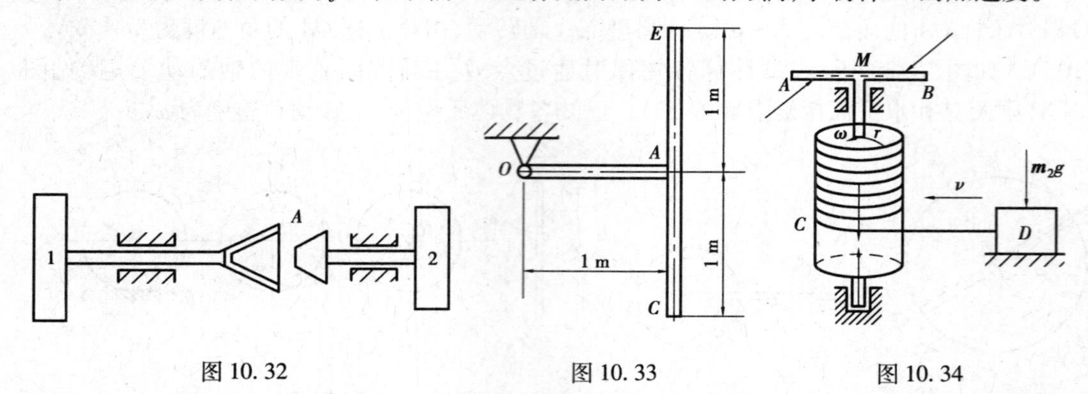

图 10.32　　图 10.33　　图 10.34

10.11　卷扬机机构如图 10.35 所示。可绕固定轴转动的轮 B、C,其半径分别为 R 和 r,对自身转轴的转动惯量分别为 J_1 和 J_2。被提升重物 A 的质量为 m,作用于轮 C 的主动转矩为 M。求重物 A 的加速度。

10.12　如图 10.36 所示,飞轮在力偶矩 $M_O\cos \omega t$ 作用下绕铅直轴转动。沿飞轮的轮辐有两个质量均为 m 的物块作周期性的运动。初瞬时 $r=r_0$。求 r 应满足什么条件,才能使飞轮以匀角速度 ω 转动。

10.13　均质细杆长 $2l$,质量为 m,放在两个支承 A 和 B 上,如图10.37所示。杆的质心 C 到两支承的距离相等,即 $AC = CB = e$。现在突然移去支承 B,求在刚移去支承 B 瞬时支承 A 上压力的改变量 ΔF_A。

10.14　质量为 100 kg、半径为 1 m 的均质圆轮,以转速 $n=120$ r/min 绕 O 轴转动,如图 10.38 所示。设有一常力 $\boldsymbol{F}$ 作用于闸杆,轮经 10 s 后停止转动。已知摩擦系数 $f=0.1$,求力 $\boldsymbol{F}$ 的大小。

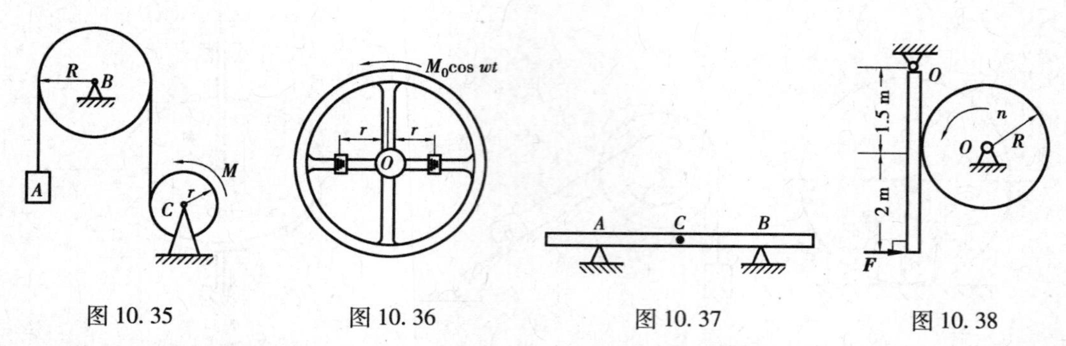

图 10.35　　图 10.36　　图 10.37　　图 10.38

10.15　均质圆轮 A 质量为 m_1,半径为 r_1,以角速度 ω 绕杆 OA 的 A 端转动,此时将轮放在质量为 m_2 的另一均质圆轮 B 上,其半径为 r_2,如图 10.39 所示。轮 B 原为静止,但可绕其中心轴自由转动。放置后,轮 A 的质量由轮 B 支持。略去轴承的摩擦和杆 OA 的质量,并设两轮间的摩擦因数为 f。问自轮 A 放在轮 B 上到两轮间没有相对滑动为止,经过多少时间?

10.16　如图 10.40 所示均质圆盘的半径 $R=180$ mm,质量 $m=25$ kg。测得圆盘的扭转振动周期 $T_1=1$ s;当加上另一物体时,测得扭转振动周期为 $T_2=1.2$ s。求所加物体对于转动轴的转动惯量。

10.17　均质圆柱体 A 的质量为 m,在外圆上绕以细绳,绳的一端 B 固定不动,如图10.41所示。当 BC 铅垂时圆柱下降,其初速度为零。求当圆柱体轴心降落了高度 h 时绳子的张力和轴心的速度。

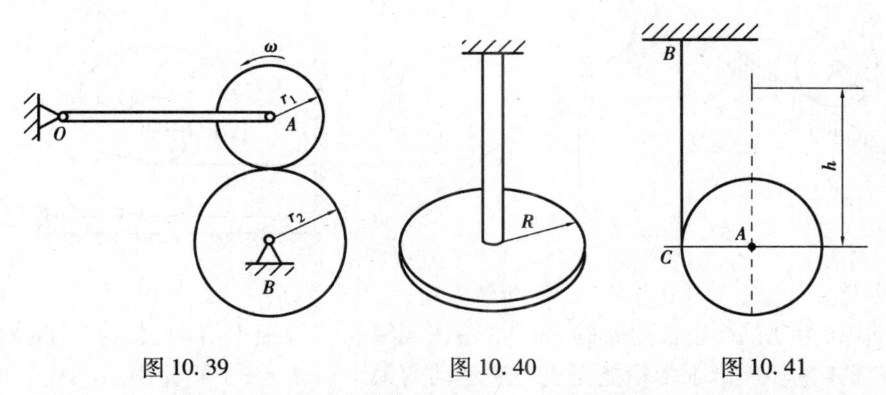

图10.39　　图10.40　　图10.41

10.18　如图10.42所示重物 A 的质量为 m,当其下降时,借无重且不可伸长的绳使滚子 C 沿水平轨道滚动而不滑动。绳子跨过不计质量的定滑轮 D 并绕在滑轮 B 上。滑轮 B 与滚子 C 固结为一体。已知滑轮 B 的半径为 R,滚子 C 的半径为 r,两者总质量为 M,其对与图面垂直的轴 O 的回转半径为 ρ。求重物 A 的加速度。

10.19　如图10.43所示,已知均质杆 AB 长为 l,放在铅直平面内,杆的一端 A 靠在光滑的铅直墙上,另一端 B 放在光滑的水平地板上,并与水平面成 φ_0 角。此后,杆由静止状态倒下。求:(1)杆在任意位置时的角加速度和角速度;(2)当杆脱离墙时,此杆与水平面所成的角 φ。

10.20　如图10.44所示,匀质杆 AB 的一端系在绳索 BD 上,另一端搁在光滑水平面上。已知杆 AB 长 l,质量为 M。当绳铅直而杆静止时杆对水平面的倾角 $\varphi=45°$。现在绳索突然断掉,求在绳刚断的瞬时杆端 A 的约束反力。

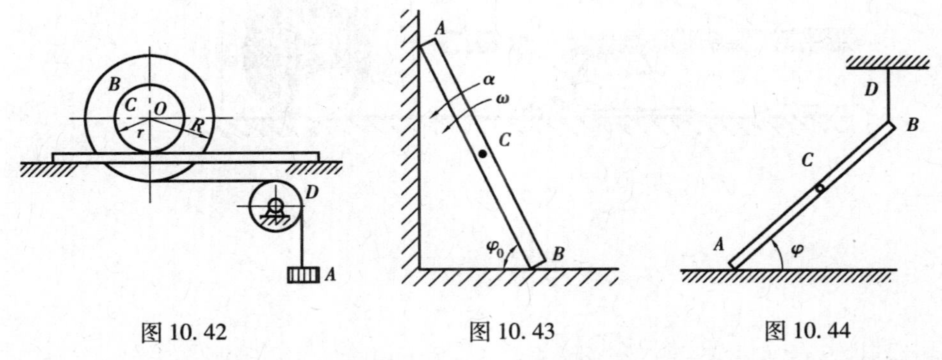

图10.42　　图10.43　　图10.44

10.21　均质实心圆柱体 A 和薄铁环 B 的质量均为 m,半径都等于 m,两者用杆 AB 铰接,无滑动地沿斜面滚下,斜面与水平面的夹角为 θ,如图10.45所示。如杆的质量忽略不计,求杆 AB 的加速度和杆的内力。

10.22　如图10.46所示,匀质细长杆 AB,质量为 m,长为 l,$CD=d$,与铅垂墙间的夹角为 θ,D 棱是光滑的。在图示位置将杆突然释放,试求刚释放时,质心 C 的加速度和 D 处的约束力。

10.23　如图10.47所示,圆轮 A 的半径为 R,与其固连的轮轴半径为 r,两者的重力共为

$\boldsymbol{W}$,对质心 C 的回转半径为 ρ,缠绕在轮轴上的软绳水平地固定于点 D。均质平板 BE 的重力为 $\boldsymbol{Q}$,可在光滑水平面上滑动,板与圆轮间无相对滑动。若在平板上作用一水平力 $\boldsymbol{F}$,试求平板 BE 的加速度。

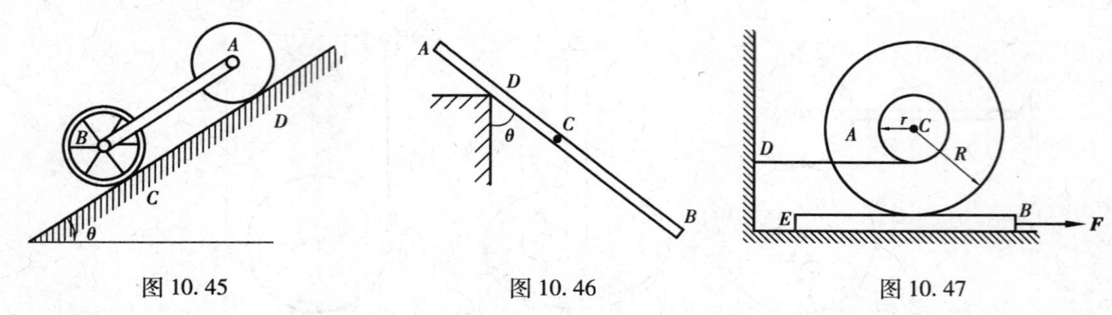

图 10.45　　图 10.46　　图 10.47

10.24　如图 10.48 所示,边长为 a 的方形木箱在无摩擦的地板上滑动,并与一小障碍 A 相碰撞。碰撞后绕 A 翻转。试求木箱能完成上述运动的最小初速 $\boldsymbol{v}_0$;木箱碰撞后其质心的瞬时速度 $\boldsymbol{v}_C$ 与瞬时角速度 $\boldsymbol{\omega}$。

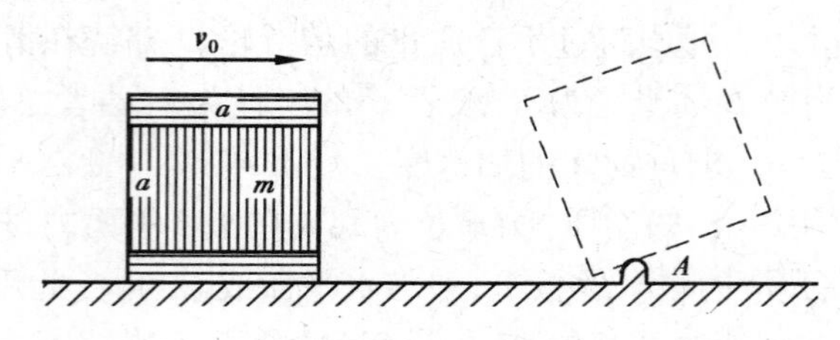

图 10.48

10.25　如图 10.49 所示,台球棍打击台球,使台球不借助摩擦而能作纯滚动。假设棍对球只施加水平力,试求满足上述运动的球棍位置高度 h。

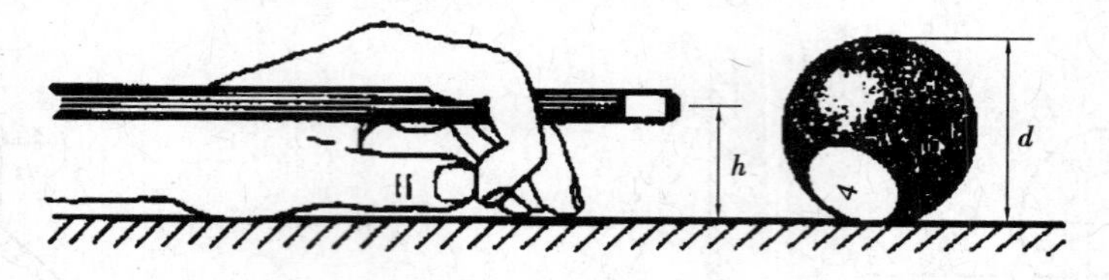

图 10.49

第11章 动能定理

能量转换与功之间的关系是自然界中各种形式运动的普遍规律，在机械运动中表现为动能定理。与动量定理和动量矩定理不同，动能定理是从能量的角度来分析质点和质点系的动力学问题，在某些情况下更为方便、有效。同时，它还可建立机械运动与其他形式运动之间的联系。

本章介绍动能定理及其应用，并将综合运用动力学普遍定理分析较复杂的动力学问题。

11.1 力的功

力的功是度量力在一段路程内所累积的效应，其结果是引起能量的改变和转化。下面讨论力的功的计算方法。

11.1.1 常力在直线路程中的功

设物体在常力 $\boldsymbol{F}$ 的作用下沿直线轨迹由 A_1 位置运动到 A_2 位置，如图11.1所示。以 α 表示力 $\boldsymbol{F}$ 与运动方向间的夹角，s 表示路程，则力 $\boldsymbol{F}$ 在路程 s 中的功定义为

$$W = \boldsymbol{F} \cdot \boldsymbol{s} = F\cos\alpha \cdot s \tag{11.1}$$

功是代数量，在国际单位制中功的单位是焦[耳]（J）。

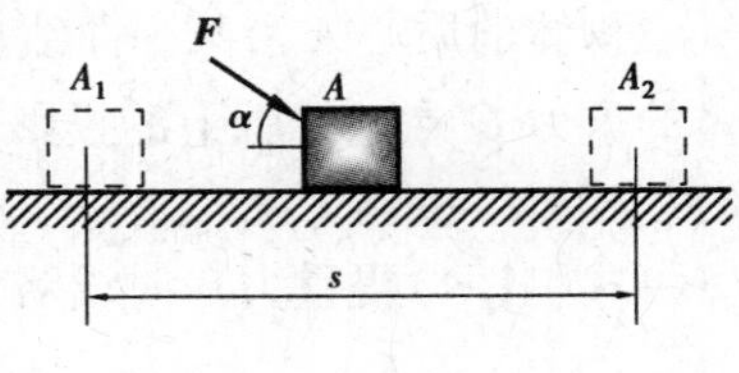

图11.1

11.1.2 元功·变力在曲线路程中的功

设质点 A 在变力 $\boldsymbol{F}$ 的作用下沿曲线运动，如图11.2所示。力 $\boldsymbol{F}$ 在无限小位移 $\mathrm{d}\boldsymbol{r}$ 中可视为常力，经过的一小段弧长 $\mathrm{d}s$ 可视为直线，$\mathrm{d}\boldsymbol{r}$ 可视为沿点 A 的切线。力 $\boldsymbol{F}$ 在无限小位移 $\mathrm{d}\boldsymbol{r}$ 中的功称为元功，记为 δW。于是有

$$\delta W = \boldsymbol{F} \cdot \mathrm{d}\boldsymbol{r} = F\cos\theta \mathrm{d}s \tag{11.2}$$

式中　θ——力 $\boldsymbol{F}$ 与速度 $\boldsymbol{v}$ 之间的可变夹角。

力 $\boldsymbol{F}$ 在全路程上所做的功等于元功之和，即

$$W = \int_{A_1}^{A_2} \delta W = \int_{A_1}^{A_2} F \cdot \mathrm{d}\boldsymbol{r} \tag{11.3}$$

在直角坐标系中,注意到

$$\boldsymbol{F} = F_x \boldsymbol{i} + F_y \boldsymbol{j} + F_z \boldsymbol{k}, \mathrm{d}\boldsymbol{r} = \mathrm{d}x\boldsymbol{i} + \mathrm{d}y\boldsymbol{j} + \mathrm{d}z\boldsymbol{k}$$

所以

$$W = \int_{A_1}^{A_2} (F_x \mathrm{d}x + F_y \mathrm{d}y + F_z \mathrm{d}z) \tag{11.4}$$

若质点上同时作用多个力 $\boldsymbol{F}_1, \boldsymbol{F}_2, \cdots, \boldsymbol{F}_n$,则由合力投影定理可以推知,合力在某一路程上的功,等于各分力分别在该路程中的功的代数和,即

$$\begin{aligned} W &= \int_{A_1}^{A_2} \boldsymbol{F} \cdot \mathrm{d}\boldsymbol{r} = \int_{A_1}^{A_2} (\boldsymbol{F}_1 + \boldsymbol{F}_2 + \cdots + \boldsymbol{F}_n) \cdot \mathrm{d}\boldsymbol{r} \\ &= W_1 + W_2 + \cdots + W_n = \sum W_i \end{aligned} \tag{11.5}$$

工程上常用图解积分法计算变力的功。在很多实际问题中,式(11.5)的右端并不能表示成便于积分的解析形式,这时,可画出力在其作用点速度方向的投影随作用点的路程的变化曲线(见图11.3),图中阴影部分的面积表示元功,而曲线 AB 与横轴之间所围图形的面积就表示变力 $\boldsymbol{F}$ 在路程 DC 上的功。

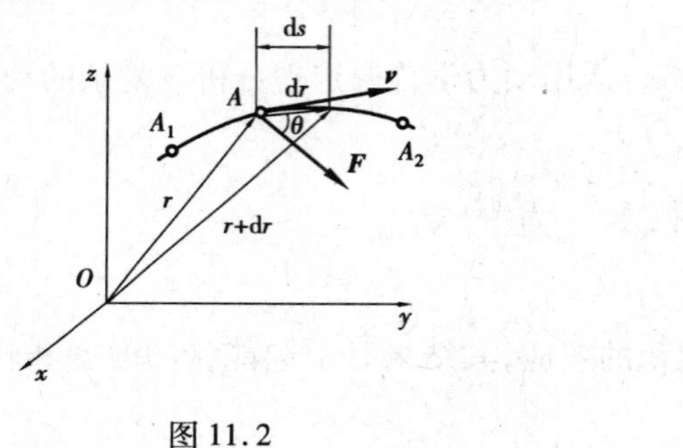

图 11.2

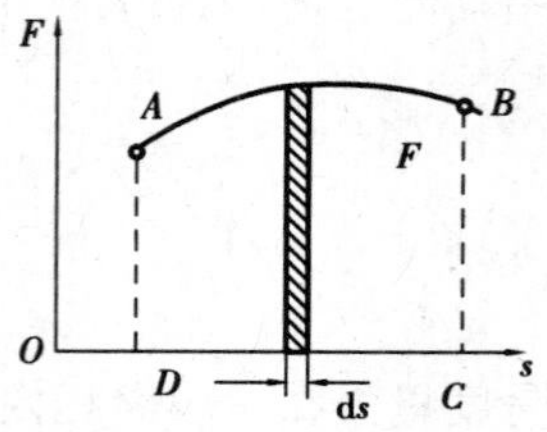

图 11.3

11.1.3 **几种特殊力的功**

(1)重力的功

设物体的质心 A 沿某一曲线由 A_1 运动到 A_2,如图11.4所示。建立固定坐标系 $Oxyz$,则物体的重力 $\boldsymbol{G}$ 在坐标轴上的投影为

$$F_x = F_y = 0, F_z = -G$$

由式(11.4)得重力在曲线路程 A_1A_2 上的功为

$$W = -\int_{z_1}^{z_2} G\mathrm{d}z = G(z_1 - z_2) \tag{11.6}$$

可见,重力做功只与物体质心在运动始、末位置的高度差$(z_1 - z_2)$有关,与运动轨迹无关。

(2)弹性力的功

设弹簧的自然长度为 l_0,刚度系数是 k,一端固定在点 O,另一端 A 作任意曲线运动,且弹簧始终处于直线状态,如图11.5所示。

在弹簧的弹性极限内,弹性力 $\boldsymbol{F}$ 可表示为

$$\boldsymbol{F} = -k(r - l_0)\frac{\boldsymbol{r}}{r}$$

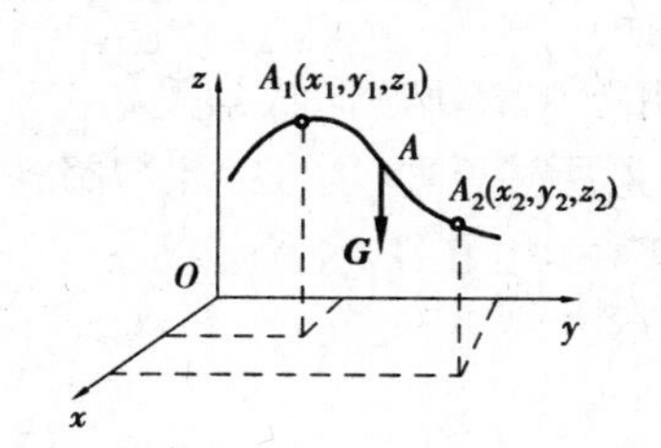

图 11.4

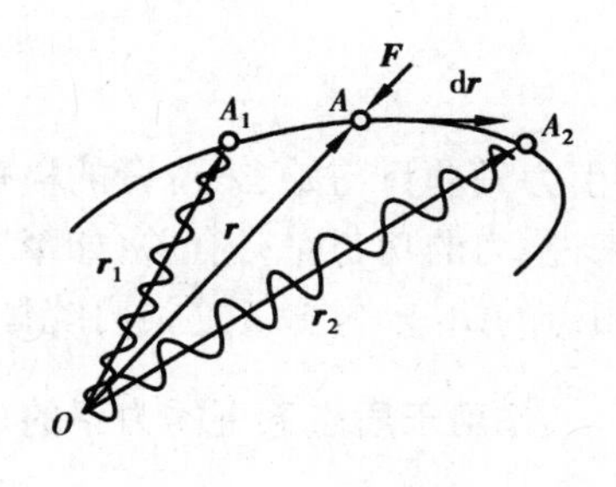

图 11.5

式中　$\frac{\boldsymbol{r}}{r}$——矢径方向的单位矢量。

由式(11.2)得弹性力 $\boldsymbol{F}$ 的元功

$$\delta W = \boldsymbol{F} \cdot \mathrm{d}\boldsymbol{r} = -k(r - l_0)\frac{\boldsymbol{r} \cdot \mathrm{d}\boldsymbol{r}}{r}$$

由于 $\boldsymbol{r} \cdot \mathrm{d}\boldsymbol{r} = \frac{1}{2}\mathrm{d}(\boldsymbol{r} \cdot \boldsymbol{r}) = \frac{1}{2}\mathrm{d}r^2 = r\mathrm{d}r = r\mathrm{d}(r - l_0)$,故

$$\delta W = -k(r - l_0)\mathrm{d}(r - l_0)$$

则弹性力 $\boldsymbol{F}$ 在曲线路程 A_1A_2 上的功

$$W = \int_{A_1}^{A_2} \delta W = -k\int_{r_1}^{r_2}(r - l_0)\mathrm{d}(r - l_0) = \frac{1}{2}k[(r_1 - l_0)^2 - (r_2 - l_0)^2]$$

令 $\delta_1 = r_1 - l_0$,$\delta_2 = r_2 - l_0$,分别表示始、末位置弹簧的变形量,则上式改写为

$$W = \frac{1}{2}k(\delta_1^2 - \delta_2^2) \tag{11.7}$$

可见,弹性力做功只与弹簧在始、末位置的变形量有关,与力作用点 A 的轨迹形状无关。

(3)万有引力的功

由万有引力定律知,若两个物体(质点)的质量分别为 m_1 和 m_2,相互间的距离为 r,则相互间的引力 $\boldsymbol{F}$ 和 $\boldsymbol{F}'$ 的大小为

$$F = f\frac{m_1 m_2}{r^2}$$

式中　f——万有引力常数。

设质量 m_1 固定在 O 处(即固定引力中心),m_2 为运动物体(质点)A 的质量,它的相对运动轨迹是 A_1A_2,如图 11.6 所示。和弹簧情形类似,引力 $\boldsymbol{F}$ 及其元功可分别写为

$$\boldsymbol{F} = -f\frac{m_1 m_2}{r^2}\frac{\boldsymbol{r}}{r}$$

$$\delta W = \boldsymbol{F} \cdot \mathrm{d}\boldsymbol{r} = -f\frac{m_1 m_2}{r^3}(\boldsymbol{r} \cdot \mathrm{d}\boldsymbol{r}) = -f\frac{m_1 m_2}{r^2}\mathrm{d}r$$

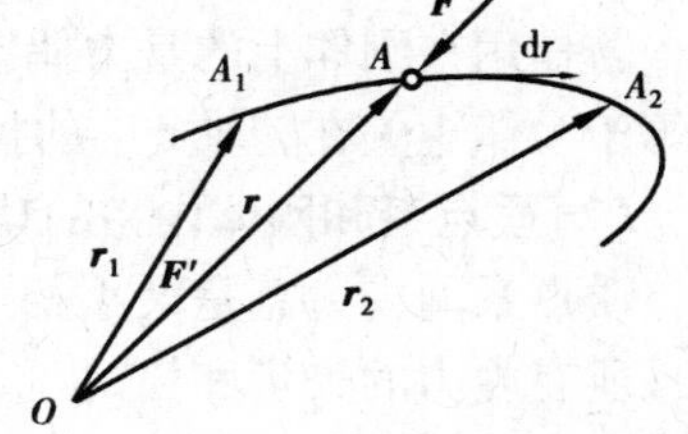

图 11.6

设在路程始末端质点 A 到力心 O 的距离(称为极径)分别为 r_1 和 r_2,于是 m_1 和 m_2 间一对万有引力在这段路程中的功,即

$$W = -\int_{r_1}^{r_2} f \frac{m_1 m_2}{r^2} \mathrm{d}r = f m_1 m_2 \left(\frac{1}{r_2} - \frac{1}{r_1} \right) \tag{11.8}$$

可见,万有引力做功只与始、末位置的极径有关,与力作用点 A 的轨迹形状无关。

一般来说,力的功与路径有关,如摩擦力的功。但以上所述几种力的功却与路径无关,仅决定于作用点的始、末位置。这类力统称为有势力或保守力,将在 11.5 节中叙述。

11.1.4 作用于质点系上的力系的功

一般情况下,质点系上可能作用着各种各样的力。下面分别讨论质点系的外力、内力的功,以及约束力的功等于零的情形。

(1)定轴转动刚体上外力的功

设刚体在力 $\boldsymbol{F}$ 绕定轴 z 转动,角速度 $\boldsymbol{\omega}=\omega\boldsymbol{k}$,如图 11.7 所示。刚体上点 A 的矢径为 $\boldsymbol{r}$,速度 $\boldsymbol{v}=\boldsymbol{\omega}\times\boldsymbol{r}$。当刚体有一微小转角 $\mathrm{d}\varphi$ 时,力 $\boldsymbol{F}$ 的元功为

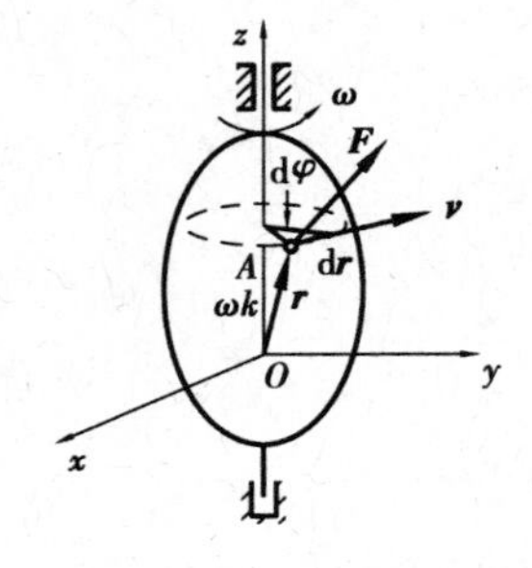

图 11.7

$$\delta W = \boldsymbol{F}\cdot\mathrm{d}\boldsymbol{r} = \boldsymbol{F}\cdot\boldsymbol{v}\mathrm{d}t = \boldsymbol{F}\cdot(\boldsymbol{\omega}\times\boldsymbol{r})\mathrm{d}t$$

由静力学知,对点 O 的矩矢 $\boldsymbol{M}_O(\boldsymbol{F})=\boldsymbol{r}\times\boldsymbol{F}$,而力 $\boldsymbol{F}$ 对轴 z 的矩 $M_z(\boldsymbol{F})$ 等于 $\boldsymbol{M}_O(\boldsymbol{F})$ 在轴 z 上的投影,即

$$M_z(\boldsymbol{F}) = \boldsymbol{M}_O(\boldsymbol{F})\cdot\boldsymbol{k}$$

所以

$$\boldsymbol{F}\cdot(\boldsymbol{\omega}\times\boldsymbol{r}) = \boldsymbol{\omega}\cdot(\boldsymbol{r}\times\boldsymbol{F}) = \omega\boldsymbol{k}\cdot\boldsymbol{M}_O(\boldsymbol{F}) = \omega M_z(\boldsymbol{F})$$

因此

$$\delta W = M_z(\boldsymbol{F})\omega\mathrm{d}t = M_z(\boldsymbol{F})\mathrm{d}\varphi \tag{11.9}$$

力 $\boldsymbol{F}$ 在刚体从 φ_1 到 φ_2 转动过程中做的功为

$$W = \int_{\varphi_1}^{\varphi_2} M_z(\boldsymbol{F})\mathrm{d}\varphi \tag{11.10}$$

即作用于定轴转动刚体上的力的功等于该力对转轴的矩与刚体微小转角的乘积的积分。

特别地,若 $M_z(\boldsymbol{F})$ 是常量,则力 $\boldsymbol{F}$ 在上述过程中的总功为

$$W = M_z(\boldsymbol{F})(\varphi_2 - \varphi_1) \tag{11.11}$$

若刚体上作用着一个力系,则其元功为

$$\sum \delta W = \sum M_z(\boldsymbol{F})\omega\mathrm{d}t = M_z\mathrm{d}\varphi \tag{11.12}$$

式中,$M_z = \sum M_z(\boldsymbol{F})$,是作用在刚体上的力系对转轴 z 的主矩。

若作用在刚体上的是力偶,以上结论仍然成立。此时式(11.11)和式(11.12)中的 $M_z(\boldsymbol{F})$ 应等于力偶矩矢在转轴 z 上的投影。当力偶的作用面垂直于转轴时,$M_z(\boldsymbol{F})$ 就等于力偶矩。

(2)质点系和刚体内力的功

质点系的内力总是大小相等、方向相反且成对出现,因此,质点系所有内力的矢量和恒等于零。但是,质点系所有内力的功之和却不一定等于零。例如,人从地面跳起、炸弹爆炸等,都是靠内力做功。

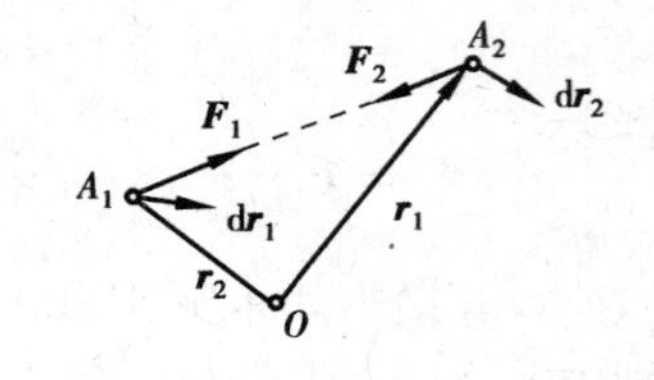

图 11.8

设质点系内有两质点 A_1 和 A_2,相互间作用着内力 $\boldsymbol{F}_1$ 和 $\boldsymbol{F}_2$($\boldsymbol{F}_2 = -\boldsymbol{F}_1$),两质点的元位移分别为 $\mathrm{d}\boldsymbol{r}_1$ 和 $\mathrm{d}\boldsymbol{r}_2$,如图 11.8 所示。因此,$\boldsymbol{F}_1$ 和 $\boldsymbol{F}_2$ 的元功之和为

$$\sum \delta W = \boldsymbol{F}_1 \cdot \mathrm{d}\boldsymbol{r}_1 + \boldsymbol{F}_2 \cdot \mathrm{d}\boldsymbol{r}_2 = \boldsymbol{F}_1 \cdot \mathrm{d}\boldsymbol{r}_1 - \boldsymbol{F}_1 \cdot \mathrm{d}\boldsymbol{r}_2 = \boldsymbol{F}_1 \cdot \mathrm{d}(\boldsymbol{r}_1 - \boldsymbol{r}_2) = \boldsymbol{F}_1 \cdot \mathrm{d}\,\boldsymbol{A}_2\boldsymbol{A}_1$$

注意到 $\mathrm{d}\,\boldsymbol{A}_2\boldsymbol{A}_1$ 中包含着两种变化量，方向的变化和长度的变化。前一变化量垂直于 $\boldsymbol{F}_1$，后一变化量与 $\boldsymbol{F}_1$ 共线，故

$$\sum \delta W = \boldsymbol{F}_1 \cdot \mathrm{d}\boldsymbol{r}_1 + \boldsymbol{F}_2 \cdot \mathrm{d}\boldsymbol{r}_2 = -\boldsymbol{F}_1 \cdot \mathrm{d}A_2A_1 \tag{11.13}$$

式中，$\mathrm{d}\,\boldsymbol{A}_2\boldsymbol{A}_1$ 代表两质点间距离的变化量，它和参考系的选择无关，在一般质点系中，两质点间距离是可变的，因而，可变质点系内力所做功的总和不一定等于零。前面介绍的弹性力和万有引力的功正是内力做功的例子。

但是，刚体内任意两点间零距离始终保持不变，因此，刚体内力所做功的总和恒等于零。

(3)约束力的功之和等于零的情形

作用于质点系的约束力一般要做功。但在许多理想情形下，约束力不做功或做功之和等于零。下面通对实例加以说明。

光滑的固定支承面、轴承、销钉和活动支座的约束力总是和它作用点的元位移垂直。因此，这些约束力的功恒等于零。

不可伸长的柔绳的拉力。由于柔绳仅在拉紧时才受力，任何一段拉直的绳子就承受拉力来说，都和刚杆一样，因而其内力的元功之和等于零。如果绳子绕过某个光滑物体(如滑轮)的表面，则因绳子不能伸长，绳子上各点沿物体表面的位移大小相等。与此同时，绳中各处的拉力大小并不因绕过光滑物体而改变。因此，这段柔绳的内力的元功之总和等于零。

光滑活动铰链内的压力。当由铰链相连的两个物体一起运动而不发生相对转动时，铰链间相互作用的压力与刚体的内力性质相同。当发生相对转动时，由于接触点的约束力总是和它作用点的元位移相垂直。这些力也不做功。显然，当同时发生上述两种运动时，光滑铰链内压力做功之和仍然恒等于零。

凡约束力做功之和等于零的约束都属于**理想约束**。

最后指出，静摩擦力的功也等于零。例如，当一个物体沿另一个物体的表面无滑动地滚动时，接触点的速度等于零，因此，根据式(11.2)，作用于接触点的静摩擦力的元功等于零。例如，在皮带传动中，如果皮带与轮子之间无相对滑动，则两者相互作用的是静摩擦力，它们的功之和也等于零。事实上，每对静摩擦力的作用点具有相同的速度，故当其中一个力作正功时，另一个反作用力必作出大小相等的负功。但与此不同的是，每对动摩擦力的总功恒为负值。

例11.1　如图11.9所示，滚子重 $\boldsymbol{P}$，半径为 R，在滚子的鼓轮上绕一细绳，绳上作用不变力 $\boldsymbol{F}$，其方向总与水平成 θ 角，鼓轮半径 r。在力 $\boldsymbol{F}$ 作用下，滚子沿水平面作纯滚动，滚子中心 O 在水平方向的位移为 S。求力 $\boldsymbol{F}$ 在位移 S 上所做的功。

解　滚子 C 作纯滚动，I 点为速度瞬心，当滚子中心 O 在水平方向的位移为 S 时，滚子的转角 $\varphi = \dfrac{s}{R}$。

应用力的平移定理，将力 $\boldsymbol{F}$ 平移到滚子中心 O，必须同时附加一个力偶，附加力偶矩 $M_O(\boldsymbol{F}) = Fr$，转向如图11.9所示。因此，力 $\boldsymbol{F}$ 在位移 S 上所做的功为得到

$$W = FS\cos\theta + Fr \cdot \varphi = FS\cos\theta + \frac{FrS}{R}$$

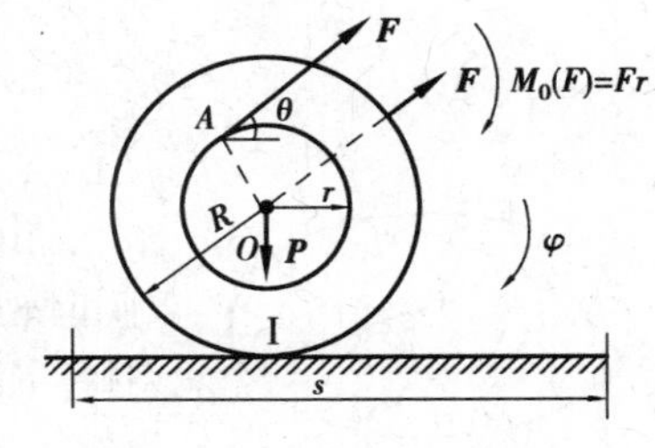

图11.9

本例也可以先计算力 $\boldsymbol{F}$ 的元功,再通过积分运算力 $\boldsymbol{F}$ 在位移 S 上所做的功。请读者自行完成。

11.2 动 能

11.2.1 质点的动能

设质点的质量为 m,速度为 $\boldsymbol{v}$,则质点的动能为$\frac{1}{2}m\boldsymbol{v}^2$。

动能是表征机械运动的量,是标量,恒取正值。在国际单位制中动能的单位为焦[耳](J)。

11.2.2 质点系的动能

质点系内各质点动能的算术和称为质点系的动能,即

$$T = \sum \frac{1}{2}m_i\boldsymbol{v}_i^2$$

刚体是由无数质点组成的质点系。当刚体作不同运动时,各质点的速度分布不同,因此,刚体动能的计算根据刚体运动形式的不同而有所区别。

(1)平移刚体的动能

刚体平移时,各点的速度都相同,可由质心的速度 $\boldsymbol{v}_C$ 代表。因此,平移刚体的动能为

$$T = \sum \frac{1}{2}m_i\boldsymbol{v}_i^2 = \frac{1}{2}\boldsymbol{v}_C^2 \cdot \sum m_i = \frac{1}{2}m\boldsymbol{v}_C^2 \tag{11.14}$$

式中,$m = \sum m_i$,是刚体的质量。

(2)绕定轴转动刚体的动能

刚体绕定轴 z 转动时,其上任意一点 m_i 的速度大小为

$$\boldsymbol{v}_i = \omega \boldsymbol{r}_i$$

ω 是刚体转动的角速度,r_i 是质点 m_i 到转轴的垂直距离。因此,绕定轴转动刚体的动能为

$$T = \sum \frac{1}{2}m_i\boldsymbol{v}_i^2 = \sum\left(\frac{1}{2}m_ir_i^2\omega^2\right) = \frac{1}{2}\omega^2\sum m_ir_i^2$$

式中,$\sum m_ir_i^2 = J_z$,是刚体对于 z 轴的转动惯量。于是有

$$T = \frac{1}{2}J_z\omega^2 \tag{11.15}$$

(3)平面运动刚体的动能

由运动学可知,刚体作平面运动时,各点速度的分布与刚体绕瞬时轴(通过速度瞬心并与运动平面相垂直的轴)转动相同。设刚体平面运动的角速度为 ω,质心在点 C,某瞬时速度瞬心在点 P,刚体对瞬时轴的转动惯量为 J_P(见图 11.10 所示),则平面运动刚体的动能仍可利用式(11.15)计算,即

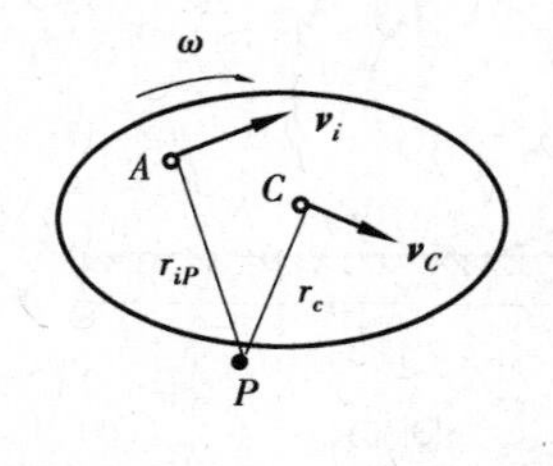

图 11.10

$$T = \frac{1}{2}J_P\omega^2$$

由于瞬时轴在刚体内的位置是在不断变化的，刚体对瞬时轴的转动惯量一般是变量，因此，利用转动惯量的平行轴定理（式(10.18)），把上式改写为

$$T = \frac{1}{2}(J_C + m \cdot \overline{CP}^2)\omega^2 = \frac{1}{2}J_C\omega^2 + \frac{1}{2}m(\omega \cdot \overline{CP})^2$$

式中　m——刚体质量；

J_C——刚体对于质心轴的转动惯量。

注意到 $\boldsymbol{v}_C = \omega \cdot \overline{CP}$，于是

$$T = \frac{1}{2}m\boldsymbol{v}_C^2 + \frac{1}{2}J_C\omega^2 \tag{11.16}$$

即平面运动刚体的动能，等于随质心平移的动能与绕质心转动的动能之和。

对于任意质点系（可以是非刚体）的任意运动，可由下式计算质点系的动能

$$T = \frac{1}{2}m\boldsymbol{v}_C^2 + T_r \tag{11.17}$$

即质点系在绝对运动中的动能，等于它随质心一起平动时的动能，加上它在以质心速度作平动的坐标系中相对运动的动能。这就是柯尼西定理。显然，平面运动刚体的动能表达式(11.16)只是式(11.17)的特殊情形。

例11.2　如图11.11所示的行星轮机构，轮Ⅰ的质量为 m_1，作纯滚动，AO 杆的质量为 m，角速度为 ω。求系统的动能。

解　AO 杆绕定轴转动，角速度为 ω。轮Ⅰ作纯滚动，瞬心在点 C，角速度 $\omega_1 = \frac{\boldsymbol{v}_A}{\overline{AC}} = \frac{\boldsymbol{v}_A}{r_1}$，而质心 A 的速度 $\boldsymbol{v}_A = \omega \cdot \overline{OA} = \omega(r_1 + r_2)$，方向如图11.11所示。

AO 杆的动能为

$$T_1 = \frac{1}{2}J_O\omega^2 = \frac{1}{2} \cdot \frac{1}{3}m(r_1 + r_2)^2 \cdot \omega^2 = \frac{1}{6}m(r_1 + r_2)^2\omega^2$$

轮Ⅰ的动能为

$$T_2 = \frac{1}{2}m_1\boldsymbol{v}_A^2 + \frac{1}{2}J_A\omega_1^2 = \frac{1}{2}m_1\omega^2(r_1 + r_2)^2 + \frac{1}{2} \cdot \frac{1}{2}m_1r_1^2 \cdot \left(\omega \cdot \frac{r_1 + r_2}{r_1}\right)^2 = \frac{3}{4}m_1(r_1 + r_2)^2\omega^2$$

因此，系统的动能为

$$T = T_1 + T_2 = \frac{1}{6}m(r_1 + r_2)^2\omega^2 + \frac{3}{4}m_1(r_1 + r_2)^2\omega^2 = \frac{1}{12}(2m + 9m_1)(r_1 + r_2)^2\omega^2$$

例11.3　如图11.12所示的系统，A、B 两轮可视为均质圆盘，重均为 P，半径均为 R；均质等截面连杆 AB 长度为 πR，重为 P_1；履带重 P_2；一重为 P_3 的刚缆绳绕过轮 O，一端系在 B 处，另一端 D 由一常力 F 拉动。设缆绳与轮 O 间，A、B 两轮与地面间均无相对滑动，摩擦不计；轮 O 也视为均质圆盘，半径为 R，重为 P；图示瞬时缆绳 D 端铅直向下速度为 $\boldsymbol{v}$。试求此系统的动能。

解　该系统中，轮 A、B 作平面运动（纯滚动）；轮 O 绕定轴转动；连杆 AB 作直线平移；履带和 BD 缆绳可视为一般质点系运动。故整个系统的动能为

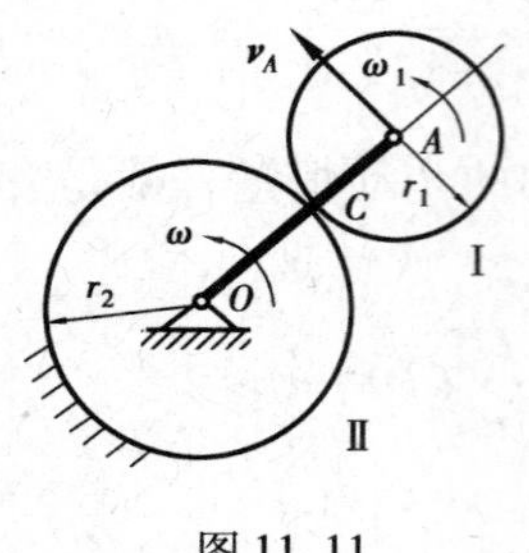

图 11.11

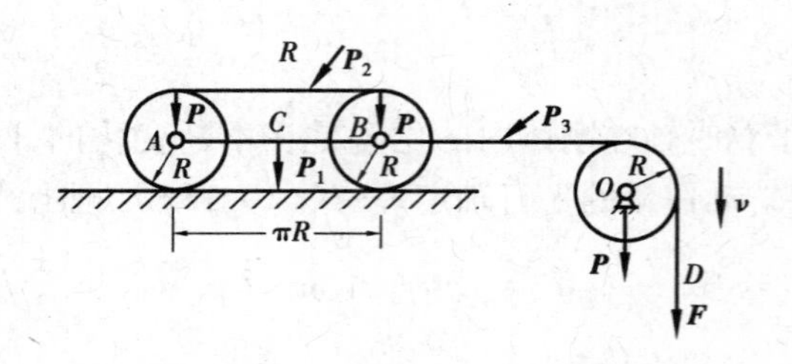

图 11.12

$$T = T_A + T_B + T_{AB} + T_O + T_{履带} + T_{绳}$$

轮 A、B 的动能为

$$T_A = T_B = \frac{1}{2} \cdot \frac{P}{g} \cdot \boldsymbol{v}^2 + \frac{1}{2} J_A \omega_A^2 = \frac{1}{2} \cdot \frac{P}{g} \cdot \boldsymbol{v}^2 + \frac{1}{2} \cdot \left(\frac{1}{2}\frac{P}{g}R^2\right) \cdot \left(\frac{\boldsymbol{v}}{R}\right)^2 = \frac{3P}{4g}\boldsymbol{v}^2$$

AB 杆的动能为

$$T_{AB} = \frac{P_1}{2g}\boldsymbol{v}^2$$

轮 O 的动能为

$$T_O = \frac{1}{2} J_O \omega_O^2 = \frac{1}{2} \cdot \left(\frac{1}{2}\frac{P}{g}R^2\right) \cdot \left(\frac{\boldsymbol{v}}{R}\right)^2 = \frac{P}{4g}\boldsymbol{v}^2$$

履带的动能为

$$T_{履带} = \sum \frac{1}{2} m_i \boldsymbol{v}_i^2 = 2 \cdot \frac{1}{2}\frac{P_2}{g}\boldsymbol{v}^2 = \frac{P_2}{g}\boldsymbol{v}^2$$

绳的动能为

$$T_{绳} = \sum \frac{1}{2} m_i \boldsymbol{v}_i^2 = \frac{1}{2}\frac{P_3}{g}\boldsymbol{v}^2$$

因此,系统的动能为

$$\begin{aligned} T &= T_A + T_B + T_{AB} + T_O + T_{履带} + T_{绳} \\ &= \frac{\boldsymbol{v}^2}{4g}(7P + 2P_1 + 4P_2 + 2P_3) \end{aligned}$$

11.3 动能定理

11.3.1 质点的动能定理

质点运动微分方程的矢量形式为

$$m\frac{\mathrm{d}\boldsymbol{v}}{\mathrm{d}t} = \boldsymbol{F}$$

方程两边点乘 $\mathrm{d}\boldsymbol{r}$,有

$$m\frac{\mathrm{d}\boldsymbol{v}}{\mathrm{d}t} \cdot \mathrm{d}\boldsymbol{r} = \boldsymbol{F} \cdot \mathrm{d}\boldsymbol{r}$$

注意到 $\mathrm{d}\boldsymbol{r}=\boldsymbol{v}\mathrm{d}t$，所以有

$$m\boldsymbol{v}\cdot\mathrm{d}\boldsymbol{v}=\boldsymbol{F}\cdot\mathrm{d}\boldsymbol{r}$$

或

$$\mathrm{d}\left(\frac{1}{2}m\boldsymbol{v}^2\right)=\delta W \tag{11.18}$$

式(11.18)称为**质点动能定理的微分形式**，即质点动能的增量等于作用在质点上力的元功。

积分式(11.18)，得

$$\int_{v_1}^{v_2}\mathrm{d}\left(\frac{1}{2}m\boldsymbol{v}^2\right)=W$$

即

$$\frac{1}{2}m{\boldsymbol{v}_2}^2-\frac{1}{2}m{\boldsymbol{v}_1}^2=W \tag{11.19}$$

这就是**质点动能定理的积分形式**，即在质点运动的某个过程中，质点动能的改变量等于作用于质点的力作的功。

11.3.2　质点系的动能定理

质点的动能定理很容易推广到质点系(包括刚体)。对于质点系中每个质点，都可写出类似式(11.18)的方程，将所有这些方程左右两端分别相加，得

$$\sum\mathrm{d}\left(\frac{1}{2}m_i\boldsymbol{v}_i^2\right)=\sum\delta W_i$$

或

$$\mathrm{d}\left[\sum\left(\frac{1}{2}m_i\boldsymbol{v}_i^2\right)\right]=\sum\delta W_i$$

式中　m_i、$\boldsymbol{v}_i$——质点系中第 i 个质点的质量和速度；

δW_i——作用于第 i 个质点的力 $\boldsymbol{F}_i$ 所作的元功。

注意到 $\sum\left(\frac{1}{2}m_i\boldsymbol{v}_i^2\right)=T$ 是质点系的动能，于是上式改写为

$$\mathrm{d}T=\sum\delta W_i \tag{11.20}$$

式(11.20)称为**质点系动能定理的微分形式**，即质点系动能的增量，等于作用于质点系全部力所作的元功之和。

积分式(11.20)，得

$$T_2-T_1=\sum W_i \tag{11.21}$$

式中　T_1、T_2——质点系在某一运动过程始、末位置的动能。

式(11.21)称为**质点系动能定理的积分形式**，即质点系在某一段运动过程始、末位置的动能改变量，等于作用于质点系的全部力在这段过程中所做功的和。

动能定理的优点是把不做功的力和做功之和等于零的力从方程(11.21)中消去。因此，这个方程还可表示成下列更为简明的形式。

在具有理想约束的情形下，由于作用于质点系的约束力所做功的总和恒等于零，因此，此时把作用于质点系的力分成主动力和约束力更为方便。于是式(11.21)中不出现约束力，改写为

$$T_2 - T_1 = \sum W \tag{11.22}$$

式中　$\sum W$——全部主动力的功的代数和。

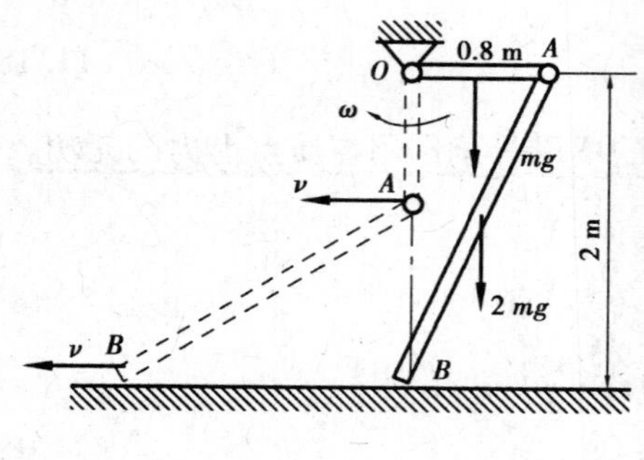

图 11.13

刚体的内力属于约束力，它不出现在上式右端。如果质点系中有个别的约束力（如摩擦力）做功，习惯上是把它当作特殊的主动力看待，从而式（11.22）仍可应用。

例 11.4　两根均质直杆组成的机构及尺寸如图 11.13 所示，AB 杆质量是 OA 杆质量的两倍，各处摩擦不计。如机构在图示位置从静止释放，求当 OA 杆转到铅垂位置时 AB 杆 A 端的速度。

解　取系统为研究对象。开始时，系统静止，$T_1 = 0$。当 OA 杆转到铅垂位置时，AB 杆作瞬时平动。因此，系统的动能

$$\begin{aligned} T_2 &= T_{杆OA} + T_{杆AB} \\ &= \frac{1}{2}J_O\omega^2 + \frac{1}{2}m_{AB}\boldsymbol{v}_B^2 \\ &= \frac{1}{2}\left(\frac{1}{3}m_{OA}\cdot\overline{OA}^2\right)\omega^2 + \frac{1}{2}m_{AB}\boldsymbol{v}_B^2 \end{aligned}$$

根据题意，$m_{AB}=2m_{OA}=2m$。且由运动学知

$$\boldsymbol{v}_B = \boldsymbol{v}_A = \omega\cdot\overline{OA}$$

方向如图 11.13 所示，因此

$$T_2 = \frac{7}{6}m\boldsymbol{v}_B^2$$

此运动过程中，只有重力做功，其功为

$$\sum W = m_{OA}g\cdot\frac{0.8}{2} + m_{AB}g(1-0.6) = 1.2mg$$

由动能定理 $T_2 - T_1 = \sum W$，得

$$\frac{7}{6}m\boldsymbol{v}^2 - 0 = 1.2mg$$

解得

$$\boldsymbol{v} = 1.01\ \text{m/s}$$

例 11.5　两根完全相同的均质细杆 AB 和 BC 用铰链 B 连接在一起，而杆 BC 用铰链 C 连接在 C 点，每根杆重 $P=10$ N，长 $l=1$ m，一弹性系数 $k=120$ N/m 的弹簧连接在两杆的中心，如图 11.14 所示。假设两杆与光滑地面的夹角为 60° 时弹簧不伸长，一水平力 $F=10$ N 作用在 A 点处，系统由静止释放。求 $\theta=0°$ 时杆 AB 的角速度。

解　取系统为研究对象。AB 杆作平面运动，BC 杆绕定轴转动。

如图 11.14(a)所示，AB 杆的速度瞬心在 O 点，由几何关系知 $\theta=60°$ 时 $OB=BC=l$，因此由

$$\boldsymbol{v}_B = \omega_{AB}\cdot\overline{OB} = \omega_{BC}\cdot\overline{BC}$$

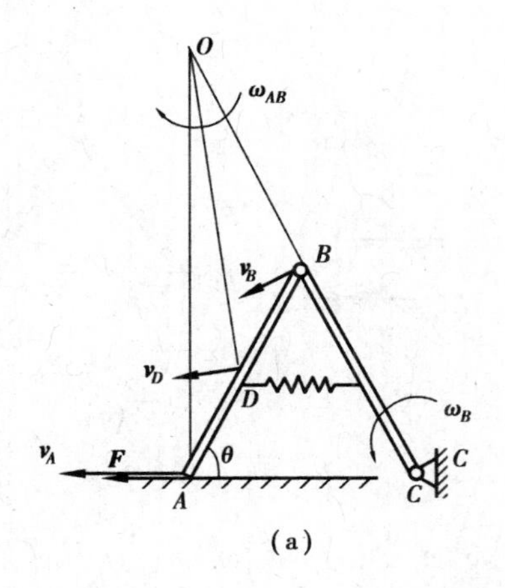

(a)　　　　　　(b)

图 11.14

得

$$\omega_{AB} = \omega_{BC} = \omega$$

同时还可得出结论，当 $\theta = 0^\circ$ 时，O 点与 A 点重合，即此时 A 点为 AB 杆的速度瞬心。

开始时，系统静止，$T_1 = 0$。当 $\theta = 0^\circ$ 时，系统的动能

$$T_2 = \frac{1}{2}J_A\omega_{AB}^2 + \frac{1}{2}J_C\omega_{BC}^2 = \frac{1}{3}\frac{P}{g}l^2\omega^2$$

系统受力如图 11.14(b)所示，因为系统具有理想约束，所以约束力不做功。做功的力有主动力 $\boldsymbol{F}$、重力 $\boldsymbol{P}$ 和弹性力，所做的功分别为

$$W_F = Fs = F(2l - 2l\cos\theta) = Fl$$

$$W_P = 2P \cdot \frac{1}{2}l\sin\theta = \frac{\sqrt{3}}{2}Pl$$

$$W_E = \frac{1}{2}k(\delta_1^2 - \delta_2^2) = \frac{1}{2}k\left[0 - \left(l - \frac{l}{2}\right)^2\right] = -\frac{1}{8}kl^2$$

因此，运动过程中力做功的总和为

$$\sum W = W_F + W_P + W_E = Fl + \frac{\sqrt{3}}{2}Pl - \frac{1}{8}kl^2$$

由动能定理 $T_2 - T_1 = \sum W$，得

$$\frac{1}{3}\frac{P}{g}l^2\omega^2 - 0 = Fl + \frac{\sqrt{3}}{2}Pl - \frac{1}{8}kl^2$$

解得

$$\omega = 3.28 \text{ rad/s}$$

例 11.6　在对称连杆的 A 点，作用一铅垂方向的常力 $\boldsymbol{F}$，初始系统静止，如图 11.15 所示。求连杆 OA 运动到水平位置时的角速度。设连杆长均为 l，质量均为 m，均质圆盘质量为，作纯滚动。

解　取系统为研究对象。初始系统静止，$T_1 = 0$。设连杆 OA 运动的角速度为 ω_{OA}，由于 $OA = AB$，故杆 AB 作平面运动的角速度为 $\omega_{BA} = \omega_{OA} = \omega$（见图 11.15(a)）。杆 OA 运动到水平位置时（见图 11.15(b)），B 点为杆 AB 的速度瞬心，因此轮 B 的角速度为零，$\boldsymbol{v}_B = 0$。系统此时的动能为

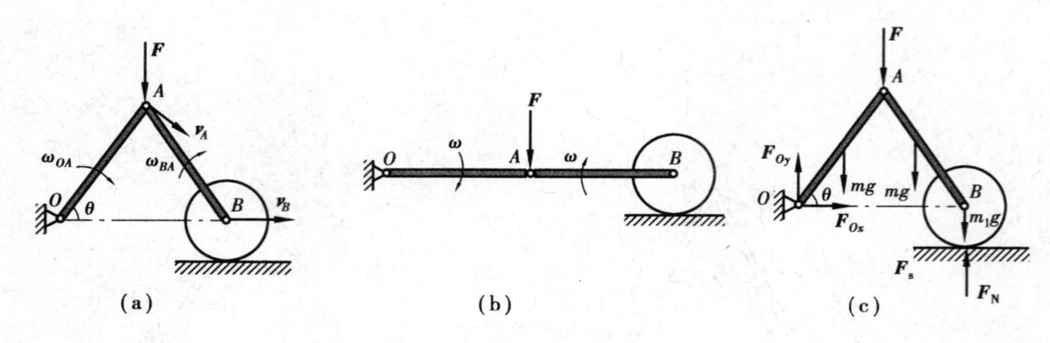

图 11.15

$$T_2 = \frac{1}{2}J_O\omega^2 + \frac{1}{2}J_B\omega^2 = \frac{1}{2}\left(\frac{1}{3}ml^2\right)\omega^2 + \frac{1}{2}\left(\frac{1}{3}ml^2\right)\omega^2 = \frac{1}{3}ml^2\omega^2$$

系统受力如图 11.15(c)所示。在运动过程中,所有的力所做的功为

$$\sum W = 2\left(mg\frac{l}{2}\sin\theta\right) + Fl\sin\theta = (mg + F)l\sin\theta$$

由动能定理 $T_2 - T_1 = \sum W$,得

$$\frac{1}{3}ml^2\omega^2 - 0 = (mg + F)l\sin\theta$$

解得

$$\omega = \sqrt{\frac{3(mg + F)\sin\theta}{ml}}$$

例 11.7 如图 11.16 所示,重物 A 和 B 通过动滑轮 D 和定滑轮 C 而运动。如果重物 A 开始时向下的速度为 v_0,试问重物 A 下落多大距离,其速度增大 1 倍。设重物 A 和 B 的质量均为 m,滑轮 D 和 C 的质量均为 M,半径均为 r 且为均质圆盘。重物 B 与水平面的动摩擦系数为 f,绳索质量忽略不计且不能伸长。

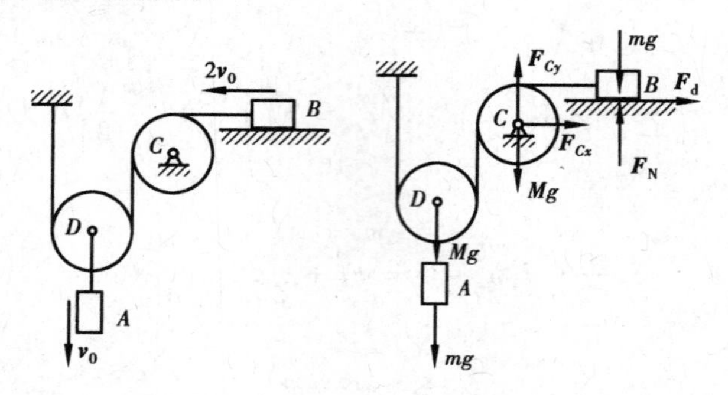

图 11.16

解 取系统为研究对象。重物 A 和 B 作平动,滑轮 C 绕定轴转动,滑轮 D 作平面运动,故系统初瞬时的动能为

$$\begin{aligned} T_1 &= T_A + T_B + T_C + T_D \\ &= \frac{1}{2}mv_0^2 + \frac{1}{2}m(2v_0)^2 + \frac{1}{2}\left(\frac{1}{2}Mr^2\right)\left(\frac{2v_0}{r}\right)^2 + \left[\frac{1}{2}Mv_0^2 + \frac{1}{2}\left(\frac{1}{2}Mr^2\right)\left(\frac{v_0}{r}\right)^2\right] \end{aligned}$$

$$= \frac{7M + 10m}{4}\boldsymbol{v}_0^2$$

速度增大1倍时的动能为

$$T_2 = (7M + 10m)\boldsymbol{v}_0^2$$

系统受力如图11.16(b)所示。重物 A 下落 h 高度时,其速度增大1倍。在此过程中,所有的力所做的功为

$$\sum W = mgh + Mgh - F_d \cdot 2h$$

$$= [M + (1 - 2f)m]gh$$

由动能定理 $T_2 - T_1 = \sum W$,得

$$(7M + 10m)\boldsymbol{v}_0^2 - \frac{7M + 10m}{4}\boldsymbol{v}_0^2 = [M + (1 - 2f)m]gh$$

解得

$$h = \frac{3(7M + 10m)\boldsymbol{v}_0^2}{4[M + (1 - 2f)m]g}$$

11.4　功率·功率方程·机械效率

11.4.1　功率

工程中不仅要计算力的功,而且还要知道力做功的快慢程度。单位时间内力所做的功称为**功率**,以 P 表示。设在 $\mathrm{d}t$ 时间间隔力的元功为 δW,则该力的功率为

$$P = \frac{\delta W}{\mathrm{d}t} \tag{11.23}$$

因为 $\delta W = \boldsymbol{F} \cdot \mathrm{d}\boldsymbol{r}$,于是有

$$P = \boldsymbol{F} \cdot \frac{\mathrm{d}\boldsymbol{r}}{\mathrm{d}t} = \boldsymbol{F} \cdot \boldsymbol{v} = F_t v \tag{11.24}$$

式中　$\boldsymbol{v}$——力 $\boldsymbol{F}$ 作用点的速度。

可见,功率等于切向力与力作用点速度的乘积。

由式(11.12)容易得出作用在转动刚体的力系的功率

$$P = \frac{\delta W}{\mathrm{d}t} = M_z \frac{\mathrm{d}\varphi}{\mathrm{d}t} = M_z \omega \tag{11.25}$$

式中　M_z——作用在刚体上的力系对转轴 z 的主矩;

ω——刚体转动的角速度。

可见,作用在转动刚体的力系的功率,等于该力系对转轴的主矩与刚体角速度的乘积。

在国际单位制中,功率的单位为瓦[特](W)。

11.4.2　功率方程

取质点系动能定理的微分形式,两端同时除以 $\mathrm{d}t$,得

$$\frac{dT}{dt} = \sum \frac{\delta W_i}{dt} = \sum P_i \tag{11.26}$$

式(11.26)称为**功率方程**,即质点系动能对时间的一阶导数,等于作用于质点系的所有力的功率的代数和。

功率方程常用来研究机器在工作时能量的变化和转化问题。机器工作时,必须输入一定的功,以便在克服无用阻力(如无用摩擦、碰撞以及其他物理原因产生的阻力)引起的损耗后,付出有用阻力(如机床加工时的切削力的功)而完成指定工作。因此,式(11.26)改写为

$$\frac{dT}{dt} = P_{输入} - P_{有用} - P_{无用} \tag{11.27}$$

机器的运转过程一般分成以下3个阶段:

(1)启动加速阶段

由于速度逐渐增大,$\frac{dT}{dt}>0$,所以要求

$$P_{输入} > P_{有用} + P_{无用}$$

(2)稳定运转阶段(即正常工作阶段)

这时机器一般做匀速运动,$\frac{dT}{dt}=0$,此时

$$P_{输入} = P_{有用} + P_{无用}$$

(3)制动减速阶段

在制动或负载增加后,机器做减速运动,$\frac{dT}{dt}<0$,此时

$$P_{输入} < P_{有用} + P_{无用}$$

11.4.3 机械效率

为了判断机器对输入功率的有效利用程度,定义有效功率与输入功率的比值为机器的**机械效率**,用η表示,即

$$\eta = \frac{有效功率}{输入功率} \tag{11.28}$$

式中,有效功率$=P_{有用}+\frac{dT}{dt}$。

机械效率是评定机器质量好坏的重要指标之一。显然,一般情况下,$\eta<1$。

对于多级传动系统,系统的总机械效率等于各级效率的乘积,即

$$\eta = \eta_1\eta_2\eta_3\cdots\eta_n \tag{11.29}$$

例 11.8 车床电机功率$P_入=5.4$ kW。由于转动部件间的摩擦,损耗功率占输入功率的30%。如工件的直径为100 mm,转速42 r/min,问允许切削力的最大值为多少?如转速改为112 r/min,问允许切削力的最大值为多少?

解 由题意可知,损耗的无用功率为$P_{无用}=P_入\times30\%=1.62$ kW。当工件匀速转动时,动能不变,故有用功率为

$$P_{有用} = P_入 - P_{无用} = 3.78 \text{ kW}$$

设切削力为$\boldsymbol{F}$,切削速度为$\boldsymbol{v}$,则

$$P_{有用} = Fv = F\frac{d}{2}\frac{\pi n}{30}$$

即

$$F = \frac{60}{\pi dn}P_{有用}$$

当转速为 42 r/min 时,允许的最大切削力为

$$F = 17.19 \text{ kN}$$

当转速为 112 r/min 时,最大切削力为

$$F = 6.45 \text{ kN}$$

例 11.9　如图 11.17 所示,物块质量为 m,用不计质量的细绳跨过滑轮与弹簧相连。弹簧原长为 l_0,刚度系数为 k,质量不计。滑轮半径为 R,转动惯量为 J。不计轴承摩擦,试建立此系统的运动微分方程。

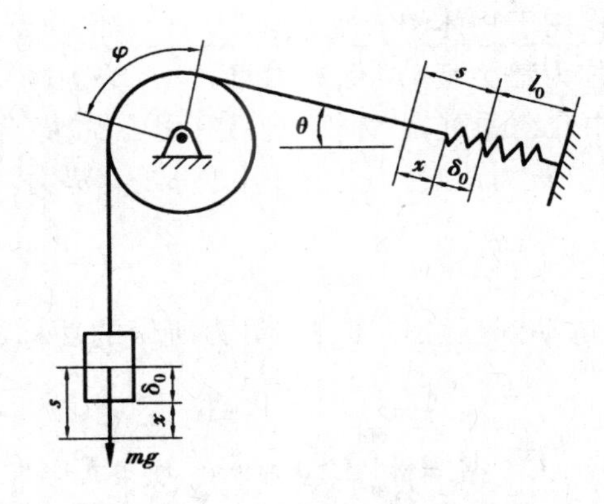

图 11.17

解　若弹簧在自然位置拉长任意长度 s,滑轮转过 φ 角,物块下降 s,显然有 $s = R\varphi$。此时系统的动能为

$$T = \frac{1}{2}m\left(\frac{ds}{dt}\right)^2 + \frac{1}{2}J\left(\frac{d\varphi}{dt}\right)^2 = \frac{1}{2}\left(m + \frac{J}{R^2}\right)\left(\frac{ds}{dt}\right)^2$$

重物下降速度 $v = \frac{ds}{dt}$,重力功率为 $mg\frac{ds}{dt}$;弹性力大小为 ks,其功率为 $-ks\frac{ds}{dt}$。代入功率方程,得

$$\frac{dT}{dt} = \left(m + \frac{J}{R^2}\right)\frac{ds}{dt}\frac{d^2s}{dt^2} = mg\frac{ds}{dt} - ks\frac{ds}{dt}$$

两端各除以 $\frac{ds}{dt}$,得到对于坐标 s 的运动微分方程

$$\left(m + \frac{J}{R^2}\right)\frac{d^2s}{dt^2} = mg - ks$$

若系统静止时弹簧拉长量为 δ_0,而 $mg = k\delta_0$。以平衡位置为参考点,物体下降 x 时弹簧拉长量为 $s = \delta_0 + x$,代入上式,得

$$\left(m + \frac{J}{R^2}\right)\frac{d^2x}{dt^2} = mg - k\delta_0 - kx = -kx$$

移项后,得到对于坐标 x 的运动微分方程

$$\left(m + \frac{J}{R^2}\right)\frac{\mathrm{d}^2 x}{\mathrm{d}t^2} + kx = 0$$

可见,系统运动微分方程与弹簧倾斜角度 θ 无关。

11.5 势力场·势能·机械能守恒定律

11.5.1 势力场

如果一物体在某空间任一位置都受到一个大小和方向完全由所在位置确定的力的作用,则这部分空间称为**力场**。例如,重力场、太阳引力场、电场等。

如果物体在力场内运动,作用于物体的力所做的功只与力作用点的始末位置有关,而与该点的运动轨迹无关,这种力场称为**势力场(或保守力场)**。在势力场中,物体所受到的力称为有势力(或保守力)。11.1 节中介绍的重力、弹性力、万有引力做功有此特点,因此,重力场、弹性力场、万有引力场都是势力场,重力、弹性力、万有引力都是有势力。

11.5.2 势能

在势力场中,质点从点 M 运动到任意点 M_0,有势力所做的功称为质点在点 M 相对于点 M_0 的**势能**,以 V 表示,有

$$V = \int_M^{M_0} \boldsymbol{F} \cdot \mathrm{d}\boldsymbol{r} = \int_M^{M_0} (F_x \mathrm{d}x + F_y \mathrm{d}y + F_z \mathrm{d}z) \tag{11.30}$$

点 M_0 的势能为零,称为**零势能点**。势能是个相对量,是相对于零势能点而言的。零势能点 M_0 可任意选取。势力场中同一位置的势能会因为零势能点的不同而有所变化。

现在计算几种常见势力场的势能。

(1)重力场中的势能

重力场中,以铅垂轴为 z 轴,z_0 处为零势能点。则质点 m 于任意点(x,y,z)处的势能为

$$V = \int_z^{z_0} - mg\mathrm{d}z = mg(z - z_0) \tag{11.31}$$

(2)弹性力场中的势能

设弹簧的一端固定,另一端与物体连接,弹簧的刚度系数为 k。以变形量为 δ_0 处为零势能点,则变形量为 δ 处的弹簧势能为

$$V = \frac{1}{2}k(\delta^2 - \delta_0^2) \tag{11.32}$$

若取弹簧的自然位置为零势能点,即 $\delta_0 = 0$,则有

$$V = \frac{1}{2}k\delta^2$$

顺便指出,任何线弹性体变形都具有势能,其计算公式与上式类似。例如,一弹性杆扭转角度为 φ,取 $\varphi = 0$ 为零势能点,则此时杆的势能为 $V = \dfrac{k}{2}\varphi^2$。

(3)万有引力场中的势能

设两质点中的某一个固定在引力中心,以极径为 r_1 时为零势能点,则极径为 r 处的势能为

$$V = \int_r^{r_1} -f\frac{m_1 m_2}{r^2}\mathrm{d}r = fm_1 m_2\left(\frac{1}{r_1} - \frac{1}{r}\right) \tag{11.33}$$

式中　f——万有引力常数;

　　m_1、m_2——两质点的质量。

若取无穷远处为零势能点,则有

$$V = -f\frac{m_1 m_2}{r^2}$$

如果质点系受到多个有势力作用,各有势力可有各自的零势能点。质点系的零势能位置是各质点都处于零势能点的一组位置。质点系从某位置到其零势能位置的运动过程中,各有势力做功的代数和称为此质点系在该位置的势能。

质点或质点系在势力场中运动时,有势力的功可通过势能计算。设某个有势力的作用点在质点系的运动过程中从点 M_1 运动到点 M_2,该有势力所做的功为 $W_{(M_1 \to M_0)}$。若取 M_0 为零势能点,则从点 M_1 到 M_0 和从点 M_2 到 M_0 有势力所做的功分别为 M_1 和 M_2 位置的势能 V_1 和 V_2。因为有势力做功与轨迹形状无关,而由 M_1 经 M_2 到达 M_0 时,有势力的功为

$$W_{(M_1 \to M_0)} = W_{(M_1 \to M_2)} + W_{(M_2 \to M_0)}$$

注意到 $W_{(M_1 \to M_0)} = V_1$,$W_{(M_2 \to M_0)} = V_2$,故

$$W_{(M_1 \to M_2)} = V_1 - V_2 \tag{11.34}$$

即有势力所做的功等于质点系在运动过程的始末位置的势能之差。

11.5.3　机械能守恒定律

设质点系只在有势力作用下运动,把式(11.34)代入质点系动能定理的积分形式(11.21),得

$$T_2 - T_1 = V_1 - V_2$$

即

$$T_1 + V_1 = T_2 + V_2 \tag{11.35}$$

可见,如质点系只在有势力作用下运动,则其动能与势能之和保持不变。动能与势能之和,称为**机械能**。因此,式(11.35)也可叙述为:质点系仅在有势力作用下运动时,其机械能保持不变。这一结论称为**机械能守恒定律**。该定律表明,在势力场中质点系的动能与势能可互相转化,即动能的增大(减小)必然导致势能的减小(增大),但是机械能保持不变。

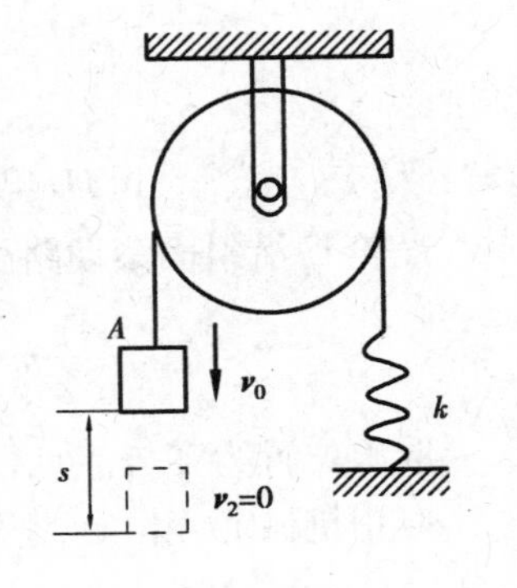

图 11.18

仅在有势力作用下的质点系称为保守系。如果除有势力外,质点系还受到非有势力(如摩擦力、发动机的驱动力等)的作用,则机械能一般不再保持不变。此时,机械能与其他形态的能量(如热能、电能等)之间发生相互转化,但能量的总和仍然保持不变。这就是普遍的能量守恒定律。它表明,能量不会消灭,也不会自生,只能从一种形态转化成另一种形态。

例 11.10 如图 11.18 所示，质量为 m_1 的物块 A 悬挂于不可升长的绳子上，绳子跨过滑轮与铅直弹簧相连，弹簧刚度系数为 k。设滑轮的质量为 m_2，并可看成半径是 r 的均质圆盘。现在从平衡位置给物块 A 以向下的初速度 v_0，试求物块 A 由此位置下降的最大距离 s。弹簧和绳子的质量不计。

解 取整个系统为研究对象。系统运动过程中做功的力（重力和弹性力）均为有势力，因此可用机械能守恒定律求解。

取物块 A 的平衡位置作为初位置，弹簧的初变形 $\delta_1 = \delta_s = \dfrac{mg}{k}$，物块 A 的初速度 $v_1 = v_0$，系统的初动能为

$$T_1 = \frac{1}{2}m_1v_0^2 + \frac{1}{2}J_O\omega^2 = \frac{1}{2}m_1v_0^2 + \frac{1}{2}\cdot\left(\frac{1}{2}m_2r^2\right)\cdot\left(\frac{v_0}{r}\right)^2 = \frac{1}{4}\cdot(2m_1 + m_2)v_0^2$$

以物块 A 的最大下降点作为末位置，则弹簧的末变形 $\delta_1 = \delta_s + s$，系统的末动能 $T_2 = 0$。取平衡位置为零势能点，于是，系统的初势能 $V_1 = 0$，而末势能

$$V_2 = \frac{1}{2}k[(\delta_s + s)^2 - \delta_s^2] - m_1gs$$

注意到平衡位置时 $m_1g = k\delta_s$，故 $V_2 = \dfrac{1}{2}ks^2$。

应用机械能守恒定律 $T_1 + V_1 = T_2 + V_2$，有

$$\frac{1}{4}\cdot(2m_1 + m_2)v_0^2 = \frac{1}{2}ks^2$$

所以物块 A 的最大下降距离为

$$s = \sqrt{\frac{2m_1 + m_2}{2k}}v_0$$

例 11.11 如图 11.19 所示，均质轮 C 从静止开始沿斜面作纯滚动。已知均质轮重为 P，半径为 R，试求轮心 C 的加速度（不计摩擦）。

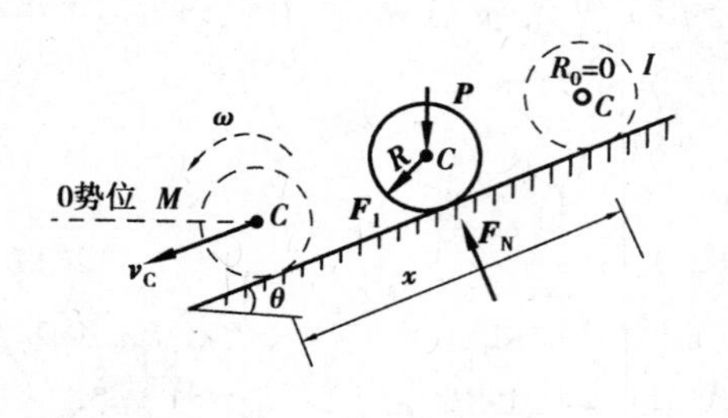

图 11.19

解 取均质轮 C 为研究对象，其沿斜面作纯滚动。在不计摩擦的情况下，只有重力做功，因此，可用机械能守恒定律求解。

初位置轮心速度 $v_{CO} = 0$，所以轮子的动能 $T_1 = 0$。

设轮 C 沿斜面滚动路程 x 到末位置时，轮心速度为 v_C，故轮子的动能为

$$T_2 = \frac{1}{2}mv_C^2 + \frac{1}{2}J_C\omega^2 = \frac{Pv_C^2}{2g} + \frac{1}{2}\left(\frac{1}{2}\cdot\frac{P}{g}R^2\right)\left(\frac{v_C}{R}\right)^2 = \frac{3Pv_C^2}{4g}$$

取末位置为零势能点，于是，轮子的初势能 $V_1 = Px\sin\theta$,，而末势能 $V_2 = 0$。

应用机械能守恒定律 $T_1 + V_1 = T_2 + V_2$，有

$$Px\sin\theta = \frac{3Pv_C^2}{4g}$$

上式两端对时间求导，并注意到 $\dfrac{\mathrm{d}v_C^2}{\mathrm{d}t} = 2v_Ca_C$，$\dfrac{\mathrm{d}x}{\mathrm{d}t} = v_C$，可求得轮心 C 的加速度为

$$a_C = \frac{2}{3}g \sin \theta$$

11.6　动力学普遍定理的综合应用

动力学普遍定理包括动量定理、动量矩定理和动能定理。这些定理可分为两类:一类为矢量形式的,如动量定理、动量矩定理;另一类为标量形式的,如动能定理。两者都可用于研究机械运动,而后者还可用于研究机械运动与其他运动形式有能量转化的问题。

工程实际中,动力学问题几乎无处不在,概括起来主要有3类:已知系统的运动,求力;已知力,求运动;已知某些力或运动,求另一些力或运动。虽然动力学普遍定理提供了解决动力学问题的一般方法,但是,有些问题只能用某一个定理求解;有些问题同时可以用几个定理求解,但求解难易程度不同;而在求解比较复杂的动力学问题时,往往需要根据各定理的特点联合运用。

在普遍定理的综合应用中,首先要熟练地掌握各个定理,同时,要对所选研究对象的受力情况,运动情况,已知条件及所求问题有一个清楚的分析和认识,然后再决定选择什么定理来建立动力学方程。由于动力学问题非常复杂,题目可能多种多样,甚至可包含静力学及运动学的内容和方法,而且,动力学普遍定理的概念性强,应用时又特别灵活,因此具体的求解方法和步骤还应根据具体情况加以分析,没有确定的规则。一般情况下,如需求解的未知量是运动量,通常首先考虑动能定理,对物体系统更应如此,因为此时可用整体研究,且在方程中不出现未知的约束反力,求解过程比较简单。当然,对于有单一固定轴的系统,还可选用动量矩定理。而如果需求解的未知量是力,通常选用质心运动定理(或动量定理)或动量矩定理。

下面通过例题加以说明。

例11.12　如图11.20所示,置于光滑水平地面上的两均质杆AC和BC各重为$\boldsymbol{P}$,长为l,在C处光滑铰接,初始静止,C点高度为h。求铰C到达地面时的速度。

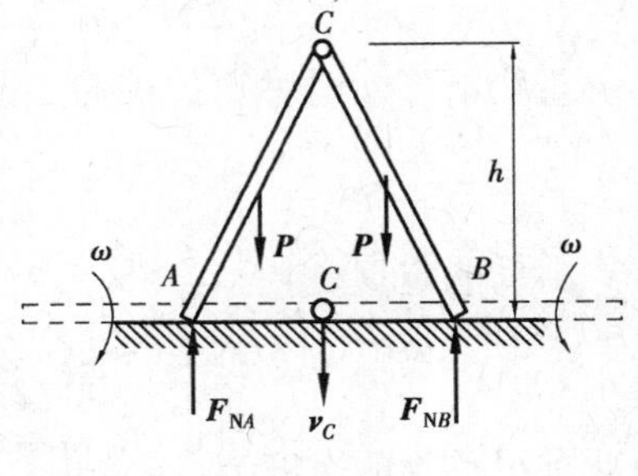

图11.20

解　取系统为研究对象。因为$\sum F_x^{(e)}=0$,且初始静止,因此水平方向质心位置守恒。

系统初瞬时的动能$T_1=0$。铰C到达地面时,系统的动能为

$$T_2 = 2\cdot\frac{1}{2}\left(\frac{1}{3}\frac{P}{g}l^2\right)\omega^2 = \frac{1}{3}\frac{P}{g}l^2\omega^2$$

由运动学知$v_C=\omega l$,故

$$T_2 = \frac{1}{3}\frac{P}{g}v_C^2$$

系统受力分析如图11.20所示。系统具有理想约束,约束力不做功。在此过程中,重力做功为

$$\sum W = 2\cdot P\frac{h}{2} = Ph$$

由动能定理$T_2-T_1=\sum W$,得

$$\frac{1}{3}\frac{P}{g}v_C^2 - 0 = Ph$$

解得

$$v_C = \sqrt{3gh}$$

由此例可知,需求解的未知量是运动量,通常可以考虑动能定理,有时还要先判明是否属于动量守恒或动量矩守恒。

例 11.13 如图 11.21 所示的系统,物块及两均质轮的质量均为 m,轮半径都为 R。滚轮上缘绕一刚度系数为 k 的无重水平弹簧,轮与地面间无滑动。现于弹簧的原长处自由释放重物,试求重物下降 h 时的速度、加速度及滚轮与地面间的摩擦力。

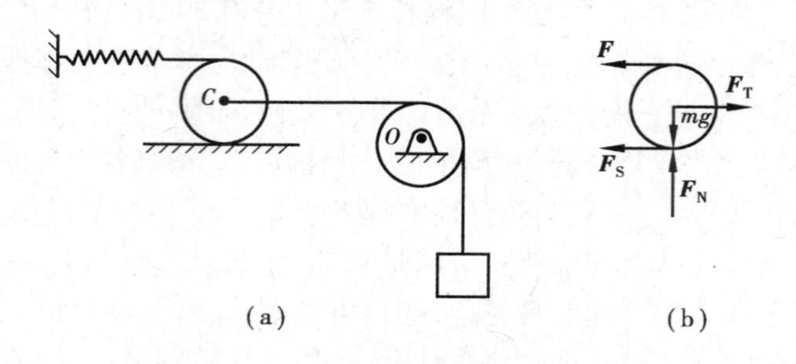

图 11.21

解 1)为求重物下降 h 时的速度和加速度,可用动能定理。

系统初始动能为零,当物块有速度为 v 时,两轮的角速度均为 $\omega = \frac{v}{R}$,则系统动能为

$$T = \frac{1}{2}mv^2 + \frac{1}{2}\cdot\frac{1}{2}mR^2\omega^2 + \frac{1}{2}\left(mv^2 + \frac{1}{2}mR^2\omega^2\right) = \frac{3}{2}mv^2$$

重物下降 h 时弹簧拉长 $2h$,重力和弹簧做功之和为

$$W = mgh - \frac{1}{2}k(2h)^2 = mgh - 2kh^2$$

由动能定理,得

$$\frac{3}{2}mv^2 - 0 = mgh - 2kh^2 \tag{a}$$

由此求得重物的速度为

$$v = \sqrt{\frac{2(mg - 2kh)h}{3m}}$$

2)为求重物的加速度,可用动能定理的微分形式或功率方程。

对式(a)两端同时对时间求一阶导数,得

$$3mv\frac{\mathrm{d}v}{\mathrm{d}t} - 0 = (mg - 4kh)\frac{\mathrm{d}h}{\mathrm{d}t}$$

从而求得加速度为

$$a = \frac{g}{3} - \frac{4kh}{3m}$$

3)为求地面摩擦力,可用动量矩定理。

取滚轮为研究对象，如图 11.21(b)所示，其中弹簧力 $F=2kh$。应用质点系相对于质心的动量矩定理，有

$$\frac{\mathrm{d}}{\mathrm{d}t}\left(\frac{1}{2}mR^2\cdot\frac{v}{R}\right)=(F_s-F)R$$

从而求得地面摩擦力为

$$F_s=F+\frac{1}{2}ma$$

代入 F 及 a 的值，得地面摩擦力

$$F_s=\frac{mg}{6}+\frac{4}{3}kh$$

由此例可知，为求系统运动时的作用力，需先计算加速度，为此可用动能定理的微分形式。而求作用力时，应用动量定理或动量矩定理。当然，对此问题，也可分别对两轮以及重物列出相应的微分方程，再联立求解力与加速度。

例 11.14　如图 11.22 所示，均质细杆长为 l、质量为 m，静止直立于光滑水平面上。当杆受到微小干扰而倒下时，求杆刚刚到达地面时的角速度和地面约束力。

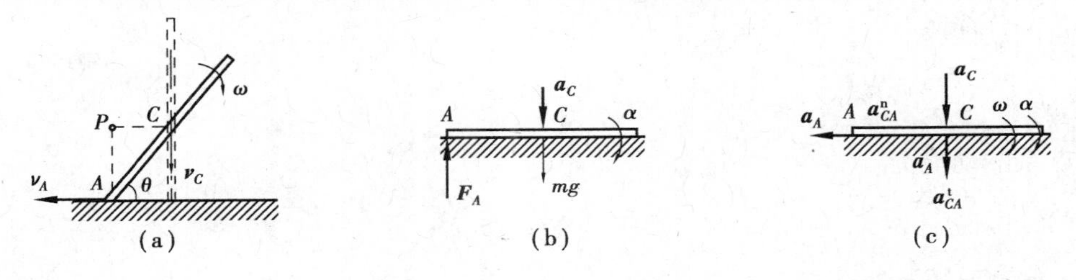

图 11.22

解　由于地面光滑，直杆沿水平方向不受力，倒下过程中质心将铅直下落。设杆左滑于任意角度 θ，如图 11.22(a)所示，P 为杆的瞬心。由运动学知，杆的角速度为

$$\omega=\frac{v_C}{CP}=\frac{2v_C}{l\cos\theta}$$

此时杆的动能为

$$T=\frac{1}{2}mv_C^2+\frac{1}{2}J_C\omega^2=\frac{1}{2}m\left(1+\frac{1}{3\cos^2\theta}\right)v_C^2$$

初始动能为零，此过程中只有重力做功，由动能定理得

$$\frac{1}{2}m\left(1+\frac{1}{3\cos^2\theta}\right)v_C^2=mg\frac{l}{2}(1-\sin\theta)$$

当 $\theta=0$ 时，解出

$$v_C=\frac{1}{2}\sqrt{3gl},\omega=\sqrt{\frac{3g}{l}}$$

杆刚到达地面时，受力及加速度如图 11.22(b)、(c)所示。由刚体平面运动微分方程，得

$$mg-F_A=ma_C$$

$$F_A\frac{l}{2}=J_C\alpha=\frac{ml^2}{12}\alpha$$

由运动学可知

$$\boldsymbol{a}_C = \boldsymbol{a}_A + \boldsymbol{a}_{CA}^{n} + \boldsymbol{a}_{CA}^{t}$$

上式沿铅垂方向投影,得

$$a_C = a_{CA}^{t} = \alpha \frac{l}{2}$$

联立求解,得

$$F_A = \frac{mg}{4}$$

由此例可知,求解动力学问题,常要根据运动学知识分析速度、加速度之间的关系,有时还要先判明是否属于动量守恒或动量矩守恒。如果是守恒的,则要利用守恒条件给出的结果,才能进一步求解。

小　结

1. 动能是物体机械运动的一种度量。

质点的动能为

$$\frac{1}{2}mv^2$$

质点系的动能为

$$T = \sum \frac{1}{2}m_i v_i^2$$

平动刚体的动能为

$$T = \frac{1}{2}mv_C^2$$

绕定轴转动刚体的动能为

$$T = \frac{1}{2}J_z\omega^2$$

平面运动刚体的动能为

$$T = \frac{1}{2}mv_C^2 + \frac{1}{2}J_C\omega^2$$

2. 力的功是力对物体作用的积累效应的度量,即

$$W = \int_s F\cos\theta \cdot \mathrm{d}s$$

或

$$W = \int_{A_1}^{A_2} \boldsymbol{F} \cdot \mathrm{d}\boldsymbol{r} = \int_{A_1}^{A_2} (F_x\mathrm{d}x + F_y\mathrm{d}y + F_z\mathrm{d}z)$$

重力的功为

$$W = G(z_1 - z_2)$$

弹性力的功为

$$W = \frac{1}{2}k(\delta_1^2 - \delta_2^2)$$

弹性力的功为

$$W = \frac{1}{2}k(\delta_1^2 - \delta_2^2)$$

万有引力的功为

$$W = -\int_{r_1}^{r_2} f\frac{m_1 m_2}{r^2}\mathrm{d}r = fm_1 m_2\left(\frac{1}{r_2} - \frac{1}{r_1}\right)$$

定轴转动刚体上力的功为

$$W = \int_{\varphi_1}^{\varphi_2} M_z(\boldsymbol{F})\mathrm{d}\varphi$$

3. 动能定理

微分形式为

$$\mathrm{d}T = \sum \delta W$$

积分形式为

$$T_2 - T_1 = \sum W$$

理想约束条件下，只计算主动力的功。内力有时做功之和不为零。

4. 功率是力在单位时间内所做的功为

$$P = \frac{\delta W}{\mathrm{d}t} = \boldsymbol{F} \cdot \boldsymbol{v} = F_t v$$

$$P = M_z \boldsymbol{\omega}\text{（力矩的功率）}$$

5. 功率方程为

$$\frac{\mathrm{d}T}{\mathrm{d}t} = P_{\text{输入}} - P_{\text{有用}} - P_{\text{无用}}$$

6. 机械效率为

$$\boldsymbol{\eta} = \frac{\text{有效功率}}{\text{输入功率}}$$

$$\text{有效功率} = P_{\text{有用}} + \frac{\mathrm{d}T}{\mathrm{d}t} = P_{\text{输入}} - P_{\text{无用}}$$

7. 有势力的功只与物体运动的始末位置有关，而与物体内各点轨迹的形状无关。

8. 物体在势力场上某位置的势能等于有势力从该位置到一任选的零势能位置所做的功。

重力场中的势能为

$$V = mg(z - z_0)$$

弹性力场中的势能为

$$V = \frac{k}{2}(\delta^2 - \delta_0^2)$$

若以自然位置为零势能点，则

$$V = \frac{k}{2}\delta^2$$

万有引力场中的势能为

$$V = fm_1 m_2\left(\frac{1}{r_0} - \frac{1}{r}\right)$$

若以无限远处为零势能点,则

$$V = -fm_1 m_2 \frac{1}{r}$$

9. 有势力的功可通过势能计算,即

$$W_{(M_1 \to M_2)} = V_1 - V_2$$

10. 机械能 = 动能 + 势能 = $T + V$

机械能守恒定律:如质点或质点系只在有势力作用下运动,则机械能保持不变,即

$$T + V = 常值$$

思 考 题

11.1　摩擦力是否能做正功?举例说明。

11.2　一重为 **P** 的小球在粗糙水平面内作纯滚动,当运动一周时,重力、支承反力与摩擦力所做的功都为多少?

11.3　动能定理既适用于保守系统,也适用与非保守系统,而机械能守恒定律只适用于保守系统。对吗?

11.4　机车由静止到运动的过程中,作用在主动轮上向前的摩擦力做正功,是这样的吗?

11.5　刚体作平面运动的动能等于随任取基点平动的动能加上绕基点转动的动能之和吗?

11.6　3 个质量相同的质点,同时由点 A 以大小相同的初速度抛出,但其方向不相同,如图11.23所示。如不计空气阻力,这 3 个质点落到水平面H—H时,三者的速度大小是否相同?三者重力的功是否相等?三者重力的冲量是否相等?

11.7　甲、乙两人质量相同,沿绕过无重滑轮的细绳,由静止同时向上爬升,如图 11.24 所示。如甲比乙更努力上爬,问:

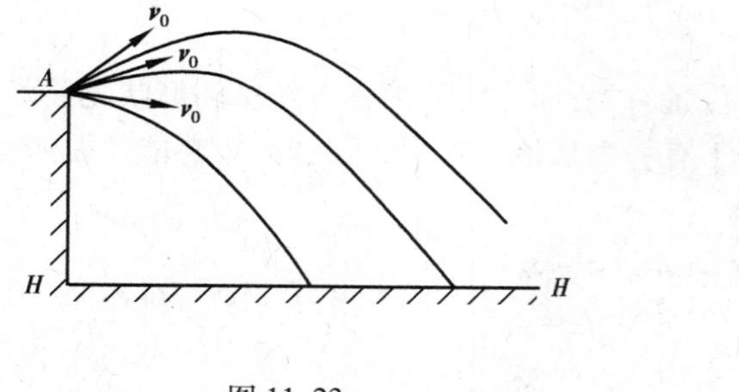

图 11.23

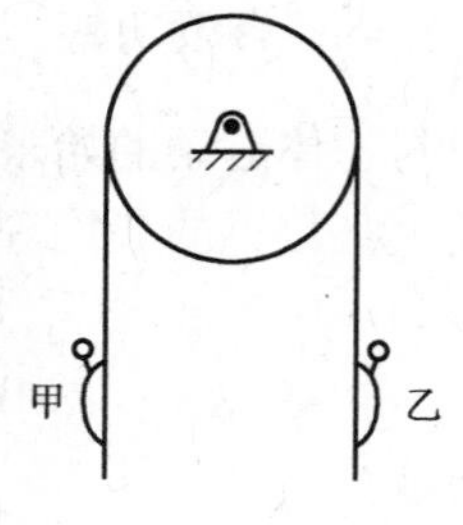

图 11.24

(1)谁先到达上端?

(2)谁的动能大?

(3)谁做的功多?

(4)如何对甲、乙两人分别运用动能定理?

11.8　总结质心在质点系动力学中有什么特殊意义?

11.9　两个均质圆盘,质量相等,半径不同,静止平放于光滑水平面上。如在此两个盘上

同时作用有相同的力偶，在下述情况下比较两盘的动量、动量矩和动能的大小。

(1)经过同样的时间间隔；

(2)转过同样的角度。

11.10　两个均质圆盘，质量相等，A 盘半径为 R，B 盘半径为 r，且 $R>r$。两盘由同一时刻，从同一高度无初速的沿完全相同的斜面在重力作用下向下作纯滚动。

(1)哪个圆盘先到达底部？

(2)比较这两个圆盘：

A. 由初始至到达底部，哪个盘受重力冲量较大？

B. 到达底部瞬时，哪个动量较大？

C. 到达底部瞬时，哪个动能较大？

D. 到达底部瞬时，哪个圆盘对质心的动量矩较大？

习　题

11.1　如图 11.25 所示，已知半径 $R=100$ mm，弹簧原长 $l=100$ mm，刚性系数 $k=4.9$ kN/m，一端固定；求弹簧的另一端由点 B 拉至点 A 和点 A 拉至点 D 时，弹簧力所做的功。

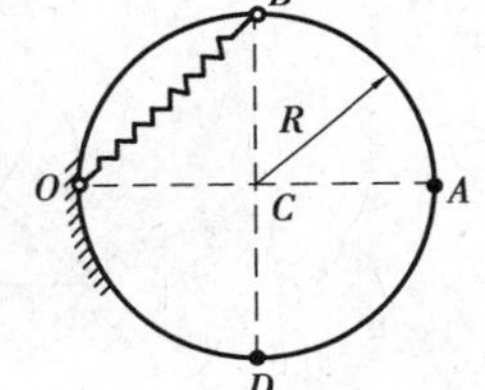

图 11.25

11.2　计算如图 11.26 所示各系统的动能。

(1)质量为 m，半径为 r 的均质圆盘在其自身平面内作平面运动。图示位置时，已知圆盘上 A、B 两点的速度方向如图示，B 点速度大小为 $\boldsymbol{v}_B$，$\theta=45°$(见图 11.26(a))。

(2)质量为 m_1 的均质杆 OA，一端铰接在质量为 m_2 的均质圆盘中心，另一端放在水平面上，圆盘在地面上作纯滚动，圆心速度为 $\boldsymbol{v}$(见图 11.26(b))。

(3)质量为 m 的均质细圆环，半径为 R，其上固结一个质量也为 m 的质点 A。细圆环在水平面上作纯滚动，图示瞬时角速度为 ω(见图 11.26(c))。

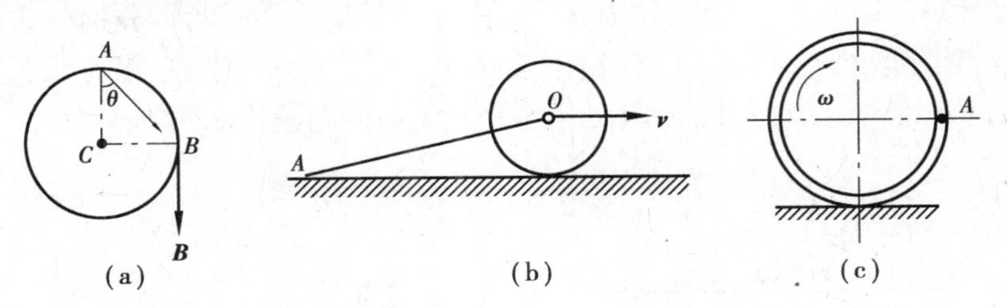

图 11.26

11.3　如图 11.27 所示，滑块 A 质量为 W_1，可在滑道内滑动，与滑块 A 用铰链连接的是质量为 W_2、长为 l 的匀质杆 AB。已知滑块沿滑道的速度为 $\boldsymbol{v}_1$，杆 AB 的角速度为 ω_1。当杆与铅垂线的夹角为 φ 时，求系统的动能。

11.4　如图 11.28 所示，已知滑块质量为 2 kg，绳子的拉力 $F_T=20$ N。求滑块由位置 A 至

B 时,重力与拉力所作的总功。

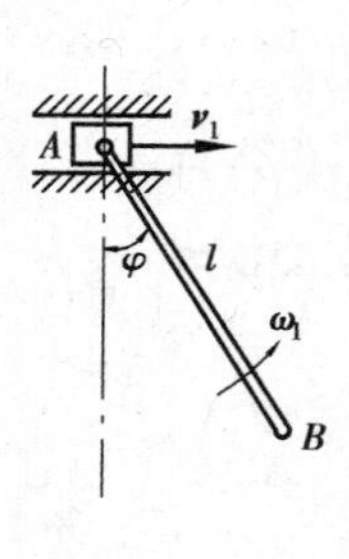

图 11.27

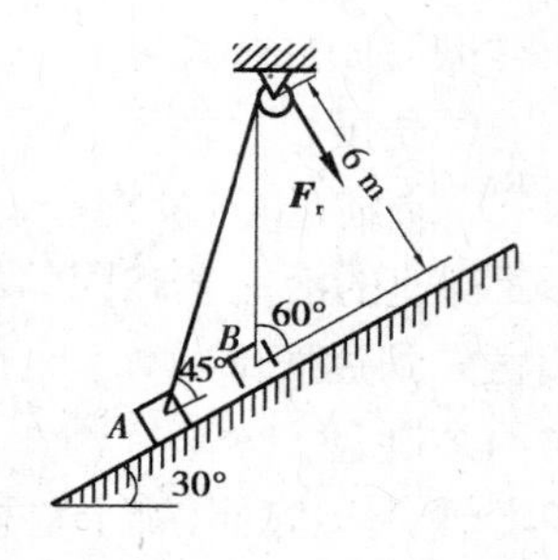

图 11.28

11.5　如图 11.29 所示,重力为 $\boldsymbol{F}_P$、半径为 r 的齿轮Ⅱ与半径为 $R=3r$ 的固定齿轮Ⅰ相啮合。齿轮Ⅱ通过匀质的曲柄 OC 带动而运动。曲柄的重力为 $\boldsymbol{F}_Q$,角速度为 ω,齿轮可视为匀质圆盘。试求行星齿轮机构的动能。

11.6　如图 11.30 所示,已知长为 l,质量为 m 的均质杆 OA 以球铰链 O 固定,并以等角速度 ω 绕铅直线转动,杆与铅直线的夹角为 θ。求杆的动能。

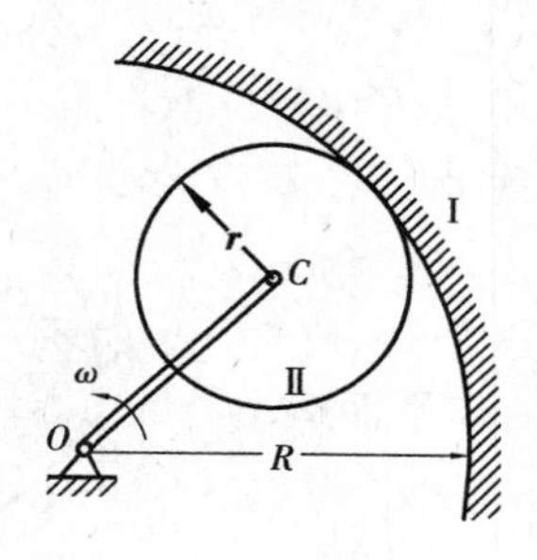

图 11.29

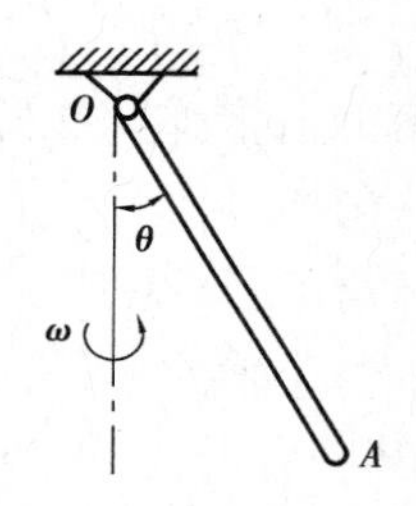

图 11.30

11.7　如图 11.31 所示,重物 A 质量为 m_1,当其下降时,借一无重且不可伸长的绳索使滚子 C 沿水平轨道滚动而不滑动。绳索跨过一不计质量的定滑轮 D 并绕在滑轮 B 上。滑轮 B 的半径为 R,与半径为 r 的滚子 C 固结,两者总质量为 m_2,其对 O 轴的回转半径为 ρ。试求重物 A 的加速度。

11.8　如图 11.32 所示的机构,均质杆 AB 长为 l,质量为 $2m$,两端分别与质量均为 m 的滑块铰接,两光滑直槽相互垂直。设弹簧刚度为 k,且当 $\theta=0°$时,弹簧为原长。若机构在 $\theta=60°$时无初速开始运动,试求当杆 AB 处于水平位置时的角速度和角加速度。

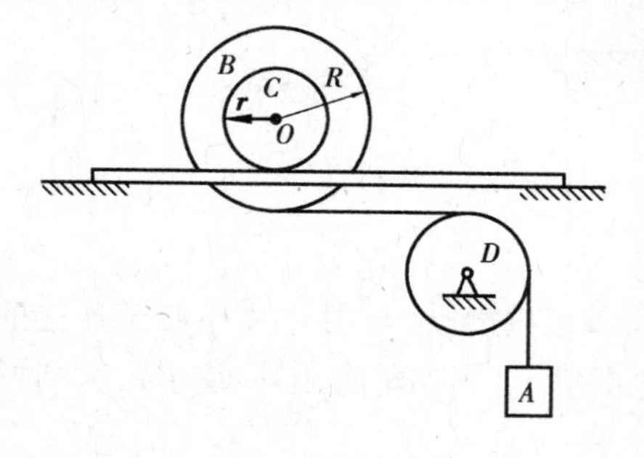

图 11.31

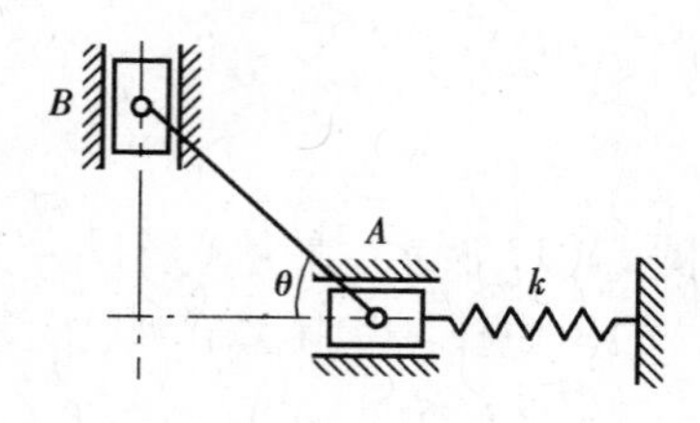

图 11.32

11.9　如图 11.33 所示,已知链条的质量为 m,长为 l,初始下垂长度为 a。不计摩擦,开始时静止。求链条离开桌面时的速度。

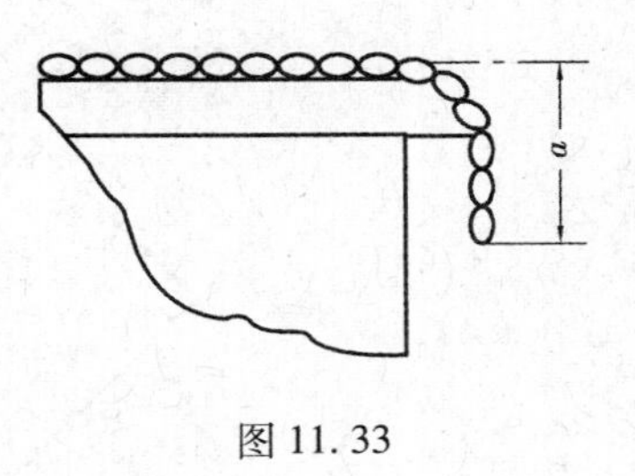

图 11.33

11.10　图 11.34(a)与图 11.34(b)分别为圆盘与圆环,二者质量均为 m,半径均为 r,均置于距地面为 h 的斜面上,斜面倾角为 θ,盘与环都从时间 $t=0$ 开始,在斜面上作纯滚动。分析圆盘与圆环哪一个先到达地面。

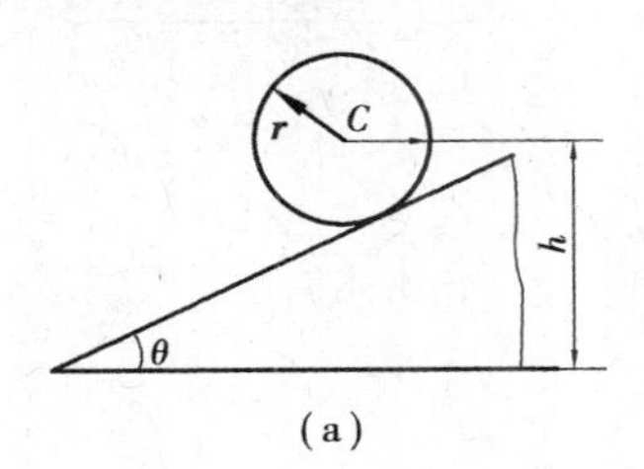

(a)

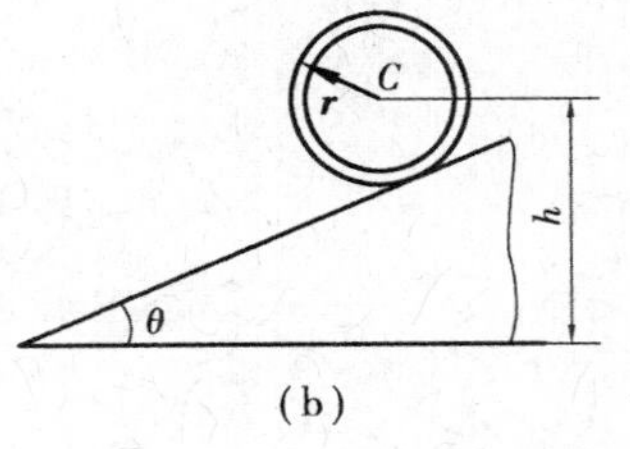

(b)

图 11.34

11.11　如图 11.35 所示,均质连杆 AB 质量为 4 kg,长 $l=600$ mm。均质圆盘质量为 6 kg,半径 $r=100$ mm。弹簧刚度为 $k=2$ N/mm,不计套筒 A 及弹簧的质量。如连杆在图示位置被无初速释放后,A 端沿光滑杆滑下,圆盘作纯滚动。求:(1)当 AB 达水平位置而接触弹簧时,圆盘与连杆的角速度;(2)弹簧的最大压缩量 δ。

11.12　如图 11.36 所示的机构,已知均质圆盘的质量为 m 、半径为 r,可沿水平面作纯滚动。刚性系数为 k 的弹簧一端固定于 B,另一端与圆盘中心 O 相连。运动开始时,弹簧处于原长,此时圆盘角速度为 ω。试求:(1)圆盘向右运动到达最右位置时,弹簧的伸长量;(2)圆盘到达最右位置时的角加速度 α 及圆盘与水平面间的摩擦力。

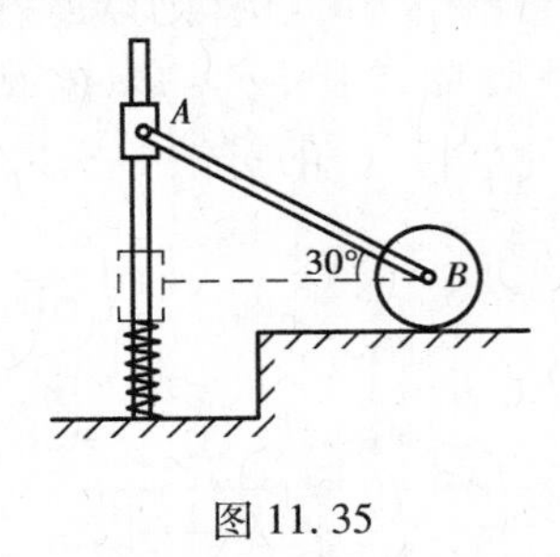

图 11.35

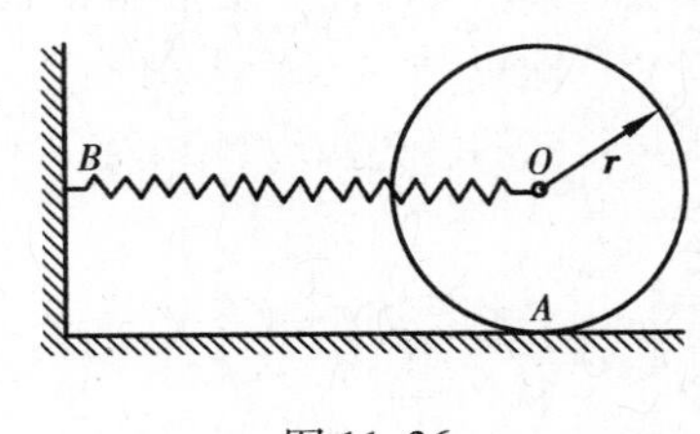

图 11.36

11.13　已知质量为 m,边长为 a 的均质正方形板,初始为静止状态,受某干扰后沿顺时针方向倒下。图 11.37(a)中,O 为光滑铰链;图 11.37(b)中,水平面光滑。求当 OA 边处于水平位置时方板的角速度。

11.14　如图 11.38 所示,已知均质圆轮半径为 r,质量为 m_1。重物质量为 m_2,力偶矩 M 为常量。重物与斜面间的摩擦系数为 f,初始静止。求圆轮转过角度 φ 时的角速度和角加速度。

11.15　匀质细长杆 AB 长为 l,质量为 m,B 端靠在光滑铅直墙上,A 端用铰链与圆柱的中心相连,如图 11.39 所示。圆柱质量为 M,半径为 r,从图示位置由静止开始沿水平面纯滚动。求 A 点在初瞬时的加速度。

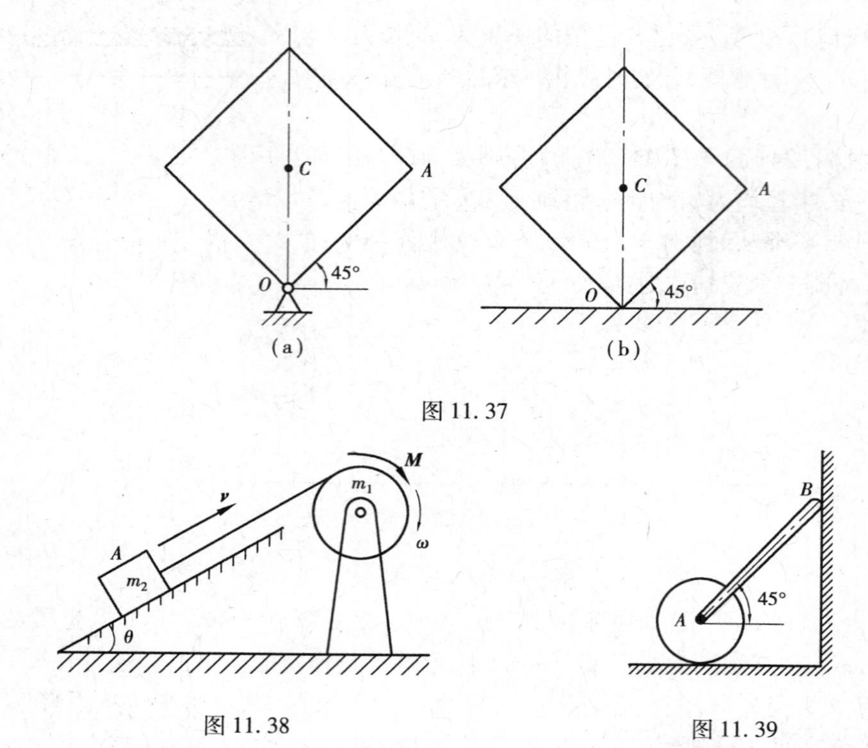

图 11.37

图 11.38

图 11.39

11.16　如图 11.40 所示，匀质圆盘的质量为 m_1、半径为 r，圆盘与处于水平位置的弹簧一端铰接且可绕固定轴 O 转动，以起吊重物 A。若重物 A 的质量为 m_2，弹簧刚度系数为 k。试求系统的固有频率。

11.17　测量机器功率的功率计，由胶带 $ACDB$ 和一杠杆 BOF 组成，如图 11.41 所示。胶带具有铅垂的两段 AC 和 DB，并套住受试验机器和滑轮 E 的下半部，杠杆则以刀口搁在支点 O 上，借升高或降低支点 O，可以变更胶带的拉力，同时变更胶带与滑轮间的摩擦力。在 F 处挂一重锤 P，杠杆 BF 即可处于水平平衡位置。若用来平衡胶带拉力的重锤的质量 $m=3$ kg，$l=500$ mm，试求发动机的转速 $n=240$ r/min 时发动机的功率。

图 11.40

图 11.41

综合问题习题

综.1　如图 11.42 所示，已知质量为 2 kg 的物块 A 在刚度系数为 $k=400$ N/m 的弹簧上静止，现将质量为 4 kg 的物块 B 无初速度地放在物块 A 上。求：(1) 弹簧对物块的最大作用力；(2) 两物块的最大速度。

综.2　如图 11.43 所示，匀质细长杆 AB，质量为 m，长度为 l，在铅垂位置由静止释放，借 A 端的滑轮沿倾斜角为 θ 的轨道滑下。不计摩擦和小滑轮的质量，试求刚释放时点 A 的加速度。

图 11.42　　　　图 11.43

综.3　如图 11.44 所示的机构，物块 A、B 的质量均为 m，两均质圆轮 C、D 的质量均为 $2m$，半径均为 R。C 轮铰接于无重悬臂梁 CK 上，D 为动滑轮，梁的长度为 $3R$，绳与轮间无滑动。系统由静止开始运动。求：(1) A 物块上升的加速度；(2) HE 段绳的拉力；(3) 固定端 K 处的约束反力。

综.4　如图 11.45 所示，已知光滑圆环半径为 R，滑块 M 质量为 m，滑块系在刚度系数为 k 的绳端 O 点。当滑块在点 O 时绳的张力为零，滑块从点 B 无初速地沿圆周滑下。求下滑速度 v 与 φ 角的关系和圆环的反力。

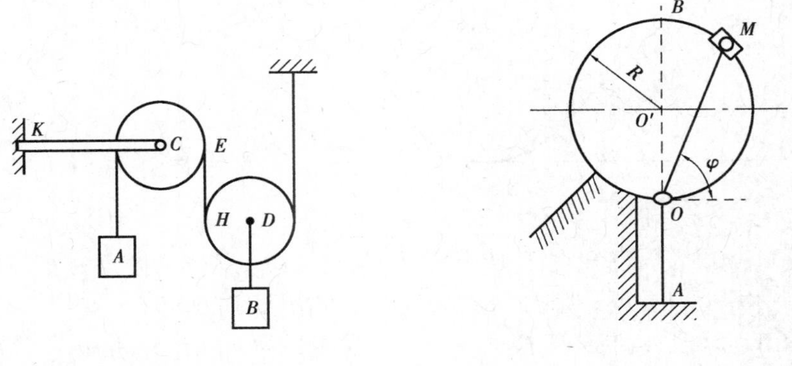

图 11.44　　　　图 11.45

综.5　如图 11.46 所示的机构，物体 A 质量为 m_1，放在光滑水平面上。均质圆盘 C、B 质量均为 m，半径均为 R，物块 D 质量为 m_2。不计绳的质量，设绳与滑轮之间无相对滑动，绳的 AE 段与水平面平行，系统由静止开始释放。试求物体 D 的加速度以及 BC 段绳的张力。

综.6　如图 11.47 所示，已知摆锤 M 质量为 $m=20$ kg，杆长 $l=1$ m，杆重不计，摆锤由最高位置 A 无初速地摆下。求：(1) 轴承反力与 φ 角的关系；(2) φ 等于多少时此杆受力最大或最小。

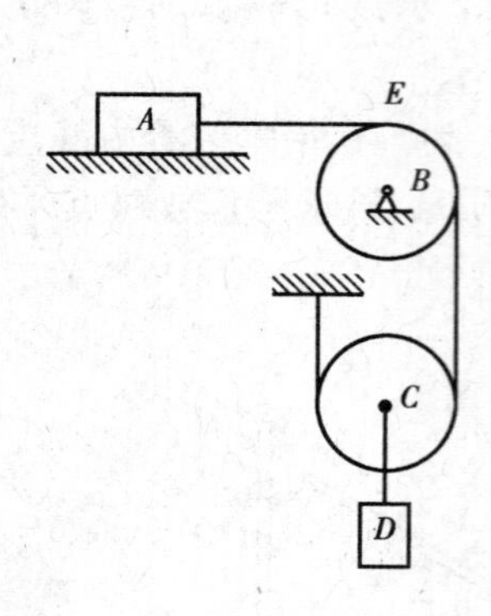

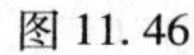
图 11.46

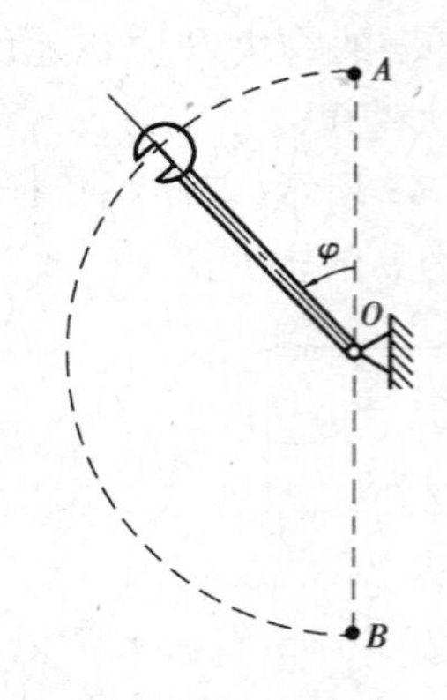

图 11.47

综.7　如图 11.48 所示，已知小球从点 A 沿光滑斜面无初速滑下，进入圆环轨道，圆环半径为 r，缺口处中心角为 2θ。求小球恰能越过缺口仍沿圆环运动的高度 h 及使高度 h 为最小的角度。

综.8　如图 11.49 所示，重物 M 的质量为 m，用线悬于固定点 O，线长为 l。起初线与铅直线交成 θ 角，重物初速等于零。重物运动后，线 OM 碰到铁钉 O_1，其位置由极坐标 $h=OO_1$ 和 β 角确定。铁钉和重物的尺寸忽略不计。问：θ 角至少应多大，重物可绕铁钉划过一圆周轨迹。并求线 OM 在碰到铁钉后和碰前瞬时张力的变化。

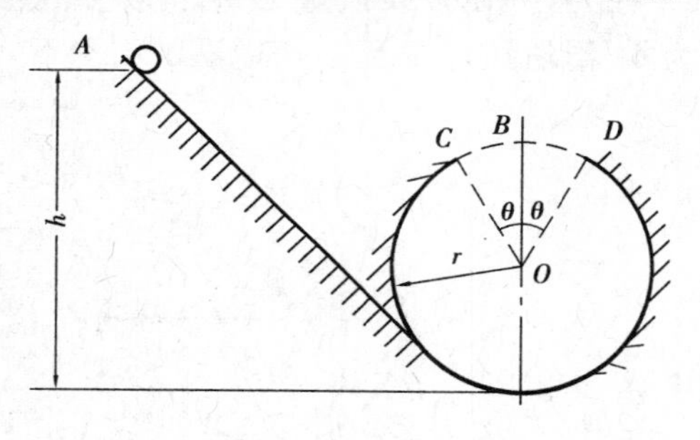

图 11.48

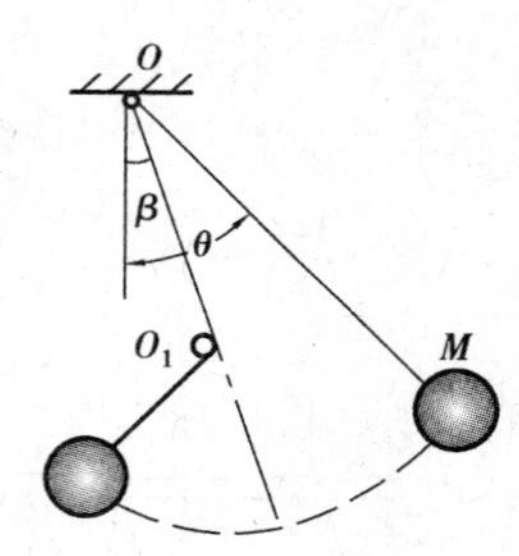

图 11.49

综.9　如图 11.50 所示，已知直杆 AB 质量为 m，楔块质量为 m_C，倾角为 θ。AB 杆垂直下降时，推动楔形块水平运动。不计摩擦，求楔形块 C 与 AB 杆的加速度。

综.10　如图 11.51 所示，已知三棱柱 A 和 B 的质量各为 m_1 与 m_2，角 θ，不计滑轮质量及摩擦。求物 A 沿斜面下滑时，三角块 D 对地板凸出部分 E 的水平压力。

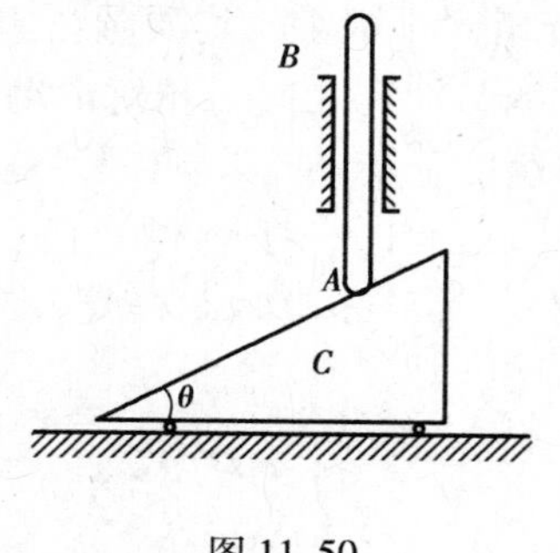

图 11.50

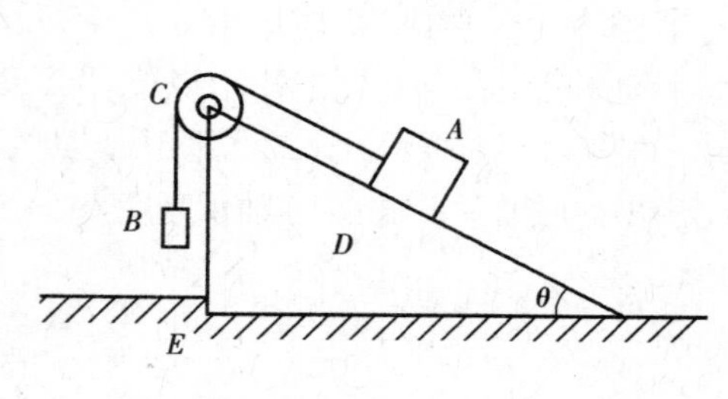

图 11.51

综. 11　如图 11.52 所示,质量为 15 kg 的细杆可绕轴转动,杆端 A 连接刚度系数为 k = 50 N/m的弹簧。弹簧另一端固结于 B 点,弹簧原长 1.5 m。试求杆从水平位置以初角速度 ω_0 = 0.1 rad/s 落到图示位置时的角速度。

综. 12　如图 11.53 所示,3 根匀质细杆 AB、BC、CA 的长均为 l,质量均为 m,铰接成一等边三角形,在铅垂平面内悬挂在固定铰接支座 A 上。在图示瞬时 C 处的铰链销钉突然脱落,系统由静止进入运动。试求销钉脱落的瞬时:(1)杆 AC 的角加速度 ε_{AC};(2)杆 BC、AB 的角加速度 ε_{AB}、ε_{BC}。

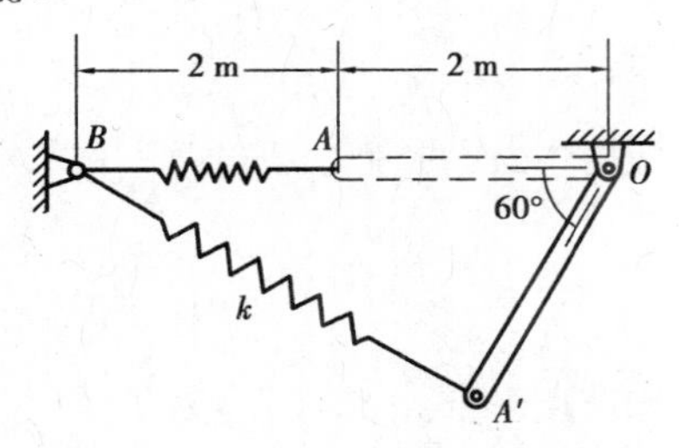

图 11.52

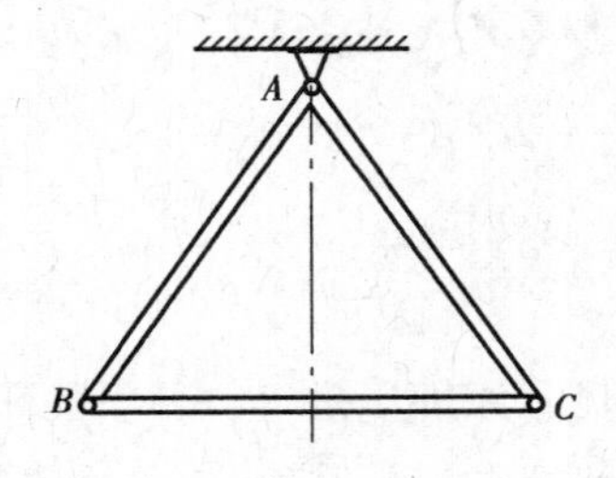

图 11.53

综. 13　如图 11.54 所示,已知原长为 l_0、刚度系数为 k 的弹簧两端各系以质量为 m_1 与 m_2 的重物 A 和 B,将弹簧拉长到 l 然后无初速释放。求当弹簧回到原长时重物 A 和 B 的速度。

综. 14　如图 11.55 所示,已知均质杆 AB 质量为 4 kg,用两条绳悬挂于水平位置。求 A 绳突然断开时,B 绳的张力。

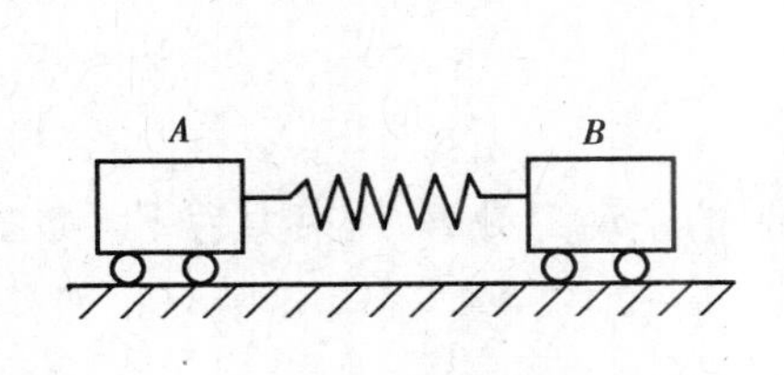

图 11.54

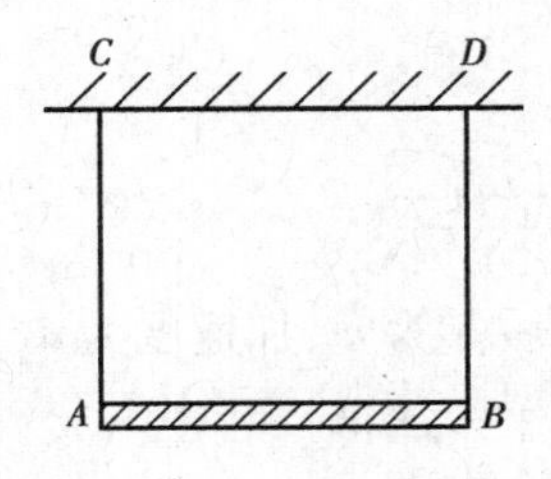

图 11.55

综. 15　如图 11.56 所示,已知质量为 m_1 的物体上刻有半径为 r 的半圆槽,初始静止。一质量为 m 的小球自 A 处无初速下滑,且 $m_1 = 3m$,不计摩擦。求小球滑到 B 处时相对于物体的速度及槽对小球的正压力。

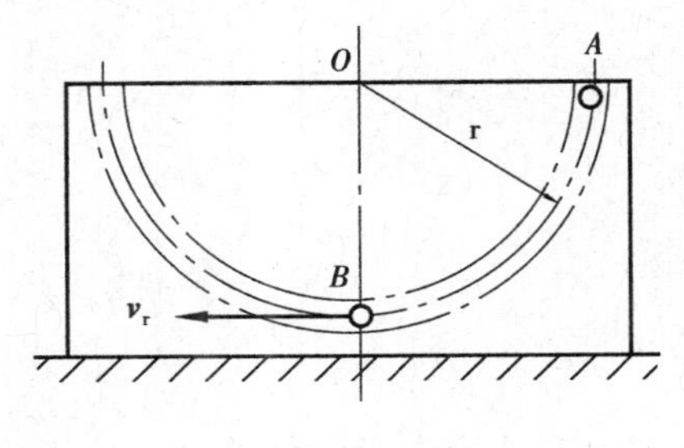

图 11.56

第 12 章

达朗贝尔原理(动静法)

达朗贝尔原理提供了一种新的研究动力学问题的普遍方法,即用静力学中研究平衡问题的方法来研究动力学问题,故又称之为**动静法**。

本章引入惯性力的概念,推出质点与质点系的达朗贝尔原理,给出刚体惯性力系的简化结果,用平衡方程的形式求解一些动力学问题。

12.1 惯性力·质点的达朗贝尔原理

12.1.1 惯性力

设一质点质量为 m,加速度为 $\boldsymbol{a}$,作用在质点上的主动力为 $\boldsymbol{F}$,约束力为 $\boldsymbol{F}_N$,如图 12.1 所示。由牛顿第二定律得

$$\boldsymbol{F} + \boldsymbol{F}_N = m\boldsymbol{a}$$

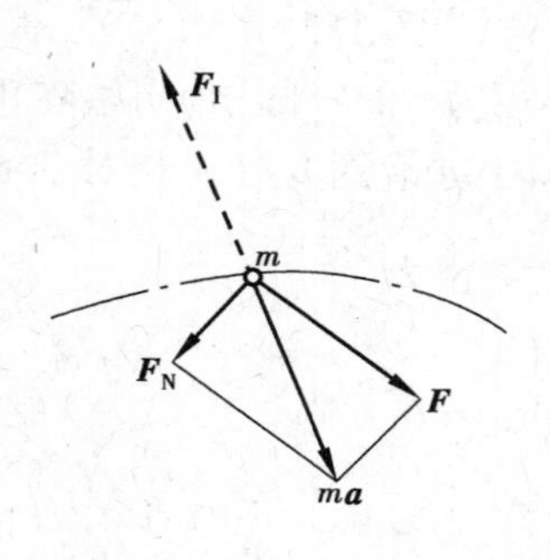

图 12.1

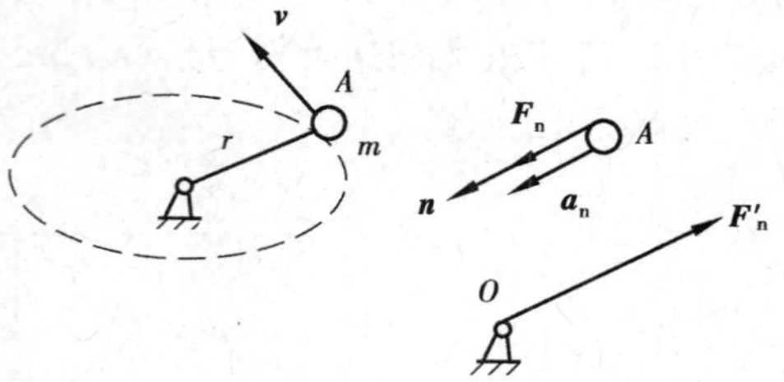

图 12.2

将上式移项写为

$$\boldsymbol{F} + \boldsymbol{F}_N - m\boldsymbol{a} = 0$$

令

$$\boldsymbol{F}_I = -m\boldsymbol{a} \tag{12.1}$$

则

$$\boldsymbol{F} + \boldsymbol{F}_{\mathrm{N}} + \boldsymbol{F}_{\mathrm{I}} = 0 \tag{12.2}$$

式中,$\boldsymbol{F}_{\mathrm{I}}$ 具有力的量纲,与质点的质量有关,称为质点的**惯性力**。当质点受到力的作用使其运动状态发生变化时,由于本身的惯性,对外界产生反作用力,抵抗运动的变化。这种抵抗力也就是质点的惯性力。可知,惯性力 $\boldsymbol{F}_{\mathrm{I}}$ 的大小等于质量与其加速度的乘积,方向与加速度方向相反,并作用在使此质点产生加速度的其他物体上。

例如,链球运动中,重球系在绳子的一端,在水平面内作圆周运动,如图 12.2 所示。设球的质量为 m,速度为 $\boldsymbol{v}$,圆的半径为 r。球受到链的拉力 $\boldsymbol{F}_{\mathrm{n}}$ 作用,引起的法向加速度始终指向圆心,大小为

$$a_{\mathrm{n}} = \frac{v^2}{r}$$

根据牛顿第二定律

$$\boldsymbol{F}_{\mathrm{n}} = m\boldsymbol{a}_{\mathrm{n}}$$

同时,由作用和反作用定律,球对链的反作用力为

$$\boldsymbol{F}'_{\mathrm{n}} = -\boldsymbol{F}_{\mathrm{n}} = -m\boldsymbol{a}_{\mathrm{n}}$$

力 $\boldsymbol{F}'_{\mathrm{n}}$是因为链要改变球的运动状态,由于球的惯性引起对链的抵抗力。因此力的方向总是沿法线离开中心,故称为离心力,也就是一种惯性力。应当注意,此力不是作用在球上,而是作用在链子上。

12.1.2　质点的达朗贝尔原理

式(12.2)表明,当非自由质点运动时,作用在质点上的主动力、约束力和虚加的惯性力**在形式上**组成平衡力系,这就是质点的**达朗贝尔原理**。

应该注意的是,作用在质点上的主动力、约束力和虚加的惯性力只是构成了假想的平衡关系,质点并非处于真正的平衡状态。这样做的目的是为了将动力学问题转化为静力学问题求解。因此,这种方法也称为动静法,在工程中应用比较广泛。

例 12.1　一圆锥摆,如图 12.3 所示。质量 $m=0.1$ kg 的小球系于长 $l=0.3$ m 的绳上,绳的另一端系在固定点 O,并与铅垂线成 $\theta=60°$角。如小球在水平面内作匀速圆周运动,求小球的速度与绳的张力。

解　视小球为质点,受到主动力 $m\boldsymbol{g}$ 和约束力 $\boldsymbol{F}_{\mathrm{T}}$ 作用。质点作匀速圆周运动,只有法向加速度。

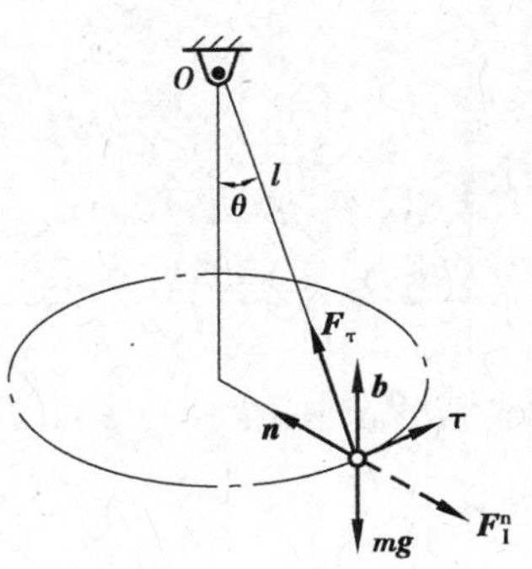

图 12.3

虚加法向惯性力,其大小为

$$F_{\mathrm{I}}^{\mathrm{n}} = ma_{\mathrm{n}} = m\frac{v^2}{l\sin\theta}$$

方向如图 12.3 所示。

根据质点的达朗贝尔原理,这 3 个力在形式上组成平衡力系,即

$$m\boldsymbol{g} + \boldsymbol{F}_{\mathrm{T}} + \boldsymbol{F}_{\mathrm{I}}^{\mathrm{n}} = 0$$

取上式在图示的自然轴上的投影式,有

$$\sum F_{\mathrm{b}} = 0, \qquad -mg + F_{\mathrm{T}}\cos\theta = 0$$

$$\sum F_{\mathrm{n}} = 0, \qquad F_{\mathrm{T}} \sin\theta - F_{\mathrm{I}}^{\mathrm{n}} = 0$$

解得

$$F_{\mathrm{T}} = \frac{mg}{\cos\theta} = 1.96\ \mathrm{N}, \quad v = \sqrt{\frac{F_{\mathrm{T}} l \sin^2\theta}{m}} = 2.1\ \mathrm{m/s}$$

12.2 质点系的达朗贝尔原理

设质点系由 n 个质点组成,其中任一质点 i 的质量为 m_i,加速度为 $\boldsymbol{a}_i$,作用在此质点上的主动力的合力为 $\boldsymbol{F}_i$,约束力的合力为 $\boldsymbol{F}_{\mathrm{N}i}$。对质点 i 虚加惯性力 $\boldsymbol{F}_{\mathrm{I}i} = -m_i\boldsymbol{a}_i$,则由质点的达朗贝尔原理,有

$$\boldsymbol{F}_i + \boldsymbol{F}_{\mathrm{N}i} + \boldsymbol{F}_{\mathrm{I}i} = 0 \qquad i = 1,2,\cdots,n \tag{12.3}$$

式(12.3)表明,质点系中每个质点上作用的主动力、约束力和虚加的惯性力在形式上组成平衡力系,这就是**质点系的达朗贝尔原理**。

把作用于第 i 个质点上的所有力分为外力的合力 $\boldsymbol{F}_i^{(e)}$,内力的合力 $\boldsymbol{F}_i^{(i)}$,则式(12.3)可改写为

$$\boldsymbol{F}_i^{(e)} + \boldsymbol{F}_i^{(i)} + \boldsymbol{F}_{\mathrm{I}i} = 0 \qquad i = 1,2,\cdots,n$$

这表明,质点系中每个质点上作用的外力、内力和虚加的惯性力在形式上也组成平衡力系。显然,对于由 n 个质点组成的质点系,这样的平衡力系共有 n 个,这 n 个平衡力系之和也是平衡力系。由静力学知,空间任意力系平衡的充分必要条件是力系的主矢以及力系对于任一点的主矩应为零,即

$$\sum \boldsymbol{F}_i^{(e)} + \sum \boldsymbol{F}_i^{(i)} + \sum \boldsymbol{F}_{\mathrm{I}i} = 0 \qquad i = 1,2,\cdots,n$$

$$\sum \boldsymbol{M}_O(\boldsymbol{F}_i^{(e)}) + \sum \boldsymbol{M}_O(\boldsymbol{F}_i^{(i)}) + \sum \boldsymbol{M}_O(\boldsymbol{F}_{\mathrm{I}i}) = 0 \qquad i = 1,2,\cdots,n$$

由于质点系的内力总是成对存在,且等值、反向、共线,因此有 $\sum \boldsymbol{F}_i^{(i)} = 0$ 和 $\sum \boldsymbol{M}_O(\boldsymbol{F}_i^{(i)}) = 0$,于是

$$\left.\begin{aligned} &\sum \boldsymbol{F}_i^{(e)} + \sum \boldsymbol{F}_{\mathrm{I}i} = 0 \\ &\sum \boldsymbol{M}_O(\boldsymbol{F}_i^{(e)}) + \sum \boldsymbol{M}_O(\boldsymbol{F}_{\mathrm{I}i}) = 0 \end{aligned}\right\} \qquad i = 1,2,\cdots,n \tag{12.4}$$

式(12.4)表明,作用在质点系上的所有外力与虚加在每个质点上的惯性力在形式上组成平衡力系,这是达朗贝尔原理的另一表述。

由于式(12.4)与静力学的平衡方程形式上相同,因此,静力学中关于平衡力系的一切陈述及求解方法都适用于质点系的达朗贝尔原理。应用时一般采用投影式,如对平面任意力系,有

$$\left.\begin{aligned} &\sum F_{ix}^{(e)} + \sum F_{\mathrm{I}ix} = 0 \\ &\sum F_{iy}^{(e)} + \sum F_{\mathrm{I}iy} = 0 \\ &\sum M_O(\boldsymbol{F}_i^{(e)}) + \sum M_O(\boldsymbol{F}_{\mathrm{I}i}) = 0 \end{aligned}\right\} \tag{12.5}$$

其矩心 O 可任意选取。同样,其投影式也可采用平面任意力系平衡方程的二矩式和三矩式来表述。

例12.2　飞轮质量为m,半径为R,以匀角速度ω绕定轴转动。设轮辐质量不计,质量均布在较薄的轮缘上,不考虑重力的影响,求轮辐横截面的张力。

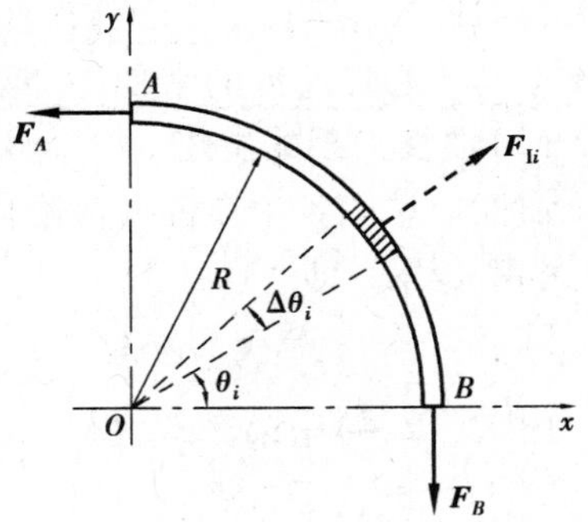

解　由于对称,取1/4轮辐为研究对象,如图12.4所示。取微小弧段,虚加惯性力$F_{Ii}=m_i a_i^n$,其大小为

$$F_{Ii}=m_i a_i^n=\frac{m}{2\pi R}R\Delta\theta_i\cdot R\omega^2$$

方向如图12.4所示。

图12.4

由质点系的达朗贝尔原理,有

$$\sum F_x=0,\qquad \sum F_{Ii}\cos\theta_i-F_A=0$$

$$\sum F_y=0,\qquad \sum F_{Ii}\sin\theta_i-F_B=0$$

令$\Delta\theta\to 0$,有

$$F_A=\int_0^{\frac{\pi}{2}}\frac{m}{2\pi}R\omega^2\cos\theta\mathrm{d}\theta=\frac{mR\omega^2}{2\pi}$$

$$F_B=\int_0^{\frac{\pi}{2}}\frac{m}{2\pi}R\omega^2\sin\theta\mathrm{d}\theta=\frac{mR\omega^2}{2\pi}$$

由于对称,任意截面张力相同。

12.3　刚体惯性力系的简化

根据上一节的分析,对质点系应用达朗贝尔原理时,需要对质点系中每一个质点虚加各自的惯性力,这些惯性力组成了一个力系,称为惯性力系。若质点系中质点的数目是有限的,可对每个质点逐个虚加惯性力。但对于刚体,由于其质点数目是无限的,因此,考虑对惯性力系进行简化,用简化的结果来等效代替刚体的惯性力系。这样将给用动静法求解质点系(尤其是刚体)动力学问题带来很多方便。

12.3.1　质点系惯性力系的主矢与主矩

由静力学的力系简化理论知,一力系向任意选定的简化中心简化,可得到一个作用在简化中心的力和一个力偶,这个力等于该力系的主矢,这个力偶矩等于该力系对于简化中心的主矩。一般情况下,主矢与简化中心无关,而主矩则随简化中心位置不同而改变。

(1)惯性力系的主矢

惯性力系中各个惯性力的矢量和称为惯性力系的主矢,用$\boldsymbol{F}_{IR}$表示。即

$$\boldsymbol{F}_{IR}=\sum\boldsymbol{F}_{Ii}=\sum(-m_i\boldsymbol{a}_i)=-\sum m_i\boldsymbol{a}_i$$

式中　m_i、$\boldsymbol{a}_i$——质点系中质点i的质量和加速度。

对于质量不变的质点系(如刚体),设其质量为M,质心C的加速度为$\boldsymbol{a}_C$。注意到$\sum m_i\boldsymbol{a}_i=M\boldsymbol{a}_C$,故上式改写为

$$\boldsymbol{F}_{IR}=-M\boldsymbol{a}_C\tag{12.6}$$

式(12.6)表明,无论刚体作什么运动,且无论向哪一点简化,惯性力系的主矢都等于刚体的质量与质心加速度的乘积,方向与质心加速度的方向相反。

(2)惯性力系的主矩

惯性力系中各个惯性力对简化中心 O(固定点)力矩的矢量和称为惯性力系对点 O 的主矩,用 $\boldsymbol{M}_{IO}$ 表示,即

$$\boldsymbol{M}_{IO} = \sum \boldsymbol{M}_O(\boldsymbol{F}_{Ii}) = \sum \boldsymbol{r}_i \times (-m_i \boldsymbol{a}_i) \tag{12.7}$$

由式(12.4)中第二式,得

$$\boldsymbol{M}_{IO} = -\sum \boldsymbol{M}_O(\boldsymbol{F}_i^{(e)})$$

比较上式与质点系对固定点的动量矩定理(见式(10.9)),得

$$\boldsymbol{M}_{IO} = -\frac{\mathrm{d}\boldsymbol{L}_O}{\mathrm{d}t} \tag{12.8}$$

式中,$\boldsymbol{L}_O = \sum \boldsymbol{r}_i \times (m_i \boldsymbol{v}_i)$ 为质点系对固定点 O 的动量矩。

式(12.8)表明,质点系惯性力系对固定点 O 的主矩等于质点系对点 O 的动量矩对时间的一阶导数并冠以负号。

考虑到质点系相对于质心的动量矩定理(见式(10.23))在形式上与质点系对固定点的动量矩定理完全一样,因此,当简化中心选质心 C 时,也应该有相似的结论,即

$$\boldsymbol{M}_{IC} = -\frac{\mathrm{d}\boldsymbol{L}_C}{\mathrm{d}t} \tag{12.9}$$

式(12.9)表明,质点系惯性力系对质心 C 的主矩等于质点系对质心 C 的动量矩对时间的一阶导数并冠以负号。可知,质点系的达朗贝尔原理与质心运动定理、动量矩定理在数学上具有某种等价性。

12.3.2 刚体惯性力系的简化

上述分析表明,无论刚体作什么运动,且无论向哪一点简化,惯性力系的主矢都等于刚体的质量与质心加速度的乘积,方向与质心加速度的方向相反。而惯性力系的主矩,不仅与简化中心位置有关,还与刚体的运动形式有关。所以下面针对刚体不同的运动形式分别讨论刚体惯性力系的简化。

(1)平面运动刚体(平行于质量对称平面)

由前面的分析可知,刚体作平面运动时,若将其惯性力系向质心 C 简化,得到一个作用在质心的惯性力和一个惯性力偶。该惯性力的大小和方向与惯性力系的主矢 $\boldsymbol{F}_{IR}$ 相同,该惯性力偶的力偶矩等于惯性力系对 C 点的主矩 $\boldsymbol{M}_{IC}$。它们可分别由式(12.6)与式(12.9)表示,即使

$$\boldsymbol{F}_{IR} = -M\boldsymbol{a}_C, \boldsymbol{M}_{IC} = -\frac{\mathrm{d}\boldsymbol{L}_C}{\mathrm{d}t} \tag{12.10}$$

工程实际中,作平面运动的刚体通常有质量对称面,且该对称面沿自身所在平面运动,此时 $\boldsymbol{L}_C = J_C\boldsymbol{\alpha}$。于是式(12.10)改写为

$$\left.\begin{aligned} \boldsymbol{F}_{IR} &= -M\boldsymbol{a}_C \\ \boldsymbol{M}_{IC} &= -J_C\boldsymbol{\alpha} \end{aligned}\right\} \tag{12.11}$$

式中　J_C——刚体对通过质心 C 且垂直于质量对称面的轴的转动惯量,如图12.5所示。

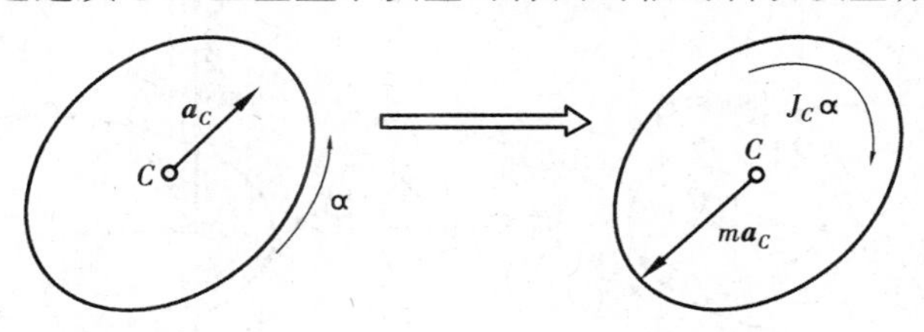

图12.5

由此得出结论:有质量对称平面的刚体,平行于此平面运动时,刚体的惯性力系可简化为在此平面内的一个力与一个力偶。这个力通过质心,其大小等于刚体质量与质心加速度的乘积,方向与质心加速度的方向相反;这个力偶的矩等于刚体对通过质心且垂直于质量对称面的轴的转动惯量与角加速度的乘积,转向与角加速度方向相反。

绕定轴转动和平动是平面运动的特殊情形。

(2)刚体绕定轴转动

绕定轴转动刚体质心 C 的加速度可分解为质心的法向加速度和切向加速度。作为平面运动的特例,其惯性力系向质心 C 的简化结果根据式(12.10)可写为

$$\left.\begin{aligned} \boldsymbol{F}_{\mathrm{IR}}^{\mathrm{n}} &= -M\boldsymbol{a}_C^{\mathrm{n}} \\ \boldsymbol{F}_{\mathrm{IR}}^{\tau} &= -M\boldsymbol{a}_C^{\tau} \\ \boldsymbol{M}_{\mathrm{I}C} &= -\frac{\mathrm{d}\boldsymbol{L}_C}{\mathrm{d}t} \end{aligned}\right\} \tag{12.12}$$

若定轴转动刚体具有质量对称平面,且转轴垂直于该质量对称面,则由式(12.11),得

$$\boldsymbol{M}_{\mathrm{I}C} = -J_C\boldsymbol{\alpha} \tag{12.13}$$

于是,惯性力系向质心 C 的简化结果为

$$\left.\begin{aligned} \boldsymbol{F}_{\mathrm{IR}}^{\mathrm{n}} &= -M\boldsymbol{a}_C^{\mathrm{n}} \\ \boldsymbol{F}_{\mathrm{IR}}^{\tau} &= -M\boldsymbol{a}_C^{\tau} \\ \boldsymbol{M}_{\mathrm{I}C} &= -J_C\boldsymbol{\alpha} \end{aligned}\right\} \tag{12.14}$$

如图12.6所示,若将图12.6(a)中的两个惯性力移至 O 轴,惯性力系的主矢不变,而 $\boldsymbol{F}_{\mathrm{IR}}^{\tau}$ 的平移产生附加力偶,则惯性力系对 O 轴的主矩为

$$\boldsymbol{M}_{\mathrm{I}O} = -J_C\boldsymbol{\alpha} - m\boldsymbol{a}_C^{\tau}\cdot\overline{OC} = -J_C\boldsymbol{\alpha} - m\cdot\overline{OC}^2\boldsymbol{\alpha} = -(J_C + m\cdot\overline{OC}^2)\boldsymbol{\alpha} = -J_O\boldsymbol{\alpha}$$

方向如图12.6(b)所示。

由此得出结论:当刚体有质量对称平面且绕垂直于此对称面的轴作定轴转动时,刚体的惯性力系向转轴与对称平面交点简化时,得位于此平面内的一个力与一个力偶。这个力大小等于刚体质量与质心加速度的乘积,方向与质心加速度的方向相反,作用线通过转轴;这个力偶的矩等于刚体对转轴的转动惯量与角加速度的乘积,转向与角加速度方向相反。

(3)刚体平动

刚体平动时惯性力系是均匀分布在体积内的平行力系,平动刚体对任意点的动量矩为

$$\boldsymbol{L}_O = \boldsymbol{r}_C \times m\boldsymbol{v}_C$$

显然,刚体平动时,惯性力系对任意点 O 的主矩一般不为零,但对质心的动量矩 $L_C \equiv 0$。因此,若选质心 C 为简化中心(见图12.7),则由式(12.9),得

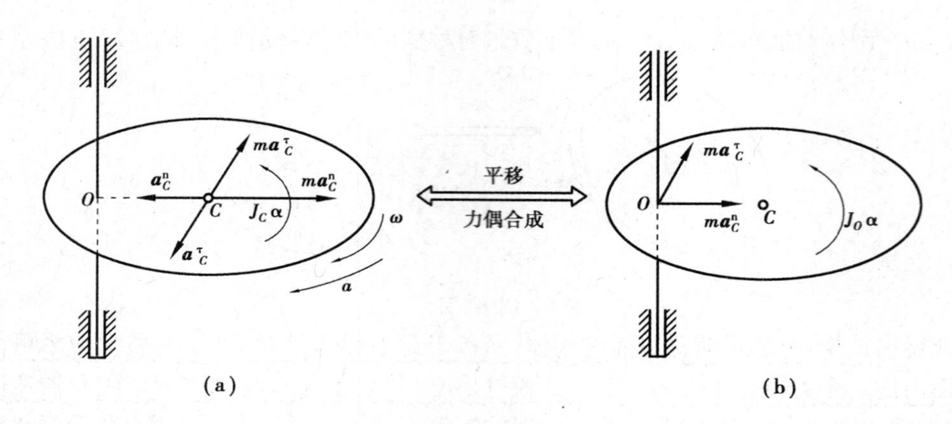

图 12.6

$$M_{IC} = 0$$

因此,刚体平动时,若选质心为简化中心,惯性力系的主矩为零,惯性力系简化为一合力,其大小、方向就等于惯性力系的主矢。

由此有结论:平动刚体的惯性力系可简化为通过质心的合力,其大小等于刚体的质量与质心加速度的乘积,方向与加速度方向相反。

例 12.3 如图 12.8(a)所示,均质杆的质量为 m,长为 l,绕定轴 O 转动的角速度为 ω,角加速度为 α。求惯性力系向点 O 简化的结果。

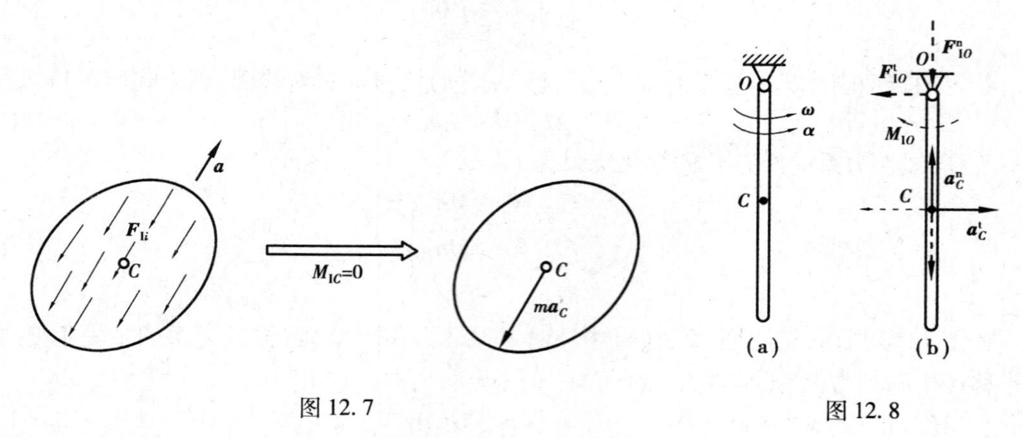

图 12.7　　　　图 12.8

解 该杆绕定轴转动,惯性力系向 O 点简化的主矢、主矩为

$$F_{IO}^t = ma_C^t = m \cdot \frac{l}{2}\alpha, F_{IO}^n = ma_C^n = m \cdot \frac{l}{2}\omega^2, M_{IO} = J_O\alpha = \frac{1}{3}ml^2\alpha$$

方向如图 12.8(b)所示。

例 12.4 如图 12.9 所示,已知均质细杆重为 P,杆长为 l,斜面倾角 $\varphi = 60°$。若杆与水平面夹角 $\theta = 30°$的瞬时,A 端的加速度为 $\boldsymbol{a}_A$,杆的角速度为零,角加速度为 α。求此瞬时杆上惯性力系的简化结果。

解 杆 AB 作平面运动,可将惯性力系向质心 C 简化。为此,需求质心 C 的加速度 $\boldsymbol{a}_C$。

以杆端点 A 为基点,则

$$\boldsymbol{a}_C = \boldsymbol{a}_A + \boldsymbol{a}_{CA}^n + \boldsymbol{a}_{CA}^t$$

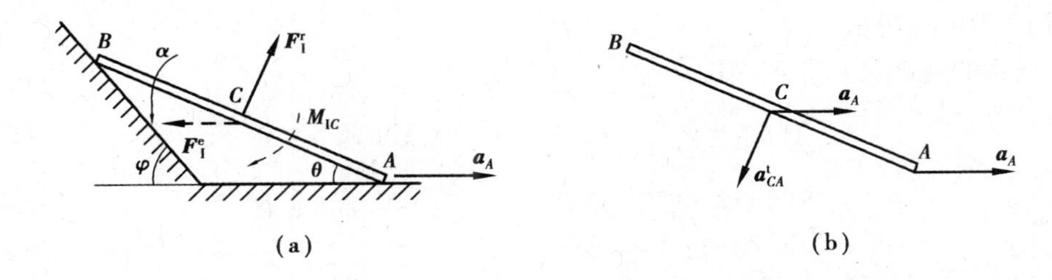

图12.9

式中，$a_{CA}^n=\frac{l}{2}\omega^2=0$，$a_{CA}^t=\frac{l}{2}\alpha$，方向如图12.9(b)所示。故

$$\boldsymbol{a}_C=\boldsymbol{a}_A+\boldsymbol{a}_{CA}^t$$

因此，此杆惯性力系向质心C简化的主矢和主矩分别为

$$\boldsymbol{F}_{IR}=\frac{P}{g}\boldsymbol{a}_C=\frac{P}{g}(\boldsymbol{a}_A+\boldsymbol{a}_{CA}^t)=\boldsymbol{F}_I^e+\boldsymbol{F}_I^r$$

$$M_{IC}=J_C\alpha=\frac{1}{12}\frac{P}{g}l^2\alpha$$

式中，$F_I^e=\frac{P}{g}a_A$，$F_I^r=\frac{P}{g}a_{CA}^t$，方向如图12.9(a)所示。

12.4　动静法的应用举例

用动静法求解动力学问题的关键，是正确地对研究对象虚加惯性力，这就要用到上一节所述的有关理论和公式。根据达朗贝尔原理，这些惯性力和实际作用在研究对象上的主动力和约束力构成虚拟的平衡力系。把研究对象"冻结"在该瞬时的位置上，应用静力学的平衡条件写出研究对象在此位置的动态平衡方程，再联立求解。

下面举例说明动静法的应用。

例12.5　如图12.10(a)所示，均质杆AB的质量$m=40$ kg，长$l=4$ m，A点以铰链连接于小车上，不计摩擦。求当小车以加速度$a=15$ m/s^{2}向左运动时，D处和铰A处的约束反力。

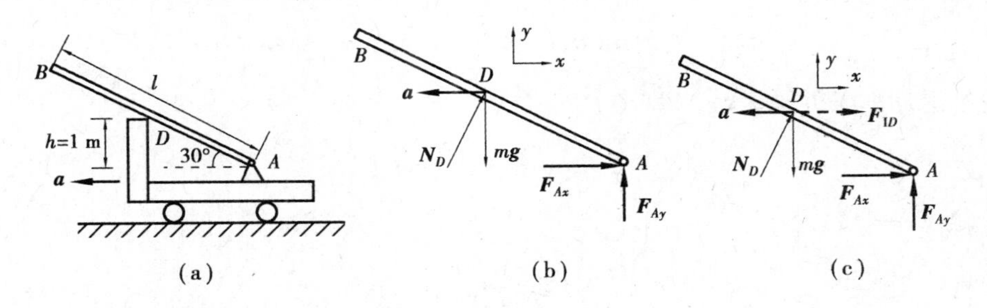

图12.10

解　以杆为研究对象，受力分析如图12.10(b)所示。杆作平动，加速度已知，则虚加的惯性力的大小为

$$F_{ID}=ma$$

方向如图12.10(c)所示。

由质点系的达朗贝尔原理,得

$$\sum F_x = 0 \qquad F_{Ax} + F_{ID} + N_D \sin 30° = 0$$

$$\sum F_y = 0 \qquad F_{Ay} + N_D \cos 30° - mg = 0$$

$$\sum M_A(\boldsymbol{F}) = 0 \qquad mg\frac{l}{2}\cos 30° - N_D\frac{l}{2} - F_{ID}\frac{l}{2}\sin 30° = 0$$

联立求解,得

$$F_{Ax} = -617.9\ \text{N}, F_{Ay} = 357.82\ \text{N}, N_D = 39.47\ \text{N}$$

例12.6 重为P、半径为r的均质圆轮沿倾角为α的斜面向下滚动,如图12.11(a)所示。求轮心C的加速度以及使得圆轮不滑动的最小摩擦系数。

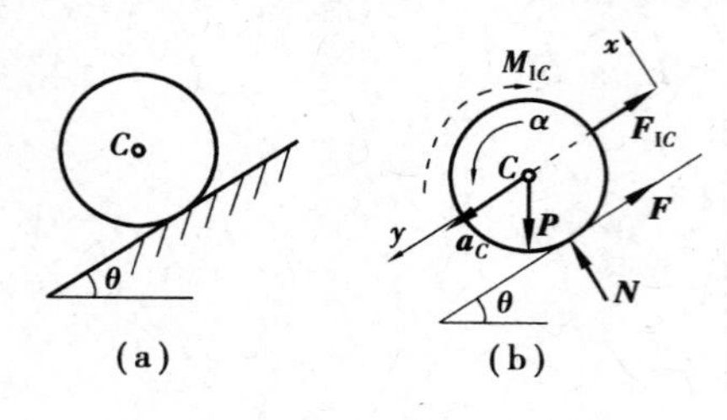

图12.11

解 以圆轮为研究对象,受力分析如图12.11(b)所示。圆轮作平面运动,轮心作直线运动。建立如图12.11所示坐标系,假设轮心加速度为$\boldsymbol{a}_C$,圆轮角加速度为α,则

$$a_C = r\alpha$$

因此,虚加的惯性力和惯性力偶大小分别为

$$F_{IC} = ma_C = \frac{P}{g}r\alpha$$

$$M_{IC} = J_C\alpha = \frac{P}{2g}r^2\alpha$$

方向如图12.11所示。

由质点系的达朗贝尔原理,得

$$\sum F_x = 0 \qquad N - P\cos\theta = 0$$

$$\sum F_y = 0 \qquad P\sin\theta - F - F_{IC} = 0$$

$$\sum M_C(\boldsymbol{F}) = 0 \qquad Fr - M_{IC} = 0$$

联立求解,得

$$a_C = \frac{2}{3}g\sin\theta, F = \frac{P}{3}\sin\theta, N = P\cos\theta$$

圆轮不滑动的条件是$F \leqslant fN$,即

$$\frac{P}{3}\sin\theta \leqslant f \cdot P\cos\theta$$

由此解得

$$f \geqslant \frac{1}{3}\tan\theta$$

因此,使得圆轮不滑动的最小摩擦系数为

$$f_{\min} = \frac{1}{3}\tan\alpha$$

例12.7 如图12.12所示,均质杆AB长为l,重为W,B端与重为G、半径为r的均质圆轮

铰接。今在圆轮上作用一力偶矩 M,借助于细绳提升重为 P 的重物 C。试求固定端 A 的约束反力。

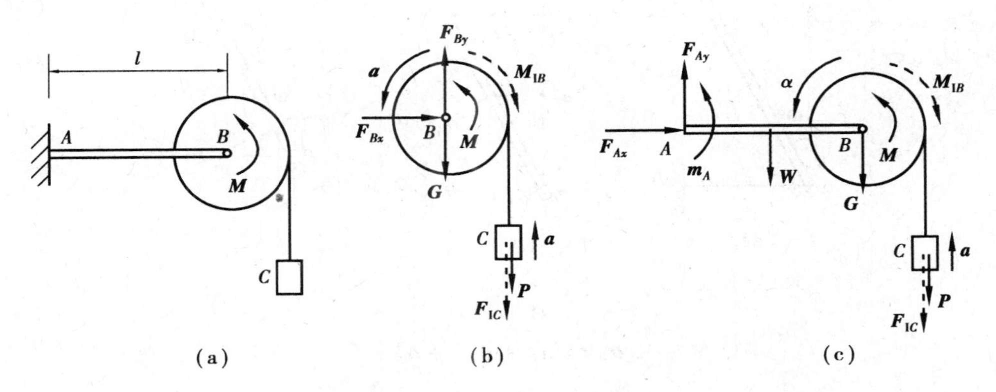

图 12.12

解　先以轮和重物为研究对象,受力分析如图 12.12(b)所示。轮绕定轴转动,假设其角加速度为 α;重物作平动,假设其加速度为 $\boldsymbol{a}$。则对轮和重物虚加的惯性力分别为

$$M_{IB} = J_B\alpha = \frac{1}{2}\frac{G}{g}r^2\frac{a}{r} = \frac{Gr}{2g}a, F_{IC} = \frac{P}{g}a$$

方向如图 12.12(b)所示。

由质点系的达朗贝尔原理,得

$$\sum M_B(\boldsymbol{F}_i) = 0 \qquad M - M_{IB} - r(P + F_{IC}) = 0$$

得

$$a = \frac{2(M - rP)}{r(G + 2P)}g$$

再以整体为研究对象,承受的力及虚加的惯性力如图 12.12(c)所示。根据质点系的达朗贝尔原理,有

$$\sum F_x = 0 \qquad F_{Ax} = 0$$

$$\sum F_y = 0 \qquad F_{Ay} - W - G - P - F_{IC} = 0$$

$$\sum M_A(\boldsymbol{F}_i) = 0 \qquad m_A - W\frac{l}{2} - Gl + M - M_{IB} - (P + F_{IC})(l + r) = 0$$

联立求解,得

$$F_{Ay} = W + G + P + \frac{2(M - rP)}{r(G + 2P)}P$$

$$m_A = l(\frac{W}{2} + G) - M + \frac{(M - rP)}{(G + 2P)}G + (l + r)\frac{rG + 2M}{r(G + 2P)}P$$

例 12.8　如图 12.13 所示,均质杆的质量为 m,长为 $2l$,一端放在光滑地面上,并用两软绳支持。求当 BD 绳切断的瞬时,B 点的加速度、AE 绳的拉力及地面的反力。

解　绳切断的瞬时,以 AB 杆为研究对象。杆 AB 作平面运动,切断绳的瞬时,杆角速度 $\omega = 0$。

以 B 点为基点,则 C 点的加速度

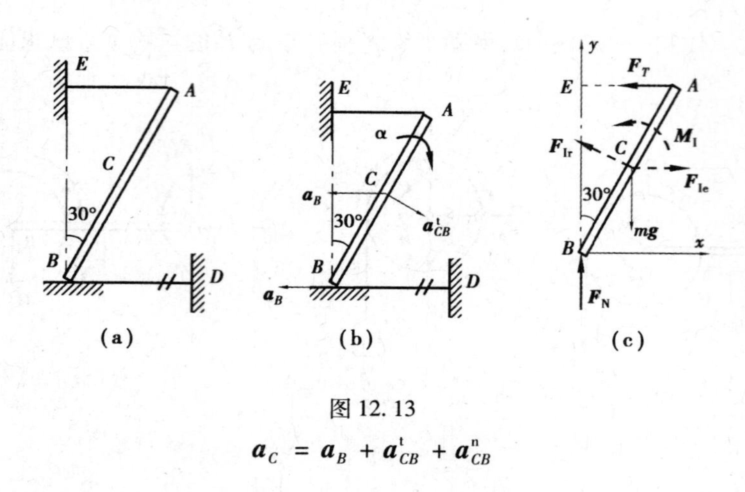

图 12.13

$$\boldsymbol{a}_C = \boldsymbol{a}_B + \boldsymbol{a}^{\mathrm{t}}_{CB} + \boldsymbol{a}^{\mathrm{n}}_{CB}$$

式中

$$a^{\mathrm{t}}_{CB} = l\alpha, a^{\mathrm{n}}_{CB} = l\omega^2 = 0。$$

故

$$\boldsymbol{a}_C = \boldsymbol{a}_B + \boldsymbol{a}^{\mathrm{t}}_{CB}$$

此杆惯性力系向质心 C 简化的主矢和主矩分别为

$$\boldsymbol{F}_{\mathrm{I}} = \boldsymbol{F}_{\mathrm{Ie}} + \boldsymbol{F}_{\mathrm{Ir}}, M_{\mathrm{I}} = J_C\alpha = \frac{1}{12}m(2l)^2\alpha = \frac{1}{3}ml^2\alpha$$

式中　$F_{\mathrm{Ie}} = ma_B, F_{\mathrm{Ir}} = ma^{\mathrm{t}}_{CB} = m\alpha l$ 方向如图 12.13(c)所示。

建立如图 12.13(c)所示坐标系，AB 杆承受的力及虚加的惯性力如图所示。由质点系的达朗贝尔原理，得

$$\sum F_x = 0 \qquad -F_{\mathrm{T}} + F_{\mathrm{Ie}} - F_{\mathrm{Ir}}\cos 30^\circ = 0$$

$$\sum F_y = 0 \qquad F_{\mathrm{N}} + F_{\mathrm{Ir}}\sin 30^\circ - mg = 0$$

$$\sum M_C(\boldsymbol{F}_i) = 0 \qquad F_{\mathrm{T}}l\cos 30^\circ - F_{\mathrm{N}}l\sin 30^\circ + M_{\mathrm{I}} = 0$$

即

$$-F_{\mathrm{T}} + ma_B - ml\alpha\cos 30^\circ = 0 \tag{a}$$

$$F_{\mathrm{N}} + ml\alpha\sin 30^\circ - mg = 0 \tag{b}$$

$$F_{\mathrm{T}}l\cos 30^\circ - F_{\mathrm{N}}l\sin 30^\circ + \frac{1}{3}ml^2\alpha = 0 \tag{c}$$

上述 3 个平衡方程中，包含 F_{T}、F_{N}、a_B、α 4 个未知量。因此，该问题的求解，还需要根据运动学知识寻求 a_B、α 之间的关系。

以 B 为基点，则 A 点的加速度为

$$\boldsymbol{a}^{\mathrm{t}}_A + \boldsymbol{a}^{\mathrm{n}}_A = \boldsymbol{a}_B + \boldsymbol{a}^{\mathrm{t}}_{AB} + \boldsymbol{a}^{\mathrm{n}}_{AB}$$

注意到 $a^{\mathrm{n}}_A = \dfrac{v_A^2}{AE} = 0, \alpha^{\mathrm{n}}_{AB} = 2l\omega^2 = 0$，所以

$$\boldsymbol{a}^{\mathrm{t}}_A = \boldsymbol{a}_B + \boldsymbol{a}^{\mathrm{t}}_{AB}$$

将上式投影到 x 轴，得

$$0 = -a_B + a^{\mathrm{t}}_{AB}\cos 30^\circ$$

$$a_B = 2l\alpha \cos 30° \tag{d}$$

联立求解式(a)—式(d),得

$$a_B = \frac{3}{4}g \sin 2 \cdot 30° = \frac{3\sqrt{3}}{8}g, \alpha = \frac{a_B}{2l \cos 30°} = \frac{3g}{8l}$$

$$F_{\mathrm{T}} = \frac{1}{2}ma_B = \frac{3\sqrt{3}}{16}mg,\ F_{\mathrm{N}} = mg - \frac{1}{2}ma_B \tan 30° = \frac{13}{16}mg$$

由以上例题的分析求解可归纳出应用达朗贝尔原理(动静法)求解动力学问题的基本步骤如下:

①根据题意,选取研究对象,画分离体图。

②分析研究对象所受的主动力和约束反力,画受力图。其中,约束反力通常是待求的未知量。

③分析研究对象的运动情况,确定各组成部分的加速度和角加速度。如果加速度或角加速度是未知量,则可根据运动情况,假设其方向。

④对研究对象虚加惯性力。如果研究对象是刚体,则应按其运动形式的不同,虚加相应惯性力系的简化结果。这里特别要注意惯性力系主矢和主矩的符号问题。为计算方便,加惯性力时,主矢和主矩的方向在受力分析图上最好与加速度和角加速度反向,而列出的惯性力的表达式只表示大小,在列写平衡方程时,按图示方向考虑正负即可,而不用再加负号。

⑤根据达朗贝尔原理,主动力系、约束反力系及惯性力系组成一个平衡力系,通过静力学平衡方程即可求解未知量。

显然,除了需要分析运动和虚加惯性力,应用达朗贝尔原理(动静法)求解动力学问题的步骤与静力学中平衡问题的求解完全类似。

12.5　绕定轴转动刚体的轴承动反力

机器或机械中转动的零部件,由于制造或安装的误差,或其他一些不可避免的因素,转动时轴承处将产生附加动反力。这会引起振动,影响机器或机械的平稳运行和正常工作,甚至造成破坏。因此,研究出现附加动反力的原因和避免出现附加动反力的条件,以此来达到消除或减小附加动反力,从而保证机器或机械正常工作,具有非常重要的实际意义。

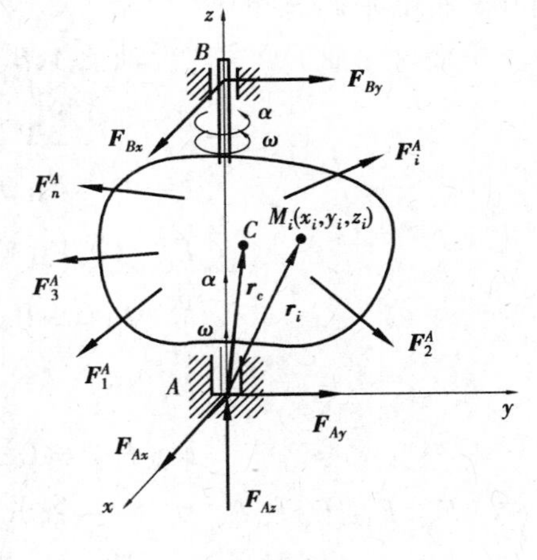

图12.14

设任一刚体在主动力 $\boldsymbol{F}_1^A,\boldsymbol{F}_2^A,\cdots,\boldsymbol{F}_n^A$ 的作用下绕固定轴 z 转动,某瞬时其角速度和角加速度分别为 ω 和 α。建立如图12.14所示的固定直角坐标系 $Axyz$,并沿 x,y,z 轴的正向取单位矢 $\boldsymbol{i},\boldsymbol{j},\boldsymbol{k}$。刚体中任一质量为 m_i 的质点 M_i 相对于点 A 的位置矢径为 $\boldsymbol{r}_i$,位置坐标为(x_i,y_i,z_i),则有 $\boldsymbol{r}_i = x_i\boldsymbol{i} + y_i\boldsymbol{j} + z_i\boldsymbol{k}$。

由运动学知，质点 M_i 的速度 $\boldsymbol{v}_i$ 和加速度 $\boldsymbol{a}_i$ 为

$$\boldsymbol{v}_i = \boldsymbol{\omega} \times \boldsymbol{r}_i = \omega \boldsymbol{k} \times (x_i \boldsymbol{i} + y_i \boldsymbol{j} + z_i \boldsymbol{k}) = \omega(-y_i \boldsymbol{i} + x_i \boldsymbol{j})$$

$$\begin{aligned} \boldsymbol{a}_i &= \boldsymbol{\alpha} \times \boldsymbol{r}_i + \boldsymbol{\omega} \times \boldsymbol{v}_i \\ &= \alpha \boldsymbol{k} \times (x_i \boldsymbol{i} + y_i \boldsymbol{j} + z_i \boldsymbol{k}) + \omega \boldsymbol{k} \times \omega(-y_i \boldsymbol{i} + x_i \boldsymbol{j}) \\ &= -(\omega^2 x_i + \alpha y_i)\boldsymbol{i} + (\alpha x_i - \omega^2 y_i)\boldsymbol{j} \end{aligned}$$

各质点 M_i 的惯性力 $\boldsymbol{F}_{\mathrm{I}i} = -m_i \boldsymbol{a}_i$ 构成一任意的空间惯性力系。下面讨论刚体惯性力系的简化。

以 A 点为简化中心，将刚体的惯性力系向 A 点简化，分别求其主矢 $\boldsymbol{F}_{\mathrm{IR}}$ 和主矩 $\boldsymbol{M}_{\mathrm{I}A}$。惯性力系的主矢为

$$\begin{aligned} \boldsymbol{F}_{\mathrm{IR}} &= \sum \boldsymbol{F}_{\mathrm{I}i} = \sum(-m_i \boldsymbol{a}_i) = -m \boldsymbol{a}_C \\ &= m(\omega^2 x_C + \alpha y_C)\boldsymbol{i} + m(-\alpha x_C + \omega^2 y_C)\boldsymbol{j} \end{aligned} \tag{12.15}$$

式中 $m = \sum m_i$——刚体的质量；

(x_C, y_C)——质心的位置坐标。

惯性力系的主矩为

$$\begin{aligned} \boldsymbol{M}_{\mathrm{I}A} &= \sum \boldsymbol{M}_A(\boldsymbol{F}_{\mathrm{I}i}) = \sum \boldsymbol{r}_i \times \boldsymbol{F}_{\mathrm{I}i} = -\sum \boldsymbol{r}_i \times m_i \boldsymbol{a}_i \\ &= -\sum \begin{vmatrix} \boldsymbol{i} & \boldsymbol{j} & \boldsymbol{k} \\ x_i & y_i & z_i \\ -m_i(\omega^2 x_i + \alpha y_i)\boldsymbol{i} & m_i(\alpha x_i - \omega^2 y_i) & 0 \end{vmatrix} \\ &= \sum [m_i(\alpha x_i z_i - \omega^2 y_i z_i)\boldsymbol{i} + m_i(\omega^2 x_i z_i + \alpha y_i z_i)\boldsymbol{j} - m_i(x_i^2 + y_i^2)\alpha \boldsymbol{k}] \end{aligned}$$

或

$$\boldsymbol{M}_{\mathrm{I}A} = \sum [(J_{xz}\alpha - J_{yz}\omega^2)\boldsymbol{i} + (J_{xz}\omega^2 + J_{yz}\alpha)\boldsymbol{j} - J_z \alpha \boldsymbol{k}] \tag{12.16}$$

式中，$J_z = \sum m_i(x_i^2 + y_i^2)$ 为刚体对 z 轴的转动惯量，而 $J_{xz} = \sum m_i x_i z_i$，$J_{yz} = \sum m_i y_i z_i$ 分别是刚体对 x、z 轴和对 y、z 轴的惯性积。

下面讨论轴承反力。设轴承 A、B 的距离为 l，根据动静法，列平衡方程，有

$$\left.\begin{aligned} &\sum F_{ix} = 0, F_{Ax} + F_{Bx} + F_{\mathrm{IR}x} + \sum F_{ix}^A = 0 \\ &\sum F_{iy} = 0, F_{Ay} + F_{By} + F_{\mathrm{IR}y} + \sum F_{iy}^A = 0 \\ &\sum F_{iz} = 0, F_{Az} + \sum F_{iz}^A = 0 \\ &\sum M_x(\boldsymbol{F}_i) = 0, -F_{By}l + M_{\mathrm{I}Ax} + \sum M_x(\boldsymbol{F}_i^A) = 0 \\ &\sum M_y(\boldsymbol{F}_i) = 0, F_{Bx}l + M_{\mathrm{I}Ay} + \sum M_y(\boldsymbol{F}_i^A) = 0 \\ &\sum M_z(\boldsymbol{F}_i) = 0, M_{\mathrm{I}Az} + \sum M_z(\boldsymbol{F}_i^A) = 0 \end{aligned}\right\} \tag{12.17}$$

式中 F_{Ax}, F_{Ay}, F_{Az} 及 F_{Bx}, F_{By}——轴承 A，B 处的约束反力；

$F_{\mathrm{IR}x}, F_{\mathrm{IR}y}$ 及 $M_{\mathrm{I}Ax}, M_{\mathrm{I}Ay}, M_{\mathrm{I}Az}$——惯性力系向 A 点简化的主矢 $\boldsymbol{F}_{\mathrm{IR}}$ 和 $\boldsymbol{M}_{\mathrm{I}A}$ 在 x, y, z 轴上的投影；

$\sum F_{ix}^A, \sum F_{iy}^A, \sum F_{iz}^A$——主动力系在 x, y, z 轴上投影的代数和；

$\sum M_x(\boldsymbol{F}_i^A),\sum M_y(\boldsymbol{F}_i^A),\sum M_z(\boldsymbol{F}_i^A)$——主动力系对 x,y,z 轴的力矩的代数和。

由式(12.17)最后一个方程可得刚体的定轴转动微分方程,而由前5个方程解得轴承反力为

$$\left.\begin{aligned} F_{Ax} &= -\left[\sum F_{ix}^A - \frac{1}{l}\sum M_y(\boldsymbol{F}_i^A)\right] - \left(F_{IRx} - \frac{1}{l}M_{IAy}\right) \\ F_{Ay} &= -\left[\sum F_{iy}^A + \frac{1}{l}\sum M_x(\boldsymbol{F}_i^A)\right] - \left(F_{IRy} + \frac{1}{l}M_{IAx}\right) \\ F_{Az} &= -\sum F_{iz}^A \\ F_{Bx} &= -\frac{1}{l}\left[M_{IAy} + \sum M_y(\boldsymbol{F}_i^A)\right] \\ F_{By} &= \frac{1}{l}\left[M_{IAx} + \sum M_x(\boldsymbol{F}_i^A)\right] \end{aligned}\right\} \tag{12.18}$$

可知,轴承处的反力由两部分组成,第1部分是由主动力引起的,称为**静反力**;第2部分是由惯性力引起的,称为**附加动反力**。

要消除附加动反力,必须有

$$F_{IRx} = F_{IRy} = 0, M_{IAx} = M_{IAy} = 0$$

即有

$$F_{IRx} = m(\omega^2 x_C + \alpha y_C) = 0, F_{IRy} = m(-\alpha x_C + \omega^2 y_C) = 0$$

$$M_{IAx} = J_{xz}\alpha - J_{yz}\omega^2 = 0, M_{IAy} = J_{xz}\omega^2 + J_{yz}\alpha = 0$$

但由于刚体转动时,一般 $\omega\neq0,\alpha\neq0$,因此只有

$$x_C = y_C = 0, J_{xz} = J_{yz} = 0$$

由此可知,刚体绕定轴转动时,避免出现轴承附加动反力的条件是:转轴通过刚体的质心,且刚体对转轴的惯性积等于零,即转动轴必须是刚体的中心惯性主轴。

如果转动刚体的轴通过刚体质心,且刚体除重力外,没有受到其他主动力作用,则不论刚体位置如何,总能平衡,这种现象称为**静平衡**。如果转动轴是中心惯性主轴,则刚体转动时不出现轴承附加动反力,这种现象称为**动平衡**。显然,要满足动平衡条件,必须首先满足静平衡条件,而满足静平衡条件,却不一定能满足动平衡条件。

事实上,由于材料的不均匀或由于制造、安装误差等原因,都可能使定轴转动刚体的转轴偏离中心惯性主轴。为了避免出现轴承附加动反力,确保机器运行安全可靠,对于高速转动的刚体,通常都在安装好之后,用动平衡机进行动平衡试验,并根据试验结果,在刚体的适当位置附加或去掉一些质量,使其达到动平衡。

例12.9　如图12.15所示,轮盘(连同轴)的质量 $m=20$ kg,转轴 AB 与轮盘的质量对称面垂直,但轮盘的中心 C 不在转轴上,偏心距 $e=0.1$ mm。当轮盘以匀转速 $n=12\ 000$ r/min 转动时,求轴承 A、B 的约束力。

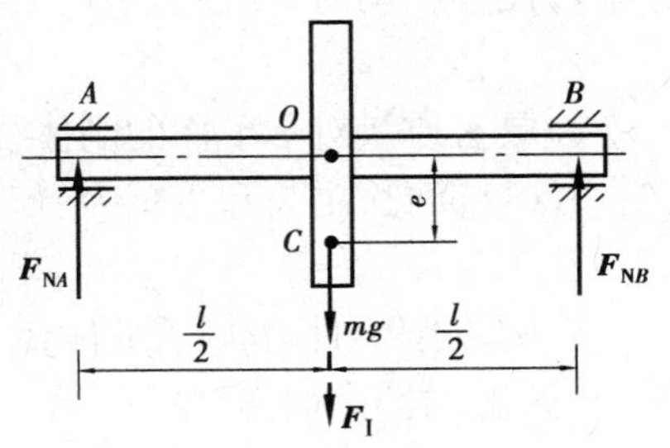

图12.15

解　由于转轴 AB 与轮盘的质量对称面垂直,因此转轴 AB 为惯性主轴,即对此轴的惯性积为零。又由于是匀速转动,故惯性力矩均为零。取此刚体为研究对象,当重心 C 位于最下端时,轴承处约束力最大,受力

分析如图。由于轮盘匀速转动,质心 C 只有法向加速度

$$a_n = e\omega^2 = e\left(\frac{\pi n}{30}\right)^2 = 158\ \mathrm{m/s^2}$$

故惯性力大小为

$$F_I^n = ma_n = 3\ 160\ \mathrm{N}$$

方向如图 12.15 所示。

由质点系的动静法,列平衡方程,可得

$$F_{NA} = F_{NB} = \frac{1}{2}(mg + F_I^n) = 1\ 680\ \mathrm{N}$$

其中,轴承附加动反力为$\frac{1}{2}F_I^n = 1\ 580\ \mathrm{N}$。可知,在高速转动下,0.1 mm 的偏心距所引起的轴承附加动反力远大于静约束力$\frac{1}{2}mg = 98\ \mathrm{N}$。而且,转速越高,偏心距越大,轴承附加动反力越大,这势必加快轴承磨损,甚至引起轴承破坏。同时,轴承附加动反力的大小和方向随刚体旋转而发生周期性变化,因而势必引起机器的振动与噪声,这同样会加速轴承磨损与破坏。因此,必须尽量减小与消除偏心距。

小　结

1. 设质点的质量为 m,加速度为 $\boldsymbol{a}$,则质点的惯性力定义为

$$\boldsymbol{F}_I = -m\boldsymbol{a}$$

2. 质点的达朗贝尔原理:作用在质点上的主动力 $\boldsymbol{F}$、约束力 $\boldsymbol{F}_N$ 和虚加的惯性力 $\boldsymbol{F}_I$ 在形式上组成平衡力系,即

$$\boldsymbol{F} + \boldsymbol{F}_N + \boldsymbol{F}_I = 0$$

3. 质点系的达朗贝尔原理:作用在质点系上的所有外力与虚加在每个质点上的惯性力在形式上组成平衡力系,即

$$\left.\begin{aligned} \sum \boldsymbol{F}_i^{(e)} + \sum \boldsymbol{F}_{Ii} = 0 \\ \sum \boldsymbol{M}_O(\boldsymbol{F}_i^{(e)}) + \sum \boldsymbol{M}_O(\boldsymbol{F}_{Ii}) = 0 \end{aligned}\right\}$$

4. 惯性力系的简化结果

(1)刚体平动时,惯性力系向质心 C 简化,主矢和主矩为

$$\boldsymbol{F}_{IR} = -m\boldsymbol{a}_C, \boldsymbol{M}_{IC} = 0$$

(2)具有质量对称平面的刚体绕定轴转动,且转轴与质量对称平面垂直时,惯性力系向转轴上一点 O 简化,主矢和主矩为

$$\boldsymbol{F}_{IR} = -m\boldsymbol{a}_C, M_{IO} = -J_O\alpha$$

(3)刚体作平面运动,若此刚体有一质量对称平面且此平面作同一平面运动,惯性力系向质心 C 简化,主矢和主矩为

$$\boldsymbol{F}_{IR} = -m\boldsymbol{a}_C, M_{IC} = -J_C\alpha$$

5. 刚体绕定轴转动,消除附加动反力的条件是此转轴通过刚体的质心,且刚体对转轴的惯

性积等于零,即转动轴必须是刚体的中心惯性主轴。质心在转轴上,刚体可在任意位置静止不动,称为静平衡;转轴为中心惯性主轴,不出现轴承附加动反力,称为动平衡。

思考题

12.1　应用动静法时,对静止的物体是否需要加惯性力?对运动着的质点是否都需要加惯性力?

12.2　质点在空中运动,只受重力作用,当质点作自由落体运动、质点被上抛、质点从楼顶水平弹出时,质点惯性力的大小方向是否相同?

12.3　运动的质点是否都有惯性力?

12.4　质点的惯性力不是它本身受到的作用力,其施力物是质点本身。这说法对吗?

12.5　当刚体作平动时,因为刚体的角加速度恒为零,角速度也恒为零,所有惯性系的主矩恒为零。这说法对吗?

12.6　高速旋转的飞轮,是否只要有偏心就一定会产生动反力?

12.7　只要转轴通过质心,这定轴转动刚体的轴承上就一定不受附加动反压力的作用。对吗?

12.8　如图12.16所示,均质的滑轮对轴 O 的转动惯量为 J_O,重物质量为 m,拉力为 $\boldsymbol{F}$,绳与轮间不打滑。当重物以等速 $\boldsymbol{v}$ 上升或下降,以加速度 $\boldsymbol{a}$ 上升或下降时,轮两边的拉力是否相同?

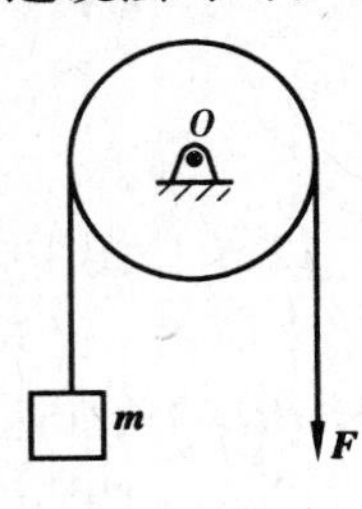

图12.16

习　题

12.1　如图12.17所示,直角形刚性弯杆 OAB,由 OA 与 AB 固结而成。其中 $OA=R$,$AB=2R$,AB 杆的质量为 m,OA 杆的质量不计,图示瞬时杆绕轴 O 转动的角速度与角加速度分别为 ω 与 α。求均质杆 AB 的惯性力系向点 O 简化的结果(方向在图上画出)。

12.2　如图12.18所示,半径为 R 的圆环在水平面内绕通过环上一点 O 的铅垂轴以角速度 ω、角加速度 α 转动。环内有一质量为 m 的光滑小球 M,图示瞬时(θ 为已知)有相对速度 $\boldsymbol{v}_r$(方向见图12.18)。求此瞬时小球的科氏惯性力和牵连惯性力(方向在图上画出)。

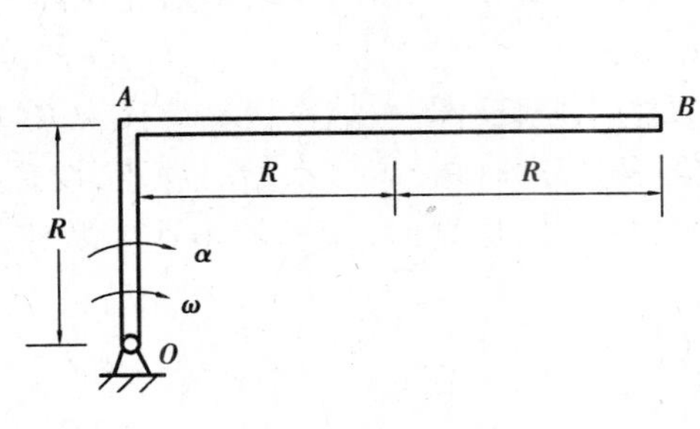

图12.17

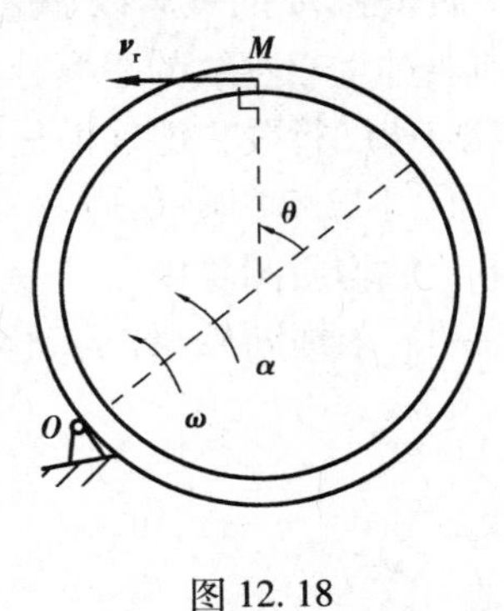

图12.18

12.3　杆 OA 长为 l，质量为 m，用绳索悬挂于如图 12.19 所示位置。求将绳索剪断的瞬时，杆的角加速度及轴 O 的反力。

12.4　由相互铰接的水平臂连成的传送带，将圆柱形零件从一高度传送到另一个高度，如图 12.20 所示。设零件与臂之间的摩擦系数 $f_s = 0.2$。求：(1)降落加速度 $\boldsymbol{a}$ 为多大时，零件不致在水平臂上滑动；(2)比值 h / d 等于多少时，零件在滑动之前先倾倒。

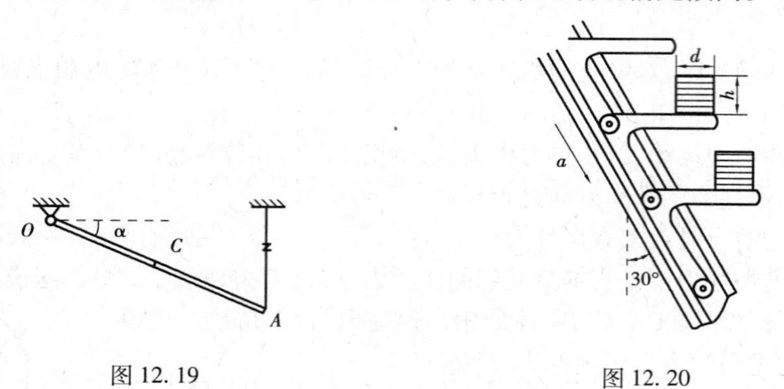

图 12.19　　　　图 12.20

12.5　如图 12.21 所示系统位于铅直面内，由两相同的均质细杆铰接而成，D 端搁在光滑的水平面上。已知杆长均为 l，质量均为 m，不计滑道摩擦，杆 AB 铅直。求 $\theta = 60^\circ$ 开始运动瞬时杆 BD 的角加速度和 D 处的反力。

12.6　如图 12.22 所示，内侧光滑的圆环在水平面内绕过点 O 的铅垂轴转动，均质细杆的 A 端与圆环铰接，B 端压在环上。已知环的内半径为 r，杆长 $l = \sqrt{2}r$，质量为 m。试求当角速度为 ω，角加速度为 α 的瞬时，杆上 A、B 两点在水平面内的反力。

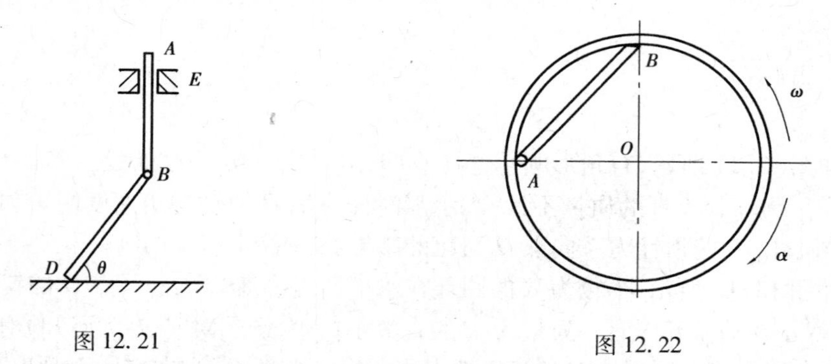

图 12.21　　　　图 12.22

12.7　质量为 m 的汽车以加速度 $\boldsymbol{a}$ 作水平直线运动。汽车重心 G 离地面高度为 h，汽车的前后轴到通过重心垂线的距离分别为 c 与 b，如图 12.23 所示。求其前后轮正压力，并求汽车以多大的加速度行驶方能使前后轮正压力相等。

12.8　如图 12.24 所示，质量为 m，长为 $2l$ 的均质杆 AB，一端铰接在半径为 $R(R = l)$，质量可忽略不计的均质圆轮中心 A，另一端用细绳悬挂于水平位置。初始时静止，设轮在水平轨道上作纯滚动。求绳断后，杆运动至与水平线成 45°角位置时，滚轮的角速度及铰处 A 的约束力。

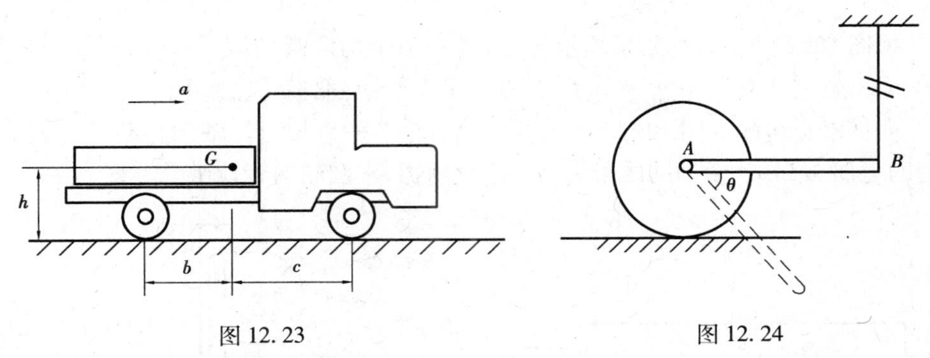

图12.23　　　　图12.24

12.9　如图12.25所示,曲柄OA质量为m_1,长为r,以等角速度ω绕水平的O轴反时针方向转动。曲柄的A端推动水平板B,使质量为m_2的滑杆C沿铅直方向运动。不计摩擦,求当曲柄与水平方向夹角为30°时的力偶矩M及轴承O的反力。

12.10　如图12.26所示,轮A置于小车B上,用细绳水平拉轮A。已知轮和小车的质量均为m,回转半径$\rho=\dfrac{2}{3}R$,$r=\dfrac{1}{2}R$,以及A与B间的摩擦系数f。若不计车轮的质量,求轮A在小车B上作纯滚动的条件。

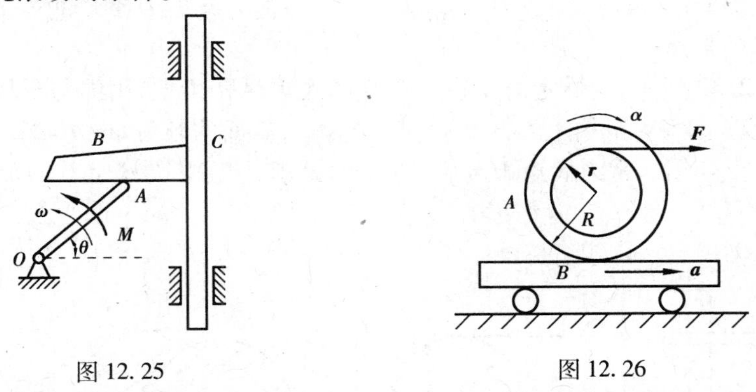

图12.25　　　　图12.26

12.11　圆柱形滚子质量为20 kg,其上绕有细绳,绳沿水平方向拉出,跨过无重滑轮B系有质量为10 kg的重物A,如图12.27所示。若滚子沿水平面只滚不滑,求滚子中心C的加速度。

12.12　如图12.28所示,一质量为m的单摆,其支点固定于一圆轮的中心O,圆轮则放在一粗糙的水平面上。设圆轮的质量为m_1,可视为匀质圆盘。求在图示位置无初速地开始运动时轮心的加速度。

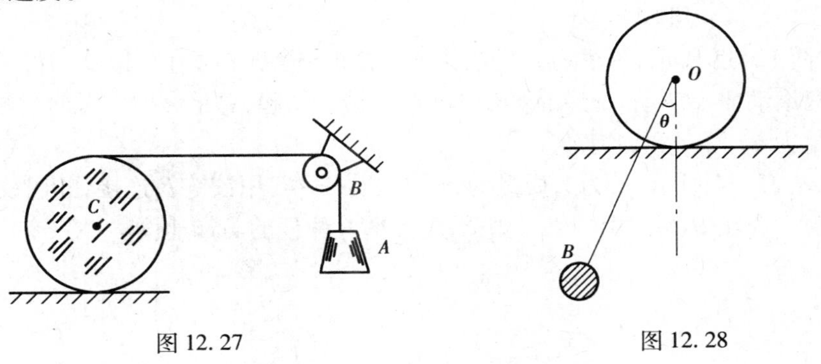

图12.27　　　　图12.28

12.13　如图12.29所示，均质板质量为m，放在两个均质圆柱滚子上，滚子质量皆为$\frac{m}{2}$，其半径均为r。今在板上作用一水平力$\boldsymbol{F}$，并设滚子无滑动，求板的加速度。

12.14　曲柄滑道机构如图12.30所示。已知圆轮半径为r，对转轴的转动惯量为J，轮上作用一不变的力偶M，ABD滑槽的质量为m。不计摩擦，求圆轮的转动微分方程。

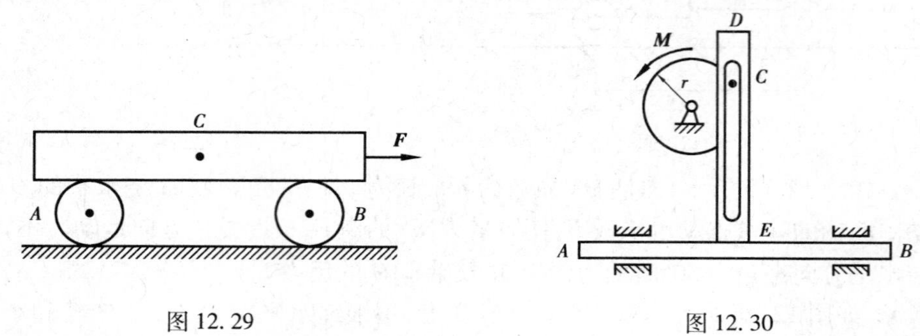

图12.29　　　　图12.30

12.15　如图12.31所示，均质圆轮沿水平面作纯滚动，用无重水平刚杆AB与滑块B相连，又通过定滑轮O与重物C相连。已知半径为R的轮A、轮O与滑块B均重Q，重物C重$2Q$。滑块B与水平面间的动摩擦因数为f，轮O上作用一常力偶矩为M。试求系统开始运动的瞬时：(1)重物C的加速度；(2)杆AB的内力。

12.16　如图12.32所示，均质定滑轮装在铅直的无重悬臂梁上，用绳与滑块连接。已知轮半径$r=1$ m，重$Q=20$ kN，滑块重$P=10$ kN，梁长为$2r$，斜面的倾角$\tan\theta=3/4$，动摩擦因数$f'=0.1$。若在轮O上作用一常力偶矩$M=10$ kN·m，试求：(1)滑块B上升的加速度；(2)支座A处的反力。

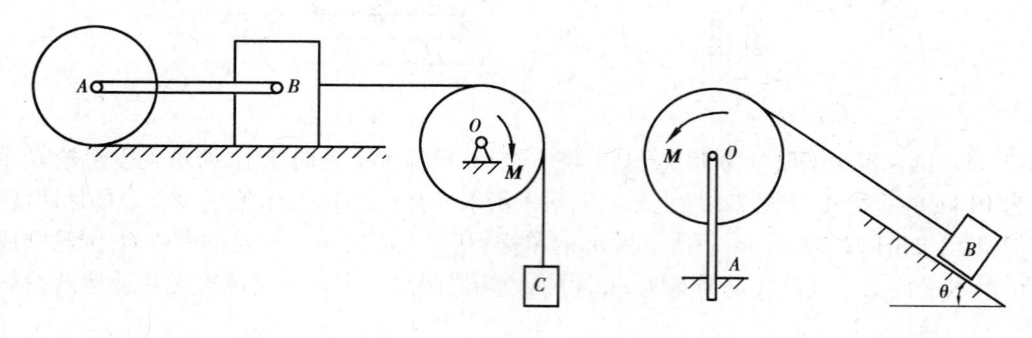

图12.31　　　　图12.32

12.17　如图12.33所示，一重为P的物块A下降时，借助于跨过滑轮D的绳子，使轮子B在水平轨道上只滚动而不滑动。已知轮B与轮C固结在一起，总重为Q。对通过轮心O的水平轴的惯性半径为ρ。求A的加速度。

12.18　如图12.34所示，长为l，质量为m的均质杆AB，用铰链B连接，并用铰链A固定，于图示位置平衡。今在D端作用一水平力$\boldsymbol{F}$，求此瞬时两杆的角加速度。

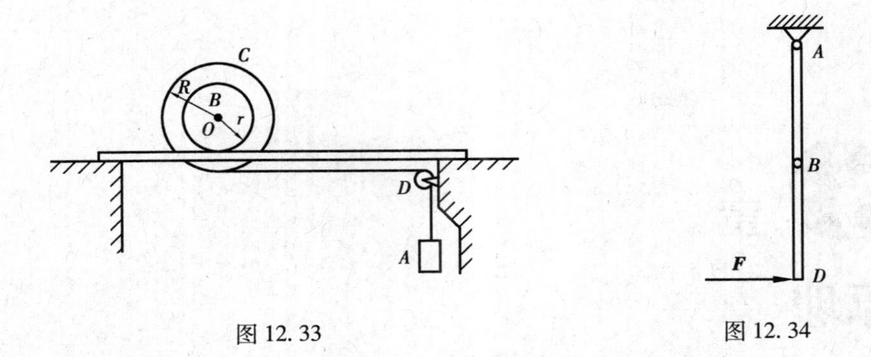

图 12.33　　　　图 12.34

第13章 虚位移原理

虚位移原理应用功的概念分析系统的平衡问题，建立了任意质点系的平衡条件。由于这一原理是以任意质点系为研究对象，因此，它比静力学中以刚体为研究对象所得的平衡条件更具有普遍意义。不仅如此，该原理避免了约束反力的出现，直接给出了质点系平衡时，主动力之间应满足的关系，从而使很多非自由质点系的平衡问题求解变得非常简单。

虚位移原理与达朗贝尔原理结合起来组成动力学普遍方程，为求解复杂系统的动力学问题提供了另一种普遍的方法，构成了分析力学的基础。本书只介绍虚位移原理的工程应用，而不按分析力学的体系追求其完整性和严密性。

13.1 约束·虚位移·虚功

13.1.1 约束及其分类

在静力学中，将限制物体位移的周围物体称为该物体的约束。为研究上的方便，现将约束定义为：限制质点或质点系运动的条件称为**约束**，表示这些限制条件的数学方程称为**约束方程**。现从不同的角度对约束分类如下：

(1)几何约束和运动约束

限制质点或质点系在空间的几何位置的条件称为**几何约束**。例如，如图13.1所示的单摆，其中质点可绕固定点 O 在 xOy 平面内摆动，摆长为 l。这时摆杆对质点的限制条件是：质点 M 必须在以点 O 为圆心、以 l 为半径的圆周上运动。若以 (x,y) 表示质点的坐标，则其约束方程为 $x^2+y^2=l^2$。又如，质点 M 在图13.2所示的固定曲面上运动，那么曲面方程就是质点 M 的约束方程，即

$$f(x,y,z)=0$$

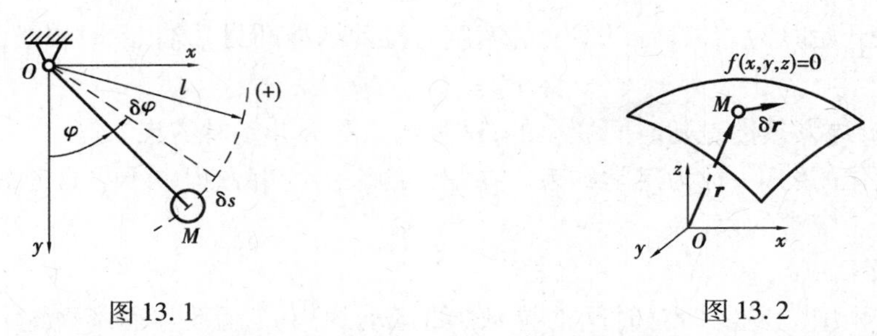

图 13.1　　　　图 13.2

再如,在图 13.3 所示的曲柄连杆机构中,连杆 AB 所受约束有:点 A 只能作以点 O 为圆心,以为 r 半径的圆周运动;点 B 与点 A 间的距离始终保持为杆长 l;点始 B 终沿滑道作直线运动。这 3 个条件以约束方程表示为

$$x_A^2 + y_A^2 = r^2$$

$$(x_B - x_A)^2 + (y_B - y_A)^2 = l^2$$

$$y_B = 0$$

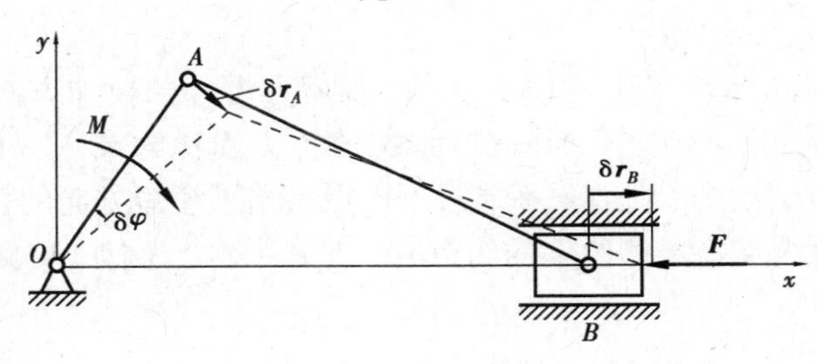

图 13.3

上述实例中各约束都是限制物体的几何位置,因此都是几何约束。

在力学中,除了几何约束外,还有限制质点系运动情况的运动学条件,称为**运动约束**。例如,如图 13.4 所示车轮沿直线轨道作纯滚动时,车轮除了受到限制其轮心 A 始终与地面保持距离为 r 的几何约束 $y_A = r$ 外,还受到只滚不滑的运动学的限制,即每一瞬时有

$$v_A - \omega r = 0$$

这就是运动约束,该方程即为约束方程。设 x_A 和 φ 分别为点 A 的坐标和车轮的转角,有 $v_A = \dot{x}_A$,$\omega = \dot{\varphi}$,则上式又可改写为

$$\dot{x}_A - r\dot{\varphi} = 0$$

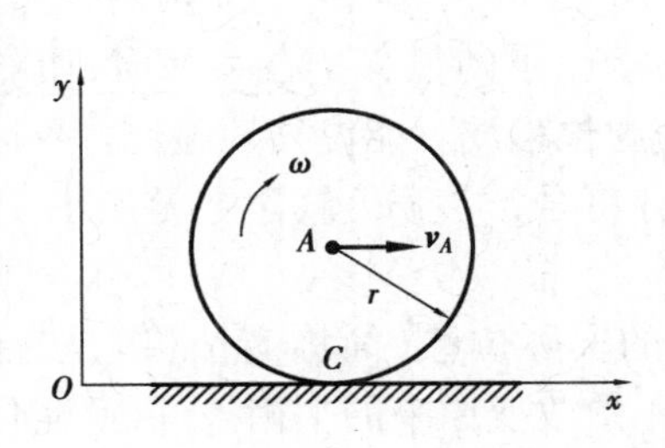

图 13.4　　　　图 13.5

(2)定常约束和非定常约束

图 13.5 为一摆长 l 随时间变化的单摆。图 13.5 中重物 M 由一根穿过固定圆环 O 的细绳

系住。设摆长在开始时为 l_0，然后以不变的速度 $\boldsymbol{v}$ 拉动细绳的另一端，此时单摆的约束方程为

$$x^2 + y^2 = (l_0 - vt)^2$$

由上式可知，约束条件是随时间变化的，这类约束称为**非定常约束**。

不随时间变化的约束，称为**定常约束**。在定常约束的约束方程中不显含时间 t，如图 13.1 所示单摆的约束是定常约束。

(3) 其他分类

如果约束方程中包含坐标对时间的导数（如运动约束），而且方程不可能积分为有限形式，这类约束称为**非完整约束**。非完整约束方程总是微分方程的形式。反之，如果约束方程中不包含坐标对时间的导数，或者约束方程中的微分项可以积分为有限形式，这类约束称为**完整约束**。例如，图 13.4 车轮沿直线轨道作纯滚动的实例中，其运动约束方程 $\dot{x}_A - r\dot{\varphi} = 0$ 虽是微分方程的形式，但它可以积分为有限形式，故仍是完整约束。完整约束方程的一般形式为

$$f_j(x_1, y_1, z_1, \cdots, x_n, y_n, z_n; t) = 0 \qquad j = 1, 2, \cdots, s$$

式中 n——质点系的质点数；

s——完整约束的方程数。

在前述的单摆实例中，摆杆是一刚性杆，它限制质点沿杆的拉伸方向的位移，又限制质点沿杆的压缩方向的位移，这类约束称为**双侧约束**（或称为**固执约束**），双侧约束的约束方程是等式。若单摆是用绳子系住的，则绳子不能限制质点沿绳子缩短方向的位移，这类约束称为**单侧约束**（或称为**非固执约束**），单侧约束的约束方程是不等式。例如，单侧约束的单摆，其约束方程为

$$x^2 + y^2 \leqslant l^2$$

本章只讨论定常的双侧几何约束，其约束方程的一般形式为

$$f_j(x_1, y_1, z_1, \cdots, x_n, y_n, z_n) = 0 \qquad j = 1, 2, \cdots, s$$

式中 n——质点系的质点数；

s——约束的方程数。

13.1.2 虚位移

在静止平衡问题中，质点系中各个质点都不动。设想在约束允许的条件下，给某质点一个任意的、极其微小的位移。例如，在图 13.2 中，可设想质点 M 在固定曲面上沿某个方向有一极小的位移 $\delta \boldsymbol{r}$。在图 13.3 中，可设想曲柄在平衡位置上转过任一极小角 $\delta\varphi$，这时点 A 沿圆弧切线方向有相应的位移 $\delta \boldsymbol{r}_A$，点 B 沿导轨方向有相应的位移 $\delta \boldsymbol{r}_B$。显然，上述两例中的位移 $\delta \boldsymbol{r}$，$\delta\varphi$，$\delta \boldsymbol{r}_A$，$\delta \boldsymbol{r}_B$ 都是约束允许的、可能实现的某种假想的极微小的位移。在某瞬时，质点系在约束允许的条件下，可能实现的任何无限小的位移，称为**虚位移**或可能位移。虚位移可以是线位移，也可以是角位移。虚位移用符号 δ 表示，它是变分符号，“变分”包含有无限小“变更”的意思。

需要注意的是，虚位移与物体运动过程中所发生的实际位移（简称实位移）是有区别的。虚位移是无限小的位移，以致即使质点产生虚位移也不致改变原来的平衡条件，而实位移可以是无限小的位移，也可以是有限的位移。虚位移可以有为约束所允许的几种不同的方向。例如，如图 13.3 所示滑块 B 的虚位移既可以向左，也可以向右，而实位移有确定的方向。虚位移是假想的，仅决定于质点系所受的约束，而与质点系所受的力、时间以及质点系的运动情况无

关,只是纯几何的概念;实位移是质点系在一定时间内真正实现的位移,它不仅决定于质点系所受的约束,还与时间、主动力以及运动的初始条件有关。虚位移是任意的无限小的位移,因此在定常约束的条件下,实位移只是所有虚位移中的一个,而虚位移视约束情况,可以有多个,甚至无穷多个。对于非定常约束,某个瞬时的虚位移是将时间固定后,约束所允许的虚位移,而实位移是不能固定时间的,故这时实位移不一定是虚位移中的一个。对于无限小的实位移,一般用微分符号表示,如 $\mathrm{d}\boldsymbol{r},\mathrm{d}x,\mathrm{d}\varphi$ 等。当质点系在某瞬时处于静止时,$\mathrm{d}\boldsymbol{r}_i=0$,但 $\delta\boldsymbol{r}_i$ 则不一定为零。

一般来说,质点系中各个质点的虚位移 $\delta\boldsymbol{r}_i(i=1,2,\cdots,n)$ 彼此不是独立的,它们之间必须满足约束条件。今后常要计算质点系中各点虚位移之间的关系,故下面分别介绍计算两点虚位移关系的两种方法。

(1)虚速度法

在定常约束的条件下,实位移是虚位移中的一个。因此,可用求实位移的方法来求各点虚位移之间的关系。设 A 点的虚位移 $\delta\boldsymbol{r}_A$ 是在某个极短的时间 $\mathrm{d}t$ 内发生的,则 A 点的速度 $\boldsymbol{v}_A=\dfrac{\delta\boldsymbol{r}_A}{\mathrm{d}t}$ 称为**虚速度**。显然,A、B 两点的虚位移和虚速度应满足下述关系

$$\frac{|\delta\boldsymbol{r}_A|}{|\delta\boldsymbol{r}_B|}=\frac{|\boldsymbol{v}_A\cdot\mathrm{d}t|}{|\boldsymbol{v}_B\cdot\mathrm{d}t|}=\frac{|\boldsymbol{v}_A|}{|\boldsymbol{v}_B|}$$

由运动学中求两点速度之间关系的方法即可得到两点虚位移之间的关系。

下面以求如图13.6所示的曲柄连杆机构中 A、B 两点虚位移之间的关系说明虚速度法的应用。

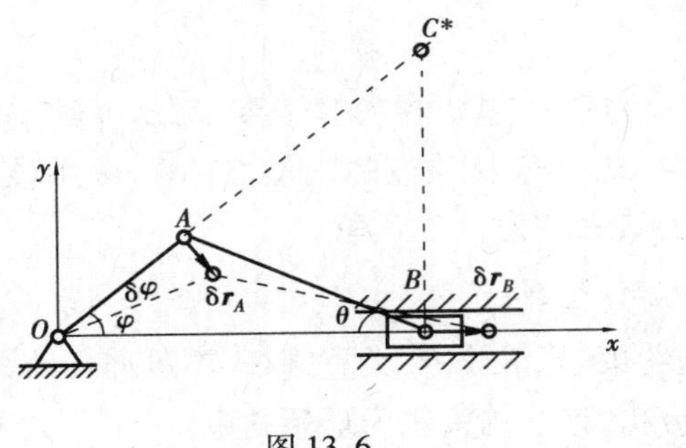

图13.6

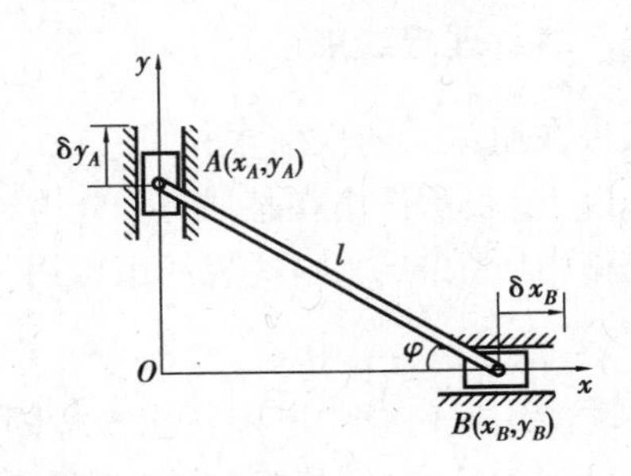

图13.7

连杆 AB 做平面运动,在约束允许条件下,假设 A 点虚位移 $\delta\boldsymbol{r}_A$ 垂直于 OA 斜向下,B 点虚位移 $\delta\boldsymbol{r}_B$ 沿水平方向向右。由速度投影定理,得

$$v_A\sin(\varphi+\theta)=v_B\cos\varphi$$

于是有

$$\frac{|\delta r_B|}{|\delta r_A|}=\frac{|v_B|}{|v_A|}=\frac{\sin(\varphi+\theta)}{\cos\varphi}$$

当然,也可先确定 AB 杆的速度瞬心 C^*,进而得到

$$\frac{|\delta r_B|}{|\delta r_A|}=\frac{|v_B|}{|v_A|}=\frac{C^*B}{C^*A}=\frac{\sin(\varphi+\theta)}{\cos\varphi}$$

需要明确的是,A、B 两点虚位移的方向也可以同时变为各自相反的方向。

(2)解析法

解析法是利用对约束方程或坐标表达式进行变分运算来求虚位移之间的关系。例如,如图 13.7 所示的机构中,A、B 两点在图示坐标系中的坐标表达式分别为

$$x_A = 0, y_A = l\sin\varphi$$
$$x_B = l\cos\varphi, y_B = 0$$

式中 l——AB 杆长度。

对上述关系进行变分运算,得

$$\delta y_A = l\cos\varphi\delta\varphi, \delta x_B = -l\sin\varphi\delta\varphi$$

所以

$$\frac{\delta x_B}{\delta y_A} = -\tan\varphi$$

需要注意的是,解析法求虚位移之间的关系,需要建立直角坐标系,列写相关点的坐标通式,并对其作变分运算。

13.1.3 虚功

力在虚位移中所做的功,称为**虚功**。例如,图 13.3 中,按图示的虚位移,力 $\boldsymbol{F}$ 的虚功为 $\boldsymbol{F}\cdot\delta\boldsymbol{r}_B$,是负功;力偶 M 的虚功为 $M\delta\varphi$,是正功。力 $\boldsymbol{F}$ 在虚位移 $\delta\boldsymbol{r}$ 上作的虚功一般以 $\delta W = \boldsymbol{F}\cdot\delta\boldsymbol{r}$ 表示,虚功与实位移中的元功虽然采用同一符号 δW,但它们之间是有本质区别的。因为虚位移只是假想的,不是真实发生的,因而虚功也是假想的,是**虚的**。图 13.3 中的机构处于静止平衡状态,显然任何力都没作实功,但力可以作虚功。

13.1.4 理想约束

如果在质点系的任何虚位移中,所有约束力所作虚功的和等于零,称这种约束为**理想约束**。若以 $\boldsymbol{F}_{Ni}$ 表示作用在某质点 i 上的约束力,$\delta\boldsymbol{r}_i$ 表示该质点的虚位移,δW_{Ni} 表示该约束反力在虚位移中所做的功,则理想约束可用数学公式表示为

$$\delta W_N = \sum\delta W_{Ni} = \sum\boldsymbol{F}_{Ni}\cdot\delta\boldsymbol{r}_i = 0$$

在动能定理一章中已经指出光滑固定面约束、光滑铰链、无重刚杆、不可伸长的柔索、固定端等都是理想约束,现从虚位移原理的角度分析,这些约束也为理想约束。

13.2 虚位移原理

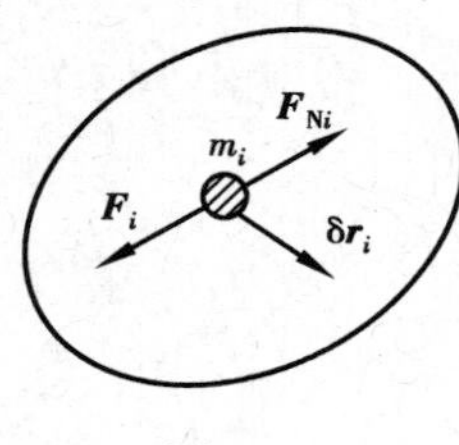

图 13.8

设一质点系处于静止平衡状态。取质点系中任一质点 m_i,作用在该质点上的主动力的合力为 $\boldsymbol{F}_i$,约束力的合力为 $\boldsymbol{F}_{Ni}$,如图 13.8 所示。由于质点系处于平衡状态,则该质点也处于平衡状态,因此有

$$\boldsymbol{F}_i + \boldsymbol{F}_{Ni} = 0$$

若给质点系以某种虚位移,其中质点 m_i 的虚位移为 $\delta\boldsymbol{r}_i$,则作用在质点 m_i 上的力 $\boldsymbol{F}_i$ 和 $\boldsymbol{F}_{Ni}$ 的虚功之和为

$$\boldsymbol{F}_i \cdot \delta \boldsymbol{r}_i + \boldsymbol{F}_{Ni} \cdot \delta r_i = 0$$

对于质点系内所有质点,都可得到与上式同样的等式。将这些等式左右两端分别相加,得

$$\sum \boldsymbol{F}_i \cdot \delta \boldsymbol{r}_i + \sum \boldsymbol{F}_{Ni} \cdot \delta \boldsymbol{r}_i = 0$$

如果质点系具有理想约束,则约束力在虚位移中所作虚功的和为零,即 $\sum F_{Ni} \cdot \delta \boldsymbol{r}_i = 0$ 。代入上式,得

$$\sum \boldsymbol{F}_i \cdot \delta \boldsymbol{r}_i = 0 \tag{13.1}$$

用 δW_{Fi} 代表作用在质点 m_i 上的主动力的虚功,由于 $\delta W_{Fi} = \boldsymbol{F}_i \cdot \delta \boldsymbol{r}_i$,则式(13.1)可写为

$$\sum \delta W_{Fi} = 0 \tag{13.2}$$

可以证明,上式是质点系平衡的充要条件。

因此可得结论:对于具有理想约束的质点系,其平衡的充要条件是作用于质点系的所有主动力在任何虚位移中所作虚功的和等于零。上述结论称为**虚位移原理**,又称为**虚功原理**。式(13.1)、式(13.2)称为虚功方程。

式(13.1)也可写成解析表达式,即

$$\sum (F_{xi}\delta x_i + F_{yi}\delta y_i + F_{zi}\delta z_i) = 0 \tag{13.3}$$

式中　F_{xi}、F_{yi}、F_{zi}——作用于质点 m_i 的主动力 $\boldsymbol{F}_i$ 在直角坐标轴上的投影;

　　δx_i、δy_i,δz_i——虚位移 $\delta \boldsymbol{r}_i$ 在直角坐标轴上的投影。

应该指出,虽然应用虚位移原理的条件是质点系应具有理想约束,但也可用于有摩擦的情况,只要把摩擦力当作主动力,在虚功方程中计入摩擦力所作的虚功即可。

虚位移原理在理论上具有很重要的意义。它是分析力学的基础,在弹性力学、结构力学中也有广泛的应用。在工程实际中,虚位移原理可用来求解以下静力学问题:

①质点系在给定位置平衡时,求主动力之间的关系。

②求质点系在已知主动力作用下的平衡位置。

③求质点系在已知主动力作用下平衡时的约束反力。

下面举例说明虚位移原理在工程实际中的应用。

例 13.1　如图 13.9(a)所示的机构,已知 $OA = AB = l$, $\angle AOB = \theta$。如果不计各构件的质量和摩擦,试求在图示位置平衡时主动力 $\boldsymbol{F}_A$ 和 $\boldsymbol{F}_B$ 之间的关系。

解　取整个系统为研究对象。该系统的约束是双面、定常、理想约束,它具有一个自由度。应用虚位移原理解题时不必画约束力,只需画出作用在系统上的主动力 $\boldsymbol{F}_A$ 和 $\boldsymbol{F}_B$。本例是根据给定的系统平衡位置求主动力之间关系的典型题目,可用多种方法求解。

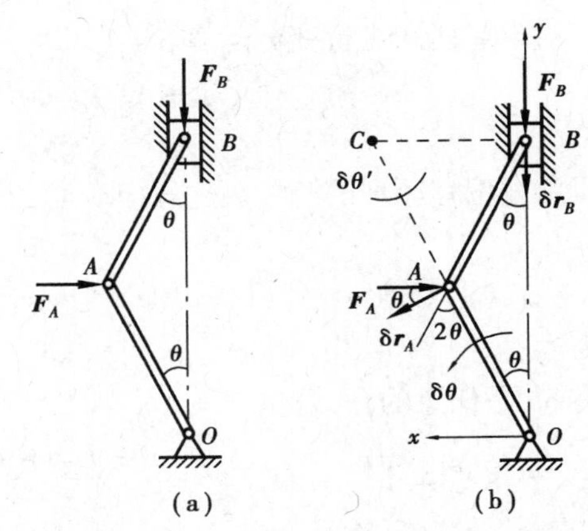

图 13.9

第一种方法:几何法。

应用虚位移原理的表达式,即

$$\sum \boldsymbol{F}_i \cdot \delta \boldsymbol{r}_i = 0 \tag{a}$$

给杆 OA 一个虚位移 $\delta\theta$，则主动力的作用点 A 和 B 相应的虚位移分别为 $\delta \boldsymbol{r}_A$ 和 $\delta \boldsymbol{r}_B$，如图13.9(b)所示。根据式(a)有

$$-F_A\delta r_A\cos\theta + F_B\delta r_B = 0 \tag{b}$$

而虚位移 $\delta \boldsymbol{r}_A$ 和 $\delta \boldsymbol{r}_B$ 之间的关系可由运动学关系求出。

根据刚体上任意两点的位移在这两点连线上的投影彼此相等，有

$$\delta r_B\cos\theta = \delta r_A\sin 2\theta \tag{c}$$

或者根据杆 AB 上的点 A 和点 B 的虚速度分析，杆 AB 的虚速度瞬心在点 C，如图13.9(b)所示，于是有

$$\frac{\delta r_B}{\delta r_A} = \frac{CB}{CA} = \frac{2l\sin\theta}{l} = 2\sin\theta$$

上式与式(c)相同。

把式(c)代入式(b)，有

$$(-F_A\cos\theta + 2F_B\sin\theta)\delta r_A = 0$$

因为 δr_A 是任意的，故

$$-F_A\cos\theta + 2F_B\sin\theta = 0$$

解得

$$F_A = 2F_B\tan\theta$$

第二种方法：解析法。

建立如图13.9(b)所示直角坐标系 xOy。由于力 $\boldsymbol{F}_A$ 只在 x 轴上有投影，力 $\boldsymbol{F}_B$ 只在 y 轴上有投影，即

$$F_{Ax} = -F_A \tag{d}$$

$$F_{By} = -F_B \tag{e}$$

所以只需计算力 $\boldsymbol{F}_A$ 的作用点 A 的虚位移 $\delta \boldsymbol{r}_A$ 在 x 轴上的投影 δx_A，以及力 $\boldsymbol{F}_B$ 的作用点 B 的虚位移 $\delta \boldsymbol{r}_B$ 在 y 轴上的投影 δy_B。

因为

$$x_A = l\sin\theta, y_B = 2l\cos\theta$$

对上述两式进行变分运算，得

$$\delta x_A = l\cos\theta\delta\theta \tag{f}$$

$$\delta y_B = -2l\sin\theta\delta\theta \tag{g}$$

由虚位移原理的解析表达式(13.3)，得

$$F_{Ax}\delta x_A + F_{By}\delta y_B = 0 \tag{h}$$

将式(d)、式(e)、式(f)、式(g)代入式(h)，得

$$(-F_A\cos\theta + 2F_B\sin\theta)l\delta\theta = 0$$

因为 $\delta\theta$ 是任意的，所以

$$-F_A\cos\theta + 2F_B\sin\theta = 0$$

解得

$$F_A = 2F_B\tan\theta$$

例 13.2 如图13.10所示，不计各构件自重与各处摩擦。求机构在图示位置平衡时，主动力偶矩 M 与主动力 $\boldsymbol{F}$ 之间的关系。

解 系统的约束为理想约束。假想杆 OA 在图示位置逆时针转过一微小角度 $\delta\theta$,则点 C 将会有水平虚位移 $\delta \boldsymbol{r}_C$,如图 13.10 所示。由虚位移原理,得

$$\sum \delta W_{Fi} = M \cdot \delta\theta - \boldsymbol{F} \cdot \delta \boldsymbol{r}_C = 0 \qquad \text{(i)}$$

现在问题的关键是找出 $\delta\theta$ 与 $\delta \boldsymbol{r}_C$ 的关系。

杆 OA 的微小转角 $\delta\theta$ 将引起滑块 B 的牵连位移 $\delta \boldsymbol{r}_e$,从而有绝对位移 $\delta \boldsymbol{r}_a$ 与相对位移 $\delta \boldsymbol{r}_r$,如图 13.10 所示。由图中可知

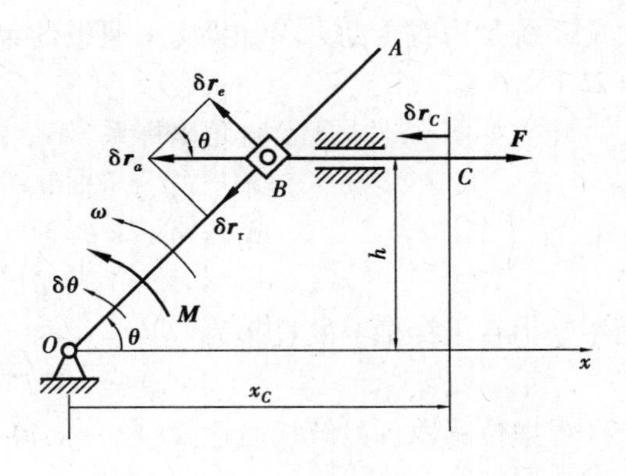

图 13.10

$$\delta r_a = \frac{\delta r_e}{\sin\theta}$$

而

$$\delta r_e = OB \cdot \delta\theta = \frac{h}{\sin\theta}\delta\theta$$

$$\delta r_C = \delta r_a = OB \cdot \delta\theta = \frac{h\delta\theta}{\sin^2\theta}$$

代入式(i),解得

$$M = \frac{Fh}{\sin^2\theta}$$

本例也可用解析法求解。建立如图示坐标系,由虚位移原理,有

$$\sum \delta W_{Fi} = M \cdot \delta\theta + F \cdot \delta x_C = 0$$

而

$$x_C = h\cot\theta + BC, \delta x_C = \frac{h\delta\theta}{\sin^2\theta}$$

解得

$$M = \frac{Fh}{\sin^2\theta}$$

例 13.3 如图 13.11 所示的平面机构中,两杆长度相等。在 B 点挂有重 W 的重物。D、E 两点用弹簧连接。已知 $AD = CE = a, BD = BE = b$,弹簧原长为 l,弹性系数为 k。不计各杆自重,求机构的平衡位置。

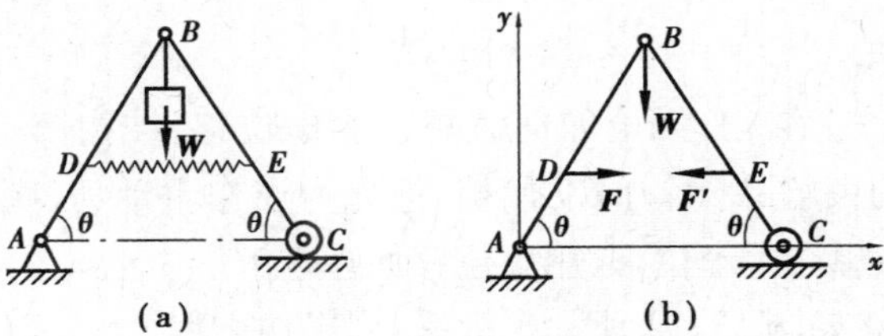

图 13.11

解 取系统为研究对象。弹簧约束为非理想约束,故解除弹簧约束,代之以弹性力 $\boldsymbol{F}$ 和 $\boldsymbol{F}'$,将其视为主动力。本例是已知主动力,求系统平衡位置的典型题目。

系统受力有主动力 $\boldsymbol{W}$,以及非理想约束的弹性力 $\boldsymbol{F}$ 和 $\boldsymbol{F}'$,其弹性力的大小为 $F = k\delta = k(2b\cos\theta - l)$。

建立如图 13.11 所示直角坐标系 xAy,主动力作用点的坐标及其变分分别为

$$y_B = (a+b)\sin\theta \qquad \delta y_B = (a+b)\cos\theta\delta\theta$$

$$x_D = a\cos\theta \qquad \delta x_D = -a\sin\theta\delta\theta$$

$$x_E = (a+2b)\cos\theta \qquad \delta x_E = -(a+2b)\sin\theta\delta\theta$$

而主动力在坐标轴上的投影为

$$F_{By} = -W, F_{Dx} = F, F_{Ex} = -F'$$

由虚位移原理的解析表达式(13.3),得

$$F_{By}\delta y_B + F_{Dx}\delta x_D + F_{Ex}\delta y_E = 0$$

即

$$-W(a+b)\cos\theta\delta\theta + F(-a\sin\theta\delta\theta) - F'[-(a+2b)\sin\theta\delta\theta] = 0$$

注意到 $F = F'$,上式化简为

$$[-W(a+b)\cos\theta + 2Fb\sin\theta]\delta\theta = 0$$

因为 $\delta\theta$ 是任意的,所以

$$-W(a+b)\cos\theta + 2Fb\sin\theta = 0$$

解得

$$\tan\theta = \frac{W(a+b)}{2kb(2b\cos\theta - l)}$$

例 13.4 如图 13.12(a)中所示结构,各杆自重不计,在 G 点作用一铅直向上的力 $\boldsymbol{F}$,$AC = CE = CD = CB = DG = GE = l$。求 B 处约束反力。

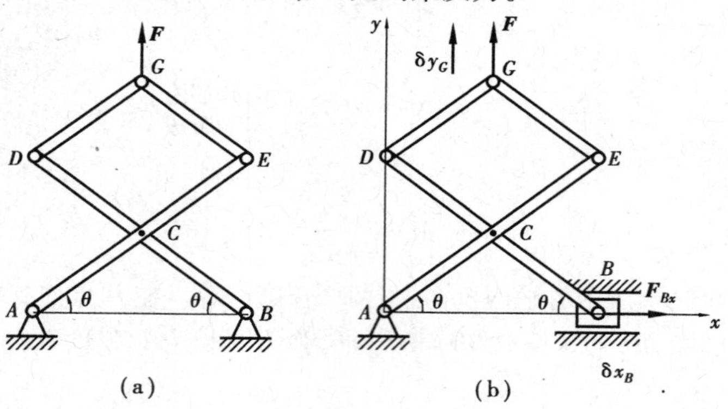

图 13.12

解 此题涉及的是一个结构,无论如何假想产生虚位移,结构都不允许。为求 B 处水平约束力,需把 B 处水平约束解除,以力 $\boldsymbol{F}_{Bx}$ 代替,把此力当作主动力,则结构变成图 13.12(b)所示的机构,此时就可假想产生虚位移,用虚位移原理求解。

在此用解析法。建立如图 13.12 所示坐标系,列虚功方程

$$\sum \delta W_{\mathrm{Fi}} = F_{Bx}\cdot\delta x_B + F\cdot\delta y_G = 0$$

写出点 B 的坐标 x_B 与点 G 的坐标 y_G,即

$$x_B = -2l\cos\theta, y_G = 3l\sin\theta$$

其变分为

$$\delta x_B = -2l\sin\theta\delta\theta, \delta y_G = 3l\cos\theta\delta\theta$$

将 δx_B、δy_G 代入虚功方程,得

$$F_{Bx}\cdot(-2l\sin\theta\delta\theta)+F\cdot 3l\cos\theta\delta\theta = 0$$

解得

$$F_{Bx} = \frac{3}{2}F\tan\theta$$

此题如果在 C、G 两点之间连接一自重不计、刚度系数为 K 的弹簧,如图 13.13(a)所示。在图示位置弹簧已有伸长量 δ_0,其他条件不变,仍求支座 B 的水平约束力。

弹簧为非理想约束,所以解除弹簧,代之以弹性力 $\boldsymbol{F}_C$ 和 $\boldsymbol{F}_G$,其弹性力的大小为 $F_C = k\delta_0$。为求 B 处水平约束力,仍需把 B 处水平约束解除,以力 $\boldsymbol{F}_{Bx}$ 代替,把此力当作主动力,如图

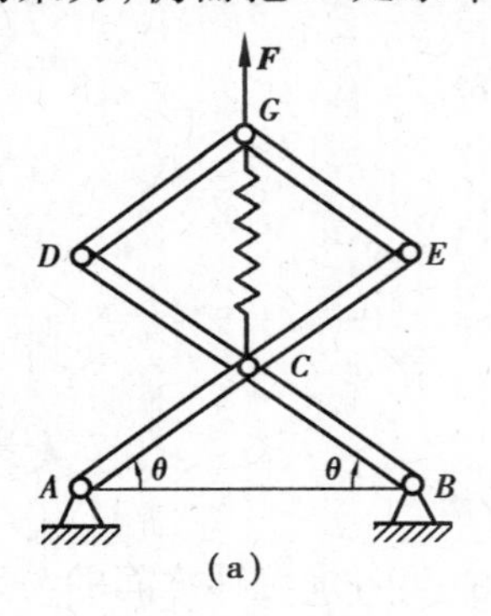

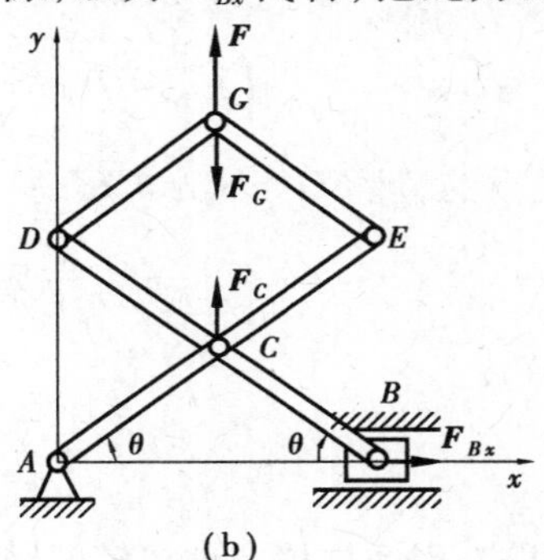

图 13.13

13.13(b)所示。仍采用解析法,列虚功方程

$$\sum\delta W_{Fi} = F_{Bx}\cdot\delta x_B + F_C\cdot\delta y_C - F_G\cdot\delta y_G + F\cdot\delta y_G = 0$$

而

$$x_B = 2l\cos\theta, y_C = l\sin\theta, y_G = 3l\sin\theta$$

其变分为

$$\delta x_B = -2l\sin\theta\delta\theta, \delta y_C = l\cos\theta\delta\theta, \delta y_G = 3l\cos\theta\delta\theta$$

代入虚功方程,得

$$F_{Bx}\cdot(-2l\sin\theta\delta\theta)+k\delta_0\cdot l\cos\theta\delta\theta - k\delta_0\cdot 3l\cos\theta\delta\theta + F\cdot 3l\cos\theta\delta\theta = 0$$

解得

$$F_{Bx} = \frac{3}{2}F\cot\theta - k\delta_0\cot\theta$$

例 13.5　如图 13.14 所示的静定刚架,其上作用水平力 $\boldsymbol{P}$。求支座 D 处的水平反力。

解　以刚架为研究对象,解除 D 处的水平约束,代之以相应的约束反力 $\boldsymbol{F}_{Dx}$,并视为主动力。

给系统一组虚位移,如图 13.14 所示。由虚位移原理,有

$$F_{Dx}\delta r_D - P\cos\alpha\delta r_E = 0$$

由运动学关系 $\delta r_D = \delta r_C$,且

$$\frac{\delta r_C}{CC^*} = \frac{\delta r_E}{EC^*}$$

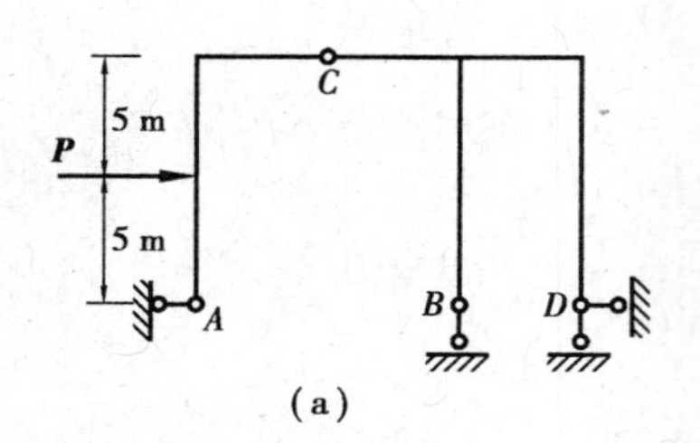

(a)

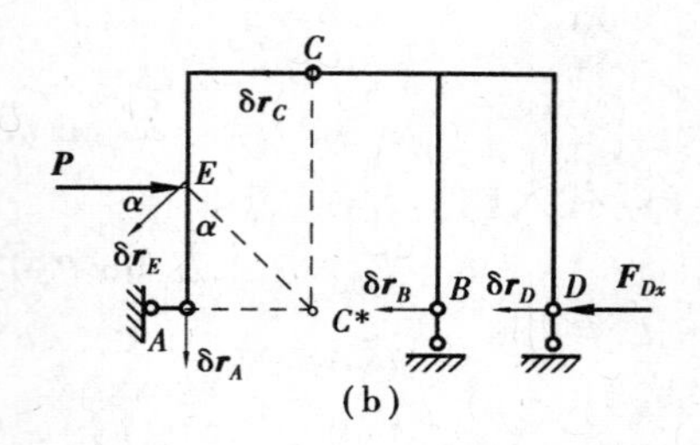

(b)

图 13.14

所以

$$\delta r_E = \frac{EC^*}{CC^*}\delta r_C = \frac{EC^*}{CC^*}\delta r_D$$

于是有

$$\left(F_{Dx} - P\cos\alpha\frac{EC^*}{CC^*}\right)\delta r_D = 0$$

因为 δr_D 是任意的,且 $EC^*\cos\alpha = AE$,所以

$$F_{Dx} - P\frac{AE}{CC^*} = 0$$

于是支座 D 的水平反力为

$$F_{Dx} = \frac{1}{2}P$$

由以上例题可知,用虚位移原理求解问题,关键是找出各虚位移之间的关系。其解题的一般步骤可概括为:

①取研究对象,判断是否为理想约束(若有摩擦时,可将摩擦力当作主动力处理)。由于理想约束反力不做功,一般取整体为研究对象。

②受力分析。若是求主动力之间的关系,或是求系统的平衡位置,只需画出主动力(包括在虚位移中做功的内力),不必画约束反力。若是求约束反力,则需要解除约束,把约束反力当作主动力处理,这样将相应地增加系统的自由度数目。

③画出各主动力作用点的虚位移,确定各点虚位移之间的关系,均以独立的参变量来表示。

④根据虚位移原理,列出虚功方程 $\sum\delta W_{Fi} = 0$。计算虚功时必须注意其正负号。

小　结

1. 虚位移 · 虚功 · 理想约束。

在某瞬时,质点系在约束允许的条件下所假想的任何无限小位移称为虚位移。虚位移可以是线位移也可以是角位移。

力在虚位移中所做的功称为虚功。

在质点系的任何虚位移中,所有约束力所做虚功的和等于零,这种约束称为理想约束。

2. 虚位移原理。

对于具有理想约束的质点系,其平衡条件是作用于质点系上的所有主动力在任何虚位移

上所做虚功的和等于零。其一般表达形式为

$$\sum \delta W_{Fi} = 0$$

虚位移原理是不同于列平衡方程求解静力学平衡问题的一种方法。虚位移原理可用于具有理想约束的系统,也可用于具有非理想约束的系统。虚位移原理可求主动力之间的关系,也可求约束力。

思 考 题

13.1　如图 13.15 所示机构均处于静止平衡状态,图中所给各虚位移有无错误?如有错误,应如何改正?

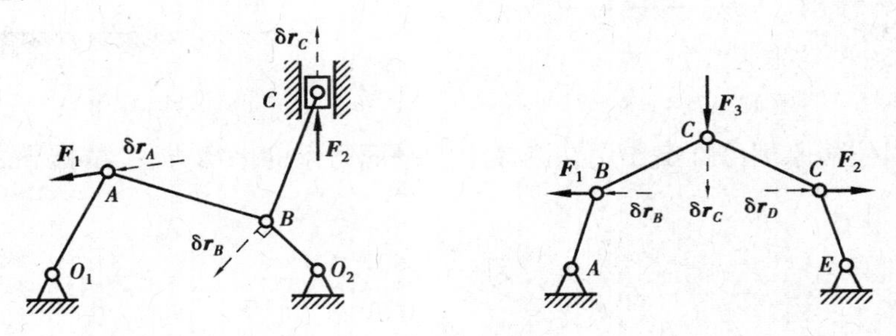

图 13.15

13.2　对如图 13.16 所示各机构,能用哪些不同的方法确定虚位移 $\delta\theta$ 与力 $\boldsymbol{F}$ 作用点 A 的虚位移的关系,并比较各种方法。

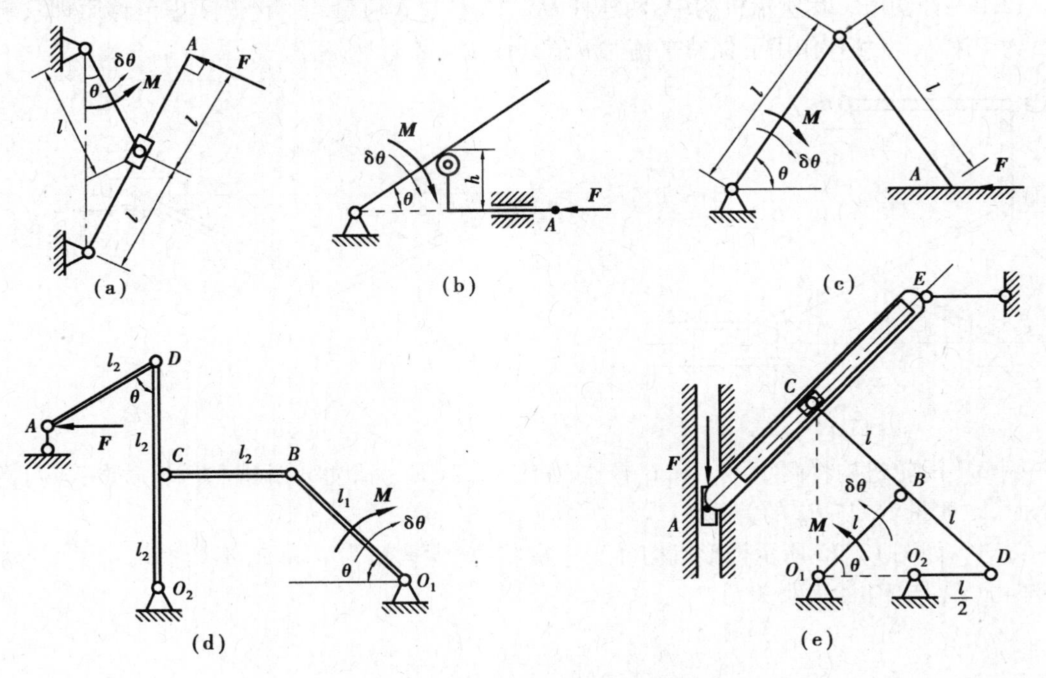

图 13.16

13.3　如图 13.17 所示平面平衡系统,若对整体列平衡方程求解时,是否需要考虑弹簧的内力?若改用虚位移原理求解,弹簧力为内力,是否需要考虑弹簧力的功?

13.4　如图 13.18 所示,物块 A 在重力、弹性力与摩擦力作用下平衡,设给物块 A 一水平向右的虚位移 $\delta \boldsymbol{r}$,弹性力的虚功如何计算?摩擦力在此虚位移中做正功还是负功?

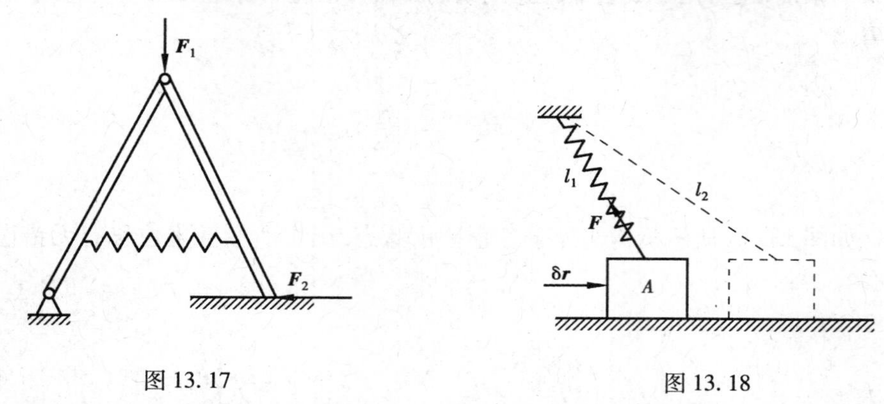

图 13.17　　图 13.18

13.5　用虚位移原理可推出作用在刚体上的平面力系的平衡方程,试推导之。

习　题

13.1　如图 13.19 所示机构中,若 $OA=r$,$BD=2l$,$CE=l$,$\angle OAB=90^\circ$,$\angle CED=30^\circ$,求点 A、D 虚位移间的关系。

13.2　如图 13.20 所示机构中,两连杆 OA、AB 各长 l,质量均不计。用虚位移原理求解在铅直力 $\boldsymbol{P}$ 和水平力 $\boldsymbol{F}$ 作用下保持平衡时 θ 值是多少?.不计摩擦。

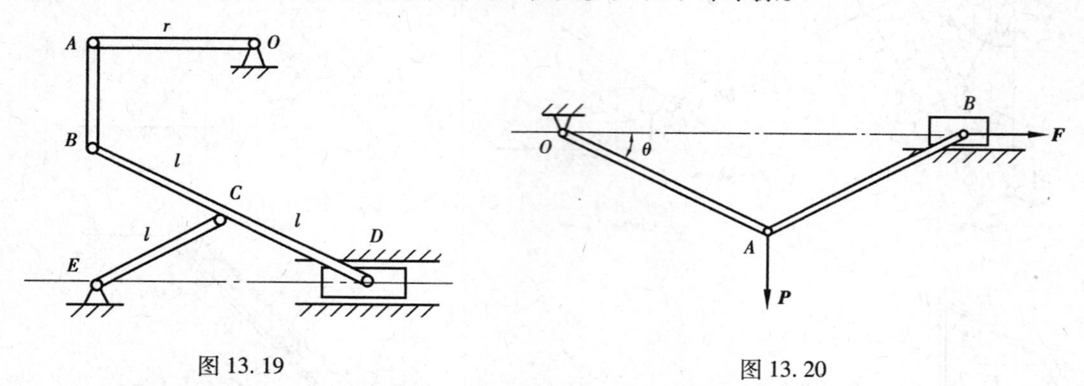

图 13.19　　图 13.20

13.3　滑轮机构将两物体 A 和 B 悬挂,如图 13.21 所示。如不计绳和滑轮质量,当两物体平衡时,求质量 P_A 与 P_B 的关系。

13.4　如图 13.22 所示楔形机构处于平衡状态,尖劈角为 θ 和 β,不计楔块自重与摩擦。求竖向力 $\boldsymbol{F}_1$ 与 $\boldsymbol{F}_2$ 的大小关系。

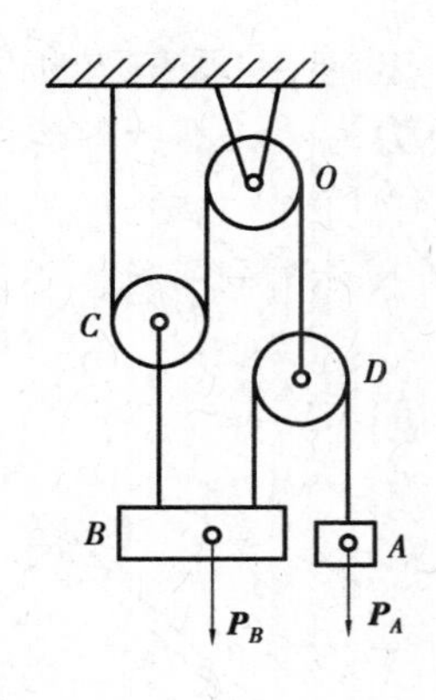

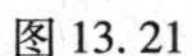
图 13.21

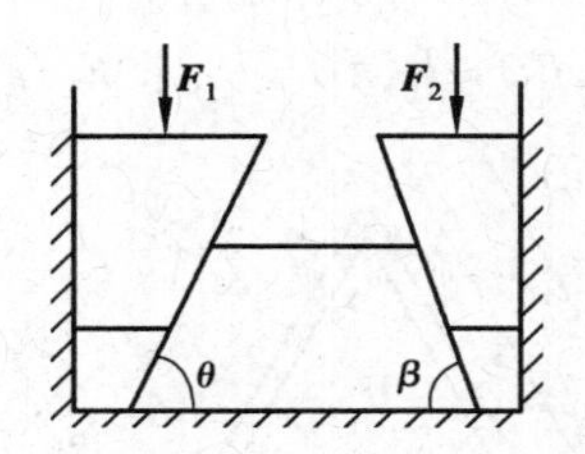

图 13.22

13.5　均质杆 AB 置于光滑的铅垂平面与销子间，如图 13.23 所示。证明所得到的平衡位置是不稳定的。

13.6　如图 13.24 所示的机构，3 根均质杆相铰连，$AC=a$，$AB=3a$，$CD=DB=2a$，AB 水平，各杆质量与其长度成正比。求平衡时 θ、β 与 γ 间的关系。

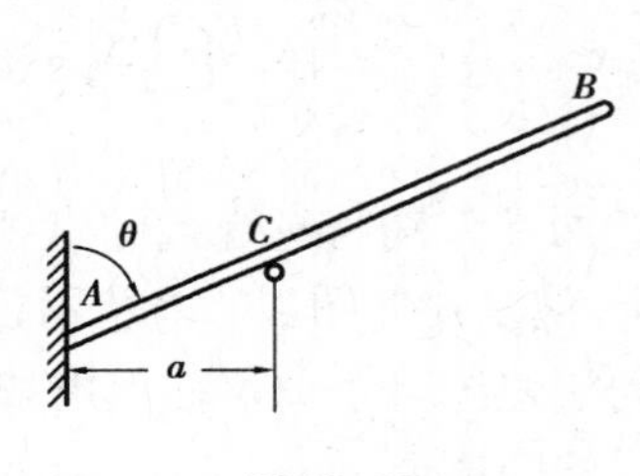

图 13.23

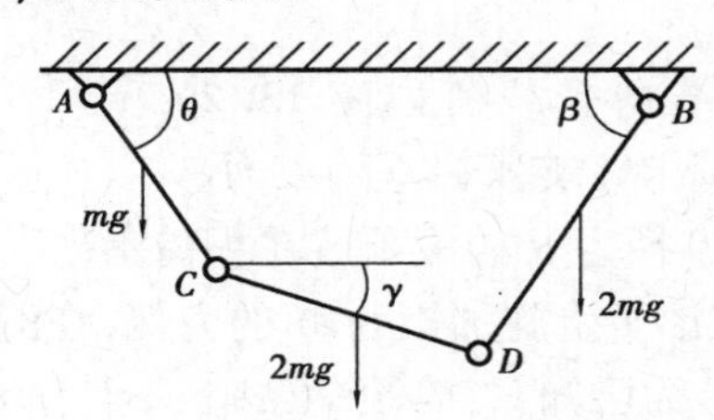

图 13.24

13.7　如图 13.25 所示的机构，已知杆长 $AB=BC=l$，杆重不计，弹簧 AC 原长为 l_0，其刚度系数为 k，在 B 点作用一铅直力 $\boldsymbol{P}$。求机构平衡时的 θ 值以及此时弹簧 AC 的拉力 $\boldsymbol{F}$。

13.8　如图 13.26 所示，在轧机升降台机构的提升摆动台上，有一重为 G 的重物，在力偶矩 M 和刚度系数为 k 的弹簧支承下处于平衡，此时工作台水平，AB 杆铅垂，OA 杆与水平成 θ 角，若 $OA=O_1K=r$，求弹簧的变形。

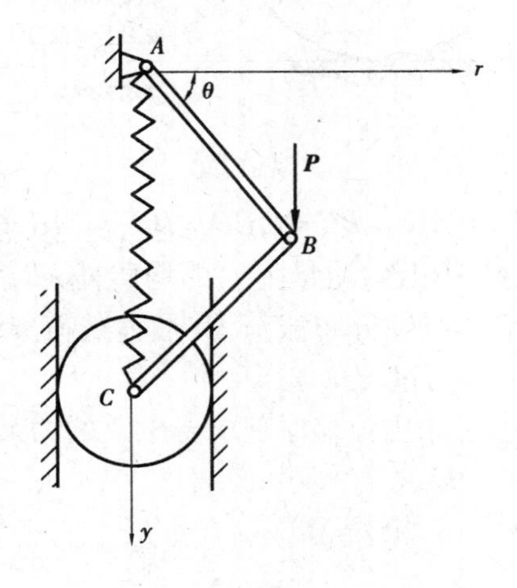

图 13.25

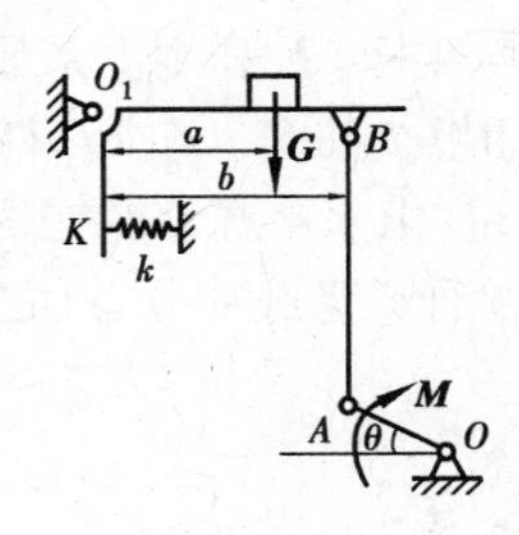

图 13.26

13.9　如图 13.27 所示，两等长杆 AB 与 BC 在点 B 用铰链连接，又在杆的 D、E 两点连一弹簧。弹簧的刚度系数为 k，当距离 AC 等于 a 时，弹簧内拉力为零。不计各构件自重与各处摩擦。如在点 C 作用一水平力 $\boldsymbol{F}$，杆系处于平衡，求距离 AC 之值。

13.10　如图 13.28 所示的机构，在力 $\boldsymbol{F}_1$ 与 $\boldsymbol{F}_2$ 作用下在图示位置平衡。不计各构件自重与各处摩擦，$OD = BD = l_1$，$AD = l_2$，求 F_1/F_2 的值。

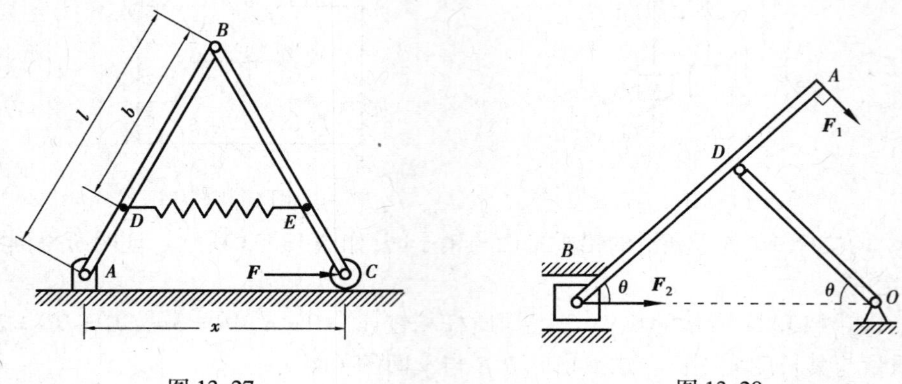

图 13.27　　　　图 13.28

13.11　结构受载荷如图 13.29 所示。已知 $q = 2\ \text{kN/m}$，$F = 4\ \text{kN}$，$F_1 = 12\ \text{kN}$，$M = 18\ \text{kN}\cdot\text{m}$。试求 A 支座铅垂约束力。

13.12　半径为 R 的滚子放在粗糙水平面上，连杆 AB 的两端分别与轮缘上的点 A 和滑块 B 铰接。现在滚子上施加矩为 M 的力偶，在滑块上施加力 $\boldsymbol{F}$，使系统如图 13.30 所示位置处于平衡。设力 $\boldsymbol{F}$ 为已知，忽略滚动摩阻，不计滑块和各铰链处的摩擦，不计 AB 杆与滑块 B 的质量，滚子有足够大的质量 P。求力偶矩 M 以及滚子与地面间的摩擦力。

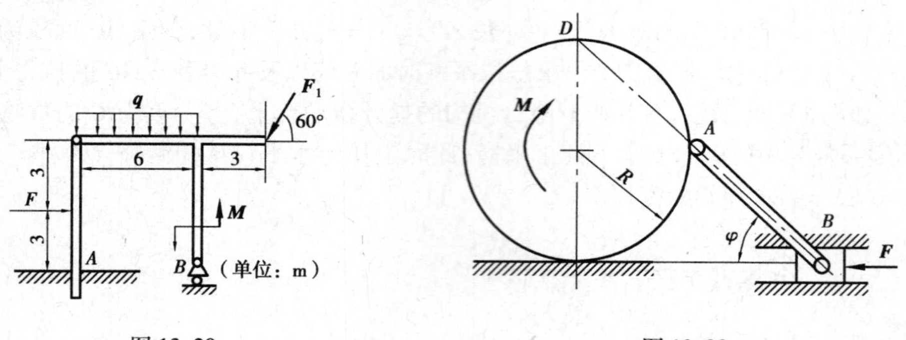

图 13.29　　　　图 13.30

13.13　如图 13.31 所示，杆系在铅垂面内平衡，$AB = BC = l$，$CD = DE$，且 AB，CE 为水平，CB 为铅垂。均质杆 CE 和刚度系数为 k_1 的拉压弹簧相连，质量为 P 的均质杆 AB 左端有一刚度系数为 k_2 的螺线弹簧。在 BC 杆上作用有水平的线性分布载荷，其最大载荷集度为 q。不计 BC 杆的质量，求水平弹簧的变形量 δ 和螺线弹簧的扭转角 φ。

13.14　组合梁受载荷分布如图 13.32 所示。试用虚位移原理求支座 A 的约束反力矩。

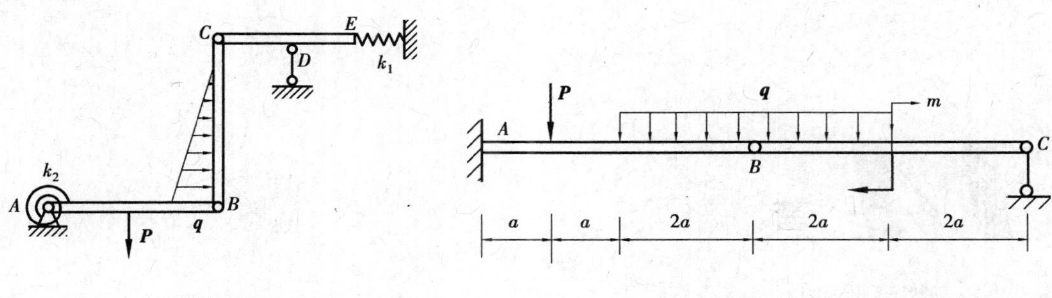

图 13.31　　　　图 13.32

13.15　如图 13.33 所示三铰拱，所受载荷 $P=4\ \mathrm{kN}$，$q=1\ \mathrm{kN/m}$，力偶 $M=12\ \mathrm{kN\cdot m}$。试用虚位移原理求支座 B 的水平及铅垂反力。

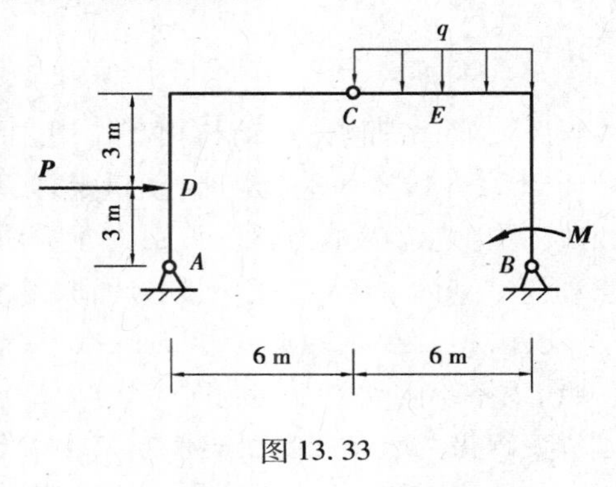

图 13.33

第14章

分析力学基础

在经典力学中，是通过牛顿第二定律把物体运动与相互作用之间的关系用矢量的形式表示出来，并在此基础上建立了质点系动力学的普遍定理(动量定理、动量矩定理和动能定理)，这种处理动力学问题的方法和体系称之为矢量力学。矢量力学方法具有数学形式简单、物理概念清晰等特点，在研究质点和简单刚体系统动力学问题方面取得了辉煌的成就。但是，到了18世纪，随着机器工业的迅速发展，迫切要求对受约束的机械系统的运动和受力进行分析。而用矢量力学方法来研究复杂约束系统的动力学问题时，一方面，由于约束力的性质和分布在求解前是未知的，使得求解过程变得极为复杂，也无法建立一般力学系统的动力学方程；另一方面，要对系统中的各个物体分别建立方程，这势必会引入不一定需要求解的未知约束力，从而使方程的未知量数目急剧增加，联立求解变得十分麻烦。

矢量力学所遇到的困难，促成了分析力学的形成与发展。1788年，法国数学、力学家拉格朗日出版了《分析力学》一书，成功地将力学理论与数学分析方法结合起来，构造了具有严谨数学结构的力学分析方法。后经多位力学家(如高斯、泊松、雅克比、哈密顿、赫兹等)进一步发展，使分析力学的理论体系日臻完善。

分析力学采用能量与功来描述物体运动与相互作用之间的关系，通过达朗贝尔原理和虚位移原理的结合，建立了普遍形式下的动力学方程，成为研究约束系统动力学问题的一个普遍而有效的工具。与矢量力学相比，分析力学的特点：

①把约束看成对系统位置(速度)的限定，而不是看成一种力。

②使用广义坐标、功、能等标量研究系统运动，大量使用数学分析方法，得到标量方程。

③追求一般理论和一般模型，对于具体问题，只要代入和展开的工作，处理问题规范化。

④不仅研究获得运动微分方程的方法，也研究其求解的一般方法。

作为经典力学范畴内的一个重要分支，分析力学既是研究对象的扩展，也是一种表达形式上的创新，已广泛应用于天体力学、刚体动力学、微幅振动理论、量子力学、固体力学、流体力学等领域。近数十年来，现代科学技术的迅速发展，促成了许多新的技术学科的兴起，这些新学科通常是在综合传统学科的基础上或在传统学科的边缘处生长起来的，它们要求更为宽广而坚实的理论基础。在这种背景下，分析力学在航天技术、现代控制理论、非线性力学和计算力学等领域得到了越来越广泛的应用。目前，在复杂机械系统的分析中，已广泛采用动力学普遍方程来推导系统的动力学方程。

14.1　自由度与广义坐标

确定一个自由质点在空间中的位置需要 3 个独立参数,因此自由质点在空间中有 3 个**自由度**。当质点的运动受到约束限制时,自由度的数目还要减少。工程中的约束多数是稳定的完整约束。在完整约束的条件下,确定质点系位置的独立参数的数目等于系统的自由度数。例如,质点 M 被限定只能在曲面

$$f(x,y,z)=0 \tag{14.1}$$

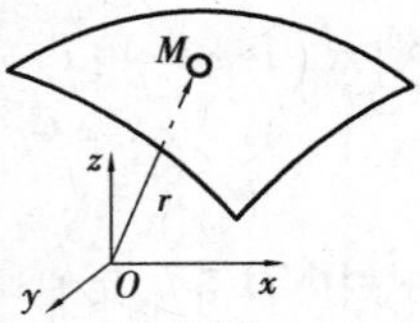

上运动(见图 14.1),由此解出

$$z=z(x,y) \tag{14.2}$$

图 14.1

这样该质点在空间中的位置就由 x,y 这两个独立参数所确定,它的自由度数为 2。一般来讲,一个由 n 个质点组成的质点系,若受到 S 个完整约束作用,则其在空间中的 $3n$ 个坐标不是彼此独立的。由这些约束方程可将其中的 S 个坐标表示成其余 $3n-S$ 个坐标的函数,这样该质点系在空间中的位置就可以用 $N=3n-S$ 个独立参数完全确定下来。描述质点系在空间中位置的独立参数,称为**广义坐标**。对于完整系统,广义坐标的数目等于系统的自由度数。如质点 M 被限定只能在式(14.1)所确定的球面上半部分运动,则由式(14.2),它在空间中的位置可由 x,y 这两个独立参数来确定,x,y 就是质点 M 的一组广义坐标。需要注意的是,广义坐标的选择并不是唯一的,也可选用其他一组独立参量,如 $\xi=x+y,\eta=x-y$ 来同样表示质点 M 在空间中的位置,此时有

$$x=\frac{\xi+\eta}{2},y=\frac{\xi-\eta}{2},z=z\left(\frac{\xi+\eta}{2},\frac{\xi-\eta}{2}\right)$$

考虑由 n 个质点组成的系统受 S 个完整双侧约束

$$f_k(\boldsymbol{r}_1,\boldsymbol{r}_2,\cdots,\boldsymbol{r}_n)=0 \qquad k=1,2,\cdots,s \tag{14.3}$$

设 $q_1,q_2,\cdots,q_N(N=3n-S)$ 为系统的一组广义坐标,则可将各质点的坐标表示为

$$\boldsymbol{r}_i=\boldsymbol{r}_i(q_1,q_2,\cdots,q_N,t) \qquad i=1,2,\cdots,n \tag{14.4}$$

由虚位移的定义,可通过对式(14.4)进行变分运算来确定第 i 个质点的虚位移 $\delta\boldsymbol{r}_i$。采用类似于多元函数求微分的方法,可得到

$$\delta\boldsymbol{r}_i=\sum_{k=1}^{N}\frac{\partial\boldsymbol{r}_i}{\partial q_k}\delta q_k \qquad i=1,2,\cdots,n \tag{14.5}$$

式中　$\delta q_k(k=1,2,\cdots,N)$——广义坐标 q_k 的变分,称为**广义虚位移**。

式(14.5)表明,质点系的虚位移都可用质点系的广义虚位移表示。广义虚位移可以是线位移,也可以是角位移。

14.2　以广义坐标表示的质点系平衡条件

设作用在第 i 个质点上的主动力的合力 $\boldsymbol{F}_i$ 在 3 个坐标轴上的投影分别为(F_{ix},F_{iy},F_{iz}),

将式(14.5)代入虚功方程,得到

$$\delta W_F = \sum_{i=1}^{n} \delta W_{Fi} = \sum_{i=1}^{n} \left(F_{xi} \sum_{k=1}^{N} \frac{\partial x_i}{\partial q_k} \delta q_k + F_{yi} \sum_{k=1}^{N} \frac{\partial y_i}{\partial q_k} \delta q_k + F_{zi} \sum_{k=1}^{N} \frac{\partial z_i}{\partial q_k} \delta q_k \right)$$

$$= \sum_{k=1}^{N} \left[\sum_{i=1}^{n} \left(F_{xi} \frac{\partial x_i}{\partial q_k} + F_{yi} \frac{\partial y_i}{\partial q_k} + F_{zi} \frac{\partial z_i}{\partial q_k} \right) \right] \delta q_k = 0 \tag{14.6}$$

如令

$$Q_k = \sum_{i=1}^{n} \left(F_{xi} \frac{\partial x_i}{\partial q_k} + F_{yi} \frac{\partial y_i}{\partial q_k} + F_{zi} \frac{\partial z_i}{\partial q_k} \right) \qquad k = 1,2,\cdots,N \tag{14.7}$$

则式(14.6)可写为

$$\delta W_F = \sum_{k=1}^{N} Q_k \delta q_k = 0 \tag{14.8}$$

式中,$Q_k \delta q_k$ 具有功的量纲,故称 Q_k 为与广义坐标 q_k 相对应的**广义力**。广义力的量纲由它所对应的广义坐标而定。当 q_k 是线位移时,Q_k 的量纲是力的量纲;当 q_k 是角位移时,Q_k 是力矩的量纲。

由于广义坐标的独立性,δq_k 可以任意取值,因此若式(14.8) 成立,必须有

$$Q_1 = Q_2 = \cdots = Q_N = 0 \tag{14.9}$$

式(14.9)说明,质点系的平衡条件是系统所有的广义力都等于零。这就是用广义坐标表示的质点系的平衡条件。

求广义力的方法有两种:一种方法是直接从定义式(14.7)出发进行计算;另一种是利用广义虚位移的任意性,令某一个 $\delta q_k \neq 0$,而其他 N-1 个广义虚位移都等于零,代入

$$\delta W_F = Q_k \delta q_k$$

从而

$$Q_k = \frac{\delta W_F}{\delta q_k} \tag{14.10}$$

在解决实际问题时,往往采用第 2 种方法比较方便。下面举例说明。

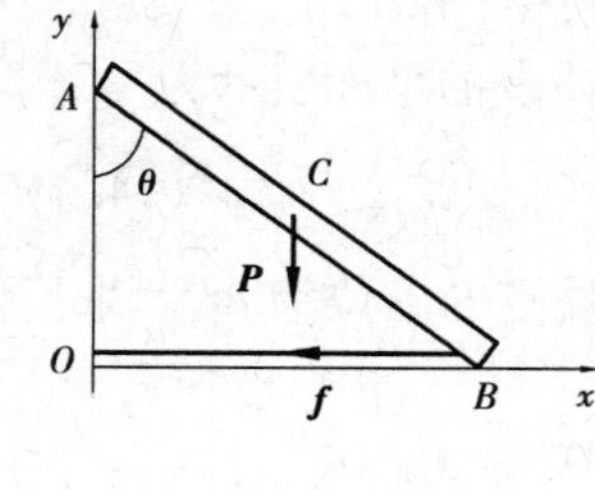

图 14.2

例 14.1 如图 14.2 所示,一长为 L,重为 $\boldsymbol{P}$ 的均质直杆 AB,斜靠在光滑的墙和光滑的水平地面之间。为防止杆滑倒,在杆端 B 和墙角之间用一轻绳拉住,使直杆与墙的夹角为 θ。求绳子的张力。

解 取杆为研究对象。杆受到的力有重力 $\boldsymbol{P}$、绳的张力 $\boldsymbol{f}$,墙和水平面对杆的约束力(图中未画出)。因为接触面都光滑,所以杆受理想约束。

系统只有一个自由度,选 θ 为广义坐标。根据虚功原理,有

$$\boldsymbol{P} \cdot \delta \boldsymbol{r}_C + \boldsymbol{f} \cdot \delta \boldsymbol{r}_B = 0 \tag{a}$$

建立如图 14.2 所示 xOy 坐标系,则

$$\boldsymbol{P} = -P\boldsymbol{j}, \boldsymbol{f} = -f\boldsymbol{i}$$

$$\delta \boldsymbol{r}_C = \delta x_C \boldsymbol{i} + \delta y_C \boldsymbol{j}, \delta \boldsymbol{r}_B = \delta x_B \boldsymbol{i} + \delta y_B \boldsymbol{j}$$

代入式(a),得

$$-P\delta y_C - f\delta x_B = 0 \tag{b}$$

下面采用解析法求 δy_C、δx_B 之间的关系。因为

$$y_C = \frac{1}{2}L\cos\theta$$

$$x_B = L\sin\theta$$

所以

$$\delta y_C = -\frac{1}{2}L\sin\theta\delta\theta$$

$$\delta x_B = L\cos\theta\delta\theta$$

代入式(b),得

$$\left(\frac{1}{2}PL\sin\theta - fL\cos\theta\right)\delta\theta = 0$$

因为 $\delta\theta$ 是任意的,所以有

$$\frac{1}{2}PL\sin\theta - fL\cos\theta = 0$$

解得

$$f = \frac{1}{2}P\tan\theta$$

例 14.2 如图 14.3 所示的复合摆机构中,杆 OA 和 AB 以铰链相连,能在垂直平面内绕固定铰链 O 转动,杆长 $OA = l_1$,$AB = l_2$,杆重和铰链摩擦都不计。今在点 A 和 B 分别作用向下的铅垂力 $\boldsymbol{F}_1$ 和 $\boldsymbol{F}_2$,又在点 B 作用一水平力 $\boldsymbol{F}$。试求平衡时 φ_1、φ_2 与 $\boldsymbol{F}_1$,$\boldsymbol{F}_2$,$\boldsymbol{F}$ 之间的关系 。

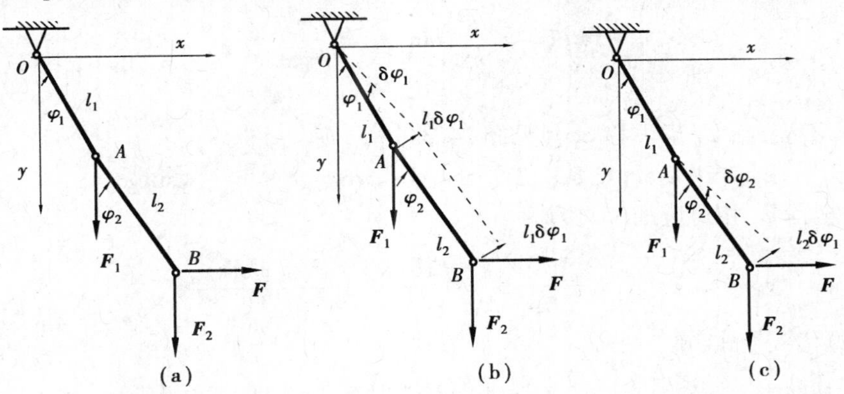

图 14.3

解 取整个系统为研究对象。系统所受约束为光滑铰链,是理想约束。

A、B 两个质点具有 4 个自由度,但有两个约束方程,即

$$x_A^2 + y_A^2 = l_1^2, (x_B - x_A)^2 + (y_B - y_A)^2 = l_2^2$$

所以该系统自由度数 $s = 4 - 2 = 2$。选 φ_1、φ_2 为广义坐标。

第 1 种方法:

用广义坐标表示 A、B 点的位置

$$x_A = l_1\sin\varphi_1$$

$$y_A = l_1\cos\varphi_1$$

$$x_B = l_1\sin\varphi_1 + l_2\sin\varphi_2$$

$$y_B = l_1\cos\varphi_1 + l_2\cos\varphi_2$$

则

$$\frac{\partial y_A}{\partial \varphi_1} = -l_1 \sin \varphi_1$$

$$\frac{\partial y_B}{\partial \varphi_1} = -l_1 \sin \varphi_1, \frac{\partial x_B}{\partial \varphi_1} = l_1 \cos \varphi_1$$

$$\frac{\partial y_A}{\partial \varphi_2} = -l_2 \sin \varphi_2$$

$$\frac{\partial y_B}{\partial \varphi_2} = -l_2 \sin \varphi_2, \frac{\partial x_B}{\partial \varphi_2} = l_2 \cos \varphi_2$$

与广义坐标 φ_1、φ_2 相对应的广义力 Q_1、Q_2 分别为

$$Q_1 = F_1 \frac{\partial y_A}{\partial \varphi_1} + \left(F_2 \frac{\partial y_B}{\partial \varphi_1} + F \frac{\partial x_B}{\partial \varphi_1}\right) = -F_1 l_1 \sin \varphi_1 - F_2 l_1 \sin \varphi_1 + F l_1 \cos \varphi_1$$

$$Q_2 = F_1 \frac{\partial y_A}{\partial \varphi_2} + \left(F_2 \frac{\partial y_B}{\partial \varphi_2} + F \frac{\partial x_B}{\partial \varphi_2}\right) = -F_1 l_2 \sin \varphi_2 - F_2 l_2 \sin \varphi_2 + F l_2 \cos \varphi_2$$

系统平衡时,应有

$$Q_1 = -F_1 l_1 \sin \varphi_1 - F_2 l_1 \sin \varphi_1 + F l_1 \cos \varphi_1 = 0$$

$$Q_2 = -F_2 l_2 \sin \varphi_2 - F_2 l_2 \sin \varphi_2 + F l_2 \cos \varphi_2 = 0$$

解得

$$\tan \varphi_2 = \frac{F}{F_2}, \tan \varphi_1 = \frac{F}{F_1 + F_2}$$

第 2 种方法:

保持 φ_2 不变,给 φ_1 虚位移 $\delta\varphi_1$(见图 14.3(b)),则

$$\delta y_A = -l_1 \sin \varphi_1 \delta\varphi_1, \delta x_B = l_1 \cos \varphi_1 \delta\kappa_1, \delta y_B = -l_1 \sin \varphi_1 \delta\varphi_1 \tag{a}$$

与广义坐标 φ_1 相对应的广义力为

$$Q_1 = \frac{\sum \delta W_1}{\delta\varphi_1} = \frac{F_1 \delta y_A + F_2 \delta y_B + F \delta x_B}{\delta\varphi_1}$$

将式(a)代入上式,得

$$Q_1 = -(F_1 + F_2) l_1 \sin \varphi_1 + F l_1 \cos \varphi_1$$

保持 φ_1 不变,给 φ_2 虚位移 $\delta\varphi_2$,(见 14.3(c)),则

$$\delta y_A = 0, \delta x_B = l_2 \cos \varphi_2 \delta\varphi_2, \delta y_B = -l_2 \sin \varphi_2 \delta\varphi_2$$

与广义坐标 φ_2 相对应的广义力为

$$Q_2 = \frac{\sum \delta W_2}{\delta\varphi_2} = \frac{F_1 \delta y_A + F_2 \delta y_B + F \delta x_B}{\delta\varphi_2}$$

$$= -(F_1 + F_2) l_2 \sin \varphi_2 + F_2 l_2 \cos \varphi_2 + F l_2 \cos \varphi_2$$

显然,两种方法所得的广义力相同。

下面研究质点系在势力场中的情况。如果作用在质点系上的主动力都是有势力,则势能应为各质点坐标的函数,记为

$$V = V(x_1, y_1, z_1, \cdots, x_B, y_B, z_B) \tag{14.11}$$

此时虚功方程(14.6)中各力的投影都可写为用势能 V 表达的形式,即

$$F_{xi}=-\frac{\partial V}{\partial x_i},F_{yi}=-\frac{\partial V}{\partial y_i},F_{zi}=-\frac{\partial V}{\partial z_i}$$

于是有

$$\begin{aligned}\delta W_F&=\sum(F_{xi}\delta x_i+F_{yi}\delta y_i+F_{zi}\delta z_i)\\&=-\sum\left(\frac{\partial V}{\partial x_i}\delta x_i+\frac{\partial V}{\partial y_i}\delta y_i+\frac{\partial V}{\partial z_i}\delta z_i\right)\\&=-\delta V\end{aligned}$$

这样,虚位移原理的表达式成为

$$\delta V=0 \tag{14.12}$$

式(14.12)说明,在势力场中,具有理想约束的质点系的平衡条件为质点系的势能在平衡位置处一阶变分为零。

如果用广义坐标 $q_1,q_2,\cdots,q_N$ 表示质点系的位置,则质点系的势能可写为广义坐标的函数,即

$$V=V(q_1,q_2,\cdots,q_N)$$

根据广义力的表达式(14.7),在势力场中可将广义力 Q_k 写成用势能表达的形式,即

$$\begin{aligned}Q_k&=\sum\left(F_{xi}\frac{\partial x_i}{\partial q_k}+F_{yi}\frac{\partial y_i}{\partial q_k}+F_{zi}\frac{\partial z_i}{\partial q_k}\right)\\&=-\sum\left(\frac{\partial V}{\partial x_i}\frac{\partial x_i}{\partial q_k}+\frac{\partial V}{\partial y_i}\frac{\partial y_i}{\partial q_k}+\frac{\partial V}{\partial z_i}\frac{\partial z_i}{\partial q_k}\right)\\&=-\frac{\partial V}{\partial q_k}\qquad k=1,2,\cdots,N\end{aligned} \tag{14.13}$$

这样由广义坐标表示的平衡条件可写为

$$Q_k=-\frac{\partial V}{\partial q_k}=0\qquad k=1,2,\cdots,N \tag{14.14}$$

即在势力场中,具有理想约束的质点系的平衡条件是势能对于每个广义坐标的偏导数分别等于零。

式(14.12)和式(14.14)对于求解弹性系统的平衡问题具有重要意义。

引用势能,还可分析保守系统的平衡稳定性问题。满足平衡条件的保守系统可能处于不同的平衡状态。例如,如图14.4所示的3个小球,就具有3种不同的平衡状态:图14.4(a)中的小球,在一个凹曲面的最低点处平衡,当给小球一个很小的扰动后,小球在重力作用下,仍然会回到原来的平衡位置,这种平衡状态称为**稳定平衡**;图14.4(b)中的小球在一水平平面上平衡,小球在周围平面上的任一点都可以平衡,这种平衡状态称为**随遇平衡**;图14.3(c)中的小球在一个凸曲面的顶点上平衡,当给小球一个很小的扰动后,小球在重力的作用下会滚下去,不再回到原来的平衡位置,这种平衡状态称为**不稳定平衡**。

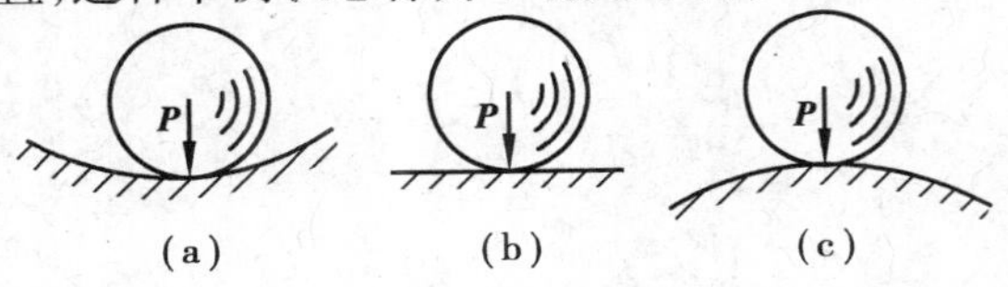

图14.4

上述 3 种平衡状态都满足势能在平衡位置处 $\delta V=0$ 的平衡条件，即$\dfrac{\partial V}{\partial q_k}=0(k=1,2,\cdots,N)$。但由图 14.4 可知，在稳定平衡位置处，当系统受到扰动后，在新的可能位置处，系统的势能都高于平衡位置处的势能，因此，在稳定平衡的平衡位置处，系统势能具有极小值。系统可从高势能位置回到低势能位置。相反，在不稳定平衡位置上，系统势能具有极大值。没有外力作用时，系统不能从低势能位置回到高势能位置。对于随遇平衡，系统在某位置附近其势能是不变的，所以其附近任何可能位置都是平衡位置。

对于一个自由度系统，系统具有一个广义坐标 q，因此系统势能可表示为 q 的一元函数，即 $V=V(q)$。当系统平衡时，根据式(14.14)，在平衡位置处有

$$\frac{\mathrm{d}V}{\mathrm{d}q}=0$$

如果系统处于稳定平衡状态，则在平衡位置处，系统势能具有极小值，即系统势能对广义坐标的二阶导数大于零

$$\frac{\mathrm{d}^2V}{\mathrm{d}q^2}>0$$

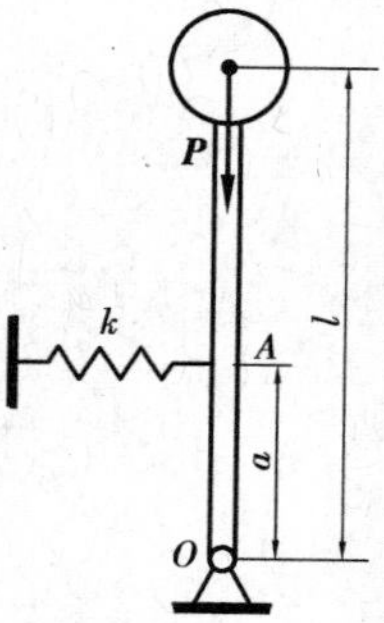

上式是一个自由度系统平衡的稳定性判据。

例 14.3 如图 14.5 所示一倒置的摆，摆锤质量为 $\boldsymbol{P}$，摆杆长度为 l，在摆杆上的点 A 连有一刚度为 k 的水平弹簧，摆在铅直位置时弹簧未变形。设 $OA=a$，摆杆质量不计。求摆杆的平衡位置及稳定平衡时所应满足的条件。

图 14.5

解 该系统是一个自由度系统，选择摆角 φ 为广义坐标，摆的铅直位置为摆锤重力势能和弹簧弹性势能的零点。对任一摆角 φ，当 $|\varphi|\ll 1$ 时，系统的总势能为

$$V=-Pl(1-\cos\varphi)+\frac{1}{2}ka^2\varphi^2=-2Pl\sin^2\frac{\varphi}{2}+\frac{1}{2}ka^2\varphi^2$$

注意到 $\sin\dfrac{\varphi}{2}\approx\dfrac{\varphi}{2}$，所以上式改写为

$$V=\frac{1}{2}(ka^2-Pl)\varphi^2$$

因此

$$\frac{\mathrm{d}V}{\mathrm{d}\varphi}=(ka^2-Pl)\varphi$$

由$\dfrac{\mathrm{d}V}{\mathrm{d}\varphi}=0$，得到系统的平衡位置为 $\varphi=0$。

对于稳定平衡，要求$\dfrac{\mathrm{d}^2V}{\mathrm{d}\varphi^2}>0$，即

$$\frac{\mathrm{d}^2V}{\mathrm{d}\varphi^2}=ka^2-Pl>0$$

解得

$$a>\sqrt{\frac{Pl}{k}}$$

14.3　动力学普遍方程

实际问题中,质点系中各质点在运动时往往并不都是自由的,它们会受到约束,有约束力作用在质点系的质点上。约束力的作用是保证质点系在运动过程中满足约束条件,在建立质点系的动力学方程时,不可避免要代入约束力。约束力是一种“被动的”力,是未知量。如果只是关心质点系的运动,求解这些约束力会增加不必要的计算量,因此希望能建立一种不含约束力的动力学方程。虚位移原理提供了如何建立不含约束力的平衡方程,而达朗贝尔原理提供了用静力学的方法求解动力学问题的思路,两者的结合能有所裨益。

考虑由 n 个质点组成的系统,设第 i 个质点的质量为 m_i,矢径为 $\boldsymbol{r}_i$,加速度为$\ddot{\boldsymbol{r}}_i$,其上作用有主动力 $\boldsymbol{F}_i$,约束力 $\boldsymbol{F}_{Ni}$。令 $\boldsymbol{F}_{Ii}=-m_i\ddot{\boldsymbol{r}}_i$ 为第 i 个质点的惯性力,则由达朗贝尔原理,作用在整个质点系上的主动力、约束力和惯性力系应组成平衡力系。若系统只受理想约束作用,则由虚位移原理

$$\sum(\boldsymbol{F}_i+\boldsymbol{F}_{Ni}+\boldsymbol{F}_{Ii})\cdot\delta\boldsymbol{r}_i=\sum(\boldsymbol{F}_i-m_i\boldsymbol{a}_i)\cdot\delta\boldsymbol{r}_i=0 \tag{14.15}$$

其解析表达式为

$$\sum[(F_{ix}-m_i\ddot{x}_i)\cdot\delta x_i+(F_{iy}-m_i\ddot{y}_i)\cdot\delta y_i+(F_{iz}-m_i\ddot{z}_i)\cdot\delta z_i]=0$$

上式表明,在理想约束的条件下,质点系在任一瞬时所受的主动力系和虚加的惯性力系在虚位移上所作的虚功之和等于零。式(14.15)称为**动力学普遍方程**。事实上也可看作是动力学的虚功原理,于是式(14.15)也就是动力学的虚功方程。

动力学普遍方程将达朗贝尔原理与虚位移原理结合起来,可求解质点系的动力学问题,特别适合于求解非自由质点系的动力学问题。对于具有非理想约束的质点系,应用时只需要把非理想约束的约束反力视为主动力即可。对于连续质点系(如刚体、刚体系统等),其动力学问题求解的实现过程与虚位移原理大致相同,区别只是在受力分析时要在各连续质点系上虚加合成后的惯性力。

下面举例说明动力学普遍方程的应用:

例14.4　图14.6中,两相同均质圆轮半径皆为R,质量皆为m。轮Ⅰ可绕轴O转动,轮Ⅱ绕有细绳并跨于轮Ⅰ上。当细绳直线部分为铅垂时,求轮Ⅱ中心C的加速度。

解　研究整个系统。系统具有理想约束。轮Ⅰ绕定轴转动,轮Ⅱ作平面运动,设轮Ⅰ,Ⅱ的角加速度分别为α_1,α_2,轮Ⅱ质心C的加速度为$\boldsymbol{a}_C$,则系统的惯性力系可以简化成

$$F_I=ma_C,M_{I1}=\frac{1}{2}mR^2\alpha_1,M_{I2}=\frac{1}{2}mR^2\alpha_2$$

方向如图14.6所示。

此系统具有两个自由度,取轮Ⅰ、轮Ⅱ的转角φ_1、φ_2为广义坐标。

令$\delta\varphi_1=0,\delta\varphi_2\neq0$,则点$C$下降$\delta h=R\delta\varphi_2$。根据动力学普遍方程,有

$$mg\delta h-M_{I2}\delta\varphi_2-F_I\delta h=0$$

即

$$g-\frac{1}{2}\alpha_2 R-a=0$$

再令 $\delta\varphi_1\neq 0,\delta\varphi_2=0$，则 $\delta h=R\delta\varphi_1$，代入动力学普遍方程，得

$$mg\delta h-M_{\mathrm{I}1}\delta\varphi_1-F_{\mathrm{I}}\delta h=0$$

即

$$g-\frac{1}{2}\alpha_1 R-a=0$$

考虑到运动学关系

$$a_A=\alpha_1 R,a_A=a_B,a_C=a_B+a_{CB}$$

得

$$a_C=R\alpha_1+R\alpha_2$$

联立求解，得

$$a_C=\frac{4}{5}g$$

例 14.5 如图 14.7 所示，三棱柱 A 沿三棱柱 B 的光滑斜面滑动，三棱柱 B 置于光滑水平面上，A 和 B 的质量分别为 m_A 和 m_B，斜面倾角为 α。求三棱柱 B 的加速度。

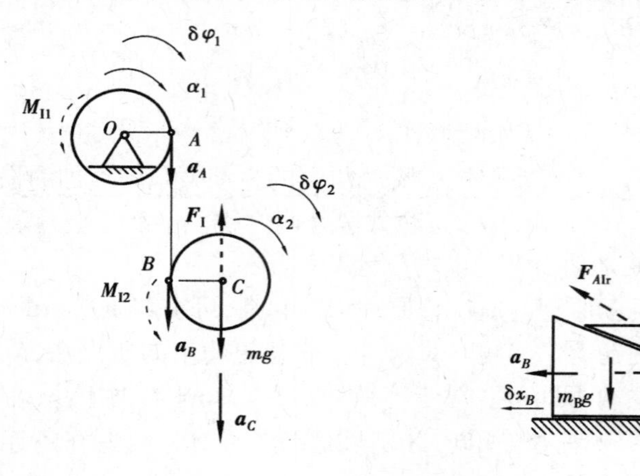

图 14.6

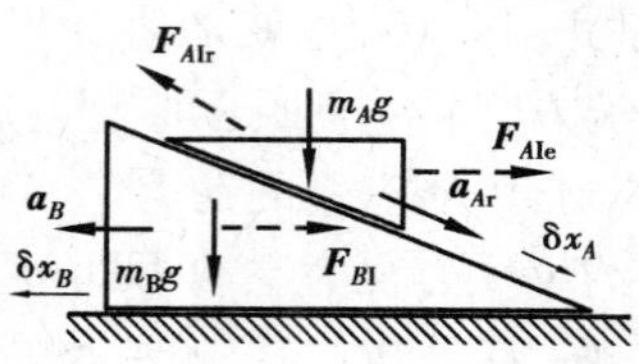

图 14.7

解 取整个系统为研究对象，系统具有理想约束。系统所受的主动力为 $m_A\boldsymbol{g}$ 和 $m_B\boldsymbol{g}$。设三棱柱 B 的加速度为 $\boldsymbol{a}_B$，三棱柱 A 沿三棱柱 B 下滑的加速度为 $\boldsymbol{a}_{Ar}$，则系统的惯性力系简化为

$$F_{B\mathrm{I}}=m_B a_B,F_{A\mathrm{Ir}}=m_A a_{Ar},F_{A\mathrm{Ie}}=m_A a_B$$

方向如图 14.7 所示。

此系统具有两个自由度，取三棱柱 B 的位移 x_B 和三棱柱 A 相对三棱柱 B 的位移 x_A 为广义坐标。

令 $\delta x_A\neq 0,\delta x_B=0$，由动力学普遍方程，有

$$(-F_{A\mathrm{Ir}}+m_A g\sin\alpha+F_{A\mathrm{Ie}}\cos\alpha)\delta x_A=0 \tag{a}$$

令 $\delta x_A=0,\delta x_B\neq 0$，由动力学普遍方程，有

$$(-F_{B\mathrm{I}}-F_{A\mathrm{Ie}}+F_{A\mathrm{Ir}}\cos\alpha)\delta x_B=0 \tag{b}$$

联立求解式(a)、式(b)，得

$$a_B = \frac{m_A g \sin 2\alpha}{2(m_A \sin^2 \alpha + m_B)}$$

由以上例题可知，用动力学普遍方程求解问题的关键是将约束方程代入虚功方程，再利用独立虚位移的任意性求解。由此可从约束方程的一般形式(14.3)出发，得到普遍性的结果，这就是著名的拉格朗日方程

14.4　拉格朗日方程

上一节所讨论的动力学普遍方程是以直角坐标表示的，由于系统存在约束，故方程中各质点的虚位移并不都是独立的。因此，在应用动力学普遍方程求解动力学问题时需要寻求各虚位移之间的关系，有时很不方便。

虚位移原理在广义坐标下可表示为系统的各广义力等于零，动力学普遍方程也有类似的结果。下面将推导广义坐标形式下的动力学普遍方程，以便求解非自由质点系的动力学问题。

14.4.1　第二类拉格朗日方程

设由 n 个质点组成的系统受 s 个完整约束作用(式(14.3))。系统具有 $N=3n-s$ 个自由度。设 $q_1, q_2, \cdots, q_N$ 为系统的一组广义坐标，且由式(14.3)中可解出

$$\boldsymbol{r}_i = \boldsymbol{r}_i(q_1, q_2, \cdots, q_N, t) \qquad i = 1, 2, \cdots, n$$

上式即式(14.4)，对上式两边求变分，得到

$$\delta \boldsymbol{r}_i = \sum_{k=1}^{N} \frac{\partial \boldsymbol{r}_i}{\partial q_k} \delta q_k$$

注意到

$$\sum_{i=1}^{n} \boldsymbol{F}_i \cdot \delta \boldsymbol{r}_i = \sum_{k=1}^{N} Q_k \delta q_k$$

将以上两式代入式(14.15)并注意交换求和次序，得

$$\sum_{i=1}^{n} (\boldsymbol{F}_i - m_i \boldsymbol{a}_i) \cdot \delta \boldsymbol{r}_i = \sum_{k=1}^{N} \left(Q_k - \sum_{i=1}^{n} m_i \ddot{\boldsymbol{r}}_i \cdot \frac{\partial \boldsymbol{r}_i}{\partial q_k}\right) \delta q_k = 0$$

对于完整约束系统，其广义坐标是相互独立的，故 $\delta q_k (k=1,2,\cdots,N)$ 是任意的。为使上式恒成立，必须有

$$Q_k - \sum_{i=1}^{n} m_i \ddot{\boldsymbol{r}}_i \cdot \frac{\partial \boldsymbol{r}_i}{\partial q_k} = 0 \qquad k = 1, 2, \cdots, N \tag{14.16}$$

方程组(14.16)中的第 2 项与广义力 Q_k 相对应，可称为广义惯性力。

式(14.16)不便于直接应用，为此可作如下变换：

(1)
$$\frac{\partial \dot{\boldsymbol{r}}_i}{\partial \dot{q}_k} = \frac{\partial \boldsymbol{r}_i}{\partial q_k} \tag{14.17}$$

证明　将方程(14.4)两边对时间求导数

$$\dot{\boldsymbol{r}}_i = \frac{\partial \boldsymbol{r}_i}{\partial t} + \sum_{k=1}^{N} \frac{\partial \boldsymbol{r}_i}{\partial q_k} \dot{q}_k$$

注意$\frac{\partial \boldsymbol{r}_i}{\partial q_k}$和$\frac{\partial \boldsymbol{r}_i}{\partial t}$只是广义坐标和时间的函数，将上式两边对 $\dot{q}_k$ 求偏导数，即得式(14.17)。

(2)
$$\frac{\mathrm{d}}{\mathrm{d}t}\left(\frac{\partial r_i}{\partial q_k}\right)=\frac{\partial \dot{r}_i}{\partial q_k} \tag{14.18}$$

证明 这实际上是一个交换求导次序的问题。由式(14.4)

$$\frac{\partial \boldsymbol{r}_i}{\partial q_k}=\frac{\partial \boldsymbol{r}_i}{\partial q_k} \quad q_1,q_2,\cdots,q_N,t$$

对时间求微分

$$\frac{\mathrm{d}}{\mathrm{d}t}\left(\frac{\partial \boldsymbol{r}_i}{\partial q_j}\right)=\frac{\partial^2 \boldsymbol{r}_i}{\partial t \partial q_j}+\sum_{k=1}^{N}\frac{\partial^2 \boldsymbol{r}_i}{\partial q_j \partial q_k}\dot{q}_k \tag{14.19}$$

而

$$\frac{\partial \dot{\boldsymbol{r}}_i}{\partial q_k}=\frac{\partial^2 \boldsymbol{r}_i}{\partial q_k \partial t}+\sum_{k=1}^{N}\frac{\partial^2 \boldsymbol{r}_i}{\partial q_j \partial q_k}\dot{q}_k \tag{14.20}$$

若函数 $\boldsymbol{r}_i=\boldsymbol{r}_i(q_1,q_2,\cdots,q_N,t)$ 的一阶和二阶偏导数连续，则式(14.19)与式(14.20)相等，从而式(14.18)成立。

由式(14.17)和式(14.18)，有

$$\begin{aligned}\sum_{i=1}^{n}m_i\ddot{\boldsymbol{r}}_i\cdot\frac{\partial \boldsymbol{r}_i}{\partial q_k}&=\sum_{i=1}^{n}m_i\frac{\mathrm{d}}{\mathrm{d}t}\left(\dot{\boldsymbol{r}}_i\cdot\frac{\partial \boldsymbol{r}_i}{\partial q_k}\right)-\sum_{i=1}^{n}m_i\dot{\boldsymbol{r}}_i\cdot\frac{\mathrm{d}}{\mathrm{d}t}\left(\frac{\partial \boldsymbol{r}_i}{\partial q_k}\right)\\&=\sum_{i=1}^{n}m_i\frac{\mathrm{d}}{\mathrm{d}t}\left(\dot{\boldsymbol{r}}_i\cdot\frac{\partial \dot{\boldsymbol{r}}_i}{\partial \dot{q}_k}\right)-\sum_{i=1}^{n}m_i\dot{\boldsymbol{r}}_i\cdot\frac{\partial \dot{\boldsymbol{r}}_i}{\partial q_k}\\&=\frac{\mathrm{d}}{\mathrm{d}t}\sum_{i=1}^{n}m\dot{\boldsymbol{r}}_i\cdot\frac{\partial \dot{\boldsymbol{r}}_i}{\partial \dot{q}_k}-\frac{\partial}{\partial q_k}\sum_{i=1}^{n}\left(\frac{1}{2}m_i\dot{\boldsymbol{r}}_i\cdot\dot{\boldsymbol{r}}\right)\\&=\frac{\mathrm{d}}{\mathrm{d}t}\left[\frac{\partial}{\partial \dot{q}_k}\sum_{i=1}^{n}\left(\frac{1}{2}m_iv_i^2\right)\right]-\frac{\partial}{\partial q_k}\sum_{i=1}^{n}\left(\frac{1}{2}m_iv_i^2\right)\\&=\frac{\mathrm{d}}{\mathrm{d}t}\left(\frac{\partial T}{\partial \dot{q}_k}\right)-\frac{\partial T}{\partial q_k}\end{aligned} \tag{14.21}$$

式中 $v_i^2=\dot{\boldsymbol{r}}_i\cdot\dot{\boldsymbol{r}}$——第 i 个质点速度的平方：$T=\sum_{i=1}^{n}\left(\frac{1}{2}m_iv_i^2\right)$——质点系的动能。

将式(14.21)代入式(14.16)，得到

$$\frac{\mathrm{d}}{\mathrm{d}t}\left(\frac{\partial T}{\partial \dot{q}_k}\right)-\frac{\partial T}{\partial q_k}=Q_k \quad k=1,2,\cdots,N \tag{14.22}$$

式(14.22)称为第二类拉格朗日方程，简称拉格朗日方程，该方程组为二阶常微分方程组，其中方程式的数目等于质点系的自由度数。

如果作用在质点系上的主动力都是有势力(保守力)，则广义力 Q_k 可写成用质点系势能表达的形式(式(14.13))，于是拉格朗日方程可以写成

$$\frac{\mathrm{d}}{\mathrm{d}t}\left(\frac{\partial T}{\partial \dot{q}_k}\right)-\frac{\partial T}{\partial q_k}=-\frac{\partial V}{\partial q_k} \quad k=1,2,\cdots,N \tag{14.22a}$$

引入拉格朗日函数(又称为动势),即

$$L = T - V$$

并注意势能不是广义速度的函数,则拉格朗日方程又可以写成

$$\frac{\mathrm{d}}{\mathrm{d}t}\left(\frac{\partial L}{\partial \dot{q}_k}\right) - \frac{\partial L}{\partial q_k} = 0 \qquad k = 1,2,\cdots,N \tag{14.22b}$$

如果质点系所受的力既有有势力,又有非有势力,令 V 为质点系对应有势力的势能,Q'_k 为与非有势力相应的广义力,则式(14.22b)可写为

$$\frac{\mathrm{d}}{\mathrm{d}t}\left(\frac{\partial L}{\partial \dot{q}_k}\right) - \frac{\partial L}{\partial q_k} = Q'_k \qquad k = 1,2,\cdots,N \tag{14.22c}$$

拉格朗日方程是解决完整约束系统动力学问题的普遍方程。它形式简洁、便于计算,广泛用于求解复杂质点系的动力学问题。

14.4.2　用拉氏方程求解动力学问题的步骤

拉氏方程是一组对应于广义坐标 $q_1,q_2\cdots,q_N$ 的 N 个独立的二阶微分方程,式中消去了全部理想约束的未知约束反力。这个方程组的最大优点在于可遵循完全系统化的方案写出,其步骤大致可归纳如下:

①以系统为研究对象,确定质点系的自由度数目,选择适宜的坐标。必须注意,不能遗漏独立的坐标,也不能选择多余的(不独立的)坐标。

②用广义坐标、广义速度的函数表示系统的动能,并计算下列诸导数

$$\frac{\partial T}{\partial \dot{q}_k},\frac{\partial T}{\partial q_k},\frac{\mathrm{d}}{\mathrm{d}t}\left(\frac{\partial T}{\partial \dot{q}_k}\right)$$

或者,当系统的主动力都是有势力时,先求出系统的势能 $V(q)$,以及动势 $L=T-V$,然后求出诸导数

$$\frac{\partial L}{\partial \dot{q}_k},\frac{\partial L}{\partial q_k},\frac{\mathrm{d}}{\mathrm{d}t}\left(\frac{\partial L}{\partial \dot{q}_k}\right)$$

③求广义力,如在有势力外还有一些非有势力,则需要求出由这些非有势力决定的广义力 Q'_k,这一步也可在步骤②之前进行。

④将以上结果代入拉氏方程,经过整理,可得到用广义坐标表示的质点系运动微分方程,然后由这些方程求出系统的加速度;或者通过积分把各广义坐标表示成时间的已知函数,即求出运动规律。

下面举例说明拉氏方程的应用。

例 14.6　在水平面内运动的行星齿轮机构如图 14.8 所示。均质系杆 OA 的质量为 m_1,可绕轴 O 转动,另一端装有一质量为 m_2、半径为 r 的均质小齿轮,小齿轮沿半径为 R 的固定大齿轮纯滚动。初始时,系统静止,系杆 OA 位于图示 OA_0 位置。当系杆 OA 受大小不变力偶 M 的作用时,求系杆 OA 的运动方程。

解　取系统为研究对象。系统的约束皆为完整、理想、定常约束。系统具有一个自由度,可取系杆 OA 的转角 φ 为广义坐标。

设 A 点的速度为 $\boldsymbol{v}_A$,小齿轮的绝对角速度为 ω_A,由运动学知识得

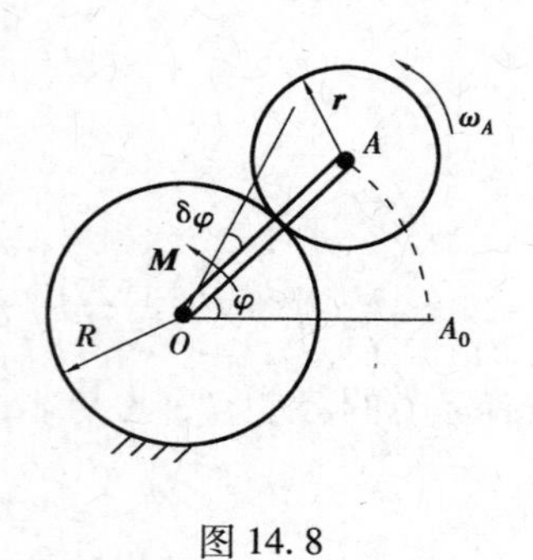

图 14.8

$$v_A = (R+r)\dot{\varphi}, \omega_A = \frac{v_A}{r} = \frac{(R+r)}{r}\dot{\varphi}$$

系统的动能等于系杆的动能与小齿轮的动能的和，即

$$T = \frac{1}{2}J_O\dot{\varphi}^2 + \left(\frac{1}{2}m_2 v_A^2 + \frac{1}{2}J_A\dot{\varphi}_A^2\right)$$
$$= \frac{1}{2}J_o\dot{\varphi}^2 + \left[\frac{1}{2}m_2(R+r)^2\dot{\varphi}^2 + \frac{1}{2}J_A\left(\frac{R+r}{r}\right)^2\dot{\varphi}^2\right]$$
$$= \frac{1}{12}(2m_1 + 9m_2)(R+r)^2\dot{\varphi}^2$$

所以

$$\frac{\partial T}{\partial \dot{\varphi}} = \frac{1}{6}(2m_1 + 9m_2)(R+r)^2\dot{\varphi}, \frac{\partial T}{\partial \varphi} = 0$$

广义力

$$Q_\varphi = \frac{\sum \delta W_F}{\delta\varphi} = \frac{M\delta\varphi}{\delta\varphi} = M$$

将以上结果代入式(14.22)形式的拉格朗日方程，即

$$\frac{\mathrm{d}}{\mathrm{d}t}\left(\frac{\partial T}{\partial \dot{\varphi}}\right) - \frac{\partial T}{\partial \varphi} = Q_\varphi$$

得

$$\frac{1}{6}(2m_1 + 9m_2)(R+r)^2\ddot{\varphi} = M$$

解得

$$\ddot{\varphi} = \frac{6M}{(2m_1 + 9m_2)(R+r)^2}$$

积分并代入运动初始条件，得系杆 OA 的运动方程为

$$\varphi = \frac{3M}{(2m_1 + 9m_2)(R+r)^2}t^2$$

例 14.7 如图 14.9 所示的系统中，轮 A 沿水平面纯滚动，轮心以水平弹簧联于墙上，质量为 m_1 的物块 C 以细绳跨过定滑轮 B 联于 A 点。A、B 两轮皆为均质圆轮，半径为 R，质量为 m_2。弹簧刚度为 k，质量不计。当弹簧较软，在细绳能始终保持张紧的条件下，求此系统的运动微分方程。

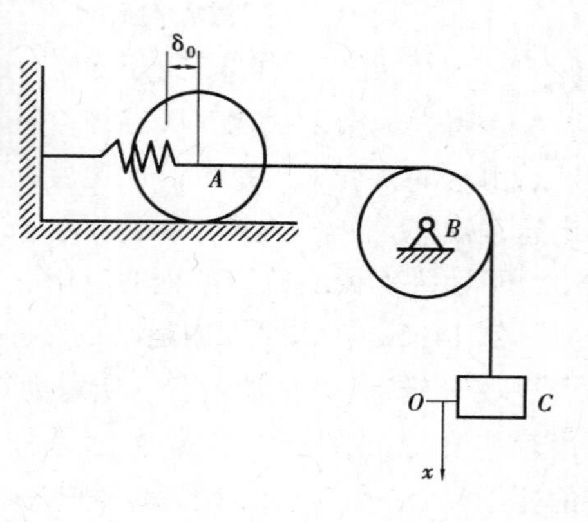

图 14.9

解 取系统为研究对象。此系统具有一个自由度，主动力均为有势力。以物块平衡位置为原点，取 x 为广义坐标，如图 14.9 所示。

以平衡位置为重力势能零点，取弹簧原长处为弹性力零势能点，则系统在任意位置 x 处的势能为

$$V = \frac{1}{2}k(\delta_0 + x)^2 - m_1 g x$$

式中　δ_0——平衡位置处弹簧的伸长量。

由运动学关系可知，当物块速度为 $\dot{x}$ 时，轮 A 质心速度为 $\dot{x}$，轮 A、B 的角速度均为$\dfrac{\dot{x}}{R}$。因此，此系统的动能为

$$
\begin{aligned}
T &= \frac{1}{2}m_1\dot{x}^2 + \frac{1}{2}\cdot\frac{1}{2}m_2R^2\left(\frac{\dot{x}}{R}\right)^2 + \frac{1}{2}m_2\dot{x}^2 + \frac{1}{2}\cdot\frac{1}{2}m_2R^2\left(\frac{\dot{x}}{R}\right)^2 \\
&= \left(m_2 + \frac{1}{2}m_1\right)\dot{x}^2
\end{aligned}
$$

系统的动势为

$$L = T - V = (m_2 + \frac{1}{2}m_1)\dot{x}^2 - \frac{1}{2}k(\delta_0 + x)^2 + m_1gx$$

代入式(14.22b)形式的拉格朗日方程

$$\frac{\mathrm{d}}{\mathrm{d}t}\left(\frac{\partial L}{\partial \dot{x}}\right) - \frac{\partial L}{\partial x} = 0$$

得

$$(2m_2 + m_1)\ddot{x} + k\delta_0 + kx - m_1g = 0$$

注意到 $k\delta_0 = m_1g$，则系统的运动微分方程为

$$(2m_2 + m_1)\ddot{x} + kx = 0$$

例 14.8　如图 14.10 所示，滑块 A 质量为 m_1，与刚度为 k 的弹簧相连，可在光滑水平面上滑动。滑块 A 上又连一单摆，质量为 m_2，摆长为 $2L$。今在 A 处施加一水平力 $\boldsymbol{F}(t)$，试列出该系统的运动微分方程。

解　取系统为研究对象。将弹簧力计入主动力，则系统成为具有完整、理想约束的二自由度系统。取 x、θ 为广义坐标，x 轴原点位于弹簧自然长度位置，θ 逆时针转向为正。

由运动学关系可知

$$v_A = \dot{x}, \boldsymbol{v}_C = \boldsymbol{v}_A + \boldsymbol{v}_{CA}$$

所以

$$v_{Cx} = \dot{x} + L\dot{\theta}\cos\theta, v_{Cy} = L\dot{\theta}\sin\theta$$

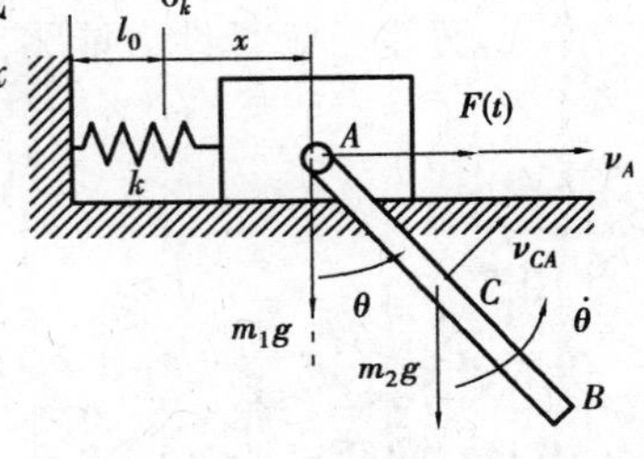

图 14.10

系统的动能为

$$T = \frac{1}{2}m_1v_A^2 + \frac{1}{2}m_2v_C^2 + \frac{1}{2}J_C\dot{\theta}^2 = \frac{1}{2}(m_1 + m_2)\dot{x}^2 + m_2\dot{x}L\dot{\theta}\cos\theta + \frac{2}{3}m_2L^2\dot{\theta}^2 \tag{a}$$

第 1 种方法：采用一般形式的第二类拉格朗日方程，则

$$
\begin{aligned}
&\frac{\mathrm{d}}{\mathrm{d}t}\left(\frac{\partial T}{\partial \dot{x}}\right) - \frac{\partial T}{\partial x} = Q_x \\
&\frac{\mathrm{d}}{\mathrm{d}t}\left(\frac{\partial T}{\partial \dot{\theta}}\right) - \frac{\partial T}{\partial \theta} = Q_\theta
\end{aligned}
\tag{b}
$$

与 x、θ 对应的广义力分别为

$$Q_x = \frac{[F(t) - kx]\delta x}{\delta x} = F(t) - kx$$

$$Q_\theta = \frac{-m_2 gL\sin\theta\delta\theta}{\delta\theta} = -m_2 gL\sin\theta \tag{c}$$

而由式(a),得

$$\frac{\partial T}{\partial x}=0,\frac{\partial T}{\partial \dot{x}}=(m_1+m_2)\dot{x}+m_2L\dot{\theta}\cos\theta$$

$$\frac{\mathrm{d}}{\mathrm{d}t}\left(\frac{\partial T}{\partial \dot{x}}\right)=(m_1+m_2)\ddot{x}+m_2L\ddot{\theta}\cos\theta-m_2L\dot{\theta}\sin\theta$$

$$\frac{\partial T}{\partial \theta}=-m_2\dot{x}L\dot{\theta}\sin\theta,\frac{\partial T}{\partial \dot{\theta}}=m_2\dot{x}L\cos\theta+\frac{4}{3}m_2L\dot{\theta}$$

$$\frac{\mathrm{d}}{\mathrm{d}t}\left(\frac{\partial T}{\partial \dot{\theta}}\right)=m_2\ddot{x}L\cos\theta-m_2\dot{x}L\dot{\theta}\sin\theta+\frac{4}{3}m_2L\ddot{\theta}$$

将以上结果与式(c)代入式(b),得系统的运动微分方程为

$$\begin{cases}(m_1+m_2)\ddot{x}+m_2L\ddot{\theta}\cos\theta-m_2L\dot{\theta}^2\sin\theta+kx=F(t)\\ \frac{1}{3}m_2(2L)^2\ddot{\theta}+m_2L\ddot{x}\cos\theta+m_2gL\sin\theta=0\end{cases}$$

第2种方法:采用式(14.22c)形式的拉格朗日方程

$$\frac{\mathrm{d}}{\mathrm{d}t}\left(\frac{\partial L}{\partial \dot{x}}\right)-\frac{\partial L}{\partial x}=Q'_x$$

$$\frac{\mathrm{d}}{\mathrm{d}t}\left(\frac{\partial L}{\partial \dot{\theta}}\right)-\frac{\partial L}{\partial \theta}=Q'_\theta \tag{d}$$

以弹簧原长为弹性势能零点,质心 C 最低位置处为重力势能零点,则系统的势能为

$$V=m_2gL(1-\cos\theta)+\frac{1}{2}kx^2$$

所以

$$L=T-V=\frac{1}{2}(m_1+m_2)\dot{x}^2+m_2\dot{x}L\dot{\theta}\cos\theta+\frac{2}{3}m_2L^2\dot{\theta}^2-m_2gL(1-\cos\theta)-\frac{1}{2}kx^2 \tag{e}$$

而非有势主动力的广义力为

$$Q'_x=\frac{F(t)\delta x}{\delta x}=F(t)$$

$$Q'_\theta=0 \tag{f}$$

将式(e)、式(f)代入式(d)中,同样得到系统的运动微分方程为

$$\begin{cases}(m_1+m_2)\ddot{x}+m_2L\ddot{\theta}\cos\theta-m_2L\dot{\theta}^2\sin\theta+kx=F(t)\\ \frac{1}{3}m_2(2L)^2\ddot{\theta}+m_2L\ddot{x}\cos\theta+m_2gL\sin\theta=0\end{cases}$$

14.4.3 第一类拉格朗日方程

对有些动力学系统,为了描述方便和便于计算机处理,在选取系统的位形参数时不必局限于广义坐标,而允许它们有部分冗余,这样就可导出带乘子的拉格朗日方程,也就是第一类拉

格朗日方程。

第一类拉格朗日方程采用拉格朗日乘子法,将动力学普遍方程化成无约束方程组来求解,其方程有如下形式

$$\boldsymbol{F}_i - m_i \ddot{\boldsymbol{r}}_i - \sum_{k=1}^{s} \lambda_k \frac{\partial f_k}{\partial r_i} = 0 \qquad i = 1,2,\cdots,n$$

方程中共有 $3n+s$ 个未知量,须与 s 个约束方程联立求解。$\lambda_k (k=1,2,\cdots,s)$ 为拉格朗日乘子,其物理意义是理想约束力的组合形式。需要注意的是,由于存在冗余参数,第一类拉格朗日方程的形式不唯一,因为对同一组位形参数,系统动能和广义力的表现形式不唯一,但最后确定的系统的动力学行为是一致的。

第一类拉格朗日方程可以求解具有非完整约束系统的动力学问题,因而其应用更为普遍。限于篇幅,本书不做详细介绍。

小　结

1. 确定质点系位置的独立参数称为广义坐标。在完整约束条件下,广义坐标的数目等于系统的自由度数。

2. 对应于广义坐标 q_k 的广义力为

$$Q_k = \sum_{i=1}^{n} \left(F_{xi} \frac{\partial x_i}{\partial q_k} + F_{yi} \frac{\partial y_i}{\partial q_k} + F_{zi} \frac{\partial z_i}{\partial q_k} \right) \qquad k = 1,2,\cdots,N$$

质点系平衡的条件是

$$Q_1 = Q_2 = \cdots = Q_N = 0$$

如果作用于质点系的力都是有势力,势能为 V,则系统的广义力可写为

$$Q_k = -\frac{\partial V}{\partial q_k} \qquad k = 1,2,\cdots,N$$

平衡条件可写为

$$\frac{\partial V}{\partial q_k} = 0 \qquad k = 1,2,\cdots,N$$

3. 动力学普遍方程是将虚位移原理与达朗贝尔原理结合起来,形成方程为

$$\sum (\boldsymbol{F}_i - m_i \ddot{\boldsymbol{r}}_i) \cdot \delta \boldsymbol{r}_i = 0$$

4. 拉格朗日方程是将约束方程的一般形式代入动力学普遍方程,再利用独立虚位移的任意性求解所得到的普遍性结果。根据代入约束方程的不同方式,可分为第一类和第二类拉格朗日方程。

5. 第二类拉格朗日方程

$$\frac{\mathrm{d}}{\mathrm{d}t}\left(\frac{\partial T}{\partial \dot{q}_k}\right) - \frac{\partial T}{\partial q_k} = Q_k \qquad k = 1,2,\cdots,N$$

第二类拉格朗日方程要求系统具有完整约束,它是一组标量形式的方程。

对于保守系统,广义力可用势能表示,记 $L = T - V$,则拉格朗日方程的形式为

$$\frac{\mathrm{d}}{\mathrm{d}t}\left(\frac{\partial L}{\partial \dot{q}_k}\right) - \frac{\partial L}{\partial q_k} = 0 \qquad k = 1,2,\cdots,N$$

6. 第一类拉格朗日方程采用拉格朗日乘子法，将动力学普遍方程化成无约束方程组来求解，其方程形式为

$$\boldsymbol{F}_i - m_i \ddot{\boldsymbol{r}}_i - \sum_{k=1}^{s} \lambda_k \frac{\partial f_k}{\partial r_i} = 0 \qquad i = 1,2,\cdots,n$$

方程中共有 $3n+s$ 个未知量，须与 s 个约束方程联立求解。

思 考 题

14.1　试述动力学普遍方程的特点。

14.2　试述拉格朗日方程的特点。

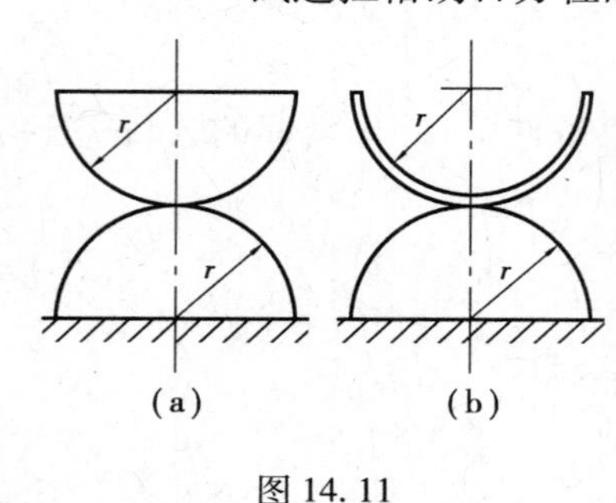

图 14.11

14.3　放置在固定半圆柱面上的相同半径的均质半圆柱体和均质半圆柱薄壳，如图 14.11 所示。试分析哪一个能稳定地保持在图示位置。

14.4　动力学普遍方程中应包括内力的虚功吗？

14.5　如研究系统中有摩擦力，如何应用动力学普遍方程或拉格朗日方程？

14.6　试用拉格朗日方程推导刚体平面运动的运动微分方程。

14.7　推导第二类拉格朗日方程的过程中，哪一步用到了完整约束的条件？

习　题

14.1　质量为 m，半径为 r 的均质圆盘 B 在直杆 OA 上作纯滚动，而 OA 杆绕 O 点以匀角速度在铅垂平面内转动，如图 14.12 所示。以 s 为广义坐标，写出圆盘的动能。

14.2　如图 14.13 所示，半径为 R 的均质空心圆柱内壁足够粗糙，可绕中心水平轴 Oz 作定轴转动，对 Oz 轴的转动惯量为 J_O。半径为 r、质量为 m 的均质圆球 O' 沿其内壁作纯滚动。试写出系统的动能。

14.3　匀质杆 AB 长为 l，质量为 m。因重力作用而在铅直平面内摆动，同时杆的 A 端沿着与水平面成 θ 角的斜面无摩擦地滑动，如图 14.14 所示。忽略滑块 A 的质量，试求系统对广义义坐标 x、φ 的广义力。

14.4　如图 14.15 所示，质量均为 m 的物块 A、B，置于光滑槽中，并用两个刚度系统均为 k，原长均为 l 的弹簧系住。若以 x_1、x_2 为广义坐标，试求相应的广义力。

14.5　如图 14.16 所示，一重为 P 的三棱柱，放在光滑的水平面上。另有一重为 Q 的均质圆柱放在三棱柱斜面 AB 上。设此系统由静止开始运动，并设圆柱在斜面上作纯滚动。试

用拉格朗日方程求此三棱柱的加速度。

14.6　如图14.17所示的内啮合齿轮机构，曲柄 OA 带动小齿轮在固定大齿轮内缘滚动。已知曲柄质量为 m_1，且为一匀质杆；小齿轮质量为 m_2，半径为 r，且为一匀质圆盘；大齿轮半径为 R。若曲柄受到一恒定的力矩 M 的作用，试用拉格朗日方程求出曲柄的运动方程。

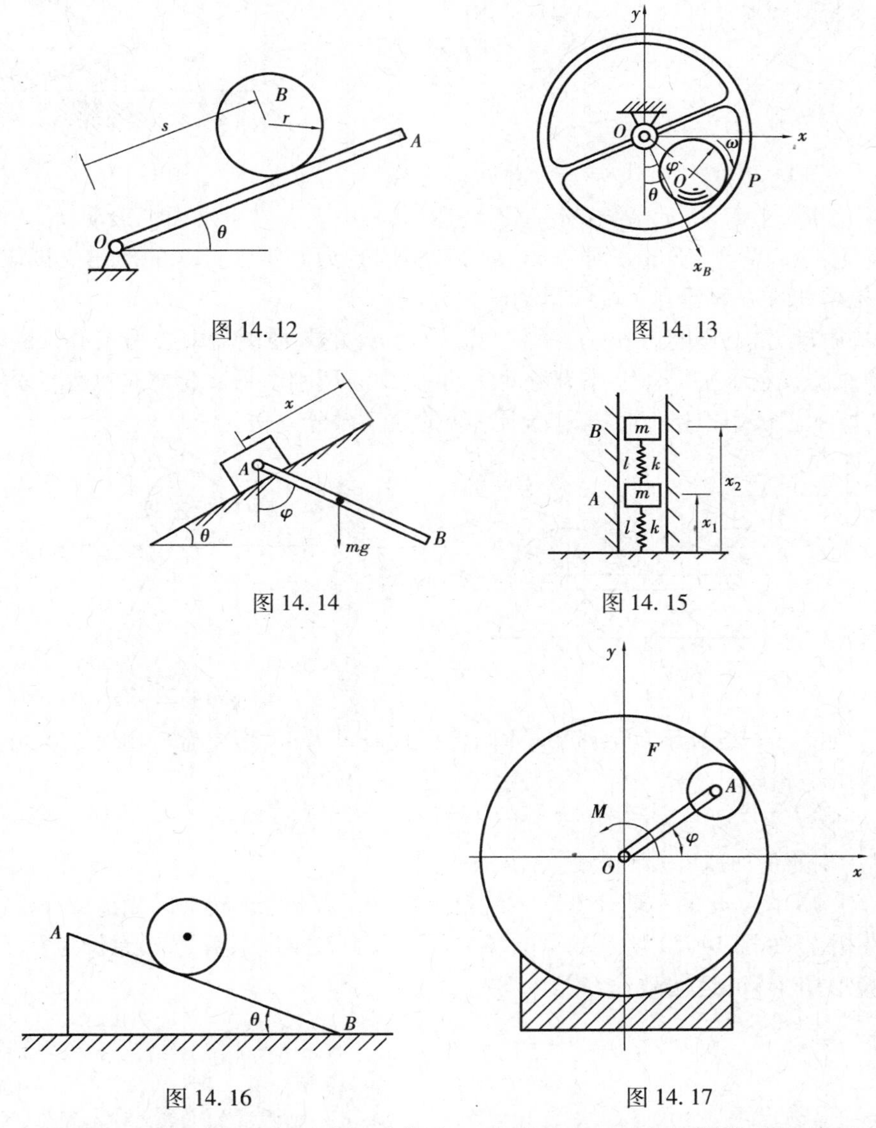

图14.12　图14.13

图14.14　图14.15

图14.16　图14.17

14.7　质量为 m 的重物悬挂在刚度系数为 k 的弹簧上，且在光滑的铅直导槽中运动。在重物的质量中心处铰接一质量为 M、长为 $2l$ 匀质杆，如图14.18所示。若匀质杆在铅垂平面内运动，试用拉格朗日方程建立系统的运动微分方程。

14.8　如图14.19所示，质量为 M、半径为 R 的空心圆柱绕其水平母线自由摆动，而质量为 m、半径为 r 的匀质圆柱在空心圆柱内部作无滑动的滚动。试用拉格朗日方程建立系统的运动微分方程。

14.9　如图14.20所示，质量为 m_1 的三棱柱 ABC，通过滚轮搁置在光滑的水平面上。质量为 m_2、半径为 R 的均质圆轮沿三棱柱的斜面 AB 无滑动地滚下。试用动力学普遍方程求圆

轮质心 C_2 相对于三棱柱加速度 a_r。

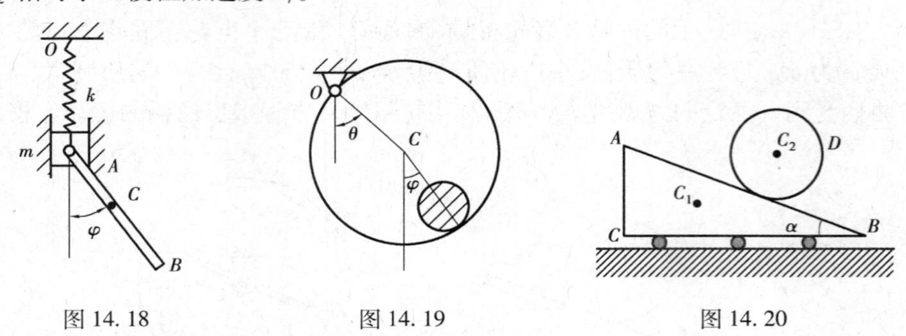

图 14.18　　　　图 14.19　　　　图 14.20

14.10　如图 14.21 所示系统在铅垂面内运动，其中轮 1 沿水平面纯滚动，轮 2 又滚又滑。已知两轮均质，半径为 R，质量分别为 m_1、m_2，摩擦因数为 f，不计杆 3 的质量。试取 x、φ 为广义坐标，用拉格朗日方程建立系统的运动微分方程。

14.11　质量为 m、长度为 l 的匀质杆与质量为 m_1 的匀质圆盘中心用光滑铰链联结，构成一个物理摆。圆盘在水平导轨上作无滑动滚动，其中心用刚度系数为 k 的弹簧与固定墙联结，如图 14.22 所示。试用拉格朗日方程建立系统的运动微分方程。

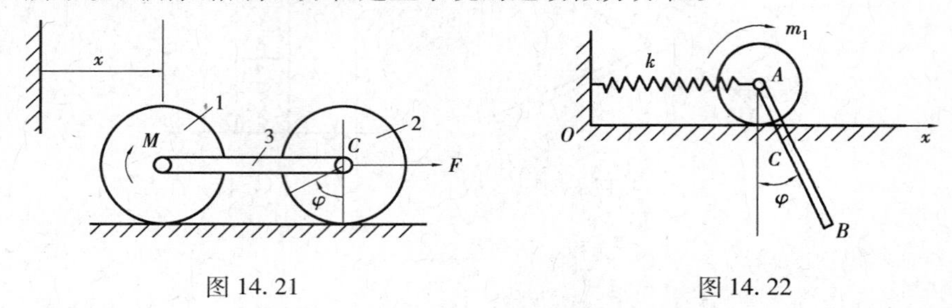

图 14.21　　　　图 14.22

14.12　如图 14.23 所示的系统，均质圆柱 A 的质量为 M、半径为 r，物块 B 质量为 m，光滑斜面的倾角 β，滑轮质量忽略不计，并假设斜绳段平行于斜面。求：

(1)以 θ 和 y 为广义坐标，用拉氏方程建立系统的运动微分方程；

(2)圆柱 A 的角加速度 α 和物块 B 的加速度 a。

14.13　一质量为 m 的小球 A 套在一绕铅直轴 BC 以匀速 ω 转动的光滑圆环上，并用弹簧与环上 B 点相连，如图 14.24 所示。设圆环半径为 r，弹簧刚度系数为 k，原长为 $l_0(l_0<2r)$，试建立小球相对于圆环的运动微分方程。

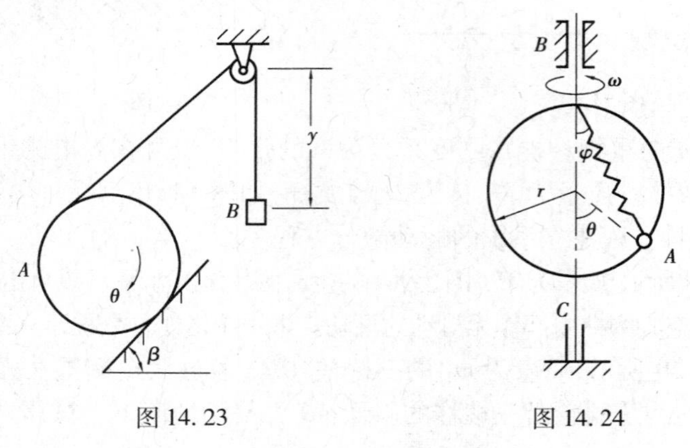

图 14.23　　　　图 14.24

14.14　如图14.25所示,质量为 m、半径为 $3R$ 的均质大圆环在粗糙的水平面上作纯滚动。另一小圆环质量也为 m,半径为 R,在粗糙的大圆环内壁作纯滚动。不计滚动摩阻,整个系统处于铅垂面内。求系统的运动微分方程。

14.15　如图14.26所示,机构在水平面内绕铅垂轴 O 转动,各齿轮半径为 $r_1 = r_3 = 3r_2 = 0.3$ m,各轮质量为 $m_1 = m_3 = 9m_2 = 90$ kg,皆可视为均质圆盘。系杆 OA 上的驱动力偶矩 $M_0 = 180$ N·m,轮1上的驱动力偶矩为 $M_1 = 150$ N·m,轮3上的阻力偶矩 $M_3 = 120$ N·m。不计系杆的质量和各处摩擦,求轮1和系杆的角加速度。

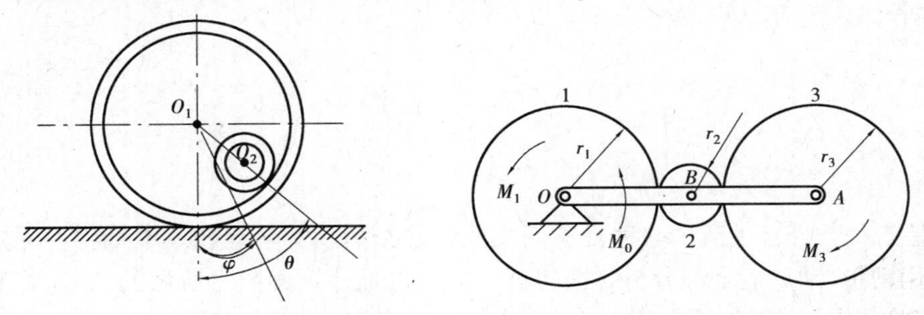

图14.25　　　图14.26

14.16　如图14.27所示,质量为 M 的方木用刚度系数为 k 的弹簧与固定墙联结,并在水平导板上作无摩擦运动。在方木内挖出半径为 R 的圆柱形空腔,空腔内有一质量为 m、半径为 $r(r<R)$ 的均质圆柱作纯滚动。试用拉格朗日方程建立系统的运动微分方程。

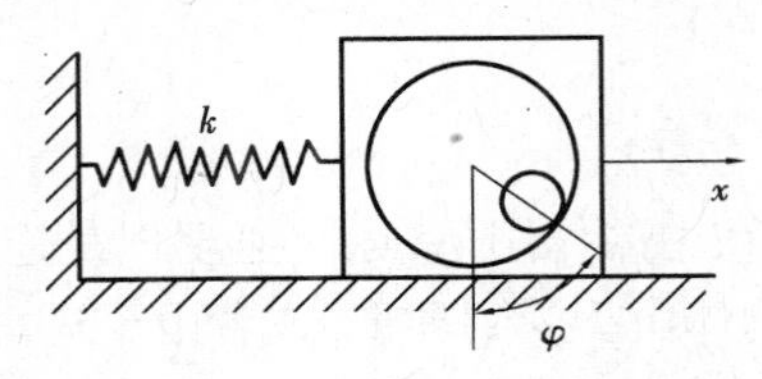

图14.27

第 15 章 碰撞

碰撞是工程与日常生活中一种常见而又非常复杂的动力学问题。本章将在一定的简化条件下,应用动量、动量矩定理分析碰撞问题。由于很难计算碰撞力所做的功,还将利用恢复因数这一实验数据,补充方程计算碰撞过程中的动能损失,以解决实际问题。

15.1 碰撞现象·碰撞力

15.1.1 碰撞现象

在以前讨论的问题中,物体在力的作用下,运动速度都是连续地、逐渐地改变。在这一章里,将研究另一种情况,那就是物体由于受到冲击,或者由于运动受到障碍,以致在非常短的时间里,速度突然发生有限的改变,这种现象称为**碰撞**。例如,物体由高处下落撞及地面后回跳,打乒乓球,小锤敲钉,重锤打桩,锤镀金属,等等,都是碰撞的实例。

两物体相碰时,按其相处位置,可分为**对心碰撞、偏心碰撞、正碰撞及斜碰撞**。图 15.1 中,AA 表示两物体在接触处的公切面,BB 为其在接触处的公法线,若碰撞力的作用线通过两物体的质心,称为对心碰撞,否则称为偏心碰撞;若碰撞时各自质心的速度均沿着公法线,称为正碰撞,否则称为斜碰撞;按此分类还有对心正碰撞、偏心正碰撞等。显然,如图 15.1(a)所示为对心正碰撞。

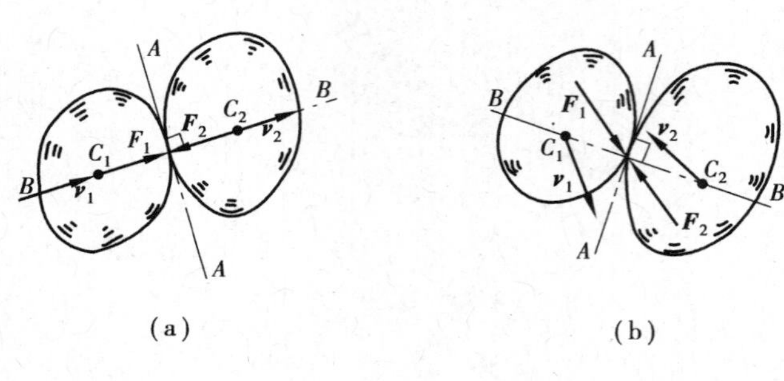

图 15.1

两物体相碰时,按其接触处有无摩擦,还可分为**光滑碰撞**与**非光滑碰撞**。

两物体相碰撞时,按物体碰撞后变形的恢复程度(或能量有无损失),可分为**完全弹性碰撞**、**弹性碰撞**与**塑性碰撞**。

15.1.2 碰撞问题的两点简化

碰撞的特点是碰撞的时间间隔非常短,往往以千分之一或万分之一秒来计算,而在这极短的时间内,物体的速度却发生了有限的改变,因而加速度非常大,作用于物体上的力也必然非常大。这种在碰撞过程中出现的非常大的力称为**碰撞力**。因为碰撞力的作用时间非常短,具有瞬时性,故也称为**瞬时力**。碰撞力是急剧变化的,很难确定其变化规律,为解决一般工程问题,可回避这一极短的复杂力学过程,只分析碰撞前后物体运动的变化。对此,可根据碰撞现象的特点,对一般碰撞问题作以下两点简化:

①在碰撞过程中,由于碰撞力非常大,重力、弹性力等普通力远远不能与之相比,因此这些普通力的冲量可忽略不计。但是必须注意,忽略非碰撞力的作用只限于碰撞过程的极短时间内,而在碰撞过程开始之前和结束之后的问题中,非碰撞力对物体的作用是必须考虑的,不能忽略不计。

②由于碰撞过程非常短促,物体在碰撞开始和碰撞结束时的位置基本上没有改变,因此在碰撞过程中,物体的位移可忽略不计,即可认为物体在碰撞开始时与碰撞结束时处于同一位置。

15.2 用于碰撞过程的基本定理

由于碰撞过程时间短而碰撞力的变化规律很复杂,因此不宜直接用力来度量碰撞的作用,也不宜用运动微分方程描述每一瞬时力与运动变化的关系。常用的分析方法是只分析碰撞前、后运动的变化。为此,可采用动量定理和动量矩定理的积分形式,来确定力的作用与运动变化的关系。

碰撞将使物体变形、发声、发热,甚至发光,因此碰撞过程中几乎都有机械能的损失。机械能损失的程度取决于碰撞物体的材料性质以及其他更复杂的因素,很难用力的功来计算其机械能的消耗。因此,碰撞过程中一般不便于应用动能定理。

15.2.1 用于碰撞过程的动量定理——冲量定理

设质点的质量为 m,碰撞过程开始瞬时的速度为 $\boldsymbol{v}$,结束时的速度为 $\boldsymbol{v}'$,则质点的动量定理为

$$m\boldsymbol{v}' - m\boldsymbol{v} = \int_0^t \boldsymbol{F}'\mathrm{d}t = \boldsymbol{I}' \tag{15.1}$$

式中 $\boldsymbol{I}'$——**碰撞冲量**,普通力的冲量忽略不计。

对于碰撞的质点系,作用在第 i 个质点上的碰撞冲量可分为外碰撞冲量 $\boldsymbol{I}'^{(e)}$ 和内碰撞冲量 $\boldsymbol{I}'^{(i)}$,按照上式有

$$m_i\boldsymbol{v}_i' - m_i\boldsymbol{v}_i = \boldsymbol{I}_i'^{(e)} + \boldsymbol{I}_i'^{(i)}$$

设质点系有 n 个质点,对于每个质点都可列出如上的方程,将 n 个方程左右两端分别相加,得

$$\sum m_i \boldsymbol{v}'_i - \sum m_i \boldsymbol{v}_i = \sum \boldsymbol{I}'^{(e)}_i + \sum \boldsymbol{I}'^{(i)}_i$$

因为内碰撞冲量总是大小相等,方向相反,成对地存在,因此 $\sum \boldsymbol{I}'^{(i)}_i = 0$,于是得

$$\sum m_i \boldsymbol{v}'_i - \sum m_i \boldsymbol{v}_i = \sum \boldsymbol{I}'^{(e)}_i \tag{15.2}$$

式(15.2)是用于碰撞过程的质点系动量定理。在形式上,它与用于非碰撞过程的动量定理一样,但式(15.2)中不计普通力的冲量,故又称为**冲量定理**:质点系在碰撞开始和结束时动量的变化,等于作用于质点系的外碰撞冲量的主矢。

质点系的动量可用总质量 m 与质心速度的乘积计算,于是式(15.2)可写为

$$m\boldsymbol{v}'_C - m\boldsymbol{v}_C = \sum \boldsymbol{I}'^{(e)}_i \tag{15.3}$$

式中　$\boldsymbol{v}_C$、$\boldsymbol{v}'_C$——碰撞开始和结束时质点系质心的速度。

15.2.2　用于碰撞过程的动量矩定理——冲量矩定理

质点系对定点的动量矩定理的一般表达式为

$$\frac{\mathrm{d}\boldsymbol{L}_O}{\mathrm{d}t} = \sum \boldsymbol{M}_O(\boldsymbol{F}'^{(e)}_i) = \sum \boldsymbol{r}_i \times \boldsymbol{F}'^{(e)}_i$$

式中　$\boldsymbol{L}_O$——质点系对于定点 O 的动量矩;

$\sum \boldsymbol{r}_i \times \boldsymbol{F}'^{(e)}_i$——作用于质点系的外力对点 O 的主矩。

上式也可写为

$$\mathrm{d}\boldsymbol{L}_O = \sum \boldsymbol{r}_i \times \boldsymbol{F}'^{(e)}_i \mathrm{d}t = \sum \boldsymbol{r}_i \times \mathrm{d}\boldsymbol{I}'^{(e)}_i$$

积分,得

$$\int_{L_{O1}}^{L_{O2}} \mathrm{d}\boldsymbol{L}_O = \sum \int_0^t \boldsymbol{r}_i \times \mathrm{d}\boldsymbol{I}'^{(e)}_i$$

或

$$\boldsymbol{L}_{O2} - \boldsymbol{L}_{O1} = \sum \int_0^t \boldsymbol{r}_i \times \mathrm{d}\boldsymbol{I}'^{(e)}_i$$

一般情况下,上式中 $\boldsymbol{r}_i$ 是未知的变量,难以积分。但在碰撞过程中,按基本假设,各质点的位置都是不变的。因此,碰撞力作用点的矢径 $\boldsymbol{r}_i$ 是个恒量,于是有

$$\boldsymbol{L}_{O2} - \boldsymbol{L}_{O1} = \sum \boldsymbol{r}_i \times \int_0^t \mathrm{d}\boldsymbol{I}'^{(e)}_i$$

或

$$\boldsymbol{L}_{O2} - \boldsymbol{L}_{O1} = \sum \boldsymbol{r}_i \times \boldsymbol{I}'^{(e)}_i = \sum \boldsymbol{M}_O(\boldsymbol{I}'^{(e)}_i) \tag{15.4}$$

式中　$\boldsymbol{L}_{O1}$、$\boldsymbol{L}_{O2}$——碰撞开始和结束是质点系对点 O 的动量矩;

$\boldsymbol{I}'^{(e)}_i$——外碰撞冲量;

$\boldsymbol{r}_i \times \boldsymbol{I}'^{(e)}_i$——**冲量矩**,其中不计普通力的冲量矩。

式(15.4)是用于碰撞过程的动量矩定理,又称为**冲量矩定理**:质点系在碰撞开始和结束时对点 O 的动量矩的变化,等于作用于质点系的外碰撞冲量对同一点的主矩。

15.2.3 用于刚体平面运动碰撞过程中的基本定理

质点系相对于质心的动量矩定理与对于固定点的动量矩定理具有相同的形式。与此推证相似，可得到用于碰撞过程的质点系相对于质心的动量矩定理

$$\boldsymbol{L}_{C2} - \boldsymbol{L}_{C1} = \sum \boldsymbol{M}_C(\boldsymbol{I}_i'^{(e)}) \tag{15.5}$$

式中 $\boldsymbol{L}_{C1}$、$\boldsymbol{L}_{C2}$——碰撞前、后质点系相对于质心 C 的动量矩。

式(15.5)的右端项为外碰撞冲量对质心之矩的矢量和(对质心的主矩)。

对于平行于其质量对称面的平面运动刚体，相对于质心的动量矩在其平行平面内可视为代数量，且有

$$\boldsymbol{L}_C = J_C\boldsymbol{\omega}$$

式中 J_C——刚体对于通过质心 C 且与其质量对称平面垂直的轴的转动惯量；

$\boldsymbol{\omega}$——刚体的角速度。

由此，式(15.5)可写为

$$J_C\boldsymbol{\omega}_2 - J_C\boldsymbol{\omega}_1 = \sum M_C(\boldsymbol{I}_i'^{(e)}) \tag{15.6}$$

式中 $\boldsymbol{\omega}_1$、$\boldsymbol{\omega}_2$——平面运动刚体碰撞前后的角速度。

式(15.6)中不计普通力的冲量矩。

式(15.6)与式(15.3)结合起来，可用来分析平面运动刚体的碰撞问题，称为刚体平面运动的碰撞方程，即

$$\begin{cases} m\boldsymbol{v}_C' - m\boldsymbol{v}_C = \sum \boldsymbol{I}_i'^{(e)} \\ J_C\boldsymbol{\omega}_2 - J_C\boldsymbol{\omega}_1 = \sum M_C(\boldsymbol{I}_i'^{(e)}) \end{cases} \tag{15.7}$$

上述用于碰撞过程的基本定理，只给出了矢量形式的方程，而应用时常利用它们在坐标系中的投影式。例如，式(15.7)在直角坐标系上的投影式为

$$\begin{cases} mv_{Cx}' - mv_{Cx} = \sum I_{ix}^{(e)} \\ mv_{Cy}' - mv_{Cy} = \sum I_{iy}^{(e)} \\ J_C\boldsymbol{\omega}_2 - J_C\boldsymbol{\omega}_1 = \sum M_C(\boldsymbol{I}_i'^{(e)}) \end{cases}$$

15.3 恢复因数

设一小球铅直地落到固定的平面上，如图15.2所示，此为正碰撞。碰撞开始时，质心速度为 $\boldsymbol{v}$，由于受到固定面的碰撞冲量的作用，质心速度逐渐减小，物体变形逐渐增大，直至速度等于零为止。此后弹性变形逐渐恢复，物体质心获得反向的速度。当小球离开固定面的瞬时，质心速度为 $\boldsymbol{v}'$，这时碰撞结束。

上述碰撞过程已分为两个阶段：

在第一阶段中，物体的动能减小到零，变形增加，设在此阶段的碰撞冲量为 $\boldsymbol{I}_1$，则应用冲量定理在 y 轴的投影式，有

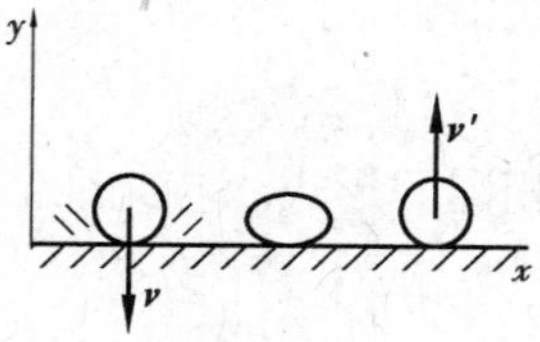

$$0-(-mv)=I_1$$

在第二阶段中，弹性变形逐渐恢复，动能逐渐增大，设在此阶段的碰撞冲为 $\boldsymbol{I}_2$，则应用冲量定理在 y 轴的投影式，有

$$mv'-0=I_2$$

图 15.2

于是得

$$\frac{v'}{v}=\frac{I_2}{I_1} \tag{15.8}$$

由于碰撞过程总是伴随有发热、发声，甚至发光等物理现象，许多材料经过碰撞后总保留或多或少的残余变形，因此，在一般情况下，物体在碰撞结束时的速度 v' 小于碰撞开始时的速度 v。

牛顿在研究正碰撞的规律时发现，对于材料确定的物体，碰撞结束与碰撞开始的速度大小的比值几乎是不变的，即

$$\frac{v'}{v}=e \tag{15.9}$$

式中，常数 e 恒取正值，称为**恢复因数**。

恢复因数需用实验测定。用待测恢复因数的材料做成小球和质量很大的平板。将平板固定，令小球自高 h_1 处自由落下，与固定平板碰撞后，小球返跳，记下达到最高点的高度 h_2，如图 15.3 所示。

小球与平板接触的瞬时是碰撞开始的时刻，小球的速度为

$$v=\sqrt{2gh_1}$$

小球离开平板的瞬时是碰撞结束的时刻，小球的速度为

$$v'=\sqrt{2gh_2}$$

于是得恢复因数

$$e=\frac{v'}{v}=\sqrt{\frac{h_2}{h_1}}$$

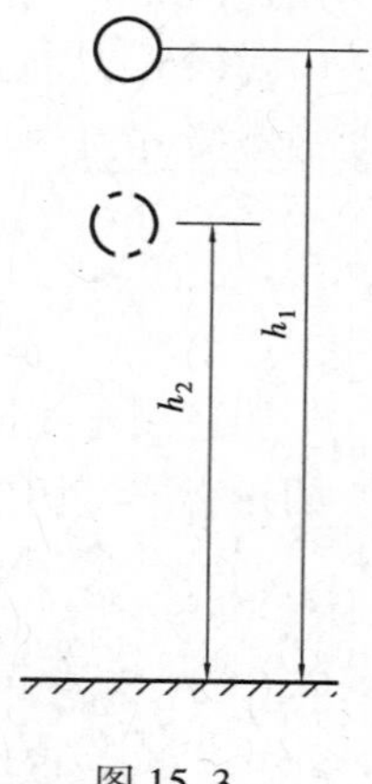

图 15.3

恢复因数表示物体在碰撞后速度恢复的程度，也表示物体变形恢复的程度，并且反映出碰撞过程中机械能损失的程度。几种材料的恢复因数见表 15.1。对于各种实际的材料，均有 $0<e<1$，由这些材料做成的物体发生碰撞，称为**弹性碰撞**。物体在弹性碰撞结束时，变形不能完全恢复，动能有损失。$e=1$ 为理想情况，物体在碰撞结束时，变形完全恢复，动能没有损失，这种碰撞称为**完全弹性碰撞**。$e=0$ 是极限情况，在碰撞结束时，物体的变形丝毫没有恢复，这种碰撞称为**非弹性碰撞**或**塑性碰撞**。

表 15.1　几种材料的恢复因数

碰撞物体的材料	铁对铅	木对胶木	木对木	钢对钢	象牙对象牙	玻璃对玻璃
恢复因数	0.14	0.26	0.50	0.56	0.89	0.94

由式(15.8)和式(15.9)，有

$$e=\frac{v'}{v}=\frac{I_2}{I_1}$$

即恢复因数也等于正碰撞的两个阶段中作用于物体的碰撞冲量大小的比值。

如果小球与固定面碰撞，碰撞开始瞬时的速度 $\boldsymbol{v}$ 与接触点法线的夹角为 θ，碰撞结束时返跳速度 $\boldsymbol{v}'$ 与法线的夹角为 β（见图15.4），此为斜碰撞。设不计摩擦，两物体只在法线方向发生碰撞，此时定义恢复因数为

$$e = \left|\frac{v'_n}{v_n}\right|$$

式中　v'_n、v_n——速度 $\boldsymbol{v}'$ 和 $\boldsymbol{v}$ 在法线方向的投影。

由于不计摩擦，$\boldsymbol{v}'$ 和 $\boldsymbol{v}$ 在切线方向的投影相等，由图15.4可知

$$|v'_n|\tan\beta = |v_n|\tan\theta$$

对于实际材料有 $e<1$，由上式可知，当碰撞物体表面光滑时，应有 $\beta>\theta$。

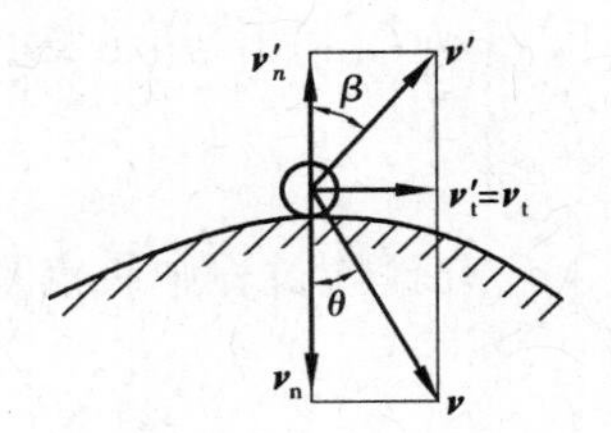

图15.4

在不考虑摩擦的情况下，碰撞前后的两个物体都在运动，此时恢复因数定义为

$$e = \left|\frac{v'^{n}_{r}}{v^{n}_{r}}\right| \tag{15.10}$$

式中　v'^{n}_{r}、v^{n}_{r}——碰撞后和碰撞前两物体接触点沿接触面法线方向的相对速度。

15.4　碰撞问题举例

应用动量定理和动量矩定理的积分形式，并用恢复因数建立补充方程，可分析碰撞前后物体运动变化与其受力之间的关系。下面举例说明。

例15.1　两物体的质量分别为 m_1 和 m_2，恢复因数为 e，产生对心正碰撞，如图15.5所示。求碰撞结束时各自质心的速度和碰撞过程中动能的损失。

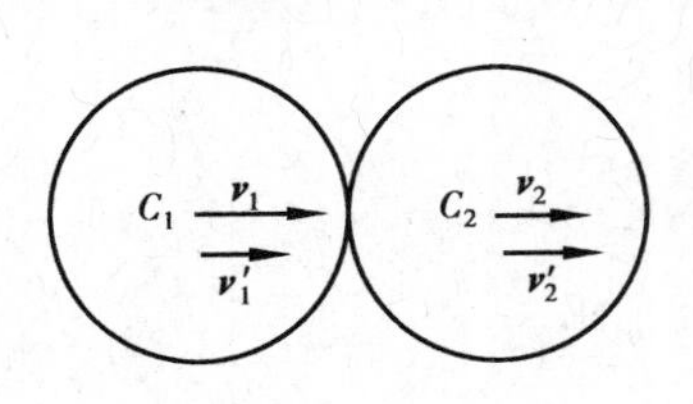

图15.5

解　两物体能碰撞的条件是 $v_1>v_2$。取两物体为所研究的质点系，因无外碰撞冲量，质点系动量守恒。设碰撞结束时两物体质心的速度分别为 $\boldsymbol{v}'_1$ 和 $\boldsymbol{v}'_2$，且 $v'_2>v'_1$，由冲量定理得

$$m_1v_1 + m_2v_2 = m_1v'_1 + m_2v'_2 \tag{a}$$

根据恢复因数定义，由式(15.10)，有

$$e = \frac{v'_2 - v'_1}{v_1 - v_2} \tag{b}$$

联立式(a)和式(b)，解得

$$v'_1 = v_1 - (1+e)\frac{m_1}{m_1+m_2}(v_1 - v_2)$$

$$v'_2 = v_2 + (1+e)\frac{m_1}{m_1+m_2}(v_1 - v_2) \tag{c}$$

在理想情况下，$e=1$，故

$$v'_1 = v_1 - \frac{2m_1}{m_1+m_2}(v_1 - v_2)$$

$$v_2' = v_2 + \frac{2m_1}{m_1 + m_2}(v_1 - v_2)$$

如果 $m_1 = m_2$，则 $v_1' = v_2$，$v_2' = v_1$，即两物体在碰撞结束时交换了速度。

如果两物体发生塑性碰撞，即 $e = 0$，有

$$v_1' = v_2' = \frac{m_1 v_1 + m_2 v_2}{m_1 + m_2}$$

即碰撞结束时，两物体速度相同，一起运动。

以 T_1 和 T_2 分别表示此两物体组成的质点系在碰撞过程开始和结束时的动能，则有

$$T_1 = \frac{1}{2}m_1 v_1^2 + \frac{1}{2}m_2 v_2^2, T_2 = \frac{1}{2}m_1 v_1'^2 + \frac{1}{2}m_2 v_2'^2$$

在碰撞过程中质点系损失的动能为

$$\Delta T = T_1 - T_2 = \frac{1}{2}m_1(v_1^2 - v_1'^2) + \frac{1}{2}m_2(v_2^2 - v_2'^2)$$

$$= \frac{1}{2}m_1(v_1 - v_1')(v_1 + v_1') + \frac{1}{2}m_2(v_2 - v_2')(v_2 + v_2')$$

将式(c)代入上式，得两物体在正碰撞过程中损失的动能

$$\Delta T = \frac{1}{2}(1 + e)\frac{m_1 m_2}{m_1 + m_2}(v_1 - v_2)[(v_1 - v_2) + (v_1' - v_2')]$$

由式(b)得

$$v_1' - v_2' = -e(v_1 - v_2)$$

于是有

$$\Delta T = \frac{m_1 m_2}{2(m_1 + m_2)}(1 - e^2)(v_1 - v_2)^2 \tag{d}$$

理想情况下，$e = 1$，$\Delta T = 0$。可知，在完全弹性碰撞时，系统动能没有损失，即碰撞开始时的动能等于碰撞结束时的动能。

塑性碰撞时，$e = 0$，动能损失为

$$\Delta T = \frac{m_1 m_2}{2(m_1 + m_2)}(v_1 - v_2)^2$$

如果第 2 个物体在塑性碰撞开始时处于静止，即 $v_2 = 0$，则动能损失为

$$\Delta T = \frac{m_1 m_2}{2(m_1 + m_2)}v_1^2$$

注意到 $T_1 = \frac{1}{2}m_1 v_1^2$，上式改写为

$$\Delta T = \frac{m_2}{m_1 + m_2}T_1 = \frac{1}{\frac{m_1}{m_2} + 1}T_1 \tag{e}$$

可知，在塑性碰撞过程中损失的动能与两物体的质量比有关。

当 $m_2 \gg m_1$ 时，$\Delta T \approx T_1$，即质点系在碰撞开始时的动能几乎完全损失于碰撞过程中。这种情况对于锻压金属是最理想的，因为在锻压金属时，总是希望锻锤的能量尽量消耗在锻件的变形上，而砧座尽可能不运动。所以在工程中采用比锻锤重很多倍的砧座。

当 $m_2 \ll m_1$ 时，$\Delta T \approx 0$，这种情况对于打桩是最理想的。因为打桩时总是希望在碰撞结束时桩能获得较大的动能，从而克服阻力前进。所以在工程中应取比桩柱重得多的锤打桩。日常生活中用锤子钉钉子也是如此。

例 15.2　如图 15.6(a)所示，均质木板 OC 上端用圆柱铰链 O 固定，一子弹 A 以与铅垂方向成 θ 角的速度 $\boldsymbol{v}_A$ 斜射入木板的质心 C，入射时间为 τ。已知子弹质量 $m_A = 0.05$ kg，$v_A = 450$ m/s，$\theta = 60°$，$\tau = 0.0002$ s，木板质量 $m_B = 25$ kg，长度 $l = 1.5$ m。求：

(1)子弹入射后木板的角速度；

(2)O 处碰撞力的平均值。

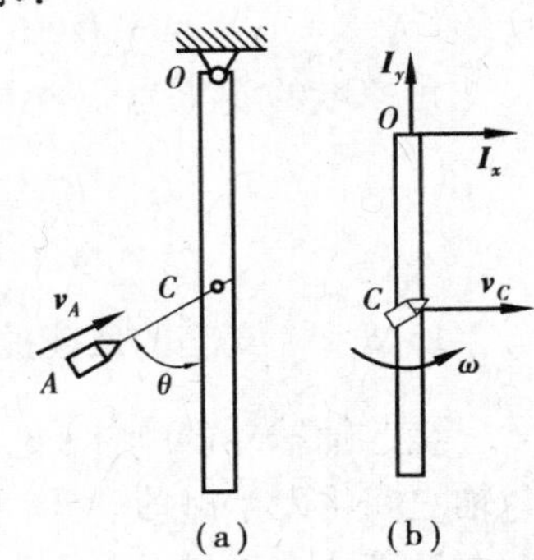

图 15.6

解　取系统为研究对象，子弹入射木板直到与木板一起运动可近似为碰撞过程，如图 15.6(b)所示。由于外碰撞冲量对轴 O 的矩为零，因此，碰撞开始时系统对轴 O 的动量矩 L_{O1} 等于碰撞结束时系统对轴 O 的动量矩 L_{O2}。

设入射后木板的角速度为 ω，则碰撞前后系统对轴 O 的动量矩分别为

$$L_{O1} = m_A v_A \sin\theta \cdot \frac{l}{2}$$

$$L_{O2} = J_O \omega + m_A v_C \cdot \frac{l}{2}$$

其中，$J_O = \frac{1}{3} m l^2$，$v_C = \frac{1}{2}\omega l$。因 $L_{O1} = L_{O2}$，解得

$$\omega = \frac{6 m_A v_A \sin\theta}{(3m_A + 4m_B)l} = 0.778\ \text{rad/s}$$

根据冲量定理，有

$$(m_A + m_B)v_C - m_A v_A \sin\theta = I_x$$

$$0 - m_A v_A \cos\theta = I_y$$

于是解得

$$I_x = -4.89\ \text{N}\cdot\text{s}$$

$$I_y = -11.25\ \text{N}\cdot\text{s}$$

代入入射时间 τ，从而 O 处碰撞力的平均值为

$$F_{Ox} = -24.45\ \text{kN}$$

$$F_{Oy} = -56.25\ \text{kN}$$

15.5　撞击中心·刚体碰撞中的突加约束问题

15.5.1　定轴转动刚体受碰撞时角速度的变化

设绕定轴转动的刚体受到外碰撞冲量的作用，如图 15.7 所示。根据冲量矩定理在 z 轴上

的投影式，有

$$L_{z2} - L_{z1} = \sum M_z(\boldsymbol{I}_i'^{(e)})$$

式中　L_{z1}、L_{z2}——刚体在碰撞开始和结束时对 z 轴的动量矩。

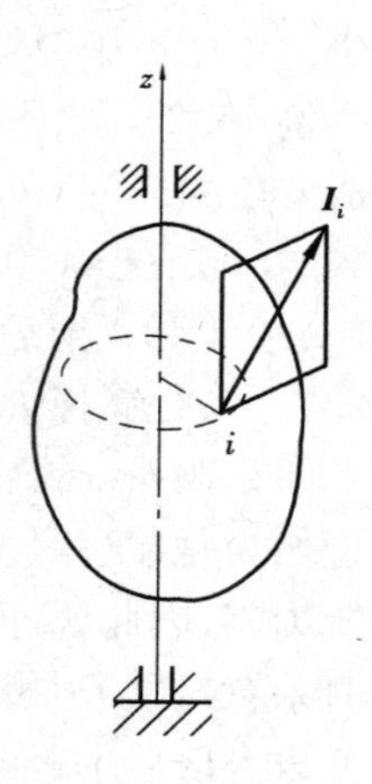

图 15.7

设 ω_1 和 ω_2 分别是这两个瞬时的角速度，J_Z 是刚体对于转 z 轴的转动惯量，则上式可写为

$$J_Z\omega_2 - J_Z\omega_1 = \sum M_z(\boldsymbol{I}_i'^{(e)})$$

角速度的变化为

$$\omega_2 - \omega_1 = \frac{\sum M_z(\boldsymbol{I}_i'^{(e)})}{J_Z} \tag{15.11}$$

15.5.2　支座的反碰撞冲量 · 撞击中心

绕定轴转动的刚体（见图 15.8），受到外碰撞冲量 $\boldsymbol{I}'$ 的作用时，轴承与轴之间将发生碰撞。

设刚体有质量对称平面，且绕垂直于此对称面的轴转动，并设图示平面图形是刚体的质量对称面，则刚体的质心 C 必在图面内。今有外碰撞冲量 $\boldsymbol{I}$ 作用在此对称面内，求轴承 O 的反碰撞冲量 I_{Ox} 和 I_{Oy}。

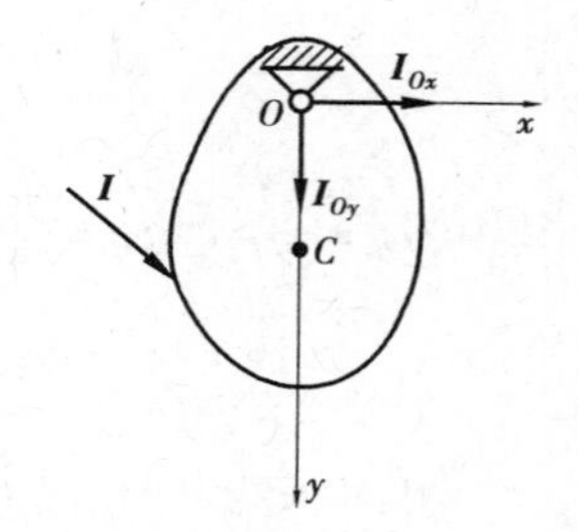

图 15.8

取 Oy 轴通过质心 C，x 轴与 y 轴垂直。应用冲量定理，有

$$mv_{Cx}' - mv_{Cx} = I_x + I_{Ox}$$
$$mv_{Cy}' - mv_{Cy} = I_y + I_{Oy}$$

式中　m——刚体质量；

v_{Cx}'，v_{Cx} 和 v_{Cy}'，v_{Cy}——碰撞前后质心速度沿 x，y 轴的投影。

若图示位置是发生碰撞的位置，且轴承没有被撞坏，则有 $v_{Cy}' = v_{Cy} = 0$。于是

$$I_{Ox} = m(v_{Cx}' - v_{Cx}) - I_x, I_{Oy} = -I_y \tag{15.12}$$

由此可知，一般情况下，在轴承处将引起碰撞冲量。

分析式（15.12）可知，若

① $I_y = 0$

② $I_x = m(v_{Cx}' - v_{Cx})$

则有

$$I_{Ox} = 0, I_{Oy} = 0$$

这就是说，如果外碰撞冲量 $\boldsymbol{I}$ 作用在物体质量对称平面内，并且满足以上两个条件，则轴承反碰撞冲量等于零，即轴承处不发生碰撞。

由 ① $I_y = 0$，即要求外碰撞冲量 $\boldsymbol{I}$ 与 y 轴垂直，即 $\boldsymbol{I}$ 必须垂直于支点 O 与质心 C 的连线，如图 15.9 所示。

由 ② $I_x = m(v_{Cx}' - v_{Cx})$，设质心 C 到轴 O 的距离为 a，则 $I_x = ma(\omega_2 - \omega_1)$，将式（15.11）代入，得

$$I = ma\frac{Il}{J_z}$$

式中，$l=OK$，点 K 是外碰撞冲量 $\boldsymbol{I}$ 的作用线与线 OC 的交点。由此解得

$$l = \frac{J_z}{ma} \tag{15.13}$$

满足式(15.13)的点 K 称为**撞击中心**。

于是得出结论：当外碰撞冲量作用于物体质量对称平面内的撞击中心，且垂直于轴承中心与质心的连线时，在轴承处不引起碰撞冲量。

根据上述结论，设计材料试验中用的摆式撞击机，使撞击点正好位于摆的撞击中心，这样撞击时就不致在轴承处引起碰撞力。在使用各种锤子锤打东西或打垒球时，若打击的地方正好是锤杆或棒杆的撞击中心，则打击时手上不会感到有冲击。如果打击的地方不是撞击中心，则手会感到强烈的冲击。

例 15.3　均质杆质量为 m，长为 $2a$，其上端由圆柱铰链固定，如图 15.10 所示。杆由水平位置无初速地落下，撞上一固定的物块。设恢复因数为 e，求：

1）轴承的碰撞冲量；

2）撞击中心的位置。

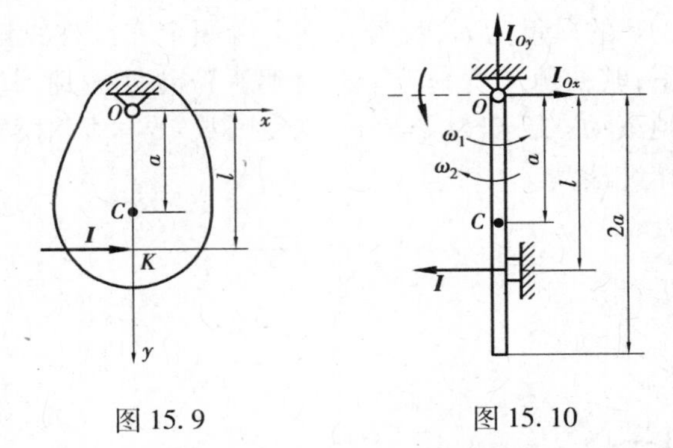

图 15.9　　　　图 15.10

解　杆在铅直位置与物块碰撞，设碰撞开始和结束时，杆的角速度分别为 ω_1 和 ω_2。

在碰撞前，杆自水平位置自由落下。应用动能定理，有

$$\frac{1}{2}J_O\omega_1^2 - 0 = mga$$

式中，$J_O=\frac{1}{3}m(2a)^2$ 为均质杆对于 O 轴的转动惯量。故

$$\omega_1 = \sqrt{\frac{2mga}{J_O}} = \sqrt{\frac{3g}{2a}}$$

设撞击点碰撞前后的速度分别为 $\boldsymbol{v}$ 和 $\boldsymbol{v}'$，则恢复因数

$$e = \frac{v'}{v} = \frac{\omega_2 l}{\omega_1 l} = \frac{\omega_2}{\omega_1}$$

所以

$$\omega_2 = e\omega_1$$

对点 O 的冲量矩定理为

$$J_O\omega_2 + J_O\omega_1 = Il$$

于是碰撞冲量

$$I=\frac{J_O}{l}(\omega_2+\omega_1)=\frac{4ma^2}{3l}(1+e)\omega_1$$

代入 ω_1 的数值,得

$$I=\frac{2ma}{3l}(1+e)\sqrt{6ag}$$

根据冲量定理,有

$$m(-\omega_2 a-\omega_1 a)=I_{Ox}-I,I_{Oy}=0$$

则

$$I_{Ox}=I-ma(\omega_1+\omega_2)=I-(1+e)ma\omega_1=(1+e)m\left(\frac{2a}{3l}-\frac{1}{2}\right)\sqrt{6ag}$$

由上式可知,当$\frac{2a}{3l}-\frac{1}{2}=0$ 时,$I_{Ox}=0$,此时撞于撞击中心。由上式得

$$l=\frac{4a}{3}$$

例 15.4 一均质杆 AB 的质量为 m,长为 l,其上端固定在圆柱铰链 O 上,如图 15.11(a)所示。杆由水平位置落下,其初角速度为零。杆在铅垂位置处撞到一质量为 m 的圆球,并使圆球沿粗糙的水平面作纯滚动。已知为 $l=1$ m,恢复因数 $e=0.5$,滑动摩擦因数 $f=0.25$。求经过多长时间后球开始作纯滚动。

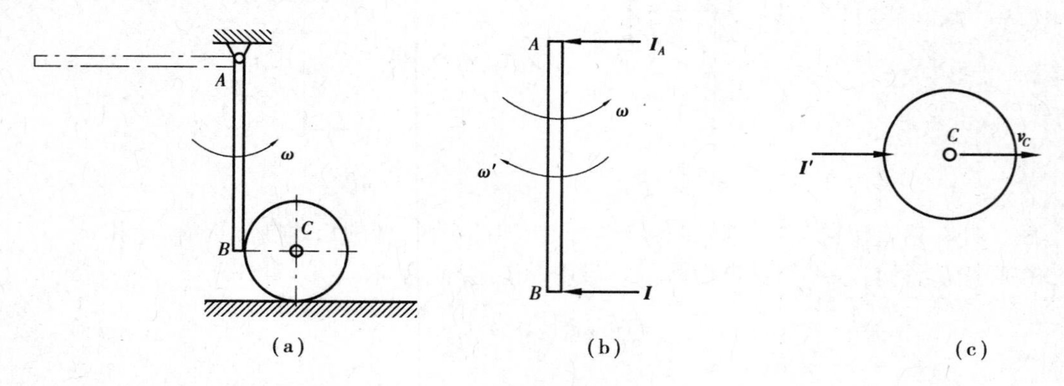

图 15.11

解 系统整个运动过程分为碰撞前、碰撞和碰撞后三个阶段,分别进行计算。

碰撞前阶段,AB 杆由水平位置自由落下。取 AB 杆为研究对象,设到达铅垂位置其角速度为 ω,应用动能定理,有

$$\frac{1}{2}J_A\omega^2-0=mg\frac{l}{2}$$

式中 $J_A=\frac{1}{3}ml^2$ 为均质杆对于 A 轴的转动惯量。所以

$$\omega=\sqrt{\frac{3g}{l}}$$

碰撞阶段:碰撞开始和结束时,AB 杆角速度分别为 ω 和 ω',球质心 C 的速度分别为 0 和 $\boldsymbol{v}_C$。

取 AB 杆为研究对象，如图 15.11(b)所示。对点 A 的冲量矩定理为

$$J_A\omega' - (-J_A\omega) = Il$$

即

$$\frac{1}{3}ml^2(\omega' + \omega) = Il \tag{a}$$

取圆球为研究对象，如图 15.11(c)所示。应用冲量定理，得

$$mv_C - 0 = I' \tag{b}$$

根据恢复系数的定义，有

$$e = \left|\frac{v_r'^n}{v_r^n}\right| = \frac{v_C + l\omega'}{l\omega} \tag{c}$$

联立求解式(a)—式(c)，得

$$v_C = \frac{1+e}{4}\sqrt{3gl}$$

碰撞后阶段：AB 杆绕定轴转动，圆球作纯滚动。

取圆球为研究对象，受力如图 15.12 所示。应用刚体平面运动微分方程，有

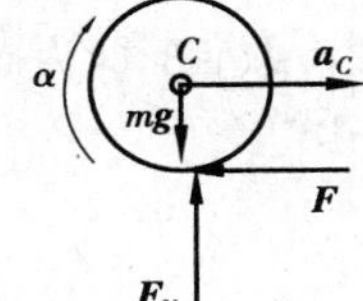

图 15.12

$$\begin{cases} ma_C = -F = -fmg \\ J_C\alpha = Fr = fmgr \end{cases}$$

当 $v=\omega_C r$ 时，圆球开始作纯滚动。而由运动学可知

$$v = v_C + a_C t$$

$$a_C = \alpha t$$

解得

$$t = \frac{1+e}{14gf}\sqrt{3gl} = 0.24\ \text{s}$$

15.5.3　刚体碰撞中的突加约束问题

当刚体运动遇到固定障碍物时发生碰撞，碰撞接触处的变形完全没有恢复，这一类力学现象称为**突然施加约束问题**，简称**突加约束问题**。实际上，这是一种刚体的完全非弹性(或塑性)碰撞问题。

如图 15.13 所示的平台车以速度 $\boldsymbol{v}$ 沿水平路轨运动，其上放置均质正方形物块 A。在平台上靠近物块有一凸出的棱 B，它能阻碍物块向前滑动，但不能阻碍它绕棱转动。当平台突然停止时，物块 A 的运动状态由先前的平动突变成绕棱 B 的转动，即物块 A 的运动状态在该瞬时由平动转变成绕棱 B 的定轴转动。

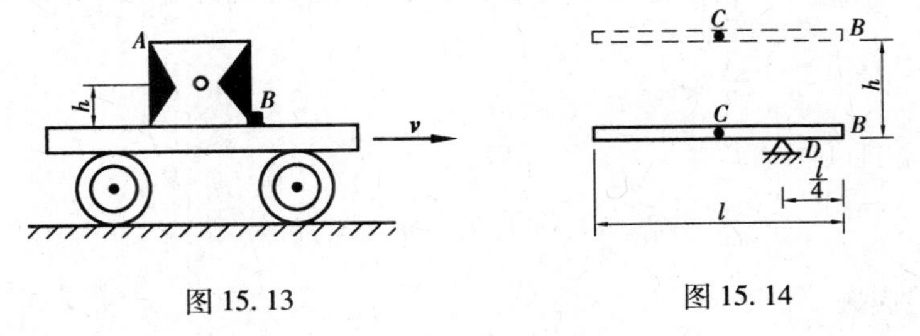

图 15.13　　图 15.14

如图 15.14 所示的均质杆 AB,初始静止,保持水平下落一段距离 h 时与支座 D 碰撞,碰撞是塑性的,碰撞结束以后 AB 杆的运动状态由原来的平动转变成绕 D 的定轴转动。

下面举例说明刚体碰撞中突加约束的问题。

例 15.5 两直杆铰接后水平地落到一支座上,到达支座时速度为 $\boldsymbol{v}$,见图 15.15(a),并假定碰撞是塑性的。求碰撞时动能的损失。

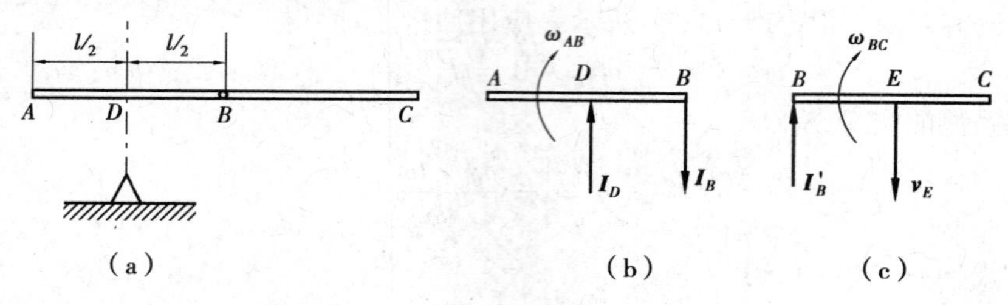

图 15.15

解 两直杆铰接后水平地落到一支座上,可认为是碰撞点为 D 的碰撞。碰撞开始和结束时,AB 的运动分别为平动和绕 D 的定轴转动。

取 AB 杆为研究对象,碰撞开始和结束时其角速度分别为 0 和 ω_{AB}。由于碰撞是塑性的,所以

$$J_D\omega_{AB} = I_B \frac{l}{2} \tag{a}$$

式中

$$J_D = \frac{1}{12}ml^2$$

取 BC 杆为研究对象,碰撞开始和结束时其角速度分别为 0 和 ω_{BC}。由于碰撞是塑性的,所以

$$J_E\omega_{BC} = I'_B \frac{l}{2} \tag{b}$$

$$mv_E - mv = -I'_B \tag{c}$$

其中

$$J_E = \frac{1}{12}ml^2,\ v_E = v_B + \frac{l}{2}\omega_{BC} = \frac{l}{2}(\omega_{AB} + \omega_{BC})$$

联立求解式(a)~(c),得

$$\omega_{AB} = \omega_{BC} = \frac{6v}{7l}, v_E = \frac{6}{7}v$$

所以,碰撞结束后系统的动能为

$$\begin{aligned} T_2 &= \frac{1}{2}\cdot\frac{1}{12}ml^2\cdot\omega_{AB}^2 + \frac{1}{2}\cdot\frac{1}{12}ml^2\cdot\omega_{AB}^2 + \frac{1}{2}mv_E^2 \\ &= \frac{3}{7}mv^2 \end{aligned}$$

而碰撞前系统的动能为

$$T_1 = \frac{1}{2}mv^2 + \frac{1}{2}mv^2 = mv^2$$

因此,系统动能的损失

$$\Delta T = T_1 - T_2 = \frac{4}{7}mv^2$$

小　结

1. 碰撞现象的特点是:碰撞过程时间极短,速度变化为有限量,碰撞力非常大。

2. 研究碰撞问题的两点简化:

(1)在碰撞过程中,普通力的冲量忽略不计;

(2)在碰撞过程中,质点系内各点的位移均忽略不计。

3. 研究碰撞问题应用动量定理和动量矩定理的积分形式,即

$$\sum m_i \boldsymbol{v}'_i - \sum m_i \boldsymbol{v}_i = \sum \boldsymbol{I}_i^{(e)}$$

$$\boldsymbol{L}_{O2} - \boldsymbol{L}_{O1} = \sum \boldsymbol{r}_i \times \boldsymbol{I}_i^{(e)} = \sum \boldsymbol{M}_O(\boldsymbol{I}_i^{(e)})$$

4. 两物体碰撞的恢复因数

$$e = \left| \frac{v'^{\mathrm{n}}_{\mathrm{r}}}{v^{\mathrm{n}}_{\mathrm{r}}} \right|$$

式中,$v'^{\mathrm{n}}_{\mathrm{r}}$ 和 $v^{\mathrm{n}}_{\mathrm{r}}$ 分别为碰撞后和碰撞前两物体接触点沿接触面法线方向的相对速度。$0<e<1$ 为弹性碰撞,$e=1$ 为完全弹性碰撞,$e=0$ 为非弹性碰撞或塑性碰撞。

5. 作用于绕定轴转动刚体的外碰撞冲量,将引起轴承支座的反碰撞冲量。

如果外碰撞冲量作于在刚体质量对称面内的撞击中心上,且垂直于质心与轴心的连线,则轴承反碰撞冲量等于零。

撞击中心 K 到轴心 O 的距离

$$l = \frac{J_Z}{ma}$$

式中,m 为刚体的质量,J_Z 为刚体对于转轴 z 的转动惯量,a 是质心到轴心的距离。

思考题

15.1　什么叫碰撞力和碰撞冲量?

15.2　什么叫恢复因数?它有何意义?

15.3　为什么弹性碰撞过程不应用动能定理?当恢复因数 $e=1$ 时是否可以应用?

15.4　完全弹性碰撞与塑性碰撞各有何特点?

15.5　击打棒球时,有时振手,有时不感到振手,这是为什么?

15.6　如果刚体绕过质心的轴转动,撞击中心是否存在?

15.7　两质量相等的小物块发生非弹性对心碰撞,如碰撞前一物块的速度为 v,另一物块静止。试证明在非弹性碰撞过程中系统的动能将损失一半。

习　题

15.1　质量为2 kg的小球，从高19.6 m处下落至地面后，又以速度$u=10$ m/s铅直回跳。试求：(1)恢复因数；(2)地面对小球作用的冲量；(3)地面作用于小球的力的平均值。设小球与地面接触时间为0.001 s。

15.2　设小球与固定面作斜碰撞，入射角为θ，反射角为β(指速度方向与固定面法线之间的夹角)，如图15.16所示。设固定面是光滑的，试计算其恢复因数。

15.3　设小球速度$v_1=6$ m/s，方向与静止球2相切，如图15.17所示。两球半径相同，质量相等，不计摩擦。碰撞的恢复因数$e=0.6$。求碰撞后两球的速度。

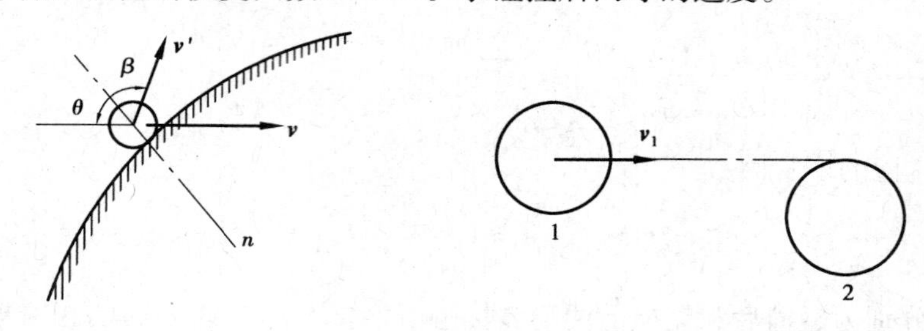

图15.16　　图15.17

15.4　匀质圆柱体(图中只画出其横截面)质量为m，半径为r，其质心以匀速度$\boldsymbol{v}_C$沿水平线向右运动，而圆柱体在固定水平面上作无滑动地滚动，并突然与一高度为$h(h<r)$的平台障碍碰撞，如图15.18所示。设碰撞是塑性的，求碰撞后圆柱体的质心速度、角速度和碰撞冲量。

15.5　如图15.19所示，物块A自高度$h=4.9$ m处自由落下，与安装在弹簧上物块B相碰。已知A的质量$m_1=1$ kg，B的质量$m_2=0.5$ kg，弹簧刚度$k=10$ N/mm。设碰撞结束后，两物块一起运动。求碰撞结束时的速度和弹簧的最大压缩量。

15.6　如图15.20所示，一匀质正方形货物边长为b，质量为m，由传输带沿倾斜角$\alpha=15°$的轨道送下，速度是$\boldsymbol{v}_0$。当到达底端时棱D碰上档架。假定碰撞是完全塑性的，并且D处的总碰撞冲量在垂直于棱并通过货物质心的平面内。求使货物能绕棱D翻转到水平传输带上所需的最小速度。

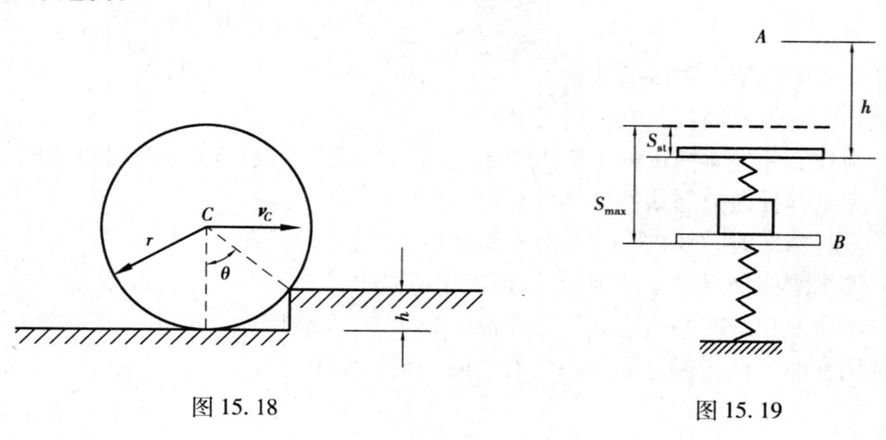

图15.18　　图15.19

15.7 如图 15.21 所示，匀质薄球壳的质量为 m，半径为 r，以质心速度 $\boldsymbol{v}_C$ 斜向撞在水平面上，$\boldsymbol{v}_C$ 与铅直线成偏角 α。同时球壳具有绕水平质心轴（垂直于 $\boldsymbol{v}_C$）的角速度 ω_0。假定碰撞接触点的速度能按反向全部恢复（$e=1$），求碰撞后球壳的运动。

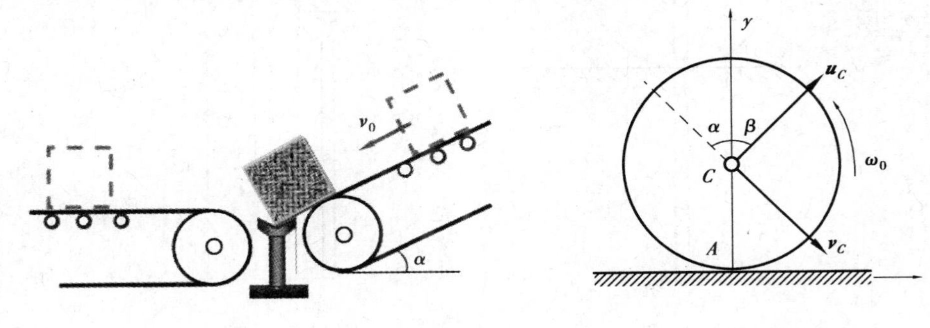

图 15.20　　　　图 15.21

15.8 如图 15.22 所示，一质量为 2 kg 匀质圆球以 5 m/s 的速度沿着与水平呈 45° 角的方向落到地面上。设球与地面接触后立即在地面上向前滚动。求：

(1) 滚动的速度；

(2) 地面对球碰撞冲量；

(3) 碰撞时动能的损失。

15.9 在光滑的水平滑道内有一质量为 m 的滑块，滑块上又铰接一长为 l、质量为 m_1 的均质杆 AB。当静止时，在 AB 杆的端点 B 给予一水平冲量 I，如图 15.23 所示。问给多大的冲量 I 才能使杆转到水平位置？

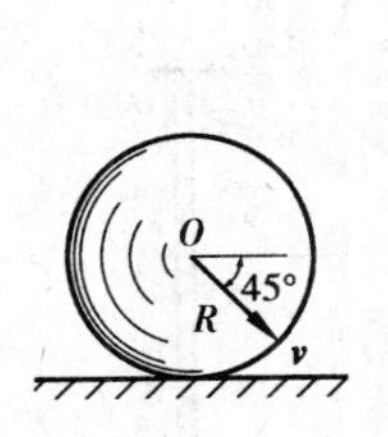

图 15.22

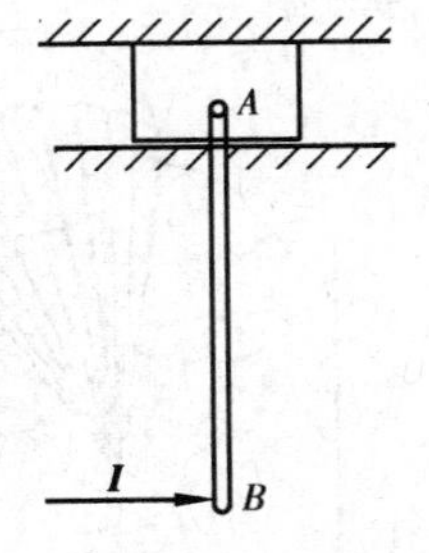

图 15.23

15.10 如图 15.24 所示，均质轮 O 半径为 r，质量为 M，置于光滑的水平面上。均质杆 AB 长为 l，质量为 m，铰接于轮上的 A 点。设 $OA=\dfrac{1}{4}$，$l=3r$，$M=2m$，开始时系统静止在图示位置。今有一水平碰撞冲量 I 作用于 B 端，求碰撞结束时轮心 O 的速度。

15.11 均质杆质量为 m，长为 $2d$，其上端由圆柱铰链固定，如图 15.25 所示。杆由水平位置无初速地落下，撞上一固定的物块。设恢复因数为 k，求：

(1) 轴承的碰撞冲量；

(2) 撞击中心的位置。

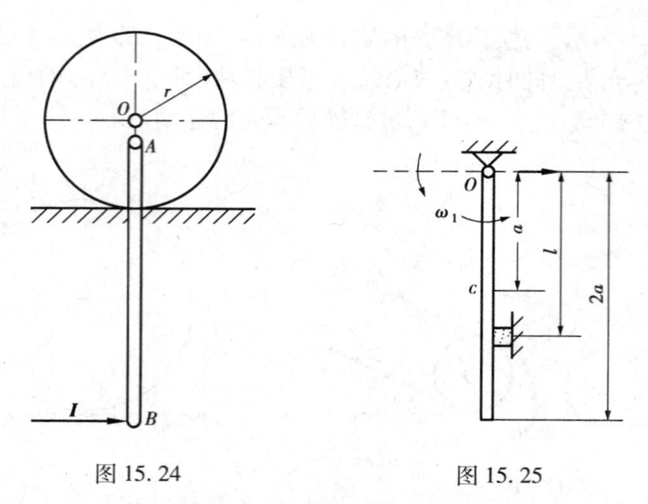

图 15. 24　　　　　　　　　　图 15. 25

15. 12　用降落伞投下的箱子落地时，一边首先触及地面，如图 15. 26 所示。已知箱子质量 $m = 200$ kg，在图示平面内截面是 1 m × 1 m 的正方形，对于通过质心而垂直于图示平面的轴的惯性半径 $\rho = 0.4$ m。箱子触地时的运动是瞬时平动，$v = 5$ m/s，铅直向下。箱子的 BD 边与地面成 15°。设恢复因数 $e = 0.2$，水平方向无碰撞冲量作用，求碰撞结束时箱子的质心速度 u、角速度 ω 及碰撞冲量。

15. 13　如图 15. 27 所示，两均质细直杆 OA 与 AB 以销钉 A 相连接，并用销钉 O 悬挂在固定支座下，处于静止状态。每个杆的质量均为 P，长度均为 l。今在 OA 杆的中点作于一水平冲量 I，求两杆的瞬时角速度。

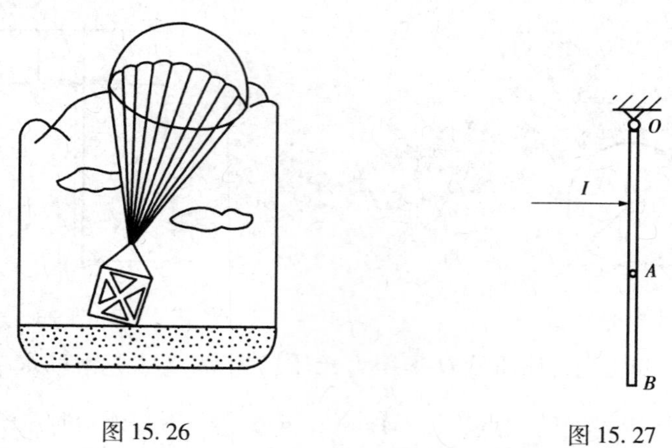

图 15. 26　　　　　　　　　　图 15. 27

15. 14　如图 5. 28 所示，重 G、长 l 为的均质杆，在 $OA = h$ 处受冲量 I 作用，绕 O 轴转过角度 α。试求冲量的大小。

15. 15　匀质直杆 AB 的长度为 l，质量为 m，由静止开始以速度 $\boldsymbol{v}$ 水平下落，与固定点 D 发生碰撞，如图 15. 29 所示。已知碰撞时的恢复因数 $e = 0.5$。试求：(1) 碰撞结束时杆 AB 的角速度 ω 及质心的速度 $\boldsymbol{v}_C$；(2) 杆所受到的碰撞冲量 I。

15. 16　如图 5. 30 所示，质量为 m_1 的物块置于水平面上，它与质量为 m_2 的均质杆 AB 相铰接。系统初始静止，AB 铅垂，$m_1 = 2m_2$。有一冲量为 I 的水平碰撞力作用于杆的 B 端，求碰撞结束时物体 A 的速度。

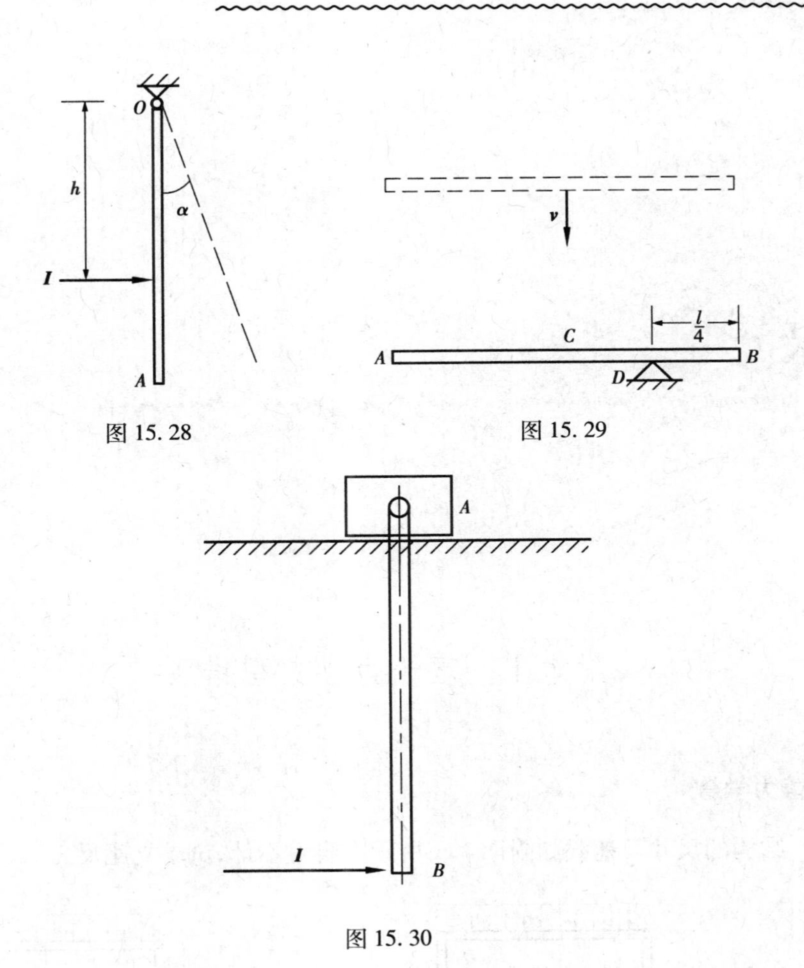

图 15.28

图 15.29

图 15.30

附　录

附录Ⅰ　理论力学典型错误

Ⅰ.1　静力学篇

题 1.1　结构的尺寸及荷载如附图 1.1 所示。自重不计,试求支座反力。

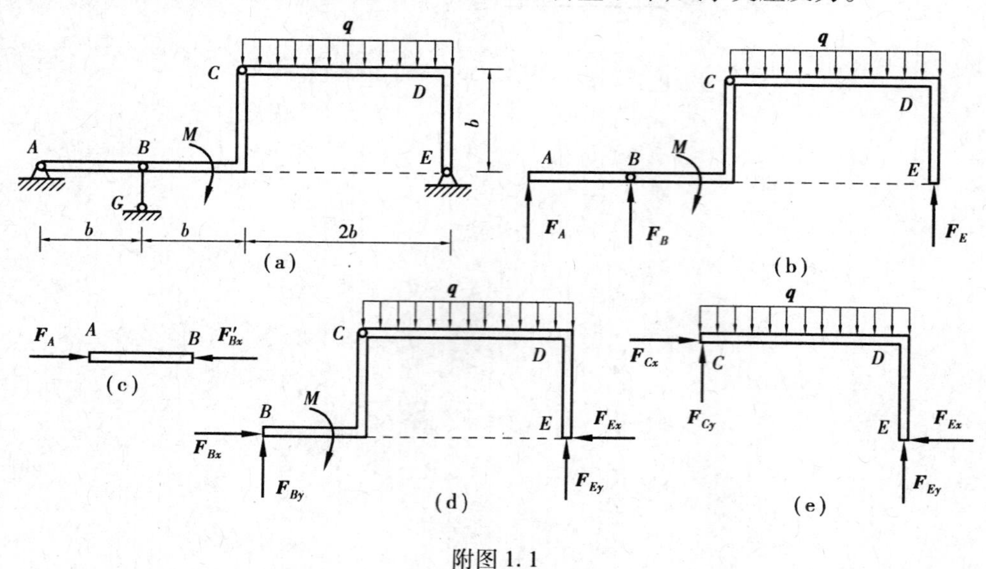

附图 1.1

错误解答:

因为外荷载为竖向力,根据平面平行力系的平衡条件,支座 A、B、E 处的约束反力也应为竖直方向,其整体的受力图如附图 1.1(b)所示。由平面任意力系平衡方程,有

$$\sum M_A(F) = 0, F_B \cdot b - M - 2qb \times 3b + F_E \cdot 4b = 0 \tag{1}$$

$$\sum M_C(F) = 0, F_E \cdot 2b - F_A \cdot 2b - F_B \cdot b - M - 2qb \times b = 0 \tag{2}$$

$$\sum M_E(F) = 0, 2qb \times b - F_A \cdot 4b - F_B \cdot 3b - M = 0 \tag{3}$$

由式(1),有

$$F_E = \frac{3}{2}qb + \frac{M}{4b} - \frac{1}{4}F_B \tag{4}$$

由式(3),有

$$F_B = \frac{2}{3}qb - \frac{4}{3}F_A - \frac{M}{3b} \tag{5}$$

将式(4)、式(5)代入式(2),有

$$\left[\frac{3}{2}qb + \frac{M}{4b} - \frac{1}{4}\left(\frac{2}{3}qb - \frac{4}{3}F_A - \frac{M}{3b}\right)\right] \cdot 2b - 2bF_A - \left(\frac{2}{3}qb - \frac{4}{3}F_A - \frac{M}{3b}\right) \cdot b - 2qb^2 = 0$$

解出

$$F_A = \frac{3M}{8b}$$

将 F_A 的值代入式(5),得

$$F_B = \frac{2}{3}qb - \frac{5M}{6b}$$

将 F_B 的值代入式(4),得

$$F_E = \frac{4}{3}qb + \frac{11M}{24b}$$

$$\sum F_y = 0, F_A + F_B + F_E - 2qb = 0$$

$$\frac{3M}{8b} + \frac{2}{3}qb - \frac{5M}{6b} + \frac{4}{3}qb + \frac{11M}{24b} - 2qb = 0$$

计算无误。

错因分析:

如附图 1.1(b)所示受力图是错误的。因为结构自重不计,故杆 AB、BG 均为二力杆,A 处约束反力沿杆方向而非铅直。另外,E 处为铰支座,它的约束反力还应有水平分力。

正确解答:

因结构自重不计,故杆 AB、BG 均为二力杆。以 $BCDE$ 结构部分为研究对象,其受力图如附图 1.1(d)所示。B 处为复铰,在该受力图中,B 处含有销钉 B,$\boldsymbol{F}_{Bx}$,$\boldsymbol{F}_{By}$ 分别为销钉 B 与杆 AB、BG 之间的反作用力。由平面任意力系平衡方程,有

$$\sum M_B(F) = 0, F_{Ey} \cdot 3b - M - 2qb \cdot 2b = 0 \tag{1}$$

故

$$F_{Ey} = \frac{M}{3b} + \frac{4}{3}qb$$

$$\sum F_y = 0, F_{By} - 2qb + F_{Ey} = 0 \tag{2}$$

所以

$$F_{By} = 2qb - F_{Ey} = 2qb - \left(\frac{M}{3b} + \frac{4}{3}qb\right)$$

$$= \frac{2}{3}qb - \frac{M}{3b}$$

$$\sum F_x = 0, F_{Bx} - F_{Ex} = 0 \tag{3}$$

以 CDE 部分为研究对象，其受力图如附图 1.1(e)所示。由平面任意力系平衡方程，有

$$\sum M_c(F) = 0, F_{Ey} \cdot 2b - F_{Ex} \cdot b - 2qb \cdot b = 0 \tag{4}$$

所以

$$F_{Ex} = 2F_{Ey} - 2qb = 2\left(\frac{M}{3b} + \frac{4}{3}qb\right) - 2qb$$

$$= \frac{2}{3}\left(\frac{M}{b} + qb\right)$$

由式(3)，有

$$F_{Bx} = F_{Ex} = \frac{2}{3}\left(\frac{M}{b} + qb\right)$$

由附图 1.1(c)，有

$$F_A - F_{Bx} = 0$$

所以

$$F_A = F_{Bx} = F_{Ex} = \frac{2}{3}\left(\frac{M}{b} + qb\right)$$

题 1.2 杆 AB 的 A 端固定，在 B 处用铰链与折杆 BCD 连接。圆轮半径 $r = 1$ m，吊重 $P = 6$ kN。试求 A 处的反力。

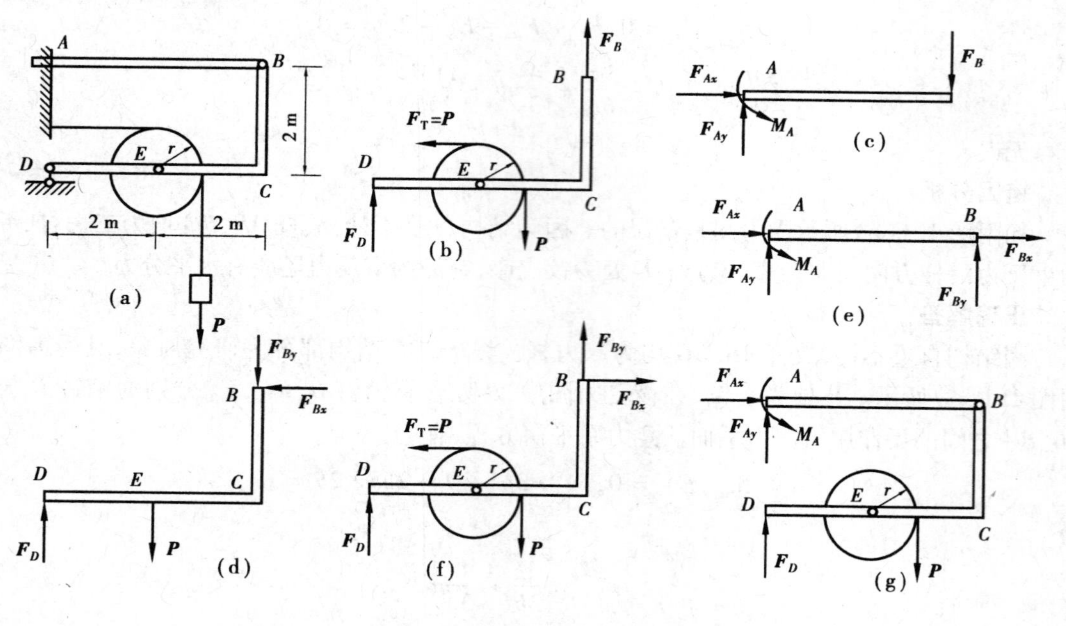

附图 1.2

错误解答：

错解 1：

①取折杆 BCD 和滑轮为研究对象，其受力图如附图 1.2(b)所示。由平面任意力系平衡

方程，有

$$\sum M_D(F) = 0, F_B \times 4 - P(2 + r) + F_T \cdot r = 0$$

所以

$$F_B = \frac{P}{2} = 3 \text{ kN}$$

②取杆 AB 为研究对象，其受力图如附图 1.2(c)所示。由平衡方程，则有

$$\sum F_x = 0, F_{Ax} = 0$$

$$\sum F_y = 0, F_{Ay} - F_B = 0$$

所以

$$F_{Ay} = F_B = 3 \text{ kN}$$

$$\sum M_A(F) = 0, M_A - F_B \times 4 = 0$$

所以

$$M_A = 12 \text{ kN} \cdot \text{m}$$

错解 2：

1）以折杆 BCD 为研究对象，其受力图如附图 1.2(d)所示。由平衡方程，有

$$\sum M_B(F) = 0, -F_D \times 4 + P \times 2 = 0$$

所以

$$F_D = \frac{P}{2} = 3 \text{ kN}$$

$$\sum F_x = 0, F_{Bx} = 0$$

$$\sum F_y = 0, F_D - P - F_{By} = 0$$

所以

$$F_{By} = F_D - P = 3 - 6 = -3 \text{ kN}$$

2）以杆 AB 为研究对象，其受力图如附图 1.2(e)所示。由平衡方程，有

$$\sum F_x = 0, F_{Ax} + F_{Bx} = 0$$

所以

$$F_{Ax} = -F_{Bx} = 0$$

$$\sum F_y = 0, F_{Ay} + F_{By} = 0$$

所以

$$F_{Ay} = -F_{By} = 3 \text{ kN}$$

$$\sum M_A(F) = 0, M_A + F_{By} \times 4 = 0$$

所以

$$M_A = -4F_{By} = -4 \times (-3) = 12 \text{ kN} \cdot \text{m}$$

错因分析：

①如附图 1.2(b)所示受力图是错误的，在铰链 B 处应以两个正交分量表示其约束反力。

②如附图 1.2(d)所示受力图是错误的，在铰链 E 处应以两个正交分力表示其约束反力。

正确解答：

①以折杆 BCD 和滑轮为研究对象，其受力图如附图 1.2(f)所示。由平衡方程，有

$$\sum M_B(F) = 0, \ -F_D \times 4 - F_T \times 1 + P \times 1 = 0$$

所以

$$F_D = 0$$

②以整体为研究对象，其受力图如附图 1.2(g)所示。由平衡方程，有

$$\sum F_x = 0, F_{Ax} - F_T = 0$$

所以

$$F_{Ax} = F_T = P = 6 \text{ kN}$$

$$\sum F_y = 0, F_{Ay} + F_D - P = 0$$

所以

$$F_{Ay} = P = 6 \text{ kN}$$

$$\sum M_A(F) = 0, M_A - F_T \times 1 - P \times 3 = 0$$

所以

$$M_A = 4P = 24 \text{ kN} \cdot \text{m}$$

题 1.3　构架的尺寸及荷载如附图 1.3 所示。固定在杆 BD 上的销钉穿在杆 AC 的光滑槽内。试求各支座的反力。

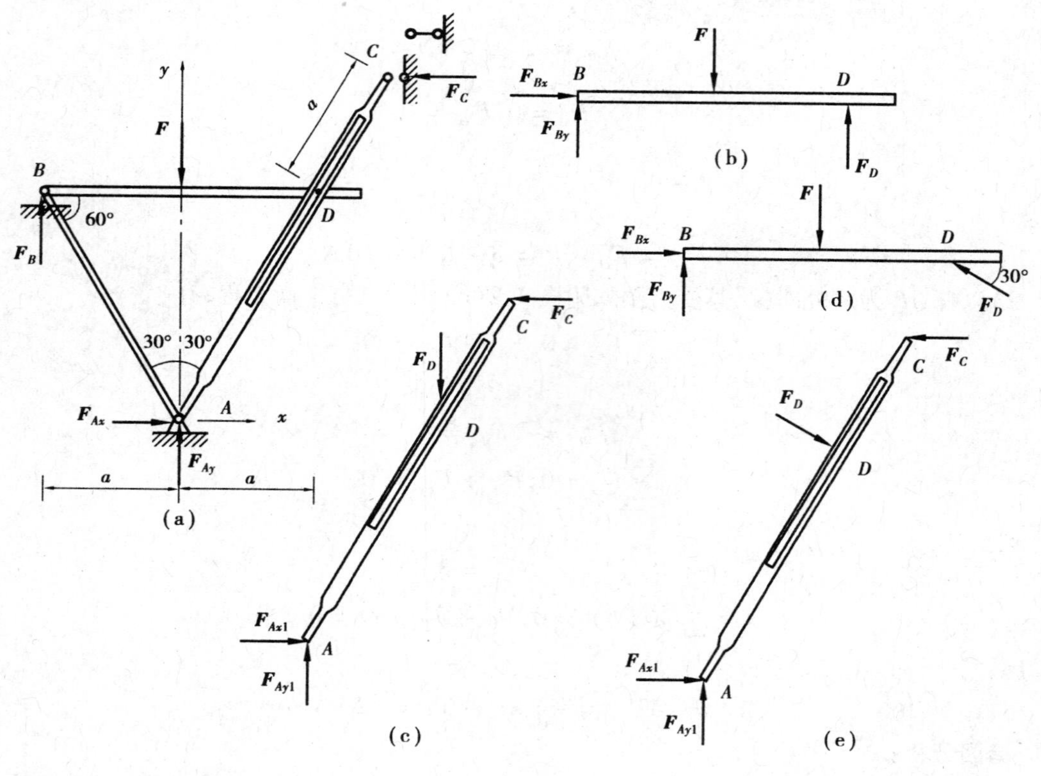

附图 1.3

错误解答：

①以杆 BD 为研究对象，其受力图如附图 1.3(b)所示。由平衡方程，有

$$\sum M_B(F) = 0, F_D \times 2a - F \times a = 0$$

所以

$$F_D = \frac{F}{2}$$

②以杆 AC 为研究对象，其受力图如附图 1.3(c)所示。由平衡方程，有

$$\sum M_A(F) = 0, -F_D \times a + F_C \times 3a \cos 30^\circ = 0$$

所以

$$F_C = \frac{F_D}{3\cos 30^\circ} = \frac{F}{3\sqrt{3}}$$

③以整体为研究对象，其受力图如附图 1.3(a)所示。由平衡方程，有

$$\sum M_A(F) = 0, F_C \times 3a \cos 30^\circ - F_B \times a = 0$$

所以

$$F_B = F_C \frac{3\sqrt{3}}{2} = \left(\frac{F}{3\sqrt{3}}\right) \times \frac{3\sqrt{3}}{2} = \frac{F}{2}$$

$$\sum F_x = 0, F_{Ax} - F_C = 0$$

所以

$$F_A = F_C = \frac{F}{3\sqrt{3}}$$

$$\sum F_y = 0, F_{Ay} + F_B - F = 0$$

所以

$$F_{Ay} = -F_B + F = -\frac{F}{2} + F = \frac{F}{2}$$

错因分析：

如附图 1.3(b)、(c)所示的受力图是错误的。因销钉 D 穿在光滑槽中，故 E 处的约束反力应沿光滑槽的法线方向，即与 AC 杆垂直的方向。

正确解答：

①以 BD 为研究对象，其受力图如附图 1.3(d)所示。由平衡方程，有

$$\sum M_B(F) = 0, F_D \sin 30^\circ \times 2a - F \times a = 0$$

所以

$$F_D = F$$

②以 AC 为研究对象，其受力图如附图 1.3(e)所示。由平衡方程，有

$$\sum M_A(F) = 0, F_C \times 3a \cos 30^\circ - F_D \times 2a = 0$$

所以

$$F_C = \frac{2F_D}{3\cos 30^\circ} = \frac{4}{3\sqrt{3}}F$$

③以整体为研究对象，其受力图如附图 1.3(a)所示。由平衡方程，有

$$\sum F_x = 0, F_{Ax} - F_C = 0$$

所以

$$F_{Ax} = F_C = \frac{4}{3\sqrt{3}}F$$

$$\sum M_A(F) = 0, F_C \times 3a\cos 30° - F_B \times a = 0$$

所以

$$F_B = \frac{3\sqrt{3}}{2}F_C = \frac{3\sqrt{3}}{2} \cdot \frac{4}{3\sqrt{3}}F = 2F$$

$$\sum F_y = 0, F_{Ay} + F_B - F = 0$$

所以

$$F_{Ay} = -F_B + F = -2F + F = -F$$

题 1.4 组合结构如附图 1.4 所示，若杆重不计，试求 A、D 处的约束反力及杆 1、2、3、4 所受的力。

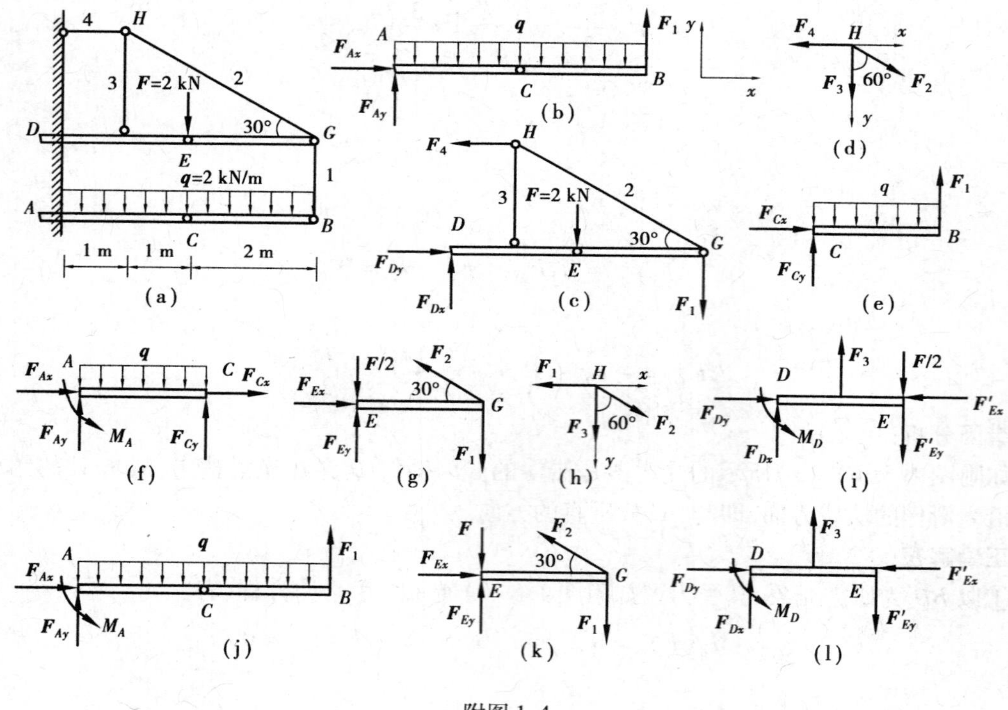

附图 1.4

错误解答：

错解 1：

①取 ACB 为研究对象，其受力图如附图 1.4(b)所示。由平衡方程，有

$$\sum F_x = 0, F_{Ax} = 0$$

$$\sum M_A(F) = 0, F_1 \times 4 - q \times 4 \times 2 = 0$$

所以

$$F_1 = 2q = 4\ \text{kN}$$

$$\sum F_y = 0, F_{Ay} - 4q + F_1 = 0$$

所以

$$F_{Ay} = 4q - F_1 = 4\ \text{kN}$$

②取 DGH 为研究对象,其受力图如附图 1.4(c)所示。由平衡方程,有

$$\sum M_D(F) = 0, F_4 \times \sqrt{3} - F \times 2 - F_1 \times 4 = 0$$

所以

$$F_4 = \frac{1}{\sqrt{3}}(2F + 4F_1) = 11.55\ \text{kN}$$

$$\sum F_x = 0, F_{Dx} - F_4 = 0$$

所以

$$F_{Dx} = F_4 = 11.55\ \text{kN}$$

$$\sum F_y = 0, F_{Dy} - F - F_1 = 0$$

所以

$$F_{Dy} = F + F_1 = 6\ \text{kN}$$

③取节点 H 为研究对象,其受力图如附图 1.4(d)所示。由平面汇交力系平衡方程,有

$$\sum F_x = 0, F_2 \sin 60° - F_4 = 0$$

所以

$$F_2 = \frac{F_4}{\sin 60°} = \frac{20}{\sqrt{3}} \cdot \frac{2}{\sqrt{3}}\ \text{kN} = 13.33\ \text{kN}$$

$$\sum F_y = 0, F_3 + F_2 \cos 60° = 0$$

所以

$$F_3 = -\frac{1}{2}F_2 = = -6.67\ \text{kN}$$

错解 2:

①取 BC 为研究对象,其受力图如附图 1.4(e)所示。由平衡方程,有

$$\sum M_C(F) = 0, F_1 \times 2 - \frac{1}{2}q \cdot 2^2 = 0$$

所以

$$F_1 = 2\ \text{kN}$$

$$\sum F_x = 0, F_{Cx} = 0$$

$$\sum F_y = 0, F_{Cy} - 2q + F_1 = 0$$

所以

$$F_{Cy} = 2q - F_1 = 2\ \text{kN}$$

②取 AC 为研究对象,其受力图如附图 1.4(f)所示。由平衡方程,有

$$\sum F_x = 0, F_{Ax} + F_{Cx} = 0$$

所以

$$F_{Ax} = 0$$

$$\sum M_A(F) = 0, M_A - q \times 2 \times 1 + F_{Cy} \times 2 = 0$$

所以

$$M_A = 2q - 2F_{Cy} = 0$$

$$\sum F_y = 0, F_{Ay} - 2q + F_{Cy} = 0$$

所以

$$F_{Ay} = 2q - F_{Cy} = 2 \text{ kN}$$

③取 EG 为研究对象,其受力图如附图 1.4(g)所示。由平衡方程,有

$$\sum M_E(F) = 0, F_2 \cdot \sin 30° \times 2 - F_1 \times 2 = 0$$

所以

$$F_2 = 2F_1 = 4 \text{ kN}$$

$$\sum F_x = 0, F_{Ex} - F_2 \cos 30° = 0$$

所以

$$F_{Ex} = \frac{\sqrt{3}}{2}F_2 = 2\sqrt{3} \text{ kN} = 3.46 \text{ kN}$$

$$\sum F_y = 0, F_{Ey} - \frac{F}{2} + F_2 \sin 30° - F_1 = 0$$

所以

$$F_{Ey} = \frac{F}{2} - \frac{1}{2}F_2 + F_1 = 1 \text{ kN} - 2 \text{ kN} + 2 \text{ kN} = 1 \text{ kN}$$

④取节点 H 为研究对象,其受力图如附图 1.4(h)所示。由平面汇交力系平衡方程,有

$$\sum F_x = 0, F_2 \sin 60° - F_4 = 0$$

所以

$$F_4 = \frac{\sqrt{3}}{2}F_2 = 3.46 \text{ kN}$$

$$\sum F_y = 0, F_3 + F_2 \cos 60° = 0$$

所以

$$F_3 = -\frac{1}{2}F_2 = -2 \text{ kN}$$

⑤取 DE 为研究对象,其受力图如附图 1.4(i)所示。由平衡方程,有

$$\sum F_x = 0, F_{Dx} - F'_{Ex} = 0$$

所以

$$F_{Dx} = F'_{Ex} = 3.46 \text{ kN}$$

$$\sum F_y = 0, F_{Dy} + F_3 - \frac{F}{2} - F'_{Ey} = 0$$

所以

$$F_{Dy} = -F_3 + \frac{1}{2}F + F'_{Ey} = 4\ \text{kN}$$

$$\sum M_D(F) = 0, M_D + F_3 \times 1 - \frac{1}{2}F \times 2 - F'_{Ey} \times 2 = 0$$

所以

$$M_D = -F_3 + F + 2F'_{Ey} = 6\ \text{kN} \cdot \text{m}$$

错因分析：

①如附图1.4(b)、(c)所示的受力图是错误的。A、D处均为固定端约束，还应有约束反力偶。

②附图1.4(f)中C点约束反力方向画错，应与附图1.4(e)的C处有作用与反作用力大小相等、方向相反、沿同一直线的关系。

③在附图1.4(g)、(i)中，将作用于铰E处的集中力F各画$F/2$是错误的。因为集中力F是作用在连接DE和EG的销子上的。既非作用在杆DE的E端，也非作用在杆EG的E端，更非在两杆E端各作用一半。在这种情况下，处理的方法有：将销子合并在杆DE的E端；将销子合并在杆DG的E端；单独取出销子作为研究对象。请读者思考，附图1.4(g)、(i)中的$\boldsymbol{F}_{Ex}$和$\boldsymbol{F}'_{Ex}$，$\boldsymbol{F}_{Ey}$和$\boldsymbol{F}'_{Ey}$是一对作用力与反作用力吗？

正确解答：

①取BC为研究对象，其受力图如附图1.4(e)所示。由平衡方程，有

$$\sum M_C(F) = 0, F_1 \times 2 - \frac{1}{2}q \cdot 2^2 = 0$$

所以

$$F_1 = 2\ \text{kN}$$

②取ACB为研究对象，其受力图如附图1.4(j)所示。由平衡方程，有

$$\sum F_x = 0, F_{Ax} = 0$$

$$\sum F_y = 0, F_{Ay} - 4q + F_1 = 0$$

所以

$$F_{Ay} = 4q - F_1 = 6\ \text{kN}$$

$$\sum M_A(F) = 0, M_A - q \times 4 \times 2 + F_1 \times 4 = 0$$

所以

$$M_A = 8\ \text{kN} \cdot \text{m}$$

③取EG为研究对象，其受力图如附图1.4(k)所示。由平衡方程，有

$$\sum M_E(F) = 0, F_2 \sin 30° \times 2 - F_1 \times 2 = 0$$

所以

$$F_2 = 2F_1 = 4\ \text{kN}$$

$$\sum F_x = 0, F_{Ex} - F_2 \cos 30° = 0$$

所以

$$F_{Ex} = 2\sqrt{3}\ \text{kN} = 3.46\ \text{kN}$$

$$\sum F_y = 0, F_{Ey} - F + F_2\sin 30° - F_1 = 0$$

所以

$$F_{Ey} = F - \frac{1}{2}F_2 + F_1 = 2\ \text{kN}$$

④取节点 H 为研究对象,其受力图如附图 1.4(h)所示。由平面汇交力系平衡方程,有

$$\sum F_x = 0, F_2\sin 60° - F_4 = 0$$

所以

$$F_4 = 2\sqrt{3}\ \text{kN} = 3.46\text{kN}$$

$$\sum F_y = 0, F_3 + F_2\cos 60° = 0$$

所以

$$F_3 = -\frac{1}{2}F_2 = -2\ \text{kN}$$

⑤取 DE 为研究对象,其受力图如附图 1.4(l)所示。由平衡方程,有

$$\sum F_x = 0, F_{Dx} - F'_{Ex} = 0$$

所以

$$F_{Dx} = F'_{Ex} = F_{Ex} = 3.46\ \text{kN}$$

$$\sum F_y = 0, F_{Dy} + F_3 - F'_{Ey} = 0$$

所以

$$F_{Dy} = -F_3 + F'_{Ey} = -(-2) + 2 = 4\ \text{kN}$$

$$\sum M_D(F) = 0, M_D + F_3 \times 1 - F'_{Ey} \times 2 = 0$$

所以

$$M_D = -F_3 + 2F'_{Ey} = 6\ \text{kN}\cdot\text{m}$$

综上,有

$$F_{Ax} = 0, F_{Ay} = 6\ \text{kN}, M_A = 8\ \text{kN}\cdot\text{m}$$

$$F_{Dx} = 3.46\ \text{kN}, F_{Dy} = 4\ \text{kN}, \text{M}_D = 6\ \text{kN}\cdot\text{m}$$

$$F_1 = 2\ \text{kN}, F_2 = 4\ \text{kN}, F_3 = -2\ \text{kN}, F_4 = 3.46\ \text{kN}$$

题 1.5 构架的尺寸如附图 1.5 所示。固定在杆 AD 上的销钉 C 插入杆 BC 的光滑槽内。若已知 $P = 4\ \text{kN}, M = 2\ \text{kN}\cdot\text{m}$。试求 A、B 处的约束反力。

错误解答:

①以 BCD 部分为研究对象,其受力图如附图 1.5(b) 所示。由平衡方程,有

$$\sum M_B(F) = 0, F_{\text{NC}} \times 2\sqrt{2} + P \times 4.2 - M = 0 \tag{1}$$

所以

$$F_{\text{NC}} = \frac{M - 4.2P}{2\sqrt{2}} = -5.23\ \text{kN}$$

$$\sum F_x = 0, F_{Bx} - F_{\text{NC}}\cos 45° = 0 \tag{2}$$

所以

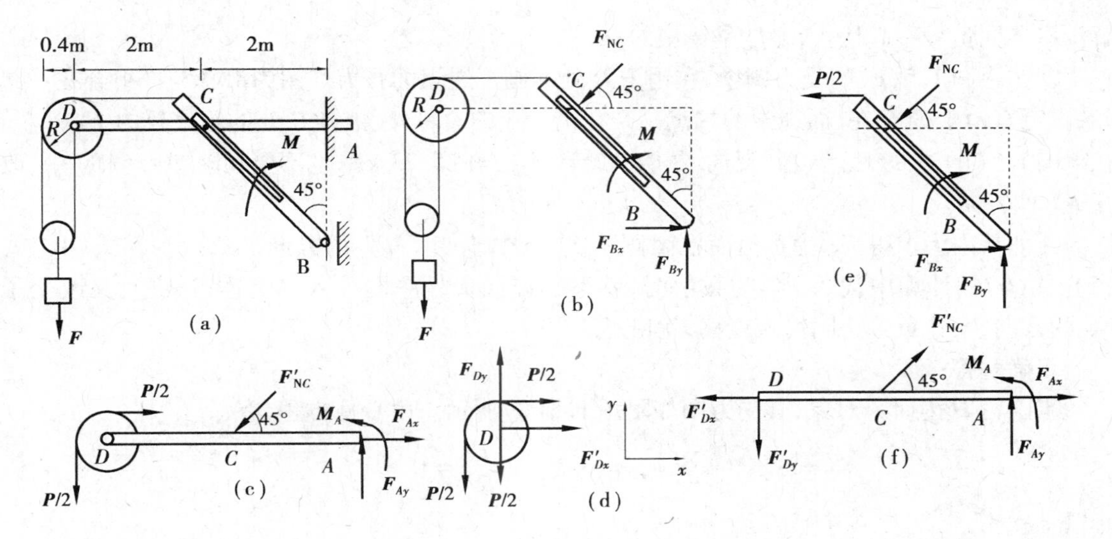

附图 1.5

$$F_{Bx} = \frac{\sqrt{2}}{2} F_{NC} = 3.70\ \text{kN}$$

$$\sum F_y = 0, F_{By} - F_{NC} \sin 45° - P = 0 \tag{3}$$

所以

$$F_{By} = F_{NC} \sin 45° + P = 7.7\ \text{kN}$$

②以 ACD 部分为研究对象,其受力图如附图 1.5(c) 所示。由平衡方程,有

$$\sum F_x = 0, F_{Ax} - F'_{NC} \cos 45° + \frac{P}{2} = 0 \tag{4}$$

所以

$$F_{Ax} = \frac{\sqrt{2}}{2} F'_{NC} - \frac{P}{2} = -5.70\ \text{kN}$$

$$\sum F_y = 0, F_{Ay} - F'_{NC} \sin 45° - \frac{P}{2} = 0 \tag{5}$$

所以

$$F_{Ay} = \frac{\sqrt{2}}{2} F'_{NC} + \frac{P}{2} = -1.70\ \text{kN}$$

$$\sum M_A(F) = 0, M_A + F'_{NC} \sin 45° \times 2 + \frac{P}{2} \times 4.4 - \frac{P}{2} \times 0.4 = 0 \tag{6}$$

所以

$$M_A = -\sqrt{2} F'_{NC} - 2P = -0.60\ \text{kN} \cdot \text{m}$$

错因分析:

①在附图 1.5(b)的受力图中,漏画了销子 D 与杆 AD 在 D 端的约束反作用力。当然,如果在 D 处加画了上述的约束反作用力,则本受力图中将有 5 个未知数,就不能以此研究对象求解了。

②由式(1)求得 $F_{NC} = -5.23$ kN,当将其代入式(2)、式(3)时,应连同负号一同代入。上

解没有连同负号一起代入,显然是错误的。

③在附图1.5(c)的受力图中,在销子D处漏画了绳索的张力。图为滑轮与杆组合在一起时,肯定有销子D存在,而绳索的端点是系在销子上的。另外,销钉C处的约束反力F'_{NC}应与在附图1.5(b)中的F_{NC}等值、反向。尽管计算得$F_{NC}=-5.23\ \text{kN}$,也不要在附图1.5(c)中,改变F'_{NC}的方向。

④如果因为求得F_{NC}为负值而在附图1.5(c)中改变了F'_{NC}的方向,那么,当在式(4)、式(5)、式(6)的计算中代入F'_{NC}的数值时,就不必连同负号一同代入。上述错解中,又改变了F'_{NC}的方向,又连负号一同代入计算,就错了。

正确解答:

①以轮D为研究对象,其受力图如附图1.5(d)所示。由平衡方程,有

$$\sum F_x=0,F_{Dx}+\frac{P}{2}=0$$

所以

$$F_{Dx}=-\frac{P}{2}=-2\ \text{kN}$$

$$\sum F_y=0,F_{Dy}-\frac{P}{2}-\frac{P}{2}=0$$

所以

$$F_{Dy}=P=4\ \text{kN}$$

②以BC杆为研究对象,其受力图如附图1.5(e)所示。由平衡方程,有

$$\sum M_B(F)=0,F_{NC}\times 2\sqrt{2}+\frac{P}{2}\times 2.4-M=0$$

所以

$$F_{NC}=\frac{1}{2\sqrt{2}}(-1.2P+M)=-\frac{1.4}{\sqrt{2}}\ \text{kN}=-0.99\ \text{kN}$$

$$\sum F_x=0,F_{Bx}-F_{NC}\cos 45^\circ-\frac{P}{2}=0$$

所以

$$F_{Bx}=\frac{\sqrt{2}}{2}F_{NC}+\frac{P}{2}=1.30\ \text{kN}$$

$$\sum F_y=0,F_{By}-F_{NC}\sin 45^\circ=0$$

所以

$$F_{By}=\frac{\sqrt{2}}{2}F_{NC}=-0.70\ \text{kN}$$

③以AD杆为研究对象,其受力图如附图1.5(f)所示。由平衡方程,有

$$\sum F_x=0,F_{Ax}+F'_{NC}\cos 45^\circ-F'_{Dx}=0$$

所以

$$F_{Ax}=-\frac{\sqrt{2}}{2}F'_{NC}+F'_{Dx}=-1.30\ \text{kN}$$

$$\sum F_y = 0, F_{Ay} + F'_{NC}\sin 45° - F'_{Dy} = 0$$

所以

$$F_{Ay} = -\frac{\sqrt{2}}{2}F'_{NC} + F'_{Dy} = 4.70\ \text{kN}$$

$$\sum M_A(F) = 0, M_A - F'_{NC}\sin 45° \times 2 + F'_{Dy} \times 4 = 0$$

所以

$$M_A = \sqrt{2}F'_{NC} - 4F'_{Dy} = -17.4\ \text{kN}\cdot\text{m}$$

题 1.6　质量分别为 $P_1 = 400$ N、$P_2 = 200$ N 的物块 A、B，由无重直杆 AC、BC 连接后放置如附图 1.6 所示。已知 A、B 处的静滑动摩擦系数均为 $f_s = 0.25$。欲使两物块均不滑动，试求作用在铰链 C 处竖向力 F 的最小值。

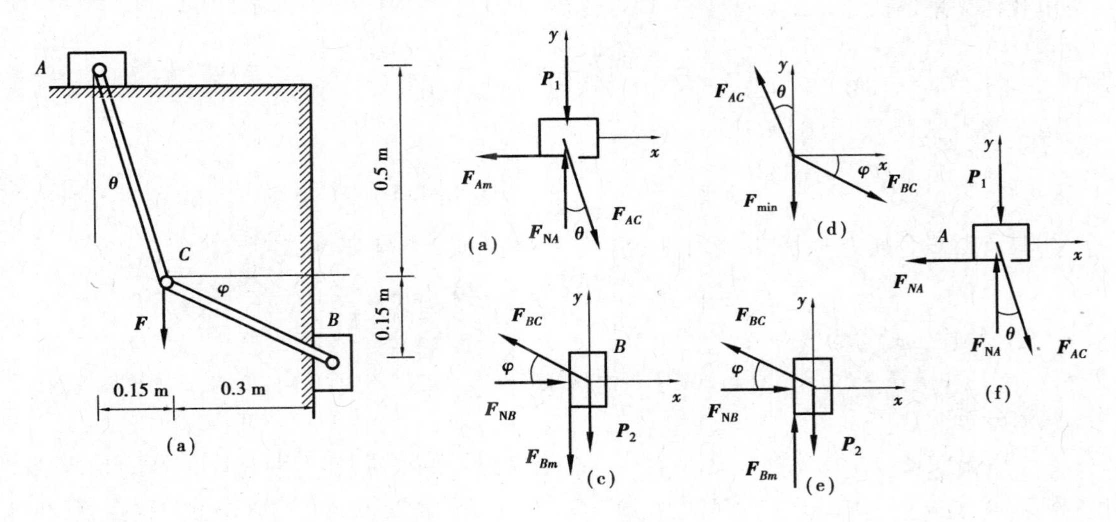

附图 1.6

错误解答：

①取物块 A 为研究对象。由于在杆力 $\boldsymbol{F}_{AC}$ 作用下物块 A 有向右滑的运动趋势，设其处于临界平衡状态，故最大摩擦力 $\boldsymbol{F}_{Am}$ 向左。其受力图如附图 1.6(b) 所示。由平衡方程，有

$$\sum F_x = 0, F_{AC}\sin\theta - F_{Am} = 0 \tag{1}$$

$$\sum F_y = 0, F_{NA} - P_1 - F_{AC}\cos\theta = 0 \tag{2}$$

由摩擦定律，有

$$F_{Am} = f_x F_{NA} \tag{3}$$

由几何关系，有

$$\sin\theta = \frac{0.15}{\sqrt{0.15^2 + 0.5^2}} = 0.287\,3, \cos\theta = \frac{0.5}{\sqrt{0.15^2 + 0.5^2}} = 0.957\,9$$

由式(1)、式(2)、式(3)解得

$$F_{AC} = \frac{f_s P_1}{\sin\theta - f_s \cos\theta} = 2\ 091\ \text{N}$$

②取物块 B 为研究对象，由于 BC 杆拉动物块 B 有向上滑动的趋势，且处于上滑的临界平衡状态，故其受力图如附图 1.6(c)所示。由平衡方程，有

$$\sum F_x = 0, F_{NB} - F_{BC}\cos\varphi = 0 \tag{4}$$

$$\sum F_y = 0, F_{BC}\sin\varphi - P_2 - F_{Bm} = 0 \tag{5}$$

由摩擦定律，有

$$F_{Bm} = f_s F_{NB} \tag{6}$$

由几何关系，有

$$\sin\varphi = \frac{0.15}{\sqrt{0.15^2 + 0.3^2}} = 0.447\ 2, \cos\varphi = \frac{0.3}{\sqrt{0.15^2 + 0.3^2}} = 0.894\ 4$$

由式(4)、式(5)、式(6)解得

$$F_{BC} = \frac{P_2}{\sin\varphi - f_s\cos\varphi} = 894.5\ \text{N}$$

③取节点 C 为研究对象，其受力图如附图 1.6(d)所示。由平衡方程，有

$$\sum F_y = 0, F_{AC}\cos\theta - F_{\min} - F_{BC}\sin\varphi = 0$$

于是，得最小 F 力为

$$F_{\min} = F_{AC}\cos\theta - F_{BC}\sin\varphi = 2\ 091\ \text{N} \times 0.957\ 9\ \text{N} - 894.5 \times 0.447\ 2\ \text{N} = 1\ 602.9\ \text{N}$$

错因分析：

①上解错误之一是认为在铰链 C 处作用的竖向力 F 的最小值，可使物块 A、B 同时达到临界平衡状态。对于一个由若干物体组成的平衡系统中，若多处粗糙面均有摩擦力存在，其中哪处的摩擦力先达到最大值，是由物体所处的位置、摩擦系数、受力状态、平衡方程等诸多因素决定的，一般不会几处的摩擦力同时达到最大值。上解，根据 A、B 两物块同时达到临界平衡状态，虽然算出了最小 F 力的值 $F_{\min}$，但对如附图 1.6(d)所示的受力图，当 $\sum F_x = 0$ 时，不能成立，即

$$F_{BC}\cos\varphi - F_{AC}\sin\theta = 894.5 \times 0.894\ 4\ \text{N} = 199.3\ \text{N} \neq 0$$

可知，根据物块 A、B 均处于临界平衡状态所得的 $F_{\min}$ 不能使节点 C 平衡，也就说明，物块 A、B 不同时处于临界平衡状态。但是，A、B 两者谁先达到临界平衡状态，通常是事先不知道的。因此，通常的分析方法是，假定一处先达到临界平衡状态，根据平衡方程计算另一处摩擦力的值，并将由平衡方程计算出来的摩擦力与最大摩擦力比较，若满足 $F < F_{\max}$，则假定正确，所得计算结果有用，若出现 $F > F_{\max}$ 这种不可能的情况，说明假定不正确，再设另一处先达到临界平衡状态，重新计算，便可得到正确的结果。

有时，虽然系统中有多处摩擦存在，但这些摩擦力都发生在一个刚体上，则各处的摩擦力将同时达到临界平衡状态。例如，一个圆柱置于粗糙的 V 形槽面内，如果圆柱有转动趋势，则两处的摩擦力将处于相同的状态，即要达到临界平衡状态，必同时达到。

②上解错误之二是认为物块 B 只有沿铅垂面向上滑动的运动趋势，且处于临界平衡状

态。实际上,根据物块 B 的受力情况,可能有向上滑的运动趋势,也可能有向下滑的运动趋势。这取决于作用在节点 C 上 F 力的大小。当 F 力很大时,物块 B 有向上滑的运动趋势,当 F 力很小时,物块 B 有向下滑的运动趋势。本题欲求两物块均不滑动的 F 力的最小值,故应考虑向下滑的运动趋势。

正确解答:

①取物块 B 为研究对象,并假设其处于向下滑的临界平衡状态。其最大摩擦力向上,其受力图如附图 1.6(e)所示。由平衡方程,有

$$\sum F_x = 0, F_{NB} - F_{BC}\cos\varphi = 0 \tag{1}$$

$$\sum F_y = 0, F_{BC}\sin\varphi + F_{Bm} - P_2 = 0 \tag{2}$$

由摩擦定律,有

$$F_{Bm} = f_s F_{NB} \tag{3}$$

上式中

$$\sin\varphi = \frac{0.15}{\sqrt{0.15^2 + 0.3^2}} = 0.447\ 2, \cos\varphi = \frac{0.3}{\sqrt{0.15^2 + 0.3^2}} = 0.894\ 4$$

于是,由式(1)、式(2)、式(3)解得

$$F_{BC} = \frac{P_2}{\sin\varphi + f_s\cos\varphi} = 298.2\ \text{N}$$

②取节点 C 为研究对象,其受力图如附图 1.6(d)所示。由平衡方程,有

$$\sum F_x = 0, F_{BC}\cos\varphi - F_{AC}\sin\theta = 0 \tag{4}$$

$$\sum F_y = 0, F_{AC}\cos\varphi - F_{BC}\sin\varphi - F_{\min} = 0 \tag{5}$$

式中

$$\sin\theta = \frac{0.15}{\sqrt{0.15^2 + 0.5^2}} = 0.287\ 3, \cos\theta = 0.957\ 9$$

由式(4),解得

$$F_{AC} = \frac{F_{BC}\cos\varphi}{\sin\theta} = 928.3\ \text{N}$$

由式(5),解得

$$F_{\min} = F_{AC}\cos\theta - F_{BC}\sin\varphi = 928.3 \times 0.957\ 9\ \text{N} - 298.2 \times 0.447\ 2\ \text{N} = 775.9\ \text{N}$$

③取物块 A 为研究对象,其受力图如附图 1.6(f)所示。由平衡方程,有

$$\sum F_x = 0, F_{AC}\sin\theta - F_A = 0 \tag{6}$$

所以

$$F_A = F_{AC}\sin\theta = 266.7\ \text{N}$$

$$\sum F_y = 0, F_{NA} - P_1 - F_{AC}\cos\varphi = 0 \tag{7}$$

所以

$$F_{NA} = P_1 + F_{AC}\cos\theta = 400\ \text{N} + 928.3 \times 0.957\ 9\ \text{N} = 1\ 289.2\text{N}$$

由摩擦定律,有

$$F_{Am} = f_s F_{NA} = 0.25 \times 1\ 289.2\ \text{N} = 322.3\ \text{N}$$

因有 $F_A < F_{Am}$,故假定正确。

因此,当 $F_{\min} = 755.9$ N 时,两物块均不会滑动。

Ⅰ.2 运动学篇

题 2.1 杆 AC 沿槽以匀速 v 向上运动,并带动杆 AB 及滑块 B。若 $AB = l$,且初瞬时 $\theta = 0$。求当 $\theta = 60°$时,滑块 B 沿滑槽滑动的速度。

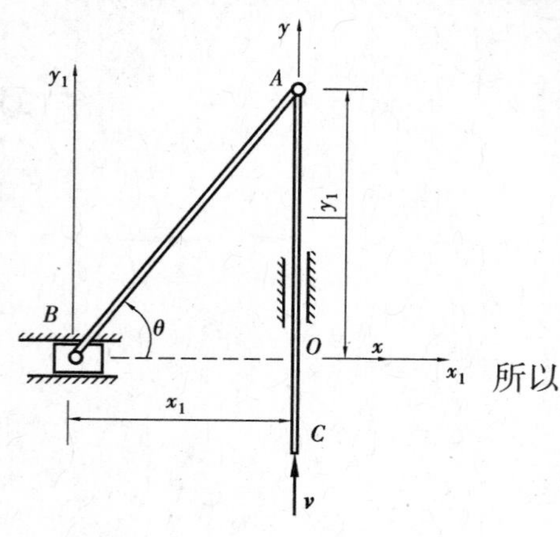

附图 2.1

错误解答:

错解 1:

取坐标系 Bx_1y_1 如附图 2.1 所示。由几何关系有

$$x_1^2 + y_1^2 = l^2 \tag{1}$$

将式(1)对时间求导数,有

$$2x_1\dot{x}_1 + 2y_1\dot{y}_1 = 0 \tag{2}$$

所以

$$\dot{x}_1 = -\frac{y_1}{x_1}\dot{y}_1$$

因为 $\tan\theta = \dfrac{y_1}{x_1}$,$\dot{y} = v$,而当 $\theta = 60°$时,$\tan 60° = \sqrt{3}$,故有

$$v_B = \dot{x}_1 = -\dot{y}_1\tan\theta = -v\tan 60° = -\sqrt{3}v$$

负号表示 v_B 的方向与 x_1 轴方向相反。

错解 2:

取坐标系 xOy 如附图 2.1 所示,则由几何关系有物块 B 的运动方程为

$$x_B = l\cos\theta \tag{3}$$

铰链 A 的运动方程为

$$y_A = l\sin\theta \tag{4}$$

将式(3)、式(4)对时间求导数,有

$$\dot{x}_B = -l\dot{\theta}\sin\theta \tag{5}$$

$$\dot{y}_A = l\dot{\theta}\cos\theta \tag{6}$$

由式(6),有

$$\dot{\theta} = \frac{\dot{y}}{l\cos\theta} \tag{7}$$

式(7)代入式(5),得

$$v_B = \dot{x}_B = -\dot{y}_A\tan\theta$$

代入 $\theta = 60°$,得

$$v_B = -\sqrt{3}v$$

错因分析:

①错解 1 的错误在于,所选取的坐标系原点与滑块 B 固结,而该坐标系是移动的。题目

要求滑块 B 沿滑槽滑动的速度,也即相对于地球表面的速度,滑槽即地球表面,故应选取与地球表面固结的参考坐标系。式(1)中的 x_1 只是 AC 杆上一点 O 坐标系 Bx_1y_1 相对位置,既然 Bx_1y_1 不是与地面固结的参考系,它对时间的一阶导数就不是滑块 B 相对滑槽的速度,而是相对动坐标系的相对速度。

②错解 2 的错误原因在于,在所选的坐标系 xOy 中,以式(3)作为滑块 B 的运动方程是错误的。因为在坐标系 xOy 中,B 点的坐标应取负值,即

$$x_B = -l\cos\theta \tag{8}$$

正确解答:

将式(8)对时间求一阶导数,有

$$\dot{x}_B = l\dot{\theta}\sin\theta$$

在坐标系 xOy 中,A 点的坐标为

$$y_A = l\sin\theta, \dot{y}_A = l\dot{\theta}\cos\theta, \dot{\theta} = \frac{\dot{y}_A}{l\cos\theta}$$

代入上式,得

$$\dot{x}_B = l\frac{\dot{y}_A}{l\cos\theta} = \dot{y}_A\tan\theta$$

代入 $\theta=60°$, $\dot{y}_A=v$,则有滑块 B 的速度为

$$v_B = \sqrt{3}v$$

其方向沿 Ox 轴正向。

题 2.2 如附图 2.2 所示的机构,曲柄 OA 转动的角速度为 ω,角加速度为 α,且有 $OA=O_1B=BC=O_3D=r$, $OO_1=AB$, $CE=O_1O_2$。试求 D 点的速度、加速度和轨迹。

错误解答:

因曲柄 OA、O_1C、O_2E 均作定轴转动,且彼此平行,故它们的角速度、角加速度均相同。又因三角板 CDE 绕 O_3 转动,故 D 点的速度和加速度分别为

$$v_D = r\omega, a_D^t = r\alpha, a_D^n = r\omega^2$$

D 点的轨迹为以 r 为半径、以 O_3 为圆心的圆。

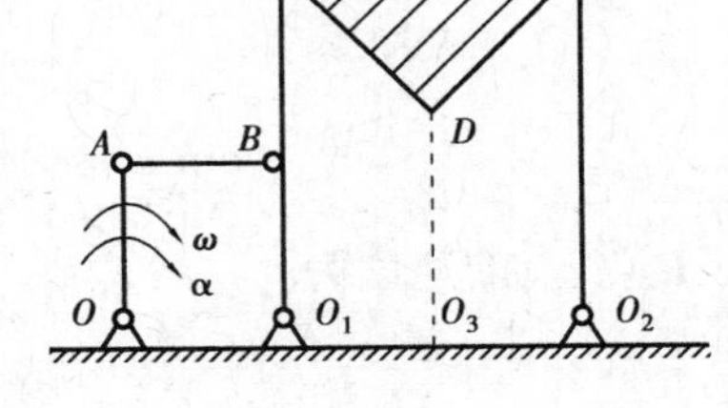

附图 2.2

错因分析:

上解错误之处在于没有识别出杆 AB、三角板 CDE 均作平动,而误认为三角板 CDE 绕 O_3 轴转动,误认为 D 点的轨迹为以 r 为半径、以 O_3 为圆心的圆。

正确解答:

因 $OA=O_1B$, $AB=OO_1$,故杆 AB 作平动,于是有

$$v_B = v_A = r\omega, a_B^t = a_A^t = r\alpha, a_B^n = a_A^n = r\omega^2$$

又因 O_1C 作定轴转动,且给知 $O_1C=2r$,故有

$$v_C = 2v_B = 2r\omega, a_C^t = 2a_B^t = 2r\alpha, a_C^n = 2a_B^n = 2r\omega^2$$

因 $O_1C=O_2C=2r$, $O_1O_2=CE$,故三角板 CDE 作平动,于是 D 点的速度和加速度分别为

$$v_D = v_C = 2r\omega, a_D^t = a_C^t = 2r\alpha, a_D^n = a_C^n = 2r\omega^2$$

因为刚体上各点轨迹相同，故 D 点的轨迹与 C 点的轨迹相同，同为半径为 $2r$ 的圆，但圆心位置各不相同，C 点轨迹以 O_1 为圆心，而 D 点轨迹则是 $2r$ 为半径，圆心在 D 点正下方距 D 点 $2r$ 处。

题 2.3 杆 AB 在铅垂方向以匀速 $\boldsymbol{v}$ 沿滑槽向下运动，并由 B 端的小轮带动半径为 R 的圆弧杆 OC 绕 O 轴转动，如附图 2.3 所示。设运动开始时 $\varphi = \frac{\pi}{4}$，试求此后任意瞬时 t，圆弧杆 OC 的角速度 ω 和 C 点的速度。

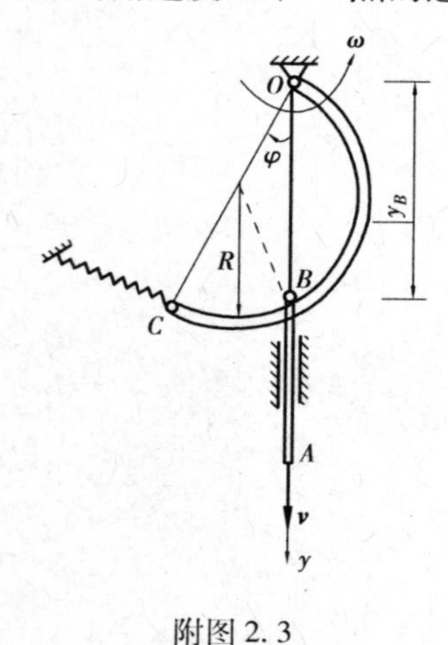

附图 2.3

错误解答：

取坐标轴 Oy 如附图 2.3 所示。因为杆 AB 的速度向下，故知圆弧杆 OC 绕 O 轴反时针转动，其角速度为 ω。B 点的坐标为

$$y_B = 2R\cos\varphi$$

上式对时间求导数，有

$$\dot{y}_B = v = -2R\dot{\varphi}\sin\varphi$$

其中，$\dot{\varphi} = \omega$ 为圆弧杆 OC 的角速度，故有

$$\dot{y}_B = v = -2R\omega\sin\varphi$$

所以

$$\omega = -\frac{v}{2R\sin\varphi}$$

而 C 点的速度则为

$$v_C = 2R\omega = -\frac{v}{\sin\varphi}$$

由几何关系，有

$$\cos\varphi = \frac{OB}{2R} = \frac{2R\cos 45^\circ + vt}{2R} = \frac{\sqrt{2}R + vt}{2R}$$

$$\sin\varphi = \sqrt{1-\cos^2\varphi} = \frac{1}{2}\sqrt{2 - 2\sqrt{2}\,\frac{vt}{R} - \left(\frac{vt}{R}\right)^2}$$

于是，C 点的速度为

$$v_C = -\frac{v}{\sin\varphi} = -\frac{2v}{\sqrt{2 - 2\sqrt{2}\,\frac{vt}{R} - \left(\frac{vt}{R}\right)^2}}$$

错因分析：

上解中认为 $\ddot{\varphi} = \omega$ 是错误的。因为题设 φ 的正转向为顺时针，而当杆 AB 向下运动时，圆弧杆的角速度为反时针转向，故应为

$$\ddot{\varphi} = -\omega$$

正确解答：

将上解中，以 $\ddot{\varphi} = -\omega$ 代入，即得正确结果

$$\omega = \frac{v}{2R\sin\varphi}$$

$$v_C = -\frac{v}{\sin\varphi} = -\frac{2v}{\sqrt{2 - 2\sqrt{2}\,\frac{vt}{R} - \left(\frac{vt}{R}\right)^2}}$$

v_C 的方向与 ω 转向一致。

题 2.4　如附图 2.4 所示的平底顶杆凸轮机构，顶杆 AB 可沿铅直槽上下运动，半径为 R 的凸轮以匀角速度 ω 绕 O 轴转动。工作时顶杆与凸轮保持接触。偏心距 $OC=e$，试求当 OC 水平时，顶杆 AB 的速度和加速度。

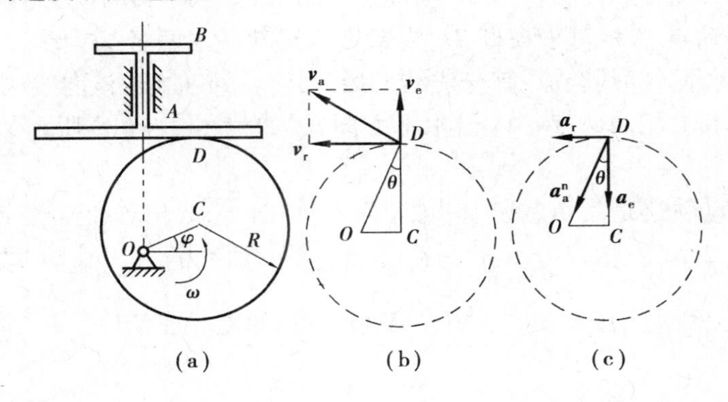

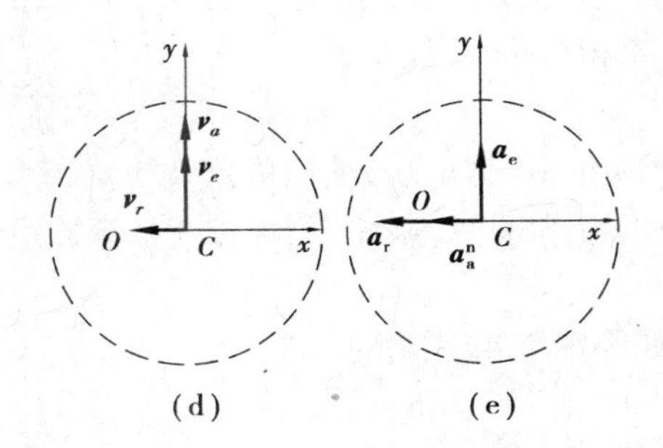

附图 2.4

错误解答：

1）求速度

取凸轮与顶杆的接触点 D 为动点，顶杆 AB 为动系，地面为定系，则动点 D 的绝对运动轨迹为以 O 为圆心、以 OD 为半径的圆周，相对运动轨迹为水平直线，牵连运动为平动。动点 D 的速度矢量图如附图 2.4(b) 所示。其中，绝对速度的大小为

$$v_a = OD \cdot \omega = \sqrt{R^2 + e^2} \cdot \omega$$

由几何关系，有

$$v_e = v_a \sin\theta = \sqrt{R^2 + e^2} \cdot \omega \cdot \frac{e}{\sqrt{R^2 + e^2}} = e\omega$$

于是，顶杆 AB 移动的速度为

$$v_{AB} = v_e = e\omega$$

2）求加速度

动点 D 的加速度矢量图如附图 2.4(c) 所示。由几何关系，有

$$a_e = a_a^n \cos\theta = \sqrt{R^2+e^2}\omega^2 \cdot \frac{R}{\sqrt{R^2+e^2}} = R\omega^2$$

于是,顶杆 AB 移动的加速度为

$$a_{AB} = a_e = R\omega^2$$

错因分析:

①若取凸轮与顶杆 AB 的接触点 D 为动点,顶杆 AB 为动系,则相对运动轨迹不是一条水平直线,如果顶杆 AB 不动,仅凸轮运动,则动点 D 相对于顶杆 AB 作圆周运动。又若凸轮不动,仅顶杆运动,则动点 D 相对于顶杆 AB 为铅直线运动。当两者都运动时,就不再是简单的直线或圆了,而是两种运动的合成,其合成结果将是某一平面曲线,该曲线在 D 点处与顶杆 AB 的水平底面相切,因此,相对速度 v_r 应沿水平方向,故如附图 2.4(b)所示的速度矢量图是正确的。

②由于相对运动轨迹是其切点在 D 点的某一平面曲线,故相对加速度应有切向分量 $\boldsymbol{a}_r^t$ 和法向分量 $\boldsymbol{a}_r^n$。附图 2.4(c)中漏掉了 $\boldsymbol{a}_r^n$。又由于该平面曲线的方程未知,故无法求得该曲线在 D 点的曲率半径,也就无法得知 $a_r^n = \frac{v_r^2}{\rho}$。于是,在加速度合成定理

$$\boldsymbol{a}_a = \boldsymbol{a}_e + \boldsymbol{a}_r^n + \boldsymbol{a}_r^t$$

式中,$\boldsymbol{a}_e$,$\boldsymbol{a}_r^t$,$\boldsymbol{a}_r^n$ 均为未知,上式只有两个投影式,只能求解两个未知数,故不能求解。可知,上述动点、动系的取法是无法求得全部解答的。

正确解答:

取凸轮中心 C 为动点,顶杆 AB 为动系,地面为定系。动点 C 的相对运动轨迹为过 C 点的水平直线,绝对运动轨迹为以 O 为圆心,以 e 为半径的圆,牵连运动为平动。

1)求速度

动点 C 的速度矢量图如附图 2.4(d)所示,即

$$\boldsymbol{v}_a = \boldsymbol{v}_e + \boldsymbol{v}_r$$

将上式在 x,y 轴投影,有

$$v_a = v_e = e\omega, v_r = 0$$

于是,顶杆 AB 移动的速度为

$$v_{AB} = v_e = e\omega$$

2)求加速度

动点 C 的加速度矢量附图如附图 2.4(e)所示,即

$$\boldsymbol{a}_a = \boldsymbol{a}_e + \boldsymbol{a}_r$$

将上式分别沿 x,y 轴投影,有

$$x: \quad -a_a^n = -a_r$$

所以

$$a_r = a_a^n = e\omega^2$$

$$y: \quad 0 = a_e$$

所以

$$a_e = 0$$

于是,顶杆移动的加速度为

$$a_{AB} = a_e = 0$$

题 2.5 如附图 2.5 所示的系统，轮 O 在水平面上作纯滚动，并与杆 AB 铰接于 A 点。在图示位置时，OA 水平，轮心的速度为 v_0。试求杆 AB 中点 M 的速度。

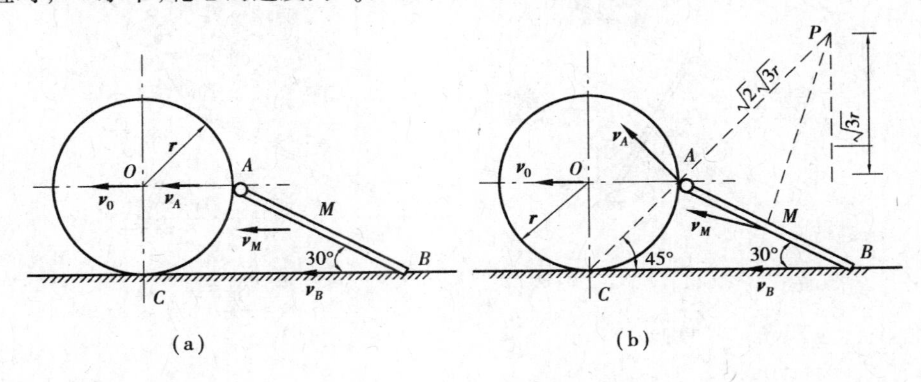

附图 2.5

错误解答：

因为杆 AB 作平动，故有 $v_A = v_0 = v_M$，如附图 2.5(a)所示。

错因分析：

杆 AB 作平面运动而非平动。

正确解答：

系统中的轮 O、杆 AB 均作平面运动。由于轮 O 作纯滚动，故与地面的接触点 C 为它的瞬心，于是 A 点的速度方向应垂直于 AC 连线。杆 AB 两端速度方向已知，分别作 A、B 两点速度的垂线，其交点 P 即为杆 AB 的速度瞬心，如附图 2.5(b)所示。

轮 O 的角加速度 ω_0 为

$$\omega_0 = \frac{v_0}{r}$$

A 点的速度则为

$$v_A = \sqrt{2}r \cdot \omega_0 = \sqrt{2}v_0$$

杆 AB 的角速度为

$$\omega_{AB} = \frac{v_A}{PA} = \frac{v_0}{\sqrt{3}r}$$

杆 AB 中点 M 的速度为

$$v_M = PM \times \omega_{AB}$$

其中

$$PM^2 = (r\cos 30°)^2 + (\sqrt{3}r + r\sin 30°)^2 = 5.762r^2$$
$$PM = 2.394r$$

故

$$v_M = 2.394r \times \frac{v_0}{\sqrt{3}r} = 1.38v_0$$

题 2.6 平面机构如附图 2.6(a)所示。长为 r 的曲柄 OA 以匀角速度 ω_0 顺时针转动，$AB = AD = l$，$BC = r$。试求图示瞬时滑块 C、D 的速度及杆 BC 的角速度。

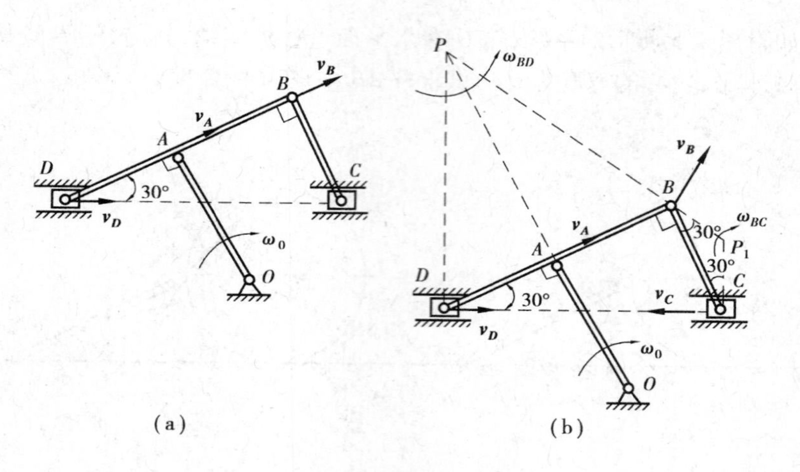

附图 2.6

错误解答：

曲柄 OA 作定轴转动，滑块 D 沿水平滑槽滑动，故 BD 杆上 A、D 两点的速度方向已知，由速度投影定理，有

$$v_D\cos 30° = v_A = r\omega_0, v_D = \frac{2r\omega_0}{\sqrt{3}}$$

又因为杆 $BD \perp BC$，故 B 点的速度方向垂直于 BC，且有 $v_B = v_A$。因已知 BC 杆上 B、C 两点的速度方向，作速度方向的垂线，其交点 C 即为杆 BC 的速度瞬心。于是，有

$$v_C = 0, \omega_{BC} = \frac{v_B}{r} = \frac{v_A}{r} = \frac{r\omega_0}{r} = \omega_0$$

错因分析：

①上解中 B 点的速度方向错误。因杆 BD 作平面运动，它的速度瞬心在 P，故可知 B 点的速度方向应垂直于 PB 连线。

②由于 B 点的速度方向错误，导致 BC 杆的速度瞬心位置错误，即 BC 杆的瞬心不在 C 点而应在 P_1，如附图 2.6(b)所示。

正确解答：

曲柄 OA 作定轴转动，滑块 D、C 沿水平滑槽滑动，故可知 A、C、D 点的速度方向。杆 BD、DC 作平面运动。由速度投影定理，有

$$v_D\cos 30° = v_A = r\omega_0$$

所以

$$v_D = \frac{2r\omega_0}{\sqrt{3}}$$

BD 杆的速度瞬心在 P，由几何关系知，$\triangle PDB$ 为等边三角形，即 $PD = BD = PB = 2l$，杆 BD 的角速度为

$$\omega_{BD} = \frac{v_D}{2l}$$

而 B 点速度为

$$v_B = PB \times \omega_{BD} = 2l \cdot \frac{v_D}{2l} = v_D = \frac{2r\omega_0}{\sqrt{3}}$$

因为杆 BC 在 B、C 两点的速度方向已知，故其速度瞬心在 P_1，如附图 2.6(b)所示。因 $2P_1B\cos 30° = BC = r$，因此，$P_1B = P_1C = \frac{r}{\sqrt{3}}$，于是，杆 BC 的角速度为

$$\omega_{BC} = \frac{v_B}{P_1B} = \frac{2r\omega_0}{\sqrt{3}} \cdot \frac{1}{r\sqrt{3}} = 2\omega_0$$

滑块 C 点的速度为

$$v_C = P_1C \times \omega_{BC} = 2\omega_0 \cdot \frac{r}{\sqrt{3}} = \frac{2r\omega_0}{\sqrt{3}}$$

Ⅰ.3 动力学篇

题 3.1 质量为 m 的套筒，在绳子的牵引下可沿光滑水平杆滑动。绳子绕过不计尺寸的滑轮 B 后缠绕在半径为 r 的鼓轮上。且绳子和轮之间无相对滑动。若鼓轮以匀角速度 $\boldsymbol{\omega}$ 绕 O 轴顺时针转动，求绳中拉力（表示为 x 的函数）。

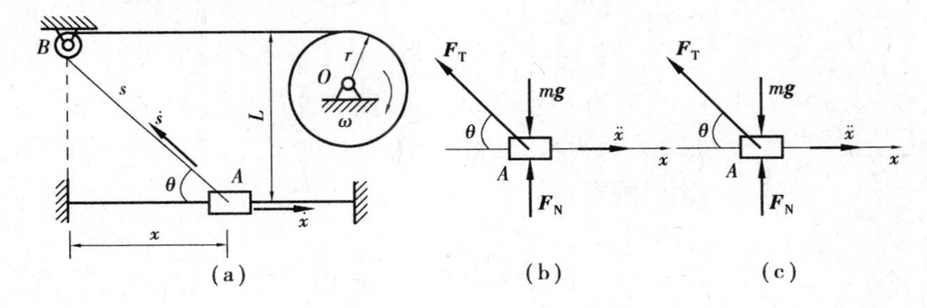

附图 3.1

错误解答：

设 AB 段绳长为 s，则 $\dot{s} = r\omega$。套筒 A 的速度 $\dot{x}$，如附图 3.1(a)所示，则有

$$\dot{x} = -\dot{s}\cos\theta = -\dot{s} \cdot \frac{x}{s} = -r\omega\frac{x}{s} \tag{1}$$

$$\ddot{x} = r\omega\frac{\dot{x}s - x\dot{s}}{s^2} = \frac{-r\omega\frac{x}{s} \cdot s - xr\omega}{s^2} = -\frac{2xr^2\omega^2}{x^2 + L^2} \tag{2}$$

以套筒为研究对象，其受力图如附图 3.1(b)所示。由质点动力学基本方程，有

$$m\ddot{x} = -F_{\mathrm{T}}\cos\theta \tag{3}$$

于是有

$$F_{\mathrm{T}} = -\frac{m\ddot{x}}{\cos\theta} = -m\frac{s}{x}\left(-\frac{2xr^2\omega^2}{x^2 + L^2}\right) = \frac{2xr^2\omega^2}{(x^2 + L^2)^{3/2}}$$

错因分析：

①上解中式(1)是错误的，因为由图中几何关系有 $s^2 = x^2 + L^2$，所以 $\dot{x} = \frac{s}{x}\dot{s} = \frac{s \cdot \dot{s}}{\sqrt{s^2 - L^2}}$。

②上解中式(2)的计算有误,漏掉了一个负号。

③当鼓轮顺时针转动时,AB 段绳子缩短,即 $\dot{s}=-r\omega$ 而非 $\dot{s}=r\omega$。

正确解答:

由几何关系有

$$s^2=x^2+L^2$$

上式对时间求一阶、二阶导数,有

$$\dot{x}=\frac{s}{x}\dot{s}=\frac{-r\omega\sqrt{x^2+L^2}}{x}$$

$$\ddot{x}=\frac{-r\omega\dfrac{x\dot{x}}{\sqrt{x^2+L^2}}+r\omega\sqrt{x^2+L^2}\cdot\dot{x}}{x^2}=-\frac{L^2r^2\omega^2}{x^3}$$

以套筒为研究对象,其受力图如附图 3.1(b)所示。由质点动力学基本方程,有

$$m\ddot{x}=-F_{\mathrm{T}}\cos\theta$$

$$F_{\mathrm{T}}=-\frac{m\ddot{x}}{\cos\theta}=-m\frac{s}{x}\left(-\frac{L^2r^2\omega^2}{x^3}\right)=\frac{mL^2\sqrt{x^2+L^2}}{x^4}r^2\omega^2$$

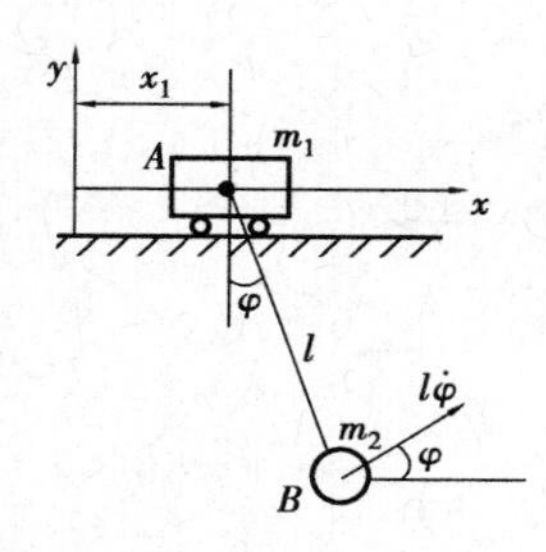

附图 3.2

题 3.2　质量为 m_1 的小车 A 置于光滑水平面上,其上悬挂一质量为 m_2、长为 l 的单摆(见附图 3.2),单摆 B 按规律 $\varphi=\varphi_0\sin kt$ 摆动,式中 k 为常数。设初瞬时小车处于静止状态,求小车的运动方程。

错误解答:

错解 1:

因系统所受全部力在水平方向投影的代数和为零,故质点系动量在水平方向守恒,即

$$\sum mv_x=0\tag{1}$$

于是,根据质点系动量守恒定律,有

$$m_1\dot{x}_A+m_2(\dot{x}_A+l\dot{\varphi}\cos\varphi)=0\tag{2}$$

$$\dot{x}_A=-\frac{m_2l\dot{\varphi}\cos\varphi}{m_1+m_2}\tag{3}$$

积分式(3),得

$$x_A=-l\frac{m_2}{m_1+m_2}\sin(\varphi_0\sin kt)\tag{4}$$

错解 2:

因有 $\sum F_x=0$,故质心运动守恒。在任意位置时,质心 C 的坐标为

$$x_C=\frac{m_1x_A+m_2(x_A+l\sin\varphi)}{m_1+m_2}\tag{5}$$

设坐标轴 y 的初始位置通过质心,即有

$$x_{C0}=0\tag{6}$$

所以有

$$x_A = -\frac{m_2}{m_1 + m_2} l \sin(\varphi_0 \sin kt) \tag{7}$$

错因分析:

在上解中,根据所有外力水平方向投影的代数和为零,即$\sum F_x = 0$,从而得出质点系动量在水平方向投影守恒、质心在水平方向运动运动守恒的结论是正确的。但是,在上解中,错误地认为质点系动量守恒就是所有动量的代数和等于零。本题的初始运动状态,虽然小车静止,但单摆的摆锤B并不静止,这是因为已知$\varphi = \varphi_0 \sin kt$,当$t = 0$时,$\dot{\varphi}_0 = k\varphi_0$,也就是说,质点系初始动量在水平方向的投影为$m_2 l\dot{\varphi}_0 = m_2 lk\varphi_0$,即

$$\sum mv_x = \text{常量} \neq 0$$

故解1中式(1)是错误的,而由此导致了式(2)、式(3)、式(4)也是错误的。

在解2中,令坐标轴y的初始位置通过质心,就认为质心的x坐标恒为零是错误的。质心运动守恒是说质心的运动状态保持不变。而要保持质心的运动状态不变,除了质心加速度为零外,还要考察质心的初始速度,若质心的初始速度为零,则质心保持静止不动,若质心有初速度,则保持这一速度不变,质心作匀速直线运动。本题初始时摆锤m_2具有初速度$l\dot{\varphi}_0 = lk\varphi_0$,尽管小车是静止的,质心并不静止,故式(6)是错误的。

正确解答:

解法1:

系统所受的全部力在水平方向投影的代数和为零,即$\sum F_x = 0$,所以质点系动量在水平方向投影为常量,即质点系动量在水平方向守恒,有

$$\sum mv_x = \text{常量}$$

当$t = 0$时,小车静止,但单摆B却不静止,这是因为

$$\dot{\varphi} = \varphi_0 k \cos kt, t = 0 \text{时}, \dot{\varphi}_0 = k\varphi_0$$

根据质点系动量守恒定律,有

$$m_1 \dot{x}_A + m_2(\dot{x}_A + l\dot{\varphi}\cos\varphi) = m_2 lk\varphi_0$$

$$\dot{x}_A = l\frac{m_2}{m_1 + m_2}(k\varphi_0 - \dot{\varphi}\cos\varphi)$$

积分上式,有

$$x_A = l\frac{m_2}{m_1 + m_2}[k\varphi_0 t - \sin(\varphi_0 \sin kt)]$$

解法2:

这一结果也可由质心运动守恒定律求得,因有$\sum F_x = 0$,且$v_{C0} = $常量,质心初始坐标$x_{C0} = v_{C0}t$,而质量中心的初始速度为

$$v_{C0} = \frac{m_1 \cdot 0 + m_2 l\varphi_0 k}{m_1 + m_2} = \frac{m_2 l\varphi_0 k}{m_1 + m_2}$$

质心的坐标为

$$x_{C0} = v_{C0}t = \frac{m_2 l \varphi_0 k}{m_1 + m_2}t$$

在任意位置，有

$$x_C = \frac{m_1 x_A + m_2(x_A + l\sin\varphi)}{m_1 + m_2}$$

因 $x_{C0} = x_C = v_{C0}t$，故

$$\frac{m_1 x_A + m_2(x_A + l\sin\varphi)}{m_1 + m_2} = \frac{m_2 l \varphi_0 k}{m_1 + m_2}t$$

于是，得小车的运动方程为

$$x_A = l\frac{m_2}{m_1 + m_2}[k\varphi_0 t - \sin(\varphi_0 \sin kt)]$$

题 3.3　质量为 m、长为 l 的均质杆 AB，其 B 端置于光滑水平面上，在杆与水平面夹角为 θ 时无初速度释放。对于如附图 3.3(a)所示坐标系，求杆端 A 的轨迹方程。

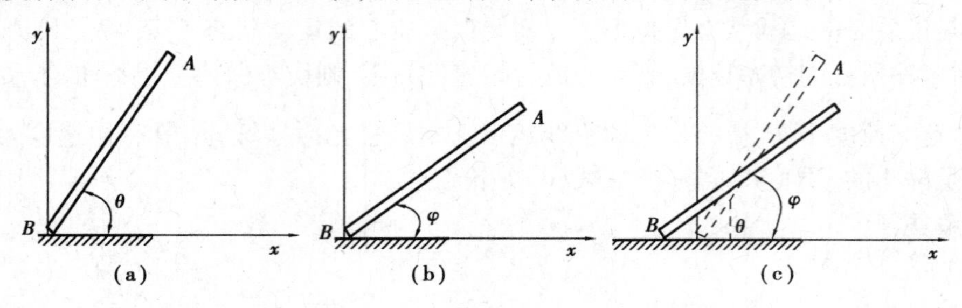

附图 3.3

错误解答：

考虑杆 AB 倒至任意位置时（见附图 3.3(b)），则 A 点的坐标为

$$x_A = l\cos\varphi, y_A = l\sin\varphi \tag{1}$$

从式(1)中消去 φ，则得 A 点的轨迹方程为

$$x_A^2 + y_A^2 = l^2 \tag{2}$$

则 A 点的轨迹为圆。

错因分析：

因为水平面是光滑的，所以在杆 AB 倒下的过程中，杆端 B 将沿水平面滑动而非固定点。上解中按坐标系 xBy 固定不动而写出的 A 点轨迹式(1)、式(2)显然是错误的。

另外，本题欲求的 A 点的轨迹，显然应为对于惯性参考系（固定不动）而言的绝对轨迹，附图 3.3(b)的坐标系 xBy 随 B 点加速运动而不固定，因此，对 xBy 写出的轨迹方程不是绝对轨迹而是相对轨迹。

正确解答：

因为地面光滑，杆 AB 所受的所有力在水平方向投影的代数和为零，即有 $\sum F_x = 0$，又因为将杆无初速度释放，故质心的初始速度等于零，即

$$v_{C0} = 0$$

于是质心的 x 坐标 x_C = 常量。按题设的坐标系（见附图 3.3(c)），质心的初始 x 坐标为

$$x_{C0} = \frac{l}{2}\cos\theta \tag{1}$$

杆 AB 在任意位置时，有

$$x_A = \frac{l}{2}\cos\theta + \frac{l}{2}\cos\varphi \tag{2}$$

$$y_A = l\sin\varphi \tag{3}$$

从式(2)、式(3)中消去 φ，得 A 点的轨迹方程为

$$(2x_A - l\cos\theta)^2 + y_A^2 = l^2 \tag{4}$$

故可知 A 点的轨迹为一椭圆。

题 3.4　如附图 3.4 所示，质量为 m，半径为 r 的均质滑轮可绕中心轴 O 转动，缠绕其上的绳索吊一质量也为 m 的物块 A，滑轮上作用一已知常力偶，其矩为 M。轴承摩擦不计。试求滑轮的角加速度。

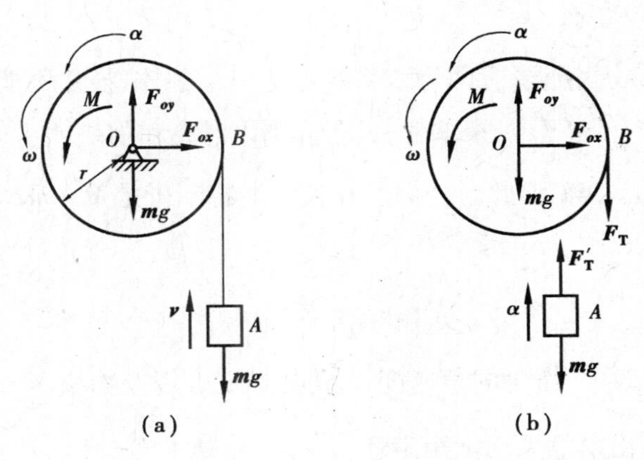

附图 3.4

错误解答：

错解 1：

以系统为研究对象。设滑轮在力偶 M 作用下反时针转动，其角加速度为 α，角速度为 ω，其受力图如附图 3.4(a) 所示。由动量矩定理 $\frac{\mathrm{d}L_z}{\mathrm{d}t} = \sum M_z(F)$ 求解。

滑轮对 O 轴的动量矩

$$L_1 = J_O\omega = \frac{1}{2}mr^2\omega$$

物块 A 对 O 轴的动量矩，设 AB 段绳长为 l，则

$$L_2 = m(OA)^2 \cdot \omega = m(r^2 + l^2)\omega$$

系统对 O 轴的动量矩为

$$L_z = L_1 + L_2 = \left[\frac{1}{2}mr^2 + m(r^2 + l^2)\right]\omega \tag{1}$$

由动量矩定理，有

$$\frac{\mathrm{d}}{\mathrm{d}t}\left\{\left[\frac{1}{2}mr^2 + m(r^2 + l^2)\right]\omega\right\} = M - mgr \tag{2}$$

于是，滑轮的角加速度为

$$\alpha = \frac{2(M - mgr)}{3mr^2 + 2ml^2} \tag{3}$$

错解 2：

应用刚体绕定轴转动微分方程，有

$$J_O\alpha = M - mgr, \frac{1}{2}mr^2\alpha = M - mgr \tag{4}$$

于是

$$\alpha = \frac{2(M - mgr)}{mr^2} \tag{5}$$

错因分析：

①在解 1 中，物块 A 的动量矩计算有误，它不等于 $m(r^2 + l^2)\omega$。因为物块 A 的动量为 $mv = mr\omega$，它到 O 轴的垂直距离为 r，故它对 O 轴的动量矩应为 $mr^2\omega$。由此导致式(2)、式(3)都是错误的。

② 在解 2 中，式(4) 是错误的。因为该系统不是单个刚体，显然不能对系统应用刚体绕定轴转动微分方程 $J_z\alpha = \sum M_z(F)$ 来求解。只有分别以滑轮和物块 A 为研究对象时，对滑轮才能应用 $J_z\alpha = \sum M_z(F)$ 求解，但此时外力对 O 轴之矩将不再是 $M - mgr$ 而是 $M - F_T \cdot r$，F_T 为绳中拉力。

正确解答：

解法 1：

以整体系统为研究对象。滑轮的角速度 ω、角加速度 α 以及物块 A 的速度 v，系统所受的力均如附图 3.4(a) 所示。由质点系动量矩定理 $\frac{dL_O}{dt} = \sum M_O(F)$，有

$$\frac{d}{dt}(J_O\omega + mv \cdot r) = M - mgr \tag{1}$$

式中，$J_O = \frac{1}{2}mr^2$，$v = r\omega$。故有

$$\left(\frac{1}{2}mr^2 + mr^2\right)\frac{d\omega}{dt} = M - mgr$$

所以

$$\alpha = \frac{d\omega}{dt} = \frac{2(M - mgr)}{3mr^2}$$

解法 2：

分别以滑轮和物块 A 为研究对象，其运动量及受力图如附图 3.4(b) 所示。

对滑轮，应用刚体绕定轴转动微分方程 $J_O\alpha = \sum M_O(F)$，有

$$J_O\alpha = M - F_T \cdot r \tag{2}$$

对物块 A，应用质点动力学基本方程，有

$$ma = F_T - mg \tag{3}$$

式中，$J_O = \frac{1}{2}mr^2$，$a = r\alpha$，分别将其代入式(2)、式(3)，得

$$\alpha = \frac{2(M - mgr)}{3mr^2}$$

题 3.5　如附图 3.5 所示,质量为 m、长为 l 的均质杆 AB 置于光滑水平地面上,在 $\varphi=45°$ 时由静止释放,求该瞬时地面反力、杆的角加速度和 A 点加速度。

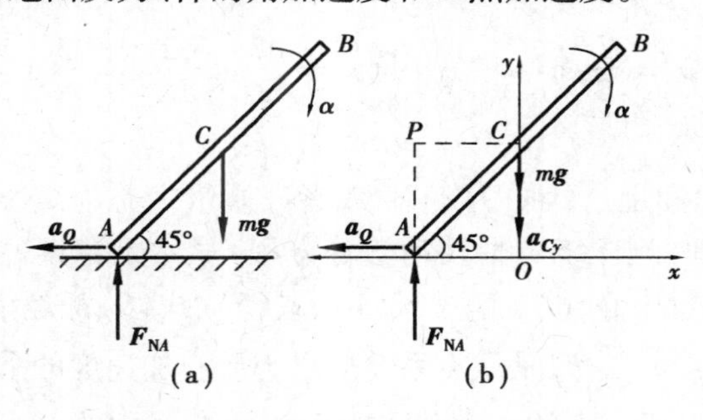

附图 3.5

错误解答:

错解 1:

以杆 AB 为研究对象,其受力图如附图 3.5(a)所示。由动量矩定理,有

$$J_A\alpha = \frac{1}{3}ml^2\alpha = mg\cos 45° \tag{1}$$

解得

$$\alpha = \frac{3\sqrt{2}g}{2l} \tag{2}$$

又由

$$ma_A = m\cdot\frac{l}{2}\alpha = mg - F_{NA} \tag{3}$$

得

$$F_{NA} = mg - m\cdot\frac{l}{2}\cdot\frac{3\sqrt{2}g}{2l} = \left(1-\frac{3}{4}\sqrt{2}\right)mg$$

$$a_A = \frac{l}{2}\alpha = \frac{3}{4}\sqrt{2}g \tag{4}$$

错解 2:

以杆 AB 为研究对象,其受力图如附图 3.5(a)所示。由动量矩定理:

对 A 点:

$$\left[J_C + m\left(\frac{l}{2}\right)^2\right]\alpha = mg\cdot\frac{l}{2}\cos 45° \tag{5}$$

对 B 点:

$$\left[J_C + m\left(\frac{l}{2}\right)^2\right]\alpha = F_{NA}l\cos 45° - mg\cdot\frac{l}{2}\cos 45° \tag{6}$$

式中,$J_C=\frac{1}{12}ml^2$。

由式(5),得

$$\alpha = \frac{3\sqrt{2}}{4l}g$$

由式(6),得

$$F_{NA} = mg$$

所以

$$a = \frac{l}{2}\cos 45° \cdot \alpha = \frac{l}{2} \cdot \frac{\sqrt{2}}{2} \cdot \frac{3\sqrt{2}}{4l}g = \frac{3}{8}g$$

错因分析：

①动量矩定理必须以固定点(轴)为矩心，或者以质量中心为矩心写出，而解 1、解 2 中对 A 点、B 点应用动量矩定理(刚体绕定轴转动微分方程)显然是错误的，因为 A、B 两点既非固定点(有加速度)，也非质量中心，故上解中式(1)、式(5)、式(6)都是错误的。

② 质心运动定理 $ma_C = \sum F$，是质点系总质量与质心加速度的乘积等于所有作用于质点系外力的主矢，而在解 1 中所写出的式(3) 是错误的，因为式中的 a_A 不是质心加速度，而且 a_A 也不沿着铅垂方向。

正确解答：

解法 1：

以杆 AB 为研究对象，其受力图如附图 3.5(b) 所示。因地面光滑，所以有 $\sum F_x = 0$，故质心加速度在水平分量 $a_{Cx} = 0$。又因为无初速度释放，故质心的初速度 $v_{C0} = 0$。根据质心运动守恒定律可知，质心坐标 x_C 保持不变。对于附图 3.5(b) 所示坐标系，有 $x_C = 0$，C 点加速度方向铅垂向下。由相对于质心的动量矩定理 $J_C\alpha = \sum M_C(F)$，有

$$J_C\alpha = \frac{1}{12}ml^2 \cdot \alpha = F_{NA} \cdot \frac{l}{2}\cos 45° \tag{1}$$

由质心运动定理，$ma_{Cy} = \sum F_y$，有

$$ma_{Cy} = mg - F_{NA} \tag{2}$$

由于初速度释放时杆 AB 的角速度为零，又知 A、C 两点加速度方向，其垂线的交点 P 即为加速度为零的点，即为加速度瞬心。于是

$$a_{Cy} = \frac{l}{2}\cos 45° \cdot \alpha \tag{3}$$

$$a_A = \frac{l}{2}\sin 45° \cdot \alpha \tag{4}$$

由式(2)、式(3)，有

$$m \cdot \frac{l}{2}\cos 45° \cdot \alpha = mg - F_{NA}$$

所以

$$F_{NA} = mg - m \cdot \frac{\sqrt{2}}{4}l \cdot \alpha \tag{5}$$

将式(5)代入式(1)，得

$$\frac{1}{12}ml^2 \cdot \alpha = \left(mg - m \cdot \frac{\sqrt{2}}{4}l \cdot \alpha\right) \cdot \frac{l}{2} \cdot \frac{\sqrt{2}}{2}$$

所以

$$\alpha = \frac{6\sqrt{2}}{5l}g \tag{6}$$

由式(5)得

$$F_{NA} = mg - m \cdot \frac{\sqrt{2}}{4}l \cdot \alpha = mg - m \cdot \frac{\sqrt{2}}{4}l \cdot \frac{6\sqrt{2}}{5l}g = \frac{2}{5}mg$$

将式(6)代入式(4),得

$$a_A = \frac{l}{2} \cdot \frac{\sqrt{2}}{2} \cdot \frac{6\sqrt{2}}{5l}g = \frac{3}{5}g$$

解法2:

因为附图3.5(b)中的P点为加速度等于零的点,故也可对P点绕定轴转动微分方程,即

$$J_P\alpha = mg \cdot \frac{l}{2}\cos 45° \tag{7}$$

式中,$J_P = \frac{1}{12}ml^2 + m\left(\frac{l}{2}\cos 45°\right)^2 = \frac{5}{24}ml^2$,代入上式,得

$$\alpha = \frac{\frac{\sqrt{2}}{4}mgl}{\frac{5}{24}ml^2} = \frac{6\sqrt{2}}{5l}g$$

将其代入式(2)、式(4),可得F_{NA}及a_A。

题3.6 如附图3.6所示的系统由均质圆轮O、C及杆AB、BC组成,其质量均为m,滑块B的质量不计。当O、A、B、C均位于同一水平线时,系统静止。对轮O施加一矩为M的力偶,$M = M_0\cos\varphi$,其中M_0为常量,φ为圆轮O的转角。若圆轮C在水平面上只滚不滑,试求当系统处于图示位置时(OA铅垂)轮C中心的速度。

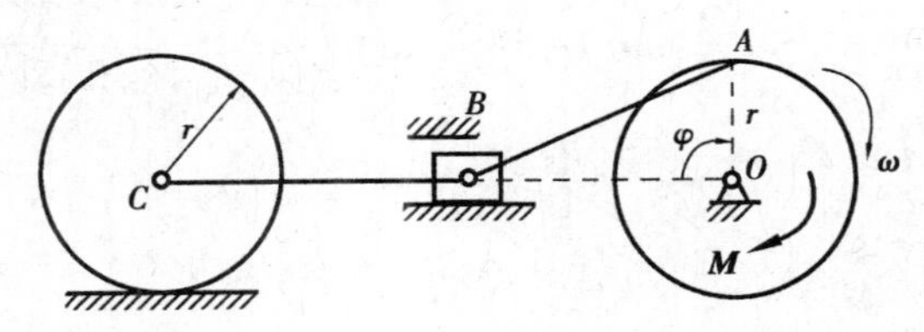

附图3.6

错误解答:

设在图示位置时轮O的角速度为ω,则系统的动能为

$$T = \frac{1}{2}J_O\omega^2 + \frac{1}{2}mv_A^2 + \frac{1}{2}mv_B^2 + \frac{1}{2}mv_C^2 \tag{1}$$

式中,$v_A = v_B = v_C = r\omega$,代入上式,得

$$T = \frac{1}{2} \cdot \frac{1}{2}mr^2\omega^2 + \frac{1}{2}mr^2\omega^2 + \frac{1}{2}mr^2\omega^2 + \frac{1}{2}mv_C^2 = \frac{7}{4}mv_C^2$$

力的功为

$$\sum W = M_0\cos\varphi \cdot \frac{\pi}{2} \tag{2}$$

由质点系动能定理$T - T_0 = \sum W$,有

$$\frac{7}{4}mv_C^2 - 0 = M_0\cos\varphi \cdot \frac{\pi}{2}$$

因此，轮 C 中心的速度为

$$v_C = \sqrt{\frac{2\pi M_0 \cos\varphi}{7m}} \tag{3}$$

错因分析：

①在动能表达式(1)中，把轮 C 的动能按平动动能计算是错误的，轮 C 作平面运动，它的动能为随质心平动的动能加上绕质心转动的动能之和。

②在功的计算式(2)中，把变力偶的功按常力偶功的计算是错误的。应当用积分方法计算变力偶 $M = M_0\cos\varphi$ 的功。

③漏掉了杆 AB 重力功。

正确解答：

该系统中，轮 O 作定轴转动，杆 AB 作瞬时平动，杆 BC 作平动，轮 C 作平面运动。设在图示位置时(OA 铅垂)轮 O 的角速度为 ω，且有 $v_A = v_B = v_C = r\omega$，故系统的动能为

$$T = \frac{1}{2}J_O\omega^2 + \frac{1}{2}mv_A^2 + \frac{1}{2}mv_B^2 + \frac{1}{2}mv_C^2 + \frac{1}{2}J_C\omega_C^2$$

式中，$J_O = \frac{1}{2}mr^2$，$J_C = \frac{1}{2}mr^2$，$v_C = r\omega_C$，代入上式，得

$$T = 2mv_C^2$$

力的功为

$$\sum W = -mg\cdot\frac{r}{2} + \int_0^{\frac{\pi}{2}} M_0\cos\varphi \mathrm{d}\varphi$$

$$= -\frac{1}{2}mgr + M_0\sin\varphi\Big|_0^{\frac{\pi}{2}} = M_0 - \frac{1}{2}mgr$$

由质点系动能定理 $T - T_0 = \sum W$，有

$$2mv_C^2 - 0 = M_0 - \frac{1}{2}mgr$$

所以

$$v_C = \sqrt{\frac{2M_0 - mgr}{4m}}$$

题 3.7　如附图 3.7 所示的系统，鼓轮 A 质量为 $2m$，对其中心轴的回转半径为 ρ。均质圆柱 B、D 质量分别为 $5m$、m。圆柱 D 在倾角为 θ 的粗糙斜面上作纯滚动。试求圆柱 D 中心沿斜面上升 s 时的加速度。

错误解答：

鼓轮作定轴转动，圆柱 B、D 作平面运动。设圆柱 D 中心上升 s 时的速度为 $v_D = r\omega_D$，鼓轮 A 的角速度为 ω_A，圆柱 B 的角速度为 ω_B，则各部分的动能为

$$T_A = \frac{1}{2}\cdot 2m\cdot\rho^2\cdot\omega_A^2$$

$$T_B = \frac{1}{2}\cdot 5m\cdot v_B^2 + \frac{1}{2}J_B\omega_B^2 \tag{1}$$

$$T_D = \frac{1}{2}mv_D^2 + \frac{1}{2}J_D\omega_D^2$$

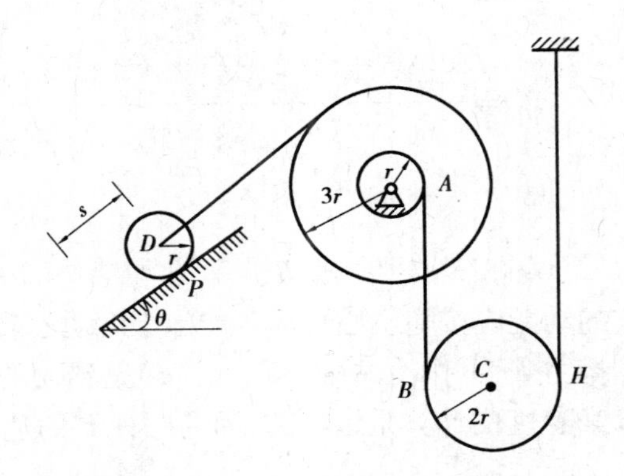

附图 3.7

式中
$$J_B=\frac{1}{2}\cdot 5m\cdot(2r)^2+5m\cdot(2r)^2=30mr^2$$

$$J_D=\frac{1}{2}mr^2$$

于是,系统的动能为

$$T=m\rho^2\omega_A^2+\frac{5}{2}mv_B^2+15mr^2\omega_B^2+\frac{1}{2}mv_D^2+\frac{1}{4}mr^2\omega_D^2 \tag{2}$$

式中,运动学关系为

$$\omega_A=\frac{v_D}{3r},v_B=r\omega_A=\frac{v_D}{3},\omega_B=\frac{v_B}{3r}=\frac{v_D}{6r} \tag{3}$$

于是,系统的动能为

$$T=m\rho^2\left(\frac{v_D}{3r}\right)^2+\frac{5}{2}m\cdot\frac{v_D^2}{9}+\frac{15}{36}mv_D^2+\frac{3}{4}mv_D^2=\frac{1}{9}\left(\frac{\rho^2}{r^2}+13\right)mv_D^2 \tag{4}$$

力的功为

$$\sum W=-mg\cdot s\cdot\sin\theta-F_s\cdot s+5mg\cdot s_C \tag{5}$$

式中,$F_s\cdot s$ 为摩擦力所做的功,其中 $F_s=fmg\cos\theta$,f 为摩擦系数。s_C 为圆柱 B 中心下降时高度。

根据几何关系,$s_C=\frac{s_B}{2}$,$s_B=\frac{s}{6}$,代入式(5)得

$$\sum W=\left(\frac{5}{6}-\sin\theta-f\cos\theta\right)mg\cdot s \tag{6}$$

由质点系动能定理 $T-T_0=\sum W$,有

$$\frac{1}{9}\left(\frac{\rho^2}{r^2}+13\right)mv_D^2-T_0=\left(\frac{5}{6}-\sin\theta-f\cos\theta\right)mg\cdot s \tag{7}$$

式(7)对时间求导数,有

$$\frac{2}{9}\left(\frac{\rho^2}{r^2}+13\right)v_D\cdot\frac{\mathrm{d}v_D}{\mathrm{d}t}=\left(\frac{5}{6}-\sin\theta-f\cos\theta\right)g\cdot\frac{\mathrm{d}s}{\mathrm{d}t}$$

因为 D 的轨迹为直线,故$\frac{\mathrm{d}s}{\mathrm{d}t}=v_D$,$\frac{\mathrm{d}v_D}{\mathrm{d}t}=a_D$,于是圆柱 D 中心的加速度为

$$a_D = \frac{9\left(\frac{5}{6} - \sin\theta - f\cos\theta\right)g}{2\left(\frac{\rho^2}{r^2} + 13\right)} \tag{8}$$

错因分析：

①圆柱 B 的动能计算是错误的，是按照"随 B 点平动加上绕 B 点转动动能之和"来计算的。圆柱 B 作平面运动，它的动能应按随质心平动动能加上绕质心转动动能之和来计算。

②圆柱 D 作纯滚动，摩擦力 F_s 不作功，故式(5)、式(6)是错误的。

③式(3)中对于圆柱 B 角速度的计算是错误的，因为圆柱 B 的速度瞬心为 H 点，故它的角速度应为 $\omega_B = \frac{v_B}{4r}$。

正确解答：

鼓轮作定轴转动，圆柱 B、D 作平面运动。设圆柱 D 中心沿斜面上升 s 时的速度为 v_D，由于圆柱 D 作纯滚动，故其角速度 $\omega_D = \frac{v_D}{r}$。鼓轮 A 的转角为 φ_A，角速度为 ω_A，圆柱 B 的角速度为 ω_B，其运动学关系为 $\varphi_A = \frac{s}{3r}$，则 A、B 两点的位移为

$$s_A = s_B = r\varphi_A = \frac{s}{3}$$

圆柱 B 中心 C 的位移为

$$s_C = \frac{s_B}{2} = \frac{s}{6}, \omega_A = \frac{v_D}{3r}, v_B = v_A = r\omega_A = \frac{v_D}{3}, \omega_B = \frac{v_B}{4r} = \frac{v_D}{12r}$$

于是，系统的动能为

$$T = T_A + T_B + T_D$$

其中

$$T_A = \frac{1}{2}J_A\omega_A^2 = \frac{1}{2}\cdot 2m\rho^2\left(\frac{v_D}{3r}\right)^2 = \frac{1}{9}m\frac{\rho^2}{r^2}v_D^2$$

$$T_B = \frac{1}{2}J_H\omega_B^2 = \frac{1}{2}\cdot\frac{3}{2}(5m)(2r)^2\left(\frac{v_D}{12r}\right)^2 = \frac{15}{144}mv_D^2$$

$$T_D = \frac{1}{2}J_P\omega_D^2 = \frac{1}{2}\cdot\frac{3}{2}mr^2\cdot\left(\frac{v_D}{r}\right)^2 = \frac{3}{4}mv_D^2$$

于是，系统的动能为

$$T = \frac{1}{9}m\frac{\rho^2}{r^2}v_D^2 + \frac{15}{144}mv_D^2 + \frac{3}{4}mv_D^2 = \left(\frac{1}{9}m\frac{\rho^2}{r^2} + \frac{41}{48}\right)mv_D^2$$

力的功为

$$\sum W = 5mg\cdot s_C - mg\cdot s\cdot\sin\theta = \left(\frac{5}{6} - \sin\theta\right)mg\cdot s$$

由质点系动能定理 $T - T_0 = \sum W$，有

$$\left(\frac{1}{9}m\frac{\rho^2}{r^2} + \frac{41}{48}\right)mv_D^2 - T_0 = \left(\frac{5}{6} - \sin\theta\right)mg\cdot s$$

上式对时间求导数，有

$$2\left(\frac{1}{9}\frac{\rho^2}{r^2}+\frac{41}{48}\right)v_D\cdot\frac{\mathrm{d}v_D}{\mathrm{d}t}=\left(\frac{5}{6}-\sin\theta\right)g\cdot\frac{\mathrm{d}s}{\mathrm{d}t}$$

因为 D 的轨迹为直线，故 $\frac{\mathrm{d}s}{\mathrm{d}t}=v_D$，$\frac{\mathrm{d}v_D}{\mathrm{d}t}=a_D$，于是圆柱 D 中心的加速度为

$$a_D=\frac{12(5-6\sin\theta)r^2}{16\rho^2+123r^2}g$$

附录Ⅱ　部分习题答案

第2章

2.1　$F_{Rx}=294\ \text{N}, F_{Ry}=193\ \text{N}$

2.2　(a) Fl　(b) 0　(c) $Fl\sin\theta$　(d) $-Fa$　(e) $F(l+r)$　(f) $F\sin\theta\sqrt{a^2+b^2}$

2.3　$M_A(F)=-Fb\cos\alpha, M_B(F)=aF\sin\alpha-bF\cos\alpha$

2.4　$F'_x=-180.1\ \text{kN}, F'_y=-353\ \text{kN}, M_A=-430\ \text{kN}\cdot\text{m}$

$x=1.22\ \text{m}$

2.5　$F_{Rx}=66.9\ \text{N}(\rightarrow), F_{Ry}=132.4\ \text{N}(\uparrow), \sum M_{O_1}(F)=598.6\ \text{N}\cdot\text{m}$

$\sum M_{O_2}(F)=997.1\ \text{N}\cdot\text{m}, \sum M_{O_3}(F)=729.7\ \text{N}\cdot\text{m}$

2.6　略

2.7　$F_{1x}=0, F_{1y}=0, F_{1z}=-100\ \text{N}$

$F_{2x}=-90\ \text{N}, F_{2y}=0, F_{2z}=-120\ \text{N}$

$F_{3x}=-212.4\ \text{N}, F_{3y}=354\ \text{N}, F_{3z}=283\ \text{N}$

$F_{4x}=-200\ \text{N}, F_{4y}=0, F_{4z}=0$

$F_{5x}=0, F_{5y}=220\ \text{N}, F_{5z}=0$

2.8　$M_z=-101.4\ \text{N}\cdot\text{m}$

2.9　$F'_R=20\mathbf{j}\ \text{kN}, M_C=(-2.04\mathbf{i}-0.406\mathbf{k})\ \text{kN}\cdot\text{m}$

2.10　(a) $x_C=90\ \text{mm}, y_C=0$　(b) $x_C=31.8\ \text{mm}, y_C=50\ \text{mm}$

2.11　$x_C=6.54\ \text{mm}, y_C=0$

第3章

3.1　(a) $F_{Ax}=2\ \text{kN}(\leftarrow), F_{Ay}=1\ \text{kN}(\uparrow)$

(b) $F_{Ax}=2\ \text{kN}(\leftarrow), F_{Ay}=1\ \text{kN}(\downarrow)$

(c) $F_{Ax}=0.707\ \text{kN}(\leftarrow), F_{Ay}=0.707\ \text{kN}(\downarrow)$

3.2　$F_{AB}=-0.414\ \text{kN}$(压)，$F_{AC}=-3.146\ \text{kN}$(压)

3.3　$F_2:F_1=0.61$

3.4　$h=\frac{F}{2k}+L_0$

3.5　$M_{e2}=3\ \text{N}\cdot\text{m}, F_{AB}=5\ \text{N}$(拉)

3.6　$F=\frac{M}{a}\cot 2\theta$

3.7　(a)$F_A=-\frac{M_e+Fa}{2a}(\downarrow)$,$F_B=\frac{3Fa+M_e}{2a}(\uparrow)$

(b)$F_A=F+qa-\frac{3Fa+M_e-\frac{1}{2}qa^2}{2a}(\uparrow)$,$F_B=\frac{3Fa+M_e-\frac{1}{2}qa^2}{2a}(\uparrow)$

3.8　(a)$F_{Ax}=169.9$ kN(→),$F_{Ay}=301.9$ kN(↑),$F_B=196.2$ kN(↖)

(b)$F_{Ax}=75$ kN(→),$F_{Ay}=0$,$F_B=125$ kN(↖)

3.9　(a)$F_{Ax}=-F$,$F_{Ay}=3qa+\frac{5}{6}F$,$F_B=3qa-\frac{5}{6}F$

(b)$F_{Ax}=-6qa$,$F_{Ay}=F$,$M_A=18qa^2+2aF$

(c)$F_{Ax}=F$,$F_{Ay}=6qa$,$M_A=M_2-M_1+4aF+12qa^2$

(d)$F_{Ax}=-2qa$,$F_{Ay}=2qa$,$M_A=4qa^2$

3.10　$F_{Ax}=\frac{ql^2}{16h}$,$F_{Ay}=\frac{3}{8}ql$,$F_{Bx}=\frac{ql^2}{16h}$,$F_{By}=\frac{1}{8}ql$

3.11　$F_{Ax}=0$,$F_{Ay}=-15$ kN(↓),$F_B=40$ kN(↑),$F_{Cx}=0$,$F_{Cy}=5$ kN(↑),$F_D=15$ kN(↑)

3.12　$F_{Ax}=28.3$ kN(→),$F_{Ay}=83.3$ kN(↑),$M_A=459.9$ kN·m,$F_C=24.97$ kN(↑)

3.13　(a)$F_{Ax}=2.16q$,$F_{Ay}=4.86q$,$F_{Bx}=2.7q$,$F_{By}=0$,$F_C=6.873q$

(b)$F_{Ax}=F$,$F_{Ay}=3q_1-\frac{F}{2}$,$F_B=\frac{F}{2}+3q_1+2q_2$,$F_D=2q_2$

(c)$F_{Ax}=-10.392$ kN,$F_{Ay}=-8.75$ kN,$M_A=-1.432$ kN·m

$F_B=18.75$ kN,$F_{Cx}=-10.392$ kN,$F_{Cy}=-12.75$ kN

3.14　$F_{Cx}=\frac{1}{3}$ kN,$F_{Cy}=\frac{4}{3}$ kN

3.15　$F_A=25\sqrt{2}$ kN,$F_{Bx}=25$ kN,$F_{By}=15$ kN

3.16　$F_{Ax}=-\frac{P}{4}\left(1-\frac{r}{a}\right)$,$F_{Ay}=\frac{P}{4}\left(3+\frac{r}{a}\right)$,$M_A=\frac{P}{2}(3a+r)$,

$F_{Dx}=\frac{P}{4}\left(1-\frac{r}{a}\right)$,$F_{Dy}=\frac{P}{4}\left(1-\frac{r}{a}\right)$

3.17　$F_B=461.9$ N,$F_D=461.9$ N,$F_A=-1\ 131.4$ N(压杆)

3.18　$F_A=F_B=-26.39$ kN(压),$F_C=33.46$ kN(拉)

3.19　$F_3=F'_3=\frac{r_1F_1-r_2F_2}{r_3}$

3.20　$F_{Ax}=-0.288\ 6F$ kN,$F_{Ay}=0.91F$ kN,$F_{Bx}=0.288\ 6F$ kN,$F_{By}=0.044F$ kN

3.21　$F_{Ax}=300$ N,$F_{Ay}=0$,$F_{Az}=500$ N,$M_{Ax}=0$,$M_{Ay}=161$ N·m,$M_{Az}=39$ N·m(顺)

第4章

4.1　$f_s=0.223$

4.2　$s=0.456l$

4.3 $W = F_{\mathrm{T}} = \dfrac{(1-2f_s-f_s^2)P}{2(1+f_s)}$

4.4 折梯 A 处滑动,不能平衡

4.5 折梯可以平衡,$F_A = F_B = 72.1\ \mathrm{N}$

4.6 $46.15\ \mathrm{N \cdot m} \leqslant M_e \leqslant 85.72\ \mathrm{N \cdot m}$

4.7 $4.175\ \mathrm{mm} \leqslant x \leqslant 20.825\ \mathrm{mm}$

4.8 $d = 34\ \mathrm{mm}$

4.9 $Q = \dfrac{\delta P}{r-\delta}$

4.10 (1)$F = \dfrac{W \tan \varphi_m}{\cos \theta}$ (2)$M_{\min} = \dfrac{WR \sin 2\varphi_m}{2 \cos \theta}$

第5章

5.1 (1)匀速直线运动 (2)轨迹方程:$y = 2 - \dfrac{4}{9}x^2$

5.2 点 M 的运动方程为$\begin{cases} x = (OC + CM)\cos \varphi = (l+a)\cos \omega t \\ y = AM \sin \varphi = (l-a)\sin \omega t \end{cases}$

M 的轨迹方程为$\dfrac{x^2}{(l+a)^2} + \dfrac{y^2}{(l-a)^2} = 1$

M 点的速度大小为 $v = \omega\sqrt{l^2 + a^2 - 2al \cos \omega t}$

M 点的加速度大小为 $a = \omega^2 \sqrt{l^2 + a^2 + 2al \cos 2\omega t}$

5.3 $v_B = 5\ \mathrm{m/s}$

5.4 $y = l \tan kt$;$v = lk \sec^2 kt$;$a = 2lk^2 \tan kt \sec^2 kt$,$\theta = \dfrac{\pi}{6}$时,$v = \dfrac{4}{3}lk$,$a = \dfrac{8\sqrt{3}}{9}lk^2$;

$\theta = \dfrac{\pi}{3}$时,$v = 4lk$,$a = 8\sqrt{3}lk^2$

5.5 $v = -\dfrac{v_0}{x}\sqrt{x^2 + l^2}$;$a = -\dfrac{v_0^2 l^2}{x^3}$

5.6 $a_x = \pi R$;$a_y = -\pi R^2$

5.7 略

5.8 $\rho = 5\ \mathrm{m}$;$a_t = 8.66\ \mathrm{m/s^2}$

5.9 $y = R + e \sin \omega t$,$v = \dot{y} = e\omega \cos \omega t$,$a = \ddot{y} = -e\omega^2 \sin \omega t$

5.10 $v_0 = 70.69\ \mathrm{cm/s}$,$a_0 = 333.1\ \mathrm{cm/s^2}$

5.11 $\theta_{OA} = \arctan \dfrac{\sin \omega_0 t}{\dfrac{h}{r} - \cos \omega_0 t}$

5.12 $\varphi = \dfrac{\sqrt{3}}{3}\ln\left(\dfrac{1}{1-\sqrt{3}\omega_0 t}\right)$,$\omega = \omega_0 e^{\sqrt{3}\varphi}$

5.13 $\alpha = \dfrac{av^2}{2\pi r^3}$

5.14 $\varphi=\arctan\frac{v_0t}{b},\omega=\frac{bv_0}{b^2+v_0^2t^2},\alpha=-\frac{2bv_0^3t}{\left(b^2+v_0^2t^2\right)}$

5.15 $\boldsymbol{v}=\boldsymbol{\omega}\times\boldsymbol{r};\boldsymbol{a}_t=\boldsymbol{\alpha}\times\boldsymbol{r};\boldsymbol{a}_n=\boldsymbol{\omega}\times\boldsymbol{v}$

第6章

6.1 $\frac{2\sqrt{3}}{3}$ m/s

6.2 $\omega_{O_1BC}=\omega_0$

6.3 轨迹方程 $r=\frac{v}{\omega}\varphi$

6.4 $v_a=3.06$ m/s

6.5 (a)$\omega_2=1.5$ rad/s (b)$\omega_2=2$ rad/s

6.6 $v_r=3.982$ m/s；当 $v_2=1.035$ m/s 时，v_r 与带垂直

6.7 $\varphi=30°$时，$v=100$ cm/s；$\varphi=90°$时，$v=200$ cm/s

6.8 $\varphi=0°$时，$v=\frac{\sqrt{3}}{3}\omega r(\leftarrow)$；$\varphi=30°$时，$v=0$；$\varphi=60°$时，$v=\frac{\sqrt{3}}{3}\omega r(\rightarrow)$

6.9 $v_a=\frac{avl}{x^2+a^2}$

6.10 $v_C=\frac{av}{2l}$

6.11 $\omega_1=2.67$ rad/s

6.12 $v_a=\frac{2\sqrt{3}}{3}\omega_0e(\uparrow),a_a=\frac{2}{9}\omega_0^2e(\downarrow)$

6.13 $v_{CD}=0.1$ m/s$(\uparrow)$，$a_{CD}=0.346$ m/s$^2(\uparrow)$

6.14 $a_a=0.1\sqrt{5}$ m/s^2

6.15 $v_r=1.155v_0,a_r=\frac{8\sqrt{3}}{9}\frac{v_0^2}{R}$

6.16 $a_a=0.746$ m/s^2

6.17 $v_{BC}=0.173$ m/s$(\uparrow)$，$a_{BC}=0.05$ m/s$^2(\downarrow)$

6.18 $v_{Px}=-5$ cm/s，$v_{Py}=10\sqrt{3}$ cm/s；$a_{Px}=0$，$a_{Py}=42.5$ cm/s^2

6.19 $a_M=0.356$ m/s^2

6.20 $v_M=0.1732$ m/s$(\rightarrow)$，$a_M=0.35$ m/s$^2(\rightarrow)$

6.21 $v_{CD}=0.325$ m/s$(\leftarrow)$，$a_{CD}=0.657$ m/s$^2(\leftarrow)$

第7章

7.1 $\begin{cases}x_A=(R+r)\cos\frac{\alpha}{2}t^2\\ y_A=(R+r)\sin\frac{\alpha}{2}t^2\\ \varphi_A=\frac{1}{2}\frac{R+r}{r}\alpha t^2\end{cases}$

7.2　$\omega_{AB}=\dfrac{v_0\cos^2\theta}{h}$

7.3　$\omega_A=2\omega_B$

7.4　$\omega_{BC}=8\ \text{rad/s}$；$v_C=1.87\ \text{m/s}$

7.5　$\omega_{AB}=3\ \text{rad/s}$；$\omega_{O_1B}=5.2\ \text{rad/s}$；

7.6　$\omega_0=\dfrac{v_1-v_2}{2r}$；$v_0=\dfrac{v_1+v_2}{2}$

7.7　$v_B=12.9\ \text{m/s}$；$\omega_0=40\ \text{rad/s}$；$\omega_{AB}=14.1\ \text{rad/s}$

7.8　$\omega_{AB}=0$，$\varepsilon_B=0$；$\varepsilon_{AB}=4\ \text{rad/s}^2$

7.9　$v_A=2a\omega_0$；$\varepsilon_{CEF}=0$

7.10　$\omega_{DE}=0.5\ \text{rad/s}$；$\varepsilon_{AB}=0$

7.11　$a_A=40\ \text{m/s}^2$；$\varepsilon_{AB}=43.3\ \text{rad/s}^2$；$\varepsilon_A=200\ \text{rad/s}^2$

7.12　$\omega_{\text{摇块}}=\omega_{AC}=\dfrac{v_{BA}}{2OA}=\dfrac{\omega_0}{4}$；$v_D=BD\cdot\omega_{\text{摇块}}=\dfrac{\omega_0 l}{4}$

7.13　$v_{Dr}=\dfrac{2a\omega_0}{\sqrt{3}}$

7.14　$\varepsilon_{AC}=2.87\ \text{rad/s}^2$；$a_r=545.28\ \text{rad/s}^2$

7.15　$v_B=2\ \text{m/s}$，$v_C=2.828\ \text{m/s}$

$a_B=8\ \text{m/s}^2$，$a_C=11.31\ \text{m/s}^2$

7.16　$\omega=6.186\ \text{rad/s}$（顺），$\alpha=78.08\ \text{rad/s}^2$（逆）

第8章

8.1　$n_{max}=\dfrac{30}{\pi}\sqrt{\dfrac{fg}{r}}\ \text{r/min}$

8.2　$t=\sqrt{\dfrac{h(m_1+m_2)}{g(m_1-m_2)}}$

8.3　$\varphi=0$，$F=-2\,368.7\ \text{N}$；$\varphi=90^\circ$，$F=0$

8.4　$v_{max}=246\ \text{m/s}$

8.5　$N_{max}=m(g+e\omega^2)$；$\omega_{max}=\sqrt{\dfrac{g}{e}}$

8.6　$T=167.6\ \text{N}$；$T=195.6\ \text{N}$

8.7　$T=m\left(g+\dfrac{v_0^2 l^2}{x^3}\right)\sqrt{1+\left(\dfrac{l}{x}\right)^2}$

8.8　$a_{max}=\dfrac{\sin\theta+f_s\cos\theta}{\cos\theta-f_s\sin\theta}g$；$N=\dfrac{mg}{\cos\theta-f_s\sin\theta}$

8.9　$F=17.23\ \text{N}$

8.10　$t=2.02\ \text{s}$；$s=7.07\ \text{m}$

8.11　$F=488\ \text{kN}$

8.12　$\frac{x^2}{x_0^2}+\frac{k\ y^2}{m\ v_0^2}=1$

8.13　$v=\frac{P}{kA}\left(1-e^{-\frac{kA}{m}t}\right);s=\frac{P}{kA}\left[T-\frac{m}{kA}\left(1-e^{-\frac{kA}{m}t}\right)\right]$

第9章

9.1　$F=1\ 068\ \text{N}$

9.2　(1)$p=mv_c=\frac{\sqrt{5}}{2}ml\omega$，方向同 v_c

(2)$p=mv_{c1}+mv_{c1}=mv_N=2Rm\omega$，方向同 v_B，垂直 AC

(3)$p=\left[(m_1+m_2)v-\frac{2m_1+m_2}{4}l\omega\right]\mathrm{i}+\sqrt{3}l\omega\frac{2m_1+m_2}{4}\mathrm{j}$

9.3　$p=m\omega\frac{l}{2}+4ml\omega=\frac{9}{2}ml\omega$

9.4　(1)$K=\frac{v}{g}(G_A-G_B)$，方向向下　(2)$K=\frac{1}{2}(m_1+m_2)l\omega_1$

9.5　$4x^2+y^2=l^2$

9.6　$\begin{cases}F_{Ox}=m_3\frac{R}{r}a\cos\theta+m_3g\cos\theta\\F_{Oy}=(m_1+m_2+m_3)g-m_3g\cos^2\theta+m_3\frac{R}{r}a\sin\theta-m_2a\end{cases}$

9.7　向右移动 $s=\frac{\sqrt{3}m_1+m_2}{m_1+m_2+m_3}=3.77\ \text{cm}$

9.8　$\Delta s=\frac{V}{g}\sqrt{2E\left(\frac{1}{M_1}+\frac{1}{M_2}\right)}$

9.9　$\dot{\theta}=\sqrt{\frac{2g}{a}\cdot\frac{\cos\alpha-\cos\theta}{1-\frac{m}{M+m}\cos^2\theta}}$

9.10　$a=\frac{F-f(m+M)}{m+3M}g$

9.11　$s=\frac{m_2l}{m_1+m_2}$

9.12　$u=\frac{m_2}{m_1+m_2}v_r\cos\theta,\tan\theta=\left(1+\frac{m_2}{m_1}\right)\tan\alpha;v=\sqrt{1-\frac{(2m_1+m_2)m_2}{(m_1+m_2)^2}\cos^2\alpha}\cdot v_r$

9.13　$s=\frac{m_1+m_2}{2m_1+m_2+m}b(1-\sin\theta)$

9.14　$F_x=-m_2\cdot\frac{d}{2}\omega^2\sin\omega t,F_y=(m_1+m_2+m_3)g+\frac{m_2+2m_3}{2}\omega^2d\cos\omega t$

9.15　$F_N=\rho g(l-vt)$

9.16　$v^2=2g(h+l-x),N=\rho g[2h+3(l-x)]$

第10章

10.1 $L_O=2ab\omega m\cos^3\omega t$

10.2 $L_O=m\omega s^2$,逆时针

10.3 (a)$L_O=m\left(\frac{R^2}{2}+l^2\right)\omega$ (b)$L_O=ml^2\omega$ (c)$L_O=m(R^2+l^2)\omega$

10.4 (a)$L_0=J\cdot\omega=\frac{ml^2}{3}\omega$ (b)$L_0=J_0\cdot\omega=\frac{mr^2}{2}\omega$

(c)$L_0=J_0\cdot\omega=\frac{3mr^2}{2}\omega$ (d)$L_0=J_0\cdot\omega=\frac{3mr^2}{2}\omega$

10.5 (1)$p=mv_A\left(1+\frac{e}{R}\right)$(↲),$L_B=[(J_A-me^2)+m(R+e)^2]\frac{v_A}{R}$

(2)$p=m(v_A+\omega e)$(↲),$L_B=[(J_A+mRe)\omega+m(R+e)v_A$

10.6 $L_O=(J_O+m_AR^2+m_Br^2)\omega$

10.7 $\omega=\frac{mlv_0(1-\cos\varphi)}{J_z+m(l^2+r^2+2lr\cos\varphi)}$

10.8 $\omega=\frac{J_1\omega_0}{J_1+J_2}$,$M_f=\frac{J_1J_2\omega_0}{(J_1+J_2)t}$

10.9 $\alpha=8.17$ rad/s²;$F_{Oy}=449$ N

10.10 $a=\frac{2(M-fm_2gr)}{(m_1+2m_2)r}$

10.11 $a=\frac{(M-mgr)rR^2}{J_1r^2+J_2R^2+mR^2r^2}$

10.12 $r=\sqrt{r_O^2+\frac{M_O}{2m\omega^2}\sin\omega t}$

10.13 $\Delta F_A=\frac{3e^2-l^2}{2(l^2+3e^2)}mg$

10.14 $F=269.3$ N

10.15 $t=\frac{r_1\omega}{2fg\left(1+\frac{m_1}{m_2}\right)}$

10.16 $J_z=0.017\ 82$ kg·m²

10.17 $F_T=\frac{1}{3}mg$,$v_A=\frac{2}{3}\sqrt{3gh}$

10.18 $a_A=\frac{g}{\frac{M}{m}\cdot\frac{(\rho^2+r^2)}{(R-r)^2}+1}$

10.19 (1)$\alpha=\frac{3g}{2l}\cos\varphi$,$\omega=\sqrt{\frac{3g}{l}(\sin\varphi_0-\sin\varphi)}$;(2)$\varphi_1=\arcsin\left(\frac{2}{3}\sin\varphi_0\right)$

10.20 $N_A=\frac{2}{5}Mg$

10.21 $F_T = \frac{1}{7}mg\sin\theta; a = \frac{4}{7}g\sin\theta$

10.22 $a_{Cx} = \frac{12gd^2\sin\alpha}{l^2 + 12d^2}; F_N = \frac{mgl^2\sin\alpha}{l^2 + 12d^2}$

10.23 $a_{BE} = \frac{F(R-r)^2 g}{Q(R-r)^2 + W(\rho^2 + r^2)}$

10.24 $\omega = 0.788\sqrt{\frac{g}{a}}; v_C = 0.557\sqrt{ag}$

10.25 $h = \frac{7}{5}r = \frac{7}{10}d$

第11章

11.1 $W_{BA} = -20.3\text{J}$ $W_{AD} = 20.3\text{J}$

11.2 (1) $T = \frac{3}{16}mv_B^2$ (2) $T = \frac{1}{2}m_1 v^2 + \frac{3}{4}m_2 v^2$ (3) $T = 2mR^2\omega^2$

11.3 $T = \frac{1}{2g}\left[(W_1 + W_2)v_1^2 + \frac{1}{3}W_2 l^2\omega_1^2 + W_2 l\omega_1 v_1\cos\varphi\right]$

11.4 $W_{重} = -24.85\text{J}; W_T = 31.14\text{J}$

11.5 $T = \frac{r^2\omega^2}{3g}(2F_Q + 9F_P)$

11.6 $T = \frac{1}{6}ml^2\omega^2\sin^2\theta$

11.7 $a_A = \frac{m_1 g(R-r)^2}{m_1(R-r)^2 + m_2(r^2 + \rho^2)}$

11.8 $\omega_{AB} = \sqrt{\frac{24\sqrt{3}mg + 3kl}{20ml}}; \alpha_{AB} = \frac{6g}{5l}$

11.9 $v = \sqrt{\frac{g}{l}(l^2 - a^2)}$

11.10 $t_1 = \sqrt{\frac{3d}{g\sin\theta}} < t_2 = \sqrt{\frac{4d}{g\sin\theta}}$，故圆盘图 11.34(a)先到达地面

11.11 (1) $\omega_B = 0, \omega_{AB} = 4.95\text{ rad/s}$ (2) $\delta_{max} = 87.1\text{ mm}$

11.12 (1) $\delta = \sqrt{\frac{3m}{2k}}r\omega$ (2) $\alpha = \omega\sqrt{\frac{2k}{3m}}; F_A = r\omega\sqrt{\frac{km}{6}}$

11.13 (a) $\omega_O = \frac{2.468}{\sqrt{a}}\text{ rad/s}$ (b) $\omega_O = \frac{30\,121}{\sqrt{a}}\text{ rad/s}$

11.14 $\omega = \frac{2}{r}\sqrt{\frac{M - m_2 gr(\sin\theta + f\cos\theta)}{m_1 + 2m_2}\varphi}; \alpha = \frac{2[M - m_2 gr(\sin\theta + f\cos\theta)]}{r^2(2m_2 + m_1)}$

11.15 $a_A = \frac{3mg}{4m + 9M}$

11.16 $\omega_n = \frac{d}{r}\sqrt{\frac{2k}{m_1 + 2m_2}}$

11.17　$P=0.369\ \text{kW}$

综.1　$F=98\ \text{N}; v_{max}=0.8\ \text{m/s}$

综.2　$a=\dfrac{4\sin\theta}{1+3\sin^2\theta}g$

综.3　(1)$a_A=\dfrac{1}{6}g$　(2)$F=\dfrac{4}{3}mg$　(3)$F_{kx}=0, F_{ky}=4.5\ mg, M_k=13.5mgR$

综.4　$v=2\cos\varphi\sqrt{R\left(g+\dfrac{kR}{m}\right)}; F_N=2kR\sin^2\varphi-mg\cos 2\varphi-4(mg+kR)\cos^2\varphi$

综.5　$a_D=\dfrac{2(m+m_2)g}{7m+8m_1+2m_2}$　$F_{BC}=\dfrac{2(m+m_2)(m+2m_1)g}{7m+8m_1+2m_2}$

综.6　(1)$F_\tau=0, F=F_n=20g(2-3\cos\varphi)$

(2)$\varphi=\pi$ 时,$F_{max}=980\ \text{N}$;$\varphi=\arccos\dfrac{2}{3}$时,$F_{min}=0$

综.7　$h=r\left(1+\cos\theta+\dfrac{1}{2\cos\theta}\right); \theta=45°$

综.8　$\theta=\arccos\left[\dfrac{h}{l}\left(\dfrac{3}{2}+\cos\beta\right)-\dfrac{3}{2}\right]$;张力增加$2mg\dfrac{h}{l}\left(\dfrac{3}{2}+\cos\beta\right)$

综.9　$a_C=\dfrac{mg\tan\theta}{m\tan^2\theta+m_C}; a_{AB}=\dfrac{mg\tan^2\theta}{m\tan^2\theta+m_C}$

综.10　$F_{Ex}=\dfrac{m_1\sin\theta-m_2}{m_1+m_2}m_1g\cos\theta$

综.11　$\omega=1.93\ \text{rad/s}$

综.12　(1)$\varepsilon_{AC}=3g/4l$　(2)$\varepsilon_{AB}=18g/55l, \varepsilon_{BC}=69g/55l$

综.13　$v_A=\dfrac{\sqrt{km_2}(l-l_0)}{\sqrt{m_1(m_1+m_2)}}; v_B=\dfrac{\sqrt{km_1}(l-l_0)}{\sqrt{m_2(m_1+m_2)}}$

综.14　$F=9.8\ \text{N}$

综.15　$v_r=\sqrt{\dfrac{8}{3}gr}; F_N=\dfrac{11}{3}mg$

第 12 章

12.1　$F_{IO}^n=\sqrt{2}m\omega^2R, F_{IO}^\tau=\sqrt{2}mR\alpha, M_{IO}=\dfrac{7mR^2\alpha}{3}$

12.2　$F_{IC}=2m\omega v_r, F_{Ie}^n=2m\omega^2R\cos\dfrac{\theta}{2}, F_{Ie}^\tau=2m\alpha R\cos\dfrac{\theta}{2}$

12.3　$\alpha=\dfrac{3g}{2l}\cos\alpha, F_O^n=mg\sin\alpha, F_O^\tau=\dfrac{1}{4}mg\cos\alpha$

12.4　(1)$a=2.9\ \text{m/s}^2$　(2)$\dfrac{h}{d}\geqslant 5$

12.5　$\alpha=\dfrac{9g}{7l}, F_{ND}=\dfrac{29mg}{28}$

12.6　$F_{NB}=\dfrac{1}{2}mr\left(\omega^2+\dfrac{1}{3}\alpha\right)$, $F_{Ax}=-\dfrac{1}{2}mr(\omega^2+\alpha), F_{Ay}=\dfrac{2}{3}mr\alpha$

12.7 $a=\frac{b-c}{2h}g$

12.8 $\theta=45°$时，$\omega_A=\sqrt{\frac{3\sqrt{2}g}{5l}}$，$F_A=F'_A=\frac{22}{25}mg$

12.9 $M=\frac{\sqrt{3}}{4}[(m_1+2m_2)g-m_2\omega^2 r]r$,

$F_{Ox}=\frac{3}{4}m_1\omega^2 r, F_{Oy}=(m_1+m_2)g-\frac{1}{4}(m_1+2m_2)\omega^2 r$

12.10 $F\leqslant 34mgf$

12.11 $a_C=2.8\ \mathrm{m/s^2}$

12.12 $a=\frac{mg\sin 2\theta}{3m_1+2m\sin^2\theta}$

12.13 $a=\frac{8F}{11m}$

12.14 $M=(J+mr^2\sin^2\varphi)\ddot{\varphi}+mr^2\dot{\varphi}^2\cos\varphi\sin\varphi$

12.15 (1)$a_C=\frac{M+2QR-f'QR}{5QR}$ (2)$S_{AB}=\frac{3(M+2QR-f'QR)}{10R}$

12.16 (1)$a_B=1.57\ \mathrm{m/s^2}$ (2)$F_{Ax}=-6.72\ \mathrm{kN}, F_{Ay}=25.04\ \mathrm{kN}, M_A=13.44\ \mathrm{kN\cdot m}$

12.17 $a_A=\frac{P(R-r)^2 g}{Q(P^2+r^2)+P(R-r)^2}$

12.18 $\alpha_{AB}=\frac{6F}{7ml}$(顺时针)，$\alpha_{BD}=\frac{6F}{7ml}$(逆时针)

第13章

13.1 $\sqrt{3}:1$

13.2 $\delta r_B=2\delta r_A\sin\theta, g=\arctan\left(0.5\frac{P}{F}\right)$

13.3 $F_B=5P_A$

13.4 $F_1=\frac{\tan\beta}{\tan\theta}F_2$

13.5 $\left(\frac{\mathrm{d}^2V}{\mathrm{d}\theta^2}\right)_{\theta=\theta^\circ}<0$

13.6 $7\tan\gamma+3\tan\beta-4\tan\theta=0$

13.7 $\theta=\arcsin\left(\frac{\frac{P}{2l}+l_0}{2l}\right)$

13.8 $\Delta=\frac{|bM-\arccos\theta|}{r^2k\cos\theta}$

13.9 $AC=x=a+\frac{F}{k}\left(\frac{l}{b}\right)^2$

13.10 $\dfrac{F_1}{F_2}=\dfrac{2l_1\sin\theta}{l_2+l_1(1-2\sin^2\theta)}$

13.11 $F_{Ay}=3.804\ \text{kN}$

13.12 $M=2RF, F_S=F$

13.13 $\delta=-\dfrac{ql}{6k_1}, \varphi=\dfrac{Pl}{2k_2}$

13.14 $M_A=Pa+12qa^2-m$

13.15 $F_{Bx}=-3.5\ \text{kN}, F_{By}=4.5\ \text{kN}$

第14章

14.1 $T=\dfrac{m}{4}\left[3\dot{s}^2-6r\omega\dot{s}+(2s^2+3r^2)\omega^2\right]$

14.2 $T=\dfrac{1}{2}\left(J_0+\dfrac{2}{5}mR^2\right)\dot{\theta}^2+\dfrac{1}{2}\left(\dfrac{7m}{5}\right)(R-r)\dot{\varphi}^2-\dfrac{2}{5}m(R-r)R\dot{\varphi}\dot{\theta}$

14.3 $F_{Qx}=mg\sin\theta, F_{Q\varphi}=-mg\dfrac{l}{2}\sin\varphi$

14.4 $F_{Qx_1}=-2kx_1+kx_2-mg, F_{Qx_2}=kx_1-kx_2-mg+kl$

14.5 $a=\dfrac{Q\sin 2\theta}{3(P+Q)-2Q\cos^2\theta}g$，向左

14.6 $\left(\dfrac{m_1}{3}+\dfrac{3m_2}{2}\right)(R-r)^2\ddot{\varphi}+\left(\dfrac{m_1}{2}+m_2\right)(R-r)\cos\varphi=M$

14.7 $(M+m)\ddot{x}+Ml(\ddot{\varphi}\sin\varphi+\dot{\varphi}^2\cos\varphi)-(M+m)g+k(x-l_0)=0$

14.8 $(4M+3m)R\ddot{\theta}+m(R-r)[2\cos(\varphi-\theta)-1]\ddot{\varphi}-2m(R-r)\sin(\varphi-\theta)\dot{\varphi}^2+2(M+m)g\sin\theta=0$

$3(R-r)\ddot{\varphi}+R[2\cos(\varphi-\theta)-1]\ddot{\theta}+2R\dot{\theta}^2\sin(\varphi-\theta)+2g\sin\varphi=0$

14.9 $a_r=\dfrac{2g\sin\alpha(m_1+m_2)}{3(m_1+m_2)-2m_2\cos^2\alpha}$

14.10 $\ddot{x}=\dfrac{2(M+FR-m_2gfR)}{(3m_1+2m_2)R}, \ddot{\varphi}=\dfrac{2gf}{R}$

14.11 $\begin{cases}(2m+3m_1)\ddot{x}+ml\cos\varphi\ddot{\varphi}-ml\sin\varphi\dot{\varphi}^2+2k(x-l_0)=0\\ 2l\ddot{\varphi}+3\ddot{x}\cos\varphi+3g\sin\varphi=0\end{cases}$

14.12 $T=\dfrac{1}{2}m\dot{y}^2+\dfrac{1}{2}M(\dot{y}-\theta r)^2+\dfrac{1}{2}\left(\dfrac{1}{2}Mr^2\right)\dot{\theta}^2, V=-mgy+Mg(y-\theta r)\sin\beta, \alpha=\ddot{\theta}=\dfrac{2m(1+\sin\beta)}{(3m+M)r}g, a=\ddot{y}=\dfrac{3m-M\sin\beta}{3m+M}g$

14.13 $4mr\ddot{\varphi}-mr^2\omega^2\sin 4\varphi-2r\sin 2\varphi(mg+kr)+krl_0\sin\varphi=0$

14.14 $4\ddot{\theta}-3\ddot{\varphi}(1+\cos\theta)+\dfrac{g}{R}\sin\theta=0, 6\ddot{\varphi}-\ddot{\theta}(1+\cos\theta)+\dot{\theta}^2\sin\theta=0$

14.15 $F_{Bx}=-3.5\ \text{kN}, F_{By}=4.5\ \text{kN}$

14.16 $(M+m)\ddot{\xi}+m(R-r)(\ddot{\varphi}\cos\varphi-\ddot{\varphi}^2\sin\varphi)+k\xi=0$

$3(R-r)\ddot{\varphi}+2\ddot{\xi}\cos\varphi+g\sin\varphi=0$(式中,$\xi$是弹簧变形)

第15章

15.1 (1)0.51 (2)59.2 N·s (3)59.2 kN

15.2 $k=\dfrac{\tan\theta}{\tan\beta}$

15.3 $v_1=3.175\ \text{m/s},\theta=19.1°;v_2=4.157\ \text{m/s}$,沿撞击点法线方向

15.4 $v'_C=\dfrac{1+2\cos\theta}{3}v_C,\omega=\dfrac{1+2\cos\theta}{3r}v_C,I_n=mv_C\sin\theta,I_\tau=mv_C\dfrac{1-\cos\theta}{3}$,其中 $\cos\theta=\dfrac{r-h}{r}$

15.5 $v'=6.533\ \text{m/s},s_{\max}=81.49\ \text{mm}$

15.6 $v_{01}=0.71\sqrt{gb}$

15.7 $\omega'=\dfrac{\omega_0 r+6v_C\sin\alpha}{5r};v'_{Cx}=\dfrac{-\omega_0 r+v_C\sin\alpha}{5},v'_{Cy}=v_C\cos\alpha,\tan\beta=\dfrac{1}{5}\left(\tan\alpha-\dfrac{4\omega_0 r}{v_C\cos\alpha}\right)$

15.8 (1)$v'=2.52\ \text{m/s}$ (2)$I_x=2.02\ \text{N·s},I_y=7.07\ \text{N·s}$ (3)$\Delta T=16.1\text{J}$

15.9 $I=\dfrac{m_1}{m_1+2m}\sqrt{\dfrac{(m_1+4m)(m_1+m)}{3}gl}$

15.10 $v_O=\dfrac{2}{9}\dfrac{I}{m}$

15.11 (1)$I=\dfrac{2ma}{3l}(1+k)\sqrt{6ag}$ (2)$l=\dfrac{4a}{3}$

15.12 $u=1.63\ \text{m/s}$,铅垂向下;$\omega=7.44\ \text{rad/s};I=674\ \text{N·s}$,铅垂向上

15.13 $\omega_{OA}=\dfrac{6I}{7Pl}$,逆时针;$\omega_{AB}=\dfrac{9I}{7Pl}$,顺时针

15.14 $I=\dfrac{G}{6gh}\sqrt{3gl^3(1-\cos\alpha)}$

15.15 (1)$\omega=\dfrac{9}{5}\dfrac{v}{l},v'_C=\dfrac{2}{5}v$,铅垂向下 (2)$I_D=\dfrac{3}{5}mv$

15.16 $v_A=\dfrac{2}{9}\dfrac{I}{m_2}$,方向向左

参考文献

[1] 哈尔滨工业大学理论力学教研室. 理论力学[M]. 7 版. 北京:高等教育出版社,2009.
[2] 哈尔滨工业大学理论力学教研室. 理论力学[M]. 6 版. 北京:高等教育出版社,2002.
[3] 刘延柱,朱本华,杨海兴. 理论力学[M]. 3 版. 北京:高等教育出版社,2009.
[4] 支希哲. 理论力学[M]. 北京:高等教育出版社,2010.
[5] 张祥东. 理论力学[M]. 2 版. 重庆:重庆大学出版社,2006.
[6] 谢传锋. 静力学[M]. 2 版. 北京:高等教育出版社,2004.
[7] 谢传锋. 动力学[M]. 2 版. 北京:高等教育出版社,2004.
[8] 哈尔滨工业大学理论力学教研室. 理论力学思考题集[M]. 北京:高等教育出版社,2004.
[9] 王铎,程靳. 理论力学解题指导及习题集[M]. 北京:高等教育出版社,2005.
[10] 武清玺,冯奇. 理论力学 [M]. 北京:高等教育出版社,2002.
[11] 贾书惠,李万琼. 理论力学[M]. 北京:高等教育出版社,2005.